科学出版社“十四五”普通高等教育本科规划教材
国家级一流本科课程配套教材

生物化学

（第二版）

戴汉川　丰胜求　龙良启　主编

科学出版社
北京

内 容 简 介

本书为高等院校生物化学课程的配套教材。全书共 15 章，以普通生物化学内容为主线，围绕生物化学的基本原理和概念，重点阐述了蛋白质、酶、核酸等生物分子的结构与功能，新陈代谢及生物氧化的基本规律，糖类、脂质、氨基酸和核苷酸的分解与合成途径，DNA、RNA 和蛋白质的生物合成，遗传信息的传递及物质代谢的调节机制等。为了便于读者学习，新版教材增加了本章小结、思考题、教学课件、教学视频、动画视频和知识扩展等多项教学资源，以丰富生物化学知识的呈现形式，为读者学习提供思考和探索的空间，帮助读者提高分析问题和解决问题的能力。本次教材修订力求使教材内容精炼、重点突出、深度适中，并注重教材的基础性、逻辑性、科学性和前沿性。

本书可作为综合性大学、师范院校和农林院校生命科学类本科生与研究生的教材，也可供有关科研工作者参考。

图书在版编目（CIP）数据

生物化学 / 戴汉川，丰胜求，龙良启主编. -- 2 版. --北京 ：科学出版社，2025. 8. --（科学出版社“十四五”普通高等教育本科规划教材）. -- ISBN 978-7-03-082273-4

Ⅰ. Q5

中国国家版本馆 CIP 数据核字第 20257FQ766 号

责任编辑：丛 楠 韩书云 / 责任校对：严 娜

责任印制：吴兆东 / 封面设计：马晓敏

科学出版社 出版

北京东黄城根北街 16 号

邮政编码：100717

http:// www.sciencep.com

北京华宇信诺印刷有限公司印刷

科学出版社发行 各地新华书店经销

*

2005 年 9 月第 一 版 开本：787×1092 1/16

2025 年 8 月第 二 版 印张：23 1/2

2025 年 9 月第十三次印刷 字数：602 000

定价：89.80 元

（如有印装质量问题，我社负责调换）

《生物化学》（第二版）编写委员会

主　编　戴汉川　丰胜求　龙良启

副主编　朱龙付　陈小冬　张国庆
吴　健　卜春亚

编　者（按姓氏笔画排序）

卜春亚（北京农学院）
于蕾妍（青岛农业大学海都学院）
丰胜求（华中农业大学）
文凤云（河南科技大学）
龙良启（华中农业大学）
朱龙付（华中农业大学）
许本波（长江大学）
吴　健（华中农业大学）
吴　浩（华中农业大学）
吴　影（河南科技大学）
吴高兵（华中农业大学）
闵　玲（华中农业大学）
张国庆（北京农学院）
陈小冬（华中农业大学）
涂礼莉（华中农业大学）
谢伶俐（长江大学）
戴汉川（华中农业大学）

审　稿　崔克辉（华中农业大学）
曾汉来（华中农业大学）
张方东（华中农业大学）

第二版前言

党的二十大报告指出："教育、科技、人才是全面建设社会主义现代化国家的基础性、战略性支撑。必须坚持科技是第一生产力、人才是第一资源、创新是第一动力，深入实施科教兴国战略、人才强国战略、创新驱动发展战略，开辟发展新领域新赛道，不断塑造发展新动能新优势。"教材是人才培养的重要基石，是落实立德树人、提高人才培养质量的重要保证，高质量教材在培养拔尖人才、建立高水平教育体系和发展创新型科技等方面发挥着重要作用。由科学出版社出版、龙良启教授等主编的《生物化学》教材于 2005 年出版，该书编写精炼、通俗易懂，被多所农林院校选用，受到师生们极大的欢迎，在人才培养中发挥了重要作用，并且该书与全国农业院校研究生招生考试生物化学大纲贴近，被华中农业大学等院校相关涉农专业指定为研究生入学考试参考教材，本书的适用性、精炼性和系统性受到教师和同学们的广泛好评。

随着现代生命科学的飞速发展，生物化学的内容不断丰富和深化，同时教材展示形式与学生学习方式也日益多元化，对《生物化学》教材和课程改革提出了新的要求。本书第一版出版时间较早，有一些生物化学新概念、新进展需要更新与补充，教材内容的信息化也迫切需要适应新时代信息化教学的需要。本次修订，教材内容在第一版的基础上做了较大的改动，如删除了光合作用，将分子生物学简介融合到了 DNA 复制、RNA 转录等章节，增加物质代谢的相互联系及调节等内容，对相关章节的内容、布局及逻辑关系进行了较大程度的优化和调整。新编教材增加了本章小结、思考题、教学课件、教学视频、动画视频和知识扩展等多项教学资源，以丰富生物化学知识的呈现形式，为学生学习提供思考和探索的空间，帮助学生提高分析问题和解决问题的能力。本次修订版为新形态教材，注重基础，涉足前沿，深度适中，突出重点，力求使新版教材具有更好的基础性、科学性、前沿性、逻辑性、趣味性和探索性。

为保证《生物化学》（第二版）编写水平和质量，编委会组织了华中农业大学、河南科技大学、长江大学、青岛农业大学海都学院和北京农学院等涉农院校中长期从事生物化学一线教学的教师精心编写。编者参考了国内外多部生物化学相关教材，对各章节的文字和图片等内容进行了大幅度的修改。全书共 15 章：第一章由戴汉川和龙良启编写；第二章由张国庆编写；第三章由卜春亚编写；第四章由朱龙付和涂礼莉编写；第五章由丰胜求和闵玲编写；第六章由戴汉川编写；第七章由吴健编写；第八章由丰胜求编写；第九章由吴高兵编写；第十章由文凤云编写；第十一章由吴影编写；第十二章由于蕾妍编写；第十三章由陈小冬编写；第十四章由许本波和谢伶俐编写；第十五章由戴汉川和吴浩编写。

本书第二版教材得到了科学出版社的精心编辑和制作，感谢丛楠编辑对编写工作多方面的指导、帮助和支持；本书的出版得到了华中农业大学及其他所有参编单位的大力支持。感谢华中农业大学崔克辉老师、曾汉来老师和张方东老师，他们对教材进行了全面、认真的审阅和校对，并提出了很多宝贵的修改建议。本书在校稿和图文制作中还得到了部分研究生和本科生的帮助，如牛赛、陈怡沁、邓易安、高源、张颖思、王俊杰、刘明泽、李文杰、李哲、杨永根、石涛、游文杰和刘蓓蓓等，本书编写过程中参考了大量的文献，在此一并致谢。

本书编写难度极大，本次修订在第一版的基础上进行了大幅度的修改，编者花费了很多的时间和精力，力求使教材内容充实、语句通顺、图表清晰、重难点合适，能够为相关专业本科生、研究生和生物科学研究工作者提供一本较好的参考书。但由于编者水平和能力有限，书中不足之处在所难免，恳请广大读者批评指正。

编 者

2024 年 12 月

目　　录

《生物化学》（第二版）教学课件索取

凡使用本教材作为授课教材的高校主讲教师，可获赠教学课件一份。通过以下两种方式之一获取：

1．扫描左侧二维码，关注“科学 EDU”公众号→样书课件，索取教学课件。
2．填写下方教学课件索取单后扫描或拍照发送至联系邮箱。

姓名：	职称：	职务：
电话：	电子邮箱：	
学校：	院系：	
所授课程（一）：		人数：
课程对象：□研究生 □本科（____年级） □其他________		授课专业：
使用教材名称/作者/出版社：		
所授课程（二）：		人数：
课程对象：□研究生 □本科（____年级）□其他________		授课专业：
使用教材名称/作者/出版社：		
您对本书的评价及下一版的修改意见：		
推荐国外优秀教材名称/作者/出版社：		院系教学使用证明（公章）：
您的其他建议和意见：		

咨询电话：010-64034871　　　　联系邮箱：congnan@mail.sciencep.com

第一章　绪　　论

生物化学（biochemistry）是生命的化学，是从分子水平研究生命的化学本质及生命活动过程中化学变化规律的科学。生物化学的研究内容主要包括生物体的化学组成及生物分子的结构、性质与功能，生物体的代谢及其调节，以及生物体遗传信息的储存、携带、传递和表达调节等。生物化学的发展经历了静态生物化学、动态生物化学和分子生物学等阶段，我国科学家在生物化学领域做出了重要贡献。现代生物化学已经融入生命科学研究的各个领域，在生物大分子的结构与功能、组学技术、基因表达调节、细胞信号转导与生物工程等领域显示出广阔的前景和无比的活力。生物化学既是植物学、动物学和微生物学等农业与生命科学的基础学科，又是其发展的前沿。生物化学的理论和实验方法已经被广泛用于农业与生命科学之中。本章主要介绍生物化学的研究内容、发展简史和研究现状及发展前景等。

一、生物化学的研究内容

生物是一个高度复杂和组织化的分子系统。地球上生物种类繁多，生命现象错综复杂，从微生物到高等的动植物，生物呈现出绚丽多彩、姿态万千的生命世界。生命是由什么物质组成的？营养物质在生命体内发生了哪些变化？生命体的生长、发育和繁殖及生老病死是如何被调节的？各种神奇的生命现象一直吸引人们努力从群体、个体、细胞等多层次、多角度去探求生命的奥秘。生物化学的研究对象是地球上的所有生物，即动物（包括人）、植物、微生物等，生物化学的研究内容主要包括以下三个方面。

第一是生物体的化学组成及生物分子的结构、性质与功能。构成生命的元素很多，主要以碳、氢、氧和氮形成了成千上万的生物小分子。其中氨基酸、核苷酸和葡萄糖作为基本原料构建了蛋白质、核酸和多糖等生物大分子（biomacromolecule）。生物大分子是执行各种生物学功能的物质基础。细胞结构、生物催化、物质运输、信号传递、代谢调节及遗传信息的储存、携带、传递和表达等都是通过生物大分子及其相互作用来实现的。

第二是生物体的代谢及其调节。生物体的新陈代谢是由许多代谢途径（metabolic pathway）构成的网络。代谢途径是由酶催化的一系列的化学反应，主要包括物质代谢和能量代谢，二者既相互联系，又彼此独立。代谢调节是生物化学研究的重要方面。生物体活细胞中数万个反应能在同一时间，互不干扰、互相配合、有条不紊地在不同的代谢途径中进行。这种高度自动的调节机制对维持生物体的稳态具有重要作用。

第三是生物体遗传信息的储存、携带、传递和表达调节等。核酸是遗传信息的储存和携带者，核酸的生物合成包括 DNA 的复制、转录及 RNA 的逆转录。作为主要的遗传物质，DNA 具有高度精准的复制能力，能够将遗传信息准确地传递给子代，并且 DNA 的遗传信息最终主要以蛋白质的形式表达，保证生物体行使其功能。中心法则代表了遗传信息传递的方向与相互联系。

二、生物化学的发展简史

生物化学的启蒙阶段可以追溯到人类早期对食物的选择和加工，几千年前人们就在生产、医药等实践中积累了许多与生物化学相关的知识。生物化学起始于 18 世纪初，1777 年 Antoine Lavoisier 进行的呼吸和燃烧实验证明这两个过程都是将有机物质氧化分解为 CO_2 和 H_2O，虽然呼吸比燃烧过程慢，但本质上没有区别。1828 年，F. Wohler 在实验室里用无机化合物氰酸铵成功地合成了尿素。1896 年，E. Buchner 发现破碎的酵母细胞抽提液能进行发酵，使蔗糖转变为乙醇。1877 年，德国医生 E. F. Hoppe-Seyler 首次提出“biochemie”一词。这些为生物化学真正成为一门独立的学科奠定了基础。由于 19 世纪能量守恒和转化定律的发展、细胞学说和达尔文进化论的建立，物理学、化学和生物学等学科进入了新的发展时期，尤其是有机化学和生理学的发展有力地推动了现代生物化学的形成和发展。

现代生物化学的发展大体上可以分为三个阶段。第一阶段（1770～1900 年）主要研究生物体的化学成分，包括这些成分的分离、纯化和性质。例如，从动植物中分离出多种氨基酸、甘油、柠檬酸、乳酸、尿酸、糖原、核酸、胰酶等，并对它们的化学结构进行分析和测定。这些研究多是叙述性的、静态的，因此被称为静态生物化学（steady biochemistry）或叙述生物化学。又由于这一时期生物化学更多地依附于有机化学，也称有机生物化学。第二阶段（1900～1950 年）主要研究生物体内发生的各种化学变化（包括酶促反应），即新陈代谢。例如，分离纯化出多种结晶酶，确定了酶的蛋白质化学本质，发展了酶促反应动力学，阐明了糖酵解过程，提出了三羧酸循环途径，阐明了氧化磷酸化、光合磷酸化、电子传递链、脂肪酸 β-氧化和尿素循环等代谢途径。由于新陈代谢是动态的，又称动态生物化学（dynamic biochemistry）。第三阶段（1950 年至今）由于各种现代化的设备与技术如电子显微镜、超速离心机、层析技术、电泳技术、X 射线衍射技术等的发明和应用，以及计算机科学和信息科学的快速发展，这一阶段的研究主要集中在生物大分子及其超分子复合体的结构和功能，包括大分子的相互作用和超分子的自我装配及一些重要的生物学过程，如细胞分化、胚胎发育、遗传变异、肌肉收缩、免疫应答、记忆思维、光合作用、生物固氮和癌变的分子基础。该阶段的特点是更加重视对生命本质的理解，取得的成就更加辉煌，并诞生了分子生物学（molecular biology），生物化学已经成为生命科学的核心，迄今与生物化学相关的诺贝尔奖达 110 多项，其研究已经深入到生命学科的各个领域。

我国是世界上文化发展最早的国家之一，对人类的历史做出过巨大的贡献。早在公元前 21 世纪，我国人民就已经能借助于“曲”酿酒，还能将酒发酵（fermentation）制醋。《尚书》记载“若作酒醴，尔惟曲蘖”，意思是说造酒必须用曲，古称曲为酒母，又称酶（通“媒”）。《论语》中有“不得其酱不食”之说。古人利用微生物产生的酶使蛋白质（豆类）、淀粉（谷类）等降解成简单的具有甜味、鲜味的产物，包括氨基酸、单糖、双糖等。周秦时期的《黄帝内经·素问》对食物的营养功能做过精辟的论述。书中记载有“五谷为养，五果为助，五畜为益，五菜为充”，将食物分为四大类，并以“养”“助”“益”“充”表明其在营养上的价值。在医药方面，对于不平衡膳食引起的代谢障碍性疾病，我国古代医学有许多独到的治疗方法。例如，现在所说的地方性甲状腺肿，古称瘿病，是饮食中缺碘所致，在公元 4 世纪，葛洪所著《肘后备急方》中就记载用海藻酒治疗瘿病的方法。公元 6 世纪，北魏贾思勰著的《齐民要术》中记载的酿造酒、醋、酱、饴的方法已有发展，并专门记载了制造各种曲的方法，当时已认识到利用曲的滤出液也可以进行酿造，这种想法已相当接近于现代酶的概念。公元

7 世纪，唐朝孙思邈著有《千金要方》和《千金翼方》两部医书，书中记载了牛肝能治缺乏维生素 A 引起的雀目（夜盲症）。书中还谈到应用中药（杏仁、防风、吴茱萸和蜀椒等）或谷皮来治疗缺乏维生素 B_1 引起的脚气病。公元 10 世纪起，我国人民就开始用动物脏器和腺体治病，如紫河车（胎盘）被用作强壮剂，蟾酥（蟾蜍的耳后腺和皮肤腺分泌物）被用于消炎。公元 11 世纪初，沈括所著《沈存中良方》中记载了用皂角汁从尿中沉淀固醇类物质（称为秋石）的技术。我国古代劳动人民对生物化学的发展做出了重大的贡献。

近现代，中国科学家在生物化学发展上做出了突出贡献。吴宪（1893～1959 年），为国际著名的生物化学家、营养学家，中国生物化学事业的主要奠基人。1919 年，吴宪在美国哈佛医学院留学期间，与导师 Folin 建立了血糖（葡萄糖）测定的新方法，被命名为 Folin-Wu 法，此方法曾多年为许多实验室和医院所采用。1920～1942 年，吴宪在北京协和医学院任职期间，提出了蛋白质变性学说，并且在临床生物化学、营养学、免疫学等领域做出了突出贡献。梁植权（1914～2006 年），为医学生物化学家，研究的主要领域是蛋白质和核酸，在人血清蛋白质多态性及异常血红蛋白的化学结构和分布的研究中取得了瞩目的成果。王应睐（1907～2001 年），为中国生物化学事业的奠基人之一，在营养学、维生素、血红蛋白、琥珀酸脱氢酶等方面都取得出色成果，原中国科学院上海生物化学研究所在他的主持下，跟国内其他单位通力协作，于 1965 年成功地人工合成了结晶牛胰岛素，又于 1983 年采用有机合成和酶促合成相结合的方法，完成了酵母丙氨酸 tRNA 的人工全合成。除此之外，还有王德宝（核酸生物化学家）、邹承鲁（酶学家）、曹天钦（蛋白质学家）、张友端（维生素学家）、周光宇（微生物生物化学家）等在生物化学领域做出了杰出的贡献。

三、生物化学的研究现状及发展前景

经过一个多世纪的发展，生物化学已经建立了完整的理论、应用和实验技术体系，尤其是分子生物学的快速发展，从根本上改变了生命科学的面貌，也极大地丰富和扩增了生物化学的内涵。随着研究的不断深入，人们对生命有机体中的化学过程和变化规律的认识不断更新和深化，现代生物化学已经融入生命科学研究的各个领域。

（一）生物大分子的结构与功能

生物大分子通过分子内部及分子之间的相互作用形成特定的空间结构，这种复杂的结构是其功能的基础。由于晶体学技术（如 X 射线衍射和中子衍射等）、显微学技术（如透射电子显微镜、激光共聚焦显微镜和原子力显微镜等）、谱学技术（如多维核磁共振和电子自旋共振等）等的运用及现代生物学研究方法的提高，许多生物大分子的精细特征，如肽链中结构模体（motif）和结构域（domain）的特点都逐渐被大家所认知。1953 年，J. D. Watson 和 F. H. Crick 在 X 射线衍射数据基础上，建立了 DNA 双螺旋结构模型，由此奠定了分子生物学的基础。1957～1967 年，研究人员逐渐获得了溶菌酶、胰凝乳蛋白酶 A 和核糖核酸酶 S 高分辨率衍射结果，并通过结构分析阐明了溶菌酶水解肽聚糖、胰凝乳蛋白酶水解肽键的机制。1978 年，R. A. Laskey 发现核小体的组装需要一种核质蛋白（nucleoplasmin）的参与，但它并不出现在核小体的最终复合体中，表明蛋白质空间构象的正确折叠需要有外部因子的协助，从而促进了“分子伴侣”（molecular chaperone）的发现。1982 年，T. Cech 在原生动物四膜虫中发现了具有催化作用的 RNA，并称之为核酶（ribozyme），尽管有催化作用的 RNA 在真核生物中很少见，但此 RNA 集编码遗传信息和催化功能于一身，其意义十分重大。除此之外，各种形式的非编码 RNA（non-coding RNA）的结构和功能逐渐被发现，如反义 RNA（antisense RNA）、干扰小 RNA（small interfering RNA，siRNA）、微 RNA（microRNA）、长链非编码 RNA（long noncoding RNA）和环状 RNA（circRNA）等，它们在基因表达调节中发挥着重要作用。

（二）组学

“人类基因组计划”（Human Genome Project）揭示了由 30 亿对碱基组成的人类染色体全部基因的 DNA 序列。人类基因组计划的完成为疾病的诊断、防治和新药的研究开发提供了有力的武器，为人类真正认识自我、追求健康、战胜疾病指明了正确的道路和方向。在人类基因组计划的推动下，科学家已绘制出多种生物的基因组图谱，如水稻基因组图谱、家蚕基因组图谱、家猪基因组图谱和鸡基因组图谱等，在未来的时间里，还将有更多的生命密码被解读。生命科学已经进入以确定基因结构和功能为目标的功能基因组学（functional genomics）新阶段，必将迎来生命科学的大发展。

人类基因组计划改变了生物学研究的面貌，全面认识基因表达产物及其在生命活动中作用的后基因组时代已经到来。随着蛋白质分离技术、计算机图像分析技术、质谱技术、核酸和蛋白质测序技术及生物信息学等技术的发展和高度融合，一系列“组学”涌现出来，如基因组学（genomics）、转录组学（transcriptomics）、蛋白质组学（proteomics）、代谢组学（metabolomics）、影像组学（radiomics）等。近年来一些新型的组学技术不断出现，如揭示不同细胞类型和亚群功能的单细胞组学（single-cell omics）、研究不同时间和空间变化的空间组学（spatial omics），以及研究蛋白质翻译后修饰如磷酸化（phosphorylation）、羰基化（carbonylation）、乙酰化（acetylation）、泛素化（ubiquitination）、琥珀酰化（succinylation）、乳酰化（lactylation）等的修饰蛋白质组学（modified proteomics）等。利用组学技术已经建立和正在建立动物、植物、微生物的器官、组织和细胞的生理、病理体系的多种表达谱，发掘与疾病发生发展相关的蛋白质及其集群的表达规律，建立各种组学生物信息数据库，将有利于阐明生命体的分子组成及代谢和遗传机制，为重大疾病的发生发展提供预警和诊断标志，并为新药的开发提供新的思路。

（三）基因表达调节

基因表达（gene expression）是指在遗传信息指导下产生基因产物（RNA 和蛋白质）的过程。任何一种生物体的基因表达都受到严格的控制，基因表达是生物大分子（DNA、RNA 和蛋白质）相互作用的结果。1960 年，F. Jacob 和 J. Monod 提出了原核生物基因调节的操纵子模型（operon model），开辟了对基因表达调节研究的新领域。原核生物多基因共同转录成多顺反子的 mRNA，该过程受到操纵子的正调节和负调节。无论哪一种调节方式，都需要小分子效应物和调节蛋白参与，负调节需要阻遏蛋白，正调节需要激活蛋白。原核生物只有拟核，转录和翻译是偶联的，转录水平的调节尤为重要。真核生物的 DNA 与蛋白质结合，并被高度紧密地压缩在染色体中，真核基因表达的调节要比原核生物复杂得多。研究显示，真核基因的有效活化涉及核小体的重构、组蛋白的乙酰化、DNA 的甲基化等化学修饰及 DNA 的拓扑异构化等。真核生物基因表达受多级调节体系调节，包括转录水平、转录后水平、翻译和翻译后水平等多个层次。无论是原核生物还是真核生物，基因表达调节总是通过顺式作用元件（*cis*-acting element）和反式作用因子（*trans*-acting factor）来完成的，二者的相互作用是基因表达调节的重要领域，并有助于揭示生命的进化、胚胎的发育及生物体的生长、发育、繁殖、衰老等生命现象的分子机制。

（四）细胞信号转导

多细胞生物是一个有序可控的细胞社会。这种社会性的维持不仅依赖于细胞的物质与能量代谢，更依赖于细胞间通信与信号控制。人们对信息传递机制的认识起源于对激素（hormone）的研究。1957 年，E. Sutherland 在研究胰高血糖素和肾上腺素如何促使肝糖原分解的过程中，发现了 3′,5′-环腺苷酸（3′,5′-cyclic adenosine monophosphate，cAMP），并据此提出了第二信使学说（second messenger hypothesis）。此后，又发现了 3′,5′-环鸟苷酸（3′,5′-cyclic guanosine monophosphate，cGMP）、肌醇三磷酸（inositol triphosphate，IP_3）、二酰甘油（diacylglycerol，DAG）和 Ca^{2+}等第二信使，它们是被信号分子如激素、局部介质（local mediator）、神经递质（neurotransmitter）、NO 和 CO 等激活受体或自由扩散进入细胞，激活特定的效应酶在胞质内生成的信息物质。1977 年，J. Peiffer 分离出了一种鸟嘌呤核苷酸结合蛋白，称为 G 蛋白（G protein）。随后进一步揭示了多条细胞内的信号传递通路，如由 G 蛋白受体介导的蛋白激酶 A（protein kinase A，PKA）信号通路、蛋白激酶 G（protein kinase G，PKG）信号通路、蛋白激酶 C（protein kinase C，PKC）信号通路，Ca^{2+}/钙调蛋白（calmodulin，CaM）依赖的蛋白激酶信号通路，还有酪氨酸蛋白激酶受体（tyrosine protein kinase receptor，TPKR）信号通路、细胞因子受体信号通路、Wnt 受体和 Hedgehog 受体介导的信号通路及核因子 κB（NF-κB）和 Notch 信号通路等。此外，已发现负责核内外信息传递的是一类可与靶基因特异序列相结合的核蛋白，其发挥着转录调节因子的作用，参与基因表达调节、细胞繁殖与分化及肿瘤的形成等过程。从生物化学角度讲，细胞信息传递过程是以一系列蛋白质和酶的构象与功能改变为基础的级联反应，蛋白质或酶的磷酸化与去磷酸化在细胞信息传递中起中心作用，细胞间通信与细胞信号转导协调细胞的代谢与行为，包括细胞的各种生理功能及细胞存活、生长、分裂、分化与凋亡。

（五）生物工程

随着对核酸化学、酶学认识的不断深入，人们逐渐掌握了利用分子杂交、限制性核酸内切酶和逆转录酶等工具酶，按照科学研究和生产实际的需要改造遗传基因和操纵遗传过程的技术，即重组 DNA 技术（recombinant DNA technology）。该技术的规模化与工业化，就是基因工程，也称为遗传工程（genetic engineering）。由遗传工程（基因工程）、细胞工程、微生物工程（发酵工程）、酶工程（生化工程）和生物反应器工程等集合而成的综合性应用学科称为生物工程（bioengineering）。在这五大领域中，前两者的作用是将常规菌（或动植物细胞株）作为特定遗传物质受体，使它们获得外来基因，成为能表达超远缘性状的“工程菌”或“工程细胞株”。后三者的作用则是为有巨大潜在价值的新物种创造良好的生长与繁殖条件，进行大规模培养，以充分发挥其内在潜力，为人们提供巨大的经济效益和社会效益。生物工程已经且正在展现出其推动生产力发展的巨大潜力。随着微生物学、免疫学和分子生物学及其他学科的发展，运用生物工程技术，已经可以大量地生产多种生物制品（如生长激素、干扰素）、疫苗（如乙肝疫苗、狂犬病疫苗等）和诊断试剂（如单克隆抗体等）等。科学的突飞猛进，使生物制品不再单纯限于预防、治疗和诊断传染病，而是扩展到非传染病领域，如心血管疾病、肿瘤等，甚至突破了免疫制品的范畴。1982 年，R. Palmiter 将大鼠生长激素基因重组后注射入小鼠受精卵，再植入小鼠子宫，发育成的小鼠比原小鼠大两倍，证明转入的外源基因改变了生物的性状，从而创立了转基因技术。1997 年，I. Wilmut 等利用羊的乳腺细胞克隆出了“多莉”羊，震惊世界。在医学方面，由基因改造技术产生的基因诊断和基因治疗让遗传缺陷性疾病患者看到了康复的希望。虽然目前对于基因改造产品的商品化和转基因生物的安全性还有不同看法，但是现代生物技术对于人类的发展将产生难以估量的影响。基因工程与基因组学的不断发展也促进了合成生物学（synthetic biology）等新兴学科的发展。

四、生物化学与其他学科之间的关系

生物化学不仅是动物科学、植物科学和微生物学等生命科学的基础学科，也是其发展的前沿。现代生物科学需借助生物化学的理论和方法来探讨各种生命现象，包括生长、繁殖、遗传、变异、病理及生命起源和进化等，生物化学的理论和实验方法被广泛用于生命科学之中。

生物学科的进一步发展和取得更大的突破，很大程度上依赖于生物化学研究的进展和取得的成就，尤其是与生物化学关系密切的细胞生物学、遗传学、营养学和生理学等学科。通过对生物大分子结构与功能的深入研究，揭示了生物体内的物质代谢、能量转换、光合作用、神经传导、肌肉收缩等诸多奥秘，使人们对生命本质的认识上升到一个新阶段。没有对核酸和蛋白质结构与功能的阐明，就没有遗传密码和信息传递途径的发现，也就没有今天的分子生物学和分子遗传学；没有限制性核酸内切酶的发现及蛋白质分离纯化技术，也就没有今天的生物工程，也就无法利用生物工程技术生产相关药物，如胰岛素、干扰素及基因工程疫苗等。生物化学还与医学、农业和工业密切相关，在医学上，利用生物化学的原理和技术对危害人类生存的疾病如肿瘤和免疫缺陷性疾病的致病机制、药物研发、诊断手段、治疗措施进行研究；在农业上，动植物品种的遗传改良与生长发育调节、动植物病原体的分离鉴定等与生物化学密不可分；在工业上，生物化学推动和促进了基因工程、细胞工程、酶工程和发酵工程的发展。由此可见，生物化学与各生物学科的关系非常密切，在生物学科中占有重要地位，生物化学为整个自然科学的发展、技术的进步带来了勃勃生机。

本 章 小 结

生物化学是生命的化学，是从分子水平研究生命的化学本质及生命活动过程中化学变化规律的科学。生物化学的研究内容主要包括生物体的化学组成及生物分子的结构、性质与功能，生物体的代谢及其调节，以及生物体遗传信息的储存、携带、传递和表达调节等。生物化学的发展经历了曲折道路，它是多学科和多种技术互相交融渗透的结果，是生命科学各分支学科共同的基础。

现代生物化学的发展大体上可以分为三个阶段。第一阶段主要研究各种生物体的化学成分，包括这些成分的分离、纯化和性质。第二阶段主要研究生物体内发生的各种化学变化（包括酶促反应），即新陈代谢。第三阶段主要是从分子水平阐明生物大分子及其超分子复合体的结构和功能。我国劳动人民在生物化学的发展上做出了杰出的贡献。

现代生物化学研究以生物大分子的结构与功能为中心，在组学、基因表达调节、细胞信号转导及生物工程研究等领域显示出广阔的前景和无比的活力。现代生物化学已经从各个方面融入生命科学发展的主流当中，为现代植物学科、动物学科和微生物学科的发展提供了必不可少的基本理论和研究手段，在医学、农业和工业等领域的研究中具有重要的地位。

思 考 题

1．简述生物化学研究的主要内容。

2．简述生物化学发展的大致阶段，举例说明每个阶段的主要内容。

3．简述生物化学研究的现状和前景。选择感兴趣的诺贝尔奖得主的科研历程，谈谈自己的收获和体会。

4．举例说明我国生物化学家的成就。

5．举例说明生物化学在医学、农业和工业上的作用。

参考答案

第二章 蛋 白 质

蛋白质是一类最重要的生物分子，其英文名称为 protein，源自于希腊文 προτο，即“第一重要的”。蛋白质是生命活动的物质基础，是生物功能的主要载体，几乎介导细胞中发生的每一个过程。不同蛋白质具有不同的生物功能，主要包括催化作用、运输和储藏、细胞运动、机械支撑、免疫保护和调节作用等。蛋白质是由多个氨基酸通过肽键连接而成的多聚物。其结构通常可分为 4 个层次：一级结构、二级结构、三级结构和四级结构。其中一级结构属于初级结构，指多肽链排列顺序和二硫键位置；二级结构、三级结构和四级结构属于高级结构。蛋白质的结构决定蛋白质的性质和功能，其中一级结构决定高级结构，而高级结构决定蛋白质的功能。细胞中的蛋白质种类繁多，可以根据其物理、化学和生物学特性差异进行分离，本章主要介绍蛋白质的组成、结构和功能及其理化性质等。

第一节 蛋白质的分类

一、按组成分类

按组成分类，蛋白质可分为简单蛋白质（或单纯蛋白质，simple protein）和缀合蛋白质（或结合蛋白质，conjugated protein）。

（一）简单蛋白质

简单蛋白质完全由氨基酸组成，如胰岛素、溶菌酶、核糖核酸酶 A 等。根据溶解度的不同，简单蛋白质可以分为清蛋白、球蛋白、谷蛋白、醇溶蛋白、组蛋白、鱼精蛋白和硬蛋白 7 类。

（二）缀合蛋白质

缀合蛋白质由蛋白质和非蛋白质两部分结合而成，如免疫球蛋白 G、血红蛋白和铁蛋白等，其中非蛋白质部分称为辅基（prosthetic group）或配体（ligand）。如果辅基通过共价键与蛋白质结合，则必须使蛋白质水解才能释放；如果辅基通过非共价键与蛋白质结合，可以通过不太剧烈的变性处理使之与蛋白质分离。脱去辅基的蛋白质称为脱辅基蛋白质（apoprotein）；含有辅基的完整蛋白质称为全蛋白质（holoprotein）。根据非蛋白质部分的不同，缀合蛋白质可以分为核蛋白、糖蛋白、脂蛋白、磷蛋白、血红素蛋白、黄素蛋白和金属蛋白 7 类。

二、按分子对称性分类

按分子对称性分类，蛋白质可分为球状蛋白质和纤维状蛋白质。

（一）球状蛋白质

球状蛋白质的外形接近球状或椭球状，溶解度较好，较易溶于水等极性溶液中，能结晶。

大多数蛋白质属于球状蛋白质，如血红蛋白、血清球蛋白等。

（二）纤维状蛋白质

纤维状蛋白质的对称性差，分子类似细棒或纤维状。根据溶解性，纤维状蛋白质又可分为可溶性纤维状蛋白质，如肌球蛋白和纤维蛋白原等，以及不溶性纤维状蛋白质，包括胶原蛋白、弹性蛋白和角蛋白等。

三、按生物功能分类

按生物功能分类，蛋白质可分为催化蛋白质、运输蛋白质、营养蛋白质、贮存蛋白质、运动蛋白质、结构蛋白质和防御蛋白质等。

第二节　蛋白质的化学组成

一、蛋白质的元素组成

蛋白质主要由C、H、O、N及少量S组成，有些蛋白质还含有P、Fe、Cu、I、Zn、Mo等元素。蛋白质的元素组成百分比约为C 50%、H 7%、O 23%、N 16%、S 0～3%。各种蛋白质的平均含氮量为16%，这是蛋白质元素组成的一个特点，也是凯氏定氮法测定蛋白质含量的计算基础。

二、蛋白质的基本结构单位——氨基酸

（一）氨基酸的基本结构

氨基酸（amino acid）是一类含有氨基和羧基的有机小分子，是蛋白质的基本结构单元。蛋白质纯品经酸、碱或蛋白酶水解，可以产生各种氨基酸。根据是否直接参与合成蛋白质多肽链的特性，氨基酸可以分为蛋白质氨基酸（protein amino acid）和非蛋白质氨基酸（non-protein amino acid）。蛋白质氨基酸又称标准氨基酸（standard amino acid），它们由遗传密码直接编码，参与蛋白质的合成。蛋白质氨基酸包括20种常见氨基酸和若干种不常见的蛋白质氨基酸。除脯氨酸及其衍生物外，这些氨基酸与羧基相邻的α-碳原子（C_α）上都有一个氨基，因此称为α-氨基酸，连接在α-碳原子上的还有一个氢原子和一个侧链R基团。不同氨基酸R基团的化学结构不同。氨基酸的结构通式如图2-1所示。

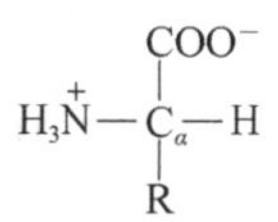

图2-1　α-氨基酸的结构通式

除甘氨酸外，其余19种氨基酸的α-碳原子都是不对称碳原子（asymmetric carbon），因此具有旋光性。脯氨酸没有游离氨基，属于亚氨基酸。天然蛋白质中所有氨基酸都是L型氨基酸。D型氨基酸仅存在于细菌细胞壁的肽聚糖和某些细菌产生的抗菌肽（如短杆菌肽）中，不能直接参与核糖体上的多肽链合成。

（二）氨基酸的分类

资源2-1

1. 常见的蛋白质氨基酸　根据侧链R基团极性和电荷的不同，将20种常见的氨基酸分为以下4类。

（1）R 基团为非极性的氨基酸（图 2-2）

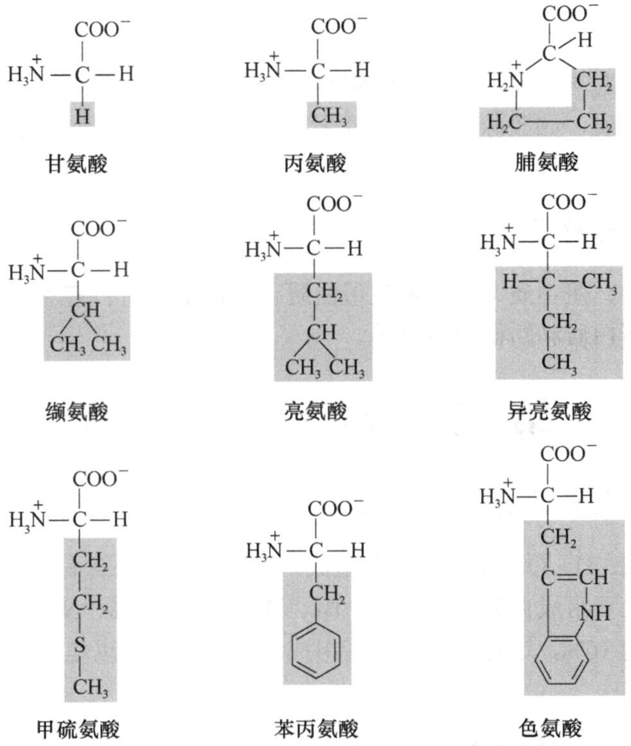

图 2-2 R 基团为非极性的氨基酸名称及结构

（2）R 基团为极性不带电荷的氨基酸（图 2-3）

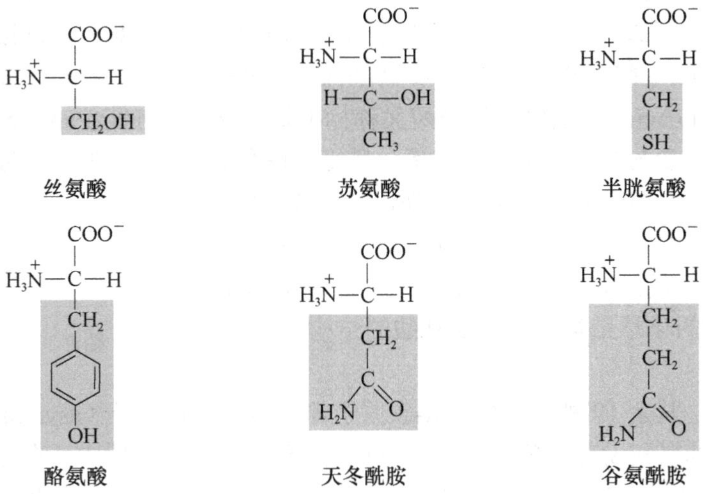

图 2-3 R 基团为极性不带电荷的氨基酸名称及结构

（3）R 基团为极性带正电荷的氨基酸（图 2-4）

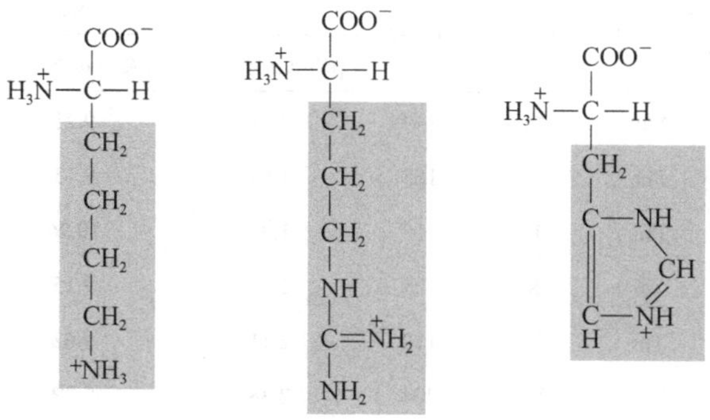

赖氨酸　　精氨酸　　组氨酸

图 2-4　R 基团为极性带正电荷的氨基酸名称及结构

（4）R 基团为极性带负电荷的氨基酸（图 2-5）

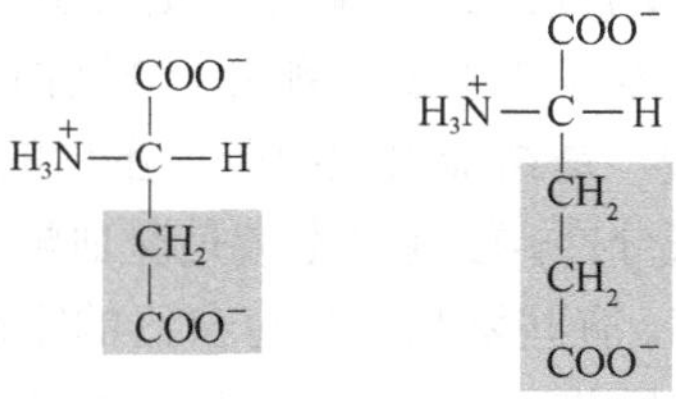

天冬氨酸　　谷氨酸

图 2-5　R 基团为极性带负电荷的氨基酸名称及结构

氨基酸的名称在描述中常采用三字母或单字母缩写符号表示（表 2-1）。

表 2-1　常见氨基酸的名称、缩写与性质

中文名称	英文名称	三字母	单字母	分子量	pK_a			pI
					pK_1（α-羧基）	pK_2（α-氨基）	pK_R（R 基团）	
丙氨酸	alanine	Ala	A	89	2.34	9.69		6.01
精氨酸	arginine	Arg	R	174	2.17	9.04	12.48	10.76
天冬酰胺	asparagine	Asn	N	132	2.02	8.80		5.41
天冬氨酸	aspartic acid	Asp	D	133	1.88	9.60	3.65	2.77
半胱氨酸	cysteine	Cys	C	121	1.96	10.28	8.18	5.07
谷氨酰胺	glutamine	Gln	Q	146	2.17	9.13		5.65
谷氨酸	glutamic acid	Glu	E	147	2.19	9.67	4.25	3.22
甘氨酸	glycine	Gly	G	75	2.34	9.60		5.97
组氨酸	histidine	His	H	155	1.82	9.17	6.00	7.59
异亮氨酸	isoleucine	Ile	I	131	2.36	9.68		6.02
亮氨酸	leucine	Leu	L	131	2.36	9.60		5.98
赖氨酸	lysine	Lys	K	146	2.18	8.95	10.53	9.74

续表

中文名称	英文名称	三字母	单字母	分子量	pK_a			pI
					pK_1（α-羧基）	pK_2（α-氨基）	pK_R（R 基团）	
甲硫氨酸	methionine	Met	M	149	2.28	9.21		5.74
苯丙氨酸	phenylalanine	Phe	F	165	1.83	9.13		5.48
脯氨酸	proline	Pro	P	115	1.99	10.96		6.48
丝氨酸	serine	Ser	S	105	2.21	9.15		5.68
苏氨酸	threonine	Thr	T	119	2.11	9.62		5.87
色氨酸	tryptophan	Trp	W	204	2.38	9.39		5.89
酪氨酸	tyrosine	Tyr	Y	181	2.20	9.11	10.07	5.66
缬氨酸	valine	Val	V	117	2.32	9.62		5.97

2. 不常见的蛋白质氨基酸　除了 20 种常见氨基酸，某些蛋白质中还存在一些不常见的氨基酸（图 2-6）。有些氨基酸没有自己的密码子，是在蛋白质合成后经氨基酸修饰形成的，是常见氨基酸的衍生物，被称为稀有氨基酸。例如，分别由脯氨酸和赖氨酸衍生而来的 4-羟脯氨酸和 5-羟赖氨酸，是结缔组织中胶原蛋白的主要组成成分；6-*N*-甲基赖氨酸是肌球蛋白的组成部分；γ-羧基谷氨酸是凝血酶原的组成部分，谷氨酸羧基化不完全时会导致出血症。有些氨基酸具有自己的密码子，在蛋白质合成时直接掺入，而不是合成后修饰。目前已发现两种，即硒代半胱氨酸（selenocysteine，Sec）和吡咯赖氨酸（pyrrolysine，Pyl），终止密码子 UGA 和 UAG 在特定环境下可以分别作为 Sec 和 Pyl 的密码子。硒代半胱氨酸为第 21 种蛋白质氨基酸，只存在于含硒蛋白质中，如谷胱甘肽过氧化物酶。人体缺硒时，会影响 Sec 及相关蛋白质的

资源 2-2

资源 2-3

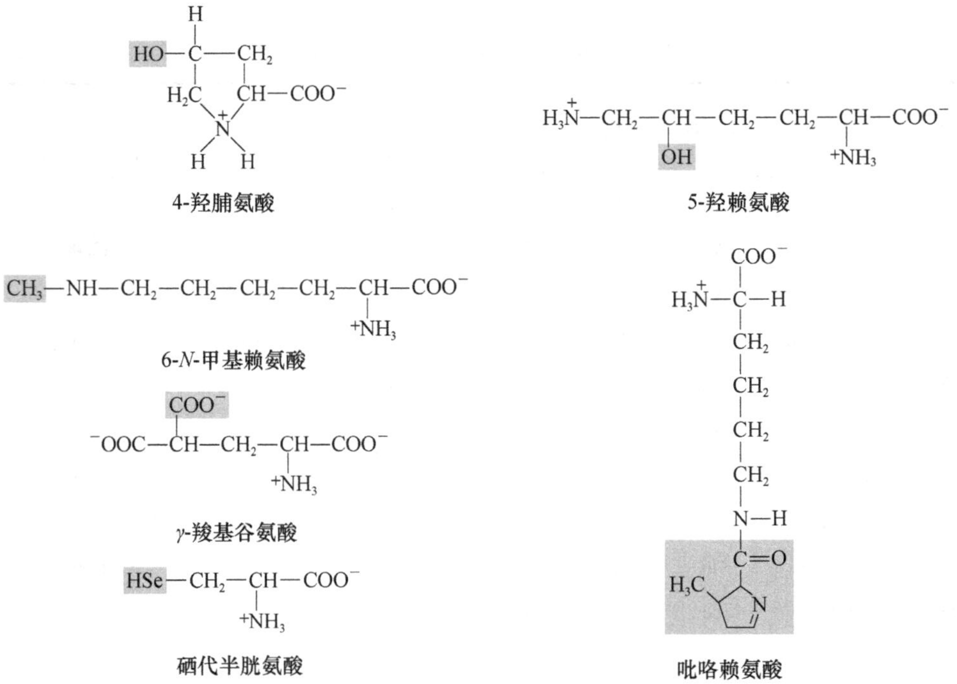

图 2-6　一些不常见的蛋白质氨基酸

合成，导致相应的缺乏症。吡咯赖氨酸为第 22 种蛋白质氨基酸，仅存在于一些产甲烷古菌和细菌中。

3. 非蛋白质氨基酸　非蛋白质氨基酸也称为非标准氨基酸，它们不存在于蛋白质中。目前已从各种组织和细胞中发现了 300 多种非蛋白质氨基酸，它们大多是 L 型 *α*-氨基酸的衍生物，但也有一些 *β*-氨基酸、*γ*-氨基酸、*δ*-氨基酸及 D 型氨基酸。在细菌细胞壁的肽聚糖中发现了 D-谷氨酸和 D-丙氨酸；在一种抗生素短杆菌肽中发现了 D-苯丙氨酸。这些氨基酸中有一些是重要的代谢物前体或中间产物。例如，*β*-丙氨酸是泛酸的前体；瓜氨酸和鸟氨酸是尿素循环的中间体。有些氨基酸如 *γ*-氨基丁酸是神经递质。但是大部分这类氨基酸的生物学意义还不清楚，有待于进一步研究。

（三）氨基酸的主要理化性质

1. 氨基酸的两性解离及等电点　根据广义酸碱理论，凡是放出质子的均是酸，接受质子的均是碱。氨基酸分子既含有酸性的羧基（—COOH），又含有碱性的氨基（$—NH_2$）。其—COOH 能释放出质子（H^+）而变成$—COO^-$；其$—NH_2$能接受质子而变成$—NH_3^+$。因此，氨基酸具有酸碱性质，是一类两性电解质，在水中常以兼性离子（zwitterion）［也称偶极离子（dipolar ion）］形式存在。

氨基酸在不同的 pH 条件下表现出不同的解离状态（图 2-7）。当溶液偏酸[①]时，兼性离子的$—COO^-$接受 H^+，整个分子带正电荷，用 A^+表示；当溶液偏碱时，兼性离子的$—NH_3^+$解离出一个 H^+，整个分子带负电荷，用 A^-表示。当 pH 适当时，氨基酸氨基和羧基的解离度相等，氨基酸带的净电荷为零，用 A^0 表示，在电场中既不向阳极移动，也不向阴极移动。将氨基酸分子净电荷为零时溶液的 pH 称为氨基酸的等电点（isoelectric point，pI）。在等电点时，氨基酸的溶解度最小。

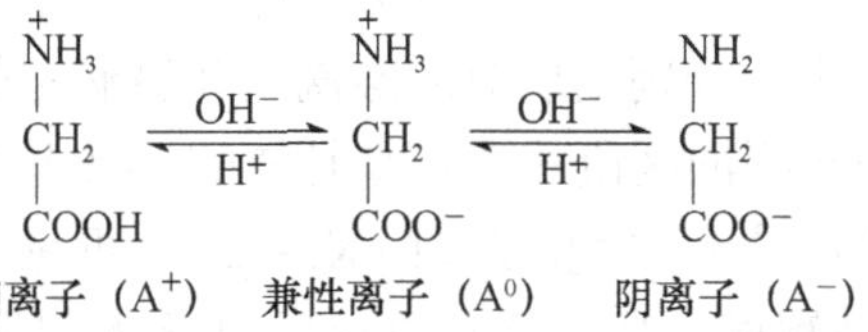

图 2-7　氨基酸在不同 pH 条件下的解离状态

氨基酸的解离状态是 pH 的一个函数，可以随环境 pH 的变化而变化。*α*-羧基的解离常数以 K_1 表示，*α*-氨基的解离常数以 K_2 表示。从氨基酸的解离反应可知氨基酸的解离常数与 pH 的关系。以甘氨酸为例，其解离反应分为以下两步。

第一步是 *α*-羧基的解离（图 2-8）：

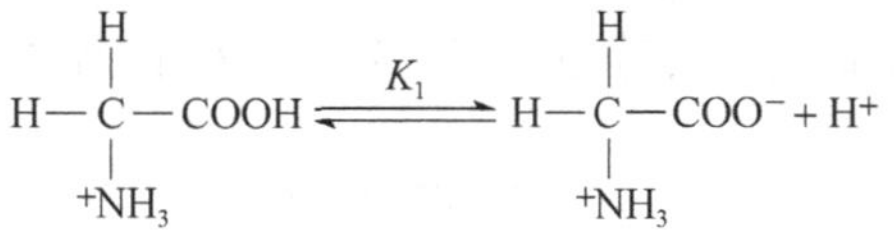

图 2-8　α-羧基的解离

① 所谓偏酸和偏碱是相对氨基酸分子的中性状态（即等电点时 pH）而言的，不是以水分子的中性（pH 7）为依据。

$$K_1=\frac{[A^0][H^+]}{[A^+]}$$

第二步是 α-氨基的解离（图 2-9）：

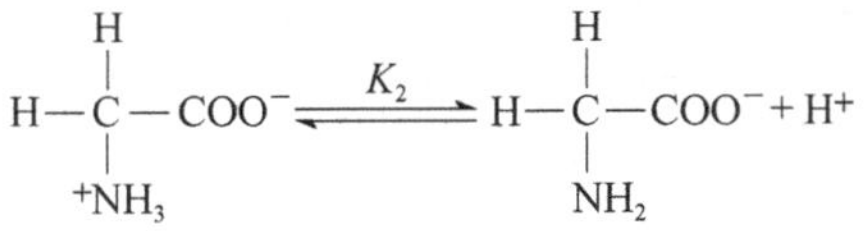

图 2-9 α-氨基的解离

$$K_2=\frac{[A^-][H^+]}{[A^0]}$$

K_1 和 K_2 的具体数值可以通过测定氨基酸的滴定曲线获得。以甘氨酸为例，分析其滴定曲线（图 2-10）。甘氨酸溶于水时，大多数分子为兼性离子，羧基解离为—COO⁻，氨基质子化为$—NH_3^+$。对甘氨酸溶液进行酸（如 HCl）滴定，溶液 pH 不随酸的等量加入线性下降，而是出现一个缓冲区段，表明甘氨酸对酸具有缓冲作用，其实质是解离状态的 α-羧基可以接受质子。到酸滴定终点时，所有甘氨酸的 α-羧基质子化，分子带一个正电荷（A^+）。对甘氨酸溶液进行碱（如 NaOH）滴定时，溶液 pH 也不随碱的等量加入线性升高，而是出现另一个缓冲区段，表明甘氨酸对碱也具有缓冲作用，其实质是质子化的 α-氨基解离出质子。到碱滴定终点时，所有甘氨酸的 α-氨基解离，分子带一个负电荷（A^-）。

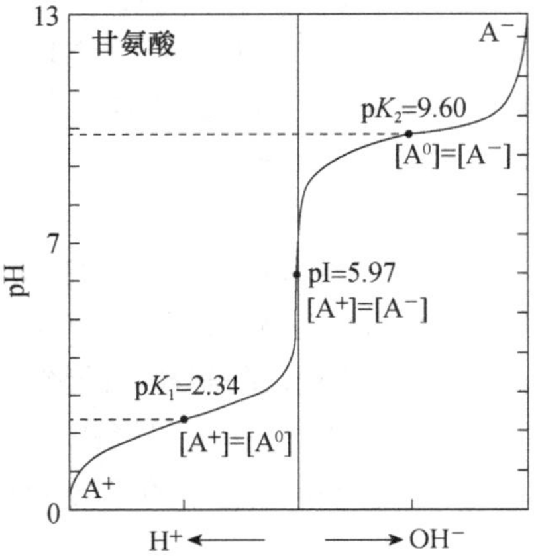

图 2-10 甘氨酸的滴定曲线

在甘氨酸酸碱滴定过程中，分别出现对应酸滴定和碱滴定的两个缓冲区段，表明甘氨酸具有酸碱两性性质。在酸滴定缓冲区段的中点是甘氨酸 α-羧基缓冲能力最强的时刻，此时一半的 α-羧基发生解离，即［A^+］=［A^0］，此时 pK_1=pH。可见，酸滴定缓冲区段中点对应的 pH 即 pK_1，是氨基酸 α-羧基解离一半时溶液的 pH。大多数氨基酸的 pK_1 在 2.2 左右。

在碱滴定缓冲区段的中点是甘氨酸 α-氨基缓冲能力最强的时刻，此时一半的 α-氨基质子化，即［A^0］=［A^-］，此时 pK_2=pH。可见，碱滴定缓冲区段中点对应的 pH 即 pK_2，是氨基酸 α-氨基解离一半时溶液的 pH。大多数氨基酸的 pK_2 在 9.4 左右。

在甘氨酸酸滴定和碱滴定曲线上各有一个拐点，分别为 pK_1 和 pK_2，从整个滴定曲线可以发现，还存在第三个拐点，即甘氨酸的等电点 pI。当所有甘氨酸分子净电荷为零（等电点）时，［A^+］=［A^-］，pH=1/2（pK_1+pK_2）。

对于一氨基和一羧基氨基酸，其等电点是 pK_1 和 pK_2 的算术平均值：

$$\frac{1}{2}(pK_1+pK_2)$$

对于 R 基团含有可解离基团的酸性氨基酸或碱性氨基酸来说，除了 pK_1 和 pK_2，还有侧链解离常数 pK_R，即侧链基团解离一半时对应的 pH。兼性离子两边的解离常数 pK 的平均值，即该氨基酸的等电点 pI。谷氨酸解离如图 2-11 所示。

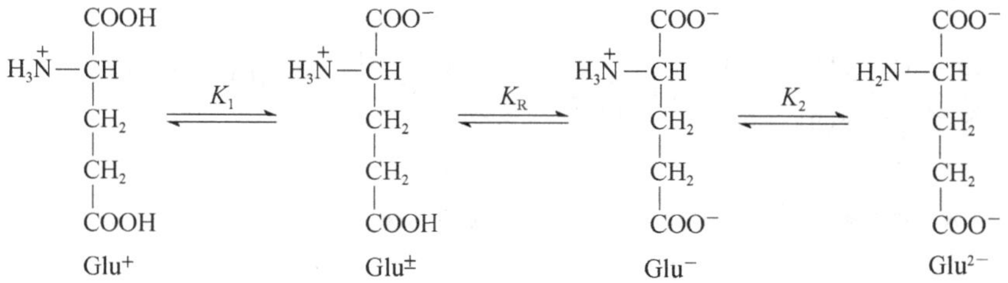

图 2-11 谷氨酸解离

对于酸性氨基酸，其等电点是 pK_1 和 pK_R 的算术平均值：

$$pI=\frac{1}{2}(pK_1+pK_R)$$

同理，对于碱性氨基酸，其等电点是 pK_2 和 pK_R 的算术平均值：

$$pI=\frac{1}{2}(pK_2+pK_R)$$

根据氨基酸的 pI 和溶液的 pH，很容易判断氨基酸分子的带电荷情况：当 pH＝pI 时，氨基酸分子净电荷为零，在电场中不移动；当 pH＜pI 时，氨基酸分子带正电荷，在电场中向负极移动；当 pH＞pI 时，氨基酸分子带负电荷，在电场中向正极移动。

不同氨基酸有不同的 pI（表 2-1）。在同一 pH 环境中，不同氨基酸所带电荷不同。一氨基、一羧基的普通氨基酸 pI 约为 6，在生理 pH 条件下（pH 7 左右）大多呈兼性离子形式；酸性氨基酸的 pI 在 2 左右，在生理 pH 条件下带负电荷；赖氨酸和精氨酸的 pI 偏高，在生理 pH 条件下带正电荷；组氨酸咪唑基的 pK_R 为 6.0，在生理 pH 时几乎有一半侧链质子化，既能接受质子又能提供质子，具有明显的缓冲作用，是 20 种常见蛋白质氨基酸中唯一一种在生理 pH 具备明显缓冲能力的氨基酸。红细胞中的血红蛋白含有较多的组氨酸，使得它在生理条件下的血液中具有显著的缓冲能力，这对于红细胞在血液中运输 O_2 和 CO_2 非常重要。

2．氨基酸的光吸收特性 20 种常见的蛋白质氨基酸在可见光区都没有光吸收；在近紫外区（200～400nm），3 种芳香族氨基酸色氨酸、酪氨酸和苯丙氨酸都有特征光吸收峰，它们的最大吸收波长（λ_{max}）分别为 280nm、275nm 和 257nm。蛋白质中由于含有这些氨基酸，因此具有紫外吸收能力，一般最大吸收波长在 280nm 处，因此能利用分光光度法测定样品中蛋白质的含量。

3．氨基酸的化学反应 氨基酸的化学反应主要是指 α-氨基、α-羧基和 R 基团所参与的反应。在此，重点介绍蛋白质化学中具有重要意义的几种氨基酸的化学反应。

（1）*茚三酮反应（ninhydrin reaction）* 茚三酮是一种强氧化剂，在弱酸溶液中，与 α-氨基酸共热，氨基酸发生氧化脱氨、脱羧，生成醛、氨、CO_2 和还原茚三酮，还原茚三酮、氨与另一分子茚三酮反应生成蓝紫色产物（最大吸收波长为 570nm）。其反应如下（图 2-12）。

氨基酸的 α-氨基和 α-羧基均参与反应。所有具有游离 α-氨基的氨基酸及肽都具有此反应；而脯氨酸及羟脯氨酸因 α-氨基被束缚，与茚三酮反应生成黄色产物（最大吸收波长为 440nm）。氨基酸与茚三酮反应非常灵敏，几微克氨基酸即能显色。应用纸层析、离子交换层析等技术分离氨基酸时，常利用茚三酮反应定性或定量测定各种氨基酸。

（2）*桑格反应（Sanger reaction）* 在弱碱性条件下，氨基酸的 α-氨基与 2,4-二硝基氟苯（2,4-dinitrofluorobenzene，DNFB）［又称 1-氟-2,4-二硝基苯（FDNB）］反应，生成黄色的 2,4-二硝基苯基氨基酸（DNP-氨基酸）（图 2-13）。

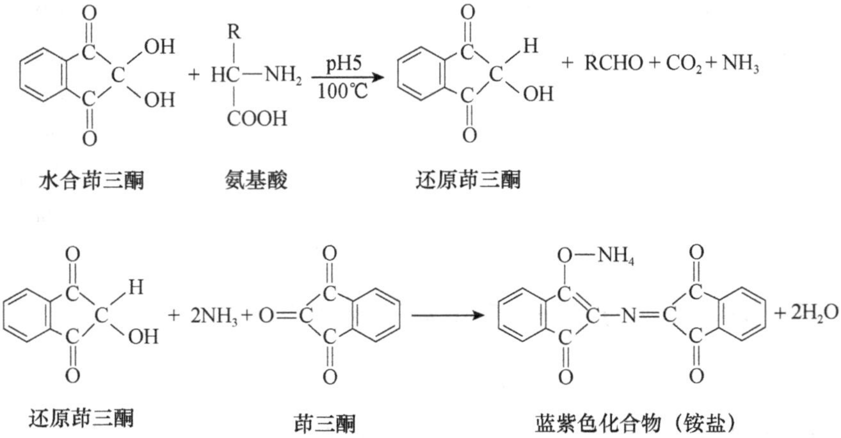

图 2-12　茚三酮反应

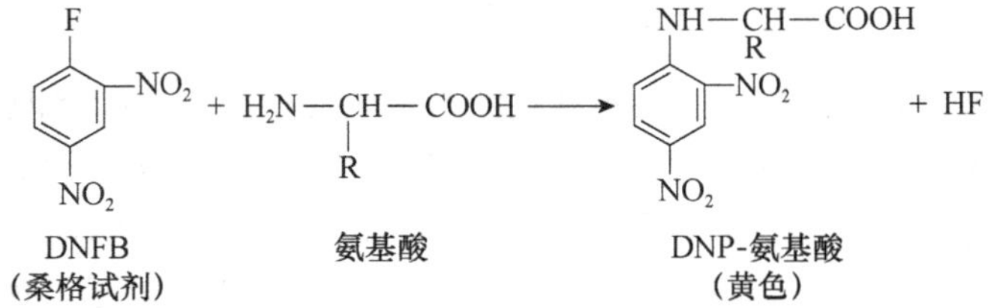

图 2-13　桑格反应

此反应可用来鉴定多肽或蛋白质 N 端的氨基酸。英国科学家 F. Sanger 最先开发了 DNFB 试剂并确定了胰岛素的一级结构，因此这个反应被称为桑格反应。近年来，5-二甲氨基-1-萘磺酰氯（简称丹磺酰氯，5-dimethyl-amino-naphthalene-1-sulfonyl chloride，DNS-Cl）被越来越多地代替 DNFB，用于测定蛋白质 N 端氨基酸（图 2-14）。该反应产生的 5-二甲氨基-1-萘磺酰氯氨基酸（DNS-氨基酸）有强烈的荧光，可用荧光分光光度计快速检测，其灵敏度比 DNFB 法高 100 倍。

资源 2-4

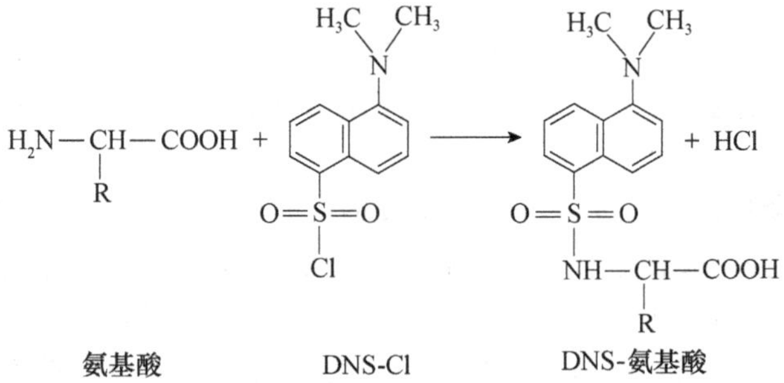

图 2-14　氨基酸与丹磺酰氯的反应

（3）埃德曼反应（Edman reaction）　在弱碱条件下，氨基酸的 α-氨基与异硫氰酸苯酯（phenylisothiocyanate，PITC）反应，生成相应的苯氨基硫甲酰氨基酸（PTC-氨基酸），后者在硝基甲烷中与酸作用发生环化，生成相应的苯乙内酰硫脲（phenylthiohydantion，PTH）衍生物 PTH-氨基酸（图 2-15）。PTH-氨基酸可采用层析法鉴定。

蛋白质多肽链 N 端氨基酸上的 α-氨基也可与 PITC 反应，生成 PTH-氨基酸和比原来少一个氨基酸残基的多肽链，该多肽链新的 N 端氨基酸又可继续与 PITC 反应，生成第二个 PTH-氨基酸和少了一个氨基酸残基的多肽链，如此重复多次，就测定出多肽链 N 端氨基酸排列顺

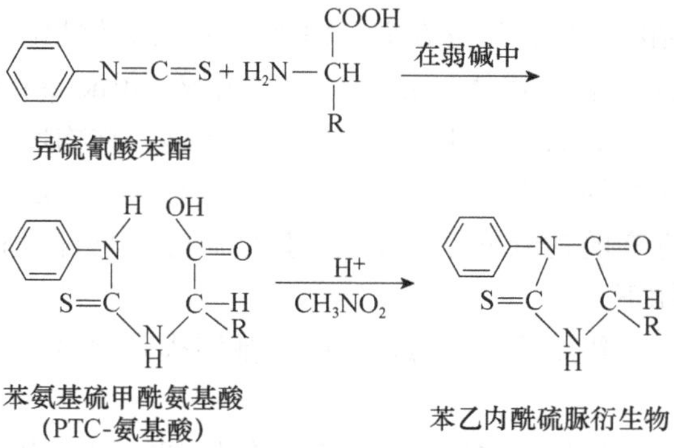

图 2-15 埃德曼反应

序。瑞典科学家 P. Edman 首先用此反应测定蛋白质的 N 端氨基酸，故此法又称埃德曼降解法（Edman degradation），它是“蛋白质顺序自动分析仪”的工作原理。

第三节 蛋白质的结构

一、蛋白质分子结构的组织层次

蛋白质分子不仅质量较大，而且结构复杂。为便于描述和理解这种复杂的结构，通常将蛋白质结构分成一级结构、二级结构、三级结构和四级结构（图 2-16）。一级结构（primary structure）又称初级结构，通常是指多肽链中氨基酸残基的排列顺序（氨基酸序列，amino acid sequence）。肽键（—CO—NH—）是一级结构的主要连接键，此外还包括半胱氨酸之间的二硫键。二级结构（secondary structure）是指多肽链共价主链（骨架）中局部肽段借助氢键形成的周期性结构，包括 α 螺旋、β 折叠、β 转角等。维持二级结构稳定性的作用力主要是氢键。三级结构（tertiary structure）是多肽链在二级结构基础上进一步借助非共价键折叠成的具有特定走向的紧密空间结构。四级结构（quaternary structure）是指两条或两条以上具有三级结构的亚基（subunit）借助非共价键聚合成的寡聚蛋白质（oligomeric protein）结构。蛋白质的二、三和四级结构被称为蛋白质的高级结构（high-order structure），是多肽链空间三维排布，属于三维结构。维持蛋白质三维结构的作用力主要是次级键，包括氢键、离子键、疏水作用和范德瓦耳斯力（即范德华力）。在一些蛋白质中，二硫键或配位键也参与维持蛋白质的三维结构。

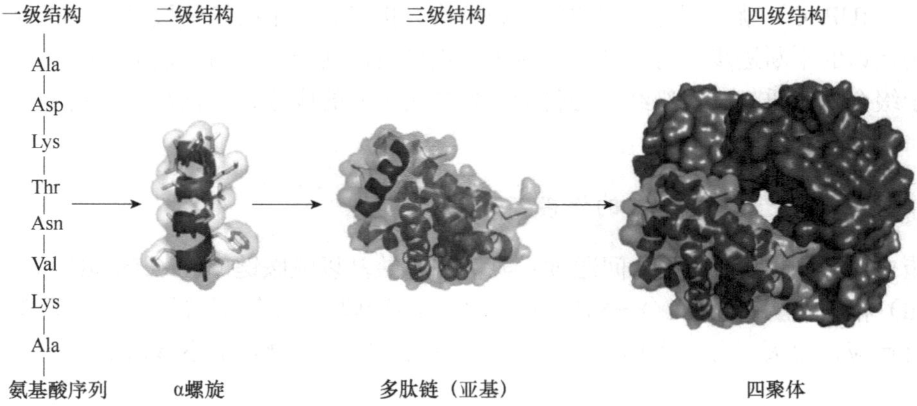

图 2-16 蛋白质结构的组织层次（Nelson and Cox，2021）

在二级结构和三级结构之间，还存在着一些被公认的过渡性结构层次，包括超二级结构（super-secondary structure）（也称模体，motif）和结构域（structural domain）。超二级结构是指相邻二级结构基本单元形成的有规律的二级结构聚集体。结构域是指在二级结构或超二级结构基础上形成的三级结构局部折叠区，是空间上相对独立、可以明显区分的球状区域，也是蛋白质分子中能独立存在的功能单位。综上，蛋白质分子具有明显的结构层次，各个结构层次之间的关系可表示如下：

一级结构（多肽链上的氨基酸排列顺序）

↓

二级结构（多肽链主链骨架的局部空间结构）

↓

超二级结构（二级结构单位的集合体）

↓

结构域（多肽链上可以明显区分的球状区域）

↓

三级结构（整个多肽链上所有原子的空间排布）

↓

四级结构（由球状亚基或分子缔合而成的聚合体结构）

蛋白质的二、三、四级结构的三维空间排布，也称为构象（conformation），小分子化合物分子中原子简单的空间排列方式称为构型（configuration）。构型和构象是两个容易混淆的名词，它们的含义和使用是有区别的。构型是指一个化合物分子中原子的空间排列。这种排列的改变会涉及共价键的形成和破坏。例如，氨基酸的L型和D型、单糖的α型和β型，都是构型。构象是指一个分子所采取的特定形态，反映分子在任一瞬间各原子的实际相对位置，因此也被看成是三维结构、立体结构和空间结构的同义词。在蛋白质化学中，构象用来表示一个多肽链中所有原子沿共价键转动而产生的不同空间排列，这种构象的改变会涉及次级键的形成与破坏，但不致使共价键被破坏。

二、蛋白质的一级结构

蛋白质的一级结构，又称蛋白质的共价结构、初级结构，是指多肽链中氨基酸残基的排列顺序。1969年，国际纯粹与应用化学联合会（International Union of Pure and Applied Chemistry，IUPAC）就曾规定蛋白质的一级结构只指多肽链中的氨基酸序列。随着人们对蛋白质结构认识的不断进步，对于含有二硫键的蛋白质，其一级结构还包括二硫键的数目和位置；对于缀合蛋白质，其一级结构还包括非蛋白质部分的成分、位置及其与氨基酸侧链的连接方式。

（一）蛋白质分子中氨基酸的连接方式

在蛋白质分子中，氨基酸之间通过α-氨基和α-羧基以酰胺键（amide bond）或肽键（peptide bond）相连。肽键（—CO—NH—）是由一个氨基酸的α-氨基与另一个氨基酸的α-羧基发生缩合反应，脱去一分子水形成的化学键（图2-17）。肽键是维系蛋白质一级结构的主要作用力。

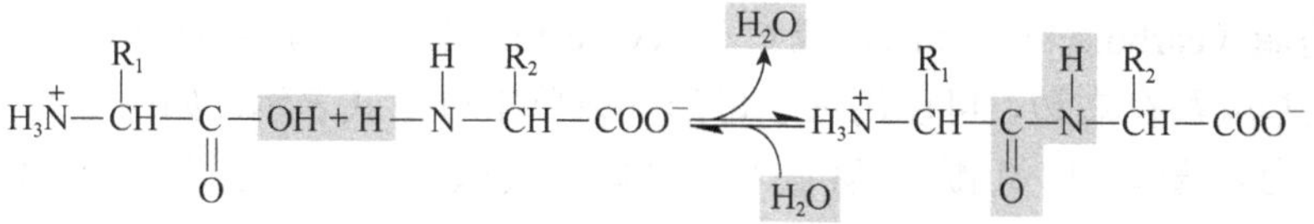

图 2-17 氨基酸的缩合反应

肽键具有 3 个基本特征：①具有部分双键的性质。肽键键长 0.133nm，比 C—N 单键（0.149nm）短，比C＝N 双键（0.127nm）长，具有部分双键性质。肽键所具有的双键性质源于酰胺键 N 上的孤对电子与相邻羰基之间发生的共振作用（图 2-18）。肽键的双键性质使之不能自由旋转，导致形成肽键的 4 个原子（C、O、N 和 H）和与之相连的 2 个 α-碳原子（C_α）共处在一个平面上，形成肽平面（peptide plane），也称酰胺平面或酰胺键平面。②肽键具有极性。羰基氧带有部分负电荷，可以在形成氢键时作为氢的受体；氨基氮具有部分正电荷，可以在形成氢键时作为氢的供体。③大多数肽键为反式构型（*trans* configuration）。2 个 C_α 分处于肽平面的两侧，羰基氧和氨基氢位于肽键两侧，这种反式构型有利于结构的稳定。Pro 形成肽键时，由于四氢吡咯环引起空间位阻，消除了反式构型的优势，顺式（*cis*）和反式（*trans*）构型均会出现。另外，多肽链合成时最初形成的肽键均为反式构型，之后部分肽键在肽基脯氨酰顺反异构酶（peptidylprolyl *cis-trans* isomerase，PPIase）催化下转变为顺式构型。

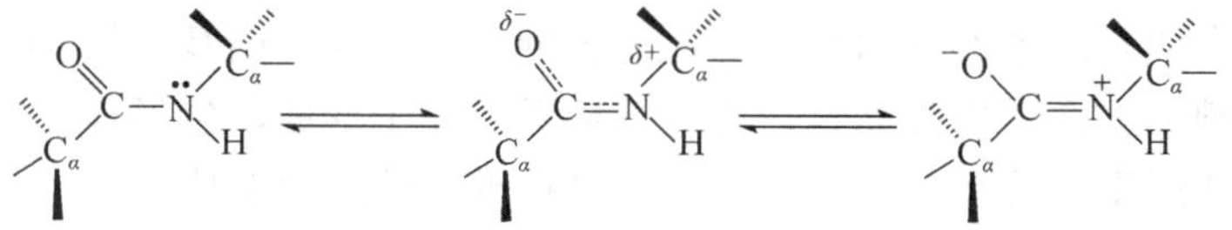

图 2-18 肽键的双键性质

（二）肽与蛋白质

肽和蛋白质是氨基酸的线型多聚体。生物学上的肽链在长短方面，从两三个氨基酸残基到上千个残基。由两个氨基酸通过肽键连接而成的化合物称为二肽（dipeptide），由 3 个氨基酸通过肽键连接而成的化合物称为三肽（tripeptide），依次类推，多个氨基酸通过肽键按顺序连接在一起称为多肽链（polypeptide chain）或肽链。通常，把由几个至十几个氨基酸组成的肽称为寡肽（oligopeptide），把由 20 个以上氨基酸组成的肽称为多肽（polypeptide）。多肽链中每个氨基酸单位称为氨基酸残基（amino acid residue）。虽然“多肽”和“蛋白质”这两个术语有时可以交互使用，但多肽的分子量（M_r）一般小于 10 000（＜100 个残基），而蛋白质的分子量则高于此值，可以是几千个残基。

蛋白质是氨基酸的高聚物，M_r 变化范围很大，为 6000～1×10^6。一般认为最小的蛋白质为胰岛素，M_r 为 5733。有些蛋白质由两条或多条多肽链构成，称为寡聚蛋白质或多聚蛋白质（multimeric protein）。例如，血红蛋白由 2 条 α 链和 2 条 β 链构成。其中每条多肽链称为亚基，亚基之间通过非共价键缔合。蛋白质中 20 种常见氨基酸的平均 M_r 约为 138，但是多数蛋白质中较小的氨基酸占优势，因此平均 M_r 约为 128。每形成一个肽键将除去一分子水（M_r＝18），因此蛋白质中氨基酸残基的平均 M_r 约为 110。对于不含辅基的简单蛋白质，用 M_r 除以 110 即可约略估计其氨基酸残基数目。

多肽链由一条共价主链（main chain）和多个 R 基团侧链（side chain）组成。多肽链含有游离 α-氨基的一端称为氨基端（amino terminal）或 N 端（N-terminal），含有 α-游离羧基的一端称为羧基端（carboxyl terminal）或 C 端（C-terminal）。书写多肽链时，习惯上将氨基端写在左边、羧基端写在右边，可以用三字母形式或单字母形式表示。如图 2-19 所示的五肽结构，被命名为丝氨酰甘氨酰酪氨酰丙氨酰亮氨酸，简写为 Ser-Gly-Tyr-Ala-Leu 或 Ser·Gly·Tyr·Ala·Leu，也可以直接用 SGYAL 表示。从图 2-19 中还可以看出，多肽链共价主链由—N—C_{α}—C—序列重复排列而成。另外，肽链有时两个末端连接起来而形成环肽（cyclic peptide），如某些细菌产生的多黏菌素（polymyxin）和缬氨霉素（valinomycin）。

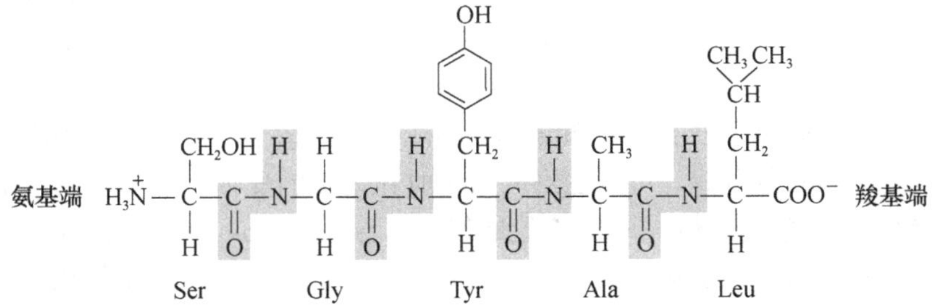

图 2-19　五肽的结构

生物体内某些寡肽或多肽虽然含量较低，但具有重要的生物活性，被称为活性肽（bioactive peptide）。它们在沟通细胞内部、细胞之间及器官之间信息方面起着重要作用。自然界中活性肽的合成有两条不同途径：①通过核糖体的途径，由基因组 DNA 上特定的基因编码，首先在核糖体上合成多肽前体，再进行翻译后加工形成，包括很多的肽类激素和其他肽，如催产素、加压素、舒缓激肽等。②不通过核糖体的酶促合成途径，如谷胱甘肽和短杆菌肽 S 等，这类肽在基因组 DNA 分子中没有编码基因，常含有 D 型氨基酸，有的肽键不一定由 α-氨基和 α-羧基缩合而成，如谷胱甘肽（glutathione，GSH）的第一个肽键。

谷胱甘肽又称还原型谷胱甘肽，广泛存在于动物、植物及某些微生物中，是由谷氨酸、半胱氨酸和甘氨酸组成的三肽，活性基团为巯基。在谷胱甘肽分子中，谷氨酸和半胱氨酸之间的肽键为异肽键，成键的羰基来自谷氨酸的 γ-羧基而不是 α-羧基，因此也被称为 γ-谷胱甘肽（图 2-20）。GSH 中含有一个活泼的巯基，很容易氧化生成氧化型谷胱甘肽（GSSG）。GSH 是细胞内主要的抗氧化剂之一，能抵抗氧化剂对蛋白质、酶、核酸及细胞结构的破坏。GSH 在谷胱甘肽过氧化物酶的作用下，把过氧化氢还原成水，自身被氧化为 GSSG，从而达到清除过氧化物的目的。GSSG 在谷胱甘肽还原酶的作用下，又可以重新被还原为 GSH。在红细胞中，谷胱甘肽不仅可以作为巯基缓冲剂，维持血白蛋白或其他巯基蛋白的 Cys 残基处于还原状态，还可以用于消除脂质过氧化对细胞膜的破坏。

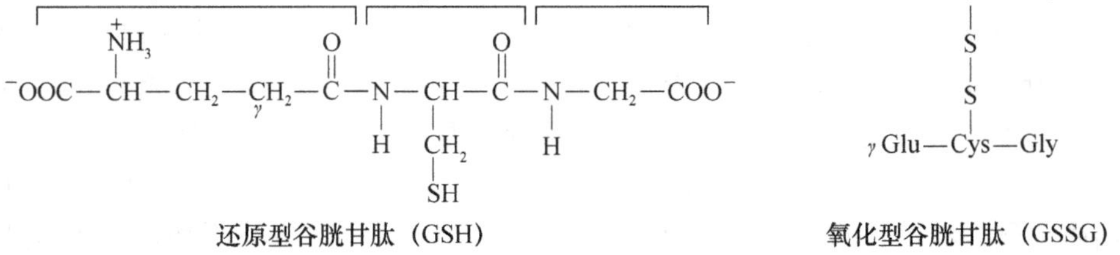

图 2-20　谷胱甘肽的结构

在动物体内发现的许多激素也属于肽类物质，如催产素、加压素和促甲状腺素释放激素等，以及近年来引人注意的具有类吗啡作用的脑啡肽（enkephalin）等。某些蕈类产生的剧毒毒素也是肽类化合物，如 α-鹅膏蕈碱（α-amanitin）。有些抗生素（antibiotic）也属于肽类或肽的衍生物，如短杆菌肽 S（gramicidin S）、多黏菌素 E（polymyxin E）和放线菌素 D（actinomycin D）等。活性肽越来越多地引起人们的兴趣，随着研究的深入，更多的活性肽将被应用。

资源 2-5

肽的化学反应与氨基酸相似，其游离 α-氨基、α-羧基及 R 基团可以发生与氨基酸相应基团的类似反应。N 端的氨基酸残基可以发生茚三酮反应，生成呈色物质，被广泛用于肽的定性和定量测定中。双缩脲反应（biuret reaction）是肽和蛋白质的特有反应，氨基酸则没有这种颜色反应。一般含有两个或两个以上肽键的化合物与碱性 $CuSO_4$ 发生双缩脲反应，生成紫红色或蓝紫色复合物。颜色深浅与肽或蛋白质的含量呈正比，可以用于肽或蛋白质的定量测定中。

（三）蛋白质一级结构的测定

胰岛素（insulin）是世界上首例被测定氨基酸序列的蛋白质。1953 年，英国科学家 F. Sanger 利用 2,4-二硝基氟苯（DNFB）和桑格反应并结合纸层析等方法，确定了牛胰岛素的氨基酸序列，在生物化学领域具有重要的里程碑意义，Sanger 也因此获得了 1958 年的诺贝尔化学奖。1965 年，我国科学家在世界上首次合成了具有完整生物活性的牛胰岛素。胰岛素由两条多肽链组成，一条称 A 链（含 21 个氨基酸残基），另一条称 B 链（含 30 个氨基酸残基），各氨基酸残基有严格的排列顺序。这两条多肽链通过两个链间二硫键连接起来，其中 A 链上还有一个链内二硫键（图 2-21）。

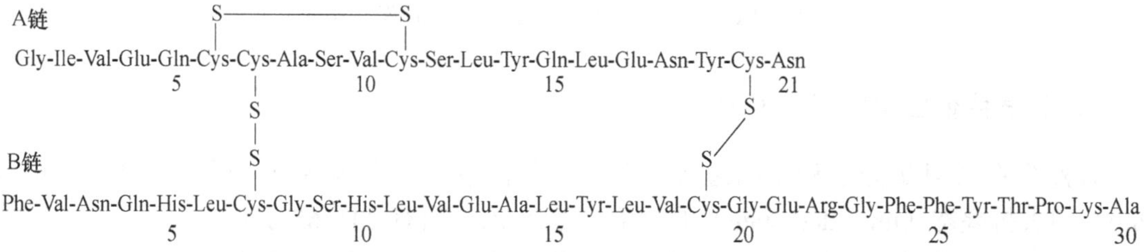

图 2-21　牛胰岛素的一级结构（刘国琴和杨海莲，2019）

测定蛋白质氨基酸序列具有重要意义，不仅有利于揭示蛋白质生物活性的分子基础、多肽链的折叠规律，以及在分子水平揭示物种进化关系，还有利于揭示分子遗传病的分子机制，为药物设计提供依据。蛋白质氨基酸序列测定主要根据 Sanger 实验室发展起来的方法进行。其程序为：①测定蛋白质的分子量和它的氨基酸组分。②测定多肽链 N 端和 C 端。③用两种不同裂解点的裂解方法（如胰蛋白酶裂解法和溴化氰裂解法）分别将很长的多肽链裂解成两套较短的肽段。④分离提纯所产生的肽段，分别测定它们的氨基酸顺序。⑤应用肽段序列重叠法确定各种肽段在多肽链中的排列次序，确定多肽链中氨基酸排列顺序。⑥确定二硫键在多肽链中的位置。

三、蛋白质的高级结构

（一）肽单位和二面角

前面已经提到，形成肽键的 4 个原子和与其相连的两个 C_α 共处于一个平面内，形成肽平面。多肽链主链结构实际是由一个个肽平面组成的，相邻平面之间通过 C_α 连接。多肽链主链骨架上的重复结构称为肽单位。X 射线是一种高能电磁波，可以利用 X 射线衍射技术研究蛋白质晶体中蛋白质分子构象。早在 20 世纪 30 年代，L. Pauling 和 R. Corey 就在利用 X 射线衍射技术测定肽晶体分子中各原子间的键长和键角等性质。肽平面内的 C=O 与 N—H 呈反式排列，各原子间的键长和键角都是固定的。尽管肽键具有部分双键性质，不能自由旋转，但在一个肽平面上，与 C_α 相连的两个单键（C_α—N 和 C_α—C）可以绕键轴旋转（图 2-22）。绕 C_α—N 键旋转的角度称为 φ（phi）角，绕 C_α—C 键旋转的角度称为 ψ（psi）角。这两个旋转的角度称为二面角（dihedral angle）或构象角。多肽链的所有可能构象都能用二面角 φ 和 ψ 来描述。理论上讲，φ 和 ψ 的大小可以在 $-180°\sim+180°$ 内变动，但实际上由于受到肽链骨架和氨基酸侧链 R 基团原子间空间位阻的限制，许多值实际上并不存在。肽链在可旋转性和受限制性两方面的制约下，形成特定构象。天然蛋白质分子中只存在一种或少数几种稳定的构象。

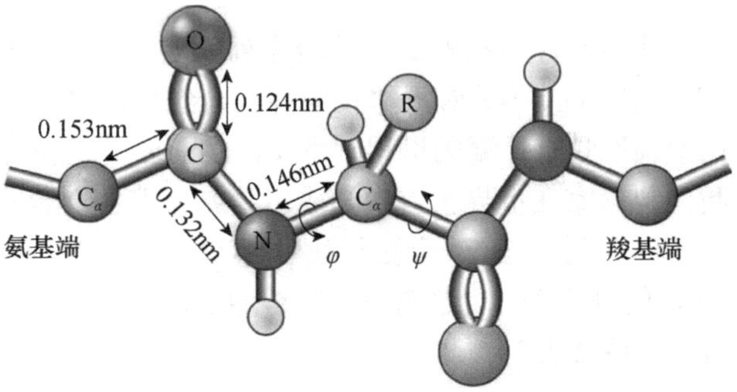

图 2-22 肽平面与二面角（刘国琴和杨海莲，2019）

（二）维持蛋白质空间构象的作用力

天然蛋白质只是处于稳定的边缘，在生理条件下，一个典型蛋白质的折叠态（folded state）和去折叠态（unfolded state）的自由能差（ΔG）只有 20～65kJ/mol。维持蛋白质空间构象的作用力主要是弱相互作用（非共价键或次级键），包括氢键、离子键、疏水作用和范德瓦耳斯力等。另外，在一些蛋白质中，二硫键或配位键也参与维持蛋白质的空间结构。

氢键（hydrogen bond）是由一个与电负性很强的原子共价结合的氢原子，与另一个电负性很强的原子之间形成的键。氢键是最早被发现的次级键，在蛋白质构象的维持中起重要作用，如 α 螺旋的形成、β 折叠中链与链之间的结合等。离子键（ionic bond）又称盐键、静电键、静电作用，是带正、负电荷的离子或基团因静电吸引而形成的键。蛋白质中的离子键主要是一条肽链的侧链羧基与另一条肽链的侧链氨基之间形成的键。疏水作用（hydrophobic interaction）也称疏水键，是非极性（疏水）基团为了避开水而聚集在一起的作用力。蛋白质分子中含有许多非极性氨基酸（如 Leu、Ile、Val、Phe、Trp 等），这些非极性氨基酸残基侧链在水溶液中为避开水而聚集在一起，使多肽链折叠、盘绕成近似球状的构象，在三级结构的形成和稳定中起重要作用。范德瓦耳斯力（van der Waals force）也称为范德瓦耳斯相互作用或范德瓦耳斯键，实质是静电引力，是偶极与偶极之间的相互作用，是非极性基团之间的唯一作用力。范德瓦耳斯力是一种弱作用力，仅在原子间距离 0.3～0.6nm 时有作用。由于在一个堆积紧密的蛋白质分子中，原子数目巨大，因此范德瓦耳斯力在维持蛋白质三、四级结构中也发挥着不可忽略的作用。二硫键（disulfide bond）又称二硫桥，是蛋白质分子中半胱氨酸侧链巯基之间氧化形成的共价键。二硫键键能很大，可以把不同肽链或同一肽链不同部分连接起来，对维持蛋白质三维结构起着重要作用。二硫键还往往与蛋白质的生物活性有关。在蛋白质折叠过程中，巯基和二硫键的相互转化是限速步骤；一些蛋白质中的二硫键一旦被破坏，其生物活性会丧失。配位键（coordinate bond）是两个原子之间由单方面提供电子对所形成的共价键。金属蛋白（如血红蛋白、铁氧还蛋白等）分子中的金属离子往往以配位键与蛋白质连接。金属离子通过配位键参与维持蛋白质的三、四级结构。

对所有生物的蛋白质来说，弱相互作用在多肽链折叠成二、三级结构方面特别重要，多个三级结构亚基缔合成四级结构也依靠这些弱相互作用。破坏一个共价单键需要 200～460kJ/mol 的能量，而断裂弱相互作用只需要 0.4～30kJ/mol 的能量（表 2-2）。这些次级键的键能虽弱，但数目巨大，各种次级键加在一起，产生足以维持蛋白质空间构象的作用力。一般来说，具有最低自由能的蛋白质构象（即最稳定的构象）是弱相互作用数目达到最大的构象。

表 2-2 蛋白质中常见的化学键键能

键的种类	键能/（kJ/mol）	键的种类	键能/（kJ/mol）
氢键	13～30	离子键	12～30
疏水作用	12～20*	二硫键	210
范德瓦耳斯力	0.4～4.0		

* 此数值为 25℃时非极性侧链从蛋白质内部转移到水介质中所需要的自由能

（三）蛋白质的二级结构

蛋白质在折叠的过程中，处于分子表面的主链极性基团（C=O 和 N—H）与水分子形成氢键，分子内部主链的极性基团相互之间形成氢键，从而使多肽链的折叠出现了由氢键稳定的有规律的构象，即二级结构。蛋白质的二级结构是指多肽链共价主链中局部肽段借助氢键形成的周期性结构，是蛋白质复杂三维结构的基础，因而也被称为构象元件（element）或单元（unit）。一个典型的蛋白质中多肽链主链的大部分走向不是随机的，这种走向对该蛋白质的结构和功能是不变和高度专一的。常见的二级结构有 α 螺旋、β 折叠、β 转角、Ω 环和无规卷曲等。从结构稳定性上看，α 螺旋＞β 折叠＞β 转角＞Ω 环和无规卷曲，但从功能上看正好相反，α 螺旋和 β 折叠一般只起支持作用，Ω 环和无规卷曲往往在蛋白质和酶的活性中心发挥重要作用。下面我们主要讨论几种最常见的二级结构类型。

1. α 螺旋 α 螺旋（α helix）是蛋白质中最常见、最典型和含量最丰富的二级结构元件。1951 年，L. Pauling 和 R. Corey 研究羊毛、猪毛、羽毛等的 *α*-角蛋白时，提出了 α 螺旋结构。α 螺旋是指多肽共价主链借助氢键紧密卷曲成的周期性螺旋状构象（图 2-23）。其主要特征包括：肽链主链围绕一个虚拟的轴以螺旋的方式伸展；每个 α 螺旋含有 3.6 个氨基酸残基（AA），螺距 0.54nm，每个氨基酸残基绕轴旋转 100°、沿轴上升 0.15nm；氨基酸残基的侧链 R 基团伸向螺旋的外侧，不计侧链时，α 螺旋的直径约为 0.5nm；α 螺旋的稳定靠氢键来维持，氢键由每个氨基酸残基的 C=O 与它后面第 4 个氨基酸残基的 N—H 形成，每个氢键闭合的环共含有 13 个原子，因此 α 螺旋也称为 3.6_{13} 螺旋（图 2-24）；α 螺旋有左手和右手之分，天然蛋白质中的 α 螺旋绝大多数都是右手螺旋。

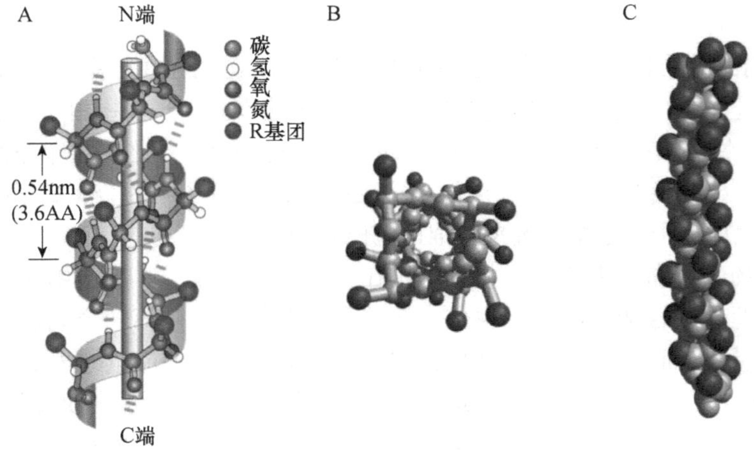

彩图

图 2-23 α 螺旋的结构

A. 球棍模型；B. 俯视图（示 R 基团在外侧）；C. 空间充填模型

图 2-24 α 螺旋的氢键闭合环（Nelson and Cox，2021）

蛋白质肽链是否能够形成 α 螺旋及形成的 α 螺旋是否稳定，与它的氨基酸组成和序列直接相关。在常见的 20 种蛋白质氨基酸中，Ala、Cys、Leu、Met、Glu、Gln、His 和 Lys 经常出现在 α 螺旋中；Gly 残基由于没有侧链的约束，二面角可以任意取值，不易形成 α 螺旋；Pro 的 *α*-亚氨基上氢原子参与肽键的形成后，没有多余氢原子形成氢键，加上 *α*-碳原子位于五元环上，使其 C_{α}—N 键不能自由旋转，肽链中出现 Pro 时 α 螺旋容易中断；肽链中连续出现带相同电荷的氨基酸残基（如 Lys、Arg 或 Glu、Asp），由于同性电荷相斥不利于形成 α 螺旋；肽链中连续出现较大 R 基团的氨基酸残基（如 Phe、Trp），由于侧链基团太大产生空间位阻，难以形成 α 螺旋；*β*-碳原子上有分支的氨基酸残基（如 Ile、Val、Thr），其分支距离螺旋太近，也不利于形成 α 螺旋。

α 螺旋是天然蛋白质中最常见的二级结构之一，但不同蛋白质中 α 螺旋含量变化很大。肌红蛋白和血红蛋白分子的肽链中约有 80%是 α 螺旋，而胰凝乳蛋白酶的肽链含 α 螺旋较少，只有约 14%。α 螺旋在某些情况下可以伸展。构成 *α*-角蛋白的螺旋链，在受热水、稀酸或稀碱处理时可以伸展，取消处理后又可恢复原状。

2. β 折叠 β 折叠（β sheet）又称 β 折叠片（β pleated sheet）、β 结构或 β 构象，其肽链几乎是完全伸展的，相邻肽链以相同或相反方向排列成片状结构。肽链的 β 折叠结构也是由 L. Pauling 等提出的。L. Pauling 等在用 X 射线衍射技术研究丝心蛋白结构时发现，获得的数据无法用 α 螺旋结构来解释，通过进一步研究，提出了另一种重要的蛋白质二级结构，即 β 折叠。相邻肽链方向相同的称为平行 β 折叠，相邻肽链方向相反的称为反平行 β 折叠（图 2-25）。β 折叠结构的肽主链呈锯齿状，侧链基团交替分布在折叠片层的两侧；氢键由相邻两条肽链中一条的 C═O 与另一条的 N—H 形成。在平行 β 折叠结构中，相邻肽链的走向相同，但氢键不平行。在反平行 β 折叠结构中，相邻肽链的走向相反，但氢键近于平行。

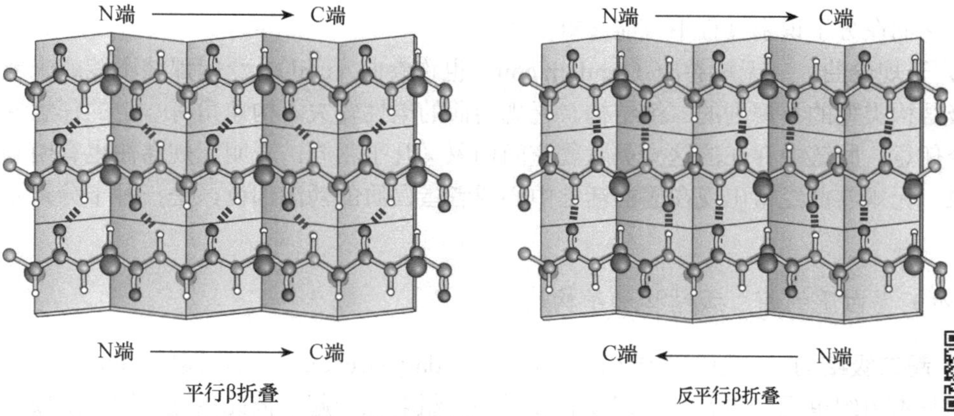

彩图

图 2-25 两种 β 折叠的结构（Nelson and Cox，2021）

与 α 螺旋相比，β 折叠在空间处于更加伸展的状态，因此那些在 α 螺旋中容易产生空间位阻的氨基酸残基能够在 β 折叠中找到相应的位置，即 *β*-碳原子上有分支、较大侧链 R 基团的氨基酸残基如 Val、Ile、Phe、Tyr、Trp 等，更倾向于形成 β 折叠。

β 折叠中的两条相邻肽链可以是来自同一肽链的不同区段，也可以来自两条不同的肽链，有时甚至可以来自不同蛋白质从而导致蛋白质之间形成二聚体。在纤维状蛋白质中，β 折叠主要是反平行式，而球状蛋白质中平行和反平行 β 折叠两种形式均广泛存在。丝心蛋白的二级结构主要是 β 折叠结构，一些蛋白质二级结构中同时存在 α 螺旋和 β 折叠结构。例如，核糖核酸酶二级结构包含约 26%的 α 螺旋和 36%的 β 折叠。

3. β 转角 β 转角（β turn）又称 β 弯曲（β bend）或发卡结构（hairpin structure），由 4 个氨基酸残基组成，其第一个氨基酸残基的 C=O 与第 4 个氨基酸残基的 N—H 形成氢键，使肽链 180°回转。β 转角有两种主要类型，即Ⅰ型和Ⅱ型（图 2-26），二者的区别在于第二、三位氨基酸残基旋转了 180°。在 β 转角中，Gly 和 Pro 出现频率较高。Gly 侧链只有一个氢原子，在构象上几乎没有空间障碍，可以缓和由肽链弯曲造成的侧链残基之间的相互作用；Pro 的亚氨基与侧链成环，比较严格地限制了构象角的自由度，一定条件下有利于 β 转角的形成。β 转角经常出现在蛋白质分子的表面，多数由亲水氨基酸残基组成，转角中央的两个氨基酸残基能够与水形成氢键。在球状蛋白质中，β 转角含量丰富，约占总残基的 1/4。

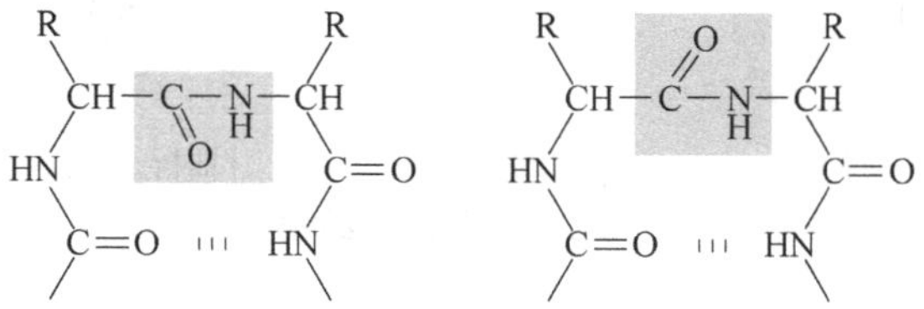

Ⅰ型β转角　　Ⅱ型β转角

图 2-26 两种 β 转角的结构

4. Ω 环 Ω 环（Ω loop）是近年来发现的普遍存在于球状蛋白质中的一种新的二级结构，它们虽然不像 α 螺旋和 β 折叠那样规整，但仍有规律可循，其形状像希腊字母“Ω”，故称 Ω 环。Ω 环由 6～16 个氨基酸残基组成，一般为 6～8 个残基，尤以 8 个残基的 Ω 环最常见；Ω 环改变了肽链的走向，使得形成环的首尾两个残基直接距离小于 1nm。从形式上，Ω 环可以看成是 β 转角的延伸。Ω 环几乎只出现在蛋白质分子的表面，而且以亲水氨基酸残基为主，它们在分子识别过程中可能起重要作用。

5. 无规卷曲 无规卷曲（random coil）也称卷曲（coil），泛指那些不能或未能归入上述二级结构类型的不规则的二级结构。无规卷曲的柔性较大，构象角有一定的任意性，但又不完全任意，肽链中存在的这一类肽段空间构象又几乎相同，表明无规卷曲也有明确和稳定的构象。无规卷曲经常出现在酶的活性中心或者蛋白质的功能部位，是一种十分重要的二级结构。

（四）蛋白质的超二级结构和结构域

1. 超二级结构 超二级结构（super-secondary structure）又称模体（motif），是指二级结构的基本组织单元（主要是α螺旋和β折叠）组合在一起、彼此相互作用，形成空间结构上容易被辨识的二级结构组合体（图2-27）。超二级结构最早由M. Rossmann等于1973年提出。已知的超二级结构主要有3种基本组成形式：α螺旋的聚集体（αα）、α螺旋和β折叠的聚集体（βαβ）和β折叠的聚集体（ββ）。αα结构是两个α螺旋相互缠绕形成的左手超螺旋结构，两个螺旋依靠侧链疏水作用相互结合，自由能很低，结构稳定。αα结构是*α*-角蛋白、肌球蛋白、原肌球蛋白等纤维状蛋白质的主要结构元件，也存在于烟草花叶病毒衣壳蛋白、蚯蚓血红蛋白等球状蛋白质中。βαβ结构是由两段平行的β折叠通过一段α螺旋连接而成的结构。最常见的是两个βαβ连接在一起形成βαββαβ，称为罗斯曼折叠（Rossmann fold）。β折叠的连接链有时候也可以是无规卷曲。βαβ结构存在于许多球状蛋白质中，如枯草杆菌蛋白酶、丙酮酸脱氢酶、苹果酸脱氢酶等。ββ结构是由两段反平行的β折叠通过β转角或其他连接肽连接而成的结构。连接肽通常含有2～4个氨基酸残基。最简单的ββ结构也被称为β发夹（β hairpin），几个β发夹可以形成更大、更复杂的折叠结构，如β曲折（β meander）和希腊钥匙结构（Greek key structure）。超二级结构广泛存在于各类球状蛋白质中。许多纤维状蛋白质如角蛋白、胶原蛋白、丝心蛋白等，也均以超二级结构为基本结构形式。

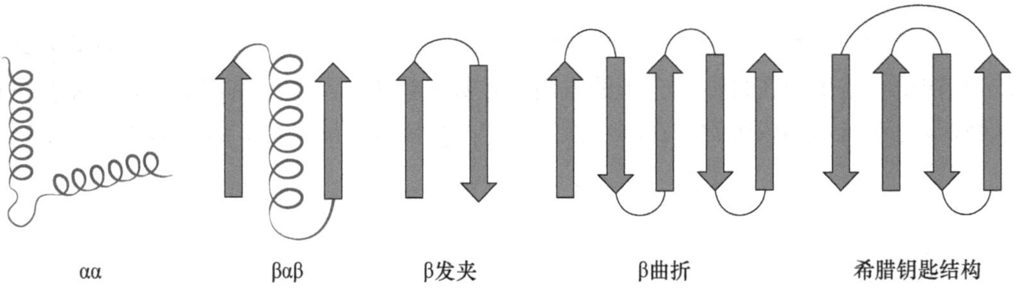

图2-27 超二级结构

2. 结构域 结构域（structural domain）是在二级结构或超二级结构单元基础上形成的三级结构的局部折叠区，是相对独立的紧密球状实体，具有特定功能。1970年，C. Edelman描述免疫球蛋白分子构象时，首次提出了结构域的概念。常见的结构域含有100～200个氨基酸残基，少至含有40个氨基酸残基，多至含有400个以上氨基酸残基。

结构域是球状蛋白质的折叠单位。分子量低于20×10^3的蛋白质通常呈一个简单的球形，其结构域与三级结构往往是一个意思，只有一个结构域。分子量较大的蛋白质分子可以折叠成两个或更多的结构域。例如，木瓜蛋白酶分子含有两个不同的结构域，免疫球蛋白分子含有12个相似的结构域。每个结构域通常是独自折叠形成的，内部都含有一个疏水核心，并含有一个或几个超二级结构。疏水核心是结构域稳定存在所必需的，结构域在结构上相对独立，在功能上也是如此。许多蛋白质的结构域在特殊条件下被分开后，每个结构域仍然能保留各自原有的功能。

根据结构域中二级结构单元的种类、数量及排列方式，结构域大体可以分为4类：①全α类，α螺旋占优势；②全β类，β折叠占优势；③α/β类，α螺旋和β折叠相间排列；④α+β类，α螺旋和β折叠分开聚集。此外，还有富含金属或二硫键的结构域。

（五）蛋白质的三级结构

蛋白质的三级结构是指多肽链在二级结构的基础上进一步折叠、盘绕成的复杂的空间结构。三级结构涉及蛋白质分子的肽链中所有氨基酸残基和肽链的空间位置，但不涉及亚基之间的关系。稳定三级结构的作用力主要是次级键，包括氢键、疏水键、离子键、范德瓦耳斯力等。此外，共价二硫键、金属蛋白的配位键也参与形成和稳定蛋白质的三级结构。

纤维状蛋白质的三级结构通常只含有一种二级结构元件，如*α*-角蛋白只含有α螺旋；而球状蛋白质的三级结构含有两种或两种以上的二级结构元件，如溶菌酶由α螺旋、反平行β折叠、β转角和无规卷曲等构成。虽然每种球状蛋白质都有自己独特的三级结构，但其三级结构也存在一些共同特征：①大多数球状蛋白质以α螺旋和β折叠片构成分子核心；②球状蛋白质的三级结构具有明显的折叠层次；③球状蛋白质分子是紧密的球状或椭球状实体；④球状蛋白质疏水侧链埋藏在分子内部，亲水侧链暴露在分子表面；⑤球状蛋白质分子的表面有一个空穴，通常是结合底物、效应物等配体和行使生物学功能的活性部位。

肌红蛋白（myoglobin，Mb）是典型的具三级结构的蛋白质（图2-28），其生物学功能是在动物肌肉中储存和运输氧。肌红蛋白的空间结构测定由J. Kendrew及其同事于1963年完成。肌红蛋白由一条含有153个氨基酸残基的多肽链和一分子血红素（heme）辅基构成。血红素由原卟啉（protoporphyrin）和Fe^{2+}组成。除去血红素的脱辅基肌红蛋白称为珠蛋白（globin），它与血红蛋白的亚基（*α*-珠蛋白和*β*-珠蛋白）同源，构象与功能也极其相似。多肽链主链骨架包含长短不等的8段α螺旋（分别命名为A，B，C，…，H），约占多肽链的75%；α螺旋之间的拐弯处是无规卷曲（分别命名为NA，AB，BC，…，HC）。具非极性侧链基团的氨基酸残基被埋于分子内部；而具极性侧链基团的氨基酸残基几乎全部分布于球状分子表

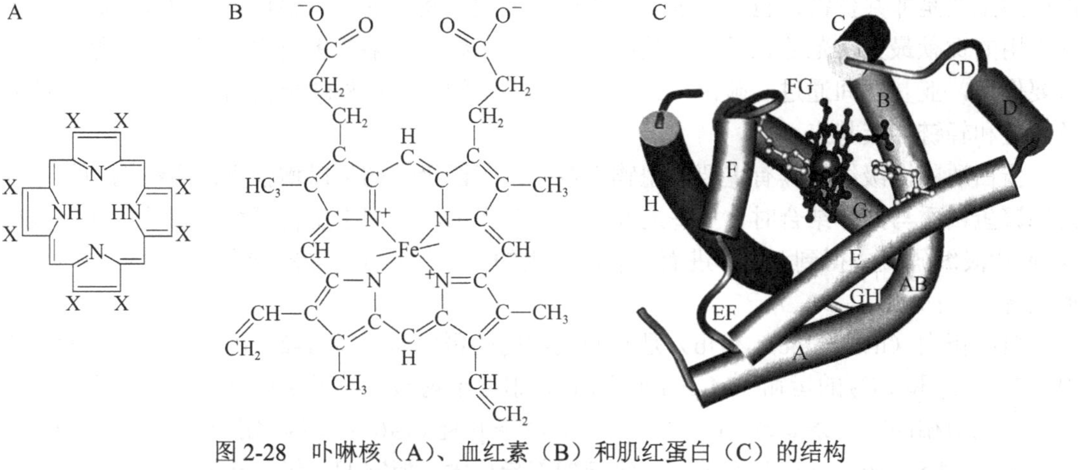

图2-28 卟啉核（A）、血红素（B）和肌红蛋白（C）的结构

A、B引自刘国琴和杨海莲，2019；C引自马海田，2023

面，与水分子结合，使肌红蛋白在水溶液中具有良好的可溶性。肌红蛋白分子表面有一个由多肽链折叠成的疏水裂缝（口袋），主要由 Val168 和 Phe43 的侧链组成，还有两个 His，离血红素近的称为近端（proximal）His，离血红素远的称为远端（distal）His，裂缝中嵌有血红素。

血红素辅基卟啉环中心的铁原子有 6 个配位键，其中 4 个与卟啉环面的氮原子连接，另两个沿垂直于卟啉环面的轴分布于环面的上下。铁原子可以是亚铁（Fe^{2+}）氧化态或高铁（Fe^{3+}）氧化态，相应血红素称为亚铁血红素和高铁血红素。配位的氮原子有助于防止血红素 Fe^{2+}转化为 Fe^{3+}。Fe^{2+}能够可逆地与 O_2 结合；高铁态 Fe^{3+}则不能与 O_2 结合。血红素对肌红蛋白可逆结合氧起着重要作用，脱辅基的珠蛋白没有氧结合能力；另外，珠蛋白的空间折叠形成的疏水微环境，可有效防止 Fe^{2+}的自氧化；多肽链上 His 残基的“位阻效应”，对氧的结合限定了空间，使氧分子只能以约 60°倾角与 Fe 结合，减弱了氧亲和力，从而使血红素具有可逆结合氧的能力。某些小分子如一氧化碳（CO）和一氧化氮（NO）与血红素配位的亲和力比 O_2 高。溶液中 CO 与血红素形成线形结合（C—O—Fe），其亲和力是 O_2 亲和力的 25000 倍。在肌红蛋白中，由于 His 残基的“位阻效应”，也降低了血红素对 CO 的亲和力，由 25 000 倍变为 250 倍。当 CO 分子与血红素结合时，O_2 则被排出，这就是 CO 对需氧生物有剧毒的原因。

（六）蛋白质的四级结构

蛋白质的四级结构是指具有三级结构的亚基通过非共价键相互作用聚合起来形成的寡聚蛋白质结构。这些三级结构单元称为亚基（subunit）或单体（monomer）。由两个亚基组成的蛋白质称为二聚体（dimer）蛋白质，由 3 个亚基组成的蛋白质称为三聚体（trimer）蛋白质，由 4 个亚基组成的蛋白质称为四聚体（tetramer）蛋白质，由数量不多的亚基组成的蛋白质称为寡聚体（oligomer）（也称寡聚蛋白质），由多个亚基组成的蛋白质称为多聚体（multimer）蛋白质或多亚基蛋白质。寡聚蛋白质包括许多重要的酶和转运蛋白，如苹果酸脱氢酶、乳酸脱氢酶。仅由一个亚基组成并无四级结构的蛋白质，如核糖核酸酶，称为单体蛋白质。蛋白质四级结构的亚基一般都是偶数，亚基的排列都是对称的，呈点对称、轴对称或面对称。蛋白质的四级结构各亚基之间主要通过非共价键缔合在一起，因此，稳定蛋白质四级结构的作用力主要是非共价键，包括疏水相互作用、氢键、离子键、范德瓦耳斯力等，其中疏水相互作用的贡献最大，范德瓦耳斯力最小。另外，二硫键对某些蛋白质亚基缔合的稳定性起着重要作用，亚基之间通过二硫键（二硫桥）连接。例如，免疫球蛋白通过二硫键将重链之间及重链和轻链连接起来。

蛋白质的四级结构具有重要的生物学意义：①四级结构可以增强蛋白质结构的稳定性；②寡聚蛋白质与配体结合时，亚基之间存在相互作用，有利于生物活性的调节；③用较小的 DNA 片段编码合成得到亚基，进而组装成更大的、有着各种功能的蛋白质，对生物体来说更加经济。

血红蛋白（hemoglobin，Hb）是具四级结构的蛋白质（图 2-29），存在于动物的红细胞中，参与 O_2 和 CO_2 的运输。M. Perutz 利用 X 射线衍射技术阐明了血红蛋白的三维结构。血红蛋白是由相同的两条 α 链（141 个残基）和两条 β 链（146 个残基）组成的异四聚体（$\alpha_2\beta_2$），分子量为 64.5×10^3。α 链和 β 链的一级结构差异虽大，但它们三级结构的卷曲折叠却大致相同，并和肌红蛋白极其相似，多肽链也分为 A～H 8 段，每段氨基酸残基数目不等。每条链各连接一个血红素辅基形成一个亚基。每个亚基均含相似的 α 螺旋区（约占 80%），在疏水凹穴中各含一个与组氨酸配位结合的血红素。在血红蛋白分子中，4 个亚基以次级键相互精确嵌合，组装成近似四面体的功能结构，而且 4 个亚基的接触面又形成一个以极性基团为界的中央腔。

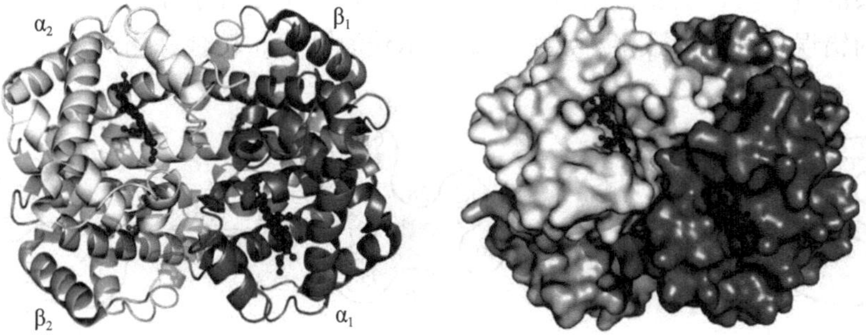

彩图

图 2-29　人血红蛋白的四级结构（Nelson and Cox，2021）

结合氧的血红蛋白称为氧合血红蛋白（oxyhemoglobin），脱去氧的血红蛋白称为去氧血红蛋白（deoxyhemoglobin）。血红蛋白每个亚基的血红素可以结合一分子 O_2，因而一分子血红蛋白可以结合 4 分子 O_2。血红蛋白有两种构象，即松弛态（R 态，relaxed state）和紧张态（T 态，tense state），分别是氧合血红蛋白和去氧血红蛋白的构象。在结合氧的前后，血红蛋白的构象会发生明显变化，虽然氧与这两种状态的血红蛋白均能结合，但与 R 态的亲和力明显高于 T 态。去氧血红蛋白的 4 个亚基之间有 8 个离子键存在，使整个分子结构紧密，不易与氧结合。当血红蛋白的其中一个亚基与氧结合后，造成 Fe^{2+}移动、破坏原有离子键，使血红蛋白分子原有的紧密结构变得松弛，有利于氧与其他亚基的结合。由一个亚基构象改变而引起的其余亚基及整个分子的构象、性质和功能的变化，称为别构效应（allosteric effect）。血红蛋白是别构蛋白（allosteric protein），与氧的结合具有别构效应，其氧合曲线呈 S 型。

四、蛋白质结构与功能的关系

蛋白质具有多种多样的生理功能。例如，酶蛋白具有催化作用，激素蛋白具有调节代谢的作用，血红蛋白具有运输气体的作用，抗体蛋白具有免疫作用，受体蛋白具有传递化学信息的作用，神经蛋白能传导神经冲动，肌肉蛋白具有伸缩作用，病毒蛋白能够感染疾病等。所有这些功能实际上都是蛋白质分子的各种天然结构所表现的特性。

（一）蛋白质一级结构与功能的关系

1. 蛋白质的一级结构决定其高级结构　每一种蛋白质都有其独特的氨基酸序列和相应的特定高级结构，蛋白质的高级结构以一级结构为基础，因此，蛋白质的高级结构必然与一级结构有密切的关系。20 世纪 60 年代初，美国科学家 C. Anfinsen 进行的牛胰核糖核酸酶 A（RNase A）复性的经典实验，证明了蛋白质的高级结构是由其一级结构决定的（图 2-30）。天然的 RNase A 是由 124 个氨基酸组成的一条肽链，含有 4 对二硫键。用 8mol/L 尿素和 β-巯基乙醇处理 RNase A，二硫键被还原，肽链完全伸展，变性的 RNase A 失去了活性。如果用透析方法将尿素和 β-巯基乙醇除去，松散的多肽链循其特定的氨基酸顺序，卷曲折叠成天然酶的空间构象，4 对二硫键也正确配对，这时酶活性又逐渐恢复至原来的水平。概率的计算表明，8 个—SH 结合成 4 对二硫键，可随机组合成 105 种可能的配对方式，然而现在只形成了天然 RNase A 分子中唯一的那种配对方式，从而表明了 RNase A 的氨基酸排列顺序在天然状态下，能决定其肽链的高级结构，并由此确定了二硫键的正确位置。对于分子量较大、结构较为复杂的蛋白质，其正确折叠还依赖于一些辅因子如分子伴侣、二硫键异构酶等的帮助。蛋白质的错误折叠会导致多种疾病，如阿尔茨海默病、帕金森病等。

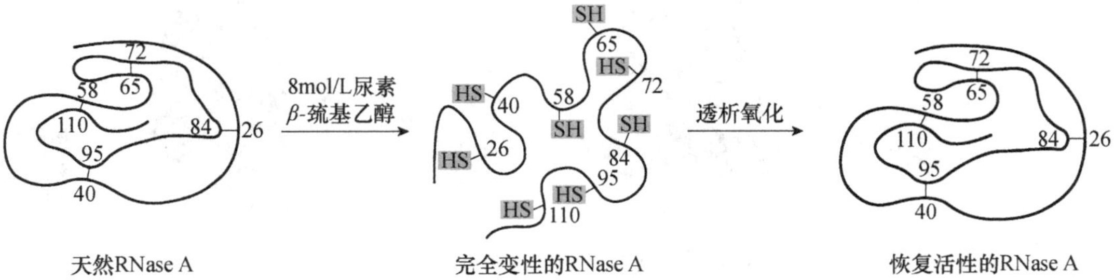

图 2-30 牛胰核糖核酸酶 A 的一级结构与空间结构的关系

2．蛋白质的一级结构与生物进化 研究不同来源的具有同一功能的蛋白质即同源蛋白质，不仅能了解蛋白质结构与功能的关系，而且可以根据它们在一级结构上的差异程度，判断它们在亲缘关系上的远近，为研究生物进化提供有价值的证据。根据氨基酸序列的同源性可以确定具有某些功能和结构特点的蛋白质家族（family of protein）。一个蛋白质家族的成员是同源蛋白质，它们有着共同的祖先。根据氨基酸序列的同源性程度，可以把各种蛋白质归属于各自的家族。在进化过程中，蛋白质氨基酸序列中的氨基酸残基会发生变化。对于某一种蛋白质而言，对维持它的生物功能所必需的氨基酸残基在整个进化过程中几乎保持不变，是保守的、共有的，这些氨基酸残基称为不变残基（invariable residue）；而那些对生物功能不起决定作用的氨基酸残基在进化过程中可能发生变化，这些氨基酸残基称为可变残基（variable residue）。可变残基在不同种属间差异十分明显，且亲缘关系愈远，差异愈大，为人们研究生物进化提供了信息。

细胞色素 c（cytochrome c）是一种含血红素辅基的单链蛋白质，广泛存在于需氧生物细胞线粒体中，在呼吸链的电子传递系统中起传递电子的作用。大多数生物的细胞色素 c 含有 104 个氨基酸残基，分子量约为 12.5×10^3。细胞色素 c 最早被选作序列同源性比较的材料。在已测定的 60 种以上不同种属细胞色素 c 的氨基酸序列中，发现肽链中 27 个位置的氨基酸残基是相同的，有第 14 位和第 17 位的两个 Cys、第 18 位的 His、第 80 位的 Met、第 48 位的 Tyr 和第 59 位的 Trp 等。研究表明，这几个氨基酸都是保证细胞色素 c 功能的关键部位。例如，肽链上第 14 位和第 17 位上的两个 Cys 通过共价键与血红素的乙烯基相连；第 48 位的 Tyr 和第 59 位的 Trp 通过氢键与血红素的丙酸基相连；第 18 位的 His 和第 80 位的 Met 通过配位键与血红素中的铁离子相连。这些不变的残基可能对于维持蛋白质的特定构象和发挥生物功能起重要作用。对那些可变的氨基酸残基，不同种属间的差异很大。

从不同种属细胞色素 c 氨基酸残基的变化情况看，亲缘关系越近，氨基酸残基的差异数越少。根据细胞色素 c 氨基酸序列绘制生物界的进化树（evolutionary tree），也叫系统发育树（phylogenetic tree），与经典的形态分类进化树十分一致。由此可见，蛋白质的进化反映了生物的进化。

3．蛋白质的一级结构与分子疾病 多肽链的氨基酸顺序与生物功能密切相关，如果一级结构发生变化往往导致生物功能随之改变。正常人的血红蛋白（HbA）同镰状细胞贫血患者的血红蛋白（HbS）的生物功能差异悬殊，但在结构上，它们之间的差异仅仅是β亚基（β链）第6位的氨基酸残基不同，即HbA的β链第6位为Glu，而HbS的β链第6位为Val。

HbA β链：Val-His-Leu-Thr-Pro-Glu-Glu-Lys……

HbS β链：Val-His-Leu-Thr-Pro-Val-Glu-Lys……

镰状红细胞的形成是由于β链第6位的Glu换成了Val，使HbS的每一β链表面具有密集的疏水支链。这些疏水支链使HbS分子聚合形成长链，由许多长链进一步聚集成多股螺旋将红细胞挤扭成镰刀状。镰状细胞贫血是一种由遗传基因突变引起的分子病，血红细胞运输氧的功能下降，细胞脆弱而溶血，严重的可以致死。

4．蛋白质的一级结构与前体激活 许多具有一定功能的蛋白质，如酶蛋白、激素蛋白等，在生物体内常常以无活性的前体形式产生和贮存。酶原（proenzyme）和激素原（prohormone）是酶和激素无活性的前体。在一定条件下，这些前体经蛋白酶水解，切去部分肽段后，变成具有生物活性的蛋白质。例如，具有生物活性的胰岛素由51个氨基酸残基组成，其前体胰岛素原却是由84个氨基酸残基组成的一条多肽链。在专一性水解酶的作用下，胰岛素原被切除部分肽链（C肽链），形成特定的构象，表现出完整的生物活性。

（二）蛋白质高级结构与功能的关系

体内各种蛋白质特殊的生理功能与其空间构象有着密切的关系。肌红蛋白和血红蛋白是阐述蛋白质空间结构和功能关系的典型例子。

1．肌红蛋白和血红蛋白的结构 如前所述，肌红蛋白和血红蛋白都是含有血红素辅基的蛋白质，肌红蛋白是一个只有三级结构的单链蛋白质。血红蛋白是由4个亚基（$\alpha_2\beta_2$）组成的寡聚蛋白质，虽然血红蛋白各亚基的空间构象与肌红蛋白极为相似，并且二者都是氧的载体，但由于血红蛋白具有四级结构，它的4个亚基彼此相互作用而使其具有肌红蛋白所不具有的特殊功能。

2．血红蛋白的变构与输氧功能 血红蛋白（Hb）与肌红蛋白（Mb）一样具有结合氧的能力，但结合特性有很大差别。以氧分压（p_{O_2}）为横坐标，结合氧的饱和度（氧合度）为纵坐标，可以得到这两种蛋白质的氧合曲线。血红蛋白为S型曲线，而肌红蛋白为双曲线（图2-31），可见肌红蛋白易与O_2结合，而血红蛋白与O_2的结合在O_2分压较低时较难。血红蛋白S型氧合曲线具有重要的生理意义，说明血红蛋白能更有效地担负运输O_2的任务。前文已介绍，血红蛋白与O_2的结合具有别构效应，当第一个亚基与O_2结合以后，促进其他亚基与O_2的结合，这种效应也称为正协同效应（positive cooperative effect）。肌红蛋白分子没有四级结构，不存在亚基之间的相互作用，因此其氧合曲线必然是双曲线。

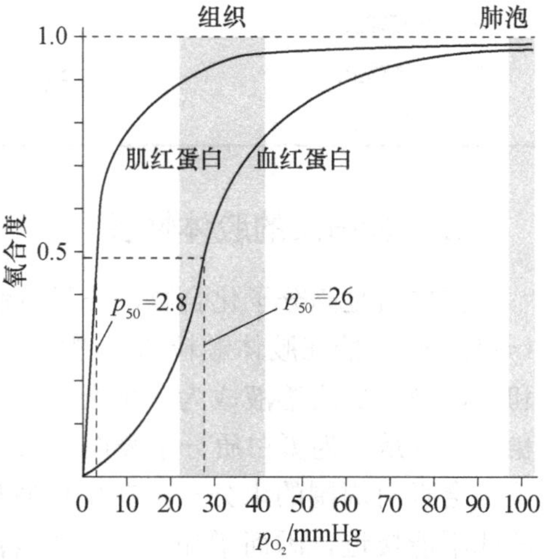

图2-31 血红蛋白与肌红蛋白的氧合曲线（刘国琴和杨海莲，2019）

1mmHg=133Pa，p_{50}指在一定生理条件下，血红蛋白和肌红蛋白的氧饱和度达到50%时的氧分压

第四节 蛋白质的理化性质

由于蛋白质是由氨基酸组成的大分子化合物，因此有些性质与氨基酸相同，如两性解离、等电点、侧链基团的反应等；但也有其特殊的性质，如胶体性质、沉淀、变性等。

一、蛋白质的两性性质与等电点

蛋白质和氨基酸一样是两性电解质。蛋白质分子在电场中的移动方向，取决于蛋白质分子组成中碱性氨基酸和酸性氨基酸的含量，而且还受所在溶液 pH 的影响。酸性溶液中蛋白质分子的酸性基团解离程度小，蛋白质带正电荷而向负极移动；碱性溶液中碱性基团解离程度小，蛋白质带负电荷而向正极移动；在某一 pH 时，蛋白质分子中所带的正电荷数与负电荷数相等，在电场中不移动，此时溶液的 pH 即该蛋白质的等电点（图 2-32）。表 2-3 列出了部分常见蛋白质的等电点。不同蛋白质由于氨基酸组成不同，因而有各自的等电点。处于等电点时，蛋白质分子的净电荷为零，失去胶体稳定的条件，分子间易相互结合成为较大的聚集体而沉淀析出。因而，常常利用蛋白质在等电点时溶解度最小来分离和提纯蛋白质。

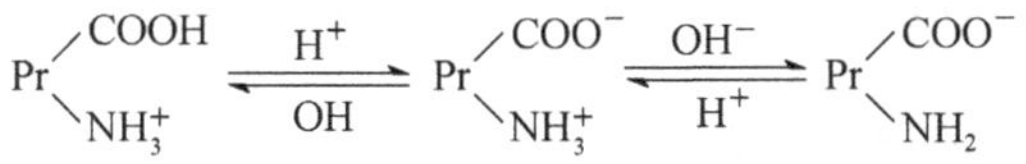

图 2-32 蛋白质在不同 pH 条件下的解离状态

表 2-3 部分常见蛋白质的等电点

蛋白质	等电点	蛋白质	等电点
胃蛋白酶	1.0	血红蛋白	6.7
卵清蛋白	4.6	肌球蛋白	7.0
血清白蛋白	4.7	α-胰凝乳蛋白酶	8.3
大豆球蛋白	5.0	α-胰凝乳蛋白酶原	9.1
β-乳球蛋白	5.2	细胞色素 c	10.7
胰岛素	5.3	溶菌酶	11.0

二、蛋白质的胶体性质

蛋白质是高分子化合物，分子量通常在 1.0×10^4～1.0×10^6，分散于水中的颗粒直径为 1～100nm，恰在胶体颗粒的范围内。蛋白质分子表面有许多亲水的基团，与水有很强的亲和力，使蛋白质溶液成为一种亲水胶体（hydrophilic colloid）。蛋白质的亲水胶体溶液相当稳定，这是因为蛋白质分子表面的亲水基团如—NH_3^+、—COO^-、—OH、—SH、—$CONH_2$ 等，会吸引周围的水分子，在蛋白质表面形成一层水化层。水化层的存在，使蛋白质颗粒彼此不能接近，因而增加了蛋白质溶液的稳定性，阻碍蛋白质胶粒的沉淀。另外，蛋白质在非等电点状态时，带有相同的净电荷，与其周围的反离子构成稳定的双电层。由于水化层和双电层这两种稳定的因素，蛋白质溶液成为亲水的胶体溶液。胶体溶液一个很重要的性质是胶体颗粒不能通过半透膜。所谓半透膜，就是指这类膜上具有小孔，只允许水及小分子物质通过，而蛋白质等大分子不能通过。动物体内的各种膜、人造火棉胶、羊皮纸、玻璃纸等都是半透膜。在生产实践中可用这种半透膜做成透析袋除去蛋白质样品中的小分子物质，达到纯化蛋白质的目的。

三、蛋白质的沉淀

蛋白质在溶液中的稳定性是有条件的、相对的。如果条件发生改变，破坏了蛋白质溶液的稳定性，蛋白质就会从溶液中沉淀出来。由于受到某些因素的影响，蛋白质从溶液中析出的现象称为沉淀（precipitation）。引起蛋白质沉淀的方法有以下几种。

1. 盐析 向蛋白质溶液中加入一定量的中性盐，而使蛋白质发生沉淀的作用称为盐析（salting out）。因为这些盐类与水的亲和力大，又是强电解质，当一定浓度的中性盐加到蛋白质溶液中时：①与蛋白质争夺水分，破坏蛋白质颗粒表面的水化膜；②由于这些盐的离子浓度相对比较高，可以大量中和蛋白质颗粒上的电荷，这样就使蛋白质成了既不含水化膜又不带电荷的颗粒而容易沉淀。

常用的中性盐有硫酸铵、氯化钠、硫酸钠。各种蛋白质盐析时所需的盐浓度及 pH 不同，故可用于混合蛋白质各组分的分离。

盐析法应用广泛，简便安全，在一定条件下可以重新溶解，常用于制备有活性的蛋白质。

用盐析法得到的蛋白质，常需要脱盐和浓缩。最直接的脱盐法是透析，电透析可加快透析速度。近年来，用葡聚糖凝胶脱盐的效果很好，速度很快。浓缩蛋白质溶液最好用冷冻干燥法，也可用超滤法。

2. 有机溶剂沉淀 向蛋白质溶液中加入一定量的极性有机溶剂而使蛋白质发生沉淀的作用称为有机溶剂沉淀。这些溶剂与水的亲和力大，引起蛋白质脱去水化层及降低介电常数而增加相反电荷间的相互作用，使蛋白质颗粒容易聚集而沉淀。由于有机溶剂能使蛋白质变性失活，因此用有机溶剂沉淀分离蛋白质时宜用稀浓度的有机溶剂并在低温下操作。加入有机溶剂时要搅拌均匀，以防局部浓度过高引起失活。用有机溶剂得到的蛋白质不宜在有机溶剂中放置过久，要立即加水溶解。由于使不同种蛋白质沉淀所需的有机溶剂浓度不同，因此通过调节溶剂的浓度也可使混合蛋白质达到分级沉淀的目的。

3. 重金属沉淀 当蛋白质溶液的 pH 大于等电点时，蛋白质颗粒带负电荷，加入 Cu^{2+}、Hg^{2+}、Pb^{2+}和 Ag^{+}等重金属离子，可与蛋白质阴离子结合而产生沉淀。其一般也会使蛋白质变性。在急救重金属盐中毒（如汞中毒）患者时，给予大量牛乳或豆浆等蛋白质进行解救，就是使牛乳或豆浆中的蛋白质在消化道中与重金属结合为变性的不溶解物，从而阻止毒物被吸收。

4. 等电点沉淀 当蛋白质溶液处于等电点时，蛋白质分子主要以兼性离子形式存在，净电荷为零。此时蛋白质分子失去同种电荷的排斥作用，很容易聚集发生沉淀，这种沉淀蛋白质的方法称为等电点沉淀。此方法可以用来分离蛋白质，也可以用来粗略测定某种蛋白质的等电点。

5. 加热变性沉淀 加热使蛋白质变性，疏水基团暴露，可快速凝聚而形成凝块。

6. 生物碱试剂沉淀 生物碱（alkaloid）是含氮的碱性有机化合物。生物碱试剂是指可以沉淀各类生物碱的化学试剂。当溶液 pH 低于蛋白质等电点时，蛋白质分子因携带净正电荷，可与生物碱试剂解离产生的阴离子酸根通过静电作用结

资源 2-6

合，形成不溶性复合物沉淀。此方法常用于快速沉淀蛋白质并保留其天然构象。

四、蛋白质的变性与复性

实际生活中，鸡蛋煮熟后，蛋白质变成固体，不再溶于水；牛奶、豆浆等煮沸后，不容易发酸变质。这些外在现象有其内在的原因。从生物化学的角度来说，鸡蛋煮熟后变成固态是因为蛋白质分子内部发生了变化，牛奶、豆浆煮沸后不易变坏，是由于高温杀灭了引起腐败的微生物，高温破坏了构成这些微生物的蛋白质。天然蛋白质受到某些物理或化学因素的影响，其特定的构象发生改变，从而导致理化性质改变、生物活性丧失的现象称为蛋白质的变性作用（denaturation）。强酸、强碱、剧烈搅拌、重金属盐、有机溶剂、脲、胍类、高温、高压和超声波等都可使蛋白质变性。蛋白质的变性只是天然构象被破坏，只涉及次级键、二硫键的断裂，不涉及蛋白质的肽键断裂，即变性不涉及一级结构，而是二级、三级、四级结构的改变。蛋白质发生变性后，其许多性质会发生改变，包括生物活性丧失、溶解度降低、结晶能力丧失、分子形状改变、黏度增加、扩散系数降低、易被蛋白酶水解等，但主要的表现是生物活性丧失。变性的蛋白质相互凝聚为固体的现象称为凝固作用（coagulation）。鸡蛋煮熟后变为固体的过程包含了蛋白质变性和凝固两个过程。

早在 1931 年，我国生物化学家吴宪就提出了蛋白质变性学说，其要点包括：天然蛋白质分子由多肽链组成，分子的规律性紧密结构由分子中的次级键维持，所以很容易被物理或化学因素所破坏；蛋白质的变性就是天然蛋白质分子中肽链紧密排列方式因氢键及其他次级键被破坏而变为不规则的松散排列方式。实验证明，蛋白质的变性不超过一定限度时，经适当处理后，可重新恢复为天然蛋白质，这说明蛋白质的变性作用是可逆的。变性的蛋白质当除去变性因素后，可重新恢复原来的天然构象，这一现象称为蛋白质的复性（renaturation）。虽然蛋白质的变性是可逆的，但如果蛋白质的天然构象被破坏后不能恢复原状，那么该变性是不可逆的。变性蛋白质能否复性，这一问题至今仍有疑问，目前能被大多数人接受的观点是：蛋白质变性的可逆性与导致变性的因素、蛋白质的种类及蛋白质分子结构改变的程度都有关系。

五、蛋白质的呈色反应

蛋白质分子中的肽键，以及分子中氨基酸残基侧链基团，能与某些试剂作用发生颜色反应。这些反应不仅可以用来确定蛋白质是否存在，而且可以作为定量测定蛋白质的依据。

1．茚三酮反应　蛋白质溶液在 pH 5～7，与茚三酮溶液加热煮沸时，即出现蓝紫色。此反应可被用于蛋白质的定性与定量测定中。

2．双缩脲反应　双缩脲是二分子尿素（即脲）加热缩合的产物。双缩脲在碱性条件下能与 $CuSO_4$ 反应，生成蓝紫色的络合物，称为双缩脲反应（biuret reaction）。凡分子中含有两个或两个以上酰胺键的化合物均能像双缩脲一样发生双缩脲反应，此反应是肽和蛋白质所特有的，而氨基酸没有这种颜色反应，可用于鉴别蛋白质和氨基酸溶液。该反应颜色的深浅与肽或者蛋白质的含量呈正比，故可被用于肽或者蛋白质的定量测定中。

3．黄色反应　在蛋白质溶液中加浓硝酸会生成白色沉淀，热之变黄，最后溶解，使溶液变为黄色；遇碱则颜色加深而呈橙黄色。这是由于蛋白质分子中含有酪氨酸、苯丙氨酸及色氨酸等，其苯环与硝酸作用，生成硝基化合物，遇碱时形成盐，故转成橙黄色。

4．米伦反应　向蛋白质溶液中加米伦试剂（亚硝酸汞、硝酸汞、亚硝酸及硝酸的混合液），蛋白质沉淀，加热则变为红色沉淀。此反应为酪氨酸的酚核所特有，因此含有酪氨酸的蛋白质均呈米伦反应。

5．乙醛酸反应　在色氨酸或含有色氨酸的蛋白质溶液中加入乙醛酸后，再徐徐加入浓硫酸，可见硫酸与混合液的交界面有紫色环出现。这是含吲哚基化合物的共同反应，也是色氨酸特有的反应。

六、蛋白质的紫外吸收

蛋白质不能吸收可见光，但能够吸收一定波长范围的紫外线。大多数蛋白质在280nm波长附近具有最大的光吸收。这与蛋白质中酪氨酸、苯丙氨酸及色氨酸对紫外线的吸收有关。因此，可以利用紫外分光光度法测定蛋白质浓度。

第五节　蛋白质的分离、纯化与鉴定

一、蛋白质分离纯化概述

从生物组织中分离和纯化蛋白质是一个繁复、费时而不可缺少的工作。蛋白质的分离纯化具有重要的理论和实际意义。工农业生产、医疗检验、蛋白质结构测定及基因工程研究中都需要一定纯度的蛋白质或酶制剂，因此必须对样品中的目标蛋白进行分离提纯。虽然蛋白质的分离纯化技术有了长足发展，但对蛋白质的需求也日益增加，因此高效、大规模和低成本地分离蛋白质产品十分重要。

蛋白质在组织和细胞中一般都是以复杂的混合物形式存在，每种类型细胞中都含有几千种不同的蛋白质。到目前为止，还没有一种可以分离纯化任何蛋白质的通用方法。但是，对于任何一种蛋白质，都可能选择一套适当的分离纯化程序以获得高纯度的蛋白质制品。蛋白质纯化的总体目标是增加目标蛋白的纯度（purity）或比活力（specific activity），以增加单位质量蛋白质中目标蛋白的含量。

蛋白质在环境条件改变时容易变性，给分离纯化带来很大困难。尽管如此，随着分离纯化技术的迅速发展，很多蛋白质已被分离纯化。蛋白质分离纯化的一般程序可分为前处理（pretreatment）、粗分级分离（rough fractionation）和细分级分离（fine fractionation），有时还加上结晶（crystallization）步骤。

资源 2-7

（一）前处理

分离纯化某一蛋白质，首先要求把目标蛋白质从原料的组织或细胞中以溶解的状态释放出来，并保持原有的天然状态，避免失去生物活性。所用的材料必须新鲜、含量高。除体液外，一般材料都需要破碎，以使蛋白质从细胞中释放出来。常用的破碎组织细胞的方法有机械破碎法、渗透破碎法、反复冻融法、超声波法及酶法等。

蛋白质有可溶性和不溶性两类。可以根据它们的溶解性，用适当溶剂溶解抽提（extraction）。抽提所用的缓冲液的 pH、离子强度、组成成分等条件的选择，应根据欲制备的蛋白质的性质而定。

（二）粗分级分离

当获得蛋白质提取液（有时还混有多糖、核酸等）后，选用适当的方法，将所要的蛋白质组分与其杂蛋白分离开。一般粗分级分离的有效方法是根据蛋白质溶解度的差异进行的分离，常采用盐析、有机溶剂沉淀和等电点沉淀（详见本章第四节）。这些方法的特点是简便、处理量大，既能除去大量杂质，又能浓缩蛋白质溶液。有些蛋白质提取液不适于用沉淀法或盐析法进行浓缩的，可以采用超滤、凝胶过滤、冷冻真空干燥等方法。

中性盐对蛋白质的溶解度有显著影响。在盐浓度较低时，由于静电作用，蛋白质分子外围聚集了一些带相反电荷的离子，从而加强了蛋白质与水的作用，而减弱了蛋白质分子间的作用，因而增加了蛋白质的溶解度。这种加入少量中性盐而使蛋白质溶解度增加的现象称为盐溶（salting in）。蛋白质分离纯化时，往往利用低浓度中性盐溶液（如生理盐水）将蛋白质组分更好地从样品混合物中提取出来，用于后续步骤。

超滤（ultrafiltration）也称超过滤法，它利用压力或离心力，使水和其他小分子物质通过半透膜（超滤膜），而大分子蛋白质被截留在膜上，从而起到浓缩和脱盐的作用。选择适合的超滤膜，可以使分子大小不同的蛋白质分开（粗分）。

（三）细分级分离

蛋白质的细分级分离即纯化（purification）。分离（isolation）和纯化之间没有严格的界限，一般来说，分离是粗分级。经过粗分级分离后，蛋白质样品一般体积较小，杂蛋白大部分已被除去。纯化主要使用柱层析（column chromatography）方法，包括离子交换层析（ion-exchange chromatography）、凝胶过滤层析（gel filtration chromatography）和亲和层析（affinity chromatography）。

资源 2-8

1. 离子交换层析 离子交换层析是利用蛋白质在特定 pH 条件下带电性和电荷数不同而进行分离的一种层析方法。其原理是以含有带电基团的层析介质作固定相，利用它与流动相中带相反电荷的离子结合并进行可逆交换的性质来分离目标带电分子的一种方法。由于不同蛋白质所带电荷不同，与离子交换介质的可交换基团的交换能力不同，因而与介质结合的牢固程度不同，用适当的洗脱液洗脱时，各种蛋白质根据结合的牢固程度不同而依次被洗脱，从而达到纯化的目的（图2-33）。离子交换层析是从复杂混合物体系中分离性质相似的生物大分子的有效手段之一，被广泛用于蛋白质的分离。

离子交换层析可以分为阳离子交换层析和阴离子交换层析。如果进行可逆交换的离子是阳离子，则为阳离子交换层析；反之，则称为阴离子交换层析。离子交换层析的主要支持介质是纤维素离子交换剂和交联葡聚糖离子交换剂。离子交换层析的步骤包括：离子交换剂平衡、样品物质加入和结合，改变条件以产生选择性吸附、取代、洗脱和离子交换剂再生。样品加入后用起始缓冲液将未被结合的物质从交换剂上洗掉。基于电荷不同的各种物质对离子交换剂有不同的亲和力，通过改变洗脱液离子强度和 pH，控制这种亲和力，使这些物质按亲和力大小顺序依次从层析柱中洗脱下来。层析洗脱时，可以采用同一种洗脱液进行洗脱，也可以采用改变洗脱液的盐浓度或 pH 的方式进行洗脱。

2. 凝胶过滤层析 凝胶过滤层析也称排阻层析、凝胶层析、凝胶过滤和分子筛层析，是根据蛋白质分子大小不同来分离纯化的一种方法。凝胶过滤层析所用的介质是凝胶颗粒，是具有一定孔径的多孔网状结构的物质。当分子大小不同的蛋白质进入凝胶过滤层析柱时，

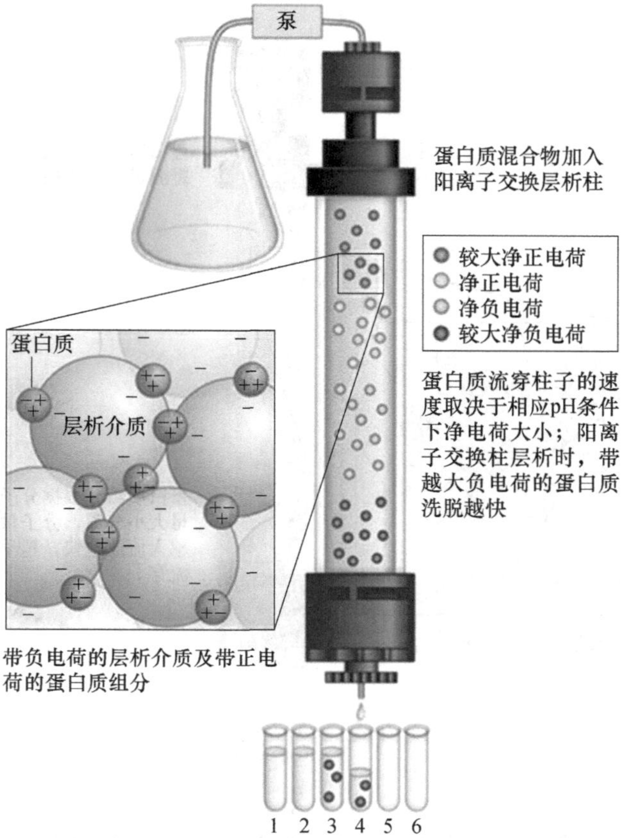

图 2-33 离子交换层析示意图（Nelson and Cox，2021）

彩图

比凝胶孔径大的分子不能进入凝胶颗粒，而被排阻在凝胶颗粒之外，随着溶剂沿凝胶颗粒之间的空隙向下移动，较快达到柱层析的底部并流出；比凝胶孔径小的分子可以进入凝胶颗粒的网孔内，在凝胶颗粒内扩散，并穿过凝胶颗粒进入另一个凝胶颗粒，因此向下移动的行程长、流速慢，从而使分子量大小不同的物质得到分离（图 2-34）。

3．亲和层析 亲和层析是利用蛋白质分子与特异的配体专一结合而进行分离纯化的方法。某些蛋白质能与其相应的专一性配基进行特异的非共价的可逆结合。例如，酶的活性中心或别构中心能和专一性的底物、抑制剂、辅因子和效应剂相结合，在一定条件下又能解离。亲和层析的基本方法是先将欲分离的蛋白质的专一配基，通过适当的化学反应共价连接在某些固相载体上，形成不溶性的带有配基的载体，将其装入层析柱，使含有待分离的蛋白质混合物从这样的层析柱上流过，该蛋白质即与专一的配基结合而吸附在带有此配基的载体表面（图 2-35）。混合液中其他不能被此特异配基结合的蛋白质或杂质，都能自由通过层析柱而被洗脱。最后换上含有自由配基的洗脱液，可将特异结合在载体配基上的蛋白质解离并洗脱下来，达到分离纯化的目的。

二、蛋白质的含量测定

蛋白质被分离提纯后，还需要测定它的含量。常用的测定蛋白质含量的方法有凯氏定氮法、Folin-酚试剂法、双缩脲法、紫外吸收法、考马斯亮蓝法及生物活性测定法等。凯氏定氮法是比较经典的方法。双缩脲法常用于需要快速但不需要十分精准的测定中。Folin-酚试剂法

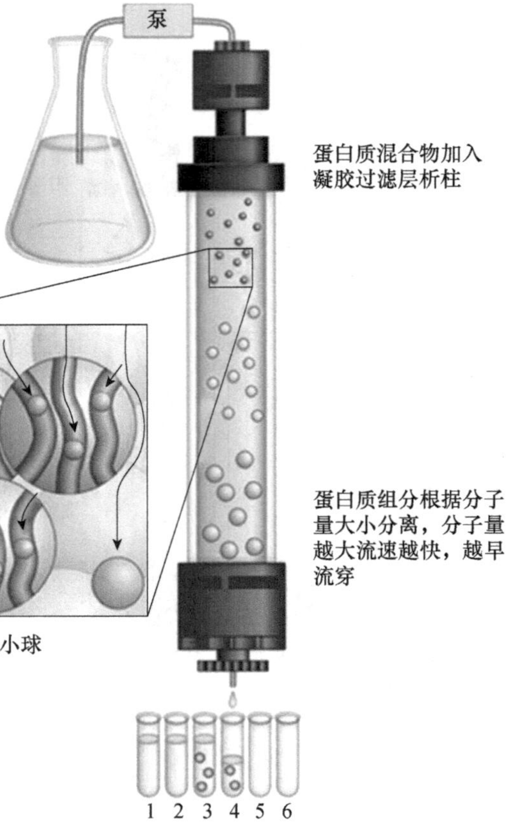

彩图

图 2-34　凝胶过滤层析示意图（Nelson and Cox，2021）

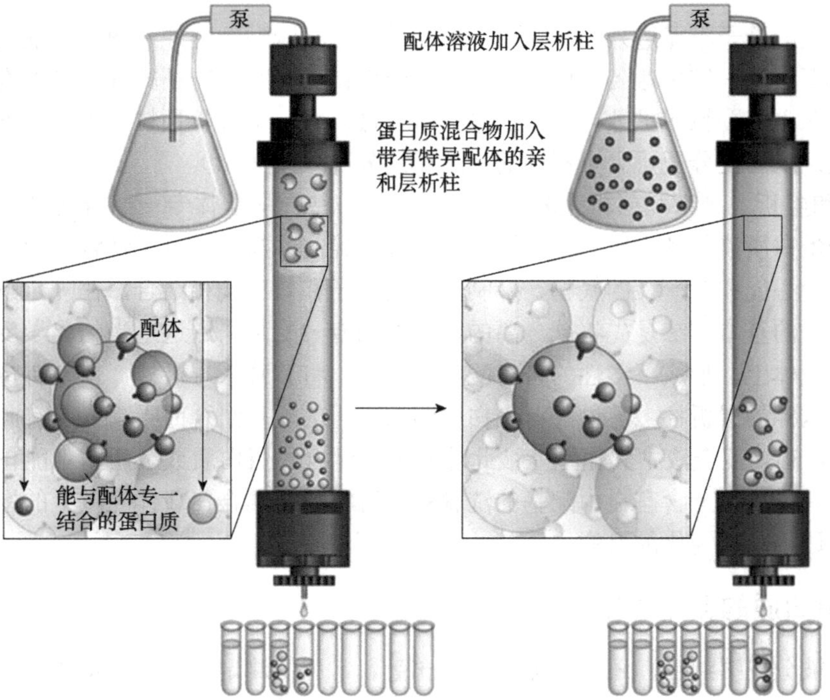

彩图

图 2-35　亲和层析示意图（Nelson and Cox，2021）

也称 Lowry 法，较双缩脲法灵敏得多，被广泛应用。紫外吸收法是利用蛋白质在 280nm 处有最大光吸收峰的特性，此法的精准度不高，但操作简单，样品可以回收。考马斯亮蓝法也称 Bradford 法，反应速率快、灵敏度高，精准度与 Folin-酚试剂法相当，被广泛用于蛋白质含量的测定中。蛋白质溶液中某一特定蛋白质含量，通常用具有高度特异性的生物学方法测定，如酶蛋白通过测定酶活性、激素蛋白通过测定激素活性等生物活性测定法进行测定。

三、蛋白质的纯度鉴定

蛋白质的纯度鉴定是指蛋白质提纯后以一定可靠的指标表明它的纯度。常用的有电泳法（electrophoresis）、高效液相层析（high performance liquid chromatography，HPLC）、离心法（centrifugation）等。电泳有琼脂糖凝胶电泳（agarose gel electrophoresis）、聚丙烯酰胺凝胶电泳（polyacrylamide gel electrophoresis，PAGE）、等电聚焦电泳（isoelectric focusing electrophoresis）和毛细管电泳（capillary electrophoresis）等。离心法有沉降离心（sedimentation centrifugation）和梯度离心（gradient centrifugation）等。纯的蛋白质在不同 pH 条件下进行电泳，都以单一速度移动，电泳图呈现出单一条带。HPLC 被用于多肽和蛋白质的纯度鉴定时，纯的蛋白质样品在 HPLC 的洗脱图谱呈现单一的对称峰。同样，纯的均一蛋白质在离心力影响下，也是以单一的沉降速度运动，在离心管中必呈现明显的分界线。

利用蛋白质的特殊生物学功能（酶的活性）进行纯度鉴定是有效的方法，其灵敏度多超过许多物理方法。其他如各种层析方法、免疫技术、分光光度分析、蛋白质化学结构分析等都能用来鉴定蛋白质的纯度。

总之，对蛋白质纯度的鉴定，应当根据实验的要求而定，一般单独用一种方法或一个条件来鉴定是不够的。蛋白质种类很多，其中有些性质相似，以致在同一条件下，两个蛋白质不能完全分开。在实际工作中最好选用两种以上的方法来鉴定。如果只有一种方法时，那就选用两种以上的条件。一般对某蛋白质的纯度要求越高，则检验纯度的方法应当越多、越可靠。

四、蛋白质分子量测定

用于蛋白质分子量测定的方法有很多种，如光散射法、黏度法、渗透压法、沉降速度法、质谱法等。近年来更多使用的是凝胶过滤层析和 SDS-聚丙烯酰胺凝胶电泳，但它们都需要已知分子量的标准蛋白质作对照。

（一）凝胶过滤层析

凝胶过滤层析分离蛋白质的原理是根据分子量大小。由于不同排阻范围的葡聚糖凝胶有一特定的蛋白质分子量范围，在此范围内，分子量的对数和洗脱体积之间呈线性关系。因此，用几种已知分子量的蛋白质为标准，进行色谱分析，以每种蛋白质的洗脱体积对它们的分子量的对数作图，绘制出标准曲线（图 2-36）。未知蛋白质在同样的条件下作色谱分析，根据

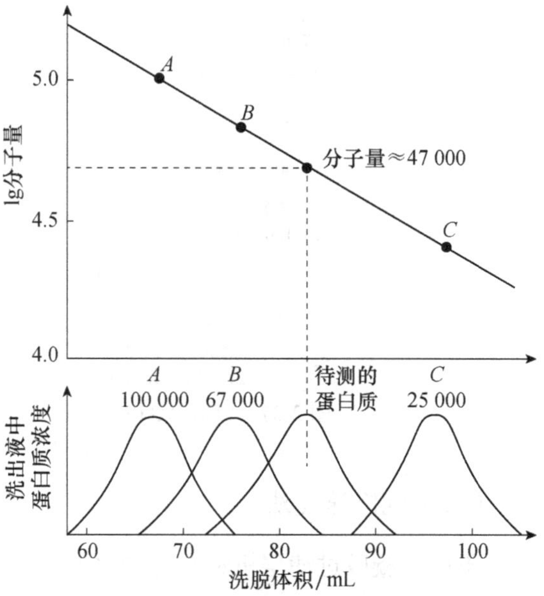

图 2-36　洗脱体积与分子量的关系

其所用的洗脱体积，从标准曲线上可求出此未知蛋白质对应的分子量。

（二）SDS-聚丙烯酰胺凝胶电泳

蛋白质是两性电解质，在普通聚丙烯酰胺凝胶（polyacrylamide gel）中电泳时，迁移速度与蛋白质所带电荷、分子大小和分子形状有关。1967 年，A. L. Shapiro 等发现，如果在聚丙烯酰胺凝胶中加入阴离子去污剂十二烷基硫酸钠（sodium dodecylsulfate，SDS）或同时加入少量巯基苏糖醇（或巯基乙醇）进行 SDS-聚丙烯酰胺凝胶电泳（SDS-polyacrylamide gel electrophoresis，SDS-PAGE）时，则蛋白质分子在电泳中的迁移速度主要取决于它的分子量大小，而与原来所带的电荷和分子形状无关。

资源 2-9

SDS是一种变性剂，它能破坏蛋白质分子中的氢键和疏水相互作用，而巯基乙醇能打开二硫键，因此蛋白质或亚基（寡聚蛋白质解离为亚基）的多肽链处于展开状态。SDS与蛋白质结合，其所带负电荷量远超过蛋白质分子原有的电荷量，因而掩盖了不同蛋白质间原有的电荷差别；同时，SDS 改变了蛋白质分子原有的天然构象，使大多数蛋白质分子呈同样的棒状。因此，SDS 存在下的电泳几乎是完全基于分子量大小分离蛋白质，分子量越小迁移速度越快。电泳完毕，蛋白质可以用考马斯亮蓝（Coomassie brilliant blue）染色而显示。

对蛋白质作 SDS-PAGE 时，用一种染料（如溴酚蓝）作前沿物质。蛋白质分子的移动距离与前沿物质移动距离的比值，称为相对迁移率（relative migration，μ_R）。相对迁移率与蛋白质分子量的对数成直线关系。用几种标准蛋白质分子量的对数对相应的相对迁移率作图，得到标准曲线（图 2-37）。电泳相对迁移率与多肽链的分子量（M_r）具有下列关系：

$$\lg M_r = a - b\mu_R$$

式中，a、b 为常数。

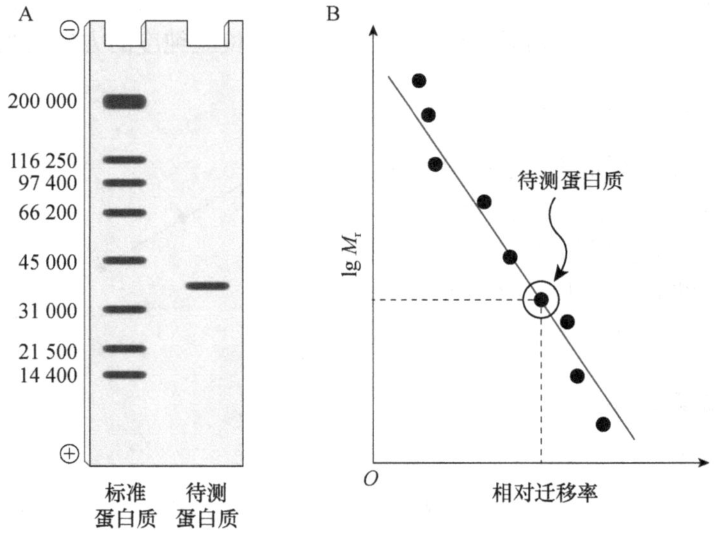

图 2-37 SDS-PAGE 测定蛋白质的分子量（Nelson and Cox，2021）

A．电泳图谱；B．标准曲线

（三）沉降速度法

不同于凝胶过滤层析和 SDS-PAGE 测定蛋白质分子量时需要标准蛋白质作参照，沉降速度法（sedimentation velocity method）是直接测定蛋白质分子量的经典方法。这一测定方法的理论依据是 Svedberg 方程。当某一单一组分物质在离心力的作用下沉降时，可以监测这组物质移动界面的移动动态，也就是说可以测量出这组物质移动界面的沉降速度。一种蛋白质分子在单位离心力场里的沉降速度为恒定值，称为沉降系数（sedimentation coefficient，*s*）。已测得许多蛋白质的 *s* 值都为 1×10^{-13}～200×10^{-13}s。因此，采用 1×10^{-13}s 作为沉降系数的一个单位，用 S 表示。用沉降速度法测得某种蛋白质的沉降系数之后，则可按照一定的公式，计算出该蛋白质的分子量。

资源 2-10

本 章 小 结

蛋白质是重要的生物大分子，根据组成可分为简单蛋白质和缀合蛋白质，根据对称性可分为球状蛋白质和纤维状蛋白质，根据生物功能可分为催化蛋白质、运输蛋白质、营养蛋白质、贮存蛋白质、运动蛋白质、结构蛋白质和防御蛋白质等。

蛋白质主要由 C、H、O、N 及少量 S 组成，各种蛋白质的平均含氮量为 16%。利用凯氏定氮法测定出样品的含氮量，再乘以 6.25 就可以计算出粗蛋白含量。*α*-氨基酸是蛋白质的组成单位。组成蛋白质的基本氨基酸有 20 种，除 Gly 和 Pro 外，均为 L-*α*-氨基酸。根据 R 基团极性，基本氨基酸可分为非极性氨基酸、极性不带电荷氨基酸、极性带正电荷氨基酸和极性带负电荷氨基酸。在水溶液中，氨基酸主要以兼性离子的形式存在。氨基酸带的净电荷为零时的 pH 称为氨基酸的等电点。氨基酸的 *α*-氨基、*α*-羧基和 R 基团能够参加化学反应，包括茚三酮反应、桑格反应、埃德曼反应等。

一个氨基酸的 *α*-羧基和另一个氨基酸的 *α*-氨基脱水缩合形成的化合物称为肽，形成的酰胺键又称肽键。构成肽键的 4 个原子和与之相连的 2 个 *α*-碳原子（C_α）共处在一个平面上，称为肽平面。肽的游离 *α*-氨基、*α*-羧基及 R 基团可以发生与氨基酸相应基团的类似反应，同时也具有肽键特有的反应，如双缩脲反应。生物体内存在某些具有生理活性的寡肽和多肽，如谷胱甘肽、脑啡肽等。

蛋白质的结构层次包括一级结构、二级结构、三级结构和四级结构。蛋白质的一级结构是指多肽链中氨基酸残基的排列顺序和二硫键的位置。二级结构是指多肽链共价主链中局部肽段借助氢键形成的周期性结构，包括 α 螺旋、β 折叠、β 转角等。维持二级结构稳定性的作用力主要是氢键。二级结构的基本组织单元组合在一起、彼此相互作用，形成的二级结构组合体称为超二级结构。结构域是在二级结构或超二级结构单元基础上形成的三级结构的局部折叠区，是相对独立的紧密球状实体，具有特定功能。三级结构是多肽链在二级结构基础上进一步借助非共价键折叠成的复杂的空间结构。四级结构是指具有三级结构的亚基借助非共价键聚合成的寡聚蛋白质。蛋白质的二、三和四级结构被称为蛋白质的高级结构、空间结构或三维结构。维持蛋白质高级结构的作用力主要是次级键，包括氢键、离子键、疏水作用和范德瓦耳斯力。

蛋白质的一级结构决定其高级结构，高级结构体现蛋白质的生物功能。不同来源的具有同一功能的蛋白质称为同源蛋白质，根据它们在一级结构上的差异程度，可以判断它们在亲缘关系上的远近。对于某一种蛋白质而言，维持它的生物功能所必需的氨基酸残基在整个进化过程中几乎保持不变，这些氨基酸残基称为不变残基；而那些对生物功能不起决定作用的氨基酸残基在进化过程中可能发生变化，这些氨基酸残基称为可变残基。蛋白质的不变残基突变引发的疾病称为分子疾病，如镰状细胞贫血。

蛋白质分子是两性电解质，在溶液中能够形成水化层和双电层。蛋白质溶液是亲水胶体系统。蛋白质具有等电点。天然蛋白质受到某些物理或化学因素的影响，其特定的构象发生改变，从而导致理化性质改变、生物活性丧失的现象称为蛋白质的变性作用。变性的蛋白质当除去变性因素后，可重新恢复原来的天然构象，这一现象称为蛋白质的复性。

由于受到某些因素的影响，蛋白质从溶液中析出的现象称为沉淀。使蛋白质沉淀的方法有盐析、有机溶剂沉淀、重金属沉淀、等电点沉淀、加热变性沉淀、生物碱试剂沉淀。蛋白质的呈色反应有茚三酮反应、双缩脲反应、黄色反应、米伦反应、乙醛酸反应等。

蛋白质分离纯化的一般程序可以分为前处理、粗分级分离和细分级分离。前处理常采用机械破碎法、渗透破碎法、反复冻融法、超声波法及酶法等。粗分级分离常采用盐析、有机溶剂沉淀和等电点沉淀等。细分级分离常使用离子交换层析、凝胶过滤层析和亲和层析等方法。

蛋白质含量的测定方法有凯氏定氮法、Folin-酚试剂法、双缩脲法、紫外吸收法、考马斯亮蓝法及生物活性测定法等。蛋白质纯度鉴定常采用 PAGE、SDS-PAGE、等电聚焦电泳、毛细管电泳、HPLC 等。蛋白质分子量测定常采用凝胶过滤层析和 SDS-PAGE 等方法。

思 考 题

1．根据表 2-1 中氨基酸的 pK_a 值，计算亮氨酸、赖氨酸和谷氨酸的 pI。
2．根据侧链 R 基团极性，基本氨基酸如何分类？
3．凯氏定氮法是常用的测定蛋白质含量的方法，简述其测定原理，分析影响该方法准确性的因素。
4．简述蛋白质 α 螺旋中 3.6_{13} 螺旋的结构特点。现有一段 α 螺旋由 180 个氨基酸残基组成，计算该 α 螺旋的轴长。
5．举例说明基本氨基酸对蛋白质 α 螺旋和 β 折叠稳定性的影响。
6．简述球状蛋白质三级结构的主要特点。
7．简述维系蛋白质一、二、三和四级结构的主要作用力。
8．举例说明蛋白质的一级结构与生物进化的关系。
9．血红蛋白和肌红蛋白均是氧的载体，但血红蛋白的主要功能是运输氧，肌红蛋白的主要功能是储存氧，请从蛋白质结构的角度分析其原因。
10．从基本氨基酸 R 基团极性角度，论述球状蛋白质三级结构的特征及其胶体溶液的稳定性。
11．天然蛋白质变性后会发生哪些变化？
12．核糖核酸酶变性实验中，尿素和 *β*-巯基乙醇的作用分别是什么？
13．某天然蛋白质经凝胶过滤层析，确定其分子质量为 280kDa，进一步经 SDS-PAGE 获得两个分子质量分别为 80kDa 和 60kDa 的电泳条带。请分析该蛋白质的亚基组成，并解释其原因。

参考答案

第三章 酶

酶是新陈代谢中的生物催化剂，是生物体内重要的生物大分子之一。酶作为生物催化剂，其化学本质主要是蛋白质，少数是 RNA，还有 DNA。酶具有高效的催化能力、高度的专一性、可调节性和不稳定性等特点。酶的活性中心包括结合中心和催化中心。诱导契合学说比较全面地解释了酶作用的专一性。酶高效催化的机制和邻近与定向效应、底物形变、酸碱催化、共价催化、金属催化、活性部位的低介电性、静电催化等相关。中间产物学说提出过渡态的形成和活化能的降低是酶催化反应进行的关键。米氏酶的酶促反应动力学曲线是典型的双曲线型。本章主要讨论酶的结构与功能及作用机制、酶促反应动力学及影响因素、酶活性调节的方式等。

第一节 酶 概 述

酶的发现和提出始于 19 世纪。1833 年，Payen 发现麦芽水提物可以水解淀粉。而在乙醇发酵是否需要活细胞的争论中，Liebig 等认为，发酵不一定需要活细胞，而是需要某种酶。Buchner 兄弟于 1897 年使用酵母液发酵成功，表明发酵不一定需要活细胞。自从 1878 年 Kühne 首先提出“酶”的概念以来，酶学迅速发展。Michaelis 和 Menten 在 1913 年解释了酶促动力学原理，并提出了酶促动力学公式；Fischer 和 Koshland 等提出酶作用专一性学说；Jacob、Lwoff 和 Monod 提出酶合成调节的操纵子学说；Temin 和 Baltimore 发现逆转录酶等。酶结构与功能的关系及酶活性的调节机制等许多问题得到了深入的研究与探讨。

一、酶的化学本质与组成

Sumner 于 1926 年从刀豆中得到脲酶（urease）的结晶，第一次证明酶是具有催化活性的蛋白质。随后发现的数千种酶，几乎无一例外都是蛋白质，它们由氨基酸残基组成，具有高级空间结构，具有一般蛋白质的理化性质，会受多种理化因素影响而发生变性甚至失活等。因此，当时酶被认为是具有催化作用的蛋白质。

然而，1982 年美国科学家 Cech 在对四膜虫的研究中，又发现了 rRNA 也具有催化作用，打破了生物催化剂都是蛋白质的论断。酶作为生物催化剂，受到了更加深入的研究和重视，目前已发现的酶已达 4000 多种，已被广泛地应用于工农业生产及医药卫生领域中。现在，人们对酶的化学本质已达成共识，主要是蛋白质，也有少数是 RNA，还有 DNA。

（一）蛋白酶

根据化学组成，可将酶分为两大类：单纯酶（simple enzyme）和结合酶（conjugated enzyme）。单纯酶仅由蛋白质组成，酶活性只取决于蛋白质的空间结构，如脲酶、核糖核酸酶、胰凝乳蛋白酶等。结合酶的整个酶分子称为全酶（holoenzyme），除含酶蛋白或脱辅酶（apoenzyme）外，还含有非蛋白质成分的辅因子（cofactor），即全酶＝酶蛋白＋辅因子。辅因子是全酶表现催化活性所必需的，它在催化反应中对电子、质子或某些化学基团起传递作用，决定反应的种类与性质，而酶蛋白则决定酶促反应的专一性。只有为全酶时，酶的活性才充分表现出来。

与酶蛋白结合松弛的辅因子又称为辅酶（coenzyme），可采用透析等方法去除，如辅酶Ⅰ和辅酶Ⅱ；与酶蛋白以共价键等牢固结合的辅因子又称为辅基（prosthetic group），不能用透析等方法除去，如琥珀酸脱氢酶的 FAD。最常见的辅因子有金属离子（Fe^{2+}、Zn^{2+}、Mg^{2+}、Cu^{2+}、Mn^{2+}等）、金属有机化合物（如铁卟啉）和有机小分子化合物（如维生素 B 族衍生物）等。

根据酶蛋白分子的特点，可将其分为单体酶、寡聚酶和多酶复合物。单体酶只由一条肽链组成，如牛胰核糖核酸酶、胰凝乳蛋白酶等。胰凝乳蛋白酶虽然由 3 条肽链通过链间二硫键相连，但它是由一条肽链组成的胰凝乳蛋白酶原肽键断裂激活形成的，因此仍属于单体酶。寡聚酶由多个亚基组成，如己糖激酶、原核生物 RNA 聚合酶、3-磷酸甘油醛脱氢酶等。多酶复合物是由几个功能相关的酶形成的复合物，多酶复合物催化的反应，前一个酶的反应产物往往是后一个酶的反应底物，这样便于提高酶的催化效率，如丙酮酸脱氢酶复合物、脂肪酸合酶系统等。

（二）核酶

起催化作用的 RNA 称为核酶（ribozyme）。核酶作为一种最古老的生物催化剂，其催化反应的种类和效率与蛋白酶相比，通常比大多数蛋白酶低几个数量级。按照核酶催化的反应不同，可以将其分为两大类。

1）剪切型核酶：这类酶的功能类似于核酸内切酶，负责切割 RNA，主要有锤头状核酶、发夹状核酶、肝炎病毒核酶及 RNase P 的 RNA 组分等。

2）剪接型核酶：具有核酸内切酶和连接酶活性，负责 mRNA 前体的自我剪接，比如Ⅰ型内含子和Ⅱ型内含子。

核酶是 RNA 分子，很容易被降解，从而限制了核酶的应用。但如将核酶构建于特定的表达载体再转入靶细胞，如植物、动物和微生物细胞中，使其在体内表达，核酶可以专一性地切割某些特定序列，从而可以阻断特定基因的表达。此外，核酶的体外化学修饰也可以提高核酶的稳定性和切割效率。核酶的发现不仅对理解生命的起源和进化具有十分重要的理论意义，而且在农业、生物和医药行业具有广泛的应用前景，如抗人类免疫缺陷病毒（HIV）核酶和抗肝炎病毒核酶等。

1994 年，DNA 被发现能催化 RNA 磷酸二酯键的水解，随后发现 DNA 还有连接酶的活性。因此，除蛋白质和 RNA 外，有的 DNA 也有酶的活性。

二、酶的作用特点

生物体内的新陈代谢需要经过一系列化学反应完成。这些化学反应在体外常常需要在剧烈条件下才能发生，比如高温、高压或强酸、强碱等，有些甚至无法进行。而这些化学反应在活细胞温和环境中能高效而有序地进行归功于生物催化剂——酶。

酶具有一般催化剂的共性。例如，通过降低化学反应的活化能，提高化学反应速率；加快达到化学反应平衡，但化学反应平衡点没有改变；用量少，在化学反应前后酶本身几乎不发生改变，大部分酶可恢复到它的初始状态。

酶作为生物催化剂，具有以下特性。

（一）高效性

酶催化的反应速率比非催化反应速率一般高 10^6～10^{12} 倍，比其他非生物催化剂催化的反应速率高 10^7～10^{13} 倍。例如，CO_2 从外周组织到血液，再从血液到肺泡的运输过程中，碳酸酐酶催化的 CO_2 水合反应比非催化反应快 10^7 倍。

资源 3-1

（二）专一性

酶的专一性是指酶催化反应的特异性，酶通常对其催化的底物具有严格的选择性。酶往往只能催化一种或一类反应，作用于一种或一类结构相似的底物。

（三）酶促反应条件温和

酶的催化活性与它的空间构象密切相关。凡是不利于酶分子空间构象稳定的因素如强酸、强碱、高温、X 射线、重金属盐等，都会影响酶催化活性，甚至使酶变性失活。酶促反应一般都要求在温和条件下进行，如常温、常压、接近生理 pH，以免失活。

（四）酶活性受到严格的调节

酶的催化活性在细胞内受到严格的调节控制，使酶催化的反应在细胞内能有条不紊地进行，能对细胞内外环境的变化做出适当反应，以保证生命活动的正常进行。酶活性的调节包括酶含量的调节和酶活性的调节。

三、酶的命名与分类

国际酶学委员会于 1961 年提出了一个新的命名系统和分类原则。按照国际系统命名法的原则，酶的系统名称（systematic name）应明确标明酶的底物及催化反应的类型，若酶促反应中有两种底物，则这两种底物均需标明，用“：”号将二者分开。例如，乙醇脱氢酶（习惯名称）写成系统名称时应写成：乙醇：NAD^+氧化还原酶。若底物之一是水时，可将水略去不写。酶还有习惯名称（recommended name），习惯名称简单，便于使用，大多数酶的习惯名称根据酶催化的底物来命名，如蔗糖酶、淀粉酶、核酸酶等，有些酶则结合其作用的底物及反应的性质来命名，如琥珀酸脱氢酶，有时还加上酶的来源，如木瓜蛋白酶。

按照国际系统分类法分类原则，所有酶促反应根据其反应性质不同可分为七大类，分别用 1～7 的编号表示，依照底物中与酶作用的基团或键的特点，每一大类又可以分为若干个亚类，按顺序编成 1、2、3……数字，为了更精确地表示底物的性质，每一个亚类又可分为若干亚亚类，仍用 1、2、3……编号，最后该酶在此亚亚类中的顺序号，仍用数字 1、2、3……表示。因此，每一个酶的分类编号用 4 个数字组成，数字间用“.”隔开，编号之前所冠“EC”为国际酶学委员会（Enzyme Commission）的缩写。酶主要包括 7 种类型。

1. 氧化还原酶类（oxido-reductases） 催化氧化还原反应（$A·2H+B \rightleftharpoons A+B·2H$），包括脱氢酶、氧化酶、过氧化物酶、羟化酶及加氧酶等。例如，乳酸：NAD^+氧化还原酶（EC1.1.1.27）（习惯名称是乳酸脱氢酶）的催化反应如下：

$$乳酸+NAD^+ \rightleftharpoons 丙酮酸+NADH+H^+$$

2. 转移酶类（transferases） 催化功能基团在分子间的转移反应（$AB+C \rightleftharpoons A+BC$），

包括转甲基酶、转氨酶等。例如，丙氨酸：α-酮戊二酸氨基转移酶（EC2.6.1.2）（习惯名称是谷丙转氨酶）的催化反应如下：

$$丙氨酸+\alpha\text{-}酮戊二酸 \rightleftharpoons 丙酮酸+谷氨酸$$

3．水解酶类（hydrolases） 催化水解反应（$AB+H_2O \rightleftharpoons AOH+BH$），淀粉酶、核酸酶、蛋白酶及酯酶等都是水解酶。例如，亮氨酸氨基肽水解酶（EC3.4.1.1）（习惯名称是氨肽酶）的催化反应如下：

$$亮氨酰\text{-}丙氨酰\text{-}肽+H_2O \rightleftharpoons 亮氨酸+丙氨酰\text{-}肽$$

4．裂合酶类（lyases） 催化底物脱掉一个基团形成双键的反应或其逆反应（$AB \rightleftharpoons A+B$），醛缩酶、水化酶及脱氨酶等都是裂合酶。例如，草酰乙酸转乙酰酶（EC4.1.3.8）（习惯名称是柠檬酸合酶）的催化反应如下：

$$草酰乙酸+乙酰\text{-}CoA+H_2O \rightleftharpoons 柠檬酸+CoA$$

5．异构酶类（isomerases） 催化各种同分异构体的相互转变（$A \rightleftharpoons B$），包括顺反异构酶、消旋酶、差向异构酶、变位酶等。例如，6-磷酸葡萄糖：6-磷酸果糖异构酶（EC5.3.1.9）（习惯名称是磷酸己糖异构酶）的催化反应如下：

$$6\text{-}磷酸葡萄糖 \rightleftharpoons 6\text{-}磷酸果糖$$

6．连接酶类（合成酶类）（ligases） 催化反应必须与 ATP（或相应的核苷三磷酸）水解相偶联，由小分子合成较大分子的反应，这类酶包括羧化酶、CTP 合成酶、酪氨酸合成酶和谷氨酰胺合成酶等。例如，L-谷氨酸：氨连接酶（EC6.3.1.2）（习惯名称是谷氨酰胺合成酶）的催化反应如下：

$$L\text{-}谷氨酸+ATP+NH_3 \rightleftharpoons L\text{-}谷氨酰胺+ADP+Pi$$

7．易位酶类（translocases） 国际生物化学与分子生物学联合会国际酶学委员会 2018 年 8 月发布，新增催化离子或分子跨膜转运，或在细胞膜内易位反应的酶。

一切新发现的酶，都应按国际系统命名及分类法原则进行命名、分类及编号。酶的编号、系统名称、习惯名称、酶的来源、酶的性质等有关内容，可通过查阅《酶学手册》（*Enzyme Handbook*）或某些专著获得。

资源 3-2

第二节 酶的作用机制

一、酶的活性中心

酶与底物结合，起催化作用的部位称为酶的活性中心（active center），也称活性部位（active site）。一般认为，酶的活性中心有两个功能部位：①结合底物并决定酶的专一性的结合部位（binding site）；②负责催化底物发生化学反应，使底物敏感键断裂或形成新键，决定酶的催化能力的催化部位（catalytic site）。对于单成分酶，活性中心由酶分子在空间结构上比较靠近的少数几个氨基酸残基或这些残基上的几个基团组成，它们在一级结构上可能相距很远，甚至在不同的多肽链上，但在空间构象上相互靠近，形成具有一定空间结构的活性中心，如胰凝乳蛋白酶的酶活性中心（图 3-1）。对于双成分酶来说，酶活性中心除上述特点外，往往还包括辅因子或它们的某一部分结构。

酶活性中心的形成要求酶蛋白分子具有一定的空间构象，只有活性中心的功能基团处于适当的空间位置时，酶才具有活性。因此，酶活性中心以外的部位虽然对酶的催化作用是次

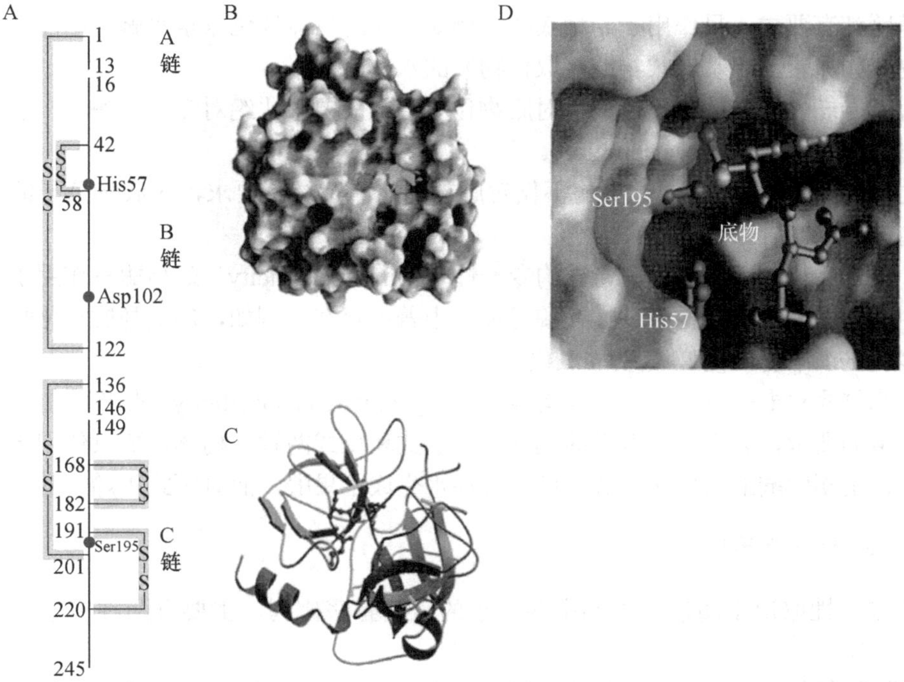

图 3-1　胰凝乳蛋白酶的活性中心结构（Nelson and Cox，2017）

A．胰凝乳蛋白酶的一级结构；B，C．胰凝乳蛋白酶的三维结构；D．胰凝乳蛋白酶的活性中心

彩图

要的，但对于稳定活性中心的构象却十分重要。酶活性中心的特点包括：由结合部位和催化部位构成；酶活性中心只占酶整体的相当小一部分；酶活性中心往往是酶分子表面的一个空穴或裂缝；通常由三维结构上彼此靠近的几个氨基酸残基的侧链基团组成；空间构象具有柔性（可变性）。

二、酶的专一性机制

酶的专一性（specificity），是指酶具有高度的底物专一性和反应专一性，是酶的重要特性之一，不同的酶在专一性上表现出很大的差异。

（一）酶专一性类型

酶专一性类型主要分为结构专一性（structure specificity）和立体异构专一性（stereo specificity）两大类。

1．结构专一性　酶对底物分子化学结构的特殊要求和选择称为酶的结构专一性。根据酶对底物的化学键及其两侧基团选择程度的不同，可将其分为以下 3 类。

（1）键专一性　键专一性（bond specificity）是指酶只作用于一定的化学键，对键两端的基团无严格要求，此类酶对底物结构的要求最低。例如，酯酶可以水解含有酯键的化合物，只是对各种化合物的酯键水解的速度不同。

（2）基团专一性　基团专一性（group specificity）是指酶除要求作用于一定的化学键以外，对键两端基团中的一个基团要求严格，对另一个则要求不严格。例如，α-D-葡萄糖苷酶要求 α-糖苷键的一端必须有葡萄糖残基，而对键另一端的 R 基团无严格要求。

（3）绝对专一性　绝对专一性（absolute specificity）是指这类酶对底物的化学键及键

两侧的基团都有要求，只作用于一种底物。例如，脲酶只能催化尿素水解，不能催化尿素各种衍生物（如尿素的甲基取代物或氯取代物）的水解。

具有键专一性和基团专一性的酶对底物化学结构的要求比绝对专一性酶低，所以又被称为“相对专一性”（relative specificity）。

2. 立体异构专一性 这类酶不仅对底物的化学结构有要求，对底物分子的立体构型也有一定的要求。

（1）*旋光异构专一性* 旋光异构专一性（optical specificity）是指酶只作用于底物旋光异构体中的一种，旋光异构专一性在酶促反应中普遍存在。例如，L-氨基酸氧化酶只能催化L-氨基酸氧化，不能催化D-氨基酸氧化。

（2）*几何异构专一性* 几何异构专一性（geometrical specificity）是指酶对底物的几何构型有严格的要求，如有些含双键的化合物有顺式和反式两种异构体，酶只作用于其中的一种。例如，延胡索酸酶只催化反式丁烯二酸加水生成苹果酸，而对顺式丁烯二酸则无作用。

（二）酶专一性学说

酶的专一性取决于酶活性中心中各原子的精确有序排列。主要有两种模型解释酶的专一性。

1. 锁钥学说 1894年，Fischer提出“锁钥”（lock and key）学说，认为底物或底物分子的一部分就像钥匙，酶的活性中心像锁，酶具有催化功能的必需基团和底物分子发生反应的部位之间，在结构上是完全互补的关系（图3-2）。该学说认为酶和底物分子的结构在酶催化过程中是不变的，这一学说不能解释酶专一性中的所有现象，如酶的相对专一性，为何酶既能催化正反应又能催化逆反应等。

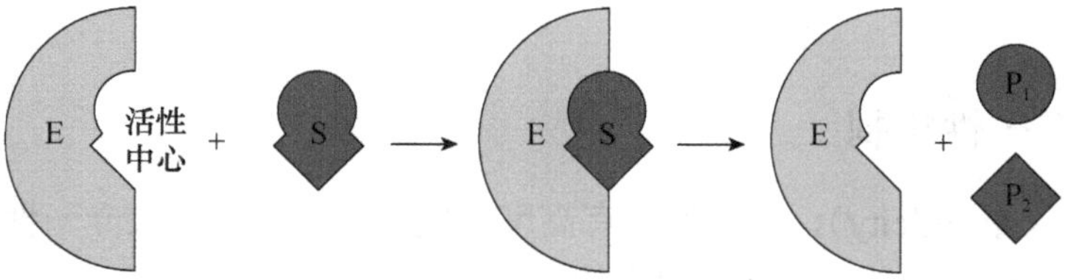

图3-2 酶与底物结合的锁钥模型（刘国琴和杨海莲，2019）

E. 酶；S. 底物；P. 产物。下同

2. 诱导契合学说 Koshland于1958年提出了“诱导契合”（induced fit）模型，提出酶的活性中心的构象不是刚性结构，当酶与底物分子相遇时，酶的构象会受底物的影响，促使酶的结构发生有利于和底物结合的变化，使活性中心形成或暴露出来，酶与底物在此基础上互补契合，同时使起催化作用的基团或原子处于有利于敏感键发生反应的最佳位置（图3-3）。这一假说很好地解释了酶相对专一性现象。

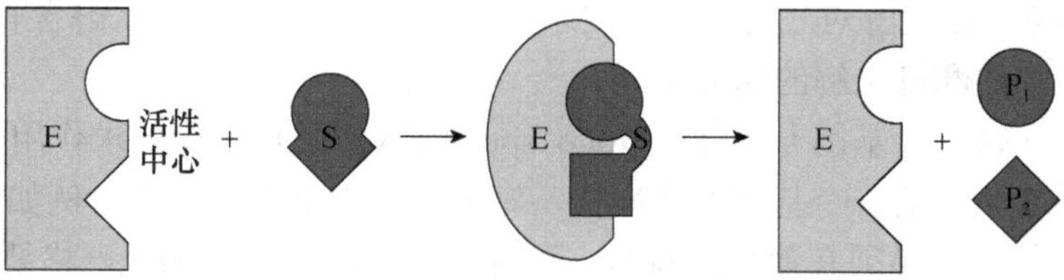

图3-3 酶与底物结合的诱导契合模型（刘国琴和杨海莲，2019）

此外，还有三点附着模型可以解释酶的立体专一性。

资源 3-3

三、过渡态理论

1946 年，L. Pauling 提出了过渡态理论（transition-state theory），又叫中间产物学说，认为酶和底物结合形成 ES，以及 ES 转变为 EP，并释放出产物的过程中，酶和底物二者均形成中间过渡态（#），经历瞬时的能量较高的过渡态 $ES^{\#}$，过渡态能量最高，是整个反应需要跨越的能障（图 3-4）。在一个化学反应体系中，处于常态的反应物要成为具有高能状态的活化分子或过渡态分子，首先必须获得能量，分子间才能发生有效碰撞，进行化学反应，从而生成产物。反应活化能是指反应物分子从常态转变为容易发生化学反应的活跃状态所需要的最小能量。温度、压强等因素会影响活化分子的形成。一个反应体系中反应速率和活化分子数呈正比关系。过渡态的形成更有利于底物形成产物。

资源 3-4

在酶参与的催化反应中，酶和底物结合会产生瞬时的“酶-底物复合物”过渡态形式，酶和底物结合形成过渡态时，会释放自由能，又称为结合能（binding energy）。酶和底物结合释放的结合能有利于反应活化能的降低，任何有利于过渡态的形成和稳定的因素都有利于反应活化能的降低，这样就大大降低了反应物进入“活化态”所需的能量。过渡态的形成和活化能的降低是酶催化反应进行的关键，所以与非催化反应相比，在酶催化反应中，较低的能量水平就可以进行化学反应，从而加快了反应速率。

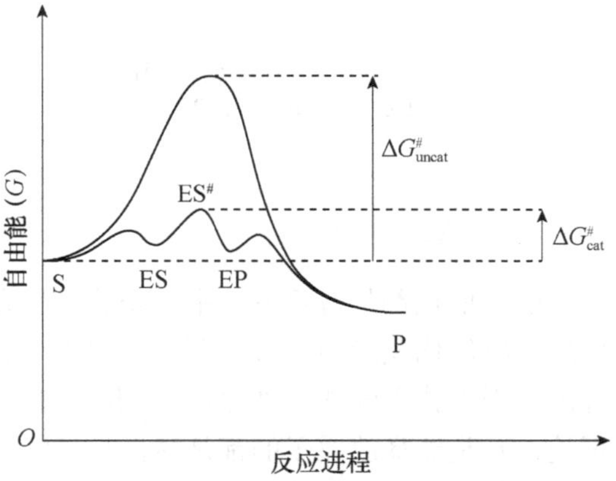

图 3-4　酶催化反应与非催化反应的能量分布（刘国琴和杨海莲，2019）

四、酶高效催化的机制

（一）邻近与定向效应

底物与酶结合过程中，有向酶活性中心靠近的倾向，这样使反应基团间相互靠近，从而降低进入过渡态所需的活化能，称为邻近效应（proximity effect）。邻近效应也会局部增加酶活性中心的底物浓度。由于化学反应速率与反应物浓度呈正比，在这种局部高浓度下，反应速率会大幅度提高。

在专一性底物与酶靠近过程中，会诱导酶活性中心结构发生改变，使酶活性中心与底物的反应基团进行定向排列，同时反应基团的分子轨道也正确定位交叠，使反应易于进行，即定向效应（orientation effect）（图 3-5）。酶的邻近效应和定向效应，使酶与底物间的反应成为犹如分子内部的反应，反应速率提高是必然的。而在非酶催化的反应体系中做到“底物锚定”（substrate anchoring）非常难。

（二）底物形变

根据诱导契合学说，在酶和底物结合过程中，底物可诱导酶发生有利于催化的构象变化。此外，底物分子的结构也会受酶影响而变化，酶的某些基团会改变底物分子敏感键某些基团的电子云密度，使底物某些键的键能降低，键发生扭曲（strain）甚至变形（distortion）

（图3-6）。酶分子的构象变化和底物分子发生变形，使酶与底物更容易形成过渡态，降低反应活化能，加快反应速率。

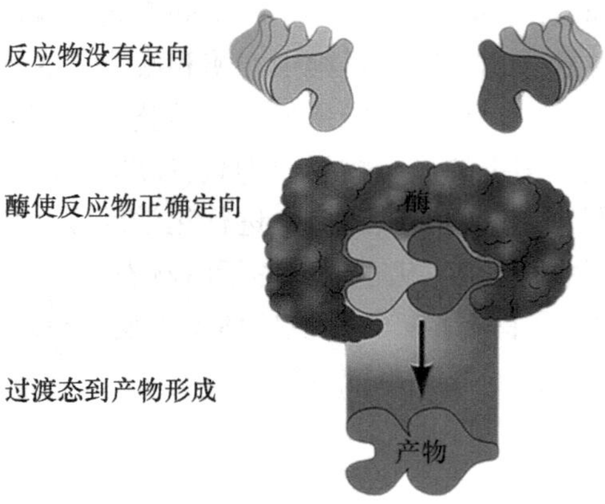

图 3-5　定向效应示意图
（Nelson and Cox，2017）

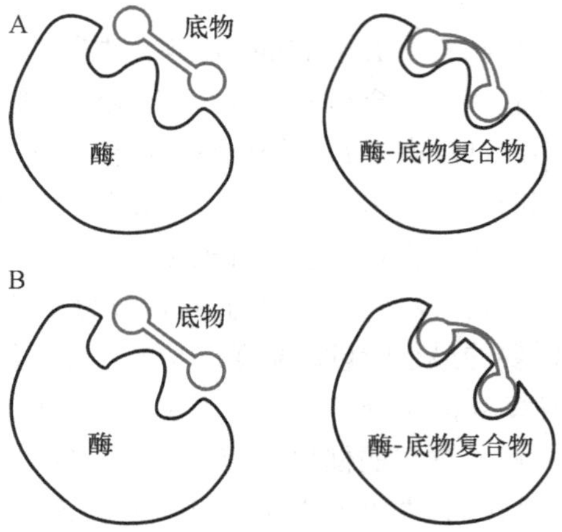

图 3-6　底物与酶结合时的构象变化
（刘国琴和杨海莲，2019）
A．底物发生变形；B．酶与底物均发生变形

（三）酸碱催化

酸碱催化剂是有机反应中最普遍、最有效的催化剂之一，酸碱催化（acid-base catalysis）作用在酶催化反应中也普遍存在。由于细胞内酶促反应大多数是在 pH 接近中性的环境中进行的，因而狭义的酸碱催化剂 H^+和 OH^-，在酶促反应中的重要性比较有限。按照广义酸碱理论，凡是能释放质子的都是酸，凡是能接受质子的都是碱，因此，酶分子中具有广义酸碱催化功能的基团有羧基、氨基、巯基、酚（羟）基及咪唑基等（表 3-1）。

表 3-1　具有广义酸碱催化功能的基团

广义酸基团（质子供体）	广义碱基团（质子受体）
—COOH，—NH_3^+，—SH，	—COO^-，—$\ddot{N}H_2$，—S^-，
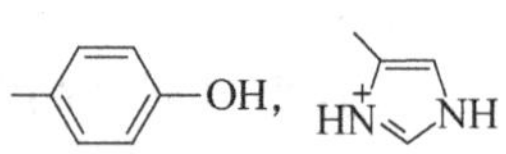	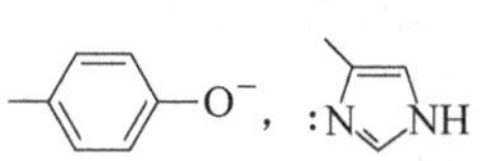

酸碱催化的反应速率受两种因素的影响：第一是酸碱的强度，即反应解离常数（pK 值）。最活泼的广义酸碱催化基团是组氨酸的咪唑基，它的 pK_R 值约为 6.0，这使它在中性条件下既能作为质子供体，又能作为质子受体。第二是酸或碱提供或接受质子的速度。咪唑基具有特别高的效率，因为它提供或接受质子十分迅速。

（四）共价催化

某些酶能和底物以共价键结合形成一个中间产物，这个中间产物具有较高的反应活性，很快形成过渡态，使反应所需的活化能大幅度降低，这样底物只要越过较低的“能障”就能生成产物，按照酶对底物攻击使用的基团种类不同，共价催化（covalent catalysis）可分为亲核催化与亲电催化两类，但酶促反应中常发生的是亲核催化。

1. 亲核催化　由酶分子中具有非共用电子对的基团或原子，攻击底物分子中缺少电子而具有部分正电性的原子，并利用非共用电子对形成共价键，从而产生不稳定的过渡态中间物，以提高反应速率。酶具有催化功能的主要亲核基团有组氨酸的咪唑基、丝氨酸的羟基、半胱氨酸的巯基，此外，许多辅因子也具有亲核中心。以咪唑基为例，咪唑基催化的硝基苯乙酸酯的水解反应中，首先咪唑基攻击底物分子中的羰基碳原子，形成共价键，产生不稳定的乙酰咪唑中间物，同时转换出一个对硝基苯，第二步是中间产物迅速水解，产生乙酸，并使催化剂（咪唑基）再生，反应过程如图 3-7 所示。由于咪唑基既能作为共价催化的功能基团，又能作为酸碱催化的功能基团，因此在许多酶活性中心都有组氨酸残基。

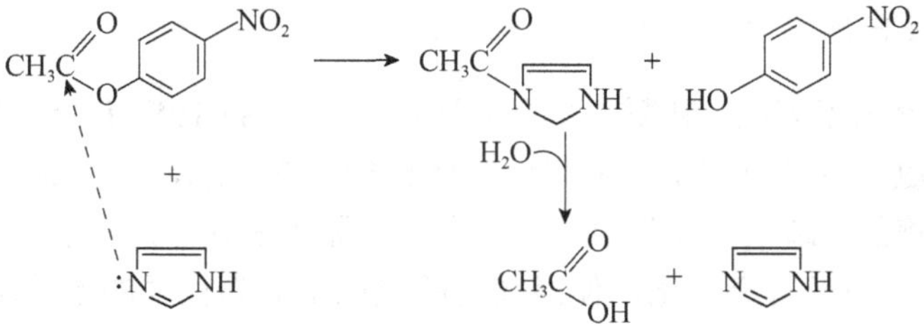

图 3-7　咪唑基的亲核催化

2. 亲电催化　酶分子上的亲电基团攻击底物分子中的富含电子的基团，形成过渡态中间化合物。由于酶的侧链不能提供有效的亲电基团，通常酶分子上的亲电基团依靠的是辅酶或金属离子，如磷酸吡哆醛。

（五）金属催化

很多酶的活性需要依靠金属离子，金属离子参与的催化称为金属催化。金属离子（如 Mg^{2+}）是许多酶的辅因子，本身是酶结构的一部分，可以通过静电作用，稳定或屏蔽电荷，可以提高水的亲核性能，可以作为电子传递中间体，有的对过渡态起稳定作用。

（六）活性部位的低介电性

许多酶的活性中心位于疏水凹穴中，催化基团处于低介电环境中，酶的催化基团和底物分子的敏感键之间较易发生反应，活性中心的疏水性保证了各种相互作用准确且充分地进行。

已知某些化学反应在低介电常数介质中的反应速率比在水中的反应速率大得多，这可能是由于在低介电环境中有利于电荷之间的相互作用，而极性的水对电荷往往有屏蔽作用。利用 X 射线衍射技术测定酶活性中心结构，研究结果表明酶的活性中心常常位于酶分子的凹穴内，这个凹穴的大多氨基酸侧链基团形成了一个疏水的或低介电常数微环境，使酶与底物基团之间的静电作用在凹穴内显著加强，这种低介电环境有利于酶活性中心起催化作用的极性基团的稳定，也有利于酶与底物过渡态的稳定，促进酶促反应的发生。

（七）静电催化

静电催化是酶活性中心带电荷或带部分电荷的基团，去中和带相反电荷的过渡态，从而稳定过渡态。例如，溶菌酶活性中心带负电荷的 Asp，是通过中和带正电荷的过渡态来稳定的。

不同酶的酶促机制不同，大多数酶的催化作用是多种酶促机制共同参与的结果。

五、酶催化反应机制的实例

胰凝乳蛋白酶（chymotrypsin）是丝氨酸蛋白酶家族的成员之一，它是研究得最早、最彻底的一种酶，它与胰蛋白酶和弹性蛋白酶有着相似的结构和作用机制，但专一性不同。它催化蛋白质水解，裂解由芳香族氨基酸羧基端形成的肽键，参与食物中蛋白质的消化过程。胰凝乳蛋白酶的分子质量为25kDa，X射线衍射实验表明，它是一个紧密的椭圆形球体，结构中有部分反平行β折叠，很少有α螺旋。

（一）胰凝乳蛋白酶活性中心的关键氨基酸

化学修饰法研究结果表明，胰凝乳蛋白酶活性中心由Ser195、His57及Asp102三个直接影响酶活性的关键氨基酸残基组成，X射线晶体结构研究显示，三个氨基酸残基在三维结构中相距很近，位于酶的“疏水口袋”中，并构成一个催化三联体，由于His57和Asp102的影响，Ser195侧链基团的羟基离子化，使羟基上的氧原子成为很强的亲核基团，His57的咪唑基作为强亲核基团和具有广义酸碱功能的基团，其空间位置处于Asp102和Ser195之间，这三者构成了一个电荷转接系统。

胰凝乳蛋白酶的“疏水口袋”结构，有利于结合苯丙氨酸残基、色氨酸残基和酪氨酸残基的疏水侧链基团，并使底物分子结合在酶的正确位点上。

（二）胰凝乳蛋白酶的作用机制

胰凝乳蛋白酶水解肽键的过程需经过两步置换反应：第一步，酶活性中心的Ser195羟基氧，亲核进攻底物的羰基碳，生成一个为时短暂的包括Ser195的羟基、底物酰基部分、底物氨基部分及His57咪唑基的四联体过渡态，见图3-8。酶-底物过渡态很快分解，C—N共价键断裂，产生亲核置换的酰基-酶中间物（酯化的Ser195）。

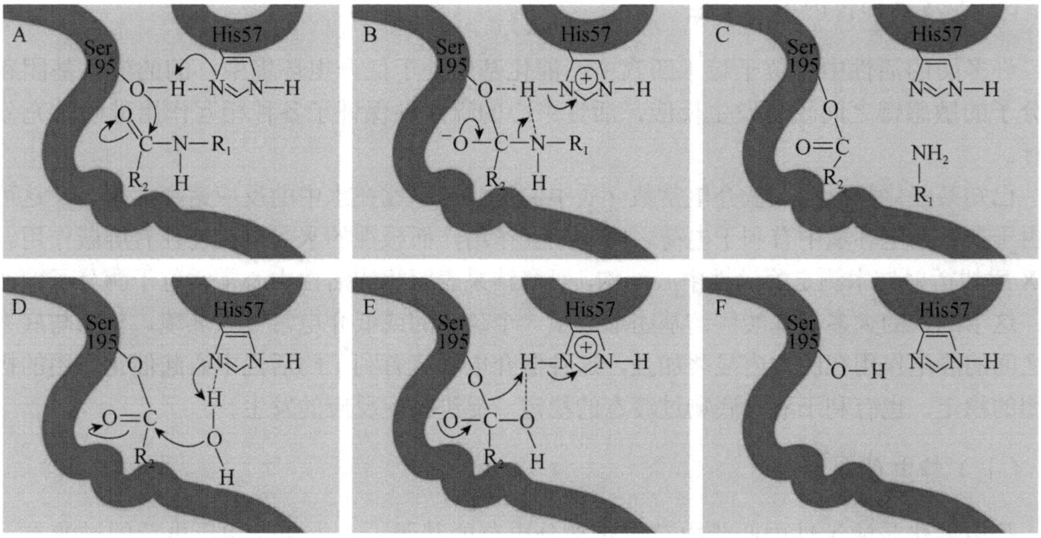

图3-8 胰凝乳蛋白酶催化的四面体中间物的形成及其稳定（刘国琴和杨海莲，2019）

A. 羟基亲核攻击羰基碳原子；B. 形成短暂的四面体过渡态；C. 形成酰化酶共价中间物；D. 氧原子攻击羰基碳原子；E. 形成带正电荷四面体中间物；F. 带羧基的肽段游离下来

第二步，水分子进入酶活性中心，His57 咪唑基对水分子中质子的吸引，使水分子中的羟基便于攻击酶与底物的酰基碳形成第二个四联体过渡态，进而发生酶的脱酰基作用。最后 His57 咪唑基提供一个质子到 Ser195 的氧原子上，酶又恢复自由状态，为下一轮催化做准备。

在这个酶催化反应中，His57 的咪唑基起着广义酸碱催化剂作用。咪唑环中的两个氮原子可同时一个作为碱，接受质子，另一个作为酸，给出质子，通过电荷的传递、质子的转移加速反应进行，其反应速率约为非催化水解反应的 10^3 倍。

第三节　酶促反应动力学

酶促反应动力学（kinetics of enzyme-catalyzed reaction）是研究酶促反应速率及其变化规律和影响反应速率因素的一门学科。影响因素有底物浓度、产物浓度、温度、pH、抑制剂、激活剂等，酶促反应动力学的研究有利于从理论上阐明酶促反应的机制，在实际应用中还能加强对酶促反应的控制。

一、酶促反应速率与酶活力

（一）酶促反应速率

酶促反应速率（v）以单位时间内底物的消耗量或产物的增加量来表示。

$$v=-\frac{\mathrm{d}s}{\mathrm{d}t} \text{ 或 } v=+\frac{\mathrm{d}p}{\mathrm{d}t}$$

对于单分子反应，其速率方程是

$$v=-\frac{\mathrm{d}s}{\mathrm{d}t}=ks$$

式中，s 是底物的浓度（mol/L）；t 是反应时间；p 是产物的浓度（mol/L）；k 是反应速率常数（rate constant），其值大小可以衡量反应速率大小。

双分子反应的速率方程是

$$v=-\frac{\mathrm{d}s}{\mathrm{d}t}=ks_1s_2$$

一个化学反应的速率服从哪种分子反应速率方程，这个反应即几级反应，反应级数（reaction order）与反应分子数并不完全一致。

凡是反应速率与底物的浓度呈正比关系，就称为一级反应；如果反应速率与底物浓度二次方（或两种物质浓度的乘积）呈正比，就称为二级反应；若反应速率与底物浓度无关，则该反应为零级反应。

（二）稳态

在一系列反应中，中间的某种组分被合成的速率与被分解的速率相等，则这种组分所处的反应状态即稳态（steady state）。

在酶促反应中，酶催化的反应常常是代谢途径的系列反应，各反应物和产物之间彼此相互关联，一个反应的产物同时又是另一个反应的底物。此外，一个反应达到它的真实化学反应平衡点是非常困难的。所以在酶促反应动力学研究中，更多地应用稳态理论而不是平衡态理论。

（三）酶活力

酶活力（enzyme activity）是指酶催化某一化学反应的能力。酶活力的大小代表酶在一定条件下催化某一化学反应的速率。酶催化的反应速率越高，酶的活力也越大。因此，测定酶活力就是测定酶促反应速率。

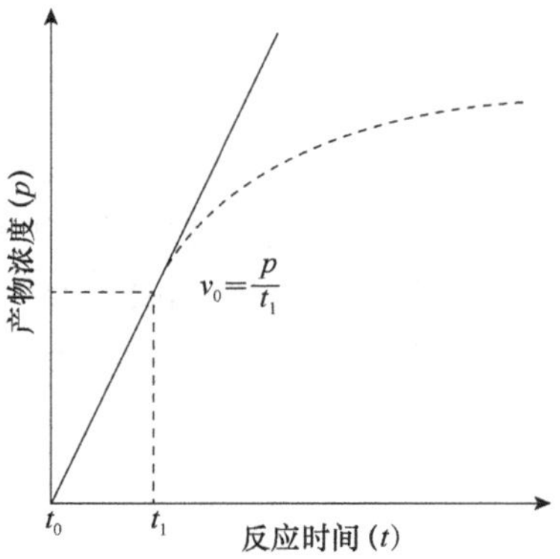

图 3-9 酶促反应的产物浓度随反应时间变化曲线（刘国琴和杨海莲，2019）

酶促反应速率可以表示为在一定条件下单位时间内底物的减少量或产物的增加量。在反应中，产物从无到有，只要方法灵敏，即可准确测定产物浓度变化，将产物浓度对反应时间作图（图 3-9）。从图 3-9 中可知，只是在最初一段时间内产物浓度与时间呈直线关系。随着反应的进行，酶促反应速率会逐渐下降，导致下降的原因有：底物浓度降低，产物浓度增加促进逆反应加速，产物对酶的抑制，辅酶失活，酶在一定 pH、温度下会缓慢变性等。因此，真正能代表酶催化能力的是反应初始阶段的速率，即反应初速率（initial velocity）。

为了保证酶活力的测定是在初速率阶段，一般认为，在初速率阶段，底物浓度下降应不超过 5%，酶浓度相对底物浓度要小，反应时间尽可能短。

1．酶活力单位 活力单位（U）是酶活力高低（大小）的度量。酶活力单位是指在一定条件下（pH、温度、底物浓度等）酶的催化能力，如果采用的实验条件（pH、温度、缓冲液、底物等）不同，即使是同一种测定方法，所测得的酶单位也有差异；测定方法不同，所得的单位数也不同。因此进行某种酶活力测定时，所采用的测定方法及测定条件必须与相应的规定一致。

1 个酶活力国际单位（IU），是指在最适条件下，在 1min 内能转化 1μmol 底物的酶量。1972 年，国际生物化学与分子生物学联合会国际酶学委员会还推荐了一个新的单位 Katal（Kat），一个 Kat 单位是指在一定条件下，每秒转化 1mol 底物所需的酶量：$1Kat=6\times10^7IU$。

2．酶的比活力 酶的比活力是指每毫克酶蛋白所含酶活力的单位数，用 U/mg 蛋白质表示，它是酶制剂的一个纯度指标。对同一种酶来说，比活力越高，表明酶纯度越高，酶的比活力也可用 U/mL 蛋白质表示。在酶的分离纯化过程中，纯化的倍数可用每次比活力/第一次比活力表示。随着纯化过程的进行，酶的比活力增加，但酶的回收率下降。因此，若想获得高纯度的酶，酶的比活力和回收率两者不可兼得。比活力是酶学研究及生产中经常使用的指标。

二、底物浓度对酶促反应速率的影响

研究底物浓度对酶促反应速率的影响，结果发现在一定的 pH、温度及酶浓度条件下，底物浓度的变化对酶促反应速率的影响呈双曲线关系（图 3-10），少数是 S 型曲线。在底物浓度较低时，反应速率与底物浓度呈正比关系，表现为一级反应；随着底物浓度的继续增加，反应速率的增加变缓，表现为混合级反应；如果再继续增加底物浓度，反应速率趋于最大值，表现为零级反应。

对于底物浓度与酶促反应速率之间的关系，曾提出各种假说加以解释。目前普遍认为，可以利用“中间产物学说”予以阐明。该学说认为，当酶催化某一反应时，酶（E）首先和底物（S）结合生成酶-底物复合物（enzyme-substrate complexes，ES），这一过渡态物质再进一步分解，生成产物（P），并释放出酶（E）。

$$E+S \rightleftharpoons ES \longrightarrow P+E$$ 糖

按照“中间产物学说”，在一定酶浓度下，底物浓度较低时，只有一部分酶与底物形成ES；底物浓度增加，单位时间内生成ES增多，反应速率由ES浓度决定，故反应速率也相应增加。但当底物过剩时，所有的酶都与底物形成ES，如果再提高底物浓度，反应速率也不会再升高而趋向于一个极限。因此，［S］对 v 作图呈双曲线。

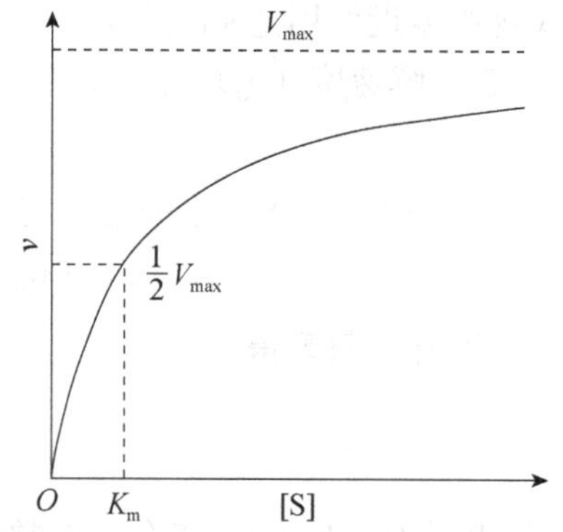

图 3-10 底物浓度与酶促反应速率之间的关系（刘国琴和杨海莲，2019）

V_{max}. 最大反应速率；K_m. 米氏常数

关于酶与底物形成“中间产物学说”，已有直接实验证明。如过氧化氢酶、过氧化物酶都是含有铁卟啉的酶，各自都有特殊吸收光谱；当它们与底物结合成复合物时可测得与之不同波长的吸收光谱，当复合物分解时，又恢复原来的吸收光谱。由此说明，有中间复合物存在。

（一）单底物酶促反应的动力学方程

Michaelis 和 Menten 基于平衡态理论做了大量的研究工作，于 1913 年解释了酶促动力学原理，并归纳出米氏方程。

$$v=\frac{V_{max}\cdot[S]}{K_S+[S]}$$

该方程定量描述了底物浓度与酶促反应速率间的关系。此后，Briggs 和 Haldane 对其加以补充和发展，该方程仍被称为米氏方程。但是 Briggs 和 Haldane 将方程的推导用稳态理论代替了平衡态理论。

Briggs 和 Haldane 对米氏方程的推导主要基于如下假设。

1）酶与底物形成复合物（ES），并且［ES］在 $S \longrightarrow P$ 反应中处于稳态。

2）产物生成的速度与 ES 浓度呈正比，即 $v=k_2$［ES］。ES 分解为产物的反应是总反应的限速反应。

3）底物浓度远远大于酶浓度，对于形成 ES 所引起的底物浓度减少可忽略不计。

对一个酶促反应可表示为

$$E+S \underset{k_{-1}}{\overset{k_1}{\rightleftharpoons}} ES \xrightarrow{k_2} E+P$$

k_1、k_{-1}、k_2 为各反应的速度常数，ES 的产生来自其两侧的 E+S 和 E+P 反应，但产物侧生成 ES 的速度极小，特别是反应初期更小，可忽略不计。因此，酶与底物结合生成 ES 的速度（v_f）为

$$v_f=k_1\ ([E_0]-[ES])\cdot[S]$$

式中，［E_0］是酶初始浓度；［E_0］－［ES］是游离态酶浓度；因为［S］≫［ES］，所以游离

态底物浓度近似用［S］表示。

ES 分解速度（v_d）可表示为

$$v_d=(k_{-1}+k_2)[ES]$$

在稳态下，［ES］生成速率与［ES］分解速率相等，［ES］处于动态平衡时，$v_f=v_d$，即

$$k_1([E_0]-[ES])\cdot[S]=(k_{-1}+k_2)\cdot[ES]$$

将上式展开，整理得

$$[ES]=\frac{k_1[E_0]\cdot[S]}{k_{-1}+k_2+k_1[S]}$$

用 K_m 表示 k_1、k_2、k_{-1} 三个速率常数的关系：

$$K_m=\frac{k_{-1}+k_2}{k_1}$$

则

$$[ES]=\frac{[E_0]\cdot[S]}{K_m+[S]}$$

由于酶促反应速率 v 与［ES］呈正比，所以

$$v=k_2[ES]=\frac{k_2[E_0]\cdot[S]}{K_m+[S]}$$

当底物过剩时，所有的酶都和底物结合，生成 ES，即［E_0］=［ES］，酶促反应速率达到最大值，所以 $V_{max}=k_2$［E_0］，即

$$v=\frac{V_{max}\cdot[S]}{K_m+[S]}$$

这就是米氏方程，K_m 是米氏常数，V_{max} 是最大反应速率。如果 K_m 和 V_{max} 已知时，米氏方程说明了酶促反应速率与底物浓度之间的定量关系。K_m 与 K_S 不同，K_S 为 ES 的解离常数：

$$K_S=\frac{[S][E]}{[ES]}=\frac{k_{-1}}{k_1}$$

（二）米氏常数的意义

资源 3-5

1）当 $v=1/2V_{max}$ 时，K_m=［S］。由此可见，K_m 的物理意义是当酶促反应速率达到最大反应速率一半时的底物浓度，它的单位与底物浓度一样，为 mol/L 或 mmol/L。K_m 一般为 $10^{-6}\sim10^{-2}$mol/L。

2）K_m 是酶的特征常数之一，它只与酶的性质有关，而与酶浓度无关。在一定底物浓度、一定 pH、一定温度和离子强度条件下，K_m 为常数。酶的 K_m 值测定可以用于鉴别酶，可以用来区别催化相同反应但来源不同或来源相同但生理状况不同的酶是否为同一个酶。但必须在指定实验条件下测定。

3）K_m 不是酶的平衡常数，即 ES 的解离常数 K_S。当 $k_{-1}\gg k_2$ 时，$K_m\approx K_S$。$1/K_m$ 可近似地表示酶对底物亲和力的大小，$1/K_m$ 值越大，K_m 越小，酶对底物的亲和力就越大，达到 1/2 V_{max} 所需要的底物浓度也就越小。

4）如果一种酶有多个底物时，对每种底物都有特定的 K_m 值，其中 K_m 值最小的底物为该酶的最适底物。最适底物能达到最大反应速率而 K_m 值最小，因此 V_{max}/K_m 最大。

5）在已知 K_m 值的情况下，应用米氏方程即可计算任何反应速率下的底物浓度，或任意底物浓度时的反应速率。例如，当反应速率是最大反应速率的 90%时，其底物浓度应为

$$90\%V_{max}=\frac{100\%V_{max}[S]}{K_m+[S]}$$

$$90\%K_m+90\%[S]=100\%[S]$$

$$[S]=9K_m$$

如果已知某个酶的 K_m 值，可以计算在某一底物浓度下的反应速率。例如，当 $[S]=3K_m$ 时

$$v=\frac{V_{max}\cdot 3K_m}{K_m+3K_m}=\frac{3V_{max}}{4}=75\%V_{max}$$

（三）酶的转换数

在米氏方程推导过程中，酶促反应速率可表示为：$v=k_2[ES]$ 和 $V_{max}=k_2[E_0]$，将速度常数 k_2 用 k_{cat} 表示，k_{cat} 称为酶的转换数（turnover number），代表单位时间内（每秒）一个酶分子将底物转换成产物的最大效率。k_{cat} 与 K_m 一样，也是表示酶催化能力的特征常数。

（四）酶的专一性常数

将 $V_{max}=k_2[E_0]$ 代入米氏方程（当 $K_m \gg [S] \gg [E_0]$ 时），得

$$v=(k_{cat}/K_m)[E_0][S]$$

k_{cat}/K_m 即酶的专一性常数（specificity constant），它不仅可以衡量酶的催化效率，还可以衡量酶对不同底物的专一性，k_{cat}/K_m 越大，酶对底物的专一性越强，反应活性越高。一般认为 k_{cat}/K_m 是用来比较酶催化效率的最佳动力学参数，见表 3-2。

表 3-2 几种酶动力学参数的比较（刘国琴和杨海莲，2019）

酶	底物	K_m/（mol/L）	k_{cat}/（s^{-1}）	k_{cat}/K_m/[mol/（L·s）]
乙酰胆碱酯酶	乙酰胆碱	9.5×10^{-5}	1.4×10^{4}	1.5×10^{8}
碳酸酐酶	CO_2	1.2×10^{-2}	1.0×10^{6}	8.3×10^{7}
	HCO_3^-	2.6×10^{-2}	4.0×10^{5}	1.5×10^{7}
磷酸丙糖异构酶	3-磷酸甘油醛	1.8×10^{-5}	4.3×10^{3}	2.4×10^{8}
过氧化氢酶	H_2O_2	1.1	4.0×10^{7}	4.0×10^{7}
胰凝乳蛋白酶	*N*-乙酰甘氨酸乙酯	4.4×10^{-1}	5.1×10^{-2}	1.2×10^{-1}
	N-乙酰缬氨酸乙酯	8.8×10^{-2}	1.7×10^{-1}	1.9
	N-乙酰酪氨酸乙酯	6.6×10^{-4}	1.9×10^{2}	2.9×10^{5}
顺乌头酸酶	顺乌头酸	5.0×10^{-6}	8.0×10^{2}	1.6×10^{8}
	苹果酸	2.5×10^{-5}	9.0×10^{2}	3.6×10^{7}
脲酶	尿素	2.5×10^{-2}	1.0×10^{4}	4.0×10^{5}

（五）米氏常数的测定

从实验数据所得到的 v-［S］曲线来直接决定速度的极限值 V_{max} 是很困难的，因此无法准确求得 K_m 值。可以将米氏方程转换成为 $y=ax+b$ 线性方程的形式，然后用图解法求出 K_m 值。

双倒数作图法（double-reciprocal plot；Lineweaver-Burk plot）是其中最常用的方法，米氏方程可以转换成：

$$\frac{1}{v}=\frac{K_m}{V_{max}}\cdot\frac{1}{[S]}+\frac{1}{V_{max}}$$

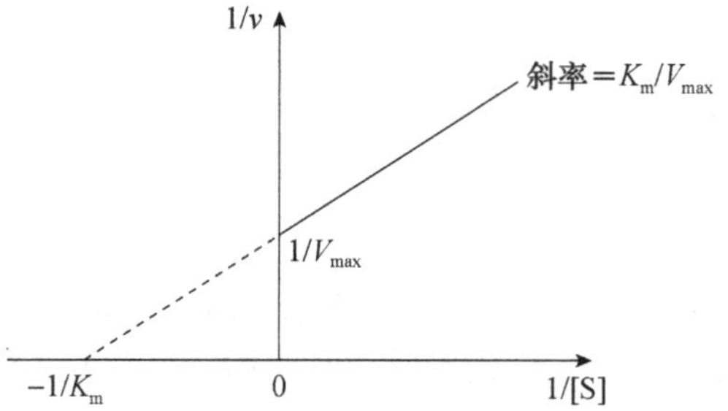

图 3-11　双倒数作图法

实验时，选取一系列不同的［S］测定相应的 v，计算它们的倒数，以 $1/v$ 对 1/［S］作图，拟合线性方程，横轴截距即 $-1/K_m$，纵截距为 $1/V_{max}$，斜率为 K_m/V_{max}。此方法方便而应用最广，但测定时需注意所选底物浓度应在 K_m 附近才能获得准确结果。当［S］≫K_m 时，直线斜率太小不易外推。当［S］≪K_m 时，直线与两轴交点接近原点，不易测出 $-1/K_m$ 与 $1/V_{max}$（图 3-11）。一般来说，所选底物浓度还应考虑其倒数值是否为常数增量。例如，当［S］为 10.0、3.3、2.0、1.4 时，则 1/［S］为 0.1、0.3、0.5、0.7；若［S］为 10.0、8.0、6.0、4.0 时，则 1/［S］为 0.1、0.125、0.167、0.25；那么在作图时这些点就会过于集中在 $1/v$ 轴附近，远离 $1/v$ 轴的地方却只有很少的点，而恰恰是这些点对于决定所做直线的走向至关重要。在双倒数作图法中，同样具有误差的数据，在低底物浓度下得到的数据点分散严重，会导致更大的误差。

资源 3-6

三、酶浓度对酶促反应速率的影响

在酶促反应中，当底物大大过剩时，反应速率与酶浓度呈正比。根据米氏方程，已知 $V_{max}=k_2$［E］，当［S］≫K_m 时，$v=V_{max}=k_2$［E］。

四、pH 对酶促反应速率的影响

在一定条件下，酶活性最高时的 pH 称为最适 pH（optimum pH），偏离此 pH，酶活性就会下降，不同酶的最适 pH 不同。例如，胃蛋白酶的最适 pH 为 1.5～5.0，胰蛋白酶的最适 pH 为 8。

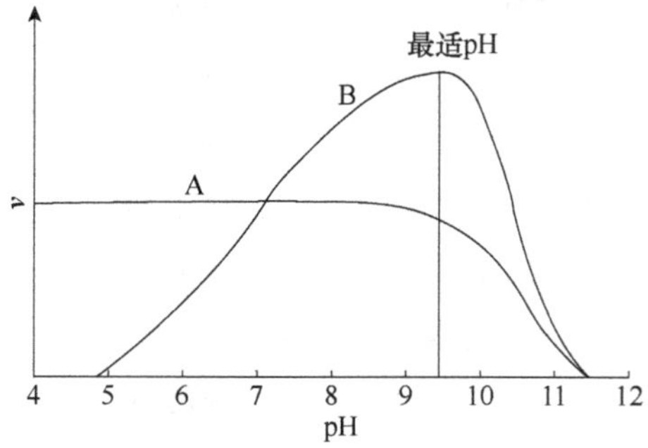

图 3-12　pH 对酶及酶促反应速率的影响

A．酶稳定性-pH 曲线；B．酶活性-pH 曲线

酶促反应速率受环境 pH 的影响。通常反应速率与 pH 关系曲线呈钟罩形（图 3-12）。最适 pH 受底物种类、浓度及缓冲液成分等因素的影响。因此，它不是酶的特征常数。通常情况下，植物、微生物酶的最适 pH 为 4.5～6.5，动物酶的最适 pH 为 6.5～8.0。但是胃蛋白酶以鸡蛋清蛋白为底物时的最适 pH 为 1.5，精氨酸酶的最适 pH 为 9.7。几种酶的最适 pH 见表 3-3。

表 3-3 几种酶的最适 pH

酶	底物及最适 pH
胃蛋白酶（pepsin）	鸡蛋清蛋白 1.5，血红蛋白 2.2
丙酮酸羧化酶（pyruvate carboxylase）	丙酮酸 4.8
延胡索酸酶（fumarase）	延胡索酸 6.5，苹果酸 8.0
过氧化氢酶（catalase）	H_2O_2 7.6
胰蛋白酶（trypsin）	苯甲酰精氨酰胺 7.7，苯甲酰精氨酸甲酯 7.0
碱性磷酸酶（alkaline phosphatase）	3-磷酸甘油 9.5
精氨酸酶（arginase）	精氨酸 9.7

（一）pH 对底物和酶解离状态的影响

酶和底物形成复合物（ES）需要酶分子活性中心和底物结合部位的某些电荷的相互作用，环境的 pH 会影响酶活性中心基团的带电状态，还会影响底物分子的带电状态，只有当 pH 使二者所带电荷处于最佳结合状态时，酶-底物复合物形成才能最快，从而使反应速率达到最大，如果 pH 削弱了酶或底物电离状态或者使它们带有相同电荷而互相排斥，都会导致反应速率下降。

（二）pH 对酶和底物空间构象的影响

酶是生物大分子，极端的 pH 会使酶变性丧失催化功能，或不适的酸碱条件使酶分子空间构象发生变化而影响催化活性，见图 3-12。对于蛋白质、核酸等生物大分子类底物，极端 pH 环境会导致它们变性或空间结构发生变化，无法与酶结合，使酶促反应无法进行。

五、温度对酶促反应速率的影响

酶促反应同一般化学反应一样，受温度影响。使酶促反应速率达到最大时的温度称为此酶的最适温度。低于此温度，酶促反应速率变慢；高于最适温度，可能会导致酶蛋白变性失活。

温度对酶促反应速率的影响很大（图 3-13）。对于一般的反应，反应速率随温度的升高而增加，但在酶促反应中，酶随温度的升高易变性失活，只有在特定的温度，反应速率才能达到最大值，此时的温度称为该酶的最适温度（optimum temperature）。最适温度受条件的影响而改变，它也不是酶的特征常数，大多数酶的热稳定温度为 30～40℃，也有的酶耐高温。例如，α-淀粉酶在 70℃条件下仍有很大的活性。

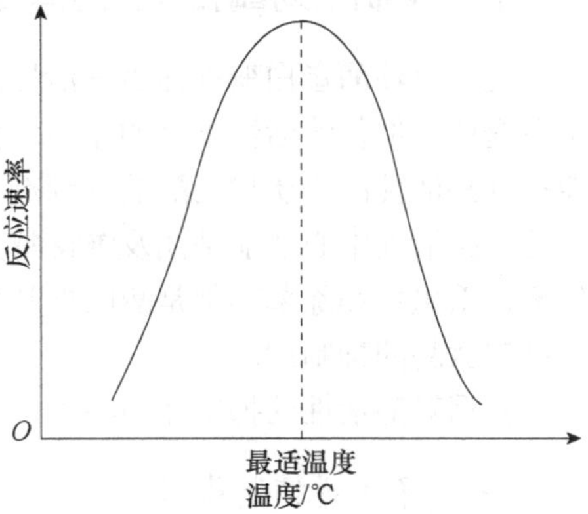

图 3-13 温度对酶促反应速率的影响

（一）温度升高反应速率加快

在一定的温度范围内，酶蛋白尚未变性，酶促反应与一般的化学反应一样，反应速率随温度的升高而加快。

（二）温度升高酶稳定性下降

酶作为生物大分子，随着温度的升高，次级键会发生断裂，酶分子空间构象遭到破坏，酶分子逐渐变性而失活。酶活性与温度的关系表现出钟罩形曲线，在一定温度范围内，酶分子空间构象保持相对稳定而发挥催化功能，当温度升高超出了酶稳定的极限，随着酶分子的变性，反应速率骤然下降。此外，酶分子在一定温度范围内的稳定也是有时间限制的，随着反应时间的延长，酶分子的最适温度降低。

六、激活剂对酶促反应速率的影响

凡是能提高酶活性的物质都称为激活剂（activator）。大多数激活剂为无机离子或简单有机化合物。无机离子主要有 K^+、Na^+、Mg^{2+}、Zn^{2+}、Fe^{2+}、Ca^{2+}等金属离子和 Cl^-、Br^-等阴离子。其中 Mg^{2+}是多种激酶及合成酶的激活剂，Cl^-是唾液淀粉酶的激活剂。通常阴离子的激活作用比金属阳离子弱。激活剂对不同酶的作用不同，一种激活剂可能激活某种酶，也可能抑制另一种酶；激活剂的浓度对酶活性也有影响，浓度太高，有可能从激活作用转为抑制作用；激活剂间还有拮抗现象。

简单有机化合物的激活作用主要有两种情况：①作为巯基酶的还原剂，使酶的巯基保持还原态而提高酶的活性；②作为金属的螯合剂，如 EDTA（乙二胺四乙酸），可解除重金属离子对酶的抑制作用，从而恢复酶活性。

对于结合蛋白酶而言，酶的活性中心常常有非蛋白质成分参与催化作用，我们称这些发挥催化作用的非氨基酸成分为辅因子，它们可能是金属离子或是小分子有机化合物，可以与酶共价结合或非共价结合，是酶在催化反应中不可缺少的成分。

激素对酶活性的影响，不仅表现在酶活性大小方面，对酶的合成也会产生重要的影响，激素分子可以通过生物膜上的受体影响细胞内一系列酶的活性变化，使许多酶由无活性的形式转变为有活性的形式，如肾上腺素在糖原分解中通过 cAMP 所引发的级联放大作用。

七、抑制剂对酶促反应速率的影响

凡是可使酶蛋白变性而丧失活性的作用，均称为失活作用（inactivation）。凡是不引起酶蛋白变性，但使酶活性下降的作用均称为抑制作用（inhibition）。抑制作用与变性作用不同。能抑制酶活性的物质称为酶的抑制剂（inhibitor）。研究抑制剂对酶的作用十分重要，它有助于阐明酶活性中心功能基团及维持酶分子构象基团的性质、酶的底物专一性作用等。很多抗生素、杀虫剂和除草剂都是酶的抑制剂，许多药物也是特定的酶抑制剂。例如，青霉素是肽聚糖转肽酶的抑制剂。

根据对酶活性的抑制作用特点，抑制作用分为不可逆抑制作用和可逆抑制作用两类。

（一）不可逆抑制作用

不可逆抑制作用（irreversible inhibition）：抑制剂通常以共价键与酶活性中心上的必需基团结合，使酶失活，不能用透析、超滤等方法去除，只有通过化学反应才能将抑制剂从酶分子上移去而使酶恢复活性，或恢复部分活性，也可能完全丧失活性。

一些不可逆抑制剂能共价修饰酶活性中心必需的侧链基团，而导致酶活性不可逆失活。

例如，碘代乙酸和碘代乙酰胺（IAA）等可修饰酶分子活性中心的必需氨基酸残基上的巯基，达到抑制酶活性的目的（图 3-14）。有机磷农药如敌百虫、敌敌畏、二异丙基氟磷酸（DIPF）和甲基氟磷酸异丙酯（沙林）等专一作用于酶活性中心的丝氨酸羟基（图 3-15），如果与乙酰胆碱酯酶活性中心的丝氨酸作用，可引起一系列神经中毒症状，所以这类物质又称为神经毒剂。

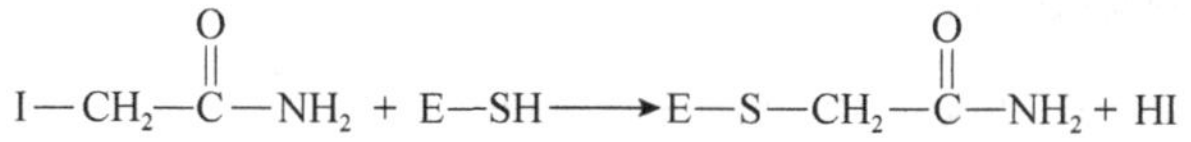

图 3-14 碘代乙酰胺对巯基酶的抑制作用

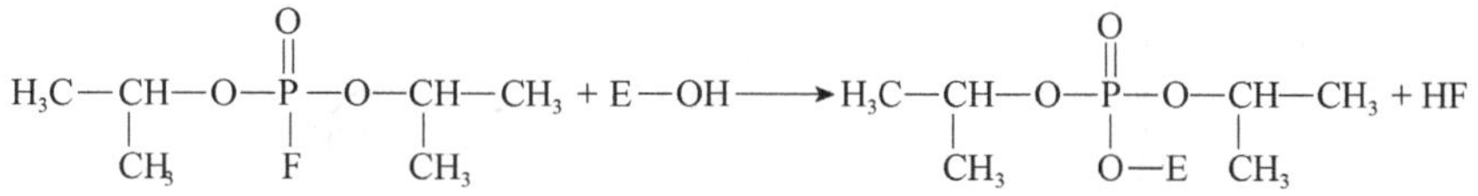

图 3-15 二异丙基氟磷酸对丝氨酸酶的抑制作用

如果中毒，临床上可用解磷定药物解除有机磷化合物对羟基酶的抑制作用；使用二巯基丙醇（BAL）解除有机砷化合物引起的巯基酶中毒（图 3-16）。

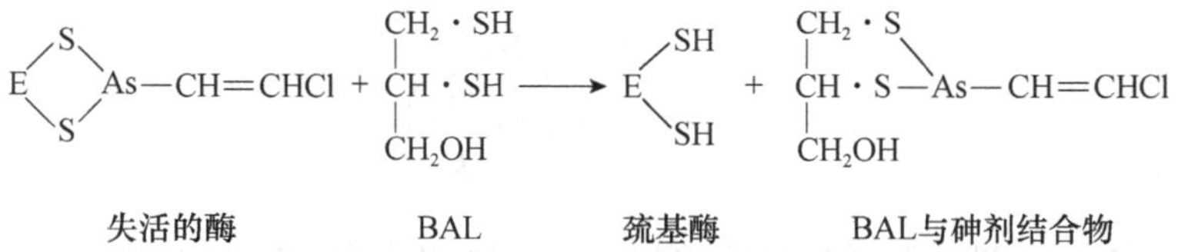

图 3-16 二巯基丙醇对巯基酶的解毒作用

还有一些不可逆抑制剂与底物结构类似。例如，对甲苯磺酰-L-赖氨酰氯甲酮（TLCK）是对甲苯磺酰-L-赖氨酰氯甲酯（TLME，胰蛋白酶底物）的结构类似物（图 3-17），它与酶分子活性中心 His57 共价结合，可引起酶不可逆失活。这类带有一个活泼基团能与酶分子必需基团结合的抑制剂称为 K_S 型抑制剂；“自杀型”底物也是一种不可逆抑制剂，称为 k_{cat} 型抑制剂，它在酶催化下潜在的活性基团被激发，而与酶分子的必需基团作用抑制酶活性。

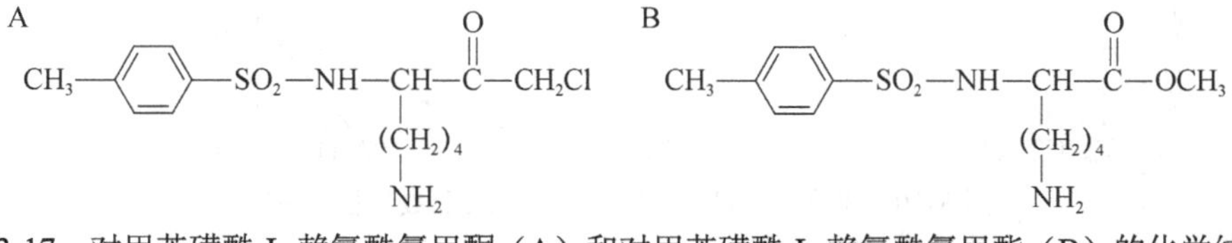

图 3-17 对甲苯磺酰-L-赖氨酰氯甲酮（A）和对甲苯磺酰-L-赖氨酰氯甲酯（B）的化学结构

（二）可逆抑制作用

可逆抑制作用（reversible inhibition）：抑制剂与酶或 ES 以非共价键结合，导致酶活性降低甚至丧失，能用物理方法除去抑制剂而使酶复活。可通过透析、超滤和凝胶过滤等方法去除抑制剂。可逆抑制作用主要包括竞争性抑制作用（competitive inhibition）、非竞争性抑制作用（noncompetitive inhibition）和反竞争性抑制作用（uncompetitive inhibition）等。

资源 3-7

1. 竞争性抑制作用 抑制剂结构与底物相似，和底物竞争酶的活性中心，影响底物与酶的正常结合（图 3-18）。抑制程度取决于抑制剂与酶的相对亲和力及抑制剂与底物浓度的相对比例，由于是非共价可逆结合，这种抑制作用可通过增大底物浓度来消除。最经典的例子是丙二酸对琥珀酸脱氢酶的抑制作用，丙二酸在结构上与酶的正常底物琥珀酸（丁二酸）十分相似，且与酶的亲和力大，当丙二酸与琥珀酸的浓度比为 1∶50 时，酶的活性可被抑制 50%。

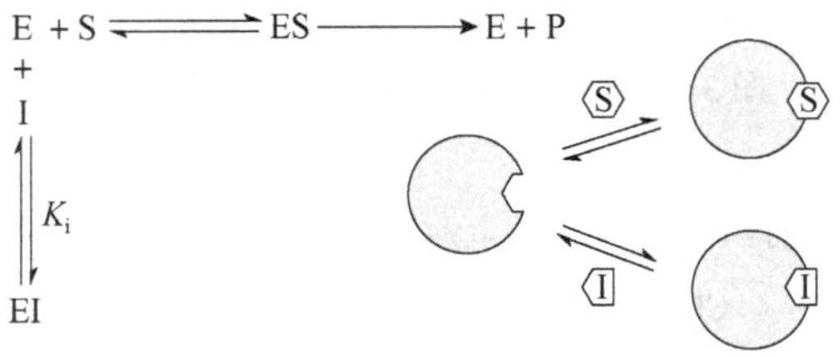

图 3-18 竞争性抑制作用

如果将抑制剂浓度用［I］表示，酶与抑制剂结合成复合物（EI）的反应平衡常数用 K_i 表示，在有竞争性抑制剂存在的情况下，米氏方程可表示为

$$v=\frac{V_{max}\cdot[S]}{[S]+K_m\left(1+\frac{[I]}{K_i}\right)}$$

通过 v 对［S］作图，得到竞争性抑制曲线，说明这类抑制剂不改变酶促反应的最大速度，V_{max} 不变，但却降低了酶与底物的亲和力，K_m 值增大（图 3-19）。

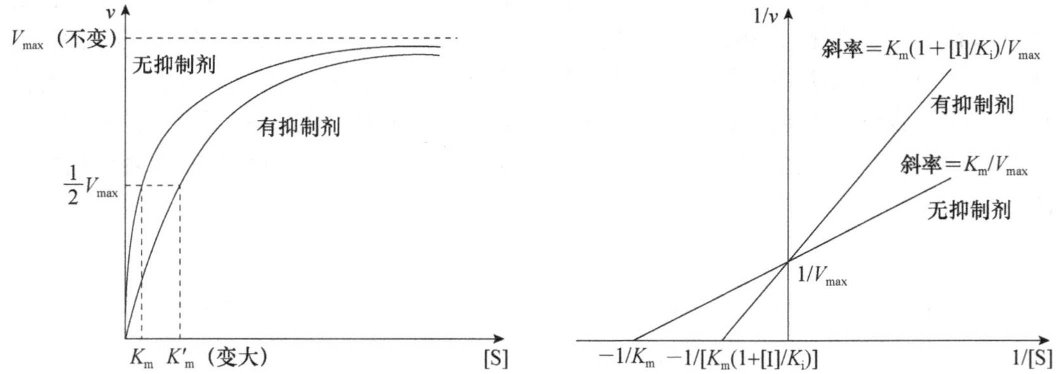

图 3-19 竞争性抑制曲线（左）和双倒数作图（右）

竞争性抑制剂在可逆型抑制剂中最常见，也最重要，许多竞争性抑制剂由于其结构与天然代谢物十分相似，所以又称为抗代谢物（antimetabolite），可用于消炎药物或抗癌药物的研制。例如，对氨基苯磺酸胺在结构上与叶酸合成前体对氨基苯甲酸十分相近，它被称为抗菌药物，与对氨基苯甲酸竞争二氢叶酸合成酶的活性中心，降低二氢叶酸合成酶的活性，阻碍二氢叶酸的合成，细菌的生长受到抑制。

2. 非竞争性抑制作用 抑制剂与酶的结合部位不在酶活性中心，它们不影响酶与底物的结合，与底物无竞争作用，抑制剂与酶结合后，酶还可以与底物结合，或酶与底物结合后，抑制剂还可以结合上去，但是酶-底物-抑制剂复合物（ESI）不能生成产物（图 3-20）。

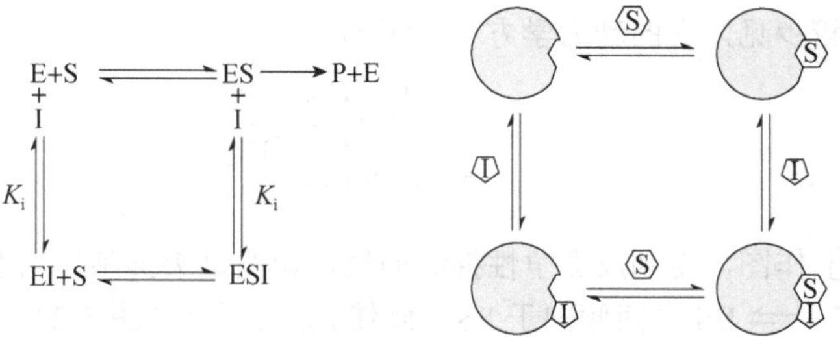

图 3-20 非竞争性抑制作用

非竞争性抑制作用的强弱取决于抑制剂的绝对浓度，不能通过增大底物浓度来消除，一些非竞争性抑制剂常与酶活性中心外的巯基发生可逆结合，这些巯基对酶的活性很重要，与维持酶分子的构象有关。非竞争性抑制作用的动力学方程可表示为

$$v=\frac{V_{max}\cdot[S]}{(K_m+[S])\left(1+\frac{[I]}{K_i}\right)}$$

通过 v 对［S］作图，得到非竞争性抑制曲线，说明这类抑制剂并没有改变酶与底物亲和力的大小，K_m 值不变，但形成 ESI 后，由于不能进一步形成产物而使最大反应速率 V_{max} 下降（图 3-21）。

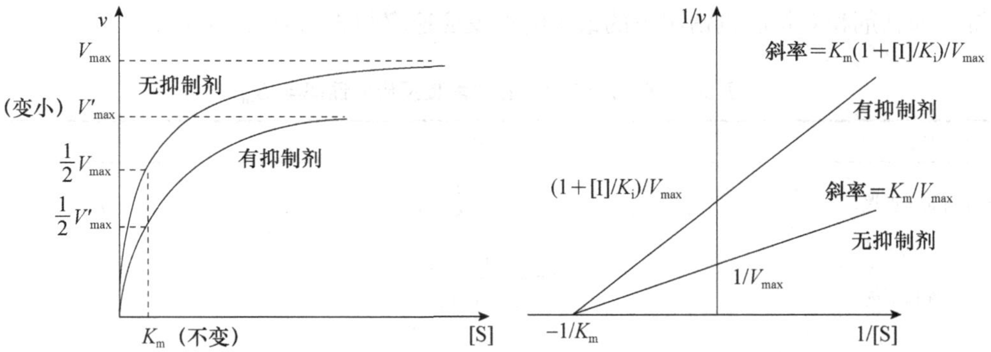

图 3-21 非竞争性抑制曲线（左）和双倒数作图（右）

3．反竞争性抑制作用 抑制剂不能与游离的酶结合，只能与酶-底物复合物结合，形成 ESI，使酶不能催化底物形成产物（图 3-22）。

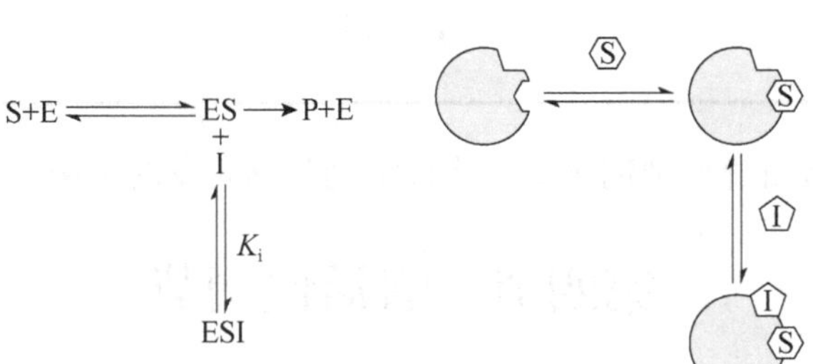

图 3-22 反竞争性抑制作用

这类抑制作用较少见，它的动力学方程表示为

$$v=\frac{V_{max}\cdot[S]}{K_m+[S]\left(1+\frac{[I]}{K_i}\right)}$$

通过 v 对［S］作图，得到反竞争性抑制曲线，说明这类抑制作用既降低了最大反应速率 V_{max}，又使 $E+S \rightleftharpoons ES$ 平衡倾向于 ES，而使 K_m 值下降（图 3-23）。

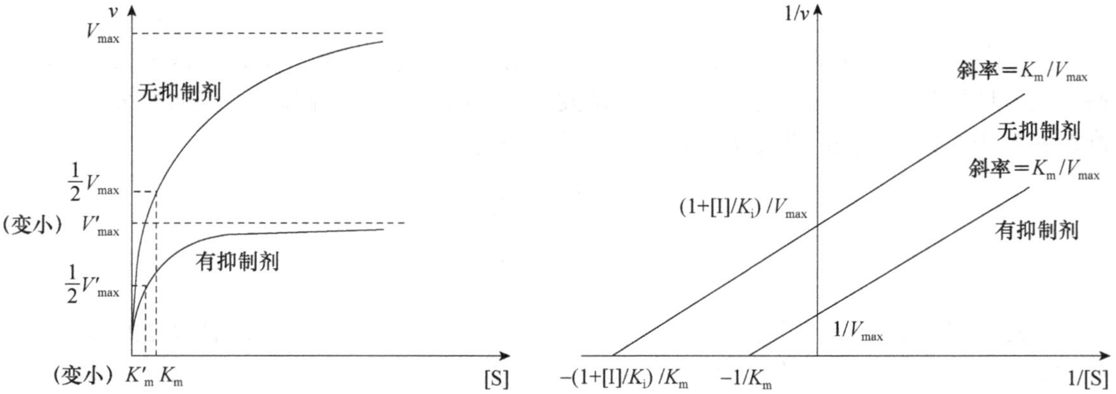

图 3-23　反竞争性抑制曲线（左）和双倒数作图（右）

将无抑制剂和有抑制剂情况下的最大酶促反应速率与 K_m 值归纳于表 3-4 中。

表 3-4　有无抑制剂存在时酶促反应的速率与 K_m

类型	公式	V_{max}	K_m
无抑制剂（正常）	$\frac{1}{v}=\frac{K_m}{V_{max}}\cdot\frac{1}{[S]}+\frac{1}{V_{max}}$	V_{max}	K_m
竞争性抑制剂	$v=\frac{V_{max}\cdot[S]}{[S]+K_m\left(1+\frac{[I]}{K_i}\right)}$	不变	增大
非竞争性抑制剂	$v=\frac{V_{max}\cdot[S]}{(K_m+[S])\left(1+\frac{[I]}{K_i}\right)}$	减小	不变
反竞争性抑制剂	$v=\frac{V_{max}\cdot[S]}{K_m+[S]\left(1+\frac{[I]}{K_i}\right)}$	减小	减小

新型冠状病毒主蛋白酶抑制剂研制为酶抑制剂药物研发的实例。

资源 3-8

第四节　酶活性调节

生命体对酶的调节控制，是调节其代谢过程的关键，以适应环境的变化，调节生长和发育等。酶的调节包括酶量的调节和酶活性的调节。酶量的调节涉及酶的合成与降解，将在基因表达调节中讲述。本小节主要讲述酶活性的调节，包括别构调节、共价修饰调节和酶原的激活等。

一、别构调节

（一）别构酶

某些酶除了具有活性中心，还具有调节部位，调节部位可以与某些化合物通过非共价键可逆地结合，使酶的结构改变，进而改变酶的催化活性，这种酶活性的调节方式称为酶的别构调节（allosteric regulation）。具有别构调节作用的酶称为别构酶（allosteric enzyme）。已知的别构酶都是寡聚蛋白质，由两个或两个以上的亚基组成，可具有多个活性中心或调节部位，这两个部位可能位于相同亚基的不同部位或不同亚基上。对酶分子具有别构调节作用的化合物称为效应物（effector）。导致酶别构激活的效应物称为别构激活剂；反之，称为别构抑制剂。

有的别构酶的调节因子是酶的底物，这类别构酶往往有两个以上的底物结合中心，别构酶的调节作用与酶底物结合中心被占据的比例有关。通过底物对酶活性的调节称为同促效应（homotropic effect）；有的别构酶的调节物分子不是底物，而是底物以外的代谢物，它们对酶活性的调节称为异促效应（heterotropic effect）；更多的别构酶受底物调节，又受底物以外的其他代谢物调节，兼有同促效应和异促效应。

别构酶酶促动力学研究结果表明，大多数别构酶，特别是同促效应别构酶，其反应速率与底物浓度的关系不符合典型米氏方程。*v*-［S］曲线呈 S 型。当酶与一分子底物（或调节物）结合后，会改变酶分子构象，新的构象大大提高了酶对后续底物分子（或调节物）的亲和性，使反应速率极大提高，表现为正同促效应，这种别构酶称为具有正协同效应（positive cooperative effect）别构酶。这种底物浓度的微小变化所引起反应速率的变化几乎像电闸开关一样，这就是别构酶可以灵敏地调节酶促反应速率的原因所在。

另有一类别构酶，它们的酶促反应速率表现为对底物浓度变化极不敏感，这类别构酶的动力学曲线近似双曲线，但与双曲线的生物意义不同，这种别构酶称为具有负协同效应（negative cooperative effect）别构酶。图 3-24 显示了正协同效应别构酶和负协同效应别构酶的动力学曲线与米氏方程酶动力学曲线的差异。

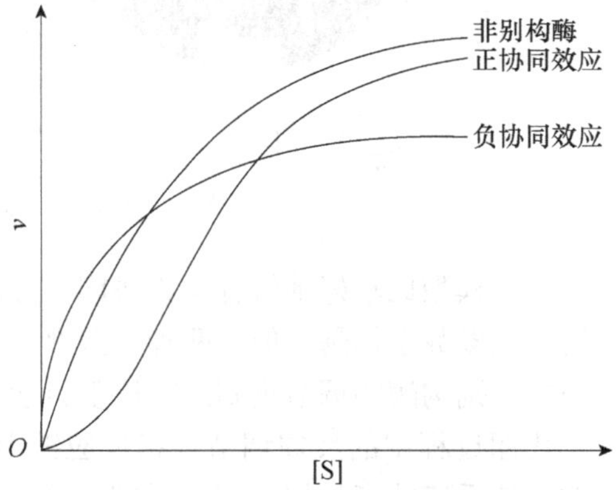

图 3-24　正协同效应与负协同效应别构酶的动力学曲线

（二）别构酶的动力学模型

别构酶的 S 型动力学曲线比较复杂，至今已有多种假说，其中最重要的假说有两种：序变模型（sequential model）和齐变模型（concerted model）。

1. 序变模型　序变模型也称 KNF 模型（由 D. E. Koshland、G. Nemethy 和 D. Filmer 提出），认为酶分子中的亚基结合底物或调节物后，亚基构象发生变化。如第一个亚基结合底物后会诱导第一个亚基构象发生变化，并推动第二个亚基发生有利于与底物结合的构象变化，如此顺序传递直至全部亚基构象依次发生有利于结合底物的变化（图 3-25），表现出 S 型动力学曲线。图 3-25 中 R 态为有利于结合底物或正调节物的构象，T 态是不利于结合底物的构象。当酶分子结合调节物后，或产生正协同效应，诱导亚基发生有利于与底物结合的构象变化，导致下一个亚基具有更大的亲和力，或引起亚基发生不利于结合底物的构象变化，则产生负协同效应，使下一个亚基的亲和力下降。

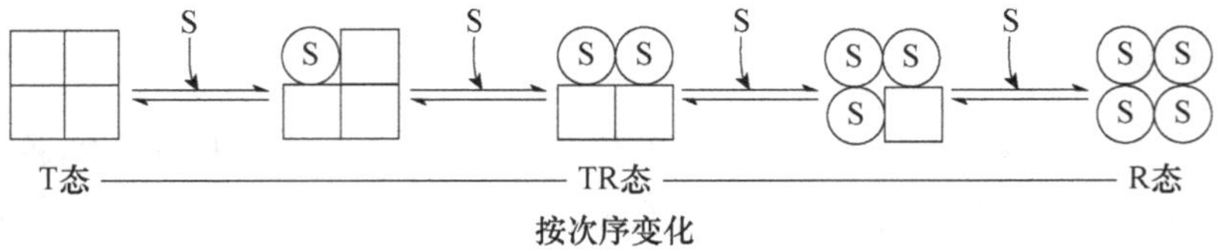

图 3-25 别构酶调节的序变模型

2. 齐变模型 齐变模型又称 MWC 模型（由 J. Monod、J. Wyman 和 J. P. Changeux 提出），主张所有亚基或者全部呈不利于结合底物的 T 态，或者全部呈有利于与底物结合的 R 态，每个亚基 T 态和 R 态间的转变都是同时发生的（图 3-26）。正调节物（如底物）与负调节物（如产物）浓度的比例决定别构酶的构象状态：当无调节物时，平衡趋向于 T 态；当有少量底物时，平衡即向 R 态移动，可绘出 S 型动力学曲线。

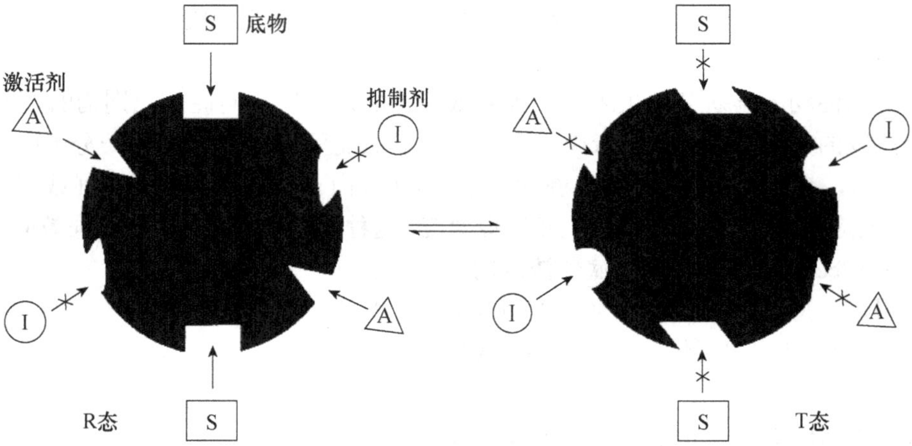

图 3-26 别构酶调节的齐变模型

序变模型比较好地解释了正协同效应，但不能解释负协同效应。相比之下，序变模型更适用于大多数别构酶。但是两种模型都不能完美地解释别构酶表现出的复杂调节作用和动力学现象，别构酶的调节机制还有待于科学家的深入研究。

代谢过程中的反馈调节是指反应链中某些中间产物或终产物对其前面某步反应速率的影响。使反应速率加快的叫正反馈（positive feedback），使反应速率减慢的叫负反馈，即反馈抑制（feedback inhibition），后一种是代谢调节中的普遍现象。

（三）天冬氨酸转氨甲酰酶的别构调节实例

以大肠杆菌的天冬氨酸转氨甲酰酶（ATCase）为例，说明酶的别构调节。天冬氨酸转氨甲酰酶是大肠杆菌核酸代谢中嘧啶核苷酸从头合成途径的限速酶，它催化的反应是 CTP 合成的限速步骤，ATCase 的酶活性受到嘧啶核苷酸代谢终产物 CTP 的反馈抑制，可被 ATP 激活。CTP 是天冬氨酸转氨甲酰酶的别构抑制剂，ATP 是它的别构激活剂（图 3-27）。

天冬氨酸转氨甲酰酶是一个寡聚酶，有 12 个亚基，包括 2 个三聚体的催化亚基和 3 个二聚体的调节亚基，活性中心位于催化亚基中间，别构中心位于调节亚基的远端，通过变构影响催化亚基的活性（图 3-28）。

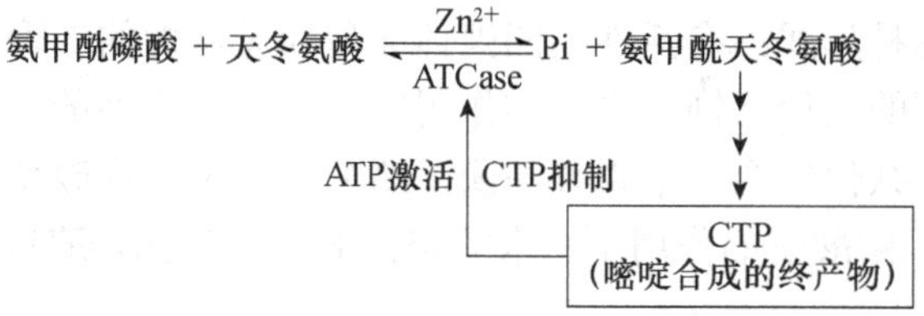

图 3-27 天冬氨酸转氨甲酰酶的别构调节过程

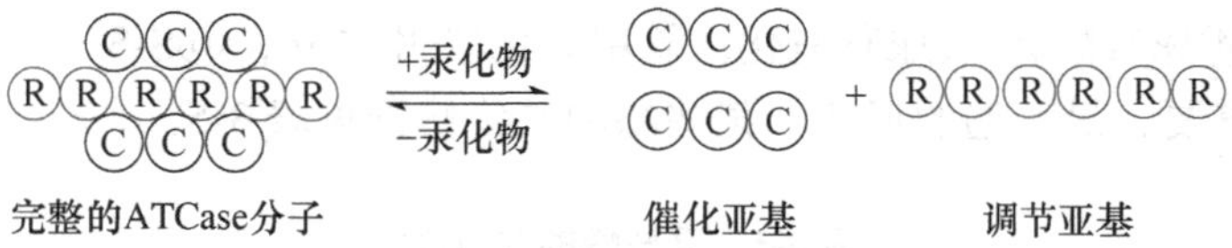

图 3-28 天冬氨酸转氨甲酰酶的亚基组成

在天冬氨酸转氨甲酰酶的酶促反应中，天冬氨酸结合酶的过程中具有很大的协同性，不服从米氏动力学（图 3-29）。Asp 和氨甲酰磷酸均有正协同效应，CTP 有负协同效应，别构抑制剂 CTP 可使酶促反应曲线的 S 型更为明显，底物对酶结合的协同性增加。别构激活剂 ATP 可使酶促反应曲线 S 型曲线向双曲线漂移，降低了底物对酶结合的协同性。正协同效应增加了对底物浓度变化的敏感性，使底物浓度在一个很窄的浓度范围内变化就能调节氨甲酰天冬氨酸的合成。ATP 和 CTP 都只改变酶的亲和力，而不影响 V_{max}。ATP 和 CTP 相互竞争结合调节部位，高水平的 ATP 可大大削弱 CTP 对酶的反馈抑制作用。ATP 和 CTP 对天冬氨酸转氨甲酰酶调节的生物学意义体现在两个方面：ATP 起信号激活作用，提供能量促使嘧啶核苷酸的合成；终产物 CTP 的反馈抑制，可以确保当嘧啶核苷酸水平充足时，抑制嘧啶核苷酸合成的代谢途径。

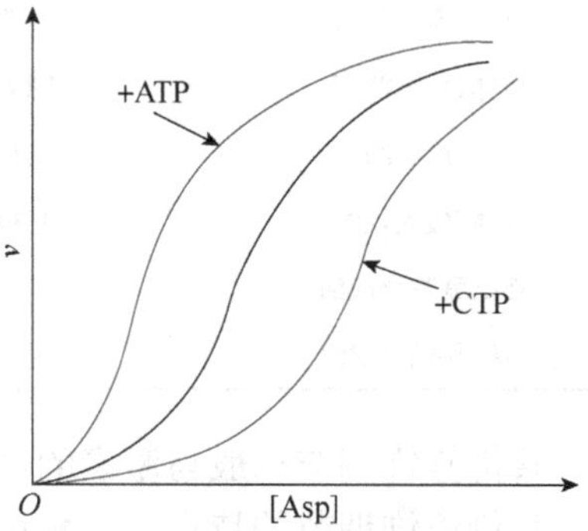

图 3-29 天冬氨酸转氨甲酰酶动力学曲线（刘国琴和杨海莲，2019）

二、共价修饰调节

共价修饰（covalent modification）是指某种小分子基团在专一性酶的催化下共价结合到被修饰酶分子上，引起被修饰酶的活性发生改变，从而调节酶活性。共价结合的小分子基团也可被其他酶水解去除，被修饰酶的活性在这种修饰、去修饰作用下，发生激活态与失活态的可逆转变，这种通过共价修饰调节活性的酶，又称共价修饰酶。糖原磷酸化酶和糖原合成酶活性调节就是通过共价修饰调节的典型例子（图 3-30）。

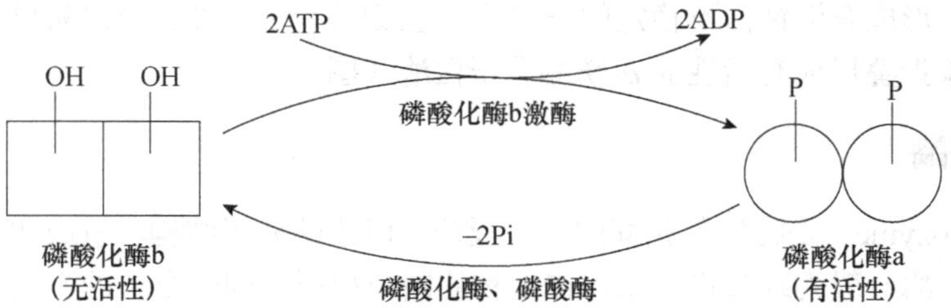

图 3-30 糖原磷酸化酶两种形式的相互转变（刘国琴和杨海莲，2019）

糖原磷酸化酶有两种形式：有活性的四聚体 a 型和无活性的二聚体 b 型。两种形式的相互转变是通过磷酸基团的共价修饰与去修饰作用完成的。无活性的 b 型在磷酸化酶 b 激酶的催化下，在每个亚基上共价结合一个磷酸基团，酶分子构象发生改变，形成有活性的四聚体 a 型；a 型在磷酸化酶、磷酸酶的作用下，水解修饰的磷酸基团，酶构象发生改变，解离成无活性的二聚体 b 型。

目前已知的共价修饰类型有 6 种：①磷酸化/去磷酸化；②腺苷酰化/去腺苷酰化；③乙酰化/去乙酰化；④尿苷酰化/去尿苷酰化；⑤甲基化/去甲基化；⑥S-S/—SH 相互转变。其中磷酸化修饰是最重要、最普遍的形式。某些酶的共价修饰见表 3-5。

表 3-5 某些酶的共价修饰

酶类	来源	修饰机制	活性变化
糖原磷酸化酶	真核生物	磷酸化/去磷酸化	增加/降低
磷酸化酶激酶	哺乳动物	磷酸化/去磷酸化	增加/降低
糖原合酶	真核生物	磷酸化/去磷酸化	降低/增加
丙酮酸脱氢酶	真核生物	磷酸化/去磷酸化	降低/增加
谷氨酰胺合成酶	大肠杆菌	腺苷酰化/去腺苷酰化	降低/增加
黄嘌呤氧化酶	哺乳动物	S-S/—SH 相互转变	增加/降低

共价修饰调节一般与激素的调节相联系，其调节方式为级联反应。

共价修饰调节的特点：①酶可以在两种不同修饰和不同活性的形式间转换；②涉及共价键的变化；③受激素等其他调节因素调节；④一般为耗能过程；⑤具有放大效应。

三、酶原的激活

有些酶在细胞中首先合成的是无活性的前体形式，称为酶原（proenzyme），如胰凝乳蛋白酶原、胃蛋白酶原、胰蛋白酶原、凝血酶原等。合成后的酶原一般被转运到指定部位，再由其他蛋白水解酶进行有限水解而活化，这种水解常常通过切掉某段肽段或切断某个肽键，使酶的空间构象发生不可逆的变化，暴露出酶的活性中心，或使酶的活性中心构象有利于与底物分子作用，进而转变成有活性的酶形式，因此，酶原激活又被认为是一种不可逆的共价修饰调节，是生物体的一种酶活调节机制，一些酶在细胞中以酶原的形式合成，可以保护合成这些酶的细胞免受酶的损伤，在需要时酶原可迅速分泌并激活，参与消化、凝血或生长发育等生理过程。例如，胰凝乳蛋白酶原在胰腺合成，其多肽链包含 245 个氨基酸残基和 5 对二硫键，没有活性，分泌到小肠后，在胰蛋白酶的作用下，第 15 个和第 16 个氨基酸残基之间的肽键断开，形成有活性但不稳定的 π-胰凝乳蛋白酶，π-胰凝乳蛋白酶自我催化去掉两个二肽，经过构象折叠形成有活性的 α-胰凝乳蛋白酶（图 3-31）。

四、同工酶

同工酶（isozyme）是指催化相同的化学反应，但酶的分子结构、组成和理化性质等不同的一组酶。同工酶一般为寡聚蛋白酶。在生物的同一种属、同一个体的不同组织中存在同工酶，有的甚至在同一细胞不同亚细胞结构中也存在同工酶。

不同基因编码产生的同工酶称为原级同工酶。例如，乳酸脱氢酶（LDH）的 H 亚基和 M

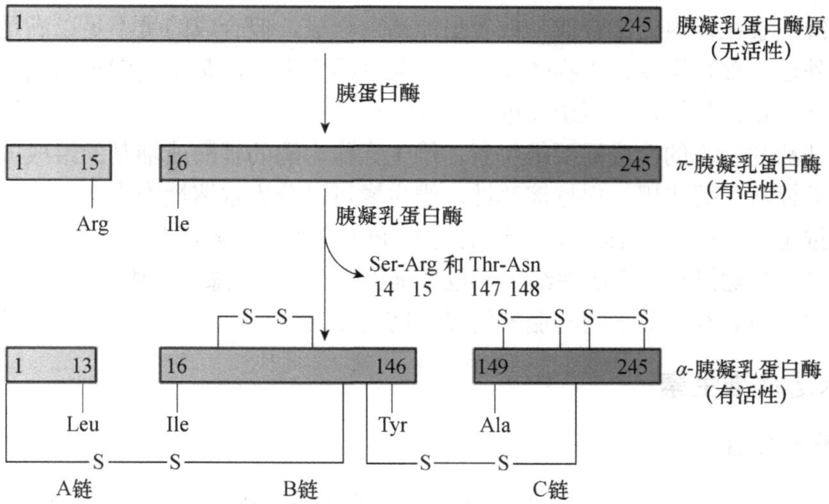

图 3-31　胰凝乳蛋白酶的激活（Boyer，2006）

亚基是由不同基因编码形成的两条多肽链，它们按不同比例组成了 5 种分子形式，即 H_4、H_3M、H_2M_2、HM_3 和 M_4，分别存在于不同的组织器官中。次级同工酶是指在合成酶蛋白后由于修饰加工而产生的不同分子形式。由于同工酶分子组成上的差别，在一定 pH 条件下所携带电荷不同，荷质比和分子形状不同，因此可用电泳方法将各同工酶分离，得到具特征的电泳图谱。

同工酶对生物体的代谢调节起着非常重要的作用，在农业上，同工酶作为遗传标志被用于优势杂交组合的预测，以及作物的生长发育、遗传分类等研究；在临床医学中被作为疾病诊断指标等。

五、调节酶

一个代谢途径往往由多个反应组成，在这些反应中多数反应是可逆反应，但有一个或少数几个是不可逆反应，整个代谢途径就处于非平衡状态，反应表现为单向性。例如，生物体内的分解代谢与合成代谢并不是可逆过程。

可逆反应可由同一种酶催化，而不可逆反应往往是两种不同的酶催化正、反两个方向的反应，这样分解与合成两个方向可以分别进行高效的调节，可以有效调节某一途径开放，另一途径关闭。这是生物体内普遍存在的一种代谢调节方式。

代谢途径中的这种不可逆反应，不仅使反应呈单向性，而且决定了代谢途径中的速率，这种限速反应是控制整个代谢途径速率快慢的关键。在大多数情况下，限速反应往往是代谢途径的第一步反应或分支处反应，催化限速反应的酶称为调节酶（regulatory enzyme）或关键酶（key enzyme）。这种酶的活性可以进行灵敏的调节，对一个代谢途径的调节，常常只需调节某个或某些关键酶的活性，即可影响整个代谢途径的速率和方向。

第五节　维生素与辅酶

维生素（vitamin）是一类生物体生长发育和代谢所必需的微量的小分子有机化合物。维生素既不是组成生物体的主要结构材料，也不是体内的能源物质，但在物质代谢中起着重要作用。有些维生素在体内无法合成，或者虽能体内合成，但合成的量不足以满足生物体的需要，必须额外通过食物摄取。生物体如果缺少某种维生素时，某些代谢过程就会发生障碍，导致生物体不能正常生长，甚至诱发维生素缺乏病。

大部分辅酶与辅基的合成需要维生素。维生素作为酶的辅酶或辅基的组成成分，在酶促反应过程中发挥着重要作用。根据溶解性，维生素可以分为水溶性维生素和脂溶性维生素两类。水溶性维生素包括 B 族维生素、维生素 C 和硫辛酸等，除维生素 C 外，均在生物体内转化为辅酶参与代谢过程。脂溶性维生素包括维生素 A、维生素 D、维生素 E、维生素 K 等，在食物中多与脂质共存，其吸收与脂质的吸收密切相关。

一、水溶性维生素

（一）维生素 B_1

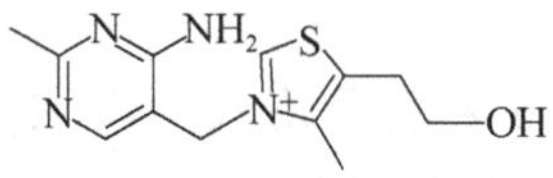

图 3-32 维生素 B_1 的结构

维生素 B_1，又称硫胺素（thiamine）（图 3-32），在米糠、麦麸、黄豆、酵母、瘦肉和肝等中含量丰富，经常食用精米的人易得脚气病。维生素 B_1 在生物体中以硫胺素焦磷酸（thiamine pyrophosphate，TPP）的形式存在，是脱羧酶（如丙酮酸脱羧酶）和转酮酶的辅酶。

（二）维生素 B_2

维生素 B_2 也称核黄素（riboflavin），自然界中主要以黄素单核苷酸（flavin mononuleotide，FMN）和黄素腺嘌呤二核苷酸（flavin adenine dinucleotide，FAD）两种形式存在（图 3-33）。FMN 和 FAD 常作为脱氢酶的辅基，参与催化体内的各种氧化还原反应，能促进体内代谢过程，维护皮肤、黏膜和视觉正常。核黄素在牛奶、谷物和肝中最丰富，缺乏时会引起口角炎等。

核黄素辅酶以 3 种不同的氧化还原形式存在：完全氧化型、半醌型和完全还原型，它们能够参与一电子转移和二电子转移反应。完全氧化型的核黄素通过一电子转移转变为半醌型，半醌型再经过一电子转移转变成完全还原型的二氢黄素。

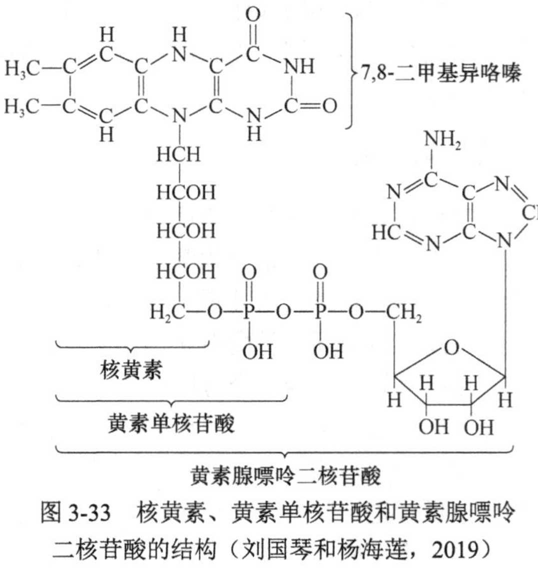

图 3-33 核黄素、黄素单核苷酸和黄素腺嘌呤二核苷酸的结构（刘国琴和杨海莲，2019）

（三）维生素 B_3

维生素 B_3 又称维生素 PP，在自然界中广泛存在，在酵母、花生、谷类、豆类、肉类和动物肝中含量丰富。维生素 B_3 包括烟酸（nicotinic acid）和烟酰胺（nicotinamide），又称抗癞皮病维生素，体内以烟酰胺为主要存在形式。在体内，烟酰胺是组成脱氢酶的辅酶，主要包括烟酰胺腺嘌呤二核苷酸（nicotinamide adenine dinucleotide，NAD^+，辅酶Ⅰ）和烟酰胺腺嘌呤二核苷酸磷酸（nicotinamide adenine dinucleotide phosphate，$NADP^+$，辅酶Ⅱ），其还原形式为 NADH 和 NADPH。NAD^+和 $NADP^+$在代谢反应中起传递氢的作用（图 3-34）。

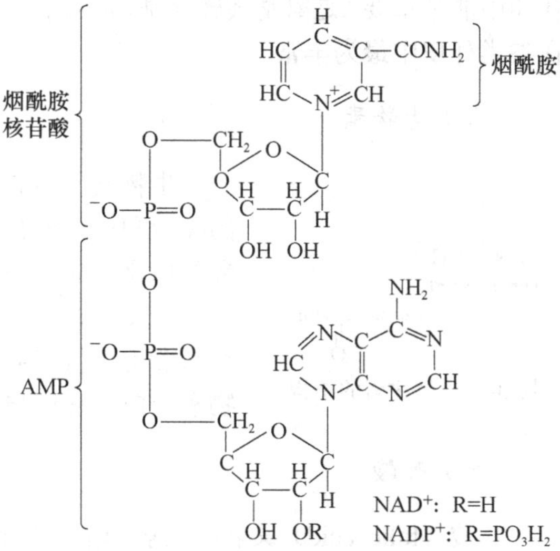

图 3-34 烟酰胺辅酶的结构
（刘国琴和杨海莲，2019）

（四）维生素 B_5

维生素 B_5 又称泛酸（pantothenic acid）、遍多酸，是由 *β*-丙氨酸通过肽键与 2,4-二羟基-3,3-二甲基丁酸缩合而成的一种有机酸，在酵母、肝、肾、蛋、小麦、米糠、花生和豌豆中含量丰富，在蜂王浆中含量最多。泛酸是合成辅酶 A（coenzyme A，CoA；图 3-35）和酰基载体蛋白质（acyl carrier protein，ACP）的原料，CoA 是泛酸在体内的主要活性形式，是酰化反应的辅酶，在代谢中起传递酰基的作用。

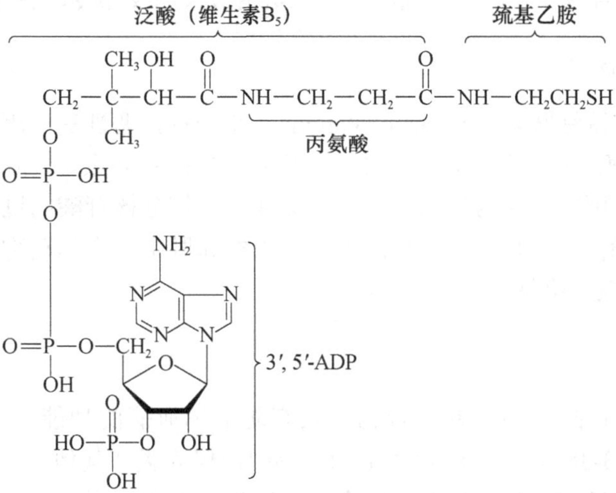

图 3-35 辅酶 A 的结构

（五）维生素 B_6

维生素 B_6 是一类吡啶衍生物，包括吡哆醇（pyridoxine）、吡哆醛（pyridoxal）和吡哆胺（pyridoxamine）（图 3-36），它们在体内可以相互转化，具有抗皮炎功能。维生素 B_6 在生物体内大多都以磷酸化形式存在，参加代谢作用的主要是磷酸吡哆醛和磷酸吡哆胺，在氨基酸

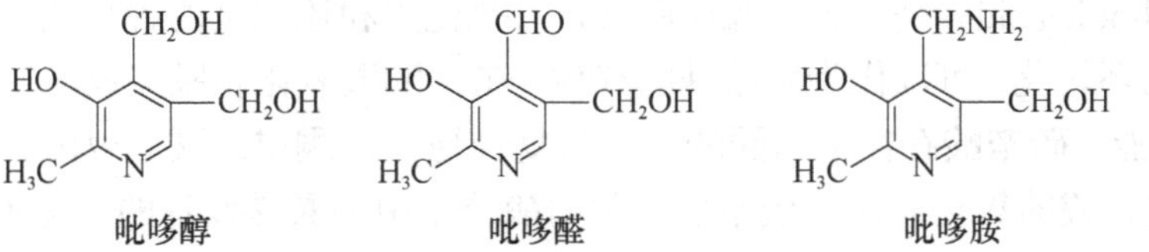

图 3-36 吡哆醇、吡哆醛和吡哆胺的结构

代谢中非常重要，是氨基酸转氨基、脱羧和消旋作用的辅酶。维生素 B_6 在动植物中分布广泛，在谷类外皮中最为丰富。

（六）生物素

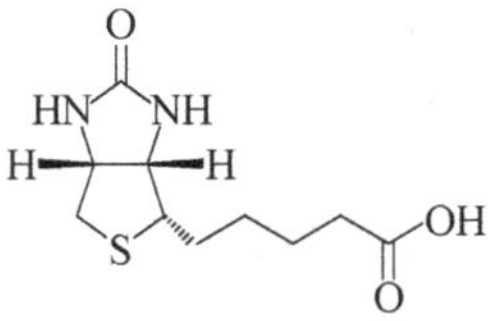

图 3-37 生物素的结构

生物素（biotin）又名维生素 H 或维生素 B_7，由带有戊酸侧链的噻吩和尿素缩合而成，是多种羧化酶的辅基，以活化的羧基载体参与羧化反应（图 3-37）。生物素来源广泛，如肝、肾、蛋黄、酵母、蔬菜和谷物。生物素可通过肠道细菌合成，一般不会缺乏，但经常食用生蛋清会引起生物素缺乏，因为生蛋清中含有丰富的抗生物素蛋白，它们与生物素结合后，会使生物素失去活性。

（七）叶酸

叶酸（folic acid）又名维生素 B_{11}，是自然界广泛存在的维生素，因在植物绿叶中含量丰富而得名，由蝶呤、对氨基苯甲酸和 L-谷氨酸连接而成。它有两种主要形式：二氢叶酸（DHFA 或 FH_2）和四氢叶酸（THFA 或 FH_4）。叶酸的辅酶形式是四氢叶酸。四氢叶酸在体内作为一碳单位转移酶系的辅酶，主要作用是转移一碳单位，如甲基、亚甲基等，以一碳单位的载体参与一些生物活性物质的合成，如嘌呤、嘧啶等，在氨基酸代谢及嘌呤、嘧啶合成中占重要地位。

（八）维生素 B_{12}

维生素 B_{12} 又称氰钴胺素（cyanocobalamin），是一种抗恶性贫血因子。维生素 B_{12} 的主要辅酶形式是 5′-脱氧腺苷钴胺素，另一种辅酶形式是甲基钴胺素。5′-脱氧腺苷钴胺素参与分子内重排，在某些细菌中，参与核糖核苷酸还原成脱氧核糖核苷酸的过程；甲基钴胺素参与甲基转移。维生素 B_{12} 广泛存在于动物源食品如肉类和肝中，人和动物肠道微生物可以合成维生素 B_{12}，因此一般不会缺乏维生素 B_{12}。

（九）维生素 C

维生素 C 是一种酸性多羟基化合物，具有防治坏血病的功能，因而也称为抗坏血酸（ascorbic acid）（图 3-38）。它广泛存在于动植物中，仅人类和其他灵长类、豚鼠、一些鸟类、某些鱼类不能合成。维生素 C 是一种己糖内酯，有 L 型和 D 型两种构型，只有 L 型有生理作用。维生素 C 作为体内重要的抗氧化剂，本身具有很强的还原性，很容易被氧化成脱氢维生素 C。通过它本身的氧化还原，在生物氧化还原过程中作为氢的载体。维生素 C 还在羟基化反应中作为辅因子。

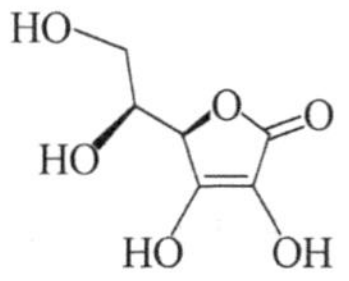

图 3-38 维生素 C 的结构

（十）硫辛酸

硫辛酸（lipoic acid）是一种含硫脂肪酸，有氧化型和还原型两种形式，两种形式通过氧化-还原反应循环转化，可以作为脂酰基的载体，在 α-酮酸氧化和脱羧反应中起到酰基转移和电子转移的功能。硫辛酸存在于丙酮酸脱氢酶复合物和 α-酮戊二酸脱氢酶复合物中，参与丙酮酸和 α-酮戊二酸的氧化脱羧。硫辛酸通常与酶分子中赖氨酸残基的 ε-氨基以酰胺键连接，形成的硫辛酰胺复合物是硫辛酸的辅酶形式（图 3-39）。硫辛酸在体内经肠道吸收后进入细胞，兼具脂溶性与水溶性的特性，能消除导致加速老化与致病的自由基。

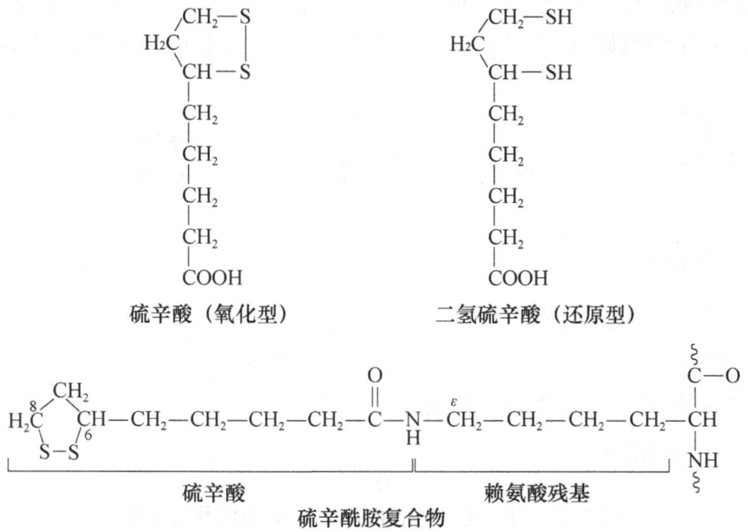

图 3-39 硫辛酸、二氢硫辛酸与硫辛酰胺复合物的结构

二、脂溶性维生素

（一）维生素 A

维生素 A 又称视黄醇（retionl），是一个具脂环的不饱和一元醇，通常以视黄醇酯形式存在，包括 A_1 和 A_2 两种。视黄醇是一种类异戊二烯分子，主要从动物性食物（肝、乳制品、蛋黄等）摄入，或由植物来源的 β-胡萝卜素合成。在体内视黄醇可被氧化成视黄醛（retinal）（图 3-40）。视黄醛是视觉需要的光敏感化合物，是视紫红质的辅基，通过视黄醇氧化或者视黄酸还原形成。维生素 A 缺乏，会导致视紫红质恢复的延缓和暗视觉的障碍，从而会引起夜盲症。

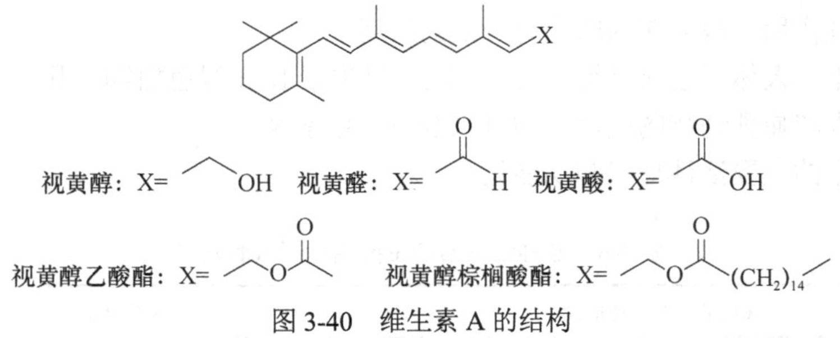

图 3-40 维生素 A 的结构

（二）维生素 D

维生素 D 参与体内钙和磷的代谢，具有促进牙齿、骨骼的生长发育等功能。维生素 D 是结构类似的固醇类衍生物的总称，最主要的是维生素 D_2（麦角钙化醇）、维生素 D_3（胆钙化醇）。维生素 D_2 主要在植物中合成，酵母、麦角等中含量较多。维生素 D 只有转变为活性形式，才能发挥相应的生理功能。

动物性食品如鱼肝油、蛋黄、奶等中维生素 D 含量丰富，在肝、肾羟化酶作用下转变为具有生物活性的 1,25-二羟胆钙化醇（维生素 D_3），可刺激肠黏膜钙结合蛋白的合成，促进钙的吸收，从而促进骨质钙化。

大多数高等动物的表皮中含有胆固醇衍生物 7-脱氢胆固醇，它在日光或紫外线照射下可生成维生素 D_3，可促进钙磷代谢（图 3-41）。维生素 D 缺乏会引起儿童佝偻病和成人软骨病。

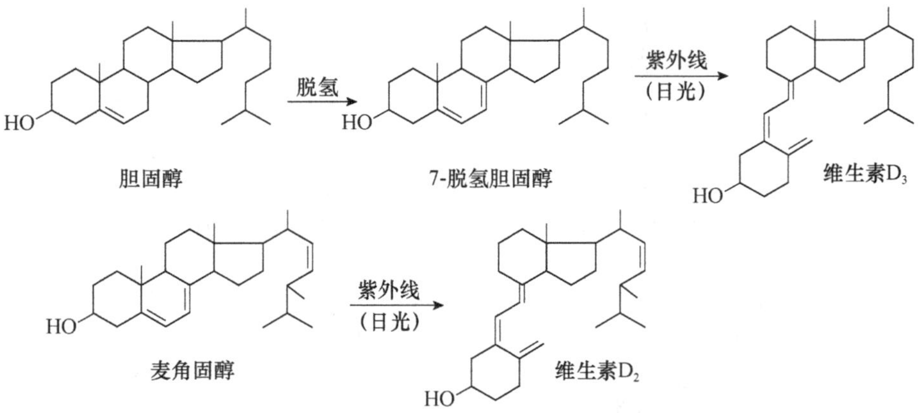

图 3-41 维生素 D_2 和维生素 D_3 的结构及其生成

（三）维生素 E

维生素 E 又称生育酚（tocopherol），包括生育酚和三烯生育酚两类，共 8 种化合物，α-生育酚是自然界中分布最广泛、含量最丰富、活性最高的维生素 E 形式。动物实验表明，缺乏维生素 E 会影响小鼠的生育能力。维生素 E 是动物和人体中最有效的抗氧化剂和自由基的清除剂，这一抗氧化作用可以防止生物膜中的不饱和脂肪酸受损伤。

（四）维生素 K

维生素 K 是具有异戊二烯类侧链的萘醌类化合物，维生素 K 的主要功能是参与凝血因子的合成，具有防止新生婴儿出血疾病、预防内出血及痔疮、减少生理期大量出血、促进血液正常凝固等生理作用，故而在临床中有一定的应用。

一般情况下，人体不会缺乏维生素 K，因为维生素 K 在绿色植物、肝、鱼等食物中含量丰富。另外，人和哺乳动物肠道微生物可以合成维生素 K。

各种维生素的主要活性形式和功能见表 3-6。

表 3-6 各种维生素的主要活性形式和功能

类型	体内的主要活性形式	主要功能
维生素 A	11-顺视黄醛	暗视觉形成
维生素 D	1,25-二羟胆钙化醇	调节钙与磷代谢
维生素 E	α-生育酚	抗氧化作用，维持动物生殖功能
维生素 K	维生素 K_1 和维生素 K_2	参与凝血因子的激活，促进凝血
维生素 B_1	硫胺素焦磷酸（TPP）	参与 α-酮基的转移、α-酮酸的脱羧及 α-羟酮的形成与裂解等
维生素 B_2	黄素单核苷酸（FMN） 黄素腺嘌呤二核苷酸（FAD）	参与氧化还原反应，转移氢
泛酸	辅酶 A（CoA）	酰基转移

续表

类型	体内的主要活性形式	主要功能
维生素 PP	烟酰胺腺嘌呤二核苷酸（NAD^+） 烟酰胺腺嘌呤二核苷酸磷酸（$NADP^+$）	参与氧化还原反应，转移氢
维生素 B_6	磷酸吡哆醛、磷酸吡哆胺	氨基酸转氨基、脱羧基作用
生物素	生物胞素	传递 CO_2
叶酸	四氢叶酸	传递一碳单位
维生素 B_{12}	5′-脱氧腺苷钴胺素、甲基钴胺素	氢原子重排、甲基化
硫辛酸	硫辛酰胺复合物	酰基转移、氢转移
维生素 C	维生素 C（抗坏血酸）	抗氧化作用、羟基化反应辅因子

第六节　酶　工　程

酶工程（enzyme engineering）是指酶制剂在工业上的大规模生产应用，如蛋白酶、淀粉酶、纤维素酶、植酸酶、DNA 聚合酶等。研究开发出各种酶的生产工艺（方法、技术）是酶工程学的主要内容。

一、酶的分离和纯化

大多数酶是具有催化活性的蛋白质，因此纯化蛋白质的技术和方法完全可以用于酶的纯化。酶多来源于生物细胞，经过大规模细胞培养后，往往产生的有效成分酶含量很低，杂质含量却很高，因此酶的分离和纯化就显得极其关键。

确定酶的分离纯化工艺需考虑以下要求：①要考虑分离酶的化学、物理和生物学特性；②要参照酶产品质量标准和产品用途对酶产品的纯度、生物活性、比活力等的要求，包括允许的杂质种类和最大允许量，特殊杂质的种类和最大允许量，以及杂质对产品品质的影响；③产品的剂型；④贮存的稳定性。酶的分离和纯化包括细胞破碎、固液分离、浓缩与初步纯化、高度纯化直至得到纯品及成品加工。

酶的分离和纯化需满足以下要求：①分离和纯化条件温和，能尽可能保持目的产物的生物活性；②纯化工艺选择性好，能达到较高的纯化倍数；③纯化工艺回收率高；④能直接衔接后续纯化工艺，不需要对物料加以额外处理或调整；⑤分离和纯化过程快，能够满足高效生产的要求。

酶的分离和纯化应遵循以下原则：①应选择不同纯化机制的分离单元来组成一套分离纯化工艺；②尽早采用高效的分离手段，先将含量最多的杂质分离去除；③将费用最高、最费时的分离单元放在最后。具体来说，为了尽快缩小样品体积，提高产物浓度，去除最主要的杂质如非蛋白质类杂质，可以先选用非特异、低分辨的操作单元如沉淀、超滤和吸附等；④采用高分辨率的操作单元，具有高选择性的离子交换色谱和亲和色谱、凝胶排阻色谱这类分离规模小、分离速度慢的操作单元放在最后。

二、固定化酶

酶工程分为化学酶工程和生物酶工程。化学酶工程又称初级酶工程，主要由酶学与化学工程技术相结合而成。化学酶工程主要研究通过化学修饰、固定化处理、化学合成等手段来改善酶的性质及催化效率，降低自然酶的生产成本。化学酶工程的研究对象包括自然酶、化学修饰酶、固定化酶及化学人工酶。其中固定化酶在理论和应用上有巨大潜力。

固定化酶（immobilized enzyme）是指通过物理及化学的方法将酶固定于特定的水不溶支持物上而制成的一种酶制剂形式。其是在一定空间内呈闭锁状态存在的酶，可以实行连续催化反应，酶在反应后可以回收重复使用。与游离酶相比，固定化酶具有以下优点：①可以反复使用，提高了酶的使用效率，降低了成本；②易与反应系统分离，简化了产物生产过程中的纯化步骤；③一般对酸、碱和温度的稳定性增加；④将固定化酶装入柱中可使反应连续化、自动化进行，从而适合于大规模工业化生产。但酶在固定化时，活力有损失。

酶的固定化方法很多，但对任何酶都适用的方法是没有的。制备固定化酶要根据酶的特性、应用目的和应用环境来选择。酶的固定化方法主要有吸附法、交联法、包埋法及结合法。

物理方法包括吸附法、包埋法等。吸附法是指酶被吸附在具有吸附能力的特别材料如高岭土、多孔玻璃、羟基磷灰石、纤维素等上。包埋法分为凝胶包埋法和微囊化包埋法。凝胶包埋法是将酶分子填充到凝胶的网格中，常用的包埋剂是聚丙烯酰胺；微囊化包埋法是将酶液包在半透性的微孔膜内形成微囊状，常用的包埋剂为尼龙膜、醋酸纤维素膜等。采用物理方法固定酶具有酶整体结构保持不变、酶的催化活性保留较好等优点。但是，由于包埋物或半透膜可能会引起一定的空间或立体阻碍，因此不适用于一些反应。

共价结合法（共价偶联法）和交联法等属于化学方法。共价偶联法是指通过共价键的形式将酶与载体牢固地连接起来，常用的载体有葡聚糖凝胶和聚丙烯酰胺凝胶等。交联法是指采用双功能试剂或多功能试剂，使酶分子之间或酶分子与载体之间发生交联聚合成网状结构的固定方法，常用的交联剂为戊二醛。

这些方法各有特点，被应用于食品工业、制药、医学治疗等多个领域。固定化酶因其具有能回收重复利用、稳定性好等特殊的优点，在各领域有广泛的应用前景。

固定化酶需要检测如下指标：①首先应当测定固定化酶的活力，以确定活力回收率；②固定化酶的最适反应条件，如底物浓度、pH、温度、离子强度等；③固定化酶的稳定性及不稳定原因的探究，以便能改善载体微环境的理化性质。

生物酶工程是酶学和 DNA 重组技术等现代分子生物学技术相结合的产物。生物酶工程主要包括三个方面：①用 DNA 重组技术大量生产酶（克隆重组酶）；②对酶基团进行修饰产生遗传修饰酶（突变酶）；③设计全新的酶基因，合成自然界没有的、性能稳定的、催化效率更高的全新的蛋白酶。

三、抗体酶

抗体酶（abzyme），又称催化性抗体（catalytic antibody），是一种具有催化功能的抗体，具有抗体的高度选择性和酶的高效催化能力。根据酶催化反应的过渡态理论，酶与底物结合形成过渡态，降低了反应所需的活化能，加速了催化反应，而抗体具有与抗原高度特异结合的特性。如果已知某个化学反应的过渡态，并以此为抗原制备出相应的抗体，那么此抗体应具有催化该反应的能力。

1986 年，美国加利福尼亚州 Scripps 临床研究所的 R. Lerner 小组和加利福尼亚大学伯克利分校的 P. C. Schultz 小组将这一梦想变为现实，他们根据过渡态理论和免疫学原理，运用单克隆抗体技术，成功地制备了具有酶催化活性的抗体，使催化的反应速率提高了 10^2～10^3 倍，并具有底物专一性及 pH、温度依赖性等酶催化反应特征。

抗体酶的制备方法很多，主要有诱导法、引入法和拷贝法等。①诱导法是根据反应过渡态理论，设计过渡态类似物作为半抗原，将半抗原以间隔链（或臂）与载体蛋白（如牛血清白蛋白）偶联制成抗原，随后采用标准的单克隆抗体技术制备、分离、筛选抗体酶，诱导法的关键是根据催化反应机制正确设计过渡态。②引入法是将催化基团或辅因子引入到抗体的抗原结合部位，可以采用选择性化学修饰法，或利用基因工程和蛋白质工程技术。③拷贝法是用酶作为抗原，免疫动物获得抗酶的抗体，再将此抗体免疫动物，经单克隆化，获得单克隆的抗抗体。筛选抗抗体，可获得具有原来酶活性的抗体酶。

至今为止，已成功地获得了催化 6 种类型酶促反应的抗体酶，这些抗体酶的催化专一性非常高，甚至超过一般酶促反应的专一性，催化速率有的也可媲美天然酶的催化水平。但总的来说，由于抗体与底物结合后缺乏结构的动态变化，阻碍了产物的释放，因此催化效率一般低于天然酶，但比非催化反应快。

抗体酶的出现对深入研究酶作用机制、酶促反应历程起到非常重要的作用。通过抗体酶的研制，可以获得具有高度专一性的新型酶，抗体酶的出现使人工设计制备出适应各种用途的，特别是自然界不存在的生物催化剂成为可能，抗体酶技术已受到高度关注，已成为酶工程研究的前沿之一。

本章小结

酶作为生物催化剂，其化学本质主要是蛋白质，少数是 RNA，还有 DNA。酶具有高效的催化能力、高度的专一性、可调节性和不稳定性等特点。

酶的活性中心是指酶与底物结合并起催化作用的空间部位，包括结合部位和催化部位。诱导契合学说比较全面地解释了酶作用的专一性。中间产物学说提出了酶催化的作用机制，过渡态的形成和活化能的降低是酶催化反应进行的关键。酶高效催化的机制包括邻近与定向效应、底物形变、酸碱催化、共价催化、金属催化、活性部位的低介电性、静电催化等。

酶促反应速率用单位时间内单位体积中底物的减少量或产物的增加量表示，单位为 mol/min 等。影响酶促反应速率的主要因素有底物浓度、酶浓度、温度、pH、激活剂和抑制剂等，理解酶的最适温度、最适 pH。米氏酶的酶促反应动力学曲线是典型的双曲线型。米氏方程可表示为 $v=V_{max}\cdot[S]/(K_m+[S])$，$V_{max}$ 为最大反应速率，K_m 为米氏常数，[S] 为底物浓度。K_m 是指当酶促反应速率达到最大反应速率一半时的底物浓度，K_m 是酶的特征常数，反映酶与底物的亲和力，可以作为鉴别酶的手段。K_m 值越大，反映酶与底物的亲和力越小。了解酶的抑制类型及抑制机制。

掌握维生素的概念，几种主要水溶性维生素的辅酶形式，了解各自参与体内的哪类代谢反应，掌握 TPP、FMN、FAD、CoA、ACP、NAD^+、$NADP^+$ 等的中文名称。

酶活性调节的方式有别构调节、共价修饰调节和酶原的激活等。别构酶大多是寡聚酶，具有活性中心和别构中心，不遵循米氏方程，动力学曲线不是典型的双曲线型，而是 S 型。磷酸化是最常见的共价调节类型。在初合成或初分泌时没有活性的酶前体称为酶原。酶原在一定条件下，转变成有活性的酶的过程称为酶原的激活。本章还对酶工程做了一般的介绍，需了解酶的分离和纯化技术及酶固定化和抗体酶的概念。

思考题

1．酶作为生物催化剂有哪些特点?

2．何谓酶的活性中心？简述酶活性中心的结构特点。

3．为什么在很多酶的活性中心均有组氨酸残基的参与？

4．诱导契合学说可以用来解释酶作用的专一性，请简述该学说的要点。

5．简述酶高效催化的机制。

6．什么是酶的别构调节，其有何生物学意义？

7．新鲜采摘的玉米由于籽粒中含有较多糖而有甜味，但玉米采摘后便逐渐失去甜味。为什么将刚采摘的玉米穗经沸水浸泡处理后，玉米低温储存运输就可以保持其甜味了？

8．已知某米氏酶只能催化底物 S_1 或 S_2 转变成产物，而且 S_1 的 $K_m=2.0\times10^{-4}$mol/L，S_2 的 $K_m=3.0\times10^{-2}$mol/L。

（1）试分析哪一种底物是该酶的最适底物？

（2）若两种底物的浓度都是 2.0×10^{-4}mol/L，试计算两个酶促反应的速率与最大反应速率之比。

9．设计实验证明酶的专一性，描述实验现象并分析其原因。

10．3,5-二硝基水杨酸法测定淀粉酶活性的原理是什么？实验如何设计空白对照？其目的是什么？

参考答案

第四章　核　　酸

核酸是生物体遗传信息的载体与传递者，是生命最基本的物质之一。核酸是脱氧核糖核酸（deoxyribonucleic acid，DNA）和核糖核酸（ribonucleic acid，RNA）的总称，是由核苷酸单体聚合形成的生物大分子。核苷酸单体由戊糖（脱氧核糖和核糖）、磷酸基和含氮碱基组成，脱氧核糖和核糖分别是 DNA 和 RNA 的组成部分。DNA 是储存和传递遗传信息的主要物质。RNA 在基因表达调节与蛋白质合成过程中起重要作用，其中 tRNA 参与携带和活化氨基酸；mRNA 是合成蛋白质的模板；rRNA 参与组成的核糖体是细胞合成蛋白质的主要场所。近年新发现的小 RNA 等在基因表达调节中具有重要作用。核酸存在于所有生物中，其结构、功能及其与蛋白质等生物大分子的互作是现代生物化学与分子生物学重要的研究领域。本章主要介绍核酸的分类、组成、结构特点、主要理化性质及相关技术等。

第一节　核 酸 概 述

一、核酸的分类与组成

1869 年，瑞士青年科学家 F. Miescher 从外科绷带脓细胞中分离得到一种含磷量很高的酸性物质，并把它命名为“核素”（nuclein）。此后，Miescher 转向研究鲑鱼精子头部的物质，除分离到酸性高含磷化合物外，还提取出一种碱性化合物，称为鱼精蛋白（protamine）。“核酸”（nucleic acid）的名称源于 1889 年科学家 R. Altmann 从酵母中分离得到不含蛋白质的核酸。由于酵母的细胞质很丰富，胸腺的细胞核特别大，早期的核酸研究多从酵母中分离出 RNA，从胸腺中分离出 DNA，故早期文献中将核酸分为酵母核酸和胸腺核酸。1894 年，O. Hammarsten 证明酵母核酸中的糖是戊糖；但直到 1930 年 P. A. Levene 才确定胸腺核酸中的糖是 D-2-脱氧核糖。因此，核酸按其所含戊糖不同而分为脱氧核糖核酸和核糖核酸。

核酸被证明作为遗传信息载体的基本生物学功能研究经历了漫长的过程。1885 年，细胞学家 O. Hertwig 提出核素可能负责受精和传递遗传性状。1895 年，遗传学家 F. B. Wilson 推测染色质与核素是同一物质，可作为遗传的物质基础。19 世纪末到 20 世纪初，A. Kossel 及其同事鉴定到核酸碱基的主要成分是腺嘌呤、鸟嘌呤、胸腺嘧啶和胞嘧啶，并在 1910 年被授予诺贝尔生理学或医学奖，但他却认为决定染色体遗传功能的是蛋白质。Levene 在鉴定核酸中的糖及阐明核苷酸的化学键中做出了重要贡献，但他认为核酸是以四核苷酸为单位的简单聚合物。这使得核酸的生物学功能研究长期未得到重视。20 世纪 40 年代，微量生化分析技术获得很大发展，碱基成分的精确测定推翻了 Levene 的推测，并证明了不同生物体中核酸的高度特异性。1944 年，O. T. Avery 证明，细菌的转化因子是 DNA。其后，A. Hershey 和 M. Chase 通过噬菌体试验进一步证明 DNA 是噬菌体的遗传物质。1953 年，J. D. Watson 和 F. H. Crick 提出了 DNA 双螺旋结构模型，奠定了核酸在生命科学中的重要地位，开启了现代分子生物学研究的帷幕。从 20 世纪 70 年代出现 DNA 重组技术，到 80 年代掀起 RNA 研究高潮，从 90 年代进入基因组分析，再到今天的后基因组时代，所有研究都渗透着有关核酸化学的基础理论知识。核酸的研究加快了揭示生命奥秘的进程，并且在工业、农业和医学等领域展现出广阔的应用前景。

常见生物中都含有 DNA 和 RNA 两种核酸分子，病毒和噬菌体中只含有 DNA 或 RNA 一种核酸。DNA 和 RNA 的功能与其结构密切相关。DNA 通常为双链结构，RNA 通常为单链结构。DNA 是主要的遗传物质，遗传信息以密码子形式编码在核酸分子上，通过复制而将遗传信息由亲代传递给子代。RNA 主要参与遗传信息的表达与调节。

（一）脱氧核糖核酸

真核生物细胞中的 DNA 主要存在于细胞核中，以 DNA 与蛋白质组成的染色质（体）形式存在。线粒体、叶绿体等细胞器中也含有 DNA。原核生物细胞没有细胞核结构，其染色体 DNA 存在于被称为“拟核”（nucleoid）的区域。质粒（plasmid）是原核细胞或某些真核生物（如酵母）细胞中存在的一类染色体外的 DNA 分子，它们能够自主复制并使宿主细胞具有某种特性。真核生物染色体是线状双链 DNA（linear double-stranded DNA），末端具有高度重复序列形成的端粒（telomere）结构。原核生物 DNA、质粒及线粒体、叶绿体的 DNA 一般为环状双链 DNA（circular double-stranded DNA）。

病毒种类很多，结构各异，其遗传物质种类和结构也很多样。动物病毒的 DNA 通常是环状双链或线状双链，如乳头瘤病毒、杆状病毒、疱疹病毒和腺病毒等。微小病毒科的病毒，如小鼠微小病毒（MVM）为线状单链 DNA（linear single-stranded DNA），病毒颗粒多含负链 DNA。噬菌体 DNA 多数是线状双链的，如 T 系列噬菌体、λ 噬菌体；也有环状双链的，如覆盖噬菌体 PM2；或环状单链的，如丝杆噬菌体 M13 等。

（二）核糖核酸

细胞中的 RNA 主要存在于细胞质中，约占 90%，少量存在于细胞核中。参与蛋白质合成的 RNA 有 3 类：信使 RNA（messenger RNA，mRNA）、核糖体 RNA（ribosomal RNA，rRNA）和转运 RNA（transfer RNA，tRNA），其中转运 RNA 在原核生物与真核生物中的大小和结构基本相同。mRNA 含量最少，约占 RNA 总量的 5%，但其种类最多。rRNA 种类最少，但含量最多，约占细胞总 RNA 的 80%，它与蛋白质结合构成核糖体（ribosome），核糖体是蛋白质合成的场所。tRNA 占细胞总 RNA 的 10%～15%，在蛋白质合成时起着携带活化氨基酸的作用。此外，叶绿体、线粒体中也有各自与细胞质不同的 mRNA、tRNA 和 rRNA。近年来陆续发现了许多新的具有特殊功能的 RNA 分子，如小 RNA（small RNA，sRNA）、微 RNA（microRNA，miRNA）和非编码 RNA（non-coding RNA，ncRNA）等。

众多病毒的遗传物质以 RNA 为主。含有正链 RNA 的病毒，如脊髓灰质炎病毒（poliovirus）；含有负链 RNA 的病毒，如狂犬病毒（rabies virus）和水疱性口炎病毒（vesicular stomatitis virus）；含有双链 RNA 的病毒，如呼肠孤病毒（reovirus）。植物病毒的基因组多为 RNA，少数植物病毒的 DNA 呈环状双链或环状单链。真菌病毒的基因组多为 RNA，极少数真菌病毒为单链环状 DNA 病毒。类病毒是已知最小的致病 RNA，不含蛋白质，如马铃薯纺锤形块茎类病毒（spindle shaped tuber like virus）和柑橘裂皮类病毒（citrus exocortis viroid）等。

（三）核酸的化学组成

核酸是一种多核苷酸（polynucleotide），以核苷酸作为基本单位。DNA 的基本结构为脱氧核糖核苷酸，RNA 的基本结构为核糖核苷酸。每个核苷酸包括 3 个化学部分：戊糖（pentose）、磷酸（phosphoric acid）和碱基（base）（表 4-1，图 4-1）。DNA 和 RNA 的核苷酸化学结构基本相同，但两者所含戊糖不同，RNA 分子中的戊糖是 β-D-核糖（β-D-ribose），DNA 中的戊糖是 β-D-2-脱氧核糖（β-D-2-deoxyribose）（图 4-1）。核苷酸可分解为核苷（nucleoside）和磷酸，核苷进一步分解生成碱基和戊糖。

表 4-1 DNA 与 RNA 的基本化学组成

组成	DNA	RNA
嘌呤碱基（purine base）	腺嘌呤（adenine） 鸟嘌呤（guanine）	腺嘌呤（adenine） 鸟嘌呤（guanine）
嘧啶碱基（pyrimidine base）	胞嘧啶（cytosine） 胸腺嘧啶（thymine）	胞嘧啶（cytosine） 尿嘧啶（uracil）
戊糖（pentose）	β-D-2-脱氧核糖（β-D-2-deoxyribose）	β-D-核糖（β-D-ribose）
酸（acid）	磷酸（phosphoric acid）	磷酸（phosphoric acid）

1. 碱基 碱基又叫含氮碱基，主要以嘌呤（purine）和嘧啶（pyrimidine）两种形式存在。DNA 与 RNA 中含有的碱基大多相同，DNA 中主要有腺嘌呤、鸟嘌呤、胞嘧啶和胸腺嘧啶 4 种；RNA 中主要有腺嘌呤、鸟嘌呤、胞嘧啶和尿嘧啶 4 种（图 4-1）。

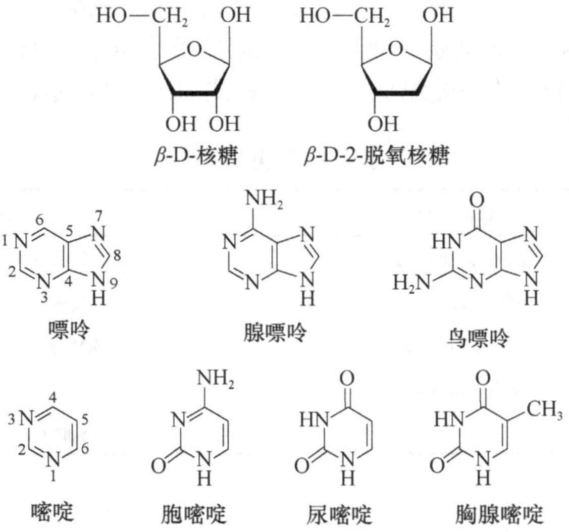

图 4-1 戊糖及碱基的分子结构

在核酸中还有一些含量较少的碱基称为稀有碱基（表 4-2）。自然界还存在许多嘌呤的衍生物，在生物体中发挥重要功能。一些生物碱，如茶叶碱（1,3-二甲基黄嘌呤）、可可碱（3,7-二甲基黄嘌呤）和咖啡碱（1,3,7-三甲基黄嘌呤）等都是黄嘌呤的衍生物。有些植物激素，如玉米素（N^6-异戊烯腺嘌呤）、激动素（N^6-呋喃甲基腺嘌呤）等也是嘌呤类物质。

表 4-2 核酸中的稀有碱基

DNA	RNA
尿嘧啶（U）	5,6-二氢尿嘧啶（DHU）
5-羟甲基尿嘧啶（hm^5U）	5-甲基尿嘧啶，即胸腺嘧啶（T）

续表

DNA	RNA
5-甲基胞嘧啶（m^5C）	4-硫尿嘧啶（s^4U）
5-羟甲基胞嘧啶（hm^5C）	5-甲氧基尿嘧啶（mo^5U）
N^6-甲基腺嘌呤（m^6A）	N^4-乙酰基胞嘧啶（ac^4C）
	2-硫胞嘧啶（s^2C）
	1-甲基腺嘌呤（m^1A）
	N^6,N^6-二甲基腺嘌呤（m_2^6A）
	N^6-异戊烯基腺嘌呤（iA）
	1-甲基鸟嘌呤（m^1G）
	N^1,N^2,N^7-三甲基鸟嘌呤（$m_3^{1,2,7}G$）
	次黄嘌呤（I）
	1-甲基次黄嘌呤（m^1I）

2．核苷 核苷由碱基和戊糖通过 β-糖苷键连接形成。戊糖的第一位碳原子（C1）与嘌呤第九位 N 原子（N9）或嘧啶第一位 N 原子（N1）相连，碱基平面与戊糖平面相互垂直。所以，糖与碱基间的化学键是 N—C 键，一般称为 *N*-糖苷键。核苷中的糖均为呋喃环状结构，糖环中的 C1 是不对称碳原子，所以有 α 及 β 两种构型。但核酸分子中的糖苷键均为 β-糖苷键，常见的核苷见表 4-3。为区别戊糖与碱基上碳原子的编号，习惯上在戊糖碳原子编号数字上加“′”。腺嘌呤核苷和胞嘧啶脱氧核苷的结构式如图 4-2 所示。

表 4-3　常见的核苷

碱基	核糖核苷	脱氧核糖核苷
腺嘌呤	腺苷（adenosine）	脱氧腺苷（deoxyadenosine）
鸟嘌呤	鸟苷（guanosine）	脱氧鸟苷（deoxyguanosine）
胞嘧啶	胞苷（cytidine）	脱氧胞苷　(deoxycytidine）
尿嘧啶	尿苷（uridine）	—
胸腺嘧啶	—	脱氧胸苷（deoxythymidine）

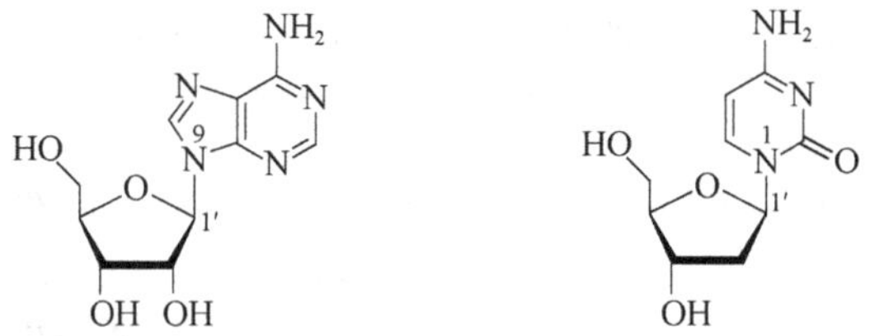

腺嘌呤核苷（腺苷，A）　　胞嘧啶脱氧核苷（脱氧腺苷，dC）

图 4-2　腺嘌呤核苷和胞嘧啶脱氧核苷的结构式

此外，在生物体内还有一些具有重要功能的修饰核苷或异构化核苷，如次黄嘌呤核苷（I）和假尿苷（ψ）等（图 4-3）。假尿苷主要存在于 tRNA 和 rRNA 中，其结构很特殊，核糖是与尿嘧啶的第 5 位碳原子相连接。修饰类核苷主要是碱基甲基化修饰。稀有碱基多数是甲基化碱基，常见的甲基化修饰基团以“m”（methy-）表示。修饰基团在碱基上的位置写在碱基符号的左方，修饰基团个数写在“m”的右下角，修饰位置写在右上角。例如，m^6A 表示腺苷碱基第 6 位有一个甲基化修饰；m_2^6A 表示腺苷碱基第 6 位有两个甲基化修饰（表 4-2，图 4-4）。甲基化修饰基团在核糖上的位置写在碱基符号右方，如 Am。目前只发现在 RNA 分子中核糖第 2 位碳原子上有甲基化修饰。tRNA 中含有较多的稀有碱基，可高达 10%。

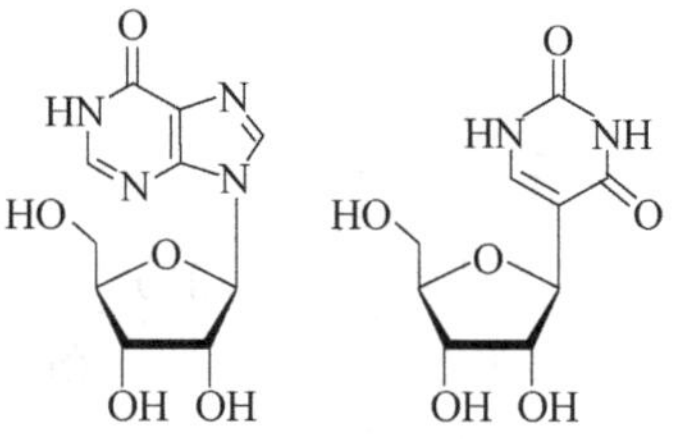
次黄嘌呤核苷　　假尿苷

图 4-3　次黄嘌呤核苷和假尿苷的结构式

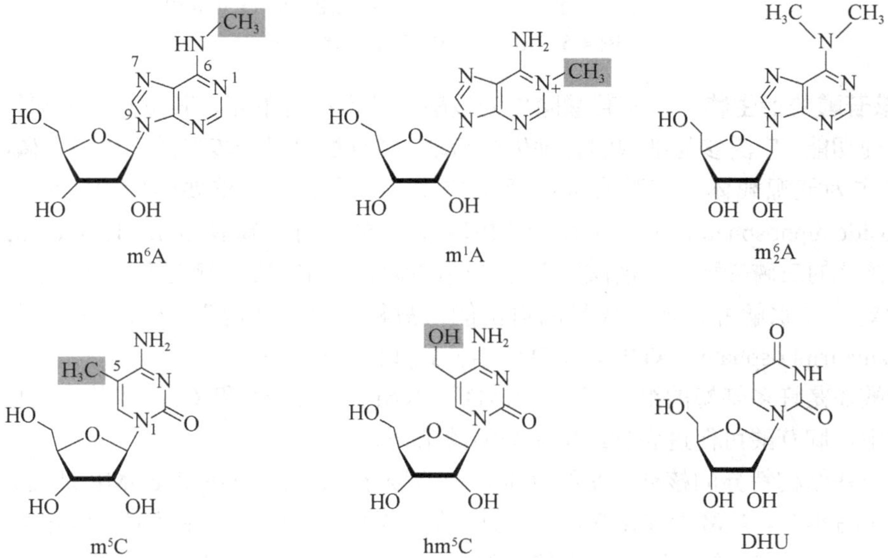

图 4-4　常见的修饰类核苷

3. 核苷酸　核苷中的戊糖与磷酸通过酯化相连，形成核苷酸。核苷酸分成核糖单核苷酸（ribonucleoside monophosphate，NMP，N 表示 A、U、G 或 C）和脱氧核糖单核苷酸（deoxyribonucleoside monophosphate，dNMP，N 表示 A、T、G 或 C）两大类。核糖核苷的糖环上有 3 个自由羟基，能形成 2′-核苷酸、3′-核苷酸和 5′-核苷酸 3 种不同的核苷酸；脱氧核糖核苷糖环上有 2 个自由羟基，能形成 3′-脱氧核糖核苷酸和 5′-脱氧核糖核苷酸两种脱氧核苷酸。细胞内游离的核苷酸多为 5′-核苷酸，5′-核苷酸是核酸的基本单位。用碱水解 RNA 时，可得到 2′-核苷酸与 3′-核苷酸的混合物。表 4-4 为常见的核苷酸。图 4-5 所示为两种核苷酸的结构式。

表 4-4　常见的核苷酸

碱基	核糖核苷酸	脱氧核糖核苷酸
腺嘌呤	腺苷一磷酸（adenosine monophosphate，AMP）	脱氧腺苷酸（deoxyadenylic acid，dAMP）
鸟嘌呤	鸟苷一磷酸（guanosine monophosphate，GMP）	脱氧鸟苷酸（deoxyguanylic acid，dGMP）
胞嘧啶	胞苷一磷酸（cytidine monophosphate，CMP）	脱氧胞苷酸（deoxycytidylic acid，dCMP）
尿嘧啶	尿苷一磷酸（uridine monophosphate，UMP）	—
胸腺嘧啶	—	脱氧胸苷酸（deoxythymidylic acid，dTMP）

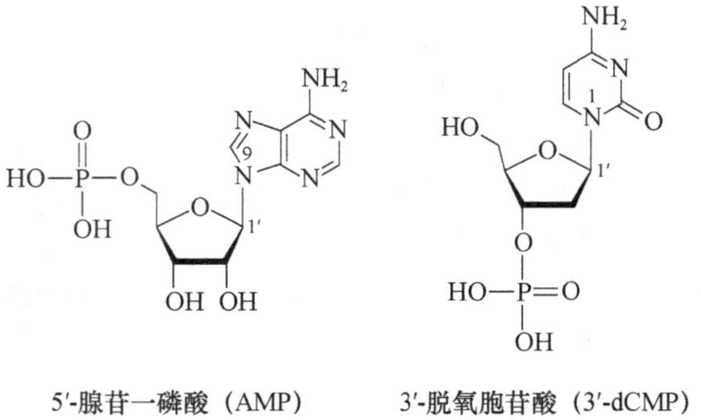

图 4-5 AMP 和 3′-dCMP 的结构式

4. 核苷酸的衍生物 核苷酸除作为核酸的基本结构单元，其游离分子和衍生物还具有多种生理功能，广泛参与细胞的各种生命活动。核苷酸可进一步磷酸化生成多磷酸核苷酸，它们常被作为能源载体、核酸合成的活化前体、信号分子和重要的辅酶。5′-核苷二磷酸（5′-nucleoside diphosphate，NDP）是核苷的焦磷酸酯，5′-核苷三磷酸（5′-nucleoside triphosphate，NTP）是核苷的三磷酸酯。多磷酸核苷酸的磷酸基团之间以酸酐键连接，此酸酐键在热力学上极不稳定，易水解并释放出大量的自由能，故称为“高能键”。最常见的是腺苷三磷酸（5′-adenosine triphosphate，ATP）。ATP 的结构式如图 4-6 所示。

腺苷酸还是许多辅酶的组成部分。NAD^+、$NADP^+$、FAD 和 CoA 中均含有腺苷酸。在这些辅酶中，腺苷酸可促进底物或辅酶与酶的结合。

还有一些结构特异的核苷酸是细胞重要的信号分子，如 cAMP 和 cGMP 是细胞内重要的第二信使（图 4-7）。当激素或化学信号（第一信使）作用于细胞膜受体时，信号传递到胞质，在胞内合成第二信使，经级联系统将信号放大，以调节基因表达或细胞代谢。近年来还发现，生物体内一些多磷酸核苷酸对代谢反应具有重要的调节作用。例如，枯草杆菌在营养不利的情况下形成芽孢时会合成 ppApp、pppApp 及 pppApp，以调节体内代谢反应速率及方向，使其处于休眠状态；细胞间游离 ATP 含量的变化会引起细胞的应激反应。

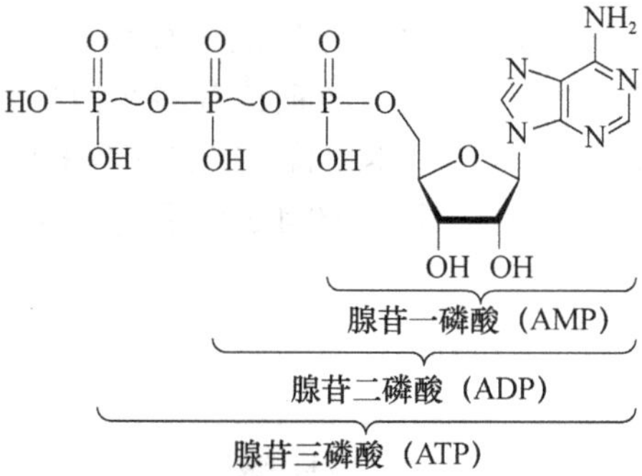

图 4-6 ATP 的结构式

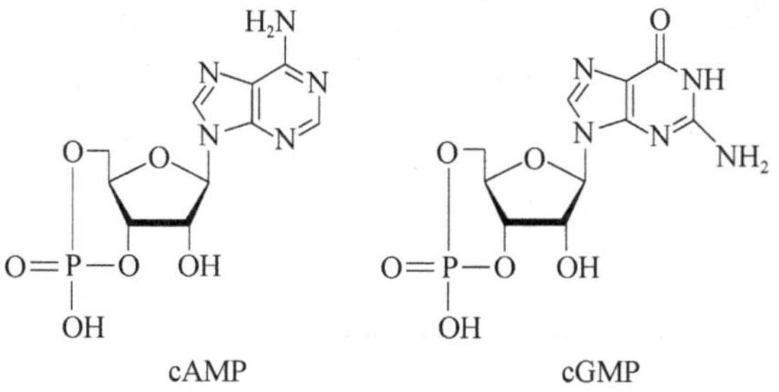

图 4-7 cAMP 和 cGMP 的结构式

二、核酸的功能

核酸通常与蛋白质等结合形成复合物，并以复合物的形式执行生物学功能。半个世纪以来，核酸的功能研究已成为生物化学与分子生物学研究的核心和前沿。

（一）DNA是生物体中主要的遗传物质

DNA作为细胞内的遗传物质，它的鉴别、发展是通过直接或间接的证据积累来的。研究表明，DNA有各种各样的特性，其中最重要的是作为遗传物质的特性。

对于特定生物的组织细胞来说，DNA的含量是稳定的，环境、新陈代谢和营养状况等变化并不影响每个细胞中DNA的数量和组成（表4-5）；DNA分子大小一般随生物的进化地位逐步增大（表4-6），但这并不意味着具有更大DNA分子的生物也具有更高的进化位置。DNA碱基组成具有物种特异性，同种生物所有体细胞DNA的碱基组成是相同的，可作为该种的特征。不同种生物的碱基组成不同，可用“不对称比率”（dissymmetry ratio）[（A+T）/（C+G）] 来表示；亲缘关系相近的生物，其DNA不对称比率近似。

表4-5 一些生物中DNA分子的特性

来源	碱基对数量/kb	链长度/μm	结构
病毒			
多瘤SV40病毒	5.1	1.7	环状双链
λ噬菌体	48.6	17	线状双链
噬菌体T2、T4、T6	166	55	线状双链
细菌			
支原体	760	260	环状双链
大肠杆菌	4 000	1 360	环状双链
真核生物			
酵母	13 500	4 600	17条染色体（单倍体）
果蝇	165 000	56 000	4条染色体（单倍体）
人类	2 900 000	990 000	23条染色体（单倍体）
鲸	102 000 000	34 700 000	19条染色体（单倍体）

表4-6 不同生物细胞中DNA的质量

细胞类型	细胞来源	每个细胞中DNA质量/pg
噬菌体	T_4	2.4×10^{-4}
细菌	大肠杆菌	4.4×10^{-3}
真菌	链孢霉	1.7×10^{-2}
红细胞	鸡	2.5
植物	烟草	2.5
原生动物	眼虫藻	3.3
白细胞	人类	3.4

注：$1pg=10^{-12}g$

DNA作为遗传物质的直接证据来自两个经典的微生物学实验：肺炎球菌的转化实验和噬菌体的感染实验（图4-8，图4-9）。1944年，O. T. Avery、C. M. Macleod和M. McCarty等以R. Griffith的前期工作为基础，以肺炎双球球菌（pneumococcus）的两个菌株为研究对象。一个为光滑型致病菌株“S”，这种有毒菌株在细胞外面有多糖类的胶状荚膜，起保护作用；另

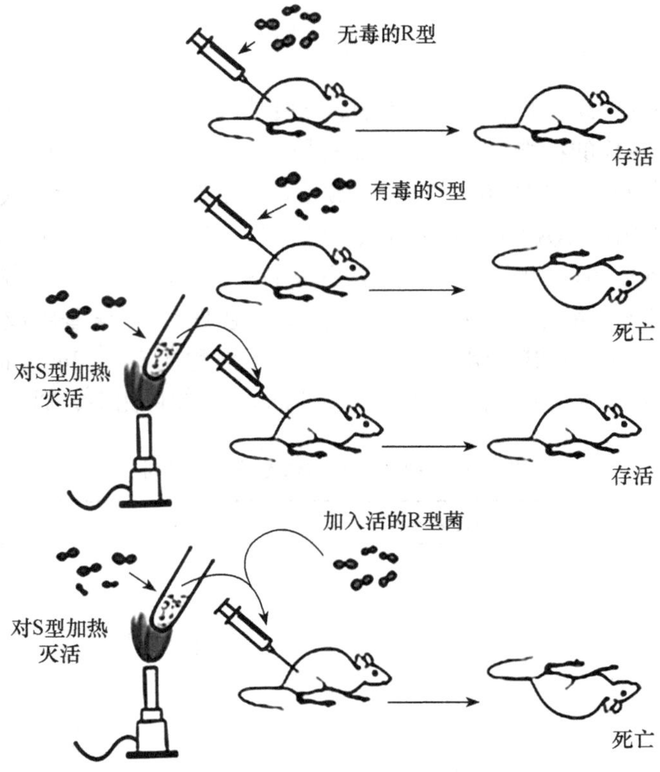

图 4-8 肺炎球菌的转化实验（Klug et al.，2019）

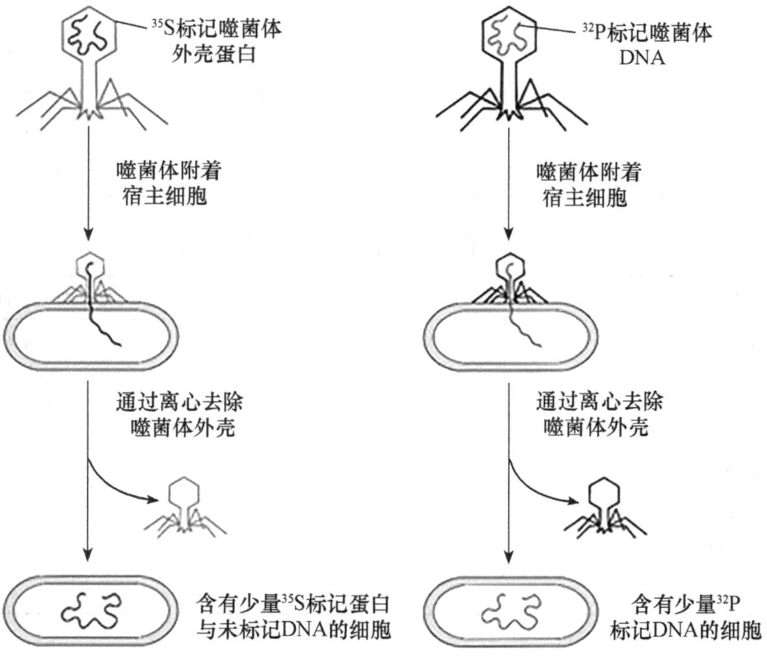

图 4-9 噬菌体感染实验证明 DNA 是遗传物质（Klug et al.，2019）

一个菌株没有荚膜，不引起病症，为粗糙型“R”菌落。Avery 等在离体条件下完成了转化过程。他们从活的 S 型菌株中将 DNA、蛋白质和荚膜物质抽提出来，把每一成分跟活的 R 型菌株混合，在合成培养液中悬浮培养。结果发现含DNA组分的培养液中，除R型菌株外还出现了S型菌株，即有R型菌株转化为S型菌株。如果将DNA组分用DNA酶处理，则不出现转化现象，而蛋白质和荚膜物质抽提物没有转化能力。现在我们知道，这是由于转化时，供体DNA的一部分整合到受体细胞的DNA中。

1952年，A. D. Hershey和M. Chase各自独立的实验提供了DNA是遗传物质的第二个证据。方法是把T_2噬菌体分别用^{35}S和^{32}P标记，标记的T_2噬菌体再分别去感染大肠杆菌。结果显示，用^{35}S标记的噬菌体感染时，大肠杆菌细胞内几乎没有放射性；用^{32}P标记的噬菌体感染时，大肠杆菌细胞内有放射性。由此看来，T_2噬菌体注入大肠杆菌体内的是含^{32}P的DNA起作用，而不是含^{35}S的蛋白质外壳起作用，表明DNA是遗传物质。

（二）RNA的功能

RNA的功能多样。它合成蛋白质，加工遗传信息，调节基因表达，组装染色体，以及构成某些病毒的基因组，几乎参与细胞的一切生命活动。

1. RNA表达遗传信息 DNA将遗传信息由亲代传递给子代，子代通过自身DNA的转录生成RNA，进而表达遗传信息。RNA是单链分子，并能折叠成特殊的空间结构，这就使RNA既能像DNA那样编码和贮存遗传信息，又能像蛋白质那样具有催化和调节功能。DNA上的基因对表型的影响是通过基因产物来实现的。基因产物包括蛋白质和RNA两类，而前者也是在后者控制下合成的，故而RNA对生物表型有专一效应。tRNA、mRNA和rRNA三类RNA控制着蛋白质的合成。tRNA是转接器，或者说是翻译者（translator），它携带活化的氨基酸到核糖体上，由其反密码子识别mRNA的密码子，起翻译作用。rRNA是装配者（assembler），它与数十种蛋白质组成核糖体，使mRNA和tRNA在其上正确定位，并催化肽键的合成。mRNA起指导者（instructor）作用，它从DNA处获得遗传信息，作为蛋白质合成的模板，决定蛋白质的氨基酸序列。RNA通过决定蛋白质合成使遗传信息得以表达，并在细胞内执行各种功能。转录水平的调节使得细胞在不同环境和时空条件下表达不同基因编码的信息。

2. RNA具有催化功能 长期以来一直以为RNA的功能只是参与蛋白质合成。1982年，Cech证明四膜虫rRNA前体（pre-rRNA）的剪接（splicing）由类型Ⅰ内含子RNA自我催化完成。次年，Altman证明大肠杆菌RNase P剪切（cleavage）tRNA前体（pre-tRNA）可由其RNA单独完成。由此证明，某些RNA具有催化功能，称为核酶。RNA可催化多种反应，包括RNA底物中磷酸二酯键的转移、水解和连接，DNA的水解，肽键和酰胺键的转移与水解，NADH的氧化还原，以及1,4-α-葡聚糖的分支反应等。其中以蛋白质合成的转肽反应及RNA信息加工的剪切和剪接反应最为重要。小型核酶家族如锤头核酶、发夹核酶、丁型肝炎病毒（hepatitis delta virus，HDV）假结核酶和链孢霉真菌卫星（Varkud satellite，VS）核酶，可在特异位点催化核酸降解（nucleolysis）以切除多余序列。在自然界，上述核酶多用于病毒、类病毒和卫星RNA复制时形成的基因组串联体的自我剪切。

真核生物的基因多数是不连续的，其内含子需在转录后通过剪接切除。RNA转录后加工是一个抽提信息或重新组合信息的过程，需要识别RNA的序列和高级结构，十分复杂。真核生物细胞内存在许多小RNA起着加工的指导作用，如指导mRNA前体剪接的核内小RNA（small nuclear RNA，snRNA），指导rRNA前体剪接的核仁小RNA（small nucleolar RNA，snoRNA），以及RNA编辑（RNA editing）中的指导RNA（guide RNA，gRNA）等。

3. 小 RNA 及其对基因表达的调节作用 基因表达有赖于遗传信息的解读。RNA 在基因表达的各个阶段都存在调节和控制作用。RNA 作为调节物（regulator）能够识别 DNA 和 mRNA 的序列或结构，从而在转录和翻译水平上调节和控制基因表达。1983 年，Mizuno 等从大肠杆菌中分离出一种 RNA（174 个核苷酸），与低渗外膜蛋白 Omp F 的 mRNA 5′端序列互补，可与之结合而使其失去翻译活性。Simons 等证明，大肠杆菌转座子 Tn10 在合成转座酶 mRNA 的同时还合成出一条与其 5′端序列互补的小 RNA，可抑制 mRNA 的活性，从而使转座酶维持在一定的水平。他们将这类 RNA 称为干扰 mRNA 的互补 RNA（mRNA-interfering complementary RNA，micRNA）或反义 RNA（antisense RNA）。现在知道利用反义链进行调节的现象在原核生物和真核生物中均十分普遍。

细菌存在数百个编码调节 RNA（regulatory RNA）的基因，这些调节 RNA 长度为 50～200 个核苷酸，统称为小 RNA（small RNA，sRNA）。sRNA 通常与靶基因转录物部分互补，因此属于反义 RNA。它们在不同水平上（转录、加工和翻译）影响基因的表达；主要通过 RNA-RNA 的相互作用，使靶 RNA 失活或被降解。例如，S. Altuvia 等发现大肠杆菌可被过氧化氢诱导产生一种小 RNA，称为 oxyS RNA，含有 109 个核苷酸，不编码蛋白质，oxyS RNA 可以激活或阻遏数十个基因表达，并有多种蛋白质因子和 RNA 调节物参与协同调节。

RNA 干扰（RNA interference，RNAi）现象最初是在线虫中发现的。1998 年，A. Fire 等在用反义 RNA 抑制线虫胚胎极性基因表达时发现，双链 RNA 比正义 RNA（sense RNA）或反义 RNA 更为有效，他们将此双链 RNA 抑制特异序列基因表达的现象称为 RNA 干扰。dsRNA 通过注射、喂饲或浸泡即可干扰线虫有关基因的表达，少量 dsRNA 进入细胞可引发系统（全身）反应，并且还能传递给下一代。随后证实 RNA 干扰广泛存在于各类真核生物中。植物中也有类似现象。1990 年，R. Jorgensen 等将色素合成基因导入矮牵牛花，结果花的紫色反而被抑制，这表明不仅外源基因本身失活，还可使体内同源基因也受抑制，他们称此现象为共抑制（cosuppression）。与此同时，人们发现 RNA 病毒能诱导同源基因沉默，植物还能借助类似共抑制的机制识别和降解病毒 RNA。在链孢霉中也发现外源基因引起沉默的现象，曾称为基因遏制。无论是外源基因的导入，还是病毒 RNA 的入侵，均能产生 dsRNA，因此基因共抑制和遏制与 RNA 干扰并无本质差别。由于 Fire 和 Mello 最早明确提出 RNA 干扰，故而他们共同获得了 2006 年诺贝尔生理学或医学奖。

现在知道，RNA 干扰是生物机体演化产生用以对付外源基因、某些转座子和高度重复序列的转录或内源异常 RNA 生成的一种重要机制。上述情况都可能会产生双链 RNA。RNA 内切酶 Dicer 是一种类似细菌 RNaseIII的酶，它可识别和剪切长的 dsRNA，产生 21～25 个核苷酸长的短双链 RNA，即 siRNA。siRNA 可通过多条途径抑制同源基因的表达：它可促使含有互补序列的 mRNA 降解；以多种方式抑制 mRNA 的翻译；或者在启动子处诱导染色质修饰使基因沉默。RNAi 的效率很高，极微量的 siRNA 可以使靶基因完全抑制，某些 RNAi 还能由亲代传递给子代。

研究人员从线虫中先后发现控制发育时序的小分子 RNA lin-4 和 let-7，前者含 22 个核苷酸，后者为 21 个核苷酸。它们与控制发育程序的蛋白质 mRNA 3′非编码区互补，可抑制其翻译功能。后来陆续发现多种与 lin-4 和 let-7 类似的 RNA，大小在 22 个核苷酸左右，广泛存在于各类生物中，被称为微 RNA（microRNA，miRNA）。目前，已发现数以千计存在于线虫、果蝇、哺乳动物、水稻、拟南芥等真核生物中的 miRNA。人类有上千个 miRNA 基因，或分布在编码基因的内含子中，或在基因间区。miRNA 的发现极大地加深了对于 RNA 在基因表达调节中重要性的认识。Ambros 和 Ruvkun 最早发现 miRNA 并揭示了其作用机制，他们因此共同获得了 2024 年诺贝尔生理学或医学奖。

此外，还有许多 mRNA 具有调节其自身翻译活性的作用，称为 RNA 开关（RNA switch）或核糖开关（riboswitch）。核糖开关在原核生物和真核生物的一些 mRNA 中都有，但对原核生物更重要。2002 年，Breaker 发现大肠杆菌编码维生素 B_1 的辅酶（TPP）生物合成相关酶的 mRNA 可以通过感受 TPP 含量来调节其活性，TPP 含量高时酶的生成就受阻遏。与核酶类似，核糖开关也由一些 RNA 茎环结构所组成，某些小分子代谢物可以结合于其上，从而影响 mRNA 的结构和功能。

现代研究还发现了一些具有调节功能或其他特殊功能的 RNA，如非编码 RNA。过去以为只有编码基因才能转录，现在却发现人类基因组 90%以上的序列都能转录，而编码序列不足基因组的 2%。如此众多的非编码 RNA 具有什么样的功能？科学家正在试图揭开这个奥秘。

第二节 DNA 的分子结构

核苷酸之间通过磷酸基团共价连接形成的聚合物即核酸。核苷酸间的连接主要是通过磷酸酯化作用形成 3′,5′-磷酸二酯键。一个包含 2～50 个核苷酸的短核酸链称为寡核苷酸（oligonucleotide），而包含 50 个以上核苷酸的核酸链则称为多核苷酸（polynucleotide）。

DNA 和 RNA 均为不对称分子，具有方向性。习惯上将核酸链按照 3′,5′-磷酸二酯键的方向放置，5′端通常为磷酸基团，称为前端，3′端通常为戊糖第三位的羟基，称为后端。环状分子虽无自由的 5′端或 3′端，但核酸具有复制原点，仍有方向性。人们习惯上按 5′→3′方向书写核酸序列。在未标识方向时，核酸链的左末端默认为 5′端，右末端默认为 3′端。双链核酸的两条链为反平行，同时描述两条链结构时需要注明每条链的方向。

核酸链中核苷酸的数量及组成各异，以核苷酸的分子结构来书写非常复杂。图 4-10A 以结构式表示核酸。为了使用方便，一些简洁标记法逐渐被使用。图 4-10B 用竖线来表示戊糖，碱基用单字符缩写，p 为磷酸基，线条表示戊糖及不同组成间的共价键。图 4-10C 进一步简化：…pApTpGpC…。碱基符号代表相应的核苷酸，磷酸二酯键被简写成“p”，位于两个碱基符号间。因此，pApCpTpGpGpApA 描述的是庚苷酸有一个自由的 5′磷酸基团，位于左侧，即 5′端；有一个自由的 3′-OH，位于右侧，即 3′端。由于核酸链中主要的差异仅仅是碱基的不同，现在书写核酸时会进一步简化，只保留碱基的排列顺序（图 4-10D）。这种书写方法对 DNA 和 RNA 都适用。

一、DNA 的一级结构

核酸的一级结构通常是指核酸的核苷酸序列，主要是碱基的排序。DNA 是由脱氧核糖核苷酸聚合而成的长链生物大分子。与蛋白质类似，DNA 也有不同层次的结构。DNA 的一级结构是由 4 种脱氧核糖核苷酸通过 3′,5′-磷酸二酯键连接起来的线性或环状多聚大分子。DNA 的二级结构是指由次级键形成的双螺旋（double helix）或多股螺旋（multihelix）结构。DNA 的三级结构是指其超螺旋（superhelix）结构。由于 DNA 的脱氧核糖中 C2′没有羟基，C1′又与碱基相连接，唯一可以形成的键是 3′,5′-磷酸二酯键，所以 DNA 没有支链。

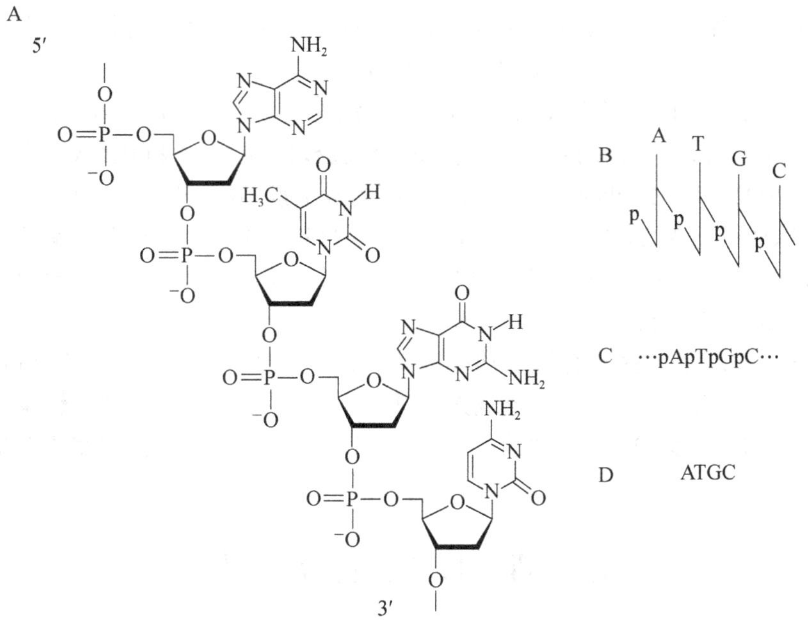

图 4-10 DNA 中多核苷酸链的一个小片段及缩写符号

A. DNA 中多核苷酸链的一个小片段；B. 竖线式缩写；C. 文字式缩写；D. 简化写法

DNA 的分子量非常大，通常一条染色体就是一个 DNA 分子。最大的染色体 DNA 可包含 10^8 个核苷酸对。通常真核生物的基因组都很大，而原核生物的基因组较小。例如，人类基因组的大小为 3.28Gb（gigabases，10^9bp），猪的基因组大小为 2.7Gb，陆地棉基因组的大小为 2.5Gb，水稻基因组的大小为 430Mb（megabases，10^6bp），最小的病毒基因组只有 2kb（kilobases，10^3bp）。DNA 中碱基顺序就是遗传信息存储的分子形式。生物界物种的多样性即蕴含在 DNA 分子 4 种核苷酸（A、T、G 和 C）的不同数量及组合之中。

二、DNA 的二级结构

（一）DNA 双螺旋结构模型的提出及意义

1953 年，生物学出身的 J. D. Watson 和物理学出身的 F. H. Crick（图 4-11）在总结前人工作的基础上提出了 DNA 双螺旋结构（double helix structure）模型。DNA 双螺旋结构模型揭示了 DNA 分子的二级结构，成为研究核酸功能和生物合成的理论基础，标志着分子生物学研究的开端，对整个生命科学领域具有里程碑意义。

图 4-11 J. D. Watson（左）和 F. H. Crick（右）

DNA 双螺旋结构的提出主要有 3 个方面的依据：①已知核酸的化学性质和核苷酸键长与键角的数据；②E. Chargaff 发现 DNA 碱基组成规律，显示 DNA 分子中碱基间的配对关系；③利用 X 射线对 DNA 纤维进行衍射分析获得了清晰的结构图。

Chargaff 等科学家在 20 世纪 40 年代末利用纸层析及紫外分光光度法对各种生物 DNA 的碱基组成进行定

量分析。结果发现所有生物的 DNA 碱基组成具有规律性，并在物种间表现出特异性（表 4-7）。这些规律和特异性与生物的生长状态及组织来源无关。1950 年，Chargaff 将这些规律进行总结，称为夏格夫法则（Chargaff's rule）。这些规律主要体现在不同生物 DNA 中腺嘌呤和胸腺嘧啶的摩尔数相等，即 A=T；鸟嘌呤和胞嘧啶的摩尔数相等，即 G=C；嘌呤碱基的总和与嘧啶碱基的总和相等；不同生物中（A+T）和（G+C）的量均不相同，体现出物种特异性。这些规律暗示 DNA 的核苷酸 A 与 T、G 与 C 之间存在配对关系。

表 4-7 几种不同来源的 DNA 分子中的碱基组成

DNA 来源	碱基组成/mol%				碱基比例		
	A	G	C	T	A/T	G/C	嘌呤/嘧啶
人	30.9	19.9	19.8	29.4	1.05	1.01	1.03
羊	29.3	21.4	21.0	28.3	1.04	1.02	1.03
母鸡	28.8	20.5	21.5	29.3	0.98	0.95	0.97
蝗虫	29.3	20.5	20.7	29.3	1.00	0.99	1.00
麦胚	27.3	22.7	22.8	27.1	1.01	1.00	1.00
大肠杆菌	24.7	26.0	25.7	23.6	1.05	1.01	1.03
人噬菌体	21.3	28.6	27.2	22.9	0.93	1.05	1.00

20 世纪初，物理学家 M. von Laue 发现了晶体的 X 射线衍射现象，并证明了 X 射线的波特性和晶体的晶格结构。人们可以通过观察衍射花纹研究晶体的微观结构，对生物学、化学、材料科学的发展起到了巨大的推动作用。1952 年，R. Franklin 和 M. H. Wilkins 等用 X 射线衍射技术获得编号 51 的 DNA 纤维晶体的衍射照片（图 4-12），但并未发表研究成果。J. D. Watson 和 F. H. Crick 看到了这张照片，并很快领悟到 DNA 结构具有螺旋周期性、碱基的空间取向等。这成为 Watson 和 Crick 提出 DNA 双螺旋结构模型的关键。

资源 4-1

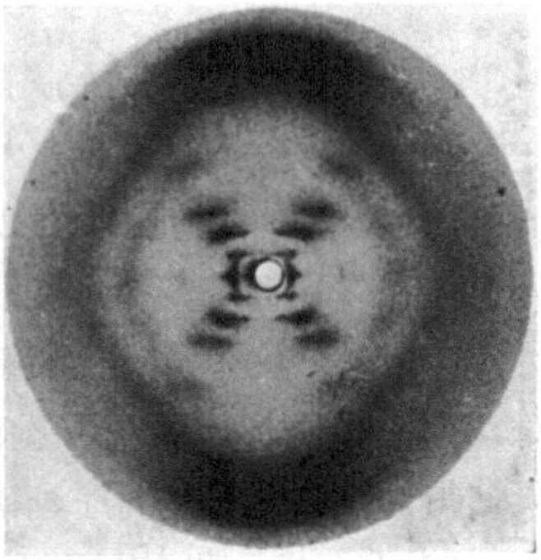

图 4-12 DNA 衍射照片

（二）DNA 双螺旋结构的特征

1953 年，Watson 和 Crick 建立了一个与 X 射线衍射资料相符的 DNA 双螺旋结构模型（图 4-13），该模型具有如下特征。

1）DNA 是反平行右手螺旋结构。DNA 分子的两条链，一条链走向为 5′→3′，另一条链走向为 3′→5′。反平行双链围绕同一中心轴盘绕形成“右手螺旋”。

2）磷酸和脱氧核糖构成双螺旋骨架，碱基位于双螺旋内部。由磷酸和脱氧核糖交替排列，彼此通过 3′,5′-磷酸二酯键相连形成 DNA 的分子骨架，分子骨架位于双螺旋的外侧，糖环平面与中心轴平行。嘌呤碱和嘧啶碱位于双螺旋的内侧，碱基平面与双螺旋中心轴垂直。

3）双螺旋在空间上形成大沟和小沟。沿中心轴垂直方向观察，双螺旋结构中有两条螺旋凹槽：一条较深宽，称为大沟（major groove）；另一条较浅窄，称为小沟（minor groove）。这是蛋白质识别 DNA 双螺旋结构上特定信息的基础。

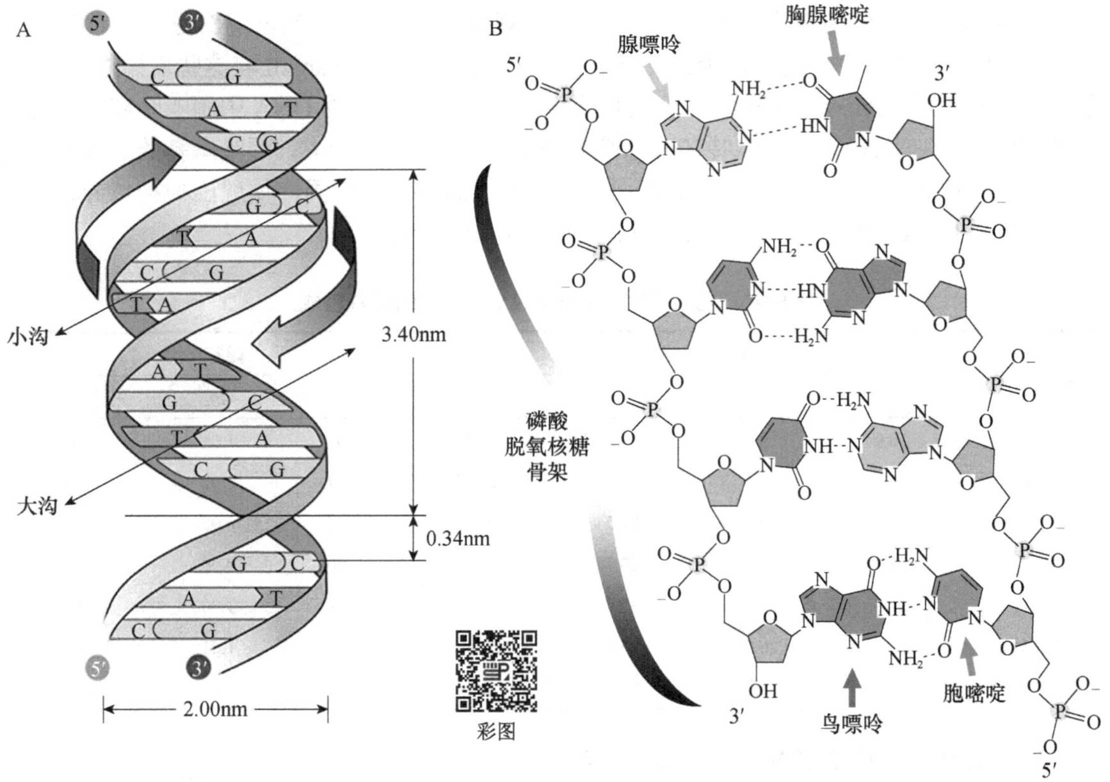

图 4-13 DNA 的双螺旋结构模型

A. 双螺旋结构示意图；B. 双螺旋结构碱基配对模型图

4）双螺旋平均直径为 2.00nm，两个相邻碱基间距为 0.34nm，两个相邻脱氧核苷酸夹角为 36°。约 10 个脱氧核苷酸对沿中心轴旋转一周形成一个螺距，螺距为 3.40nm。

5）两条多脱氧核苷酸链按碱基互补配对形成的氢键连接在一起。腺嘌呤与胸腺嘧啶配对，它们之间形成两个氢键；鸟嘌呤与胞嘧啶配对，它们之间形成 3 个氢键。这种配对的结果使得 DNA 一条链的序列确定后，即可确定另一条互补链的序列。

DNA 双螺旋结构的稳定性对生物遗传信息的准确传递至关重要。在生理条件下，DNA 分子非常稳定。维持 DNA 双螺旋结构稳定的作用力主要有两种：①互补碱基对间的氢键。虽然单个氢键的作用力很弱，但由于 DNA 是生物大分子，众多碱基对累积的氢键作用力就很大了。②碱基堆积作用。扁平的碱基对之间通过电子相互作用产生吸引力，层叠的嘌呤环与嘧啶环又呈现一定的疏水性，在双螺旋结构内部大量碱基层层堆积，这使得双螺旋内部形成一个明显的疏水区。碱基堆积力是范德瓦耳斯力与疏水作用共同作用的结果。在维持 DNA 双螺旋结构稳定中，碱基堆积力起着更重要的作用。此外，DNA 双螺旋周围带正电荷的蛋白质或离子与磷酸基团负电荷间形成的离子键对 DNA 双螺旋结构的稳定性也有重要作用。

资源 4-2

（三）DNA 二级结构的多样性

Watson 和 Crick 所提出的 DNA 双螺旋结构模型是以从生理盐水中抽出的 DNA 纤维，在较高湿度下（92%）的 X 射线衍射图谱为依据得到的参数。在这种条件下得到的 DNA 称为 B 型 DNA（B-DNA）。由于它的水分含量较高，比较接近大部分 DNA 在细胞中的构象。事实上 DNA 的结构受环境条件和序列组成的影响而改变。DNA 能以多种不同的构象存在，除 B 型外通常还有 A 型、C 型、D 型、E 型、Z 型。其中 A 型和 B 型是 DNA 的两种常见构象。C 型、D 型、E 型与 B 型的结构相似，只是螺旋中大沟与小沟的宽窄和深浅程度有所不同。Z 型则比较特殊，它是左手螺旋。A 型、B 型和 Z 型 DNA 间结构差异显著（图 4-14）。

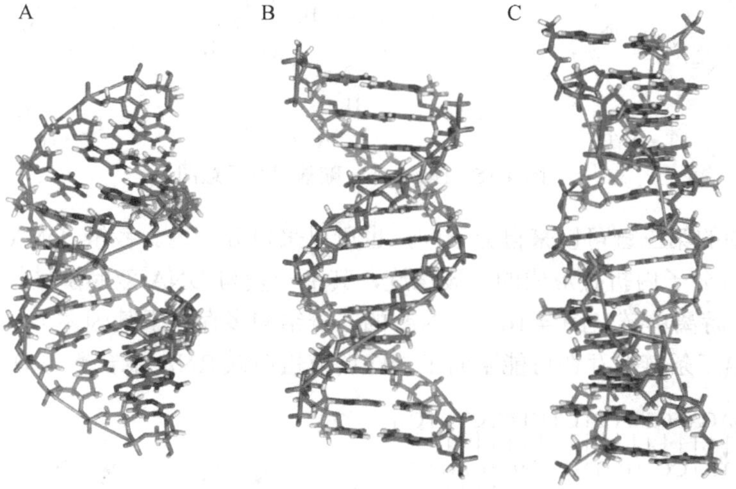

图 4-14 A 型（A）、B 型（B）和 Z 型（C）DNA 结构模型

彩图

1）A-DNA 在相对湿度为 75%以下时，可以获得不同于 B-DNA 的双螺旋结构，称为 A-DNA。在此双螺旋中，两条反平行链形成右手螺旋，螺体较粗而短，碱基平面不位于双螺旋的中心，而是与中心轴呈 19°倾角。大沟窄、深，小沟则宽、浅。每 11 个碱基对为一圈，螺距为 2.46nm。RNA 分子的双螺旋区及 RNA-DNA 杂交双链具有与 A-DNA 相似的结构。

2）自然界中双螺旋 DNA 多为右手螺旋，但在特殊条件下也会出现左手螺旋现象，称为 Z-DNA。1979 年，A. Rich 等研究人工合成的寡核苷酸（dCGCGCG）结构时，发现这种六聚体的构象为左手双螺旋，相对于 B-DNA，Z 型 DNA 的碱基对被翻转 180°。每 12 个碱基对一圈，螺距为 4.56nm，碱基对移向边缘，只有一窄且深的小沟，无明显的大沟。磷酸基团在螺旋的外侧呈锯齿状排列，因此得名 Z-DNA。Z-DNA 的分子比较细长而伸展，直径为 1.8nm。Z-DNA GC 碱基对偏离中心向边缘伸展，从而使大沟外凸而变得不明显，小沟则变得窄而深。天然 DNA 局部具有 Z-DNA 构象，但它的生物功能仍不清楚。

DNA 的各种构象在一定条件下可以相互转变。除相对湿度影响 DNA 纤维的构象外，溶液的盐浓度、离子种类、有机溶剂等都能引起 DNA 构象的改变。DNA 的甲基化使大沟表现暴露的胞嘧啶形成 5-甲基胞嘧啶，即可导致 B-DNA 向 Z-DNA 转变。B-DNA 和 Z-DNA 间的相互可逆转变可能与基因表达调节有关。

早在 Waston 和 Crick 提出双螺旋结构模型之前，化学家 L. Pauling 就提出了 DNA 的三螺旋结构（triple helix structure）。K. Hoogsteen 于 1963 年首先描述了三股螺旋结构。在三股螺旋结构中，通常三条链是同型嘌呤或同型嘧啶，即整段的碱基都是嘌呤或嘧啶。其中的两条链为正常的双螺旋结构，第三条链位于双螺旋的大沟中，与同方向平行链的碱基间以 Hoogsteen 方式配对，并随双螺旋结构一起旋转。第三条链与双螺旋间的碱基配对形式为 Py·Pu*Py、Pu·Py*Pu 和 Py·Pu*rPy 等，以 Py·Pu*Py 类型为多见。“·”表示 Watson Crick 碱基配对，“*”表示 Hoogsteen 碱基配对（图 4-15）。

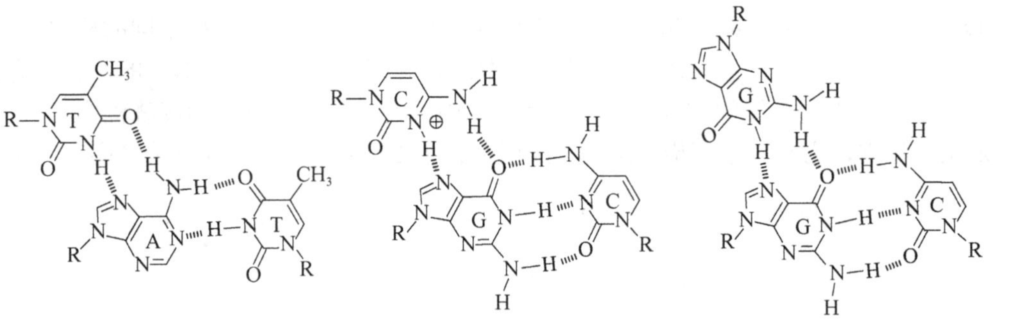

T • A*T　　C • G*C　　C • G*G

图 4-15　Hoogsteen 碱基配对示意图

三股螺旋中的第三链可以来自分子间，也可以来自分子内。铰链 DNA（hinged-DNA，H-DNA）是一种分子内折叠形成的三股螺旋，其中一段与 DNA 双螺旋结构形成三股螺旋，另一段 DNA 为游离单链（图 4-16）。DNA 的三链结构多存在于基因调节区，可能与基因表达调节有关。第三条链的存在可能阻碍了一些调节蛋白或 RNA 聚合酶与 DNA 的结合。

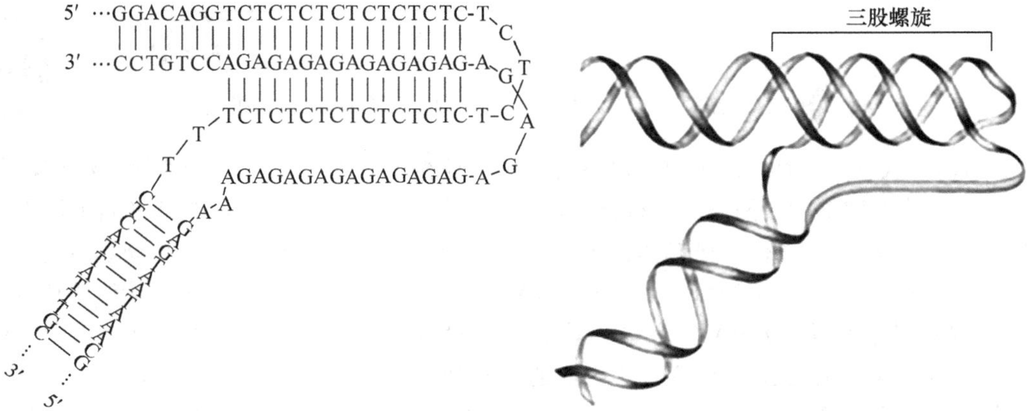

图 4-16　H-DNA 的结构

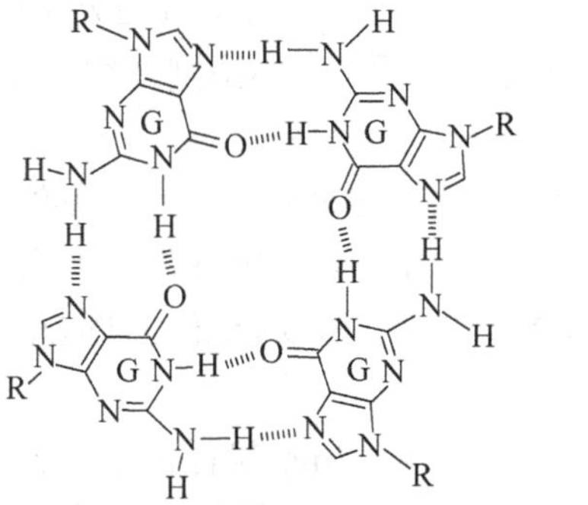

图 4-17　G-四链体可能的氢键配对方式

DNA 还能形成四股螺旋，但这种结构只出现在富含鸟嘌呤的序列区段，因而称为 G-四链体（G-quadruplex）或 G4-DNA（图 4-17）。G4-DNA 可以由单条富含鸟嘌呤的 DNA 链折叠而成，也可以由两条及以上富含鸟嘌呤的 DNA 链折叠而成。四股 DNA 链的走向可以是全部相同方向，也可以是两两相反。染色体 DNA 着丝粒和端粒区域富含鸟嘌呤，可以出现四股螺旋结构。

三、DNA 的三级结构

DNA 在二级结构的基础上还可以进一步扭曲、折叠而形成 DNA 的三级结构，称为超螺旋（superhelix）。自 1965 年 Vinograd 等发现多瘤病毒的环状 DNA 可以形成超螺旋结构以来，现在已知绝大多数原核生物的 DNA、质粒及真核生物的一些细胞器 DNA 都为共价闭合环状，称为共价闭合环状 DNA（covalently closed circular DNA，cccDNA）。这种双螺旋环状分子再度螺旋化成为超螺旋结构（图 4-18）。

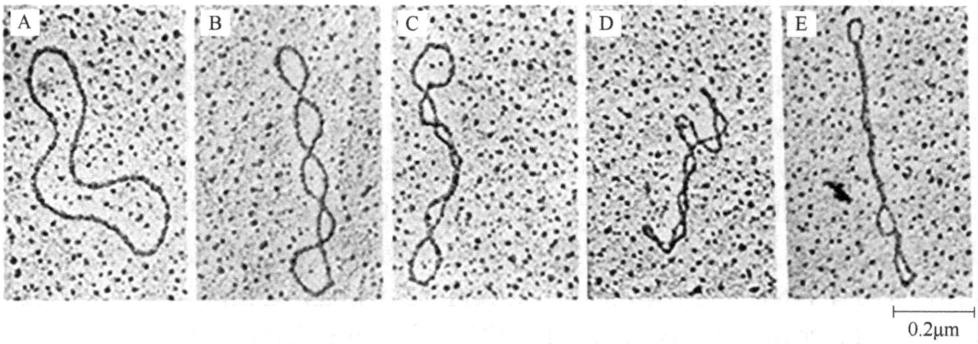

图 4-18 DNA 超螺旋结构

A. 松弛型 DNA；B～E. 不同超螺旋程度的 DNA

真核生物的染色体 DNA 为线性分子。但其 DNA 与蛋白质相结合，两个结合点之间的 DNA 形成一个突环（loop）结构，类似于 cccDNA 分子，同样可形成超螺旋结构。

当 DNA 双螺旋分子在溶液中以一定构象存在时，双螺旋处于能量最低的松弛状态。如果使这种正常的 DNA 分子额外多转几圈或少转几圈，就会使双螺旋产生张力。若双螺旋末端是开放的，这种张力可以通过链的转动而释放出来；若是两端固定或者为环状分子，则只能通过分子弯曲形成超螺旋结构，使相邻碱基对以最接近于 B 型 DNA 结构的距离堆积，从而消除张力。双螺旋 DNA 处于拧紧状态时所形成的超螺旋称为正超螺旋（左手超螺旋），处于松弛状态时则形成负超螺旋（右手超螺旋）。现在发现的天然 DNA 中的超螺旋都是负超螺旋（图 4-19，图 4-20）。

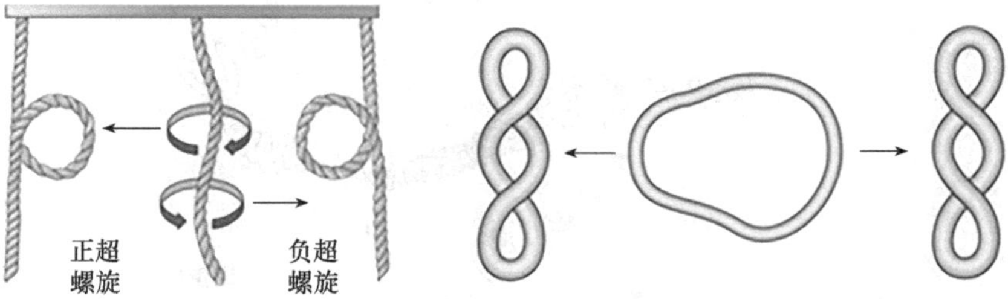

图 4-19 DNA 的超螺旋结构示意图

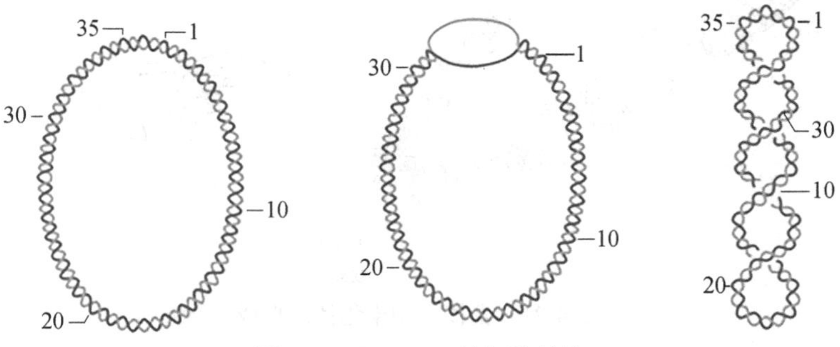

图 4-20 cccDNA 的拓扑结构

DNA 形成超螺旋结构具有重要的生物学意义：它减少大分子 DNA 在细胞中的占用空间，允许 DNA 通过多级压缩包装在细胞内；此外，它还可以改变 DNA 双螺旋的解开程度，影响 DNA 与蛋白质等其他分子的相互作用。通常认为 I 型拓扑异构酶与基因表达调节和转录有关，II 型拓扑异构酶与 DNA 复制有关。

真核细胞内 DNA 和蛋白质结合形成复合物，以染色质（chromatin）或染色体（chromosome）的形式存在于细胞核中。染色质和染色体是同一物质在细胞分裂间期和分裂期的不同表现形式。染色体出现于分裂期，染色质出现于间期，呈丝状，不均匀地分布于细胞核中。染色体易被碱性染料染成深色，所以叫染色体。线性的 DNA 分子围绕在组蛋白组成的八聚体上形成核小体（nucleosome）结构。组蛋白有 H1、H2A、H2B、H3 和 H4 五类，核小体核心由 H2A、H2B、H3 和 H4 各两分子组成，DNA 双螺旋再以左手螺旋在组蛋白核心上缠绕约 1.8 圈，大约有 146bp。核小体之间通过连接区 DNA 相连，连接区 DNA 片段长度随不同核小体略有差异，平均为 200bp。DNA 组装成核小体，其长度压缩 7 倍，直径约 10nm。核小体由连接 DNA 相连，外表看像一串“念珠”。这些念珠紧密包装盘绕成直径为 30nm 的染色质纤丝，使 DNA 又压缩大约 40 倍（图 4-21）。据估算，人的 DNA 分子在染色质中反复折叠盘绕共压缩 8000～10 000 倍。

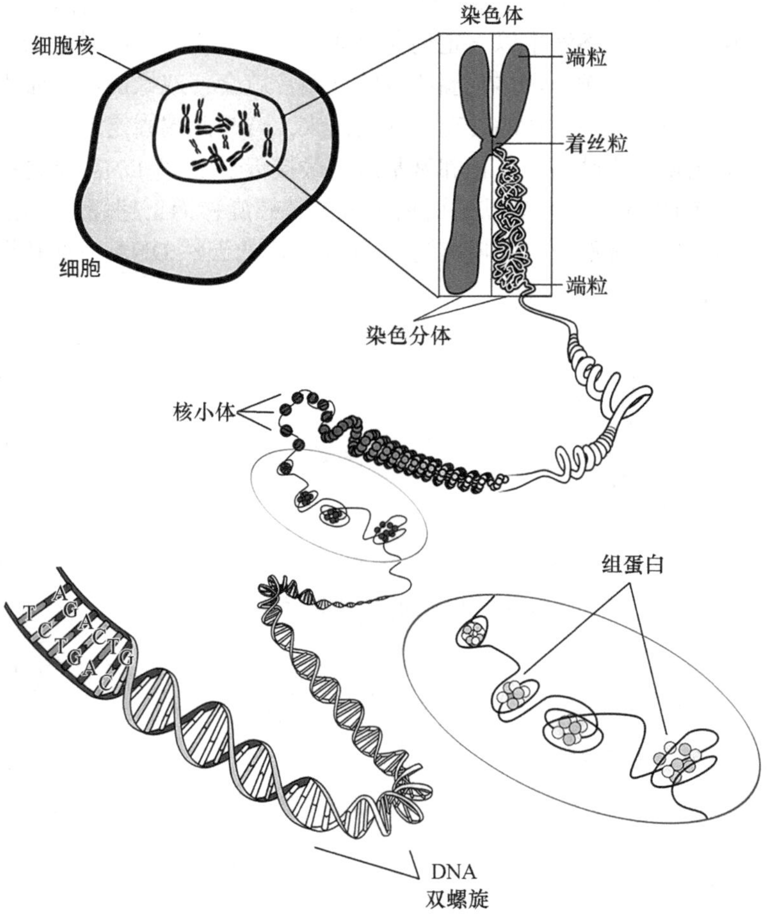

图 4-21　真核生物染色体的形成

原核生物细胞没有细胞核结构，其环状双链 DNA 分子与类组蛋白结合形成不规则的类似核小体结构。在细菌中，除了染色体 DNA，还包含质粒（plasmid）。质粒是细菌细胞中独立于染色体之外的遗传因子，它是一种环状 DNA 分子，在细菌内具有自我复制的能力，但却不是细菌生活所必需的。在重组 DNA 技术中，质粒一般被作为目的基因的载体。

真核生物 DNA 的结构和功能比较复杂，基因组 DNA 有大量序列不编码蛋白质。真核生物像原核生物一样也含有染色体外 DNA。例如，一些 DNA 存在于线粒体和质体中。线粒体 DNA 呈双链、环状，独立于核 DNA 复制。它编码少数线粒体蛋白质，如氧化磷酸化和电子传递体系的一些功能蛋白质。线粒体内的 DNA 形式类似于原核生物的 DNA，可能是早期线粒体与真核细胞呈共生关系。

第三节 RNA 的分子结构

RNA 的种类很多，结构各不相同。RNA 碱基组成特点是含有尿嘧啶（U），而不是胸腺嘧啶（T），核苷酸的戊糖是核糖。与 DNA 一样，RNA 的一级结构也是 4 种核糖核苷酸（AMP、GMP、CMP、UMP）以 3′,5′-磷酸二酯键连接成的多聚核苷酸链。

RNA 在生物体中通常以单链的形式存在。但它可以通过自身链的回折与部分碱基互补配对形成局部类似 DNA 的双链结构，不能配对的区域形成突环，称为茎环结构（stem-loop）。碱基配对发生在 G 与 C、A 与 U 之间（图 4-22）。在 RNA 的双链结构中，由于体积较大的—OH 位于核糖的 2′-碳位置上形成空间阻碍，阻止了 Watson-Crick 双螺旋结构的形成。RNA 的碱基组成无一定的规律性，在 rRNA 和 tRNA 中还有一些修饰及稀有碱基。此外，tRNA 还具有明确的三级结构。RNA 的化学组成和单链结构使其稳定性很差。参与蛋白质生物合成的 RNA 有 3 类：tRNA、rRNA 和 mRNA。随着新技术的突破，近年来关于 RNA 的研究取得了较大进展，一些新的小 RNA 分子，如 siRNA，被证实在生命活动中具有重要作用。

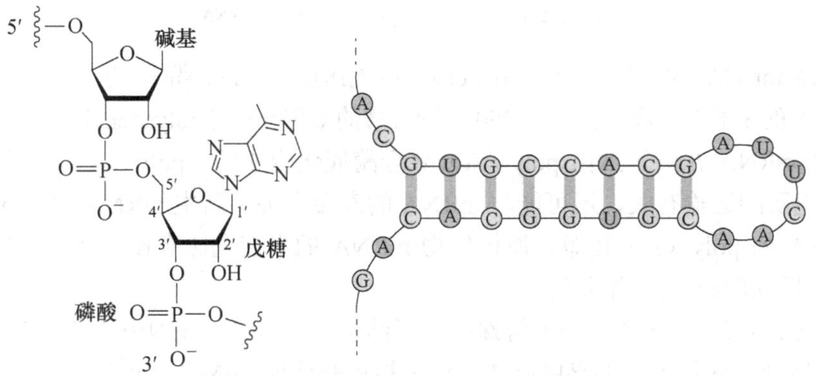

图 4-22 RNA 中核苷酸的连接及茎环结构

一、mRNA 及其结构

mRNA 是蛋白质生物合成的模板，与基因表达有关。细胞内的 mRNA 种类繁多，但总含量很低，分子大小变异大，从一百至几千个核苷酸。mRNA 一般都不稳定，半衰期较短。细胞在发育的不同时期存在不同种类的 mRNA，因此生物体不同组织中 mRNA 的种类及数量差异很大。mRNA 的种类和含量还与环境密切相关，因此开展与 mRNA 相关工作时需考虑环境因素的影响。

原核生物的 mRNA 结构简单，通常以单个基因或多个基因作为转录单位产生单顺反子

mRNA（monocistronic mRNA）或多顺反子 mRNA（polycistronic mRNA），即一条 mRNA 链上有多个编码区（coding region），5′端、3′端和两侧编码区之间为非翻译区（untranslated region，UTR）（图 4-23）。原核生物中常见多顺反子以提升基因组编码效率。原核生物 mRNA 转录后一般不需加工和修饰，直接进行蛋白质翻译。mRNA 转录和翻译不仅发生在同一细胞空间，而且这两个过程几乎是同时进行，并形成羽毛状结构。

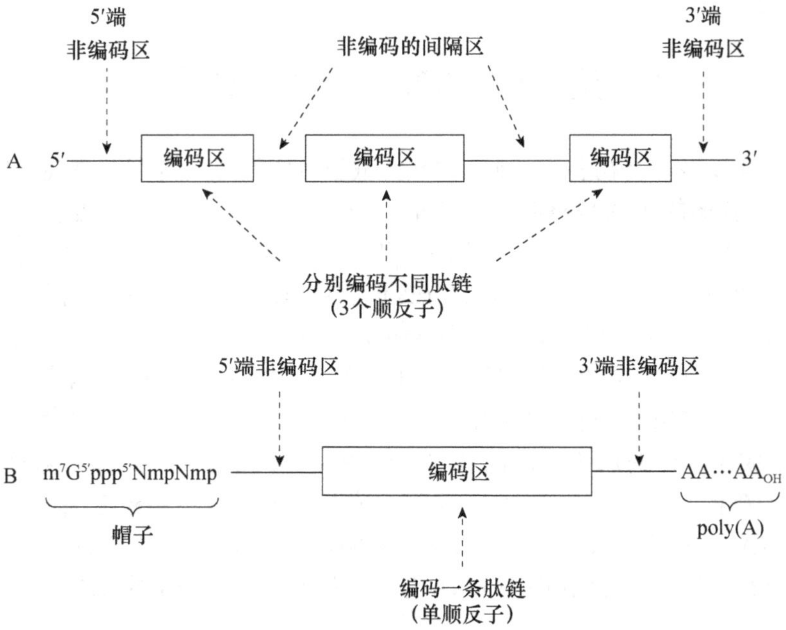

图 4-23　原核生物与真核生物 mRNA 的结构示意图

A．原核生物的 mRNA；B．真核生物的 mRNA

真核生物 mRNA 为单顺反子（monocistron）结构，通常只编码一条多肽链。绝大多数真核细胞 mRNA 的 3′端有一段包含 20～250 个腺苷酸的多腺苷酸［polyadenylic acid，poly（A）］。poly（A）是 mRNA 在转录后由 poly（A）聚合酶催化合成的。poly（A）尾巴与 mRNA 从细胞核到细胞质的运输有关，还可能与 mRNA 的寿命有关。新生 mRNA 的 poly（A）较长，而衰老 mRNA 的 poly（A）较短。原核生物 mRNA 的半衰期比真核生物的要短得多，一般在转录 1min 后 mRNA 就开始降解了。

真核生物 mRNA 的 5′端有一个特殊的帽子结构，即 $m^7G^{5'}pppN\cdots$（图 4-24）。其中 m^7G 表示 7-甲基鸟苷，这是 5′端的鸟嘌呤 N7 位上被甲基化所形成的，m^7G 糖环上的 C5′通过 3 个磷酸残基与相邻核苷酸（N）糖环上的 C5′的羟基形成酯键，即 5′,5′-三磷酸连接，该核苷酸有时为 2′-*O*-甲基核苷酸，有时在该核苷酸后面还可再连接一个 2′-*O*-甲基核苷酸。5′端“帽子”结构有抗 5′-核酸外切酶的降解作用。

资源 4-3

在蛋白质合成过程中，它有助于核糖体对 mRNA 5′端的识别与结合，使翻译得以正确起始。此外，动植物病毒 RNA 也有 5′帽子结构和 3′聚腺苷酸；但有的没有 5′帽子结构或 3′聚腺苷酸。一些植物病毒 RNA 有类似 tRNA 的 3′端结构，可以接受氨基酸。

真核生物 DNA 中大多数编码蛋白质的基因序列都不连续，这种基因中不编码蛋白质的序列称为内含子（intron），它使真核生物基因成为不连续基因或断裂基因（split gene）。基因

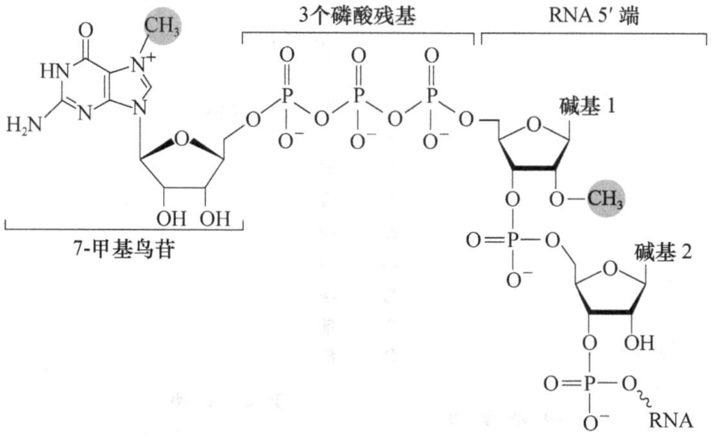

图 4-24 真核生物 mRNA 的 5′帽子结构

中编码蛋白质的片段称为外显子（exon）。真核生物的成熟 mRNA 的前体称为核不均一 RNA（heterogeneous nuclear RNA，hnRNA）。真核生物部分 mRNA 可通过选择性剪切内含子从而编码不同的多肽。

二、tRNA 及其结构

tRNA 参与了蛋白质的生物合成，起着转运氨基酸和识别 mRNA 上密码子的作用。合成蛋白质的氨基酸有 20 种，每种氨基酸均有对应的一种或几种 tRNA 分子。细胞内只有几十种 tRNA 分子。由 76 个核苷酸组成的酵母丙氨酸 tRNA 是第一个被测定核苷酸序列的 RNA。tRNA 分子通常由 70～90 多个核苷酸组成，分子量一般为 25×10^3～30×10^3，沉降系数约为 4S。tRNA 分子中含有大量修饰及稀有核苷，如假尿嘧啶核苷、甲基化修饰的核苷、二氢尿嘧啶核苷等。tRNA 分子 3′端皆为…pCpCpAOH；5′端多为 pG…，也有 pC…的。除参与蛋白质合成外，tRNA 还有许多其他生物学功能。例如，谷氨酰-tRNA 参与叶绿素的生物合成，某些氨酰-tRNA 还参与细菌细胞壁糖肽及细胞膜氨酰磷脂酰甘油的合成。tRNA 也可作为转录酶的引物，还可以参与细胞代谢和基因表达的调节等。

tRNA 分子具有相似的二级和三级结构。tRNA 单链自身折叠形成一种类似三叶草形状的茎环结构，称为三叶草结构（图 4-25）。由于双螺旋结构所占比例较大，tRNA 的二级结构比较稳定。三叶草型 tRNA 二级结构是 1965 年 Holley 等首先提出的，随后被诸多研究证实。tRNA 三叶草结构的基本特征有：①3′端有一段以…CCA_{OH} 为末端的单链区。②大约有 50%的核苷酸配对，分别形成 4 个双螺旋区。双螺旋区为反平行右手螺旋，以氢键和碱基堆积力为稳定因素。4 个螺旋区称为臂（或颈）。这 4 个臂是氨基酸接受臂、二氢尿嘧啶臂（简称 D 臂）、反密码子臂和 TψC 臂。③有 50%的核苷酸不配对，分别形成 4 个环，它们是二氢尿嘧啶环（简称 D 环）、反密码子环、额外环和 TψC 环。④不同的 tRNA 分子长度上的变化主要在 D 臂、D 环和额外环 3 个区域，而其他各部分变化较小。

tRNA 四臂四环组成的三叶草结构各部分名称与功能及结构特点有关。例如，反密码子环是因为该环有 3 个相连的核苷酸构成反密码子，可与 mRNA 的相应密码子反平行配对结合；氨基酸接受臂是由于紧连 3′端的 CCA_{OH} 结构，其中的 A 通过共价结合而接受活化的氨基酸。3′端的 CCA_{OH} 结构是 tRNA 在合成时单独加上去的。

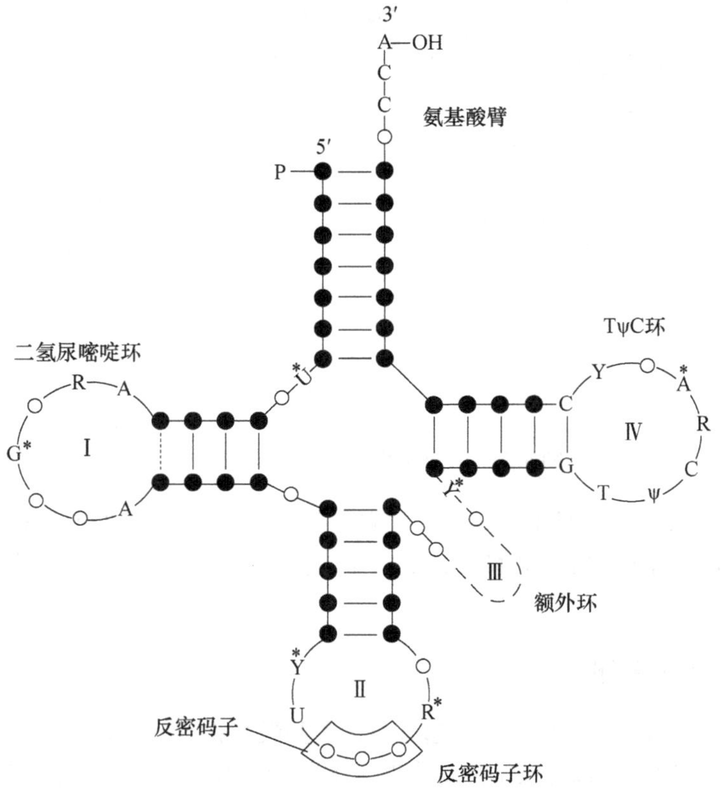

图 4-25　tRNA 三叶草结构模型

R. 嘌呤核苷酸；Y. 嘧啶核苷酸；ψ. 假尿嘧啶核苷酸；*代表修饰碱基；●代表螺旋区碱基；○代表不配对碱基

tRNA 的三叶草结构进一步扭曲、折叠形成一种倒写“L”字母的三维结构，称为倒 L 型结构，即 tRNA 的三级结构（图 4-26）。在 tRNA 的三级结构中，氨基酸接受臂与 TψC 臂形成一个连续的双螺旋区，构成字母“L”下面的一横。而 D 臂与它垂直，D 臂与反密码子臂及反密码子环共同构成字母“L”的一竖。反密码子臂经额外环与 D 臂相连。

资源 4-4

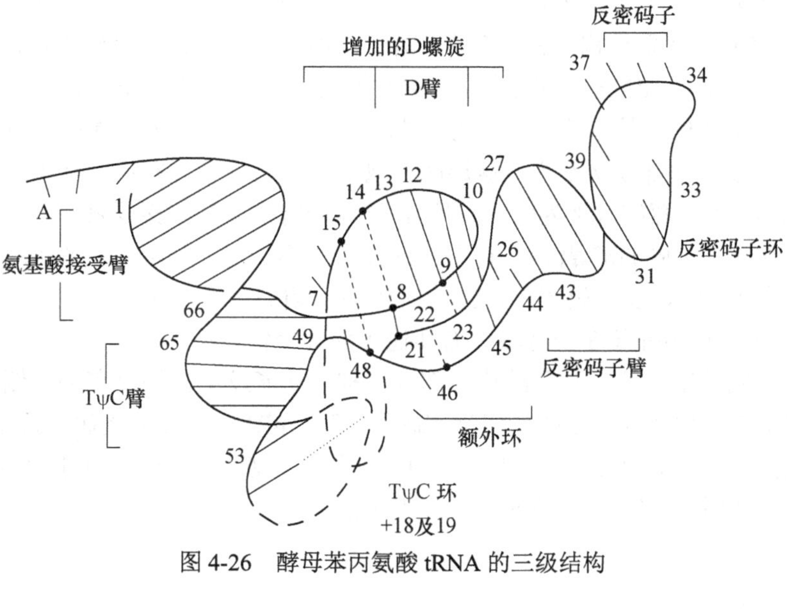

图 4-26　酵母苯丙氨酸 tRNA 的三级结构

1981 年，我国生化工作者成功地完成酵母丙氨酸 tRNA 的人工合成，并显示出生物活性，这是我国继首次人工合成胰岛素之后取得的又一项重大成就。

三、rRNA 及其结构

rRNA 与蛋白质结合组成核糖体，是蛋白质合成的场所。所有生物的核糖体都是由大小不同的两个亚基所组成的，大小亚基分别由几种 rRNA 和数十种蛋白质组成。原核生物与真核生物核糖体组成见表 4-8。

表 4-8　rRNA 的种类、大小与核苷酸数目

生物	亚基	rRNA		
		大小	分子质量/kDa	核苷酸数目/个
原核 70S	30S	16S	0.55×10^3	1500
	50S	23S	1.10×10^3	3000
		5S	0.04×10^3	120
真核 80S	40S	18S	0.70×10^3	2000
	60S	28S	1.80×10^3	5000
		5.8S	0.05×10^3	160
		5S	0.04×10^3	120

rRNA 的种类不多，部分一级结构已经测定。例如，大肠杆菌核糖体中的 5S rRNA 为 120 个核苷酸，16S rRNA 为 1542 个核苷酸，23S rRNA 为 2904 个核苷酸。在核糖体内，rRNA 也能够折叠形成“发夹”结构。例如，16S rRNA 约有一半的核苷酸形成链内碱基对。由于 rRNA 的柔性较大，直到 2000 年才获得核糖体小亚基和大亚基高分辨率的结构。在小亚基 16S rRNA 中，46% 的碱基配对形成 50 个大小不等的茎环结构，组成 4 个结构域，核糖体蛋白结合在表面。图 4-27 为大肠杆菌 16S rRNA 和 5S rRNA 的二级结构示意图。

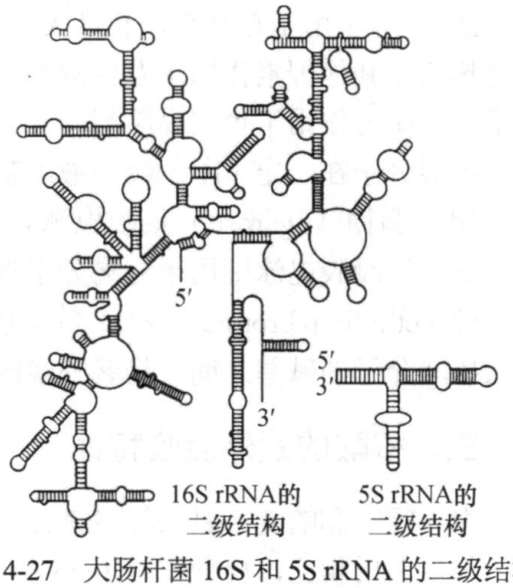

图 4-27　大肠杆菌 16S 和 5S rRNA 的二级结构

第四节　核酸的理化性质

DNA 和 RNA 都是由核苷酸组成的，因此它们有许多相似的理化性质。由于具有双螺旋结构的 DNA 分子的长度可达 μm 或 cm 级，因此它与长度较短并只有部分双链结构的 RNA 在性质上又有很多差异。

一、核酸的水解

核酸的水解是指 DNA 和 RNA 分子在水中被水解成单个脱氧核苷酸（核苷酸）或脱氧核

苷（核苷）。核酸水解可分为酸性水解、碱性水解和酶催化水解。

酸性水解是指核酸在酸性条件下发生酯键的断裂，将核酸分子水解成单个核苷酸。酶催化水解是指核酸在生物体内受到特定酶的催化，发生酯键的断裂。在碱性水解中，RNA 的磷酸二酯键对碱异常敏感，DNA 对碱的作用并不敏感，其抗碱性水解的生理意义在于作为遗传物质的 DNA 应更稳定，不易水解。而 RNA（主要是 mRNA）是 DNA 的信使，完成任务后迅速降解。

核酸酶是一类特殊的酶，可以识别和切割核酸分子。通过特定的序列识别，核酸酶可以在核酸分子中特定的位置引发酯键的断裂，从而使核酸水解成单个核苷酸。专一水解核酸的磷酸二酯酶称为核酸酶（nuclease）。按底物专一性可分为作用于 RNA 的核糖核酸酶（RNase）和作用于 DNA 的脱氧核糖核酸酶（DNase）。按对底物作用的方式可分为核酸内切酶（endonuclease）、核酸外切酶（exonuclease）（有 3′-核酸外切酶和 5′-核酸外切酶）和既可内切也可外切的核酸酶。

二、核酸的两性解离

核酸与核苷酸既有碱性基团，又有磷酸基团，因此都是两性电解质，由于磷酸的酸性强，通常表现为酸性。

DNA 为白色纤维状固体，RNA 为白色粉末，都微溶于水，不溶于一般有机溶剂，在 70% 乙醇中形成沉淀。因此，经常在核酸粗提取溶液中加入二倍体积的乙醇沉淀核酸，以达到分离纯化的目的。

DNA 分子由于直径小，长度大，溶液黏度极高；RNA 溶液黏度则小得多。当核酸溶液因受热或在其他因素作用下发生双螺旋解体（变性）时，黏度降低。同时，非常细长的 DNA 分子在机械力作用下也很易断裂。

核酸分子在一定 pH 的缓冲液中带有电荷，可以利用电泳对其进行分离和特性研究。例如，用琼脂糖（agarose）凝胶电泳可以分离分子量较大的核酸分子；聚丙烯酰胺（polyacrylamide）凝胶电泳则用于分离分子量较小的核酸分子。电泳后核酸的相对位置可以通过溴化乙锭（ethidium bromide，EB）等染色剂进行染色鉴定。溴化乙锭是一种扁平分子，很容易嵌入核酸分子的碱基之间，经紫外线照射可发射橙红色的荧光。

三、核酸的紫外吸收特性

由于嘌呤和嘧啶中具共轭双键，因此在紫外区有吸收峰。核酸的最大吸收峰在波长 260nm 处。与蛋白质相比，核酸在 260nm 处的吸收比蛋白质在 280nm 处的吸收更为强烈。利用核酸的紫外吸收特性可以鉴定核酸样品的纯度。纯的 DNA 样品 A_{260}/A_{280} 值为 1.8，纯 RNA 样品的比值为 1.8～2.0。若含蛋白质等杂质，此比值降低。利用核酸的紫外吸收特性还可以对核酸进行定量测定。通常以 A_{260} 值为 1 相当于 50μg/mL 双螺旋 DNA、40μg/mL 单链 RNA、33μg/mL DNA 或 20μg/mL 寡核苷酸计算。

四、核酸的变性与复性

核酸的降解是指通过核酸酶或物理、化学的方法使核酸的 3′,5′-磷酸二酯键断裂，多聚核苷酸链变成小段寡聚核苷酸链。与 RNA 分子相比，DNA 分子由于长且细，在普通外力作用下，如振荡、搅拌或移液管吸取，就极易断裂降解。因此，在提取或处理 DNA 时，应特别注意。

变性（denaturation）作用主要涉及的是非共价键断裂和失去二级结构，意味着核酸由双螺旋结构转变为单链无规卷曲。一系列理化性质也随之发生改变：260nm 区紫外吸光度值升高，黏度降低，浮力密度升高等。核酸变性时非共价键主要是氢键和疏水键的断裂。而引起核酸变性的因素，与蛋白质变性基本相同，如脲、盐酸胍、SDS 等。强酸、强碱、高温、低离子强度等也可引起核酸（尤其是 DNA）的变性。

（一）酸碱变性

由酸碱度改变引起的变性称为酸碱变性，即低或高的 pH 条件趋向使 DNA 不稳定。在低 pH 时，腺嘌呤的 N1 和胞嘧啶的 N3 质子化，消除了它们形成氢键时作为质子受体的作用。此外，全部碱基质子化的结果，增加了它们之间的相互斥力。在高 pH 时，鸟嘌呤的 N1 和胸腺嘧啶的 N3 去质子化，同样消除了它们形成氢键时作为质子供体的作用。全部碱基去质子化结果也增加了相互间的斥力。DNA 双螺旋间横向作用力主要是氢键，过高或过低的 pH 会影响氢键的形成，必然会使 DNA 变性。

（二）低离子强度

如果双链 DNA 浓度很低，即使悬浮在蒸馏水中也能导致 DNA 的变性。因为在这种条件下，带正电荷、与 DNA 分子结合在一起的物质含量极少。这些带正电荷的物质聚集在 DNA 周围，但同时也扩散和分布在整个溶液中。带正电荷物质的减少导致 DNA 分子上带负电荷的磷酸基团部分脱防护，使 DNA 链上相连的磷酸基团间的相互斥力增加，引起 DNA 双链分离。可以通过提高 DNA 浓度，使起中和作用的带正电荷的物质浓度提高，从而提供足够的静电防护以减少变性的概率，也可以通过补充盐来增加溶液的离子强度，从而降低相邻磷酸基团间的相互斥力。

（三）热变性

变性过程中双链 DNA 逐步解链并形成单链 DNA，碱基充分外露使得 DNA 的紫外吸收值增高。通过紫外吸收值的变化，我们可以判断 DNA 是否变性。

由温度升高而引起核酸的变性称为热变性。将 DNA 溶液放置在紫外分光光度计中，改变溶液温度，测定吸光率，就可以发现 DNA 变性的紫外吸收值的变化。当温度从室温升至大约 100℃时，吸光率大约增加 40%。DNA 变性过程中紫外吸收值增加的现象称为增色效应（hyperchromic effect）。而当温度缓慢降低时，DNA 由无规则单链再转变成双链，此时紫外吸收值降低的现象称为减色效应（hypochromic effect）。

DNA 热变性的特点是爆发式的，变性作用发生在一个很窄的温度范围内。热变性使 DNA 的双螺旋结构失去一半时的温度称为该 DNA 的熔点，用 T_m 表示，即熔点温度或解链温度（melting temperature）。DNA 的 T_m 值一般为 82～95℃，和以下因素有关。

（1）DNA 的均一性　核苷酸组成及排序规律的 DNA 为均质 DNA（homogeneous DNA），如连续出现单一的核苷酸组成，其熔解过程往往发生在一个较小的温度范围内。核苷酸组成及排序规律性小的 DNA 为异质 DNA（heterogeneous DNA），其熔解过程发生在一个较宽的温度范围内。

（2）DNA 的 GC 含量　在相同核苷酸数量下，DNA 的 GC 含量越高，T_m 值越高，两者呈正比关系。这是因为 G≡C 比 A═T 更稳定。T_m 值测定一般在 pH＝7 的 0.15mol/L 氯化钠和 0.015mol/L 柠檬酸钠溶液中进行。通过测定 T_m 值，也可以推算出 DNA 的碱基组成。

（3）介质中的离子强度　一般来说，在离子强度较低的介质中，DNA 的 T_m 值较低，而且熔解过程发生在一个较宽的温度范围内。而离子强度高时，DNA 的 T_m 值高，熔解过程发生在一个较窄的温度范围之内。所以，DNA 制品应保存在较高浓度的缓冲液中，一般保存在 1mol/L 的氯化钠溶液中。

（四）核酸的复性

在变性因素解除后，变性 DNA 的两条单链按照碱基互补配对原则重新组合成为双螺旋结构，这一过程称为复性（renaturation）。有利于复性的条件是：高浓度 DNA，可以增加链与链间相互作用的机会；高离子强度，可以使磷酸基团间斥力减小到最小；近乎中性的 pH 条件，使碱基间的电子斥力减小；DNA 结构越简单，重新缔合的过程越快。

热变性的 DNA 在缓慢冷却时可以复性，此过程称为退火（annealing）。如果将变性 DNA 溶液的温度急速降低（如放至冰水混合物中降至 0℃），发现除一小部分非特异性配对外，DNA 链仍旧保持单链状态。这主要是因为温度骤然降低，单链 DNA 失去碰撞的机会，因而不能复性，这种冷处理过程称为“淬火”（quench）。

资源 4-5

五、核酸的分子杂交

将不同来源的 DNA 放在一起，经热变性后慢慢冷却，让其复性。若这些异源 DNA 分子之间在某些区域有互补序列，则复性时会形成杂交 DNA 分子，这个过程称为分子杂交（molecular hybridization）。DNA 与互补的 RNA 之间也可以发生杂交。杂交双链的形成，依赖于两种核酸分子间碱基序列的相似程度。两种核酸分子间的相似程度越大，越易形成大量的杂交结构。

核酸的杂交在分子生物学和分子遗传学的研究中应用极广，许多重大的分子遗传学问题都是用分子杂交来解决的。

资源 4-6

第五节　核酸的分离、鉴定及序列测定

一、核酸的分离鉴定

DNA、RNA 两类分子在细胞内均与蛋白质结合成核蛋白。借助两种核蛋白在不同盐浓度下溶解度的差异分离核糖核蛋白（ribonucleoprotein，RNP）和脱氧核糖核蛋白（deoxyribonucleoprotein，DNP）。DNP 在 0.14mol/L NaCl 溶液中的溶解度很低，在 1mol/L NaCl 溶液中的溶解度很高，而 RNP 在 0.14mol/L NaCl 溶液中的溶解度较高。一般在 pH 4～10 条件下分离核酸，避免过酸、过碱等化学因素对核酸链中磷酸二酯键的破坏。在分离与纯化核酸时，先破碎细胞释放核酸，然后去除蛋白质、多糖和脂类分子的污染，特别是提取 DNA 分子时应除去 RNA 分子，反之亦然。

破碎细胞的方法包括机械法与非机械法两大类。非机械的溶胞法采用适宜的化学试剂与酶裂解细胞，方法温和，能较好地保持核酸的完整性从而得到广泛的应用。因为核酸为多聚阴离子水溶性化合物，不溶于许多有机溶剂，可以用有机溶剂抽提离心去除溶于有机相的蛋白质、多糖和脂类，从而分离纯化溶于水相的核酸。核酸可与钾离子、钠离子、镁离子、锂离子及铵根等阳离子形成盐而沉淀，沉淀可以调整核酸溶液至所需浓度，进一步去除部分杂质及某些盐离子。分离与纯化后的核酸可以根据核酸的最大吸收波长为 260nm 这一性质，对其浓度、纯度进行鉴定。将样品于波长 260nm 下测其吸光度 A_{260} 值，$A_{260}=1$ 时相当于 50μg/mL 的双链 DNA、40μg/mL 的 RNA 和 33μg/mL 的单链 DNA。纯 DNA 的 A_{260}/A_{280} 值为 1.8，纯 RNA 为 2.0。根据不同分子量的核酸片段在凝胶电泳中迁移率的差异来判定核酸的完整性。DNA 的分子量较 RNA 大，在电场中泳动得慢，如 DNA 发生降解，电泳图呈拖尾状；总 RNA 电泳图为特征性的 3 条带（23S、16S、5S；28S、18S、5S 或 5.8S），一般 28S（或 23S）RNA 的荧光强度约为 18S（或 16S）RNA 的 2 倍，否则提示有 RNA 的降解。如果在加样孔附近有着色条带，则说明有 DNA 的污染。

DNA 可以溶于 TE 缓冲液（由 Tris 和 EDTA 配制而成）中在 4℃条件下保存，TE 的 pH 为 8.0 时 DNA 不易变性。EDTA 作为二价金属离子的整合剂，可抑制 DNA 酶的活性。如需长期保存，可加入少量氯仿，在－70℃条件下保存。RNA 溶于 0.3mol/L 的乙酸钠溶液、双蒸水、焦碳酸二乙酯（diethyl pyrocarbonate，DEPC）水或 90%乙醇中，在－80～－70℃条件下保存。

二、核酸的序列测定

Sanger 对于核酸与蛋白质生物分子序列测定做出了开创性工作。他在 1955 年完成胰岛素的氨基酸序列测定，并于 1958 年获得诺贝尔化学奖。1975 年，Sanger 提出了双脱氧法（链终止法）进行 DNA 序列测定，并在 1977 年完成 ΦX174 噬菌体的基因组序列测定。其后发展起来的各种 DNA 和 RNA 快速测序法均以此原理为基础，因此这一原理的提出有划时代的意义，1980 年 Sanger 再度获得诺贝尔化学奖。

以 Sanger 所建立和在其基础上加以改进的测序技术称为第一代测序技术。“人类基因组计划”利用第一代测序技术通过 13 年时间才得以完成。在“人类基因组计划”实施期间发展出了第二代测序技术，该技术引入 PCR 和高通量（high throughput）微阵列（microarray）技术，可以边合成边测序，大大提高了测序速度，在数周内即可完成 Gb（10^9bp）级的测序工作。但是第二代测序技术的测序长度较短，误差较大，适合于已知基因组参考序列的重测序，并在群体遗传学中获得大量应用。在 21 世纪初又发展出了第三代测序技术，其主要特点是单分子测序，不仅提高了测序速度，也提高了测序长度和精确度，同时还降低了成本。新一代测序技术可以在一天内或数小时内完成 Gb 级的测序工作。

1975 年，Sanger 最初提出 DNA 测序的方法。利用 DNA 聚合酶将待测序 DNA 样品作为模板，在引物和底物（dNTP）存在下合成一条与模板互补的 DNA 链，DNA 链用同位素标记，并通过“加”“减”底物来控制合成链各片段的末端核苷酸，故称为加减法。测序反应中 DNA 链的合成是随机的，各种长度的片段都有。随后从反应体系中除去 4 种 dNTP，并将体系分为两部分：一部分用于“加”系统，分置 4 小管内，各加一种核苷酸底物，分别为＋dA、＋dG、＋dC、＋dT；另一部分为“减”系统，也分置 4 小管内，各加 3 种核苷酸底物，即减去一种底物，分别为－dA、－dG、－dC、－dT。在“加”系统中，由于 DNA 聚合酶的 3′→5′ 外切酶活性，它使已合成的 DNA 链自 3'端向 5'端方向降解，直至遇到所加入的核苷酸为止，底物的存在阻止了降解反应。因此所有片段都以该核苷酸结尾，片段的长度即该核苷酸在

DNA 链中的位置。在"减"系统，DNA 聚合酶使链继续延伸，直至遇上所缺核苷酸才停止。这就使各片段长度比所缺核苷酸位置少一个核苷酸。

1977 年，Sanger 对 DNA 的酶法测序技术又作了重要改进，提出了链终止法（图 4-28）。其反应体系也包含待测序的单链 DNA 的模板、引物、4 种 dNTP（其中一种用放射性同位素标记）和 DNA 聚合酶。共分 4 组，每组按一定比例加入一种底物类似物 2′,3′-双脱氧核苷三磷酸（ddATP、ddGTP、ddCTP 和 ddTTP）。它能随机掺入合成的 DNA 链，一旦掺入后 DNA 合成立即终止。于是各种不同大小片段的末端核苷酸必定为该种核苷酸，片段长度也就代表相应核苷酸的位置。将各组样品同时进行含变性剂（8mol/L 尿素）的聚丙烯酰胺凝胶电泳，从放射自显影的图谱上可以直接读出 DNA 的核苷酸序列。

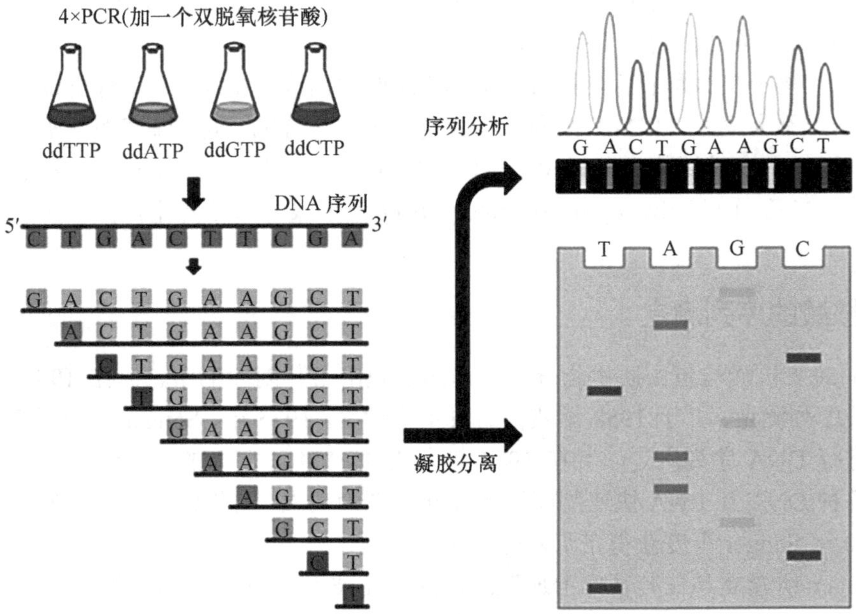

彩图

图 4-28 Sanger 测序法示意图

按照 Sanger 的链终止法，只要在基因组 DNA 中依次采用适当的引物，就能完成全序列的测定。为了便于自动读序，目前已用 4 种发射不同波长的荧光染料来标记双脱氧底物，使 4 种链终止反应中每一种都用不同颜色来表示。例如，蓝色为 A，红色为 T，橙色为 G，绿色为 C。同时通过电荷耦合元件检测荧光信号并转变为电信号，再输入到数据处理系统，由相关软件进行处理，最后通过打印机把各条带波峰或代表核苷酸的字母直接打印出来。现在 DNA 的测序已实现高通量和自动化，大大加快了核酸序列的测定效率。

本 章 小 结

核酸分为 DNA 和 RNA。核酸是生命遗传的物质基础，也是生命活动的信息基础，为基因复制和转录提供了模板。真核生物 DNA 存在于细胞核、线粒体和叶绿体内。RNA 存在于细胞质、细胞核、线粒体和叶绿体内。在某些病毒中，RNA 也可以作为遗传信息的载体。

核苷酸是构成核酸的基本组成单位，核苷酸由核苷和磷酸聚合而成，核苷由碱基和核糖通过形成糖苷键连接。DNA 中的碱基是 A、G、C 和 T；而 RNA 中的碱基是 A、G、C 和 U。DNA 和 RNA 是核苷酸通过

3′,5′-磷酸二酯键连接形成的大分子。DNA 链和 RNA 链具有 5′→3′的方向性。

DNA 的一级结构是脱氧核苷酸自 5′端至 3′端的排列顺序。由于脱氧核苷酸之间的差异仅在于碱基的不同，由此核酸的一级结构也称为碱基序列。DNA 的二级结构是反平行的右手双螺旋结构，螺旋直径为 2.00nm；两条链之间通过 A/T、G/C 互补配对的氢键相连；碱基平面与螺旋轴垂直，磷酸与脱氧核糖为 DNA 的骨架；相邻碱基平面距离 0.34nm，螺旋一圈螺距 3.40nm，一圈 10 对碱基；双螺旋表面形成相间的大沟及小沟。DNA 双链可盘旋形成超螺旋结构。当盘旋方向与 DNA 双螺旋方向相同时，其超螺旋结构为正超螺旋；反之则为负超螺旋。

mRNA 是蛋白质合成中的模板，mRNA 的丰度最小，占细胞 RNA 总量的 2%～5%。真核生物 mRNA 的 5′端有特殊帽子结构，3′端有 poly（A）尾巴。成熟 mRNA 由编码区和非编码区组成，从 5′端起的第一个 AUG（起始密码子）至终止密码子之间的核苷酸序列称为开放阅读框（ORF），决定多肽链的氨基酸序列。tRNA 作为氨基酸载体参与蛋白质的生物合成，tRNA 约占细胞总 RNA 的 15%，含有多种修饰和稀有碱基，其二级结构呈三叶草状，三级结构为倒 L 型。tRNA 的 3′端 CCA-OH 是接受氨基酸的部位，tRNA 的反密码子能够识别 mRNA 密码子。以 rRNA 为组分的核糖体是蛋白质合成的场所。rRNA 是细胞内含量最多的 RNA，占细胞 RNA 总量的 80%以上。原核细胞没有核膜，DNA 复制、RNA 转录和蛋白质翻译在同一空间进行，边转录边翻译。在真核细胞中，由于核膜的隔离，RNA 转录在细胞核内实现，新生的 hnRNA 经加工修饰成为成熟 mRNA 后在细胞质进行蛋白质翻译。

因为嘌呤和嘧啶都含有共轭双键，核酸分子具有强烈的紫外吸收，最大吸收值在 260nm 附近，利用 260nm 与 280nm 的吸光度比值可以判断所提取的核酸的纯度，纯 DNA 的 A_{260}/A_{280} 为 1.8；而较纯的 RNA 的 A_{260}/A_{280} 值为 1.8～2.0。加热、尿素等理化因素可以导致 DNA 双链互补碱基对之间的氢键断裂，使 DNA 双链解离为单链，此现象称为 DNA 变性。变性导致更多的共轭双键暴露，DNA 在 260nm 处的吸光度增加，称为 DNA 的增色效应。变性的核酸在变性条件缓慢除去后，可以形成杂交双链，该现象称为复性，复性过程中会发生减色效应。复性过程中若有同源性强的不同来源核酸，则会形成杂交分子，称为分子杂交。DNA 测序技术的发明与改良使得现代遗传学、基因组学等获得快速发展，使人们对于生命现象的本质有了更多的理解方式和手段。

思 考 题

1. Watson 和 Crick 提出 DNA 双螺旋结构模型的背景和主要依据分别是什么？
2. 试比较 DNA 和 RNA 的化学组成、分子结构、分布及生物学作用。
3. 下列 3 种 DNA 中，哪个的 T_m 值最高，哪个的 T_m 值最低？为什么？

A. AAGTTCTCTGAATTA	B. AGTCGTCAATGCATT	C. GGATCTCCAAGTCAT
TTCAAGAGACTTAAT	TCAGCAGTTACGTAA	CCTAGAGGTTCAGTA

4. 比较原核细胞和真核细胞 mRNA 结构特征的异同点。
5. 用 ^{32}P 标记的病毒感染细胞后产生有标记的后代，而用 ^{35}S 标记的病毒感染细胞则不能产生有标记的后代，为什么？
6. 简述 DNA 双螺旋结构的主要特征。
7. 某双链 DNA 的一条链中，（A+G）/（T+C）=0.7（均为摩尔比），则在其互补链中，（A+G）/（T+C）是多少？在整个分子中（A+G）/（T+C）又是多少？
8. 简述核酸的主要理化性质及其在现代分子生物学研究中形成的主要技术。
9. 非编码 RNA 有哪些？并举例说明它们在调节生物生长发育或免疫反应中的作用。

10. 游离核苷酸、核苷酸衍生物和多聚核苷酸的生物学功能分别是什么？推测这些物质在生命起源中可能的作用。

11. 植物的不同组织细胞中 DNA 的含量相对稳定，这说明了什么？不同组织细胞中 RNA 的含量差异很大的可能原因是什么？如果拟开展植物感受高温调节机制研究，可能的实验设计是什么？

参考答案

第五章 糖　　类

糖类是自然界分布广泛、含量最多的有机化合物。从细菌到高等动植物中都有广泛分布，其中以植物体含量最多。整个自然界超过一半的有机碳化合物是以淀粉和纤维素两种糖类形式存在的。糖类是指多羟基的醛或酮及其缩聚物和某些衍生物。含有醛基的糖称为醛糖，含有羰基的糖称为酮糖。糖类的分类依聚合度不同可分为单糖、寡糖、多糖。糖类的生理功能主要包括：作为生物的结构组成物质；作为生物体内主要的能源物质；作为前体为其他物质的合成提供碳架；作为信息分子。本章主要介绍糖类的分类、结构、性质和生物学功能。

第一节 糖类概述

一、糖类的分类

糖类是指多羟基的醛或酮及其缩聚物和某些衍生物。最初糖类化合物用 $C_n(H_2O)_m$ 通式来表示，统称为碳水化合物（carbohydrate），后来发现有些糖如鼠李糖（$C_6H_{12}O_5$）和脱氧核糖（$C_5H_{10}O_4$）等不符合此通式，而符合上述通式的甲醛（CH_2O）、乙酸（$C_2H_4O_2$）等却并不是糖类物质，因此用“碳水化合物”称呼糖类并不恰当。糖类根据其聚合度不同，可以分为以下几类。

（一）单糖

单糖（monosaccharide）是指不能水解成更小糖单位的糖类，如核糖、葡萄糖、果糖等。自然界中最小的单糖的碳原子数是 3 个，最大的是 7 个。

（二）寡糖

寡糖（oligosaccharide）是指由 2～10 个单糖单位组成的糖类，如二糖有蔗糖、麦芽糖、乳糖等。

（三）多糖

多糖（polysaccharide）是指能水解为多个单糖分子的糖类，包括同多糖（homopolysaccharide）和杂多糖（heteropolysaccharide）。同多糖是由相同的单糖分子组成的，如淀粉、纤维素、糖原等；杂多糖含有不同的单糖分子，如半纤维素、果胶等。

二、糖类的生理功能

糖类在自然界分布广泛，糖类占植物干重的 85%～90%，占细菌细胞干重的 10%～30%，约占动物干重的 2%。糖类是非常重要的有机化合物，其生物学功能主要有以下 4 个方面。

（一）作为结构物质

纤维素、半纤维素和果胶物质是植物细胞壁的主要成分，肽聚糖是细菌细胞壁的结构多糖，几丁质是甲壳类动物和昆虫外骨骼的基本成分。

（二）作为主要的能源物质

生物体内的贮能多糖主要有淀粉和糖原等。糖类的氧化是大多数非光合生物的主要产能途径，产生 ATP 以满足生命活动的需要。

（三）作为合成代谢的前体物质

糖类代谢产生的中间产物，为合成其他物质如氨基酸、脂肪酸和核苷酸等提供碳骨架。

（四）作为信息分子

细胞质膜中糖蛋白和糖脂的寡糖链是细胞膜上“受体”分子的重要组成部分，是细胞识别和信息传递等重要生物学功能的参与者。糖（已糖、蔗糖、海藻糖等）作为信号分子几乎参与了植物所有的生长发育过程，调节数千个基因的表达，并与植物激素等信号途径密切互作。

第二节　单　　糖

一、重要的单糖

单糖按其结构中含有醛基或酮基分为醛糖（aldose）和酮糖（ketose），按所含碳原子数目分为丙糖、丁糖、戊糖、己糖、庚糖，最简单的单糖是甘油醛（醛糖）和二羟基丙酮（酮糖）（图 5-1）。

甘油醛　　二羟基丙酮

图 5-1　甘油醛（左）和三羟基丙酮（右）

在自然界中分布较广的单糖是戊糖和己糖（表 5-1）。戊糖主要有核糖、木糖、核酮糖和木酮糖等，D-核糖和 2-D-脱氧核糖分别是 RNA 和 DNA 的组分。己糖主要有葡萄糖、果糖、甘露糖和半乳糖等。葡萄糖是细胞重要的能源；果糖存在于许多水果和蜂蜜中，是天然糖类中最甜的一种。葡萄糖和果糖分别是醛糖家族和酮糖家族的成员。

表 5-1　重要的戊糖和己糖

名称	英文名称	缩写符号	比旋光度（$[\alpha]_D^{20}$）	分布
L-阿拉伯糖	L-arabinose	Ara	+104.5°	果胶和半纤维素的组分
D-木糖	D-xylose	Xyl	+18.8°	半纤维素的组分

续表

名称	英文名称	缩写符号	比旋光度（$[\alpha]_D^{20}$）	分布
D-核糖	D-ribose	Rib	+19.7°	RNA 和一些酶的辅因子的组分
D-脱氧核糖	D-deoxyribose		−59.0°	DNA 的组分
D-半乳糖	D-galactose	Gal	+80.2°	乳糖、棉子糖、半纤维素等的组分
D-葡萄糖	D-glucose	Glc	+52.6°	以游离形式广泛存在于自然界，也是寡糖和多糖的组分
D-果糖	D-fructose	Fru	−92.0°	游离态是糖类最甜的糖，是蔗糖、果聚糖的组分
D-甘露糖	D-mannose	Man	+14.5°	半纤维素的组分
L-岩藻糖	L-fucose	Fuc	−75.0°	果胶、半纤维素和动物多糖的组分
L-鼠李糖	L-rhamnose	Rha	+8.2°	果胶和半纤维素的组分

二、单糖的结构

（一）葡萄糖的结构

1．葡萄糖的开链结构和构型　命名一个单糖时常用 D 构型或 L 构型，它是以 D-甘油醛和 L-甘油醛为参照物，以距醛基最远的不对称碳原子为准，羟基在左面的为 L 构型，羟基在右边的为 D 构型（图 5-2）。

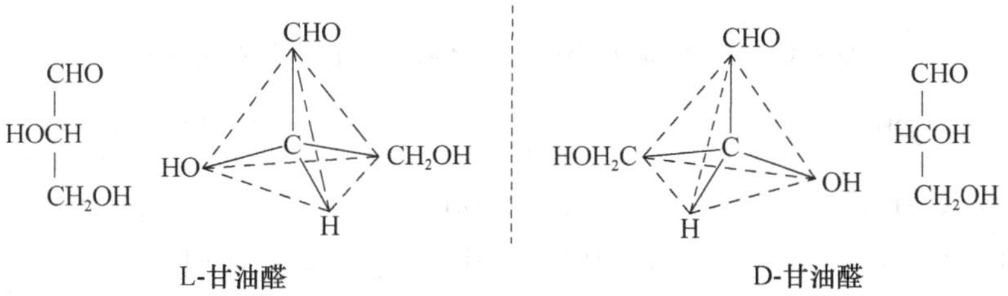

图 5-2　甘油醛的构型

葡萄糖（glucose）的分子式为 $C_6H_{12}O_6$，其中分子 C2、C3、C4、C5 是不对称碳原子。存在于自然界的天然葡萄糖，不对称碳原子 C5 上的—OH 在右边，故为 D 构型。

对于绝大多数单糖来说，除了互为镜像的对映异构体，还有非对映异构体。仅有一个手性碳原子的构型不同的非对映异构体称为差向异构体，如 D 型己醛糖中的葡萄糖与甘露糖仅 C2 构型不同（图 5-3）。

2．葡萄糖的环状结构　为方便起见，我们经常用直链分子表示醛糖和酮糖的结构。但实际上，除丙糖和丁酮糖以外，其余单糖都是以环状结构为主要存在形式。由于葡萄糖分子中同时存在羰基和羟基，可以发生自身加成反应，生成环状的半缩醛结构，即 C5 羟基上的氢原子加到羰基氧原子上去，形成半缩醛羟基，而 C5 羟基的氧原子便与羰基上的碳原子相连成环，形成葡萄糖的环状结构（图 5-4）。

葡萄糖的环状结构比链状结构多出一个不对称碳原子（C1），与其相连的羟基称为半缩醛羟基，显然半缩醛羟基的位置决定了环状结构有两种构型，分别为 α 型（半缩醛羟基在右边，与编号最高的手性碳 C5 上羟基具有相同的取向）和 β 型（半缩醛羟基在左边），α 型和 β 型是非对映体，这种羰基碳上形成的差向异构体又称为异头物（anomer）。

开链的六碳糖形成环状的半缩醛或半缩酮时，容易形成五元环（呋喃环）和六元环（吡

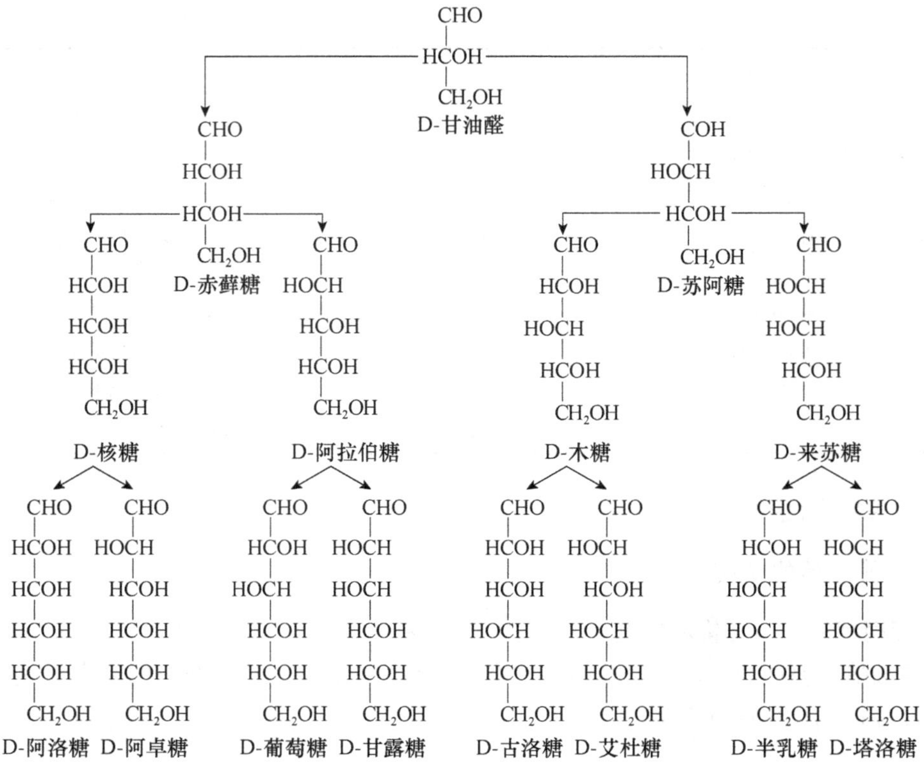

图 5-3 D 型醛糖（开链）（L 型醛糖是 D 型的对映体）

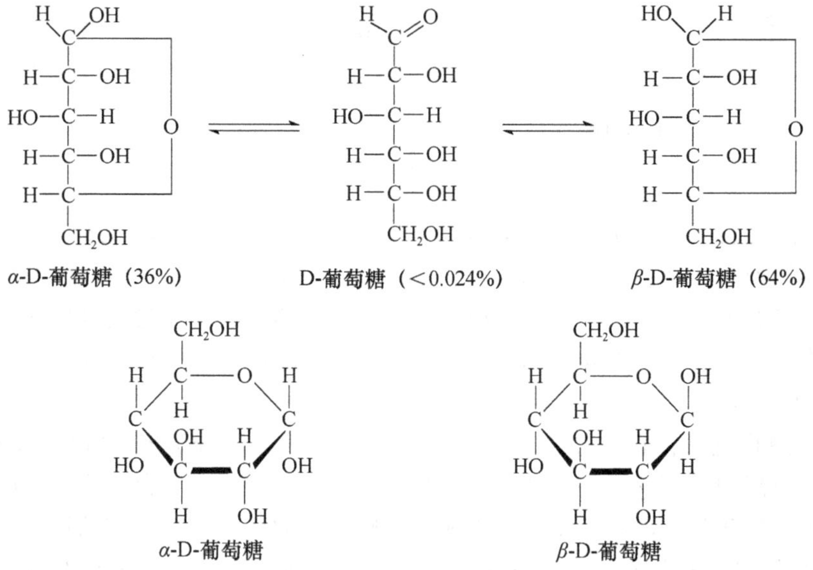

图 5-4 葡萄糖的环状结构

喃环）的结构。一般来说，具有 5 个及以上碳原子的醛糖和酮糖都可以形成呋喃糖环或吡喃糖环。在水溶液中的醛糖主要以六元环的吡喃糖环形式存在（图 5-5）。

Haworth 结构并不代表分子的真实形状，只表示每个手性原子的构型。由于葡萄糖半缩醛环上的 C—O—C 键角（111°）与环己烷的键角（109°）相似，故葡萄糖吡喃环和环己烷相似，也有船式和椅式构象，其中椅式构象使扭张强度降到最低而较稳定。

从构象式可见，β-D-吡喃型葡萄糖的所有较大的原子团都在平伏键上，相互之间的距离较远，空间斥力较小，因而β-D-吡喃型葡萄糖的构象是最稳定的。

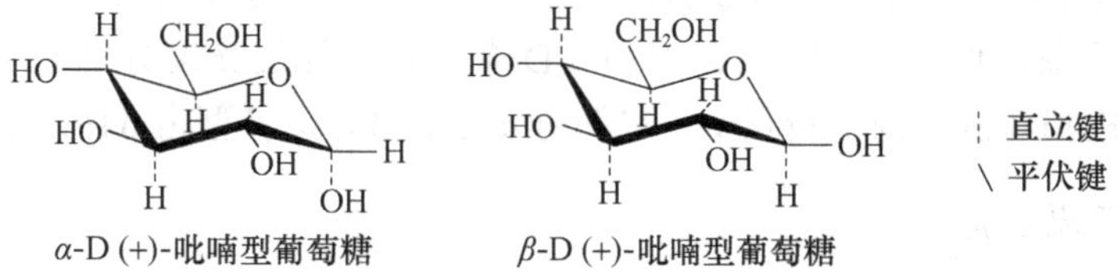

图 5-5　D-吡喃型葡萄糖的构象

（二）果糖的结构

果糖（fructose）是己酮糖，分子式为 $C_6H_{12}O_6$，果糖开链结构中的 C6 羟基可与羰基反应生成含半缩酮结构的吡喃果糖，C5 羟基也可和羰基之间形成含半缩酮结构的呋喃果糖。吡喃果糖和呋喃果糖都有 α 和 β 两种构型（图 5-6）。结晶的果糖是β-D-吡喃果糖，结合状态的果糖主要以β-D-呋喃果糖形式存在。

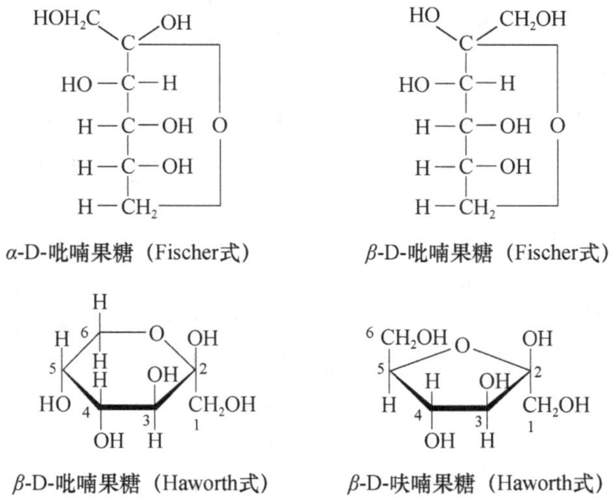

图 5-6　果糖的结构

三、单糖的化学性质

单糖主要以环状结构存在，但在溶液中可与开链结构互变，因此单糖的化学反应有的以环状结构进行，有的以开链结构进行。

（一）成环反应和变旋现象

醇羟基容易对醛或酮中的羰基进行亲核攻击，形成半缩醛或半缩酮。除丙糖和丁酮糖以外，其他直链单糖分子在分子内会发生自身加成反应，从而形成单糖的环状结构。实验证明，葡萄糖环化主要形成六元环的吡喃糖（pyranose），果糖环化主要形成五元环的呋喃糖（furanose）。

单糖形成环状结构之后，会产生新的不对称碳原子（如葡萄糖的 C1、果糖的 C2），形成单糖的两种异头物（α 型和 β 型）。在溶液中，环状结构和链状结构之间可以互变，形成一个平衡体系。在平衡过程中，由于 α 型和 β 型的量在不断变化，溶液的比旋光度（$[\alpha]_D^{20}$）也随之改变，直至达到平衡。变旋（mutarotation）是指一种糖类化合物的两种异头物在溶液中自行改变比旋光度的现象。例如，α-D-葡萄糖和 β-D-葡萄糖的比旋光度分别为＋112°和＋18.7°，在溶液中环状结构和开链结构不断互变，平衡时 α 型占 36%，β 型占 64%，比旋光度为 52.5°。

（二）氧化还原反应

醛糖、酮糖都可被弱氧化剂氧化，能将 Fehling 试剂（酒石酸钾钠、NaOH 和 $CuSO_4$）和 Benedict 试剂（柠檬酸、Na_2CO_3 和 $CuSO_4$）中 Cu^{2+}还原成砖红色氧化亚铜沉淀，能将 Tollen 试剂中的 Ag^+还原成金属银，醛糖的醛基氧化成羧基。不同条件下，单糖的氧化产物不同，葡萄糖被氧化的情况如图 5-7 所示。

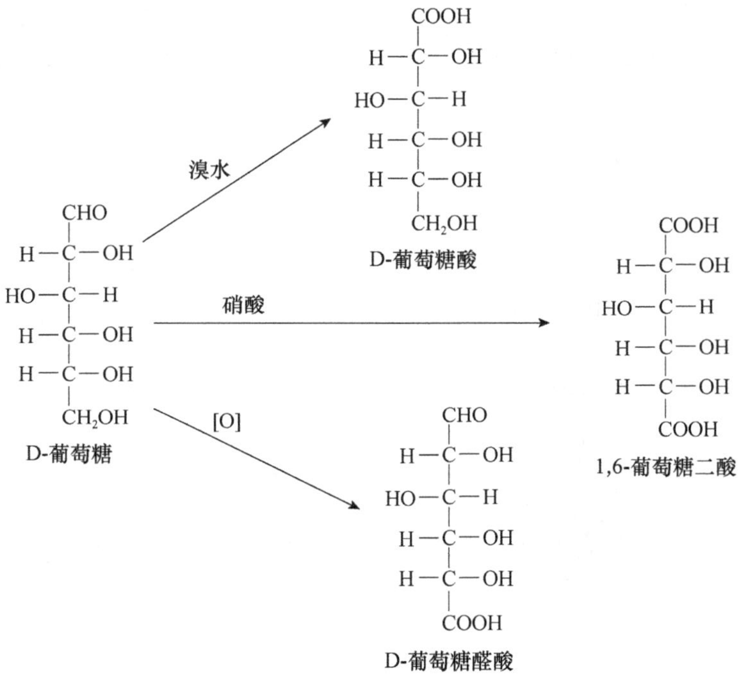

图 5-7 葡萄糖的氧化反应

单糖的游离羰基易与钠汞氢及硼氢化钠类还原剂发生反应，生成多羟基醇（图 5-8）。

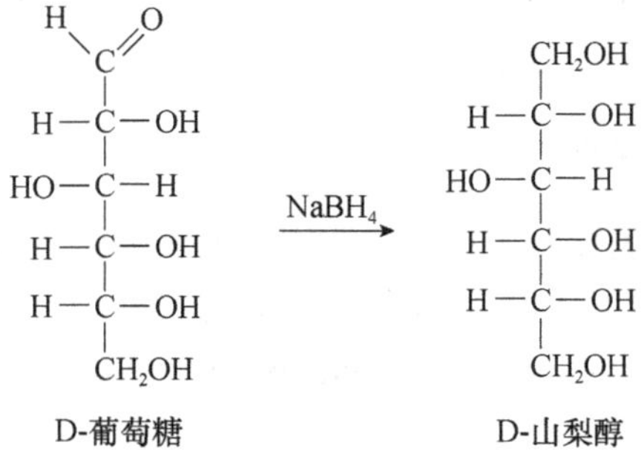

图 5-8 葡萄糖与硼氢化钠的反应

而酮糖被还原成两种具有同分异构的糖醇。例如，D-果糖被还原成 D-山梨醇和 D-甘露醇（图 5-9）。

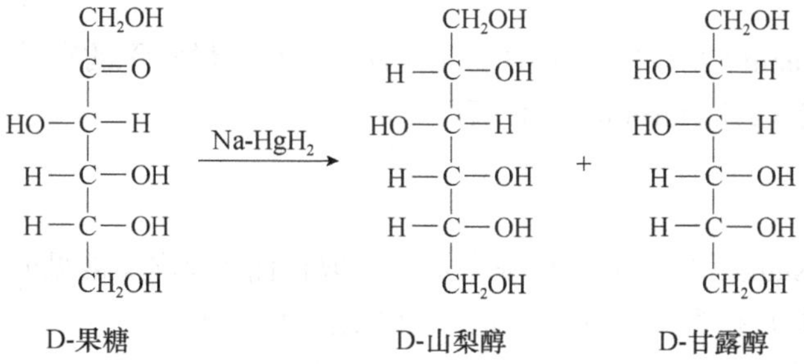

图 5-9　果糖与钠汞氢的反应

（三）酯化作用

单糖为多元醇，与酸作用生成酯，生物化学上较重要的酯是磷酸酯，它们是糖类代谢的中间产物，重要的单糖磷酸酯见图 5-10。

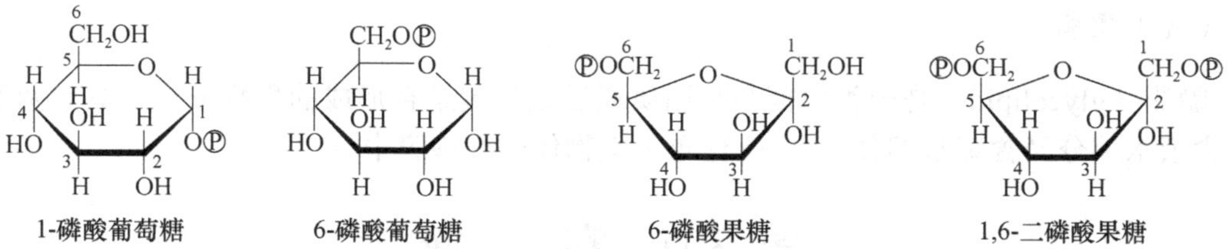

图 5-10　葡萄糖与果糖的单糖磷酸酯

（四）成苷作用

糖的半缩醛羟基与醇及酚的羟基反应，失水形成缩醛式衍生物，通称糖苷。非糖部分称配糖体，如甲基等。如果配糖体也是单糖，如此缩合形成双糖，由于单糖有 α 型与 β 型之分，生成的糖苷也有 α 型与 β 型两种形式（图 5-11）。α-甲基-D-葡萄糖苷与 β-甲基-D-葡萄糖苷是最简单的糖苷，天然存在的糖苷多为 β 型。

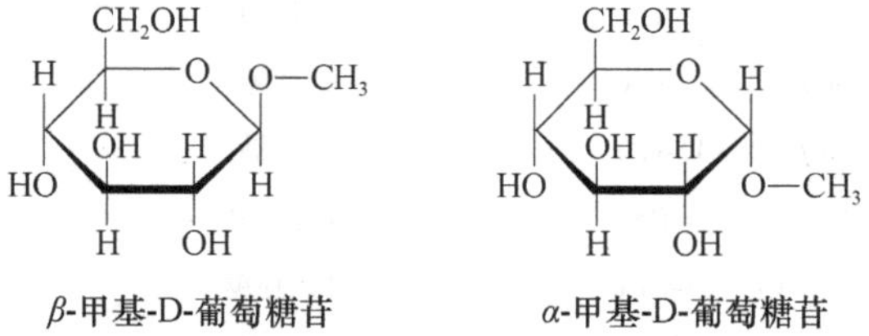

图 5-11　甲基葡萄糖苷的形式

四、单糖的衍生物

糖衍生物是指单个单糖的羟基能被其他基团取代形成一系列糖衍生物。重要的糖衍生物有糖醇、糖醛酸、氨基糖及糖苷、糖脂等。

（一）糖醇

糖醇（alditol）是单糖还原后的产物，较稳定，有甜味。广泛分布于植物界的有甘露醇、山梨醇、木糖醇等。山梨醇氧化时可生成葡萄糖、果糖或山梨糖。

（二）糖醛酸

糖醛酸（uronic acid）由单糖的伯醇基氧化而得。其中最常见的有葡萄糖醛酸（glucuronic acid）和半乳糖醛酸（galacturonic acid）等。

（三）氨基糖

氨基糖（amino sugar）是糖中的羟基为氨基所取代而生成的。常见的有 D-氨基葡萄糖（存在于甲壳质、黏液中）和氨基半乳糖（是软骨的组成成分）。

（四）糖苷

糖苷（glucoside）主要存在于植物的种子、叶片及皮肉中，许多天然糖苷具有重要的生物学作用。例如，洋地黄苷为强心剂，皂角苷有溶血作用，苦杏仁苷有止咳作用。糖苷中常见的糖基有葡萄糖、半乳糖、鼠李糖，非糖体有多种类型的化合物。

（五）糖脂

糖脂（glycolipid）是一类由糖基与脂质通过化学键结合形成的生物分子，具有两亲性（既含亲水部分又含疏水部分），广泛分布于生物体的细胞膜中。

第三节 寡　糖

寡糖是少数单糖（2～10 个）缩合形成的聚合物。自然界中最常见的寡糖是双糖，双糖是指在一个单糖的异头碳原子上的醛基或酮基与第二个单糖的羟基反应形成的糖苷。重要的双糖有麦芽糖、乳糖和蔗糖等（表 5-2）。

表 5-2　常见寡糖的结构、性质和来源

名称	结构	性质	来源
麦芽糖	Glc-α-(1→4)-Glc	还原糖	淀粉和糖原水解产物
异麦芽糖	Glc-α-(1→6)-Glc	还原糖	支链淀粉和糖原水解产物
乳糖	Gal-β-(1→4)-Glc	还原糖	哺乳动物乳汁、某些植物
蔗糖	Glc-α-(1→2)-Fruβ	非还原糖	植物
海藻糖	Glc-α-(1→1)-Glcα	非还原糖	细菌、藻类、真菌和昆虫
蜜二糖	Gal-α-(1→6)-Glc	还原糖	棉子糖水解产物
纤维二糖	Glc-β-(1→4)-Glc	还原糖	纤维素的二糖单位
棉子糖	Gal-α-(1→6)-Glc-α-(1→2)-Fruβ	非还原糖	甜菜、糖蜜、棉子酚

一、麦芽糖

麦芽糖（maltose）可看作淀粉和糖原的重复结构单位，它是由一分子 α-D-葡萄糖的 C1 半缩醛羟基与另一分子 α-D-葡萄糖的 C4 醇羟基脱水而成的，麦芽糖分子中还有一个游离的半缩醛羟基，所以具有还原性，可与 Fehling 试剂和 Tollen 试剂反应。它广泛存在于发芽谷粒，特别是麦芽中。麦芽糖的结构见图 5-12。

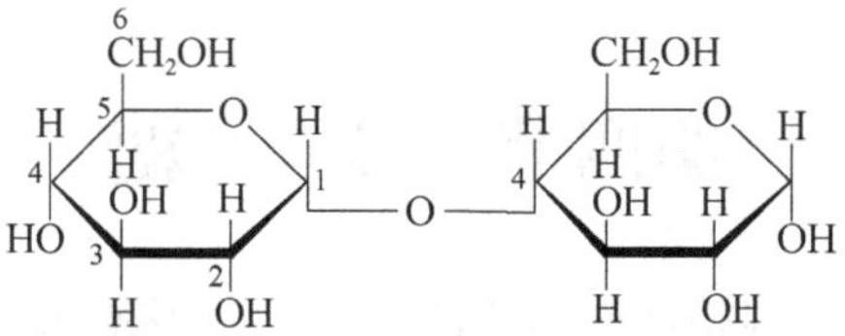

图 5-12 麦芽糖［葡萄糖-α-（1→4）-葡萄糖苷］

二、乳糖

乳糖（lactose）因存在于哺乳动物和人的乳汁中而得名。乳糖是由一分子 β-D-半乳糖的 C1 半缩醛羟基与另一分子 α-D-葡萄糖的 C4 醇羟基脱水而成的，乳糖分子中有半缩醛羟基，具有还原性。乳糖的结构见图 5-13。

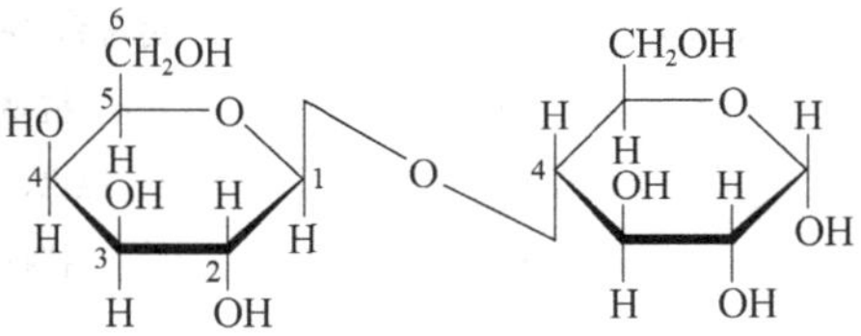

图 5-13 乳糖［半乳糖-β-（1→4）-葡萄糖苷］

三、蔗糖

蔗糖（sucrose）是生活中食用的糖，作为绿色植物光合作用的主要产物，是植物贮藏、积累和运输糖类的主要形式。蔗糖是由一分子 α-D-葡萄糖的 C1 半缩醛羟基与另一分子 β-D-果糖的 C2 半缩酮羟基脱水而成的，蔗糖分子中已不存在半缩醛羟基，所以无还原性，不与 Fehling 试剂和 Tollen 试剂反应。蔗糖的结构见图 5-14。

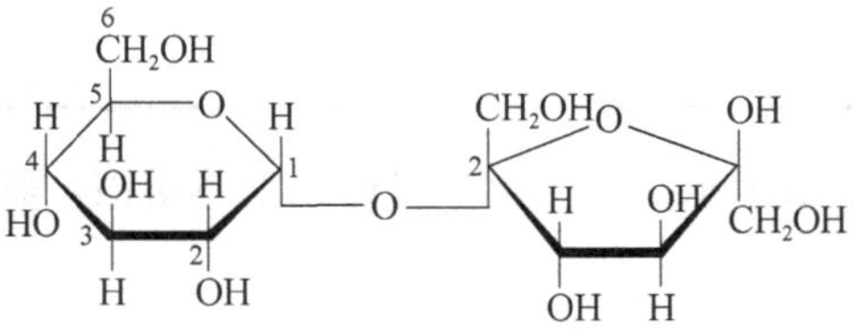

图 5-14 蔗糖［葡萄糖-α-（1→2）-果糖苷］

蔗糖很甜，易溶于水，但较难溶于乙醇。水解后，溶液的旋光性由右旋变为左旋。这是因为果糖的左旋大于葡萄糖的右旋。因此，又把水解的蔗糖称为“转化糖”。

四、其他重要的寡糖

棉子糖（raffinose）是一种非还原糖，广泛分布于高等植物中，完全水解时产生葡萄糖、果糖和半乳糖，其结构是半乳糖-（α1→6）-葡萄糖-（α1↔2β）-果糖。通过（α1→6）-糖苷键向蔗糖的葡萄糖残基相继加入半乳糖而形成棉子糖家族成员，包括三糖到九糖。

水苏糖（stachyose）是一种四糖，是棉子糖家族的一员，其结构为半乳糖-α-（1→6）-半乳糖-α-（1→6）-葡萄糖-（α1↔2β）-果糖。棉子糖系列与蔗糖一样，也是植物体内糖类的贮藏和运输形式。

第四节 多 糖

多糖是由多个单糖以糖苷键相连而形成的高聚物。多糖在自然界分布很广，植物的骨架纤维素，动植物贮藏成分淀粉、糖原，昆虫与节肢动物的甲壳质，植物的黏液、树胶、果胶等许多物质，都是由多糖组成的（表 5-3）。

表 5-3 重要多糖的结构、来源及生理功能

名称	单糖单位	连接方式	主要来源	生理功能
淀粉	D-葡萄糖	α-（1→4）和 α-（1→6）	植物	贮能物质
糖原	D-葡萄糖	α-（1→4）和 α-（1→6）	动物	贮能物质
葡聚糖	D-葡萄糖	α-（1→6）、α-（1→3）和 α-（1→4）	酵母和一些细菌	贮能物质，细菌被膜成分
纤维素	D-葡萄糖	β-（1→4）	植物	结构物质
几丁质	*N*-乙酰-D-葡萄糖胺	β-（1→4）	藻类、昆虫、甲壳动物	结构物质
果胶	D-半乳糖醛酸、L-阿拉伯糖、D-半乳糖	α-（1→4）	植物	结构物质
半纤维素	D-葡萄糖、D-木糖、D-甘露糖	β-（1→4）	植物	结构物质
透明质酸	D-葡萄糖醛酸、*N*-乙酰葡萄糖胺	β-（1→3）、β-（1→4）	高等动物	结缔组织和黏液成分
硫酸软骨素	D-葡萄糖醛酸、*N*-乙酰-D-半乳糖胺-4-硫酸	β-（1→3）、β-（1→4）	高等动物	大多数结缔组织的成分
硫酸角质素	D-半乳糖、*N*-乙酰-葡萄糖胺-6-硫酸	β-（1→4）、β-（1→3）	高等动物	角膜、软骨、骨
肝素	L-艾杜糖醛酸-2-硫酸、*N*-磺酰基-D-葡萄糖胺-6-硫酸	α-（1→4）	高等动物	抗凝血物质

多糖没有甜味，多数不溶于水，个别能与水形成胶体溶液，多糖没有还原性和变旋现象。

一、同多糖

同多糖是由相同的单糖单位组成的多糖，它们多作为能量的储存形式和细胞结构组成成分。同多糖包括贮存同多糖（storage homopolysaccharide）和结构同多糖（structural homopolysaccharide）。

（一）贮存同多糖

1. 淀粉 淀粉（starch）广泛存在于植物的根茎或种子中，以淀粉粒形式贮存于细胞中。淀粉是由 α-D-葡萄糖脱水而成的多糖，可分为直链淀粉（amylose）和支链淀粉（amylopectin）。直链淀粉是 D-葡萄糖以 α-（1→4）-糖苷键形成的多糖链（图 5-15），分子质

量为 1.0×10^4～2.0×10^6Da。实验证明直链淀粉通常是卷曲成螺旋形，每一圈为 6 个葡萄糖残基分子（图 5-16）。支链淀粉中除有 α-（1→4）-糖苷键的糖链外，还有 α-（1→6）-糖苷键连接的分支糖链，支链淀粉的分子较直链淀粉的大，其分子质量为 5.0×10^4～4.0×10^8Da。支链淀粉的分支平均含 20～30 个葡萄糖基，各分支也都是卷曲成螺旋。

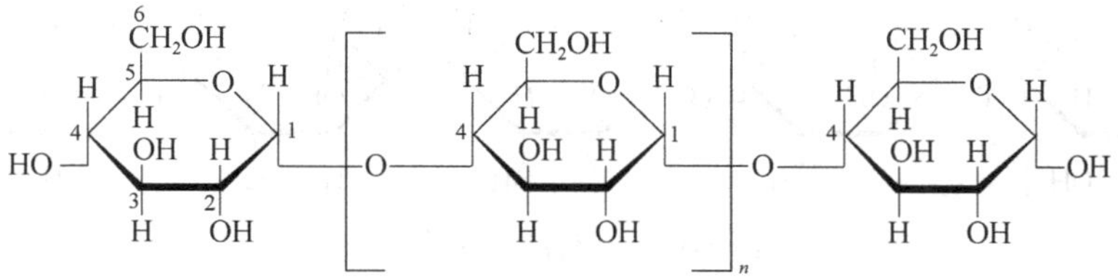

图 5-15 直链淀粉的结构式

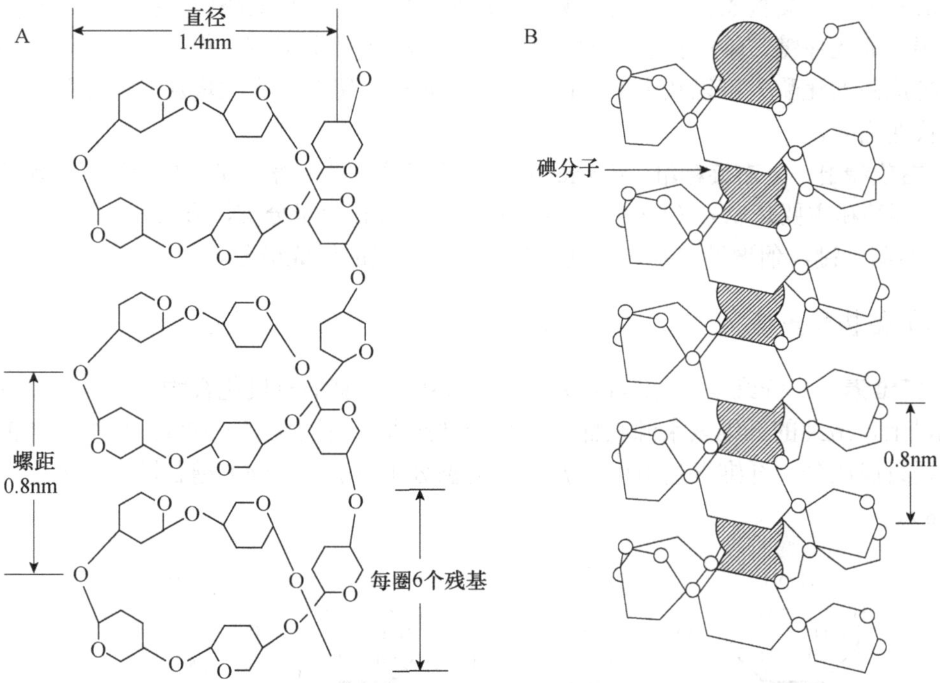

图 5-16 直链淀粉的结构

A．直链淀粉的螺旋结构；B．直链淀粉-碘络合物

淀粉与碘的呈色反应表现为直链淀粉为蓝色，支链淀粉为紫红色。这是由于碘分子进入淀粉螺旋圈内，形成淀粉碘络合物，其颜色与淀粉糖苷链的长度有关，当链长小于 6 个葡萄糖基时，不能形成一个螺旋圈，因而不能呈色，当平均长度为 20 个葡萄糖单位时呈红色，大于 60 个葡萄糖单位时呈蓝色，支链淀粉的分子量虽大，但分支单位的长度只有 20～30 个葡萄糖基，故遇碘呈紫红色。

天然淀粉由直链淀粉与支链淀粉组成，直链淀粉在淀粉中占 20%左右，视植物种类与品种、生长时期的不同而异。玉米淀粉和马铃薯淀粉分别含有 27%和 20%的直链淀粉，其余为支链淀粉，而糯米的淀粉几乎全部为支链淀粉。支链淀粉的结构见图 5-17。

2．糖原 糖原（glycogen）是动物体内贮存的一种多糖，也称为动物淀粉，在动物肝和肌肉中贮量最为丰富，在谷物和细菌中也发现有糖原类似物。糖原与支链淀粉相似，不同

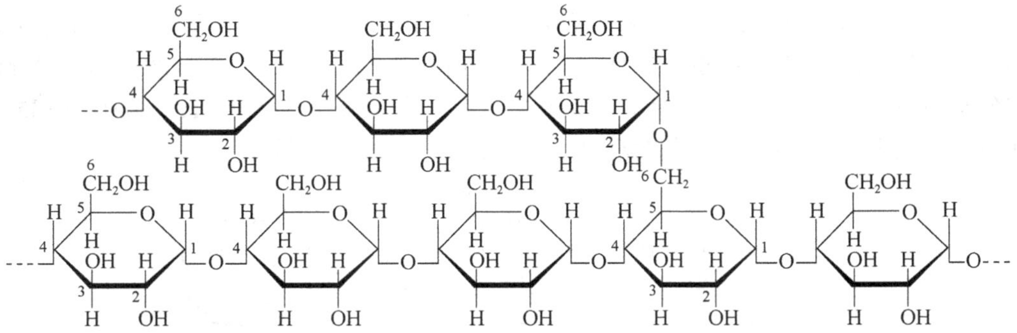

图 5-17 支链淀粉的结构式

的是糖原分支程度更高（平均每 8～12 个残基发生一次分支），分支链更短。糖原的每个直链部分形成开放的螺旋构象，开放的螺旋构象增加了它对糖原代谢酶的易接近性。每一条分支链的末端是非还原糖，有 *n* 个分支链的糖原就有 *n*+1 个非还原端。作用于非还原端的糖原降解酶（糖原磷酸化酶）可以从多个支链的非还原端同时降解，大大增加了糖原降解效率，供给机体代谢需要。

3．右旋糖酐 右旋糖酐（dextran）也称葡聚糖，是在酵母和一些细菌中发现的葡萄糖高聚物，葡萄糖主要是以 *α*-（1→6）-糖苷键连接，也存在少量分支，形成 *α*-（1→3）-糖苷键和 *α*-（1→4）-糖苷键，葡聚糖也是贮存糖并作为细菌被膜的组成成分。

（二）结构同多糖

1．纤维素 纤维素（cellulose）是自然界中最丰富的有机化合物，它占植物界碳含量的 50%以上，最纯的纤维素来源是棉花，其纤维素含量高达 97%～99%，纤维素是植物细胞壁的主要组成成分。纤维素是由许多 *β*-D-葡萄糖分子以 *β*-（1→4）-糖苷键连接的非支链多糖（图 5-18）。

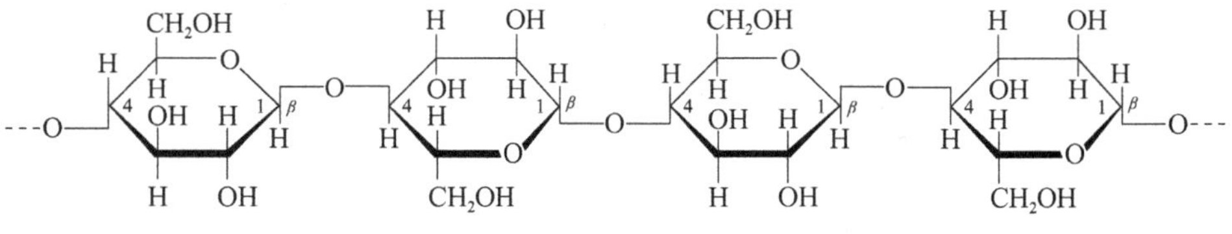

图 5-18 纤维素

在纤维中，纤维素分子以氢键构成平行的微晶束（图 5-19），由于纤维素微晶间氢键很多，微晶束相当牢固。

2．几丁质（壳多糖） 几丁质（chitin）在结构和功能上与纤维素相似，是由 *N*-乙酰-D-葡萄糖胺以 *β*-（1→4）-糖苷键缩合形成的线性同多糖，是藻类、昆虫、甲壳动物的结构组分（图 5-20）。

二、杂多糖

杂多糖是指由不相同的单糖单位组成的多糖。

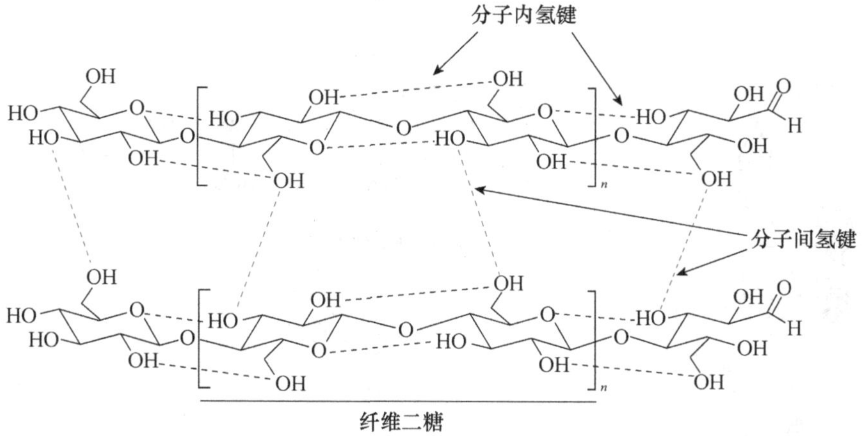

图 5-19 纤维素的分子内氢键和分子间氢键（Baghaei and Skrifvars，2020）
黑色虚线表示分子内氢键，灰色虚线表示分子间氢键

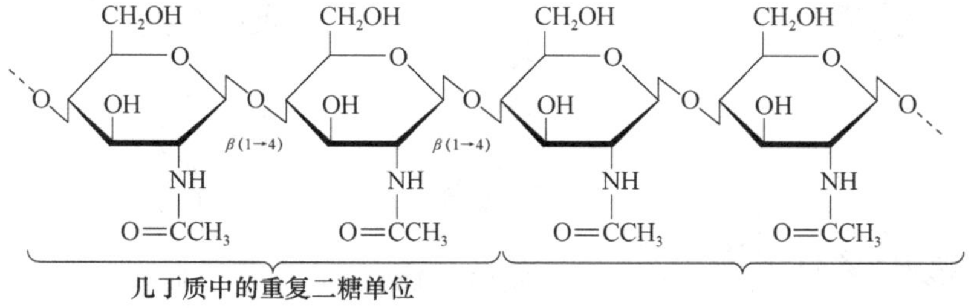

图 5-20 几丁质的重复二糖单位

（一）植物细胞壁的结构杂多糖

1．半纤维素 半纤维素（hemicellulose）是初生细胞壁和次生细胞壁的基质多糖，其主链是 *β*-（1→4）-糖苷键连接的五碳糖或六碳糖的多聚物，其他单糖分子形成复杂程度不一的侧链。根据主链和侧链单糖单元的不同，半纤维素分为木葡聚糖（xyloglucan）、木聚糖（xylan）、半乳甘露聚糖（galactomannan）和混合糖苷键葡聚糖［*β*-(1→3,1→4)-glucan］（图 5-21）。木葡聚糖是一种中性多糖，以 *β*-（1→4）-D-葡聚糖为主链，侧链主要由木糖、半乳糖和岩藻糖残基等组成。木聚糖的主链是木糖通过 *β*-（1→4）-糖苷键连接而成的，侧链被葡萄糖醛酸和阿拉伯糖不同程度地取代。半乳甘露聚糖的主链是甘露聚糖，侧链主要是半乳糖残基。葡甘露聚糖的主链是重复的葡萄糖残基和甘露糖残基聚合而成的。其中木聚糖是植物次生细胞壁主要的半纤维成分，是自然界第二丰富的多糖，约占地球上所有可再生有机碳的 1/3。

2．果胶物质 果胶物质（pectic substance）是植物初生细胞壁和胞间层的基质多糖。果胶的多糖种类包含同型半乳糖醛酸（homogalacturonan，HG）、鼠李糖半乳糖醛酸Ⅰ（rhamnogalacturonanⅠ，RGⅠ）和鼠李糖半乳糖醛酸Ⅱ（rhamnogalacturonanⅡ，RGⅡ）。同型半乳糖醛酸是最丰富的果胶类型，半乳糖醛酸单元通过 *α*-（1→4）-糖苷键连接形成糖链，半乳糖醛酸单元的羧基被不同程度地甲酯化和乙酰化。鼠李糖半乳糖醛酸Ⅰ的主链由交替的半乳糖醛酸和鼠李糖残基组成，其侧链是阿拉伯聚糖、半乳聚糖和阿拉伯半乳聚糖。鼠李糖半乳糖醛酸Ⅱ以聚合的半乳糖醛酸为主链，侧链是由 13 种不同单糖组成的寡糖链

（图 5-21）。

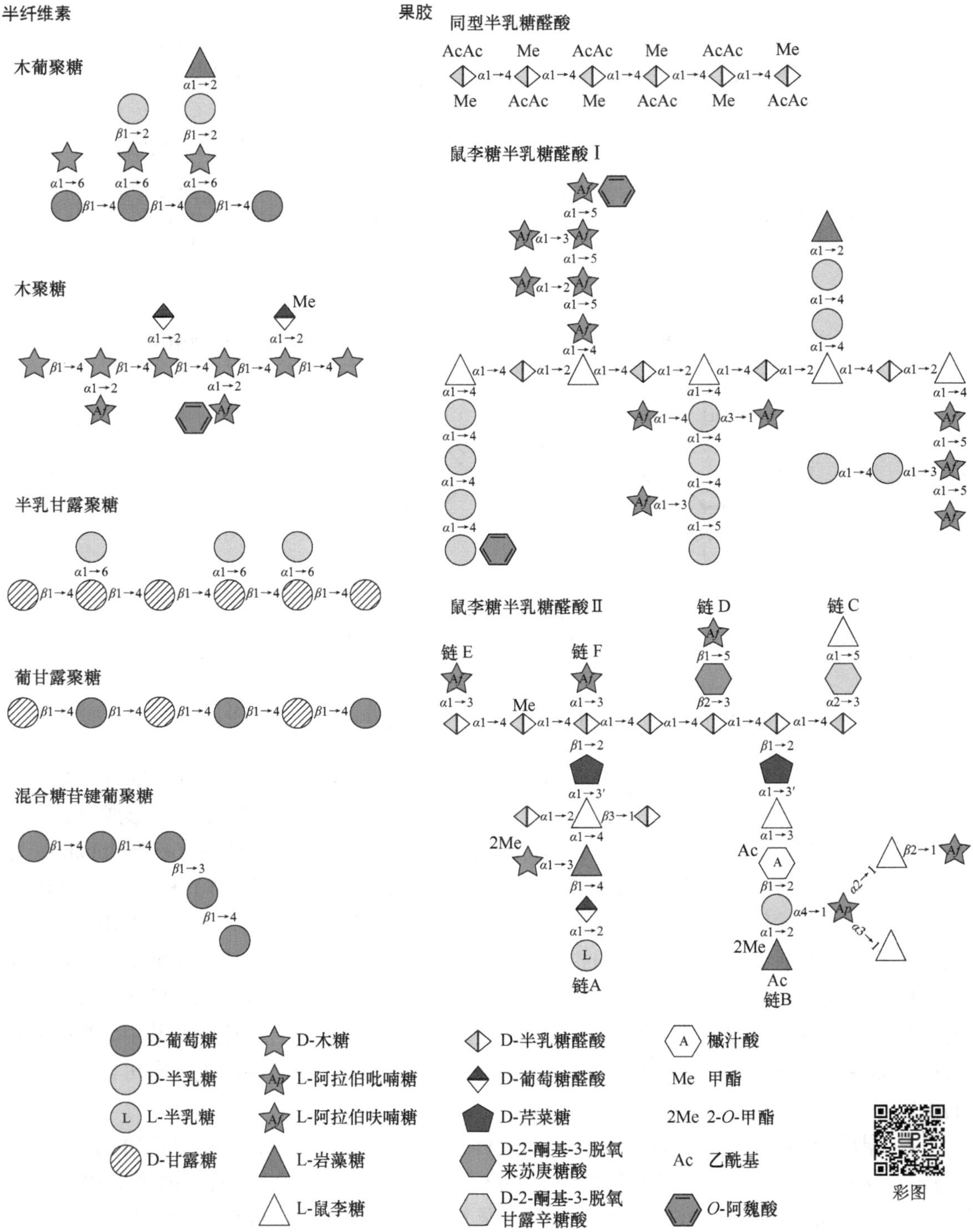

图 5-21 半纤维素和果胶的结构及其单糖组成（Anderson and Kieber，2020）

（二）脊椎动物细胞外基质的结构杂多糖

黏多糖是己醛糖、己糖胺和其他己糖作为结构单位组成的高分子化合物。黏多糖是结缔组织的主要成分，在组织间质及腺体分泌的黏液中均存在。黏多糖往往与蛋白质结合成黏蛋白而存在于生物体中（图 5-22）。

1．透明质酸　透明质酸是一种分布很广的黏多糖，存在于眼球的玻璃体、角膜、关节润滑液和软骨中，与蛋白质结合构成细胞间质的主要成分，能黏合和保护细胞。透明质酸是黏多糖中结构最简单的一种，含有重复的二糖单位，由 D-葡萄糖醛酸和 *N*-乙酰基-D-葡萄糖胺所组成。

2．硫酸软骨素　硫酸软骨素存在于大多数结缔组织中，软骨中的软骨黏蛋白是蛋白质与硫酸软骨素结合而成的，硫酸软骨素的结构单位是 D-葡萄糖醛酸和 *N*-乙酰基-D-半乳糖胺-4-硫酸，因硫酸基位置不同（4-硫酸或 6-硫酸）可形成两种形式。

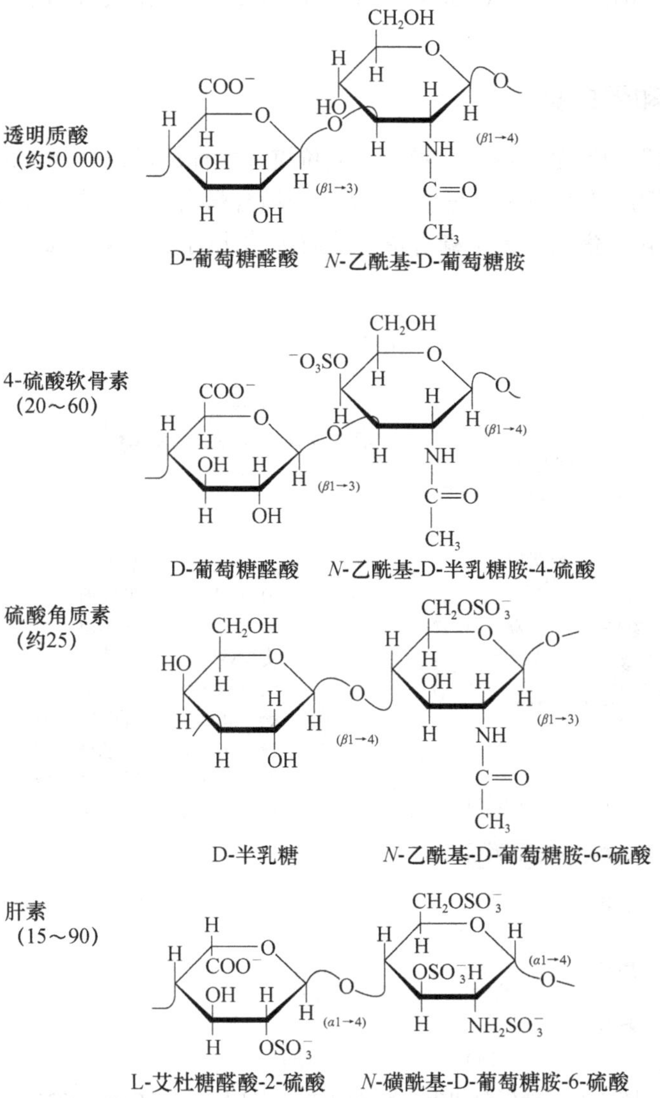

图 5-22　黏多糖的二糖结构单位和连接方式（Nelson and Cox，2021）

3．硫酸角质素　硫酸角质素分布于角膜、软骨、骨和由死细胞形成的角质结构（如角、毛发、爪和蹄等）中。其二糖单位是由 D-半乳糖和 *N*-乙酰基-D-葡萄糖胺-6-硫酸组成的。

4. 肝素　肝素广泛分布于哺乳动物组织和体液中，因肝中含量最为丰富而得名，在肌肉、血管壁、肠黏膜中含量也很高。肝素是抗凝血物质，能使凝血酶失去作用，使血液在体内不被凝固，临床上也常用于防止血栓的形成。肝素的结构单位是由 L-艾杜糖醛酸-2-硫酸和 *N*-磺酰基-D-葡萄糖胺-6-硫酸组成的。

第五节　糖 缀 合 物

糖缀合物是指糖类与非糖物质以共价键连接的复合物。根据非糖物质的不同，糖缀合物可以分为糖蛋白（glycoprotein）、蛋白聚糖（proteoglycan，PG）、肽聚糖（peptidoglycan）、糖脂（glycolipid）和脂多糖（lipopolysaccharide，LPS）等。糖缀合物中的多糖和寡糖是信息分子的载体。

一、糖蛋白和蛋白聚糖

糖蛋白和蛋白聚糖都是蛋白质与糖通过共价键连接而成的复合物，两者均是蛋白质翻译后的糖基化修饰产物。两者的区别在于，糖蛋白中糖含量占总质量的 1%～70%，糖链分子小、分支多、结构多样化；蛋白聚糖中糖含量占总质量的比例可高达 98%，由无分支的糖胺聚糖链组成（图 5-23）。

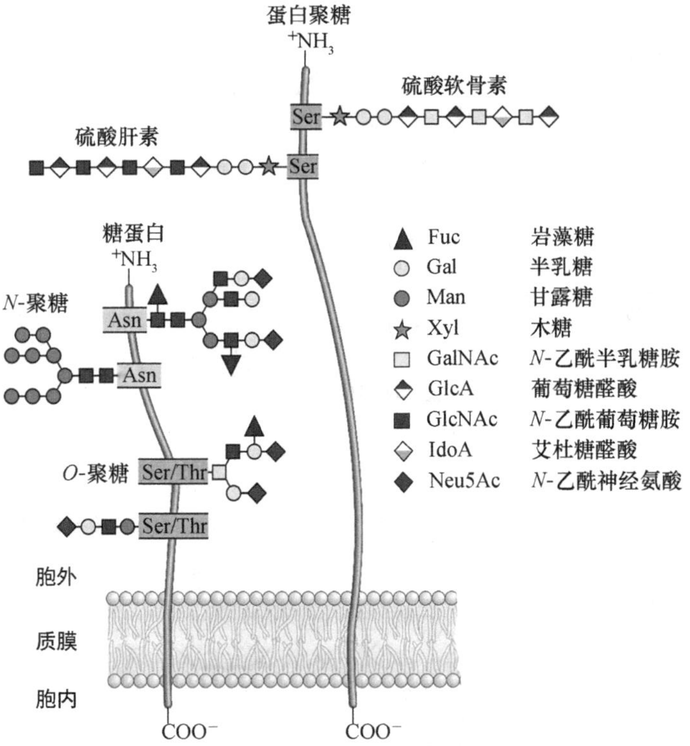

彩图

图 5-23　糖蛋白和蛋白聚糖的结构（Nelson and Cox，2021）

糖蛋白是体内重要的生物大分子物质，包括许多酶、激素、抗体、结构蛋白和转运蛋白等。糖链与蛋白质多肽链的共价结合称为糖基化作用，糖链与肽链的连接键称为糖苷键，可分为 *N*-糖苷键和 *O*-糖苷键两大类。参与糖苷键的氨基酸残基主要有天冬酰胺、丝氨酸、苏氨酸、羟赖氨酸、羟脯氨酸，它们可与*N*-乙酰葡萄糖胺、*N*-乙酰半乳糖胺、木糖、半乳糖及阿拉伯糖形成 5 种主要的糖苷键（表 5-4）。

表 5-4 存在于糖蛋白中的 5 种主要的糖苷键

糖苷键	结构	分布范围
N-糖苷键 *β*-*N*-乙酰基-D-葡萄糖胺-天冬酰胺 （GlcNAc-Asn）	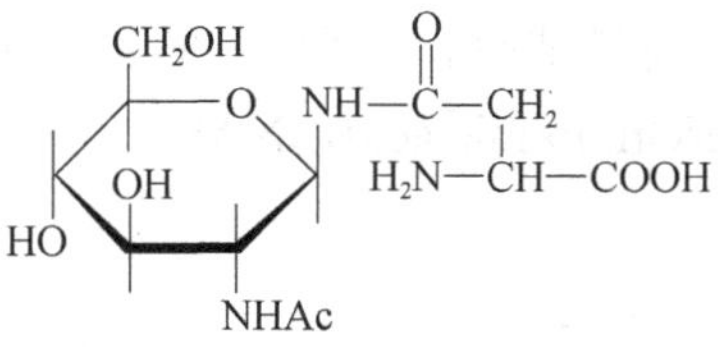	广泛分布于动物、植物和微生物中
O-糖苷键 *α*-*N*-乙酰基-D-半乳糖胺-丝氨酸/苏氨酸 （GalNAc-Ser/Thr）	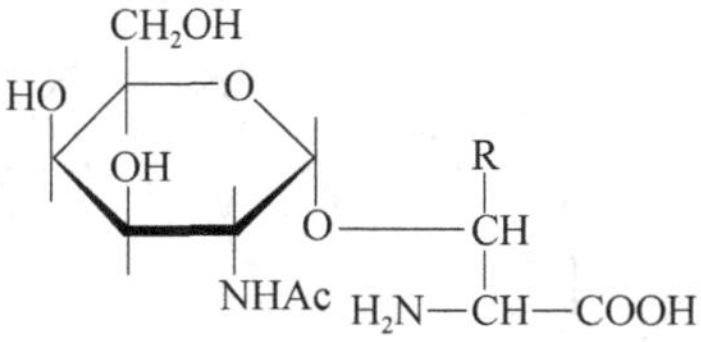	动物来源的糖蛋白
O-糖苷键 *β*-D-木糖-丝氨酸 （Xyl-Ser）	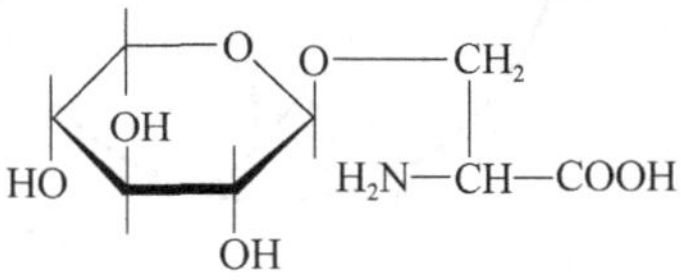	蛋白聚糖、人甲状腺球蛋白
O-糖苷键 *β*-D-半乳糖-羟赖氨酸 （Gal-Hyl）	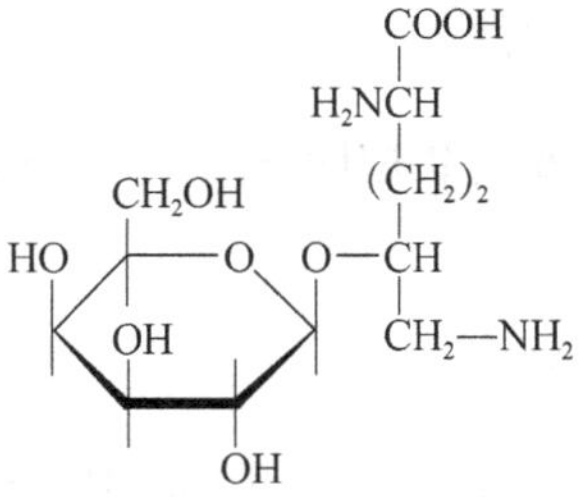	胶原
O-糖苷键 *α*-L-阿拉伯糖-羟脯氨酸 （Ara-Hyp）	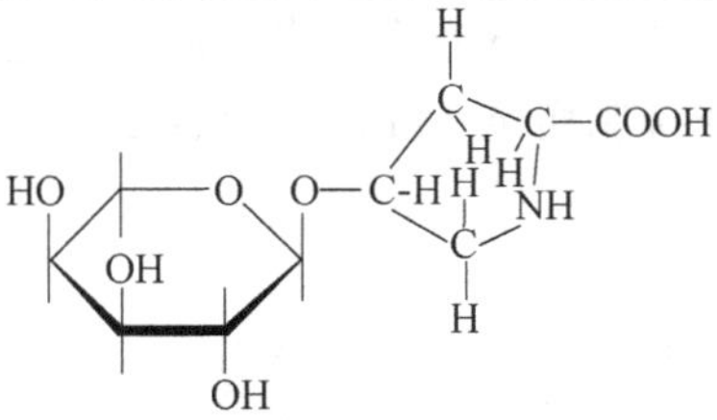	植物和藻类糖蛋白

糖蛋白位于细胞表面，可被分泌进入体液或作为膜蛋白。糖蛋白有着非常重要的作用，如细胞的定位、胞饮、识别、迁移、信息传递、肿瘤转移等。糖蛋白中的糖基作为蛋白质的特殊标记物，在细胞膜的蛋白质或脂质定向定位中起着重要作用。

蛋白聚糖是由大量的黏多糖（占 90%～98%）通过共价键与蛋白质相连的大分子化合物，这种聚合物的性质主要取决于多糖，而不取决于蛋白质。已知在蛋白聚糖中有 3 种不同类型的糖苷键：①D-木糖与丝氨酸羟基之间形成的 *O*-糖苷键；②*N*-乙酰基-D-葡萄糖胺与天冬酰胺之间形成的 *N*-糖苷键；③*N*-乙酰基-D-半乳糖胺与苏氨酸或丝氨酸羟基之间形成的 *O*-糖苷键。在蛋白聚糖的分子结构中，蛋白质分子居于中间，构成一条主链，称为核心蛋白，黏多糖尤其是硫酸软骨素和硫酸角质素分子排列在蛋白质分子的两侧，与每个核心蛋白共价连接

（图 5-24）。

蛋白聚糖的主要功能有：调节分泌蛋白的活性；形成带电荷的多孔凝胶，限制或促进某些物质的通过；与某些生长因子结合并调节它们的活性；在细胞表面作为辅助受体。

二、肽聚糖

肽聚糖是细菌细胞壁中的特殊成分，主要由 *N*-乙酰葡萄糖胺（*N*-acetylgluco-samine，NAG）、*N*-乙酰胞壁酸（*N*-acetylmuramic acid，NAM）和短肽组成。

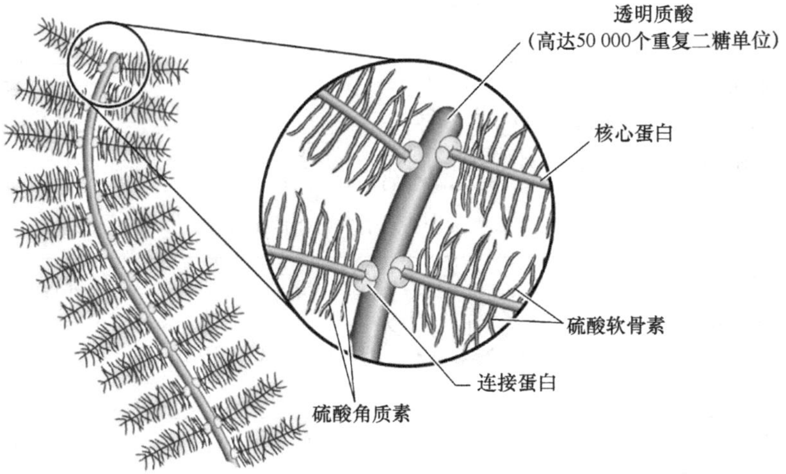

图 5-24 软骨蛋白聚糖聚集体结构示意图（Nelson and Cox，2021）

三、糖脂和脂多糖

糖脂一般定位在细胞膜上，疏水的脂质插入膜中，亲水的糖链暴露在细胞表面，参与多种重要的功能。脂多糖是溶于水的脂-多糖复合物。脂多糖是革兰氏阴性菌细胞壁的组成成分（图 5-25），它由杂糖链共价连接脂质 A（lipid A）（图 5-26）组成。杂多糖由一个核心寡糖和

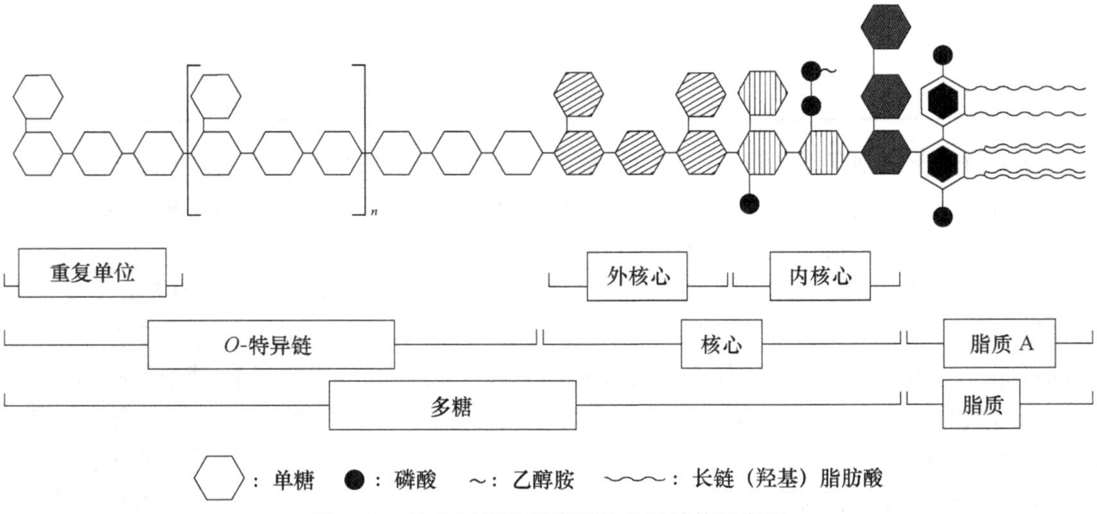

图 5-25 沙门氏杆菌脂多糖的化学结构示意图

决定细胞表面抗原特性的 *O*-特异链组成，后者由重复的寡糖单位构成。脂质 A 是由两分子 D-葡萄糖胺以 *β*-（1→6）-糖苷键连接的重复单位，重复单位间以焦磷酸连接，糖的 2-碳原子和 3-碳原子上连有长链脂肪酸，脂质 A 决定脂多糖的毒性。脂多糖的每一部分都具有生物学或生理学功能。

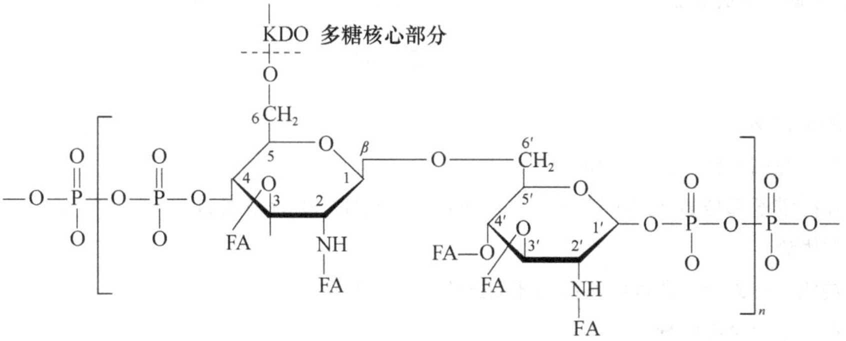

图 5-26 脂质 A 的基本结构

FA．脂肪酰基；KDO．2-酮基-3-脱氧辛酮酸

本章小结

糖类是自然界分布广泛、含量最多的有机化合物。糖类是多羟基醛、多羟基酮及其衍生物的总称。糖类按其水解程度分为单糖、寡糖和多糖。同多糖由一种单糖分子组成，杂多糖包含多种单糖或单糖衍生物。糖类在生物体内的功能主要有：作为结构物质，作为主要的能源物质之一，作为其他物质合成的原料，作为细胞识别的信息分子调节生命过程。

根据单糖的羰基在碳链中位置的不同，可将其分为醛糖和酮糖。由甘油醛衍生而来的四、五、六碳等组成醛糖系，由二羟基丙酮衍生而来的单糖构成酮糖系。以葡萄糖为例，其分子中 C2、C3、C4、C5 是不对称碳原子，除了互为镜像的对映异构体，还有仅一个手性碳原子的构型不同的非对映异构体（差向异构体）。单糖的构型是指离羰基碳最远的那个不对称碳原子的构型，如葡萄糖的不对称碳原子 C5 上的—OH 在右边，即 D 构型。开链单糖分子的醇羟基可与自身的醛基或酮基发生加成反应，形成环状半缩醛或半缩酮，如六元环吡喃葡萄糖和五元环呋喃果糖。成环时羰基碳变为新的手性碳原子（如葡萄糖的 C1、果糖的 C2），产生 *α* 型和 *β* 型差向异构体，环状结构通过开链形式互变并发生变旋现象。醛糖、酮糖都可被弱氧化剂氧化，如葡萄糖的醛基、伯醇羟基或两者都被氧化成羧基而分别生成葡萄糖酸、葡萄糖醛酸、1,6-葡萄糖二酸，其羰基可被还原成醇而生成糖醇（山梨醇）。单糖的羟基与酸反应生成酯，单糖的磷酸酯是糖类代谢重要的中间产物。糖的半缩醛羟基能与醇及酚的羟基反应，形成糖苷化合物。单糖衍生物有糖醇、糖醛酸、氨基糖、糖苷及糖脂等。

自然界中最常见的双糖有麦芽糖、乳糖和蔗糖等。麦芽糖是淀粉和糖原的重复结构单位，它是由一分子 *α*-D-葡萄糖的 C1 半缩醛羟基与另一分子 *α*-D-葡萄糖的 C4 醇羟基脱水而成的。乳糖是由一分子 *β*-D-半乳糖的 C1 半缩醛羟基与另一分子 *α*-D-葡萄糖的 C4 醇羟基脱水而成的。蔗糖是由一分子 *α*-D-葡萄糖的 C1 半缩醛羟基与另一分子 *β*-D-果糖的 C2 半缩酮羟基脱水而成的。麦芽糖和乳糖因为还具有半缩醛羟基，具有还原性，蔗糖无还原性。

多糖是主要的贮能物质，是细胞壁和胞外基质的结构成分。同多糖淀粉、糖原和葡聚糖是植物、动物和细菌的贮能多糖。直链淀粉是 D-葡萄糖以 *α*-（1→4）-糖苷键形成的多糖链，支链淀粉和糖原除 *α*-（1→4）-糖苷

键外还有 α-(1→6)-糖苷键。同多糖纤维素和壳多糖是结构多糖。植物细胞壁的结构杂多糖有半纤维素和果胶物质，由不同的五碳糖和六碳糖组成。脊椎动物细胞外基质的结构杂多糖有透明质酸、硫酸软骨素、硫酸角质素和肝素。

糖缀合物是指糖类与非糖物质以共价键连接的复合物。根据非糖物质的不同，糖缀合物可以分为糖蛋白、蛋白聚糖、肽聚糖、糖脂和脂多糖等，其中的多糖和寡糖是信息分子的载体。

思 考 题

1. 简述糖类的生物学功能。
2. 举例说明什么是同多糖，什么是杂多糖？
3. 支链淀粉和纤维素都是D-葡萄糖多聚物，但两者在物理性质上有很大的不同，为什么？解释各自物理性质的生物学优势。
4. 黏多糖如透明质酸为什么在水中所占的体积远比脱水时大？
5. 简述糖蛋白与蛋白聚糖的异同点。

参考答案

第六章　脂质与生物膜

脂质也称脂类，是一类微溶或不溶于水而易溶于有机溶剂的有机化合物。从化学组成或化学本质来看，绝大多数脂类是由脂肪酸和醇形成的酯及其衍生物。根据分子组成和化学结构，脂类可分为单纯脂类、复合脂类和衍生脂类。根据构成脂类分子的主要成分，可将其分为非皂化脂类和可皂化脂类。根据脂类的生物学功能，脂类可分为贮存脂类和结构脂类。脂类是重要的能量物质，可以转变为多种生理活性物质，可以为人和动物提供必需脂肪酸及参与代谢调节的类固醇激素；磷脂、糖脂、胆固醇是生物膜的重要组成部分，生物膜在物质运输、信息传递、能量转换、细胞识别等方面发挥着重要作用。本章主要介绍脂质的分类、生物膜的组成及功能。

第一节　脂 质 概 述

脂质（lipid）也称脂类，是一类微溶或不溶于水而易溶于有机溶剂的有机化合物。绝大多数脂类是由脂肪酸和醇所形成的酯及其衍生物，主要是碳、氢、氧，有些还含氮、磷、硫等。脂类广泛存在于生物界。

一、脂质的分类

1．根据分子组成和化学结构特点分类

（1）单纯脂类　　单纯脂类（simple lipid）是脂肪酸和醇（甘油、高级一元醇或固醇）形成的酯，包括三酰甘油（triacylglycerol，TAG）（又称甘油三酯）和蜡。

（2）复合脂类　　复合脂类（compound lipid）中除含脂肪酸和醇外，还含有磷酸、糖或含氮小分子等非脂成分，包括磷脂和糖脂两类。

（3）衍生脂类　　衍生脂类（derived lipid）是单纯脂类和复合脂类的衍生物，主要包括高级一元醇、脂肪酸及其衍生物、萜类、类固醇类、脂溶性维生素、脂多糖及脂蛋白等。

2．根据构成脂质分子的主要成分分类

（1）非皂化脂类　　非皂化脂类（unsaponifiable lipid）是不含结合脂肪酸的脂类，包括萜类、类固醇类等。这类脂不能被碱水解而生成皂（脂肪酸盐）。

（2）可皂化脂类　　可皂化脂类（saponifiable lipid）是指与脂肪酸结合的脂类，包括磷脂、糖脂及蜡等。这类脂能被碱水解生成皂。

3．根据生物学功能分类

（1）贮存脂类　　贮存脂类（storage lipid）主要是三酰甘油，是甘油与脂肪酸缩合形成的脂。贮存脂类为常见的脂肪。

（2）结构脂类　　结构脂类（structural lipid）主要是类脂（lipoid），包括磷脂、糖脂、胆固醇及胆固醇酯等。

二、脂质的生物学功能

1. 重要的能量物质 1g 脂肪在体内完全氧化分解可产生 39kJ 的能量，是等量葡萄糖的 2.3 倍。脂肪以高度疏水状态存在，1g 脂肪所占体积为 1.2mL，仅是等量糖的 1/4 左右，因此脂肪是生物体内最为有效的能量贮能形式。动物摄入的能源物质超过了其所需要的能量消耗时，就以脂肪形式储存起来，当摄入的能源物质不能满足生理活动需要时，脂肪会被动员并氧化供能。动物贮脂数量会随着营养状况的改变而增减。

2. 可以转变为多种生理活性物质 胆固醇可以转化为性激素、肾上腺皮质激素、维生素 D_3 和胆汁酸。磷脂代谢的中间产物如二酰甘油、磷酸肌醇，可作为信号分子参与代谢调节。

3. 可以为人和动物提供必需脂肪酸 脂肪酸（fatty acid）是由一条长的烃链和一个末端羧基组成的羧酸。从动物、植物和微生物中分离出来的脂肪酸已有百余种。生物体内仅有少量脂肪酸以游离形式存在，而绝大部分是以三酰甘油、磷脂、糖脂等结合形式存在。脂肪酸的烃链含有不饱和双键的脂肪酸称为不饱和脂肪酸（unsaturated fatty acid），如油酸、亚油酸等；不含双键的脂肪酸则称为饱和脂肪酸（saturated fatty acid），如软脂酸、硬脂酸等。天然脂肪酸多为偶数碳原子；少数为奇数碳原子，多存在于某些海洋生物中，陆地生物则含量极少。习惯上将碳原子数目小于 10 的脂肪酸称为短链脂肪酸，常温下呈液态；碳原子数目高于 10 的称为长链脂肪酸，常温下呈固态。不饱和脂肪酸在常温下呈液态。不同脂肪酸之间的主要区别在于烃链的长度、双键数目、双键位置及构型。脂肪酸常用简写符号来表示，其书写方法是先写出脂肪酸的碳原子数目，再写出双键数目，两者之间以冒号隔开，双键位置用 Δ 和右上角标数字表示，数字间以逗号隔开，在数字后面以 c（*cis*，顺式）或 t（*trans*，反式）表示双键的构型。例如，十八碳饱和脂肪酸（硬脂酸）的简写符号为 18:0；顺,顺-9,12-十八碳二烯酸（亚油酸）简写为 $18:2\Delta^{9c,12c}$。常见的脂肪酸见表 6-1。

表 6-1 常见的脂肪酸

名称（俗名）	英文名	简写符号	结构	熔点/℃	分布范围
饱和脂肪酸					
丁酸（酪酸）	butyric acid	4:0	$CH_3(CH_2)_2COOH$	−7.9	奶油
己酸（羊油酸）	caproic acid	6:0	$CH_3(CH_2)_4COOH$	−3.4	奶油、羊脂、可可油
辛酸（羊脂酸）	caprylic acid	8:0	$CH_3(CH_2)_6COOH$	16.7	奶油、羊脂、可可油
癸酸（羊蜡酸）	capric acid	10:0	$CH_3(CH_2)_8COOH$	32	椰子油、奶油
十二酸（月桂酸）	lauric acid	12:0	$CH_3(CH_2)_{10}COOH$	44	鲸蜡、椰子油
十四酸（豆蔻酸）	myristic acid	14:0	$CH_3(CH_2)_{12}COOH$	54	肉豆蔻脂、椰子油
十六酸（棕榈酸）	palmitic acid	16:0	$CH_3(CH_2)_{14}COOH$	63	动植物油
十八酸（硬脂酸）	stearic acid	18:0	$CH_3(CH_2)_{16}COOH$	70	动植物油
二十酸（花生酸）	arachidic acid	20:0	$CH_3(CH_2)_{18}COOH$	75	花生油
二十二酸（山嵛酸）	behenic acid	22:0	$CH_3(CH_2)_{20}COOH$	80	山嵛、花生油

续表

名称（俗名）	英文名	简写符号	结构	熔点/℃	分布范围
二十四烷酸（木蜡酸）	lignoceric acid	24:0	$CH_3(CH_2)_{22}COOH$	84	花生油
二十六酸（蜡酸）	cerotic acid	26:0	$CH_3(CH_2)_{24}COOH$	87.7	蜂蜡、羊毛脂
二十八酸（褐煤酸）	montanic acid	28:0	$CH_3(CH_2)_{26}COOH$	—	蜂蜡
不饱和脂肪酸					
十八碳一烯酸（油酸）	oleic acid	$18:1\Delta^{9c}$	$CH_3(CH_2)_7CH{=}CH(CH_2)_7COOH$	13.4	动植物油
十八碳二烯酸（亚油酸）	linoleic acid	$18:2\Delta^{9c,12c}$	$CH_3(CH_2)_4(CH{=}CHCH_2)_2(CH_2)_6COOH$	−5	棉籽油、亚麻仁油
十八碳三烯酸（亚麻酸）	linolenic acid	$18:3\Delta^{9c,12c,15c}$	$CH_3(CH{=}CHCH_2)_3(CH_2)_6COOH$	−11	亚麻仁油
二十碳四烯酸（花生四烯酸）	arachidonic acid	$20:4\Delta^{5c,8c,11c,14c}$	$CH_3(CH_2)_4(CH{=}CHCH_2)_4(CH_2)_2COOH$	−50	磷脂酰胆碱、磷脂酰乙醇胺
二十碳五烯酸	eicosapentaenoic acid（EPA）	$20:5\Delta^{5c,8c,11c,14c,17c}$	$CH_3(CH_2)_4(CH{=}CHCH_2)_5(CH_2)_2COOH$		鱼油
二十二碳六烯酸	docosahexoenoic acid（DHA）	$22:6\Delta^{4c,7c,10c,13c,16c,19c}$	$CH_3CH_2(CH{=}CHCH_2)_6CH_2COOH$		鱼油

人和其他哺乳动物体内能够合成多种脂肪酸，但不能合成Δ^9之后双键的不饱和脂肪酸，如亚油酸和亚麻酸等多不饱和脂肪酸（polyunsaturated fatty acid，PUFA）。将人和动物体不能合成或合成量不能满足机体需要，必须由食物供给的脂肪酸称为必需脂肪酸（essential fatty acid）。必需脂肪酸不仅是细胞膜的重要成分，也是合成前列腺素（prostaglandin）、血栓素（thromboxane）、白三烯（leukotriene）等生物活性物质的前体。亚油酸和亚麻酸可直接从植物食物中获得，亚油酸属于ω-6（或n-6）系脂肪酸，亚麻酸属于ω-3（或n-3）系脂肪酸。亚麻酸在人体内可以衍生出二十碳五烯酸（EPA）和二十二碳六烯酸（DHA），EPA 和 DHA 对婴幼儿视力和大脑发育、成人改善血液循环有重要意义。亚油酸在人体内可转化为γ-亚麻酸，并进而延长为花生四烯酸，是维持细胞膜结构和功能必需的。

此外，脂类还可为人和动物提供参与代谢调节的类固醇激素。动物皮下和脏器周围的脂肪具有防止机械损伤和固定内脏的保护作用，脂肪还有防止热量散失，维持体温的功能。油脂是一种良好的溶剂，有助于脂溶性物质的吸收。蜡是海洋浮游生物体内能量物质的主要贮存形式。羽毛、被膜及果实表层的蜡质对防水、减少外部感染及防止水分蒸发等均具有重要作用。

第二节　生物膜的化学组成

生物膜（biomembrane）主要由蛋白质和脂质组成，还有少量的糖、金属离子等，并结合一定的水。膜中蛋白质和脂类的比值不是定值，膜的功能越复杂，蛋白质比例越高。例如，神经髓鞘膜仅含有 3 种蛋白质，主要起绝缘作用，而线粒体内膜功能复杂，含 70 多种蛋白质。

几种生物膜的化学组成见表 6-2。

表 6-2 几种生物膜的化学组成（%）

生物膜	蛋白质	脂质	糖
神经髓鞘膜	18	79	3
人红细胞膜	49	43	8
内质网膜	67	33	2.9
线粒体外膜	52	48	2.4
线粒体内膜	76	24	1～2
小鼠肝细胞膜	44	52	4
革兰氏阳性菌	75	25	—

一、膜脂

生物体膜脂（membrane lipid）的主要成分包括磷脂（phospholipid）、糖脂（glycolipid）和类固醇（steroid）等。

（一）膜脂的种类

1．磷脂　磷脂是含有磷酸的脂类，主要包括甘油磷脂（glycerophospholipid）和鞘磷脂（sphingomyelin）两大类。

（1）甘油磷脂　甘油磷脂又称磷酸甘油酯（phosphoglyceride），由甘油、脂肪酸、磷酸等物质所组成，属于磷脂酸的衍生物，是膜脂的主要成分。其结构通式如图 6-1 所示。

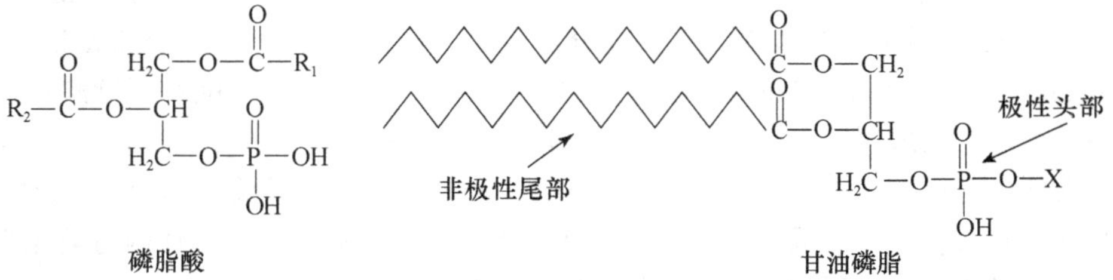

图 6-1　磷脂酸和甘油磷脂的结构

R_1 通常为饱和烃基；R_2 为不饱和烃基；X 为胆碱、乙醇胺（胆胺）、丝氨酸、肌醇等

如结构通式所示，分子中磷酸基与 X 酯化的部分一起构成极性头部，两条长的烃链构成非极性尾部，这种两性分子在构成生物膜结构中具有重要作用。常见的甘油磷脂包括磷脂酰胆碱（卵磷脂）、磷脂酰乙醇胺（脑磷脂）、磷脂酰丝氨酸（丝氨酸磷脂）、磷脂酰肌醇（肌醇磷脂）等。

（2）鞘磷脂　鞘磷脂即鞘氨醇磷脂（phosphosphingolipid），由鞘氨醇、脂肪酸、磷酸、胆碱或乙醇胺所组成。鞘氨醇至今已发现 60 多种，最常见的是 4-烯鞘氨醇，常称 D-鞘氨醇，其次是二氢鞘氨醇和 4-羟二氢鞘氨醇，又称植物鞘氨醇。鞘氨醇的—NH_2 与脂肪酸以酰胺键相连，则形成神经酰胺（ceramide，Cer），是鞘脂的共同基本结构。神经酰胺的伯醇基与磷酸胆碱或磷酸乙醇胺酯化即鞘磷脂。D-鞘氨醇及其所形成的神经酰胺、鞘磷脂的结构如图 6-2 所示。

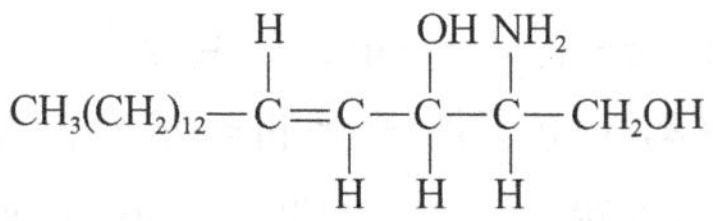

D-鞘氨醇

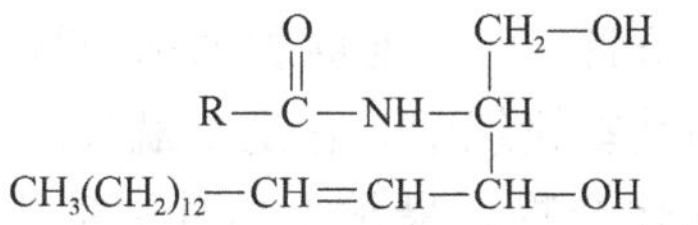

神经酰胺

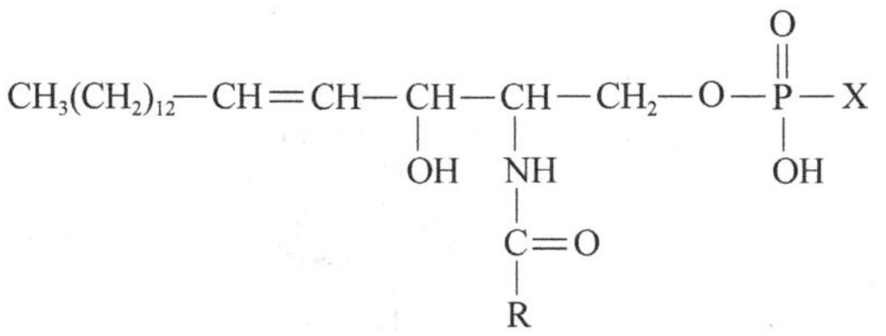

鞘磷脂

图 6-2　D-鞘氨醇、神经酰胺和鞘磷脂的结构

式中与—NH_2连接的脂肪酸多为 C_{16}、C_{18}、C_{24} 脂肪酸。X 为胆碱或乙醇胺（少数），形成的鞘磷脂称胆碱鞘磷脂（choline sphingomyelin，即神经鞘磷脂）或乙醇胺鞘磷脂（ethanolamine sphingomyelin）。鞘磷脂也具有两个疏水的尾部和一个极性头部

在植物鞘磷脂中，代之胆碱、乙醇胺与磷酸相连的是一个肌醇及与之相连的由 3～4 个单糖组成的寡糖，所以又称植物糖鞘磷脂。

2．糖脂　糖脂是指糖通过其半缩醛羟基以糖苷键形式与脂类连接的复合脂。糖脂可分为鞘糖脂（glycosphingolipid）、甘油糖脂（glyceroglycolipid），以及由类固醇衍生的糖脂。其中，前两类糖脂为生物膜的结构成分。

（1）鞘糖脂　鞘糖脂最初从脑组织中提取，它以神经酰胺作为基本结构，是神经酰胺的伯醇基与糖基相连所形成的糖苷化合物。糖基有单糖，也有寡糖。糖基中不含唾液酸的鞘糖脂称为中性鞘糖脂，如半乳糖脑苷脂（galactosylcerebroside）、葡萄糖脑苷脂（glucocerebroside）、乳糖脑苷脂（lactosylceramide）等。糖基部分被硫酸化的鞘糖脂称为硫酸鞘糖脂，也称硫苷脂（sulfatide），如半乳糖硫苷脂、葡萄糖硫苷脂。糖基部分含有唾液酸的鞘糖脂称为神经节苷脂（ganglioside），其糖基多为寡糖，含一个或多个唾液酸，人体内的神经节苷脂几乎都是 *N*-乙酰神经氨酸。硫酸鞘糖脂和神经节苷脂又统称为酸性鞘糖脂。鞘糖脂不仅是生物膜的结构成分，还是血型抗原、受体等物质，在细胞识别与黏着、血液凝固及神经冲动传导中起重要作用。鞘糖脂的结构如图 6-3 所示。

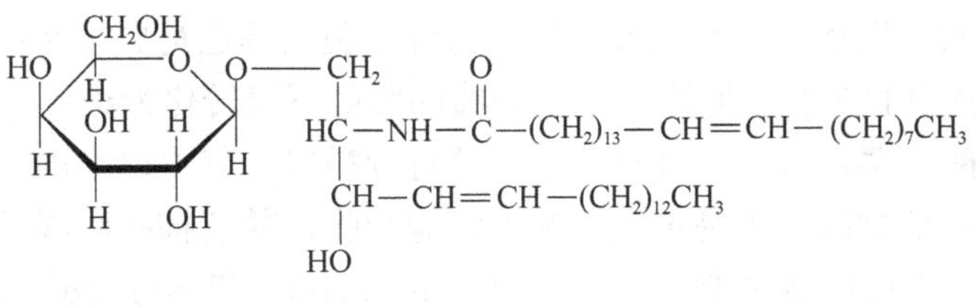

半乳糖脑苷脂

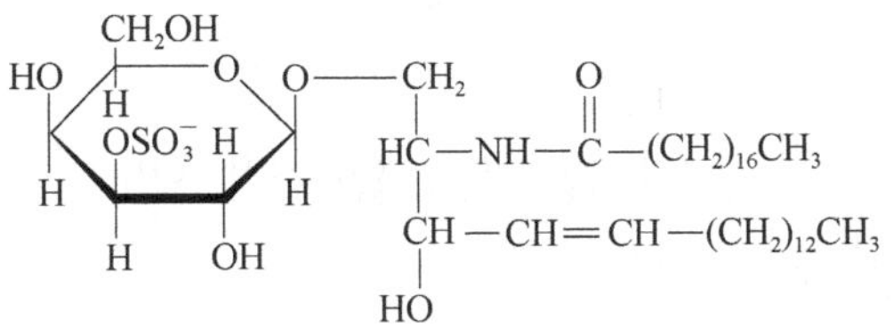

硫酸脑苷脂

图 6-3　鞘糖脂的结构

（2）甘油糖脂　甘油糖脂也称糖基甘油酯（glycoglyceride），主要存在于植物、微生物及哺乳动物的某些组织中。它是二酰甘油分子中第3位碳原子上的羟基与糖基以糖苷键形式连接所形成的化合物。最常见的甘油糖脂有单半乳糖基二酰甘油（monogalactosyldiacylglycerol，MGDG）和二半乳糖基二酰甘油（digalactosyldiacylglycerol，DGDG）。甘油糖脂的结构如图6-4所示。

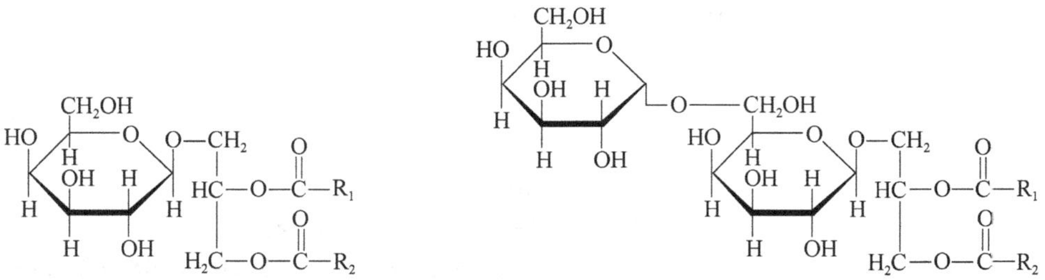

图6-4　甘油糖脂的结构

3. 类固醇　类固醇（steroid）化合物的基本结构是环戊烷多氢菲（perhydrocyclopentanophenanthrene）（图6-5），在A、B（C10）和C、D（C13）环之间各有一个甲基侧链的环戊烷多氢菲称为“甾”，因此类固醇又称甾醇（sterol）。根据甾核上结构的差异，类固醇化合物分为固醇及其衍生物。

图6-5　环戊烷多氢菲和甾醇的结构

（1）固醇　固醇是甾核C3上有一个羟基、C17上有一个含8～10个碳原子烃链的化合物。依来源不同，固醇可分为动物固醇、植物固醇及真菌固醇。动物固醇主要包括胆固醇（cholesterol）（图6-6）、羊毛固醇、二氢胆固醇、粪固醇及7-脱氢胆固醇等。胆固醇是两性分子，对维持膜脂的物理状态具有调节作用。另外，胆固醇也是血浆脂蛋白的成分，与动脉粥样硬化有关。皮肤中的7-脱氢胆固醇在紫外线的照射下可转化为维生素D_3。植物固醇主要包括谷固醇、豆固醇、菜油固醇、菠菜固醇、菜籽固醇等，其中以谷固醇、豆固醇为多，存在于小麦、大豆中。植物固醇不易被人肠黏膜细胞吸收，并能抑制胆固醇的吸收，从而降低血清中胆固醇水平。真菌固醇主要为麦角固醇（ergosterol）和酵母固醇（zymosterol）等，是由麦角菌和酵母产生的，其中的麦角固醇在紫外线照射下可转化为维生素D_2。

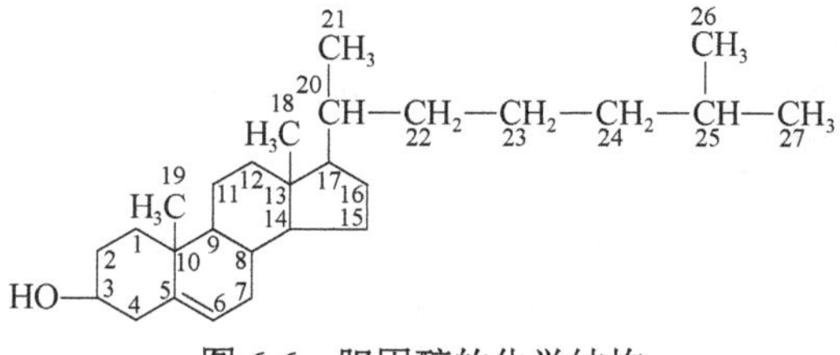

图6-6　胆固醇的化学结构

（2）固醇衍生物　人和动物体内的类固醇物质是由胆固醇转化的固醇衍生物，如肾上腺素、性激素、维生素 D_3 和胆汁酸等，对人和动物的生长、发育、繁殖及脂类的消化吸收起着非常重要的作用。植物中强心苷的配基和某些皂苷的配基、植物和昆虫产生的蜕皮激素及蟾蜍腮腺分泌的蟾毒素等都是类固醇物质，后者具有与强心苷相似的生理作用。

（二）膜脂的多态性

膜脂是两性分子，在水中的溶解度很低，可自发形成胶束微粒（micelle）、脂双层和脂质体等结构（图 6-7）。当磷脂加入水中后，由于疏水部分的表面积较大，只有极少的分子以游离单体存在。磷脂分子在水-空气界面倾向于形成分子层。极性部分与水接触，烃“尾部”伸向空气一侧。如果加入较多的磷脂分子，使水-空气界面达到饱和，磷脂分子就以微团或双层形式存在。这两种形式都使磷脂分子的极性头部与水接触并通过疏水键和范德瓦耳斯力使酯酰链尽可能靠近，同时极性头部聚合在一起。只含有一条脂酰基侧链的溶血磷脂、游离脂肪酸和去垢剂的单个分子为圆锥形，容易形成微团结构。但大多数磷脂和糖脂都含有两条脂酰基侧链，单个分子为圆柱形，在水溶液中自发组装形成脂双层结构并进一步封合为双层微囊，称为脂质体（liposome）。脂质体比平面脂双层形式的优越性在于使疏水的烃链部分完全不与水相接触，这样的结构形式是最稳定的。脂质体是一类人工膜，其理化特性十分接近天然生物膜，是研究生物膜结构与功能的良好材料，并作为药物的载体被广泛用于医药研究之中。

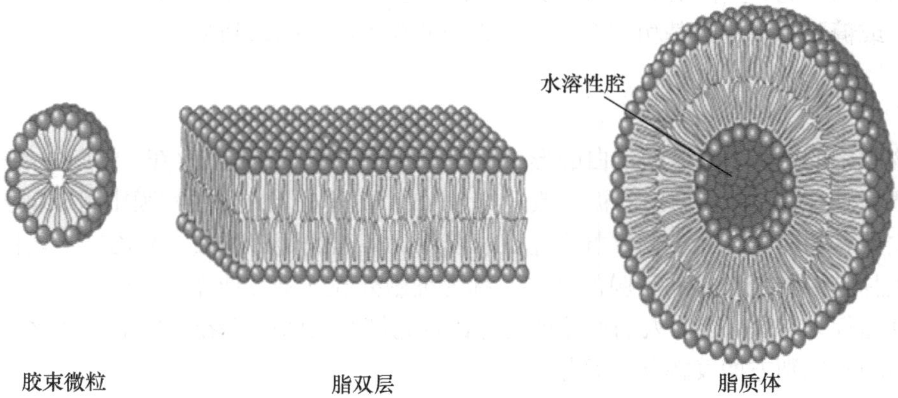

图 6-7　膜脂的结构

二、膜蛋白

膜蛋白（membrane protein）与生物膜功能直接相关，膜蛋白包括膜上的受体、酶、离子通道、转运蛋白、结构蛋白和电子传递体等。依据膜蛋白与脂双层相互作用方式的不同，可将其分为外在蛋白（extrinsic protein）、内在蛋白（integral protein）和脂锚定蛋白（lipid-anchored protein）（图 6-8）。

1．外在蛋白　外在蛋白也称外周蛋白，分布在膜的表面，通过离子键、氢键等非共价键与膜脂极性头部相结合。它不伸入脂双层之中，为水溶性蛋白。一般用比较温和的方法处理，如改变溶液的离子强度或 pH、加入金属螯合剂等就能使外周蛋白从膜上溶解下来。外在蛋白一般占膜蛋白的 20%～30%。

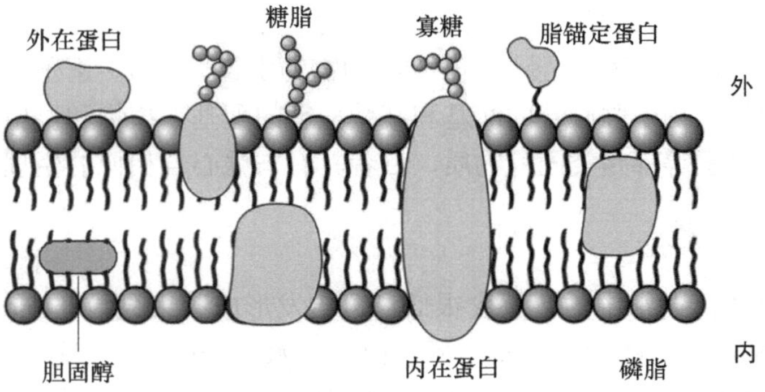

图 6-8 膜蛋白的分类（刘国琴和杨海莲，2019）

2. 内在蛋白 内在蛋白也称整合蛋白，属于两性分子。内在蛋白含有较多的疏水性氨基酸，主要通过与膜质的疏水部分以疏水相互作用结合在膜上，有的插入脂双层中，有的贯穿整个脂双层，有的埋在脂双层内。内在蛋白多肽链往往以 α 螺旋或 β 折叠的形式跨膜或插入膜脂双层，且以 α 螺旋更为普遍；跨膜结构域两端多为带正电荷的氨基酸，与磷脂分子带负电荷的极性头部形成离子键。内在蛋白不易与膜脂分离，难溶于水，只有采用剧烈的条件如用去污剂、有机溶剂、变性剂处理，才能将它们从膜上溶解下来。内在蛋白一般占膜蛋白的 70%～80%。

3. 脂锚定蛋白 脂锚定蛋白不含跨膜的肽段，但通过共价结合的脂质提供的疏水尾锚定到质膜的一侧。蛋白质通过共价键与膜内的脂酰基（如棕榈酰、豆蔻酰）、异戊烯基（如法尼基）或糖肌醇磷脂酰基相结合并通过它们的疏水部分插入到膜内。

三、膜糖

生物膜中的糖类，多以糖蛋白的形式存在，少量以糖脂的形式存在。糖脂中的糖以单糖、双糖或寡糖基存在；糖蛋白中的糖一般是约含 15 个糖基的糖链。生物膜中组成糖蛋白、糖脂的单糖主要有葡萄糖、半乳糖、甘露糖、岩藻糖、*N*-乙酰葡萄糖胺、*N*-乙酰半乳糖胺和唾液酸等。生物膜中的糖链分布于膜的外侧，称为细胞外壳（糖被或糖萼）（图 6-8），它可能与细胞的表面行为有关，因此人们形象地将它比喻为细胞表面的“化学天线”，在接受外界信息及细胞间相互识别方面发挥着重要作用。

第三节 生物膜的结构

生物膜是由膜脂、膜蛋白、膜糖定向定位排列，高度组织化的分子装配体。脂质双分子层是所有生物膜具有的共同特征，即非极性（疏水）的尾部在双层膜的内部，依靠疏水作用力聚在一起，极性（亲水）头部在膜的表面。

一、生物膜的结构模型

从 19 世纪末到 20 世纪中叶，许多学者曾提出了数十种生物膜的结构模型，如脂双层模型、三夹板模型、单位膜模型、流动镶嵌模型等，其中被人们广泛接受的是 1972 年由美国学者 Singer 和 Nicolson 提出的流动镶嵌模型（fluid mosaic model）（图 6-9）。该模型不仅强调膜脂与膜蛋白的相互作用，还突出了膜的动态性和膜组分的不对称性，得到广泛的支持。

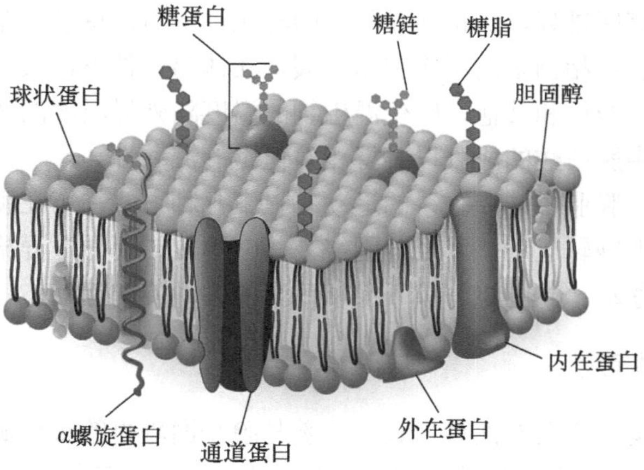

彩图

图 6-9　流动镶嵌模型

流动镶嵌模型的要点：①膜的基质或膜结构的主体是极性的脂质双分子层；②疏水尾部含有饱和或不饱和脂肪酸，这些脂肪酸在细胞的正常温度下呈液态，具有流动性；③膜内在蛋白的表面具有疏水的氨基酸侧链基团，可“溶解”于双分子层中心疏水部分中；④膜外周蛋白含有亲水氨基酸的侧链基团，可与脂质双分子层的极性头部连接；⑤膜脂和膜蛋白能做旋转和侧向运动。

二、生物膜的流动性

流动性（fluidity）是生物膜结构的主要特征。大量的研究结果表明，合适的流动性对生物膜发挥正常生理功能如物质运输、能量转换、信息传递、细胞分裂、细胞融合、胞吞、胞吐及激素调节等非常重要。膜的流动性包括膜脂和膜蛋白的运动状态或“运动性”（mobility）。

（一）膜脂的流动性

膜脂的组分主要是磷脂，膜脂的流动性主要取决于磷脂。在生理条件下，磷脂大多呈液晶态，既具有液体的流动性，又具有晶体的有序性。当温度降低时，液晶态可转变为类似于晶体的凝胶态或固态，分子排列整齐有序（图 6-10）。

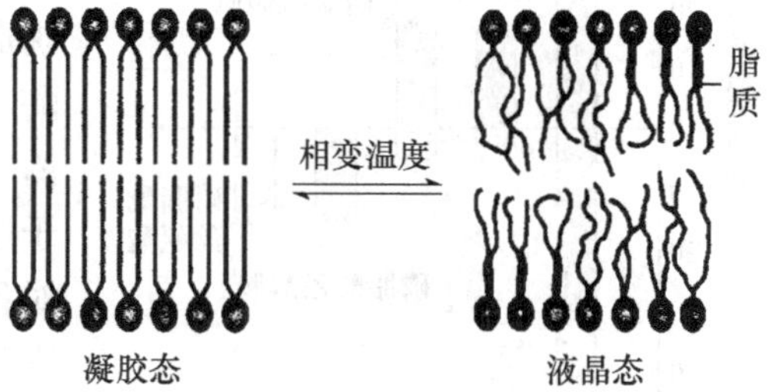

图 6-10　膜脂的相变

膜脂液晶态和凝胶态相互转变的温度称为相变温度（T_C）。各种膜脂由于组分不同而具有各自的相变温度。由于膜脂的组分很复杂，其相变温度范围比较宽。凡含饱和脂肪酸多、烃链长的膜脂，相变温度高；含不饱和脂肪酸多、烃链短，则相变温度低。在一定温度下，相变温度高的膜脂比相变温度低的膜脂的流动性小。

膜脂流动性的另一个决定因素是胆固醇。真核细胞的质膜含有较多的胆固醇。胆固醇的插入，可以防止膜脂内脂肪酰基链的凝聚，同时还可使脂肪酰基链之间尽可能分隔开。胆固醇也可以使膜脂的流动性降低，因为脂肪酰基之间插入了胆固醇，使脂肪酰基在空间内运动受到了制约，所以胆固醇是膜脂流动性的重要调节剂。在相变温度以上时，胆固醇阻扰膜脂分子脂酰基链的旋转异构化运动，从而降低膜脂的流动性。在相变温度以下时，胆固醇会阻止磷脂的脂酰基链的有序排列，防止向凝胶态的转化，从而保持了膜脂的流动性。

哺乳动物细胞膜含有相当多的不饱和脂肪酸，在体温条件下，质膜脂双层处于液晶态，具有流动性，而细菌、酵母和其他一些变温生物的温度随外界温度的变化而上下波动，它们必须不时改变其质膜中脂肪酸的成分以维持相对恒定的流动性。

在相变温度以上，膜脂中磷脂分子的运动有以下几种方式：①在膜内做侧向扩散或侧向移动；②在双脂层中做翻转运动；③烃链围绕 C—C 键旋转而导致异构化运动；④围绕与膜平面相垂直的轴左右摆动；⑤围绕与膜平面相垂直的轴做旋转运动。

（二）膜蛋白的流动性

膜蛋白在膜中的运动主要有两种形式，沿着与膜平面垂直的轴做旋转运动和在膜平面做侧向扩散运动。膜蛋白没有跨越膜脂双层的“翻转”运动，这有利于维持膜蛋白的不对称性。与膜脂相比较，膜蛋白的侧向扩散要慢得多，而旋转运动的扩散比侧向扩散还要慢。膜蛋白的运动性与膜下细胞骨架和膜蛋白的结合状态有关，也与膜脂的流动性有关。

膜脂的流动性对内在蛋白嵌入脂双层的深度有一定影响。当膜脂的流动性降低时，嵌入的膜蛋白暴露于水相的部分就会增加。相反，如果膜脂的流动性增加，嵌入的膜蛋白则更多地深入膜脂双层。因此，膜脂流动性的变化会影响膜蛋白的构象与功能。膜脂合适的流动性是膜蛋白正常功能表现的必要条件，在生物体内，可以通过细胞代谢、pH、金属离子（Mg^{2+}、Ca^{2+}等）等因素对生物膜进行调控，使其具有合适的流动性，从而表现其正常功能。

（三）生物膜组分的不对称性

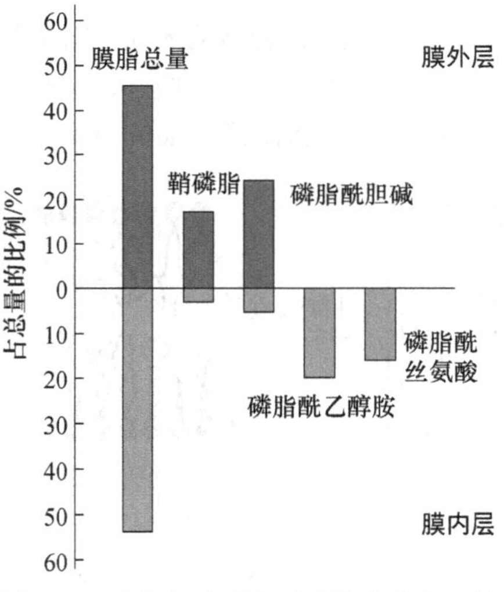

图 6-11　人红细胞膜主要磷脂在膜内、外两侧的分布

构成膜组分的脂质、膜蛋白和糖类在膜两侧的分布是不对称的。就红细胞质膜而言，其脂双层的外侧以磷脂酰胆碱和鞘磷脂占优势，内侧以磷脂酰乙醇胺和磷脂酰丝氨酸占优势（图 6-11）；膜蛋白中乙酰胆碱酯酶、Rh 抗原、主要组织相容性抗原等少量内在蛋白暴露于膜的外侧，而其余的内在蛋白和外在蛋白均暴露于胞质一侧。由此可见，不但膜脂在膜两侧的分布不对称，而且膜蛋白，无论是外在蛋白，还是内在蛋白，它们在膜两侧分布的种类和数量也是不对称的。外在蛋白有的专一分布于外侧，有的分布于内侧。内在蛋白有的从内侧嵌入或插入，有的从外侧嵌入或插入。即使是跨膜蛋白，它们在膜两侧的疏水区和暴露在两侧亲水区的组分都是不同的。膜脂的这种不对称性分布和膜蛋白的定向分布与其功能有密切关系。如果存在于红细胞质膜内侧较多的磷脂酰丝氨酸和磷脂酰乙醇胺一旦转入外侧，则会产生促进血液凝固的效应。质膜的不对称分布会导致膜两侧电荷数量和流动性等的差异。

另外，糖类在膜上的分布也是不对称的，无论是质膜还是细胞器膜的糖脂和糖蛋白的糖大都分布于膜外侧，且暴露于膜外，呈现分布上的绝对不对称。膜组分分布的不对称性，在时间和空间上确保了各种生理功能有序的进行。

第四节　生物膜的功能

生物膜是多功能性的结构，是活细胞不可缺少的复合体，细胞内许多生命活动都与膜相关。生物膜主要具有物质运输、信号传递、能量转换、细胞识别等生理功能。

一、物质运输

生物膜是具有高度选择性的通透屏障。它的作用在于能够精确地调节细胞与内外环境之间的物质分子和离子的流通，从而保持细胞内物质分子和离子的组成及 pH 处于动态恒定状态。根据被运输物质分子的大小，物质运输可分为小分子物质的跨膜运输和大分子物质的跨膜运输两类。

（一）小分子物质的跨膜运输

根据运输过程是否消耗能量，小分子物质的跨膜运输可分为被动运输（passive transport）和主动运输（active transport）。

1．被动运输　被动运输是物质从高浓度的一侧通过膜运输到低浓度的一侧，即顺浓度梯度方向的跨膜运输过程。被动运输是一个不需要消耗能量的自发过程，物质的运输速率与膜两侧运输物质的浓度差、物质分子的大小、电荷和在脂双层中的溶解性有关。根据物质运输是否需要特异性运输载体，被动运输又分为简单扩散和促进扩散两种。

简单扩散（simple diffusion），也称自由扩散，是指非极性或水溶性的小分子（如 H_2O、O_2、CO_2、尿素、乙醇等）从高浓度的一侧通过膜进入低浓度一侧的过程。这种跨膜运输方式不需要细胞提供能量，也没有运输载体的帮助。物质在膜上的通透性主要取决于分子极性和分子大小，非极性分子比极性分子容易穿过膜，小分子比大分子容易穿过膜。例如，O_2、N_2 和苯等极易通过细胞膜，水分子也比较容易通过膜。据估计，膜上亲水微孔的平均直径约 0.8nm，直径小于 0.8nm 的分子、离子如水、尿素、乳酸、甘油、Cl^-、K^+、Na^+ 等都能以不同的速率（通透率）通过简单扩散透过膜的微孔（图 6-12）。

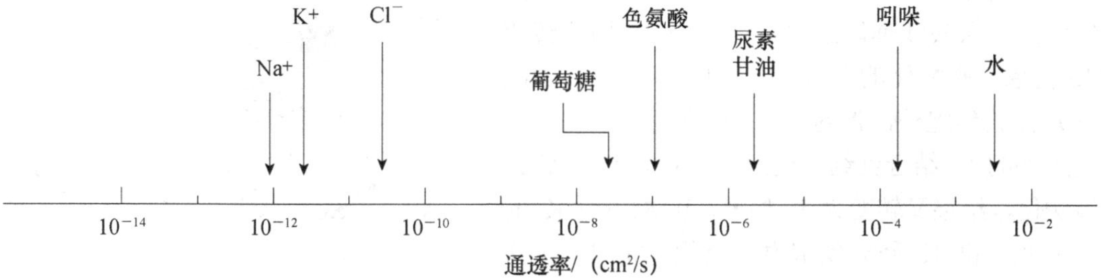

图 6-12　脂双层对一些物质的通透率

促进扩散（facilitated diffusion），也称帮助扩散或易化扩散，是需要膜上特异性运输载体帮助所进行的扩散。促进扩散的作用有两种（图 6-13）：①膜上有特定的蛋白质能自身形成横贯细胞脂双层的通道，让特定的离子通过，进入膜的另一侧，这种蛋白质称为离子通道（ionic channel）。离子通道的构象变化使离子通道扩大或缩小，甚至完全封闭。离子通道对被运输离子的大小与电荷有高度的选择性，运输速率高的可达每秒 10^6 个离子，为载体蛋白的 100

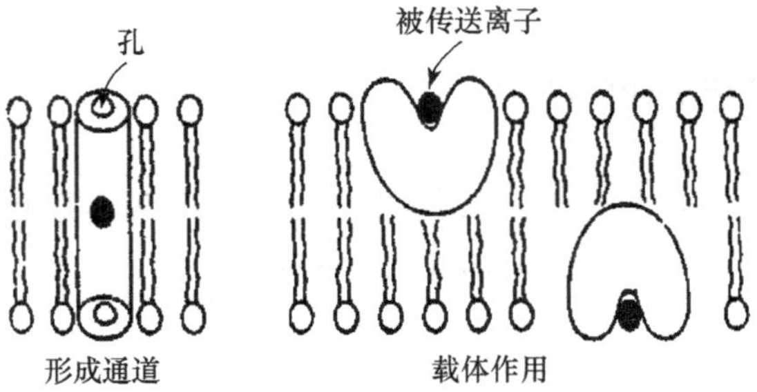

图 6-13 脂双层上的通道和载体

倍以上。离子通道在多数情况下呈关闭状态，只有在膜电位或化学信号物质刺激后，才开启形成通道。离子通道在神经元与肌细胞冲动传递过程中起着重要作用。含羞草的闭叶反应、草履虫的快速转向运动都与离子通道有关。②生物膜上的特异性载体蛋白（carrier protein）在膜外表面与被运输的物质结合，结合后的复合物经扩散、转动、摆动或其他运动向膜内转运。在膜的内表面，由于载体构象的改变，被运输的物质从载体上解离出来，留在膜的内侧，如革兰氏阴性菌细胞质膜外表面存在许多小分子蛋白质，可以帮助被运输物质如氨基酸、葡萄糖和金属离子等的转移。整个过程顺浓度梯度或电化学梯度运动，促进了扩散，减少了物质在膜两侧浓度达到平衡所需要的时间，其运输速率随膜外被运输物质浓度的增加而增大，最后达到饱和。

2. 主动运输 主动运输是物质逆浓度梯度或电化学梯度的跨膜运输方式，是一个耗能的过程。它一方面需要膜上特异性载体参与，另一方面还需要供能系统。主动运输常见的供能方式有：ATP 的水解；膜两侧的质子（H^+）或离子浓度梯度；膜两侧离子不对称分布而产生的膜电位（通常是外正内负）；其他高能磷酸化合物磷酸基团的转移等。

钠钾泵（钠钾 ATP 酶）是较典型的 ATP 供能的主动运输形式。钠钾泵由 α 和 β 两种亚基组成，在膜中形成 $\alpha_2\beta_2$ 四聚体。α 亚基的分子量为 120 000，至少含有 8 段跨膜的 α 螺旋区，大部分位于细胞质基质中，具有 ATP 酶活性。β 亚基的分子量为 35 000，只有一个跨膜 α 螺旋，是一个含有寡糖基的肽，寡糖基位于膜的胞外一侧。两个 α 亚基之间形成一个离子通道。

钠钾泵有 E_1 和 E_2 两种不同的构象，通过这两种构象的互变，把 K^+ 从胞外运至胞内，把 Na^+ 从胞内运至胞外。其运输机制为：E_1 是对 Na^+ 有高度亲和力的构象，Na^+ 结合于膜胞内一侧的结合位点上。Na^+ 的结合引发 E_1 的 α 亚基催化 ATP 使其自身 376 位天冬氨酸残基磷酸化，结果使 E_1 构象转变为 E_2 构象。磷酸化的 E_2 对 Na^+ 的亲和力低，因此将 Na^+ 释放到胞外，但对 K^+ 具有高度的亲和力，于是胞外的 K^+ 结合到结合位点上。K^+ 的结合使 E_2 去磷酸化，结果又转变为 E_1 构象，E_1 构象对 K^+ 的亲和力低，将 K^+ 释放到胞内。至此，完成了一次 Na^+-K^+ 的运输循环。据计算，每水解 1 分子 ATP，向胞外运输 3 个 Na^+，向胞内运输 2 个 K^+（图 6-14）。

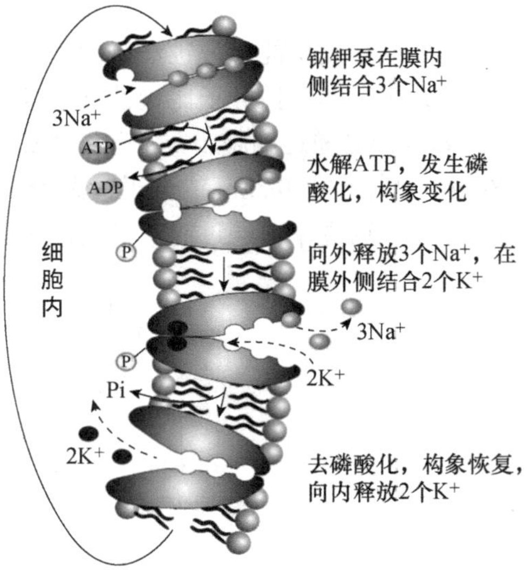

图 6-14 钠钾泵的作用机制
（刘国琴和杨海莲，2019）

钠钾泵维持 Na^+ 和 K^+ 的浓度梯度不仅与细胞的膜电位密切相关，而且负责调节细胞体积及驱动糖和氨基酸的转运。动物细胞所需要能量的 1/3 以上消耗在钠钾泵上。

（二）大分子物质的跨膜运输

大分子物质如蛋白质、核酸、多糖及细菌、病毒等的运输则主要是通过内吞和外排作用实现的，内吞和外排作用都发生质膜融合过程。

1．内吞作用　细胞从外界摄入的大分子或颗粒，逐渐被质膜的一小部分包围、内陷，然后从质膜上脱落下来，从而形成含有摄入物质的细胞内囊泡的，称为内吞作用（endocytosis）。若内吞物是固体颗粒则称为“吞噬作用”，若是液滴则称为“胞饮作用”。例如，原生动物摄取食物颗粒，人和动物体免疫系统的吞噬细胞内吞入侵的细菌、病毒、异体蛋白等有害的异物。此外，还存在由受体介导的内吞作用，它是被内吞物与细胞膜上的特异性受体相结合，随即引起细胞膜的内陷，形成囊泡，囊泡将内吞物裹入并输入到细胞内的过程。例如，人和动物体内低密度脂蛋白（low-density lipoprotein，LDL）被组织细胞摄取的机制就是如此，这是一个专一性很强的内吞作用。

2．外排作用　外排作用（exocytosis）与内吞作用相反，它是细胞内的物质先被囊泡裹入形成分泌囊泡，分泌囊泡向质膜迁移，然后与质膜接触、融合，并向外释放其内吞物的过程。例如，产生胰岛素的细胞将胰岛素分子堆积在细胞内的囊泡里，然后这种分泌囊泡与质膜融合并打开，从而向细胞外释放胰岛素。

3．蛋白质的跨膜运输　在真核细胞中，合成蛋白质的跨膜运输主要有以下3种形式：以内吞或外排形式通过质膜；在信号肽（signal peptide）、信号识别颗粒（signal recognition particle，SRP）、停靠蛋白质（docking protein，DP）等参与下，通过内质网膜；在前导肽（leader peptide）的作用下，通过线粒体膜、叶绿体膜、过氧化物酶体膜及乙醛酸循环体膜等。

二、信号传递

生物体在生长发育过程中，细胞之间、细胞内部各部位之间及细胞与外界环境之间不断地进行信号传递（signal transmission），这种交换是通过生物膜来实现的。

生物膜上有接收不同信号的专一性受体，这些受体能识别和接收各种特殊信号，如激素、神经递质、局部化学介导因子、药物、毒素及抗原等，并将不同信息分别传递给有关靶细胞产生相应的效应，以调节代谢、控制遗传和其他生理活动。例如，在神经冲动的传导中，神经冲动传递到神经末梢时，引起突触前膜去极化，Ca^{2+}进入突触细胞质内，从而使轴突终末部的突触小泡与突触前膜相融合并释放乙酰胆碱，作为神经冲动的信号。释放的乙酰胆碱通过突触间隙，并与突触后膜的特异性受体结合，引起突触后膜先后发生Na^{+}、K^{+}的瞬间通透性增高，从而去极化，使突触后膜兴奋，神经冲动才得以继续向下传递。由于神经冲动能向有关靶细胞传递，神经系统才能通过激素和酶的作用调节代谢和其他生理机能。

已知的跨膜信号传递途径主要包括核苷酸环化酶体系、酪氨酸蛋白激酶体系及磷脂酰肌醇体系。介导跨膜信号传递的第二信使包括cAMP、cGMP、IP_3、DAG、花生四烯酸和Ca^{2+}等。例如，肾上腺素和胰高血糖素作用于靶细胞质膜上的特异性受体，激活质膜上的腺苷酸环化酶，催化ATP转变为cAMP，cAMP使蛋白激酶A变构而激活，从而表现出一系列生理效应。

三、能量转换

生物体内的能量转换多数是在生物膜上发生的。神经传导作用是一种将化学能转变为电能的过程，肌肉收缩作用是将化学能转变为机械能，视觉作用是将光能转变为电能，光合作用是将光能转变为化学能，细胞呼吸是将营养物质在氧化分解过程中释放的化学能转变为另一种高能键化学能的结果。可见，生物膜在代谢能和光能转变为高能键化学能中起着重要作用。ATP 是生物体内能量交换的“通用货币”，在生物氧化及光合作用中，机体将多余的能量转变成 ATP 贮存起来；需要时，ATP 再将能量释放出来。

线粒体是细胞内一种以进行生物氧化和能量转化为主的细胞器，通过氧化磷酸化产生 ATP。1961 年，P. Mitchell 利用化学渗透学说（chemiosmotic hypothesis）解释了氧化磷酸化机制，得到了广泛的认可。在线粒体的内膜上有序地分布着电子传递载体和氧化磷酸化的酶系，这些组分按一定顺序定位于膜上并组成不同的复合体，形成两条主要的呼吸链（NADH 呼吸链和 $FADH_2$ 呼吸链），呼吸链具有质子泵的作用，质子被泵出线粒体内外膜之间，造成膜内外两侧跨膜的电位差，跨膜电化学势能被膜上 ATP 合酶所利用，使 ADP 与 Pi 合成 ATP。

植物体内的 ATP 主要是通过光合磷酸化和氧化磷酸化两种方式生成的。光合磷酸化反应的部位在叶绿体的类囊体膜上，上面有序地分布着光合色素系统、电子传递系统和光合磷酸化的酶系，光反应中吸收的光能以化学能的形式一部分贮存在 NADPH 中，另一部分则贮存在 ATP 中。

四、细胞识别

细胞识别（cell recognition）是指细胞有识别异己的能力，尤其是生殖细胞和免疫细胞（如吞噬细胞、淋巴细胞）的识别能力更为明显。一般来讲，识别作用是一种发生在细胞表面的现象，其本质是通过细胞膜上特定的膜受体或膜抗原与外来信号物质的特异结合进行识别的。淋巴细胞依赖细胞膜上特定的抗原受体识别并结合外来抗原，产生相应的抗体引起免疫反应。细胞膜上的特定抗原（如组织相容性抗原）也参与细胞识别。相同个体内的组织器官都有相同的相容性抗原，可以相容。不同个体间相容性抗原不同，相互排斥。鉴于这些特定的膜受体和膜抗原的化学本质都是糖蛋白或糖脂，糖链结构的特异性被认为是细胞识别的分子基础。

本章小结

脂质是一类微溶或不溶于水而易溶于有机溶剂的有机化合物，主要是碳、氢、氧，有些还含有氮、磷、硫等。脂类按分子组成和化学结构可分为单纯脂类、复合脂类和衍生脂类；按脂类分子的主要成分分为非皂化脂类和可皂化脂类；根据生物功能可分为贮存脂类和结构脂类。脂质具有重要的生物学功能，包括能量的产生、可以转变为多种生理活性物质及为人和动物提供必需脂肪酸等。必需脂肪酸是指对人和动物功能不可缺少，但必须由膳食提供的多不饱和脂肪酸。

生物膜的基本化学组成是脂类和蛋白质。磷脂是膜脂的主要成分，有甘油磷脂和鞘磷脂。此外还有糖脂和胆固醇。膜脂的双亲性是生物膜脂双层结构的化学基础，膜的脂质分子具有流动性，膜脂中含不饱和脂肪酸多、烃链短，则相变温度低，流动性好，胆固醇也影响其流动性，在相变温度以上时，胆固醇阻扰膜脂分子脂酰基链的运动，从而降低膜脂的流动性。在相变温度以下时，胆固醇的存在又会阻止磷脂酰基链的有序排列，从而保持了膜脂的流动性。膜蛋白根据其与膜的结合方式和紧密程度，分为外在蛋白、内在蛋白和脂锚定蛋白。膜蛋白的种类和数量越多，膜的功能也就越复杂。流动镶嵌模型描述了生物膜的结构，其显著的特征是膜的组成和功能具有不对称性，膜组分具有流动性，以及膜蛋白与膜脂之间存在相互作用，流动镶嵌模型得到了广泛的支持和接受。

生物膜的主要功能包括物质的跨膜运输，小分子物质的跨膜运输可分为被动运输和主动运输，大分子物质主要通过内吞作用、外排作用及蛋白质的跨膜运输进行转运。除此之外，生物膜还有细胞识别、信号传递和能量转换等功能。

思考题

1．简述脂类的生物学功能。

2．什么是必需脂肪酸？哺乳动物体内所需的必需脂肪酸有哪些？

3．简述影响生物膜流动性的因素。

4．什么是钠钾 ATP 酶？简述其作用机制。

5．简述生物膜物质转运的特点。

参考答案

第七章　代谢总论与生物氧化

代谢是生命的基本特征，分为合成代谢与分解代谢，代谢途径不可逆且受多种因素的调节。自由能对研究生物化学过程中的热力能学具有重要意义。生物机体所需的能量大多来自糖、脂肪、蛋白质等物质的氧化，这些有机物质在细胞内分解生成CO_2和水并释放能量的过程称为生物氧化。能量主要以高能化合物的形式储存，ATP 是能量的“通用货币”。真核生物的生物氧化主要发生在线粒体，原核生物主要发生在细胞膜上。线粒体中氧化生成的$NADH+H^+$和 $FADH_2$ 经呼吸链与氧反应生成水，同时通过氧化磷酸化生成 ATP。线粒体外生成的 $NADH+H^+$主要通过 3-磷酸甘油穿梭和苹果酸-天冬氨酸穿梭进入线粒体被氧化。本章主要介绍代谢及生物氧化的基本原理和特征等。

第一节　代 谢 总 论

一、代谢概述

广义的代谢是指包括微生物、植物和动物等生物圈的自然循环（图 7-1）。太阳能是地球生命的最终能源。狭义的代谢（metabolism）是指生物体内发生的所有化学反应，包括物质消化与吸收、合成与降解及能量转变等，是生物体与外界环境不断进行物质和能量交换的过程。代谢的本质是活细胞中发生的一系列化学反应，每一反应均由酶催化。除遗传信息转移外的所有方面都属于中间代谢（intermediary metabolism）。代谢是生命的基本特征，是生物体生长、运动、繁殖等生命现象的基础。

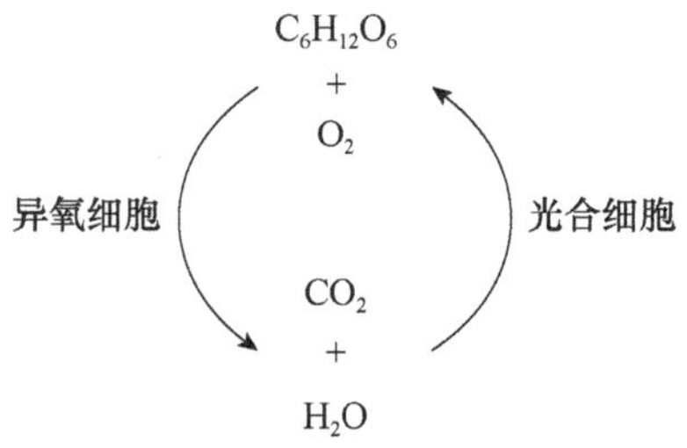

图 7-1　生物圈中碳与氧的循环

二、代谢的基本特征

（一）分解代谢与合成代谢

代谢分为分解代谢（catabolism）与合成代谢（anabolism）。分解代谢是大分子分解成小分子的降解反应。它可分为 3 个阶段：第一阶段是多聚体物质降解为构件分子；第二阶段是构件分子转变成小分子，如丙酮酸（pyruvic acid）与乙酸（acetic acid）等通过不同形式生成乙酰辅酶 A；第三阶段是小分子进一步氧化分解，如乙酰辅酶 A 经柠檬酸循环（citric acid cycle）氧化成 ATP、CO_2和 H_2O 等。

合成代谢是小分子前体合成大分子的过程。合成代谢一般不是分解代谢简单的逆向反应，而是由不同酶催化的，通常需要消耗 ATP。合成代谢与分解代谢相互联系、相互制约、彼此协调，对周围环境高度适应，通过共同中间产物组成一个复杂、庞大而有规律的代谢网络。

（二）代谢途径

机体内的化学反应是在酶催化下完成的，这些反应相互联系，一个反应的产物可能就是下一个反应的底物。代谢途径（metabolic pathway）是由依次连接的反应步骤组成的，这个连续反应过程包括某些关键中间产物到特定终产物。代谢途径是线性、分支或环状的。代谢途径有以下 3 个共同特点。

1）代谢途径是不可逆的。代谢途径有限速步骤（rate-limiting step）。限速步骤是一个耗能和不可逆的反应，在大多数情况下，限速步骤是一个代谢途径的一步反应，常位于代谢途径的前面或分支处。

2）分解代谢释放能量，合成代谢消耗能量。因此，在一个细胞内合成代谢途径与分解代谢途径常常是偶联的。

3）代谢途径是受调节的。代谢途径受多种因素调节，如多酶体系、同工酶、激活物、抑制物和别构效应物等。受限步骤是代谢途径受控的主要步骤。

（三）代谢途径的分区

代谢途径的分区（compartmentation）是指一个代谢途径的代谢物、酶、分子或一个代谢系统在细胞内的不均一分布。在真核生物中，每个代谢途径分布在特定细胞器或细胞器的特定部位，在动物中代谢途径还表现组织器官的特异性。代谢途径的分区也是代谢调节的重要方面。

三、代谢的研究方法

当前已经阐明的代谢途径是众多研究者的智慧和多年研究成果的总结。他们以生物机体的活细胞为研究对象，从不同水平、不同层面（分子、细胞、整体）对中间代谢进行研究，主要利用酶的抑制剂、遗传缺陷症和同位素示踪等方法研究代谢途径。

（一）使用酶的抑制剂

酶的抑制剂可使代谢途径受到阻断，造成某一代谢中间物的积累，从而为测定该中间代谢物提供可能。用这种方法最早探明的代谢过程是酵母的乙醇发酵，即由葡萄糖（或淀粉）经过发酵形成乙醇的过程。例如，抑制剂碘乙酸通过抑制醛缩酶的作用造成酵母发酵液中 1,6-二磷酸果糖的积累。氟化物通过抑制烯醇化酶的作用造成酵母发酵液中 3-磷酸甘油酸和 2-磷酸甘油酸的积累。对这些代谢中间物的分离、纯化和鉴定，为阐明糖酵解途径提供了直接的证据。在研究氧化呼吸链过程中，用电子传递的抑制剂选择性地阻断呼吸链中某个特定的电子传递步骤，再测定呼吸链中各个组分的氧化-还原情况，成为研究电子传递顺序的一种重要手段。

（二）利用遗传缺陷症研究代谢途径

患有遗传缺陷症的患者，由于先天性基因的突变，在体内往往缺乏某种酶，该酶作用的底物不能进一步参加代谢过程，从而造成这种底物的积累。这些代谢中间物不能进一步被利用而出现在血液中或随尿排出体外，测定这些代谢中间物有助于阐明有关的代谢途径。例如，先天缺乏尿黑酸氧化酶的患者，酪氨酸的代谢中间物尿黑酸不能氧化而随尿排出，在空气中使尿变为黑色。患有苯丙酮尿症的婴儿尿中出现苯丙酮酸，是苯丙氨酸异常代谢的结果，但酪氨酸代谢仍然正常。通过以上两种不正常的代谢现象，阐明了苯丙氨酸的代谢途径。

（三）同位素示踪法

早在1904年，德国科学家Franz Knoop就开始应用标记化合物示踪法研究体内脂肪酸代谢，并阐明了脂肪酸的β-氧化学说。在随后的研究中，科学家改用同位素示踪法。同位素示踪法因不改变被标记化合物的化学性质而具有无比的优越性，已成为一种必不可少的常规技术，目前最常使用的是放射性同位素示踪法。例如，应用重氢标记的软脂酸饲喂小鼠，发现重氢掺入到小鼠体内许多其他脂肪酸中。1945年，David Shemin 和 David Rittenberg 首先成功地用 ^{14}C 和 ^{15}N 标记的乙酸和甘氨酸证明了血红素分子中的全部碳原子和氮原子都来源于乙酸和甘氨酸。用同样的同位素示踪法证明了胆固醇的碳原子来源于乙酰辅酶A。

四、生物能学

生物能学（bioenergetics）是对活细胞中能量转换（从一种形式的能量转变为另一种形式的能量）及相关化学过程的性质和功能进行定量研究的学科。生物能量转换遵循热力学定律。

自由能（free energy）又称吉布斯自由能（Gibbs free energy），在生物化学系统中具有关键的热动力学功能。任一物质或过程的自由能绝对值无法测出，只能测定出自由能的变化（ΔG），它代表一个化学反应的反应物和产物的自由能的差值。

$$\Delta G = G_{产物} - G_{反应物}$$

自由能的变化与另外的两个热动力学因子即体系的焓（H）和熵（S）有关：

$$\Delta G = \Delta H - T\Delta S$$

式中，ΔH是体系焓的变化；ΔS是体系熵的变化；T为热力学温度。ΔG是指在恒温恒压下体系的所有能量中可以用来对外做功的那部分能量。自由能的单位为J/mol或kJ/mol。根据自由能变化能够推导出自发反应的方向并指出一个化学反应过程中能量的生成或消耗。当反应释放自由能时，ΔG为负值，称该反应为放能反应。在能量反应中，系统获得自由能，ΔG为正值。一个具有负的自由能变化的反应可以自发进行，而一个具有正的自由能变化的反应不会自发进行，除非供应额外的能量。

（一）标准和实际自由能变化

1. 标准自由能变化 对于在溶液中进行的反应，当参加反应的物质浓度为1mol/L，温度为25℃，压强为1个大气压时，这种状态称为标准状态，这种状态下的自由能变化称为标准自由能变化，记为$\Delta G^{\ominus}$。它可以用反应的平衡常数（K'_{eq}）求得。

$$\Delta G^{\ominus} = -RT\ln K'_{eq}$$

式中，R是气体常数［8.314J/（mol·K）］；T是热力学温度。表7-1列出了平衡常数与标准自由能变化的关系。从表7-1中可以看出，平衡常数越大（在平衡态产物的浓度大大超过反应物浓度），自由能的负值越多。

表 7-1　K'_{eq} 与 $\Delta G^{\ominus}$ 的关系（25℃）

K'_{eq}	$\log K'_{eq}$	$\Delta G^{\ominus}$/（J/mol）	K'_{eq}	$\log K'_{eq}$	$\Delta G^{\ominus}$/（J/mol）
0.001	−3	+18.118	10	1	−5.808
0.01	−2	+11.410	100	2	−11.410
0.1	−1	+5.808	1000	3	−18.118
1	0	0			

2．实际自由能变化　很多反应并非在标准状态下进行，这些非标准状态下化学反应的自由能变化可以用实际自由能变化（ΔG）来表示，可以用如下公式来计算。

$$\Delta G=\Delta G^{\ominus}+RT\ln\frac{[\text{产物}]}{[\text{反应物}]}$$

这里产物与反应物浓度的比值是在实际的起始反应条件下测得的，这个比值不同于平衡常数，所以不能用 K'_{eq} 来代替。

在反应达到平衡态时，起始反应物和产物的浓度等于反应平衡时的浓度，只有在平衡态时，上述的比值可被平衡常数代替，上面公式可写为

$$\Delta G=\Delta G^{\ominus}+RT\ln K'_{eq}=-RT\ln K'_{eq}+RT\ln K'_{eq}=0$$

综上所述，实际自由能变化依赖于标准自由能变化和反应物与产物的实际起始浓度，并且只有在平衡态时，ΔG 为零。

（二）生物化学自由能变化

1．生化标准自由能变化　标准自由能变化（$\Delta G^{\ominus}$）并不适合描述生化系统的反应，因为生化反应中常常涉及质子。标准自由能变化的定义中规定反应物和产物的浓度为 1mol/L，如果其中有质子，则意味着 $c(H^+)=1.0$mol/L，即 pH=0，这是一个非生物体系的条件。绝大部分生物化学反应在接近中性（pH=7）的情况下发生。而 $\Delta G^{\ominus}$在生理条件下不合适，因此另外制定了一个称为生化标准自由能变化的新规定，用 $\Delta G^{\ominus\prime}$表示，它设定标准体系中的其他条件不变而质子浓度 $c(H^+)=10^{-7}$mol/L，即 pH=7.0，$\Delta G^{\ominus\prime}$数值可由下式求出。

$$\Delta G^{\ominus\prime}=-RT\ln K'_{bio}$$

式中，K'_{bio}是在 pH 为 7 时生化反应的平衡常数。表 7-2 列出了一些常见生物化学反应的标准自由能变化。由表 7-2 中可以看出，有些反应的 $\Delta G^{\ominus\prime}$大于零，是热力学上不利的反应。对于两个连续的化学反应，每个反应都有自己的平衡常数和特有的标准自由能变化，由于这两个反应是连续进行的，整个反应的生化标准自由能变化是相加的，是两个反应各自标准自由能变化的总和。生物能学的这一原理解释了如何将热力学上不利的反应通过共同中间体与高放能反应偶联，从而向前驱动热力学上不利的反应。

表 7-2　一些生化反应的生化标准自由能变化（pH=7，25℃）

反应	$\Delta G^{\ominus\prime}$/（J/mol）
水解反应	
延胡索酸 + H_2O $\rightleftharpoons$ 苹果酸	−3.3
G-6-P + H_2O $\rightleftharpoons$ G + Pi	−13.8
FDP + H_2O $\rightleftharpoons$ F-6-P + Pi	−14.2

续表

反应	$\Delta G^{\ominus\prime}$/（J/mol）
Gln＋H_2O ⇌ Glu＋NH_4^+	－14.2
AMP＋H_2O ⇌ 腺苷＋Pi	－14.6
麦芽糖＋H_2O ⇌ 2 葡萄糖	－15.5
蔗糖＋H_2O ⇌ G＋F	－28.6
ATP＋H_2O ⇌ ADP＋Pi	－30.5
ADP＋H_2O ⇌ AMP＋Pi	－30.5
ATP＋H_2O ⇌ AMP＋PPi	－31.8
PPi＋H_2O ⇌ 2Pi	－33.1
磷酸精氨酸＋H_2O ⇌ 精氨酸＋Pi	－38.1
磷酸肌酸＋H_2O ⇌ 肌酸＋Pi	－42.8
乙酰磷酸＋H_2O ⇌ 乙酸＋Pi	－3.1
1,3-二磷酸甘油酸＋H_2O ⇌ 3-磷酸甘油酸＋Pi	－49.4
氨甲酰磷酸＋H_2O ⇌ 氨基甲酸＋Pi	－51.5
磷酸烯醇式丙酮酸（PEP）＋H_2O ⇌ 丙酮酸＋Pi	－61.9
异构化反应	
磷酸二羟丙酮 ⇌ 3-磷酸甘油醛	＋8.8
柠檬酸 ⇌ 异柠檬酸	＋6.8
3-磷酸甘油酸 ⇌ 2-磷酸甘油酸	＋4.6
F-6-P ⇌ G-6-P	－1.8
G-1-P ⇌ G-6-P	－8.3
氧化反应（脱氢反应）	
乳酸＋NAD^+ ⇌ 丙酮酸＋NADH＋H^+	＋25.1
乙醇＋NADH ⇌ 乙醛＋NADH＋H^+	＋22.6
3-磷酸甘油醛＋NAD^+＋Pi ⇌ 1,3-二磷酸甘油酸＋NADH＋H^+	＋6.3
氧化反应（分子氧）	
葡萄糖＋$6O_2$ ⇌ $6CO_2$＋$6H_2O$	－2880
棕榈酸＋$23O_2$ ⇌ $16CO_2$＋$16H_2O$	－9882

2．生化实际自由能变化　同样，尽管 pH 是 7，生化反应也完全可能不在生物化学标准状态下发生，此时的自由能变化称为生化实际自由能变化，记为 $\Delta G'$。$\Delta G'$与 $\Delta G^{\ominus\prime}$的关系就像 ΔG 与 $\Delta G^{\ominus}$的关系。因此，$\Delta G'$和 $\Delta G^{\ominus\prime}$与生化反应起始反应物和产物的实际浓度有关。

$$\Delta G'=\Delta G^{\ominus\prime}+RT\ln\frac{[产物]}{[反应物]}$$

对于任一给定的生物化学反应，实际自由能变化只会有一个数值，即 $\Delta G=\Delta G'$。

五、高能化合物与 ATP

（一）高能化合物的概念

生物机体内的有机物质，如葡萄糖完全氧化为 CO_2 和 H_2O 时，$\Delta G^{\ominus\prime}$值为－2880kJ/mol，如此巨大的能量完全以热能形式直接释放是有害的，它将导致生物大分子的变性，生物体解决这个问题的办法是利用一些高能化合物作为这些释放能量的暂时贮存形式，机体需要时再释放出来利用。高能化合物是指分子内含有高能键并储存了较高能量的化合物，是一种水解时有较高负自由能变化的化合物。部分磷酸化合物水解时的标准自由能变化如表 7-3 所示。

高能化合物在生物体能量转换过程中起着重要作用，在代谢反应中处于中心位置。在生物体内有许多高能化合物，其中最典型的代表是 ATP，从 ADP 和 Pi 形成 ATP 需吸收 30.5kJ/mol 的能量。一般将水解时能释放出 20.92kJ/mol 以上自由能的化学键称为高能键，通常这类化学键用符号“～”表示。在很多时候，高能化合物不是通过水解，而是进行一种裂解反应放能，其分子的一部分转移到其他化合物上。因此，高能化合物具有较高的化学转移势能。例如，ATP 在其裂解反应中，常将其磷酸根或 AMP 转移到其他化合物上，因此 ATP 具有较高的磷酸转移势能。高能化合物的水解和其他形式的裂解会放出能量，细胞或组织可以通过逆向过程利用其中的能量。

表 7-3 一些磷酸化合物水解的标准自由能变化

磷酸化合物	$\Delta G^{\ominus\prime}$（kJ/mol）	磷酸化合物	$\Delta G^{\ominus\prime}$（kJ/mol）
磷酸烯醇式丙酮酸	−61.9	ATP	−30.5
氨甲酰磷酸	−50.5	1-磷酸葡萄糖	−20.9
3-磷酸甘油酸	−49.3	6-磷酸葡萄糖	−13.8
肌酸磷酸	43.1	3-磷酸甘油	−9.2
焦磷酸	−33.5		

（二）高能化合物的类型

根据高能键的类型，高能化合物分为以下几种（图 7-2）。

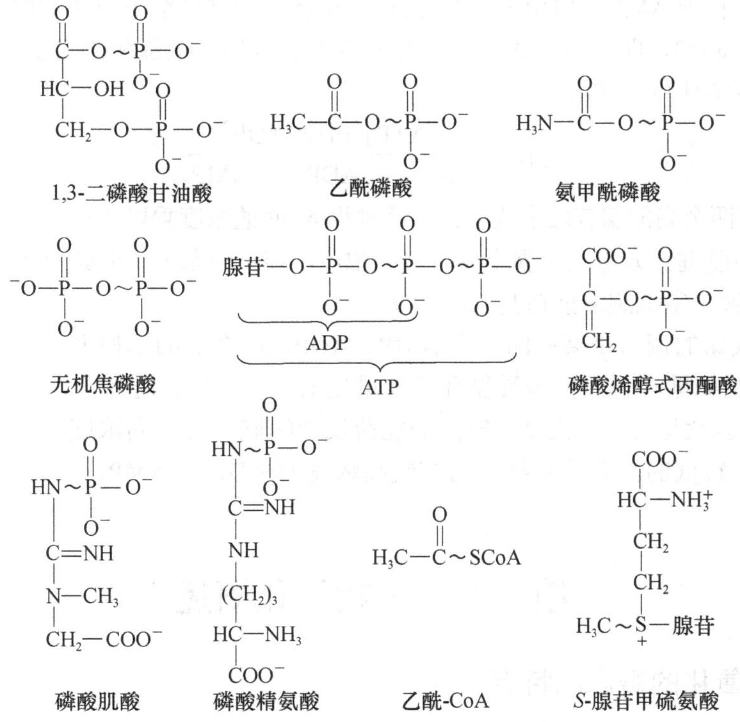

图 7-2 常见高能化合物的结构

（1）磷氧键型

1）酰基磷酸化合物：如 1,3-二磷酸甘油酸、乙酰磷酸、氨甲酰磷酸等。

2）焦磷酸化合物：如 ATP、ADP 等。

3）烯醇式化合物：如磷酸烯醇式丙酮酸等。

（2）氮磷键型　　如磷酸肌酸、磷酸精氨酸等。

（3）硫酯键型　　如乙酰-CoA、琥珀酰-CoA 等。

（4）甲硫键型　　如 *S*-腺苷甲硫氨酸。

（三）ATP 是能量的“通用货币”

ATP 是所有活细胞的通用能量货币。从表 7-3 可以看出，ATP 水解时自由能水平和磷酸基团转移势能在所列高能化合物中处于中间地位，它既容易从自由能水平较高的化合物中获得能量，也容易向自由能水平较低的化合物传递能量，这使 ATP 在磷酸基团转移中作为中间传递体，从而在能量转换中起中介作用，被生物体普遍用作能量通用货币。吸能反应和放能反应发生在合成与分解代谢中，构成能量的偶联反应。能量代谢的整个网络是基于 ATP 的合成与分解，称为 ATP 循环。ATP 水解时所释放的自由能可以直接用于生物体内任何需要输入自由能的生理活动过程，包括生物合成、主动运输、肌肉收缩、神经传导等。

资源 7-1

（四）能荷

ATP 含量标志着细胞内能量水平，ATP 的合成与水解涉及细胞中存在的 ATP、ADP 和 AMP 的腺苷酸库，这 3 种腺苷酸可以由腺苷酸激酶催化相互转变。一个细胞中 ATP 驱动化学反应的能力依赖于 AMP、ADP 和 ATP 的相对浓度，通常把细胞内 3 种腺苷酸的比例称为能荷（energy charge），即细胞中 ATP 的含量与 3 种腺苷酸含量总和的比值。Daniel Atkinson 提出了能荷的数学计算公式。

$$\text{能荷}=\frac{[\mathrm{ATP}]+1/2[\mathrm{ADP}]}{[\mathrm{ATP}]+[\mathrm{ADP}]+[\mathrm{AMP}]}$$

式中分子上含有两个高能腺苷酸形式。在计算时将 ADP 的浓度乘以 0.5 是因为 ADP 只有 ATP 中一半数量的高能键。分母表示整个腺苷酸的浓度。能荷值从 0（全部为 AMP）到 1（全部为 ATP）。大多数正常细胞的能荷是 0.8～0.9。

能荷对于代谢的调节是某些酶结合 AMP、ADP、ATP 后的别构调节作用。一方面，高浓度的 ATP 抑制如糖酵解及三羧酸循环等能量生成代谢途径，而另一方面，高浓度的 ADP 或 AMP 激活这些代谢途径。因此，较高的能荷反映细胞内有较高浓度的 ATP，并抑制 ATP 生成代谢途径；较低的能荷反映细胞内有较高浓度的 ADP 和 AMP，同时激活 ATP 生成代谢途径。

第二节　生物氧化概述

一、生物氧化的概念和特点

生物体的一切生命活动都需要能量，其所需的能量大多来自糖、脂肪、蛋白质等有机物质在体内的氧化分解。糖、脂肪、蛋白质等有机物质在生物体活细胞内氧化分解生成 CO_2 和水并释放能量的过程称为生物氧化（biological oxidation）。这个过程在细胞中进行，因此也将生物氧化称为组织氧化或细胞氧化、组织呼吸或细胞呼吸。整个过程中有机物质的化学能量通过一系列氧化还原反应得以释放和利用。

各种营养物质在体内的生物氧化与体外化学氧化实质上相同，都遵循氧化还原反应的一般规律，体内和体外氧化时所消耗的氧量、终产物和释放能量均相同，最终的产物都是 CO_2 和 H_2O。体外氧化通常在高温、高压或干燥条件下进行，伴随能量的突然释放，并伴有光和热的产生，有机物中的碳和氢直接与氧结合生成 CO_2 和 H_2O。生物氧化则是在活细胞内多水环境中、pH 接近中性、体温条件下进行的；需要酶和电子传递体参与；其主要的氧化方式是脱氢，代谢物脱下的氢与氧结合产生 H_2O，有机酸脱羧产生 CO_2；CO_2 和 H_2O 的产生及能量释放在不同位置发生，反应逐步释放出能量，主要以高能化合物（如 ATP）的形式储存起来。

二、生物氧化中的酶类

（一）脱氢酶

生物氧化是在各种氧化还原酶类的催化下进行的。生物氧化通常涉及脱氢，许多催化氧化反应的酶是脱氢酶（dehydrogenase）。脱氢酶包括需氧脱氢酶（aerobic dehydrogenase）和不需氧脱氢酶（anaerobic dehydrogenase）。需氧脱氢酶是以黄素单核苷酸（FMN）或黄素腺嘌呤二核苷酸（FAD）作为辅因子催化氧化还原反应的酶，可以催化底物脱氢，脱下的氢与氧结合生成过氧化氢，如氨基酸氧化酶、黄嘌呤氧化酶等。在无氧条件下，需氧脱氢酶可利用亚甲蓝等作为受氢体。不需氧脱氢酶通常以 NAD^+、$NADP^+$为辅因子催化底物脱氢进入呼吸链，通过呼吸链传递给氧生成水，如丙酮酸脱氢酶、柠檬酸脱氢酶、琥珀酸脱氢酶等。

（二）氧化酶

呼吸链末端的细胞色素氧化酶可以催化细胞色素 c 的氧化，将电子传递给氧，激活氧成为活性氧，使其接受氢生成水。

（三）其他氧化酶

除了上述氧化酶，生物体细胞内还存在一些其他的氧化酶，包括过氧化氢酶、过氧化物酶、超氧化物歧化酶、加氧酶等，它们大多位于过氧化物酶体中，在动物机体解毒和防御中发挥作用。

不完全还原形式的氧（超氧阴离子、过氧化氢、羟自由基等）对机体有一定的毒害作用，生物体可以通过超氧化物歧化酶、过氧化氢酶、过氧化物酶等将这些毒性强的高活性氧转变为活性较小的形式。超氧化物歧化酶是广泛存在于生物体中的含金属酶类，能发生歧化反应，将超氧阴离子转变为过氧化氢。过氧化氢酶和过氧化物酶的主要功能是清除过氧化氢，消除过氧化氢对细胞的毒性。其中，过氧化氢酶催化过氧化氢分解成水和氧，而过氧化物酶催化过氧化氢氧化酚类、胺类等，生成水。

加氧酶包括单加氧酶和双加氧酶。单加氧酶又称加单氧酶、羟化酶、羟氧酶、混合功能氧化酶，能够催化底物分子加一个氧原子，能使多种脂溶性物质（如脂溶性药物、毒物和类固醇物质等）氧化。双加氧酶又叫转氧酶，催化两个氧原子直接加到底物双键的两个碳原子上，如肝和小肠黏膜中的双加氧酶能够催化 β-胡萝卜素转变为维生素 A。

三、生物氧化中CO_2和水的生成

（一）CO_2的生成

糖、脂肪和蛋白质等有机物质在生物体内氧化分解过程中，代谢物脱下的氢与氧结合产生H_2O，有机酸脱羧产生CO_2。生物体内有机酸脱羧生成CO_2的反应主要有以下几种方式。

（1）*α*-直接脱羧　如氨基酸在脱羧酶的作用下，脱去CO_2生成胺。

$$R\text{-}CH(NH_2)\text{-}COOH \longrightarrow RCH_2NH_2 + CO_2$$

（2）*α*-氧化脱羧　如丙酮酸在丙酮酸脱氢酶系的作用下，脱去CO_2生成乙酰-CoA和NADH。

$$CH_3COCOOH + NAD^+ + CoA\text{-}SH \longrightarrow CH_3CO\text{-}S\text{-}CoA + CO_2 + NADH + H^+$$

（3）*β*-直接脱羧　如草酰乙酸在丙酮酸羧化酶的作用下，脱去CO_2生成丙酮酸。

$$HOOCCOCH_2COOH \longrightarrow CH_3COCOOH + CO_2$$

（4）*β*-氧化脱羧　如异柠檬酸在异柠檬酸脱氢酶作用下脱去CO_2，生成*α*-酮戊二酸和NADH。

$$HOOCCH_2CH(COOH)CH(OH)COOH + NAD^+ \longrightarrow HOOCCH_2CH_2COCOOH + NADH + H^+ + CO_2$$

（二）水的生成

底物在酶的作用下，将脱下的氢经过氢和电子传递体，传给氧生成水。

第三节　电子传递链

电子传递链又称呼吸链（respiratory chain）或电子传递系统（electron transport system，ETS)，是指排列在线粒体内膜上的由多种脱氢酶及氢和电子传递体组成的氧化还原体系。电子传递链一般分为NADH呼吸链和$FADH_2$呼吸链。在真核细胞中，电子传递系统位于线粒体内膜。原核生物有着由相同电子载体组成和相似的电子传递系统。原核生物的所有组分与质膜相连，反应发生在细胞质膜。

一、电子传递链的组成

线粒体ETS由5类电子载体组成：NAD^+/NADH、黄素蛋白、铁硫蛋白、辅酶Q（泛醌)、细胞色素。

（一）NAD^+/NADH

NAD^+是许多脱氢酶的辅酶，也是氢的传递体，在线粒体基质中，许多代谢反应如丙酮酸脱氢脱羧、柠檬酸循环和脂肪酸*β*-氧化途径中的某些代谢物，在以NAD^+为辅酶的脱氢酶催化下，脱氢生成$NADH + H^+$，还有在细胞其他部位产生的NADH，通过各种方式进入线粒体，在线粒体基质侧，将氢和电子传递给内膜上的一种黄素蛋白的辅基FMN，该黄素蛋白为NADH脱氢酶的组分之一，NADH脱氢氧化成NAD^+。NAD^+/NADH传递电子是通过分

子中烟酰胺的氧化态和还原态相互转变来实现的（图 7-3）。

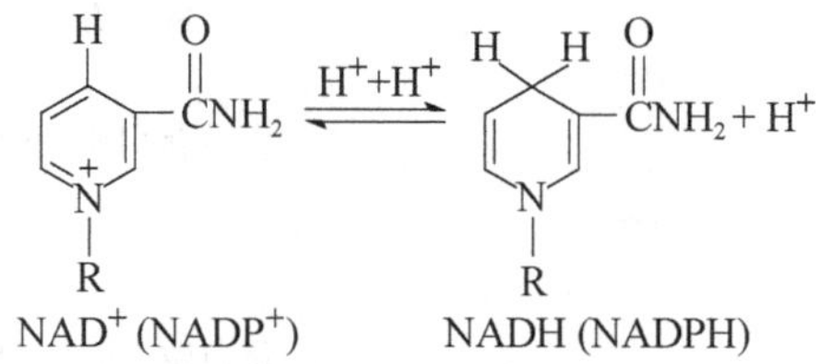

图 7-3　NAD^+/NADH 功能部位相互转变传递电子

（二）黄素蛋白

在电子传递链中以黄素核苷酸（FAD 或 FMM）为辅基的蛋白质称为黄素蛋白（flavoprotein），是电子传递链的重要组分。维生素 B_2（核黄素）作为黄素蛋白的结构成分，是其结合电子的部位。NAD^+和 $NADP^+$能传递两个电子，但以 FAD 或 FMM 为辅基的黄素蛋白能进行一个电子或两个电子的传递。FAD/FMN 能够参加两个依次进行的一个电子传递或者一次两个电子传递（图 7-4），作为两电子传递载体或一电子传递载体间的连接物。

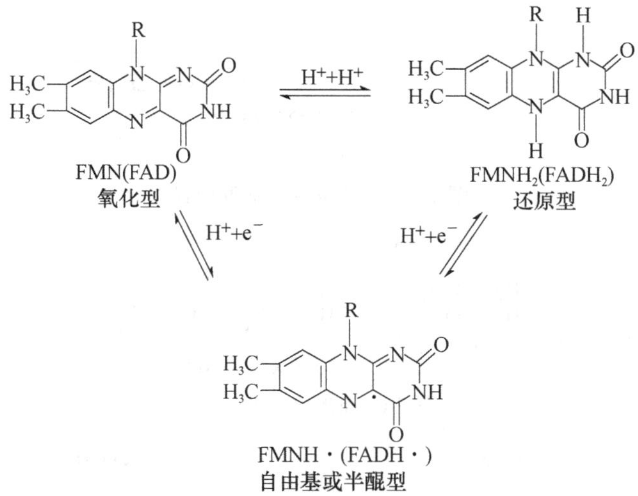

图 7-4　FMN（FAD）/$FMNH_2$（$FADH_2$）功能部位的相互转变传递电子

（三）铁硫蛋白

铁硫蛋白（iron-sulfur protein）又称为非血红素铁蛋白，也称为铁硫中心，研究者已经分离到了几种类型的铁硫蛋白。铁原子与 4 个硫原子结合在一起，当这类铁硫蛋白处于 pH 为 1 的环境时，它们会释放出 H_2S。铁硫蛋白进行氧化还原反应是通过所结合的铁的价态变化实现的，所有类型的铁硫蛋白，无论它们包含多少个铁原子，铁硫蛋白的氧化态和还原态只有一个电荷的变化。因此，像细胞色素一样，铁硫蛋白在 ETS 中进行电子的传递反应（图 7-5）。

（四）辅酶 Q

辅酶 Q（coenzyme Q，CoQ，Q），又称泛醌（ubiquinone），是在 20 世纪 50 年代后期发现的具有类似醌结构的一类电子载体，广泛存在于生物界。

实际上，辅酶 Q 并不是辅酶，也不与蛋白质结合在一起，是以脂溶性化合物的形式出现在线粒体膜的脂质层中，作为可移动的电子载体。由于分子中有多个异戊二烯单位形成的长链，辅酶 Q 表现出非极性，即脂溶性的特征。醌能参与一个电子或者两个电子的传递，它能形成一个比较稳定的半醌结构（图 7-6，图 7-7）。

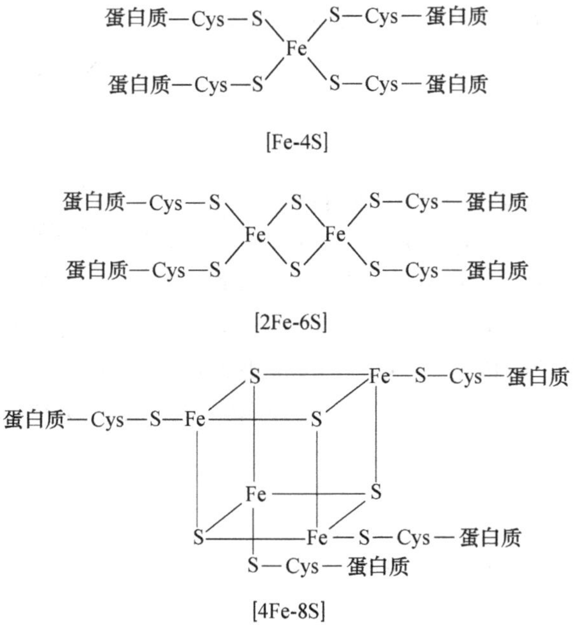

图 7-5　铁硫蛋白的常见形式

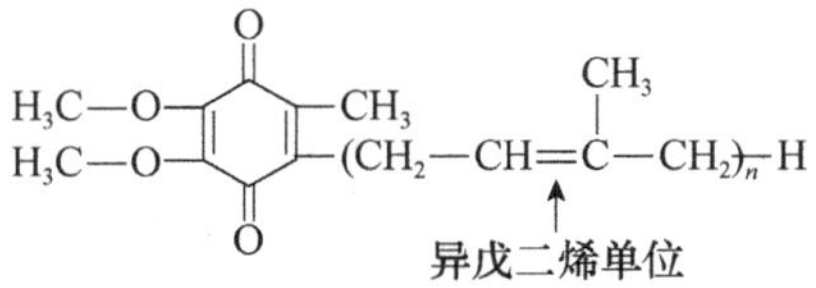

图 7-6　辅酶 Q 的结构

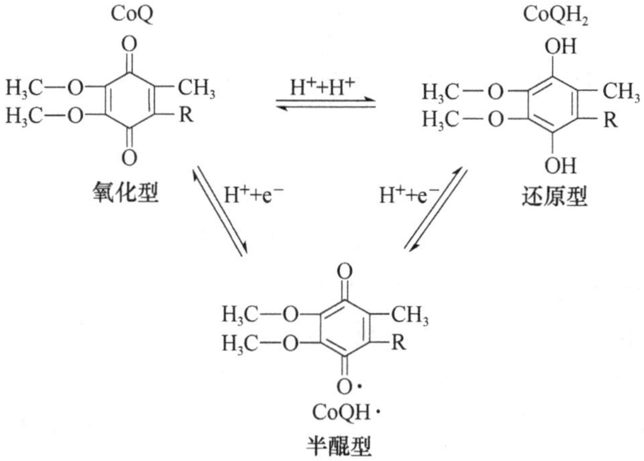

图 7-7　CoQ 的氧化和还原

（五）细胞色素

细胞色素（cytochrome，Cyt）被发现于 19 世纪末，它存在于所有类型细胞的膜结构中。在真核生物中，它主要位于线粒体膜上。细胞色素是棕红色的共价结合铁卟啉的蛋白质，有些细胞色素含有一个与肌红蛋白和血红蛋白中有着相同结构的血红素。现在已发现 30 多种不同的细胞色素，它们的不同在于卟啉环上取代的基因、共价结合的蛋白质的氨基酸序列或者血红素与蛋白质的连接情况。在高等生物的线粒体内膜上常见的细胞色素有 5 种：Cyt b、Cyt c、Cyt c_1、Cyt a 和 Cyt a_3。在所有细胞色素中，只有细胞色素 c 容易从线粒体膜上抽提出来，其他的细胞色素都是膜整合蛋白。细胞色素有特殊的光学物质，在可见光范围内有强烈的光吸收。细胞色素是电子供体或受体取决于所含铁离子的氧化或还原形式（图 7-8，图 7-9）。

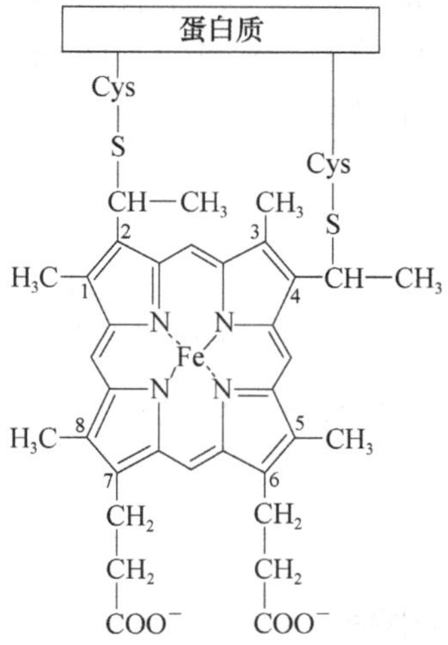

图 7-8　细胞色素 c 的结构

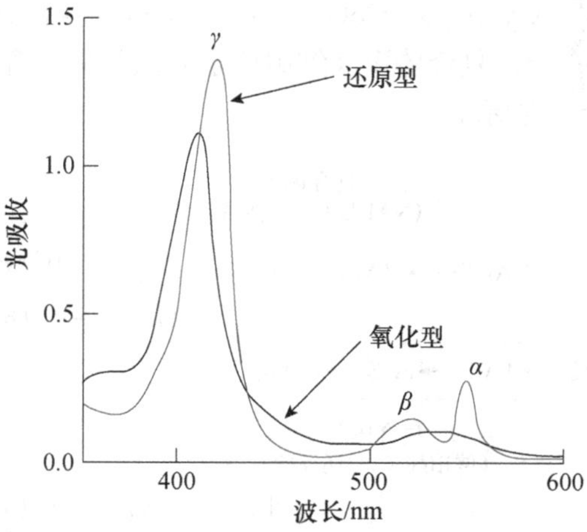

图 7-9　氧化型和还原型细胞色素 c 的吸收光谱（刘国琴和杨海莲，2019）

二、两条电子传递链及电子传递的途径和顺序

（一）两条电子传递链

线粒体内膜上的递氢体和电子传递体组成了 4 种复合体，形成了两条既有联系又独立的电子传递链。电子传递链由 4 种复合体、Cyt c 和辅酶 Q 组成。辅酶 Q 和 Cyt c 是独立存在的，4 种复合体都是由几种不同的蛋白质组成的多蛋白质复合体，其组成见表 7-4。每一个复合体表现出一个可催化一系列连续反应的多酶系统。电子流经其中的 3 个膜复合体（Ⅰ、Ⅲ和Ⅳ）将会驱动质子从线粒体基质侧泵至膜间隙。质子浓度梯度驱使 ATP 酶活性位点合成。

表 7-4　电子传递链复合体的组成

名称	复合体Ⅰ NADH-CoQ 氧化还原酶	复合体Ⅱ 琥珀酸-CoQ 氧化还原酶	复合体Ⅲ 细胞色素氧化还原酶	复合体Ⅳ 细胞色素氧化酶
传递顺序	NADH→CoQ	琥珀酸→CoQ	CoQ→Cyt c	Cyt c→O_2
分子量	850 000	128 000	280 000	200 000
亚基数	26	5	10	13
铁硫蛋白	有	有	有	—
$\Delta E^{\ominus\prime}$（伏）	+0.38	+0.02	+0.20	0.58
ATP 合成	有	—	有	有

通过研究呼吸链复合体的特性、利用人工电子受体及使用抑制剂等研究方法，人们基本弄清了两条电子传递链及其排列顺序。据底物上脱下氢的初始受体不同，电子传递链分为

NADH 呼吸链和 $FADH_2$ 呼吸链。糖、脂肪、蛋白质等物质分解代谢中的脱氢反应，大多数以 NAD^+为递氢体，通过 NADH 呼吸链完成氢的氧化，少数脱氢酶以 FAD 为递氢体，通过 $FADH_2$ 呼吸链使氢氧化。

NADH 呼吸链由复合体Ⅰ（NADH-CoQ 还原酶，含 FMN、Fe-S）、CoQ（泛醌）、复合体Ⅲ（CoQ-细胞色素 c 还原酶，含 Cyt b、Fe-S、Cyt c_1）、Cyt c、复合体Ⅳ（细胞色素 c 氧化酶，含 Cyt a、Cyt a_3）组成。$FADH_2$ 呼吸链由复合体Ⅱ（琥珀酸-CoQ 还原酶，含 FAD、Fe-S、Cyt b_{560}）、CoQ、复合体Ⅲ（CoQ-细胞色素 c 还原酶，含 Cyt b、Fe-S、Cyt c_1）、Cyt c、复合体Ⅳ（细胞色素 c 氧化酶，含 Cyt a、Cyt a_3）组成，其排列顺序如图 7-10 所示。

资源 7-2

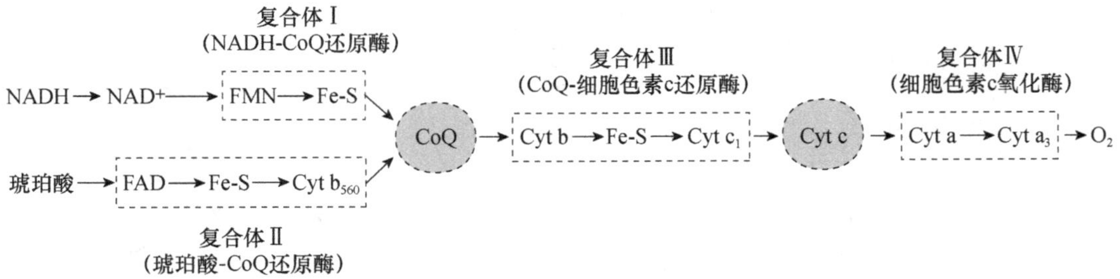

图 7-10 线粒体电子传递链及各组分排列顺序

（二）电子传递的途径和顺序

将相关的电子传递载体有机地联结在一起，就形成线粒体的电子传递系统。在这一系统中，电子从代谢物流向分子氧，将其还原成水。电子流动导致质子泵出线粒体内膜。质子的泵出是通过位于线粒体内膜上的 3 个复合体进行的，这样就形成了质子梯度，可提供能量合成 ATP。

1. 电子传递的顺序 最初的步骤涉及代谢底物依赖 NAD^+脱氢酶的氧化。在三羧酸循环中，异柠檬酸的氧化脱氢是一个典型的例子。一般以通式 MH_2 表示代谢底物，MH_2 可以有两个氢原子能够被移走，MH_2 的氧化伴随有 NAD^+到 NADH 的还原过程：

$$MH_2 + NAD^+ \rightleftharpoons M + NADH + H^+$$

细胞内不容许 NAD^+的大量减少，如果 NAD^+不能从 NADH 中再生，那么糖酵解和三羧酸循环都将被停止。NADH 氧化成 NAD^+，同时伴随着 FMN 还原成 $FMNH_2$：

$$NADH + H^+ + FMN \rightleftharpoons NAD^+ + FMNH_2$$

$FMNH_2$ 再将其电子交给铁硫蛋白，因为 $FMNH_2$ 的完全氧化需要传递两个电子，所以必须由一个铁硫中心作用两次或两个铁硫中心同时作用：

$$FMNH_2 + 2Fe^{3+}\text{-}S \rightleftharpoons FMN + 2Fe^{2+}\text{-}S + 2H^+$$

还原的铁硫蛋白把电子传递给辅酶 Q，辅酶 Q 完全还原需要两个电子：

$$2Fe^{2+}\text{-}S + CoQ + 2H^+ \rightleftharpoons 2Fe^{3+}\text{-}S + CoQH_2$$

在 ETS 中，辅酶 Q 后面的电子载体包括另一个铁硫中心和一些细胞色素，第一个是 Cyt b，将 $CoQH_2$ 氧化为 CoQ，Cyt b 中的 Fe^{3+}还原成 Fe^{2+}：

$$CoQH_2 + 2Cyt\ b\,(Fe^{3+}) \rightleftharpoons CoQ + 2Cyt\ b\,(Fe^{2+}) + 2H^+$$

还原的细胞色素 b 被另一铁硫蛋白氧化：

$$2Cyt\ b\ (Fe^{2+}) + 2Fe^{3+}\text{-}S \rightleftharpoons 2Cyt\ b\ (Fe^{3+}) + 2Fe^{2+}\text{-}S$$

在铁硫蛋白中，电子流过一系列细胞色素。第一个细胞色素氧化铁硫蛋白，自身被还原。还原的细胞色素被下一个细胞色素氧化，该细胞色素又被还原。原则上，这种细胞色素的还原和氧化能够持续到所有电子传递过程的潜在自由能被耗尽，细胞色素电子传递链和整个 ETS 处于一个有利的终止点。

2．细胞色素氧化酶　细胞色素氧化酶又称为末端氧化酶。像所有氧化酶一样，末端氧化酶催化底物与分子氧直接结合。细胞色素氧化酶是多酶复合体，哺乳动物的细胞色素氧化酶有 10 个亚基，包括两种不同的细胞色素，即 Cyt a 和 Cyt a_3，还包括两个铜离子（Cu_A 和 Cu_B），当它们参加氧化还原反应时，铜离子价态在 1^+ 和 2^+ 之间变化。每一个铜离子与一个血红素相连，在亚基 II 中血红素 a 与 Cu_A 靠近，在亚基 I 中血红素 a_3 与 Cu_B 靠近。还原形式的细胞色素氧化酶通过分子氧反应变成氧化形式，分子氧还原成水。

$$2\ \text{细胞色素氧化酶}\ (Fe^{2+}) + 1/2O_2 + 2H^+ \longrightarrow 2\ \text{细胞色素氧化酶}\ (Fe^{3+}) + H_2O$$

这个反应是呼吸作用中的关键反应，也是 EST 中的最后一个反应。该反应需要 2 个 H^+，它们可以从 $CoQH_2$ 氧化成 CoQ 的过程中得到。值得注意的是，实际进行的细胞色素氧化酶反应会涉及一个氧气分子的反应，而不是半个氧气分子，因此这个过程一定是 4 个电子的转移过程：

$$O_2 + 4H^+ + 4e^- \longrightarrow 2H_2O$$

$$4\ \text{细胞色素氧化酶}\ (Fe^{2+}) + O_2 + 4H^+ \longrightarrow 4\ \text{细胞色素氧化酶}\ (Fe^{3+}) + 2H_2O$$

吸入的 O_2 是氧化态细胞色素氧化酶再生的需要，并有利于电子在电子传递链上流动，正是因为以这种方式与呼吸作用相联系，所以线粒体电子传递链又称为呼吸链。

3．电子传递的途径　表 7-5 列出了 NADH 呼吸链整个反应的顺序。许多代谢物通过 NADH 呼吸链被氧化，但是琥珀酸经过的是 $FADH_2$ 呼吸链途径（图 7-11）。

资源 7-3

表 7-5　电子传递系统的反应顺序

$MH_2 + NAD^+ \rightleftharpoons M + NADH + H^+$
$NADH + H^+ + FMN \rightleftharpoons NAD^+ + FMNH_2$
$FMNH_2 + 2Fe^{3+}\text{-}S \rightleftharpoons FMN + 2Fe^{2+}\text{-}S + 2H^+$
$2Fe^{2+}\text{-}S + CoQ + 2H^+ \rightleftharpoons 2Fe^{3+}\text{-}S + CoQH_2$
$CoQH_2 + 2Cyt\ b\ (Fe^{3+}) \rightleftharpoons CoQ + 2Cyt\ b\ (Fe^{2+}) + 2H^+$
$2Cyt\ b\ (Fe^{2+}) + 2Fe^{3+}\text{-}S \rightleftharpoons 2Cyt\ b\ (Fe^{3+}) + 2Fe^{2+}\text{-}S$
$2Fe^{2+}\text{-}S + 2Cyt\ c_1\ (Fe^{3+}) \rightleftharpoons 2Fe^{3+}\text{-}S + 2Cyt\ c_1\ (Fe^{2+})$
$2Cyt\ c_1\ (Fe^{2+}) + 2Cyt\ c\ (Fe^{3+}) \rightleftharpoons 2Cyt\ c_1\ (Fe^{3+}) + 2Cyt\ c\ (Fe^{2+})$
$2Cyt\ a\ (Fe^{2+}) + 2Cu^{2+} \rightleftharpoons 2Cyt\ a\ (Fe^{3+}) + 2Cu^+$
$2Cu^+ + 2Cyt\ a_3\ (Fe^{3+}) \rightleftharpoons 2Cu^{2+} + 2Cyt\ a_3\ (Fe^{2+})$
$2Cyt\ a_3\ (Fe^{2+}) + 1/2O_2 + 2H^+ \rightleftharpoons 2Cyt\ a_3\ (Fe^{3+}) + H_2O$
总反应：$MH_2 + 1/2O_2 \longrightarrow M + H_2O$
实际反应：$2MH_2 + O_2 \longrightarrow 2M + 2H_2O$

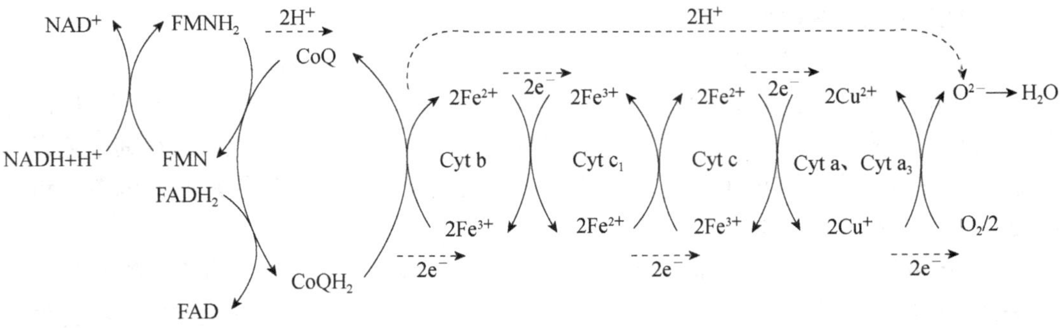

图 7-11　电子传递链的电子传递顺序

4. 电子载体的氧化还原电位　在 ETS 中，电子从最初的电子供体（代谢物）流向最后的电子受体 O_2。在这一流动中，每一电子载体必须是比反应链中后随的电子载体更强的还原剂。电子从一个较低的生化实际氧化还原电位流向较高的电位。从表 7-6 中可以看出，电子载体的顺序基本上与根据它们生化标准氧化还原电位预测的顺序是一致的，真正决定 ETS 中电子载体顺序的是它们的生化实际氧化还原电位，它由细胞内的反应物和产物的浓度决定，电子流动必须真正从有较低电位的载体移向有较高电位的载体。

电子在 ETS 的电子载体上流动，很像电子在一根导线中流动，是电位下降的结果，如表 7-6 所示，整个电位下降从 NADH 到氧为＋0.82－(－0.32)＝＋1.14V，电位的变化与自由能变化一致，因为 $\Delta E^{\ominus}$是负值，$\Delta G^{\ominus}$也是负值。因此，整个 ETS 上电子流动伴随自由能的释放。

表 7-6　电子载体的氧化还原电位

氧化还原对	$\Delta E^{\ominus}$/V	氧化还原对	$\Delta E^{\ominus}$/V
NAD^+/NADH	－0.32	Cyt c_1 (Fe^{3+})/Cyt c_1 (Fe^{2+})	＋0.22
FMN/$FMNH_2$（酶结合型）	－0.30	Cyt c (Fe^{3+})/Cyt c (Fe^{2+})	＋0.25
Fe^{3+}-S/Fe^{2+}-S（平均）	－0.24	Cyt a (Fe^{3+})/Cyt a (Fe^{2+})	＋0.29
CoQ/$CoQH_2$	＋0.05	Cu^{2+}/Cu^+（平均）	＋0.39
Cyt b (Fe^{3+})/Cyt b (Fe^{2+})	＋0.08	Cyt a_3 (Fe^{3+})/Cyt a_3 (Fe^{2+})	＋0.55
Fe^{3+}-S/Fe^{2+}-S	＋0.28	1/2O_2/H_2O	＋0.82

三、电子传递链的抑制剂

电子传递链是由各种氢和电子传递体按一定的顺序组成的，其中某一个传递体受到抑制，将阻断氢或电子的传递，抑制整个电子传递链。能够阻断电子传递链中某些电子传递的物质称为电子传递抑制剂。常见的电子传递抑制剂有：安密妥（amytal）、鱼藤酮（rotenone）、杀粉蝶菌素（piericidin）可抑制 NADH 到 CoQ 的氢和电子传递，抗霉素 A（antimycin A）可抑制 CoQ 到 Cyt c_1 的电子传递，氰化物（cyanide，CN^-）、一氧化碳（carbon monoxide）、叠氮化物（azide）可抑制 Cyt aa_3 到 O_2 的电子传递。氰化物与细胞色素氧化酶的 Fe^{3+}紧密结合，因此阻止了电子传递和氧化磷酸化中 ATP 的形成，所以氰化物是剧毒物。一氧化碳也抑制细胞色素氧化酶，它结合 Fe^{2+}，萎锈灵（carboxin）可切断 $FADH_2$ 呼吸链中 $FADH_2$ 与 CoQ 之间的电子传递（图 7-12）。

资源 7-4

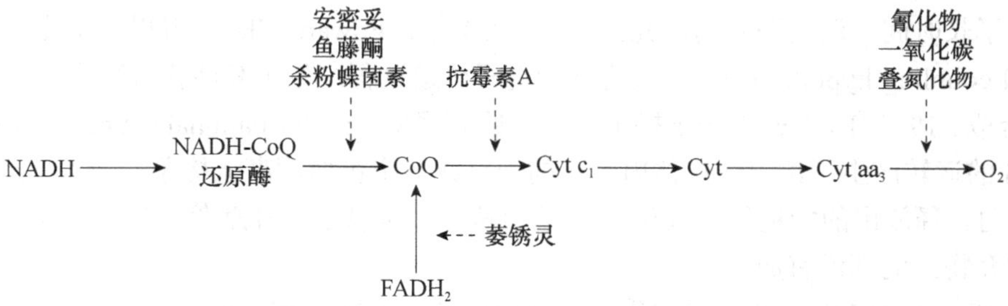

图 7-12　电子传递抑制剂对呼吸链的抑制部位

第四节　生物氧化中 ATP 的生成

一、底物水平磷酸化

有机物质在氧化分解过程中通过酶的催化，发生脱氢、脱水、脱羧和分子重排等反应，能量在分子内部重新分布生成高能磷酸基团或高能键，直接转移给 ADP 使 ADP 磷酸化生成 ATP 的过程，称为底物水平磷酸化（substrate level phosphorylation）。底物水平磷酸化生成的 ATP 不需要氧，不需要经过呼吸链的电子传递过程，但生成量不多。在机体缺氧或无氧状态下，底物水平磷酸化是一种快捷生成 ATP 的方式。

二、氧化磷酸化

生物体内有机物质的氧化分解多数在供氧充足的条件下进行，脱下来的氢由 NADH 和 $FADH_2$ 带着转移潜势很高的电子，在顺着呼吸链传递给氧的过程中，同时逐步释放出自由能，进而形成 ATP 的过程，称为氧化磷酸化（oxidative phosphorylation），即电子传递与 ATP 形成相偶联的作用。氧化磷酸化是机体产生 ATP 的主要方式。

（一）P/O 值与偶联部位

ATP 合成与电子传递系统的偶联，构成了氧化磷酸化的两个方面，这是生物氧化过程中 ATP 合成的主要机制。当电子经呼吸链传递消耗氧的同时，也消耗无机磷（Pi）。每消耗 1mol 原子氧所消耗无机磷酸的摩尔数称为 P/O 值。对同位素标记的无机磷进行检测，NADH 呼吸链的 P/O 值为 2.5，$FADH_2$ 呼吸链的 P/O 值为 1.5。也就是说，在 NADH 呼吸链中，将一对电子传递给 O，生成 2.5mol ATP 分子，而在 $FADH_2$ 呼吸链生成 1.5mol ATP 分子。

当电子从一个氧化还原电位较低的还原型传递体转移到较高电位的氧化型传递体时，伴随负自由能变化，即能量的释放。当底物脱下的氢沿呼吸链传递时，有 3 处释放的自由能较多，可满足 ADP 磷酸化形成 ATP 所需的标准自由能（大于－30.5kJ/mol），这些偶联部位分别位于复合体Ⅰ、Ⅲ和Ⅳ，实际测得 NADH 呼吸链的 P/O 值为 2.5。琥珀酸氧化脱氢时，产生的 $FADH_2$ 通过 CoQ 与 ETS 过程相连通，没有经过 ETS 中的复合体Ⅰ，这就意味着只有复合体Ⅲ和复合体Ⅳ偶联 ATP 的产生，因此其 P/O 值为 1.5。

（二）氧化磷酸化的机制和 ATP 合酶

1．氧化磷酸化的机制　电子传递系统的运转和 ATP 合成的偶联具体是如何进行的，已经进行了长时间广泛而深入的研究。早在 1953 年，Edward Slater 就提出了化学偶联假说（chemical coupling hypothesis），该假说认为电子传递过程产生了高能化合物作为中介物来驱动 ATP 合成。1965 年，Paul Boyer 提出了构象偶联假说（conformational coupling hypothesis），假定 ETS 的运转产生了位于线粒体内膜上的一个或多个蛋白质高能构象，当这些膜蛋白回到低能构象时，释放出的能量使酶催化 ATP 的合成。多年以来，研究者试图分离到上述假说中的高能中介物，但都没有成功。

1961 年，Peter Mitchell 提出的化学渗透学说（chemiosmotic hypothesis），是目前普遍被接受的氧化磷酸化偶联机制。该学说认为，电子经呼吸链传递时，可将 H^+从线粒体内膜的基质侧泵到内膜外侧，产生膜内外包括 H^+浓度梯度和电位梯度在内的质子电化学梯度并储存能量。质子顺浓度梯度回流时驱动 ADP 与 Pi 生成 ATP。其要点包括：①氧化与磷酸化的偶联依赖于线粒体内膜的完整性，线粒体内膜不能透过离子如 H^+、OH^-、K^+和 Cl^-。②线粒体内膜的内外侧产生了质子的跨膜电化学梯度（pH 梯度和电位梯度）。③跨膜梯度足够大时，质子顺浓度梯度通过 F_oF_1-ATP 酶回流时驱动 ATP 生成。

资源 7-5

根据化学渗透学说，电化学梯度驱使 ATP 合成。由复合体泵出线粒体内膜的质子产生了跨膜的 pH 梯度，复合体Ⅰ、Ⅲ、Ⅳ对质子梯度的形成做出了贡献。ADP 合成 ATP 需要质子的回流，pH 梯度供应这些质子，当这些质子穿过线粒体内膜返回时，质子梯度和电位梯度都消失，整个电化学梯度消耗在 ATP 合成上，因此，电化学梯度是电子传递过程和 ATP 合成过程偶联的中间媒介（图 7-13）。

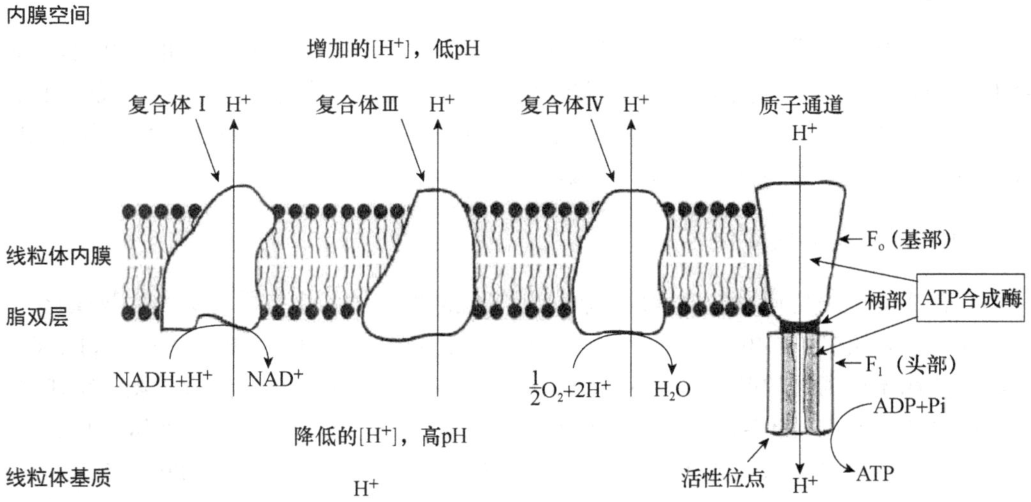

图 7-13　ATP 合成的机制

2. ATP 合酶　ATP 合成是发生在一个位于线粒体内膜上的称为 ATP 合酶的复合蛋白体上。它由 F_o 和 F_1 两个主要部分组成，因此该酶又经常被称为 F_oF_1-偶联因子，也称为 ATP 合酶（ATP synthase）、F_oF_1-ATP 酶（图 7-14）。F_oF_1-ATP 酶的总分子量为 450 000，包括一个大的头部（F_1），通过一个杆连接基部（F_o），基部埋在膜中，头部伸向基质。F_o 是水不溶性膜蛋白，由 4 条不同的多肽链组成，含一个质子转移通道。F_1 是可溶性的周边膜蛋白，它包含 5 种不同的亚基，以 $\alpha_3\beta_3\gamma\delta\varepsilon$ 的比例存在，含有 ATP 合成的活性位点。杆部有两种蛋白质。质子通过位于 F_o 通道的运动驱使 ATP 合酶合成 ATP。当泵到膜间腔的 H^+顺着浓度梯度通过内膜重新运回线粒体基质中时，在 ATP 合酶的催化下，ADP 与 Pi 生成 ATP。J. Walker 和 P. Boyer 针对 ATP 合酶提出的“旋转催化”(rotational catalytic）机制，进一步解释质子驱动 ATP 合成的过程（图 7-15)。该假说认为 3 个β亚基的氨基酸序列相同，但构象各不相同，存在不同的 ATP/ADP 结合位点：①与 ATP 紧密结合的 T 构象（紧密型）；②与 ADP 和 Pi 松弛结合的 L 构象（松弛型）；③与腺苷酸不亲和的 O 构象（开放型）。在质子梯度的驱动下，γ 亚基旋转，它依次与上述 3 种 β 亚基接触，从 T 构象转到 O 构象则释放 ATP，从 L 构象转到 T 构象则促进 ATP 合成，再从 O 构象转到 L 构象则结合 ADP 和 Pi。此外，一种由链霉菌产生的抗生素——寡霉素（oligomycin）是 ATP 合酶的抑制剂。该抗生素结合于 F_o 的一个亚基，因此阻碍了质子通过 F_o。

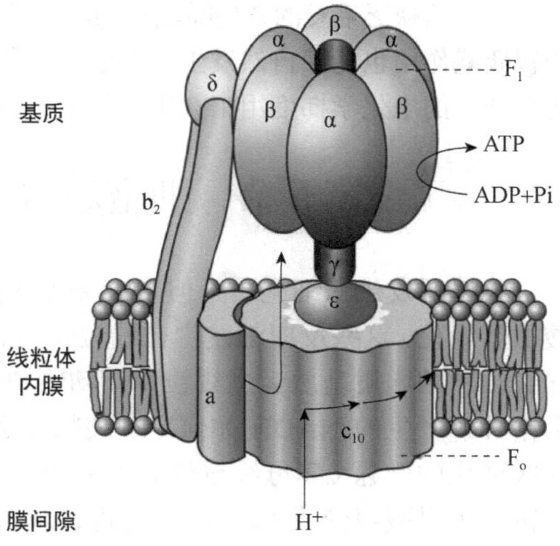

图 7-14　F_oF_1-ATP 酶的结构（刘国琴和杨海莲，2019）

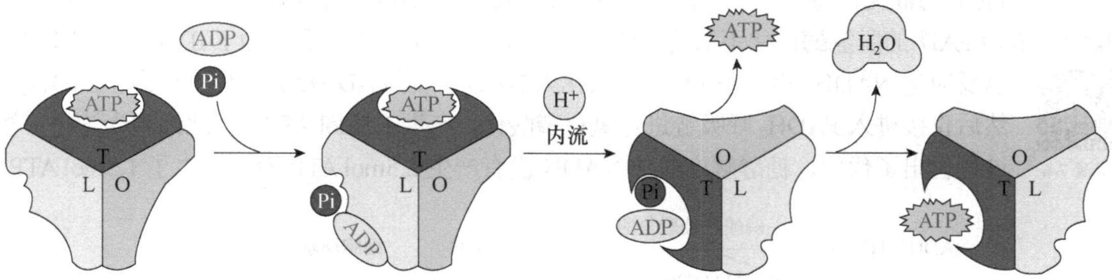

图 7-15　ATP 合酶的“旋转催化”模型（刘国琴和杨海莲，2019）

（三）氧化磷酸化的抑制剂

ETS 运转和 ATP 合成是紧密相连的，但是解偶联剂能够使这两个过程发生分离。解偶联剂破坏质子梯度的形成，从而抑制 ATP 生成，但不抑制电子传递，从而导致电子传递与 ATP 生成分离，使电子传递过程中生成的自由能转变为热能。从化学渗透学说出发很容易了解偶联剂的作用机制。这些解偶联剂常常是非极性的，比较容易穿过线粒体内膜，同时它们又是弱酸，在生理 pH 下以阴离子存在。这些阴离子在酸性的膜间隙一侧结合质子，扩散到线粒体碱性的基质一侧，释放出质子，又回到膜间隙。重复上述过程，最后导致电化学梯度的丧失，失去合成 ATP 的能力。

2,4-二硝基苯酚（DNP）是常见的一种解偶联剂。其在中性环境中以解离形式存在，不能透过生物膜；在酸性环境中，DNP 质子化，变成脂溶性，容易穿过脂双层，把质子从膜外带到膜内，破坏跨膜质子电化学梯度，抑制 ATP 的生成。有些抗生素，如缬氨霉素和短杆菌肽，也能够作为解偶联剂，它们又被称为离子载体，能够结合特定的阳离子，运输到线粒体内膜，降低跨膜电位差，如果是质子进入线粒体还降低了 pH 梯度，这样一个或者两个因素的共同作用，导致电化学梯度的丧失，也丧失了合成 ATP 的能力。

在一些缺乏毛发的初生哺乳动物、冬眠中的动物及暴露在寒冷空气中的生物，氧化磷酸化的解偶联作用也能够自然发生。在这些情况下，ATP 合成的解偶联是极其重要的，因为 ETS 运转产生的电化学梯度用来产生热量以维持体温和相关生命过程。

第五节　细胞质 NADH 进入线粒体的机制

糖酵解发生在细胞质，但 ETS 在线粒体内膜，丙酮酸脱氢生成乙酰-CoA，再经三羧酸循环氧化，这些反应都发生在线粒体内。但糖酵解产生的 NADH 不能直接被 ETS 氧化，它必须从细胞质基质运进线粒体。动物的线粒体膜对于 NAD^+和 NADH 是不通透的，那么糖酵解产生的 NADH 如何穿过线粒体进入呼吸链被氧化利用呢？为了解决动物线粒体中区域化的难题（酵母线粒体对 NADH 和 NAD^+是通透的），动物体主要通过 3-磷酸甘油穿梭和苹果酸-天冬氨酸穿梭系统将细胞质基质中产生的 NADH 携带到线粒体，进入呼吸链氧化。

一、3-磷酸甘油穿梭

3-磷酸甘油穿梭主要发生在动物的脑和骨骼肌中。在细胞质基质中生成的 NADH 经过依赖 NADH 的脱氢酶催化，将磷酸二羟丙酮（DHAP）还原为 3-磷酸甘油，3-磷酸甘油在线粒体内膜中在依赖 FAD 的脱氢酶催化下氧化成磷酸二羟丙酮，辅酶 FAD 还原为 $FADH_2$（图 7-16）。总反应是 NADH 在细胞质基质中氧化为 NAD^+，而 FAD 在线粒体内还原为 $FADH_2$，然后直接进入 $FADH_2$ 呼吸链进行氧化磷酸化，产生 1.5mol ATP。因此细胞为这个穿梭过程付出了代价，糖酵解产生的 NADH 没有产生 2.5mol ATP 而只产生了 1.5mol ATP。

资源 7-6

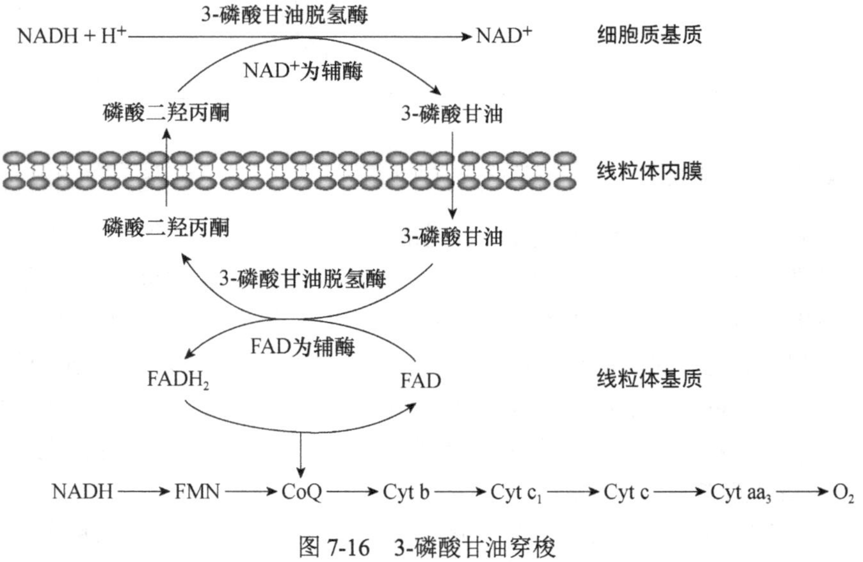

图 7-16　3-磷酸甘油穿梭

但是植物可能不需要上述的穿梭系统。植物的线粒体内膜上除有氧化 NADH 的内脱氢酶外，还有外 NADH 脱氢酶，它可直接接受线粒体外的 NADH，将电子传入 ETS。所以在植物体内的 1mol 葡萄糖氧化产生的 ATP 还为 30mol。

二、苹果酸-天冬氨酸穿梭

苹果酸-天冬氨酸穿梭主要发生在动物肝和心肌组织。NADH 在细胞质基质中苹果酸脱氢酶的催化下，将草酰乙酸还原成苹果酸，然后穿过内膜，经线粒体基质中的苹果酸脱氧酶催化生成草酰乙酸和 NADH，后者即进入 ETS 进行氧化磷酸化，草酰乙酸与谷氨酸发生转氨作用生成天冬氨酸和 α-酮戊二酸，天冬氨酸和 α-酮戊二酸通过内膜进入细胞质基质，再分别转变成草酰乙酸和谷氨酸，草酰乙酸参与下一次循环，谷氨酸又回到线粒体基质（图 7-17）。NADH 通过此穿梭系统将一对氢原子运输进入线粒体，经 NADH 呼吸链进行氧化磷酸化，可生成 2.5 分子 ATP。

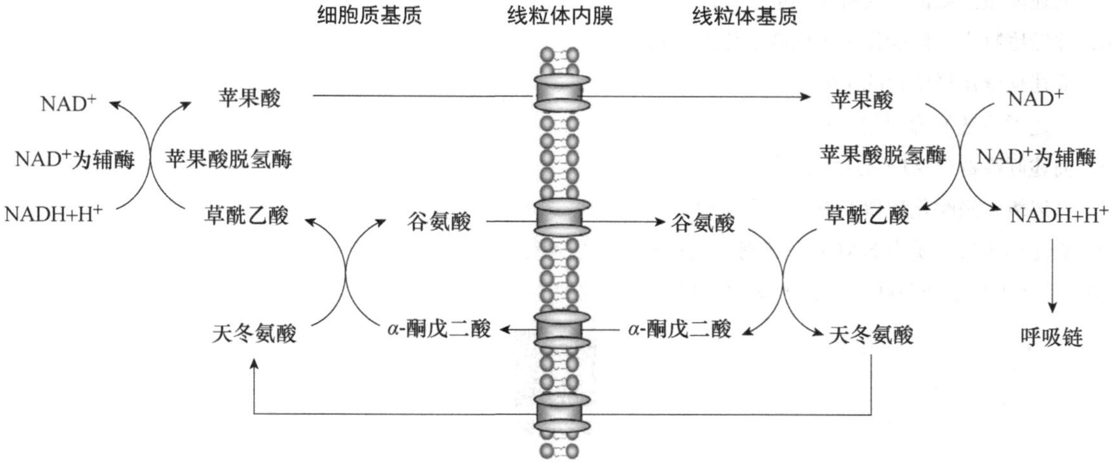

图 7-17　苹果酸-天冬氨酸穿梭

本 章 小 结

新陈代谢是指生物活体与外界环境不断进行的物质和能量的交换过程。分解代谢释放能量，合成代谢消耗能量。代谢途径是从某些关键中间产物到特定终产物的连续的反应过程。可以利用酶的抑制剂、遗传缺陷症、同位素示踪等方法研究代谢途径。机体内化学反应的能量变化遵循热力学定律。自由能的绝对值无法测定，只能测定出自由能的变化（ΔG）。只有当自由能的变化为负值时，反应才能自发进行。高能化合物是生物体释放能量的暂时贮存形式，水解时有较高的负生化标准自由能变化（$\Delta G^{\ominus\prime}$大于−25kJ/mol）。ATP 作为高能化合物的最典型代表，在磷酸基团转移中作为中间传递体，是所有活细胞的通用能量货币。

生物氧化是营养物质在体内氧化分解产生能量的共同代谢途径，在活细胞内多水环境中、pH 接近中性、体温条件下进行，需要酶和电子传递体参与，反应过程中能量的释放是逐步的。线粒体是生物氧化的主要场所。生物氧化是在各种氧化还原酶类的催化下进行的，主要包括需氧脱氢酶、不需氧脱氢酶和氧化酶等，此外还有非线粒体系统的氧化酶，如过氧化氢酶、过氧化物酶、超氧化物歧化酶、加氧酶等，它们大多在动物机体解毒和防御中发挥重要作用。生物氧化的产物包括 CO_2、水和能量。CO_2 主要通过底物脱羧产生，而水主要是底物脱下的氢经由线粒体上的呼吸链传递给氧生成。电子传递链又称呼吸链，包括 NADH 呼吸链和 $FADH_2$ 呼吸链。它是由线粒体内膜上的 5 类电子载体组成：烟酰胺腺嘌呤二核苷酸、黄素蛋白、辅酶 Q（泛醌）、细胞色素、铁硫蛋白。安密妥、鱼藤酮、氰化物等电子传递抑制剂能够抑制呼吸链中氢和电子的传递，阻断整个电子传递链，称为呼吸链的抑制作用。

ATP 的生成有底物水平磷酸化和氧化磷酸化两种方式。氧化磷酸化是电子传递与 ATP 形成相偶联的机制，是机体产生 ATP 的主要方式。氧化磷酸化偶联的次数可以用 P/O 值来测定，一对电子经由 NADH 呼吸链氧化产生 2.5 分子 ATP，经由 $FADH_2$ 呼吸链则产生 1.5 分子 ATP。化学渗透学说是目前普遍被接受的氧化磷酸化偶联机制。解偶联剂（如 2,4-二硝基苯酚）能够破坏质子梯度的形成，使电子传递和 ATP 生成的偶联过程分离。动物细胞质基质中生成的 NADH 可以通过 3-磷酸甘油穿梭或苹果酸-天冬氨酸穿梭进入线粒体氧化。

思 考 题

1. 简述生物氧化的特点。
2. 简述呼吸链的概念及组成。
3. 简述两条主要的呼吸链及其电子传递的方向。
4. 比较底物水平磷酸化和氧化磷酸化的差别。
5. 简述化学渗透学说的主要内容。
6. 简述呼吸链的抑制剂及其作用部位。
7. 简述呼吸链中 ATP 的生成部位。
8. 试述氧化磷酸化解偶联剂的作用原理。
9. 简述细胞质基质中 NADH 进入呼吸链的两种穿梭途径。
10. 计算 1 分子葡萄糖完全氧化成 CO_2 和 H_2O 释放的能量。

参考答案

第八章　糖 类 代 谢

糖类是生物体生命活动所需的重要营养物质之一。糖类主要的生理功能是为生命活动提供能源和碳源。生物体内的多糖和寡糖分解为单糖，单糖（主要是葡萄糖）在有氧条件下进入糖酵解和三羧酸循环完全氧化为 CO_2 和 H_2O，部分能量贮存于 ATP 中，中间产物为其他物质合成提供原料。葡萄糖也可进入磷酸戊糖途径，生成磷酸戊糖和 NADPH，为物质的合成提供原料和还原力。植物体内主要通过光合作用合成糖类，动物体内合成葡萄糖的途径是糖异生。多糖和寡糖的合成需要以糖核苷酸（NDP-单糖）作为糖基的活化供体。本章主要介绍葡萄糖的分解代谢与合成代谢。

第一节　糖类代谢概述

一、糖类代谢概况

（一）生物体内糖代谢概况

糖类代谢是生物体内基本的代谢活动，因为糖类代谢不仅在能量的产生、利用和储存中起着非常重要的作用，而且糖类分解代谢的中间产物可以为其他的合成代谢提供碳骨架。

动物体内的糖类代谢分为 5 个主要部分：消化、转运、储存、分解和合成（图 8-1）。动物摄入的糖主要是淀粉和糖原（反刍动物为纤维素），它们被消化成为葡萄糖，其他的糖类也会被转变为葡萄糖或葡萄糖代谢的中间产物。

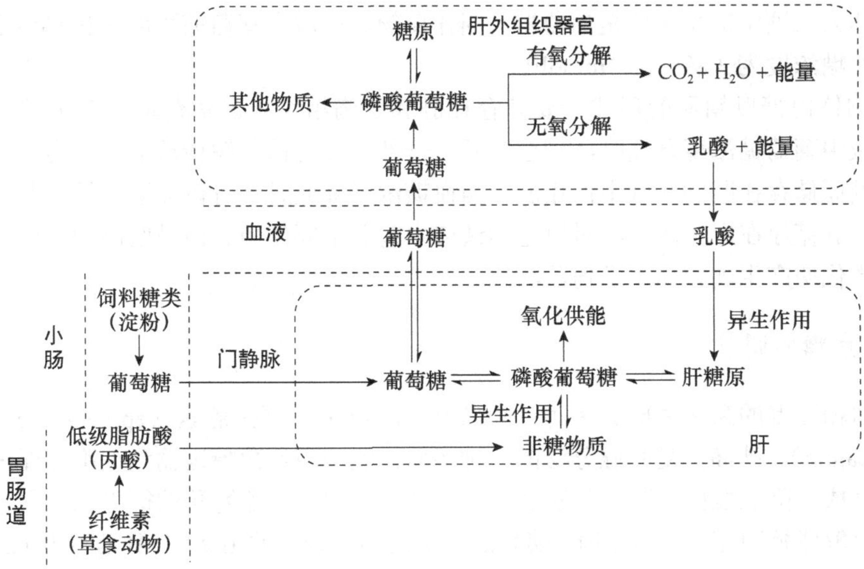

图 8-1　动物体内的糖类代谢

糖类是绿色植物光合作用的直接或间接产物，占植物干重的50%以上。植物通过光合作用将CO_2合成磷酸丙糖，在叶绿体基质中合成淀粉暂时贮藏，在光合细胞细胞质中合成蔗糖。以蔗糖的形式运输到各组织器官转化为其他糖类（淀粉和细胞壁成分纤维素、半纤维素、果胶）。寡糖和多糖降解为单糖（主要是葡萄糖），通过分解代谢氧化供能。

（二）糖类代谢途径

糖类的分解途径主要包括单糖、二糖和多糖的分解。葡萄糖的两条分解途径分别是糖酵解和三羧酸循环，产生可利用的能量；还有一条是磷酸戊糖途径，产生还原力和戊糖（图8-2）。

糖类的生物合成主要包括光合作用（photosynthesis）、糖异生（gluconeogenesis）及双糖和多糖的合成（图8-2）。

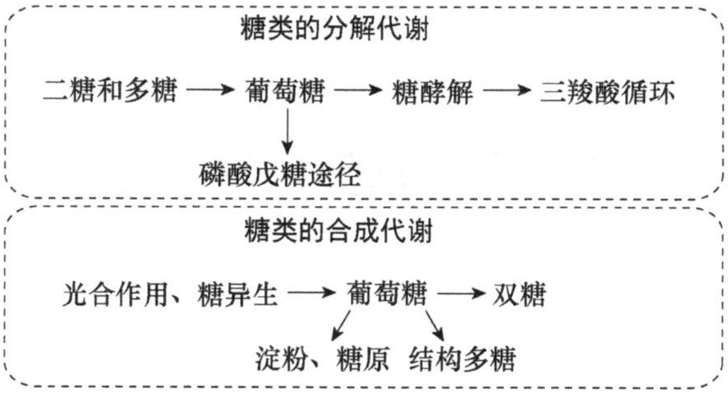

图8-2 糖类代谢示意图

本章主要介绍糖类的分解代谢途径和除光合作用以外的糖类的合成代谢途径。

二、血糖

（一）血糖的来源及去向

动物和人血液中的糖主要是葡萄糖，叫作血糖。血液中葡萄糖浓度是相对恒定的。人体正常空腹血糖浓度为3.89～6.11mmol/L。

在动物体内糖以糖原的形式主要储存在肝和肌肉组织中。葡萄糖是糖类的主要运输形式。当血液中葡萄糖浓度升高时，如进食后，一部分葡萄糖分解释放能量，另一部分葡萄糖用于合成糖原储存在肌肉和肝中；相反，当血糖浓度降低时，身体需要能量，肝糖原分解产生葡萄糖。肝糖原在血糖浓度相对恒定的调节中起着重要作用。但是肌肉中糖原分解与此不同，肌糖原代谢产生乳酸而不是葡萄糖。

（二）血糖的调节

调节血糖浓度的激素主要有3种：胰岛素（insulin）、肾上腺素（epinephrine）和胰高血糖素（glucagon）。胰岛素是胰腺分泌的一种多肽，能刺激葡萄糖运输到细胞并促进肝和肌肉中糖原的合成，降低血糖；肾上腺素是由肾上腺分泌的一种酪氨酸的衍生物，促进肝和肌肉中的糖原分解成葡萄糖，升高血糖；胰高血糖素是胰腺分泌的由29个氨基酸组成的多肽，通过促进肝糖原分解为葡萄糖而使血糖浓度升高。

临床上通常通过测量血糖浓度来绘制葡萄糖耐受曲线，它可以作为检测糖尿病（diabetes mellitus）的方法。糖尿病有两种类型，一种是胰岛素依赖型（1型），另一种是非胰岛素依赖型（2型）。1型糖尿病常发病于儿童时期，因为体内胰岛素的合成不足，或降解作用过强，体内胰岛素缺乏。2型糖尿病多见于中年时期，由于胰岛素抗性，患者体内的胰岛素接近甚至超过正常水平。

资源 8-1

第二节 双糖和多糖的酶促降解

一、双糖的酶促降解

（一）蔗糖的降解

蔗糖是光合作用的重要产物，也是植物体内糖类运输的主要形式。蔗糖的降解主要通过蔗糖合酶和蔗糖酶途径。

1．蔗糖合酶 蔗糖合酶（sucrose synthase）催化蔗糖与UDP反应生成果糖和尿苷二磷酸葡萄糖（UDPG）的可逆反应。

$$\text{蔗糖}+\text{UDP}\xrightleftharpoons{\text{蔗糖合酶}}\text{UDPG}+\text{果糖}$$

在植物体内，蔗糖合酶可以催化蔗糖的降解，如正在发育的禾谷类作物籽粒中，能将运输而来的蔗糖转化为UDPG或腺苷二磷酸葡萄糖（ADPG），为淀粉的合成提供底物。

2．蔗糖酶 蔗糖酶（sucrase）也称为转化酶（invertase），催化蔗糖水解为葡萄糖和果糖。

$$\text{蔗糖}+H_2O\xrightarrow{\text{蔗糖酶}}\text{葡萄糖}+\text{果糖}$$

（二）麦芽糖的水解

麦芽糖由麦芽糖酶（maltase）水解生成2分子葡萄糖。在植物体内，麦芽糖酶常与淀粉酶同时存在，所以一般不会积累麦芽糖。

$$\text{麦芽糖}+H_2O\xrightarrow{\text{麦芽糖酶}}2\text{葡萄糖}$$

（三）乳糖的水解

乳糖由β-半乳糖苷酶（β-galactosidase）催化水解生成半乳糖和葡萄糖。

$$\text{乳糖}+H_2O\xrightarrow{\beta\text{-半乳糖苷酶}}\text{半乳糖}+\text{葡萄糖}$$

二、多糖（淀粉和糖原）的酶促降解

淀粉在酶的作用下，通过水解和磷酸解两种途径降解，糖原通过磷酸解途径降解。

资源 8-2

（一）淀粉的水解

在植物中参与淀粉水解的酶主要有 α-淀粉酶（α-amylase）、β-淀粉酶（β-amylase）、脱支酶（debranching enzyme，DBE）和麦芽糖酶。

1．α-淀粉酶 α-淀粉酶为淀粉内切酶，在淀粉分子内部随机水解 α-(1→4)-糖苷键。如果底物是直链淀粉，经 α-淀粉酶水解生成的是葡萄糖、麦芽糖和麦芽三糖的混合物。如果底物是支链淀粉，产物除葡萄糖和麦芽寡糖外，还有含 α-（1→6）-糖苷键的 α-极限糊精（图 8-3）。极限糊精（limit dextrin）是指带有分支和直链的多于 3 个 Glc 残基的寡聚糖，不能被淀粉酶、淀粉磷酸化酶（或糖原磷酸化酶）进一步降解。α-淀粉酶广泛分布于植物（麦芽、山萮菜）、动物（唾液、胰腺等）及微生物中，在种子中只有在种子萌发时才被诱导合成。α-淀粉酶耐高温，在 70℃时 15min 不变性失活；但不耐酸，当 pH 3.3 时变性失活。

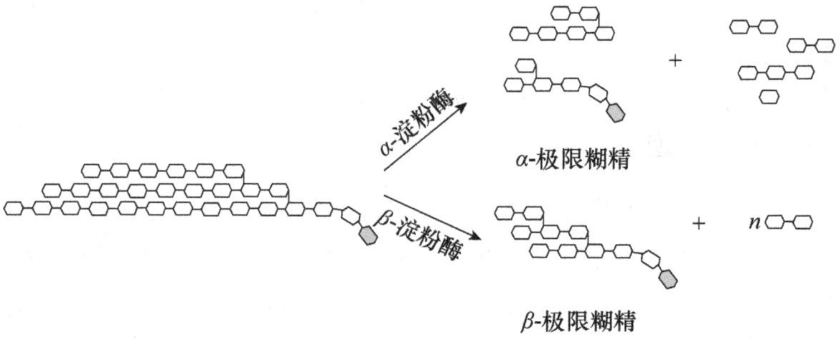

图 8-3 淀粉酶的作用模式

2．β-淀粉酶 β-淀粉酶为淀粉外切酶，从淀粉的非还原端水解 α-(1→4)-糖苷键，每次水解一个麦芽糖单位。直链淀粉经 β-淀粉酶水解后生成麦芽糖和少量葡萄糖，支链淀粉的产物是麦芽糖和 β-极限糊精。β-淀粉酶主要分布于高等植物的休眠种子（小麦、大麦）、块茎及块根（马铃薯、甘薯）等器官中。β-淀粉酶在 pH 3.3 时依然保持活性，但 70℃时容易变性失活。

3．脱支酶 脱支酶又称 R 酶，专一水解支链淀粉经淀粉酶水解产生的极限糊精中的 α-(1→6)-糖苷键。

4．麦芽糖酶 麦芽糖酶水解淀粉酶解产物中的 α-(1→4)-糖苷键，其产物为葡萄糖。

（二）淀粉的磷酸解

淀粉磷酸化酶（starch phosphorylase）催化淀粉从非还原端降解单个 Glc 残基，并转移至正磷酸生成 G-1-P。该酶广泛存在于高等植物的叶片及绝大多数贮藏器官中。

$$\text{淀粉} + nH_3PO_4 \xrightleftharpoons{\text{淀粉磷酸化酶}} n(\text{G-1-P}) + \text{糊精}$$

（三）糖原的磷酸解

1．糖原磷酸化酶 糖原磷酸化酶（glycogen phosphorylase）是糖原降解的限速酶，催化糖原从非还原端断裂 α-(1→4)-糖苷键，将 Glc 残基转移至正磷酸生成 G-1-P，直至离分支点 4 个 Glc 处停止。糖原磷酸化酶有磷酸化和去磷酸化两种形式，经磷酸化修饰被激活为磷酸化酶 a，这种磷酸化过程是由糖原磷酸化酶激酶催化的。

2．糖原脱支酶　糖原经糖原磷酸化酶降解生成的极限糊精由糖原脱支酶进一步降解。糖原脱支酶是一种双功能酶，同一条肽链上存在两种酶的活性：1,4-寡糖基转移酶（oligosaccharyltransferase），将 3 个 Glc 转移至邻近糖链的非还原末端以 *α*-（1→4）-糖苷键相连；*α*-1,6-糖苷酶水解 *α*-（1→6）-糖苷键。糖原磷酸解过程如图 8-4 所示。

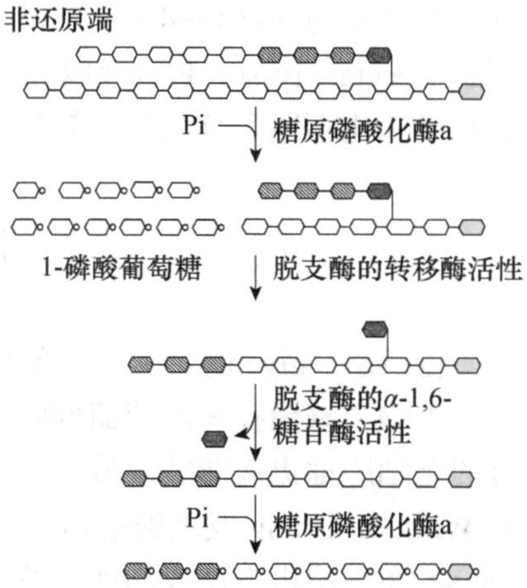

图 8-4　糖原磷酸解过程

三、细胞壁多糖的酶促降解

细胞壁多糖主要包括纤维素、半纤维素和果胶。

（一）纤维素的降解

纤维素是植物细胞壁结构物质的主要成分。哺乳动物包括人类缺少能消化纤维素 *β*-（1→4）-糖苷键的酶，一些细菌、真菌（木耳、香菇）和某些低等动物（昆虫、蜗牛）产生纤维素酶（cellulase）来降解纤维素，反刍动物消化道中有产生纤维素酶的细菌。所以，牛、马、羊等动物可以靠吃草维持生命。

将纤维素水解成葡萄糖的完整过程，需要 3 种作用方式不同却又功能互补的水解酶活性：外切葡聚糖酶（exoglucanase）、内切葡聚糖酶（endoglucanase，EG）和 *β*-葡萄糖苷酶（*β*-glucosidase）。外切葡聚糖酶又称为纤维二糖水解酶（cellobiohydrolase，CBH），作用于纤维素链的末端产生纤维二糖分子。内切纤维素酶随机水解纤维素糖链分子内的 *β*-（1→4）-糖苷键，生成大量的低分子量纤维素。*β*-葡萄糖苷酶将纤维二糖剪切为葡萄糖，其底物是 CBH 和 EG 水解纤维素生成的产物。纤维素的降解反应如下：

$$\text{纤维素} \xrightarrow{\text{外切葡聚糖酶或内切葡聚糖酶}} n\text{纤维二糖} \xrightarrow{\beta\text{-葡萄糖苷酶}} 2n\ \beta\text{-葡萄糖}$$

（二）半纤维素的降解

木聚糖是植物次生细胞壁主要的半纤维成分，木聚糖酶（xylanase）催化木聚糖主链的 *β*-（1→4）-糖苷键水解。除木聚糖酶之外，木聚糖的完全水解过程需要多种酶的协同作用，如 *α*-D-葡萄糖醛酸糖苷酶（*α*-D-glucuronidase）水解侧链葡萄糖醛酸，*α*-L-阿拉伯呋喃糖苷酶（*α*-L-arabinofuranosidase）则参与侧链呋喃阿拉伯糖的水解过程。

（三）果胶的降解

果胶是具有复杂结构的大分子多糖，降解果胶的酶统称为果胶酶。根据催化反应的类型，可将果胶酶大致分为酯酶、水解酶和裂解酶三大类。酯酶催化水解果胶中甲酯化或乙酰化的羧基，如果胶甲酯酶（pectin methyl esterase，PME）和果胶乙酰酯酶（pectin acetyl esterase，PAE）。多半乳糖醛酸酶（polygalacturonase，PG）是水解酶，通过水解作用催化断裂多半乳

糖醛酸之间的 α-（1→4）-糖苷键。果胶裂解酶断裂果胶主链，根据底物不同可分为果胶酸裂解酶（pectate lyase，PL）和果胶裂解酶（pectin lyase，PNL），分别生成不饱和寡聚半乳糖醛酸和甲基化不饱和寡聚半乳糖醛酸。

第三节 糖 酵 解

糖酵解（glycolysis）是将葡萄糖转化为丙酮酸并伴随着 ATP 生成的一系列反应，是一切细胞生物中普遍存在的葡萄糖降解途径。糖酵解的研究始于 1897 年 Eduard Buchner 发现酵母的无细胞抽提液能够发酵，在这以后（1905～1910 年）又有两个重要发现。Arthur Harden 和 William Young 发现酵解需要加入无机磷酸，生成 1,6-二磷酸果糖（F-1,6-BP）；Harden 和 Young 通过层析方法成功地将酵母无细胞提抽液分离成两部分：一部分对热敏感、不能被透析，称为发酵酶；另一部分热稳定、能被透析，称为辅因子。经过进一步研究发现，发酵酶是酶的混合物，辅因子包括 ATP、ADP 及金属离子。

1940 年，Gustav Embden 和 Otto Meyerhof 等发现肌肉中也存在着与酵母发酵类似的过程，他们在总结前人研究结果的基础上阐明了酵解的全过程，称此过程为糖酵解。因为糖酵解途径有关的主要反应是由 Gustav Embden、Otto Meyerhof 和 Jakub Karol Parnas 发现的，因此糖酵解又称为 Embden-Meyerhof-Parnas 途径（简称 EMP 途径）。

一、糖酵解的反应历程

糖酵解是一个不需氧的过程，发生在细胞质基质。将 1 分子葡萄糖转化成 2 分子丙酮酸，并生成 2 分子 ATP。糖酵解途径包括 10 步反应，分为两个阶段（图 8-5）。第一阶段是消耗能量的引发过程，将 1 分子的葡萄糖（C_6）转化成 2 分子 3-磷酸甘油醛（C_3），包括两步消耗 ATP 的反应。第二阶段是产能的过程，将 3-磷酸甘油醛转变成丙酮酸（C_3），包括两步产生 ATP 的反应，生成的 ATP 又可用于第一阶段的消耗。

资源 8-3

1．葡萄糖的磷酸化（己糖激酶） 糖酵解由己糖激酶（hexokinase）催化的反应开始，在此反应中葡萄糖被 ATP 磷酸化形成 6-磷酸葡萄糖（图 8-6）。

激酶（kinase）能够催化磷酸基团从 ATP 转移到代谢产物中或从高能化合物中转移到 ADP 中，通常需要 Mg^{2+} 作为反应的激活剂，Mg^{2+} 被磷酸基团螯合在 ATP 中（图 8-7）。金属离子能够帮助 ATP 定位于酶的活性部位，还能够屏蔽磷酸基团的负电荷，使 γ-磷原子更容易接受来自葡萄糖 C6 位—OH 上孤电子对的亲核进攻。在己糖激酶催化的反应中，ATP 不仅为 6-磷酸葡萄糖的生成提供能量，而且提供磷酸基团，这是一个高度放能的反应，因此反应是不可逆的。

葡萄糖的磷酸化有两个作用：提高葡萄糖的能量状态，有利于后续反应的进行；6-磷酸葡萄糖在生理 pH 环境中带有负电荷，不易透过细胞膜渗透到细胞外面，使细胞不会失去葡萄糖（图 8-8）。

动物体内除了己糖激酶，还有葡萄糖激酶也可催化这一反应，但两者在底物的特异性、对葡萄糖的亲和力、V_{max} 和酶的调节等方面均有明显差异（表 8-1）。葡萄糖激酶仅对葡萄糖起作用，对葡萄糖的亲和力低，且不受 6-磷酸葡萄糖的抑制。当有高浓度葡萄糖时，6-磷酸葡萄糖可进一步合成糖原，及时清除餐后血液中过多的葡萄糖，稳定血糖水平。

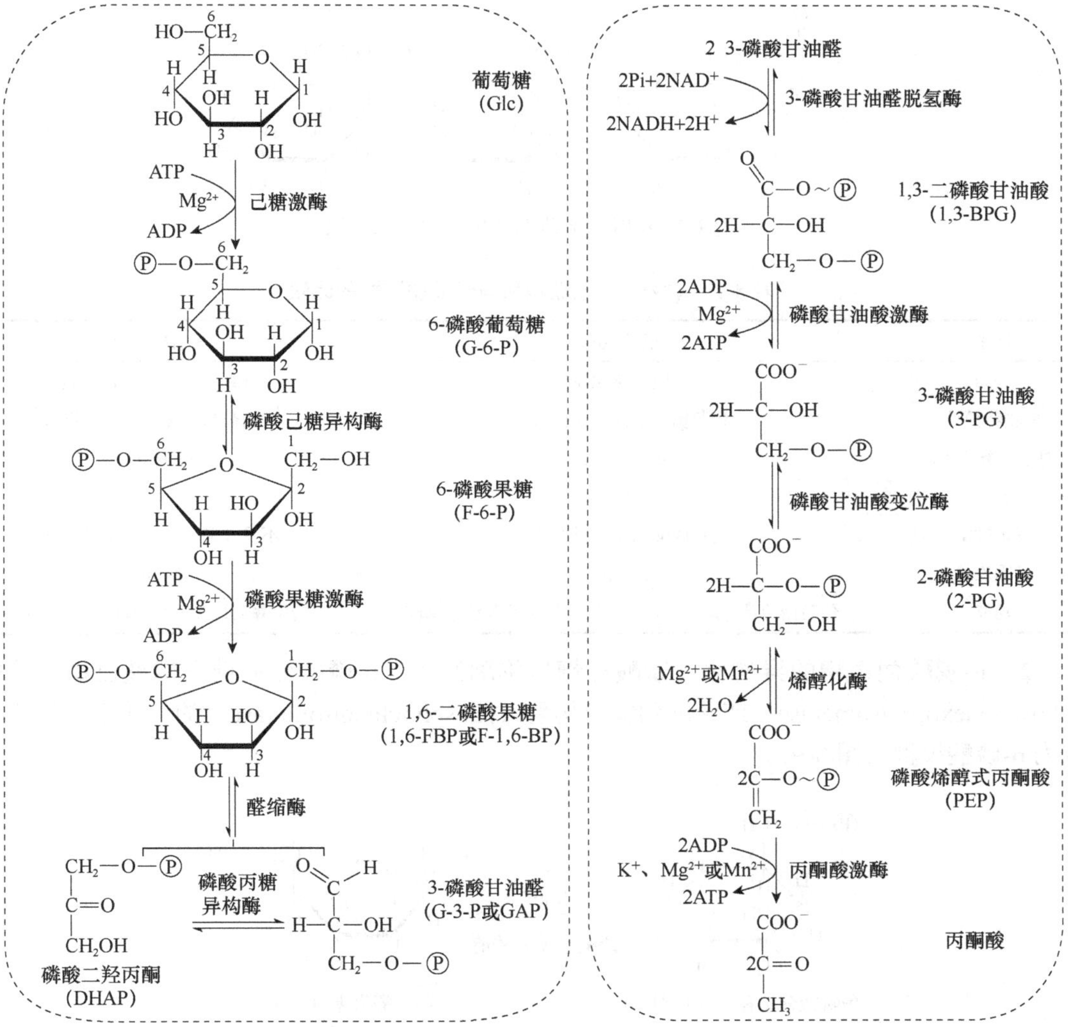

图 8-5 糖酵解的反应历程（根据 Nelson and Cox，2021 修改）

Ⓟ表示带两个负电荷的磷酸基团—PO_3^{2-}

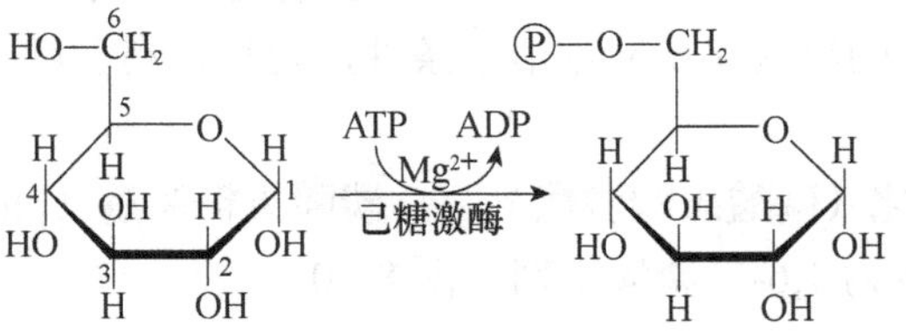

图 8-6 葡萄糖的磷酸化

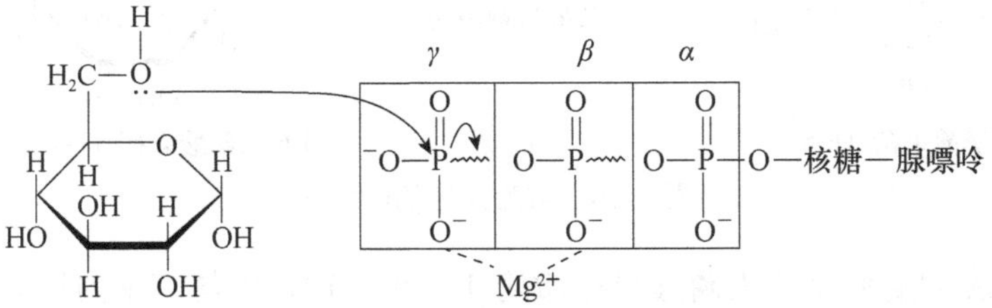

图 8-7 葡萄糖与 ATP 的反应机制

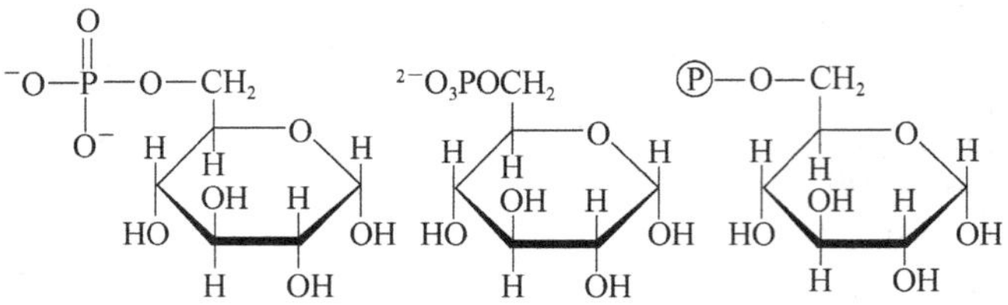

图 8-8　6-磷酸葡萄糖结构式的表示方法

表 8-1　动物体内己糖激酶与葡萄糖激酶的比较

区别	己糖激酶	葡萄糖激酶
分布	几乎所有细胞	肝细胞、胰腺的 β-细胞
底物特异性	葡萄糖、果糖、甘露糖等	葡萄糖和 2-脱氧葡萄糖
对葡萄糖的 K_m	0.1mmol/L	10mmol/L
V_{max}	低	高
反馈抑制	受 6-磷酸葡萄糖反馈抑制	不受 6-磷酸葡萄糖反馈抑制
基因表达	组成酶	诱导酶
功能	葡萄糖的及时磷酸化，保证细胞持续的葡萄糖供应	清除餐后过多的葡萄糖，稳定血糖

2．6-磷酸葡萄糖的异构化（磷酸己糖异构酶）　6-磷酸葡萄糖在磷酸己糖异构酶（phosphohexose isomerase）或磷酸葡糖异构酶（phosphoglucoisomerase）的催化下，异构化成为 6-磷酸果糖（图 8-9）。

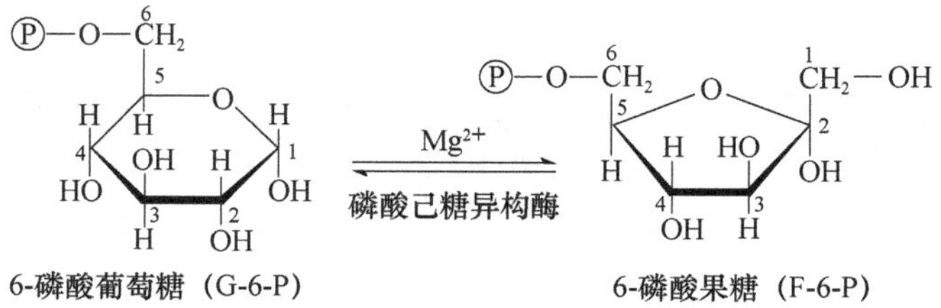

图 8-9　6-磷酸葡萄糖的异构化

通过此反应，羰基从醛式葡萄糖的 C1 位变成了酮式果糖的 C2 位，使果糖的 C1 位上形成了自由羟基，为下一步的磷酸化反应创造了条件，同时有利于后面醛缩酶催化的 C3 和 C4 之间的断裂反应。

3．磷酸果糖的磷酸化（磷酸果糖激酶）　磷酸果糖激酶（phosphofructokinase，PFK）催化 6-磷酸果糖磷酸化成为 1,6-二磷酸果糖（图 8-10）。

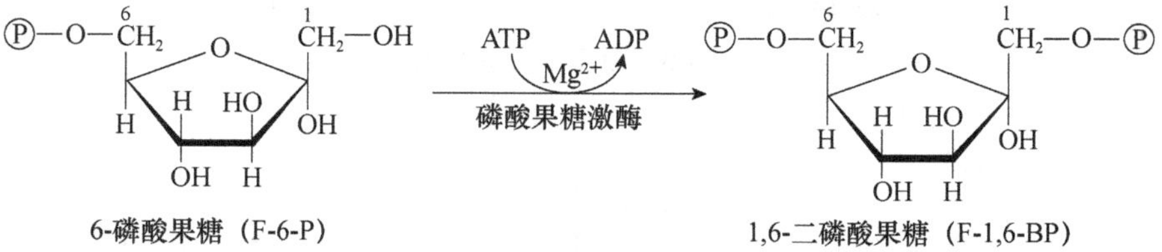

图 8-10　磷酸果糖的磷酸化

催化这一反应的酶通常称为磷酸果糖激酶-1（PFK-1），以与细胞内以 6-磷酸果糖为底物而产物是 2,6-二磷酸果糖的磷酸果糖激酶-2（PFK-2）相区别。在植物体内，还存在一种依赖焦磷酸的磷酸果糖激酶（PPi-PFK）催化 6-磷酸果糖生成 1,6-二磷酸果糖，用焦磷酸代替 ATP，催化的反应完全可逆。

4．1,6-二磷酸果糖的裂解（醛缩酶） 醛缩酶（aldolase）将 1,6-二磷酸果糖裂解为磷酸二羟丙酮和 3-磷酸甘油醛（图 8-11）。催化此反应的酶根据逆反应醛醇缩合反应命名。

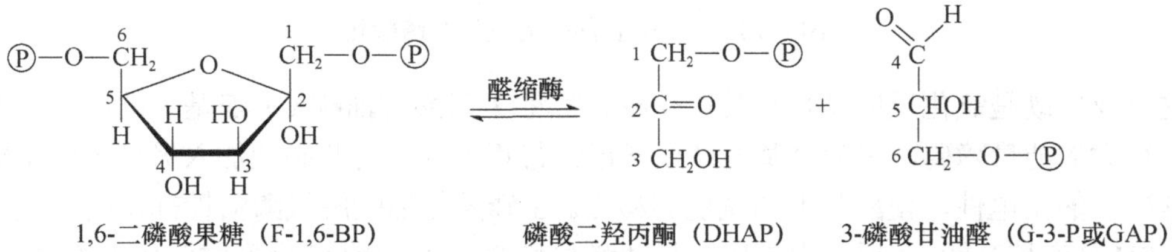

图 8-11 1,6-二磷酸果糖的裂解

醛缩酶催化的反应在热力学上不利于向右进行（$\Delta G^{\ominus\prime}=+23.9\text{kJ/mol}$），而有利于缩合反应。由于 3-磷酸甘油醛在下一阶段的反应中不断被消耗，是一个大量放能的过程，因此驱动反应向裂解方向进行。

5．磷酸丙糖的异构化（磷酸丙糖异构酶） 第一阶段的最后一步反应由磷酸丙糖异构酶（triose-phosphate isomerase）催化，使磷酸二羟丙酮异构化生成 3-磷酸甘油醛（图 8-12）。

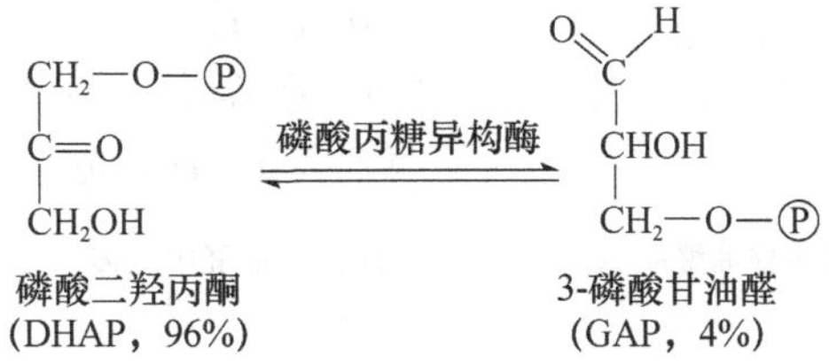

图 8-12 磷酸丙糖的异构化

在细胞内，这个反应是轻微吸能的。在平衡点时磷酸二羟丙酮的浓度远超过 3-磷酸甘油醛，但 3-磷酸甘油醛在后续反应中被快速利用，故磷酸二羟丙酮不断地转化为 3-磷酸甘油醛。

葡萄糖裂解为 2 分子 3-磷酸甘油醛，葡萄糖的第 3、4 位形成了 2 分子 3-磷酸甘油醛的醛基碳原子，第 1、6 位形成了 3-磷酸甘油醛分子的第 3 位碳原子（图 8-13）。

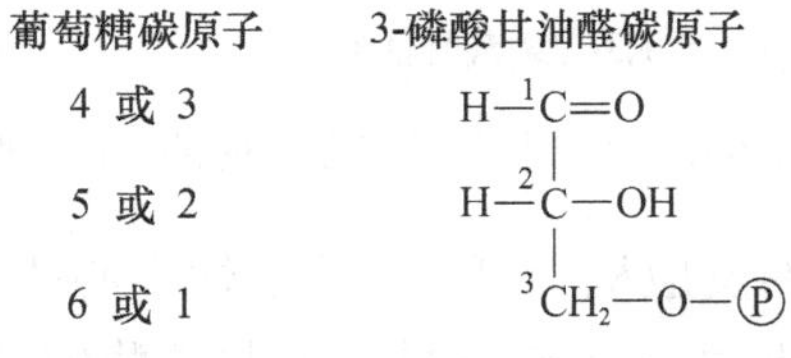

图 8-13 葡萄糖与 3-磷酸甘油醛的碳原子对应关系

6．3-磷酸甘油醛的氧化（3-磷酸甘油醛脱氢酶） 在醛缩酶反应产生的两种产物中，只有 3-磷酸甘油醛能够进入第二阶段继续进行反应。因此，1 分子的葡萄糖经过第一阶段反应，转变成 2 分子的 3-磷酸甘油醛进入后续反应。第二阶段的第一步反应是由 3-磷酸甘油醛脱氢酶（glyceraldehyde-3-phosphate dehydrogenase，GAPDH）催化的氧化还原反应（图 8-14）。

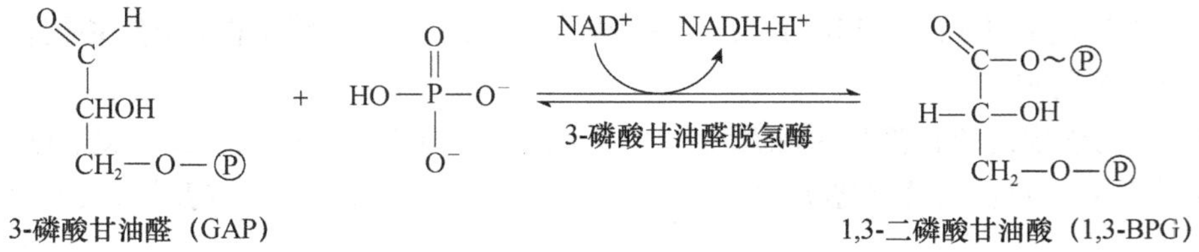

图 8-14　3-磷酸甘油醛的氧化及磷酸化

这个反应既是氧化反应又是磷酸化反应。若将 3-磷酸甘油醛 C1 醛基上的质子和电子转移，有很大的能量障碍，因为醛基的碳原子已经带正电性，为此必须加入另一亲核试剂以减少醛基碳上的正电性，使醛基上的氢能够移去。3-磷酸甘油醛脱氢酶活性部位的半胱氨酸残基的—SH 是亲核基团，在反应中 3-磷酸甘油醛与酶的活性—SH 结合形成硫代半缩醛中间物，将醛基上的氢移至与酶紧密结合的 NAD^+上，产生 NADH 和高能硫酯中间物，另一 NAD^+使酶分子上的 NADH 恢复成 NAD^+，磷酸攻击硫酯键形成 1,3-二磷酸甘油酸。磷酸加入后则容易形成酰基磷酸，是羧基与磷酸的混合酸酐，具有强烈的转移磷酰基的能量。反应过程见图 8-15。

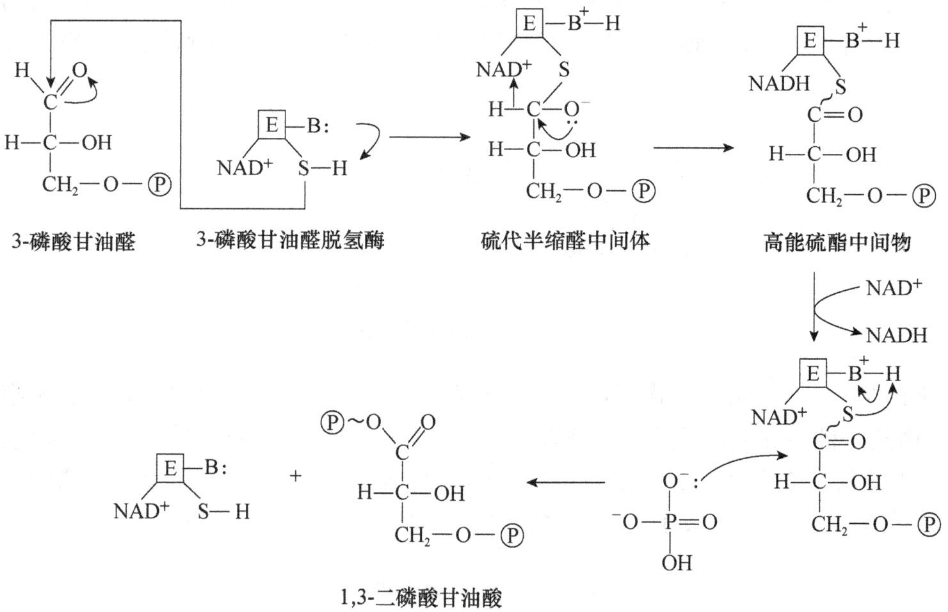

图 8-15　3-磷酸甘油醛脱氢酶的反应机制

由 3-磷酸甘油醛脱氢酶的反应机制可知，酶活性中心的 Cys 残基的—SH 对酶促反应非常重要，因此碘乙酸或有机汞是 3-磷酸甘油醛脱氢酶的抑制剂，同时也是糖酵解的抑制剂。

7．1,3-二磷酸甘油酸的底物水平磷酸化（磷酸甘油酸激酶）　在磷酸甘油酸激酶（phosphoglycerate kinase）的催化下，将 1,3-二磷酸甘油酸的磷酰基转移给 ADP 形成 3-磷酸甘油酸和 ATP（图 8-16）。

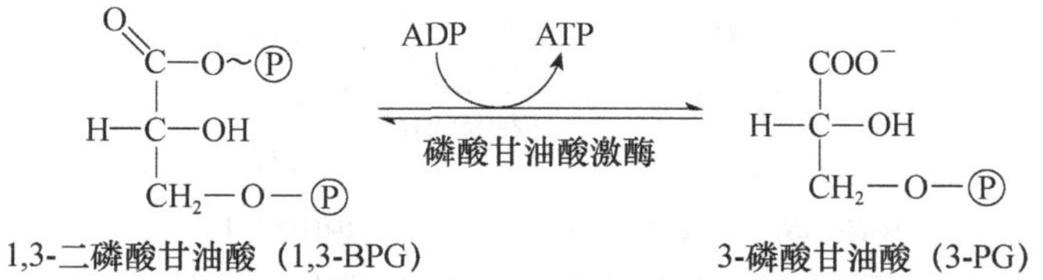

图 8-16 1,3-二磷酸甘油酸的底物水平磷酸化

这是糖酵解过程中第一次产生 ATP 的反应，也是底物水平磷酸化反应。底物水平磷酸化（substrate-level phosphorylation）是指同高能化合物的基团转移或放能水解作用相偶联的 ATP（GTP）合成作用。因为 1 分子葡萄糖产生 2 分子三碳糖，因此共产生 2 分子 ATP，这样就补偿了葡萄糖在磷酸化过程中消耗的 2 分子 ATP。

8．3-磷酸甘油酸的变位（磷酸甘油酸变位酶） 磷酸甘油酸变位酶（phosphoglyceromutase）催化 3-磷酸甘油酸 C3 上的磷酰基转移至分子内的 C2 原子上，生成 2-磷酸甘油酸（图 8-17）。

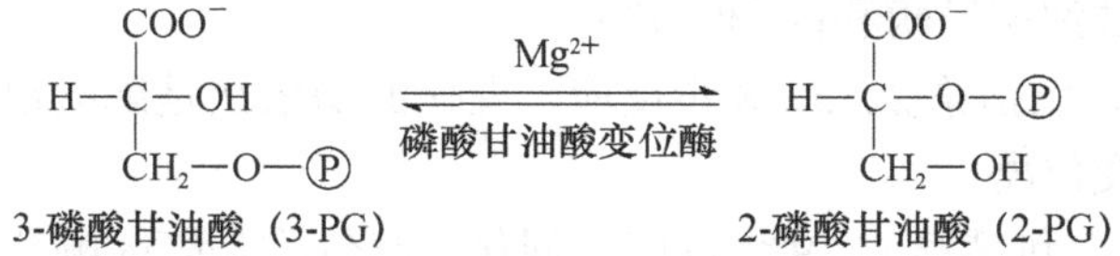

图 8-17 3-磷酸甘油酸的变位

9．2-磷酸甘油酸的烯醇化（烯醇化酶） 烯醇化酶（enolase）催化 2-磷酸甘油酸脱水生成磷酸烯醇式丙酮酸（图 8-18）。

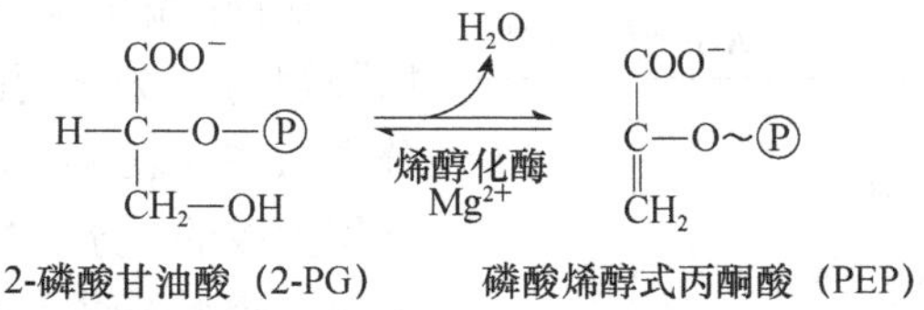

图 8-18 2-磷酸甘油酸的烯醇化

2-磷酸甘油酸的磷酯键是低能键，其水解的标准自由能变化是－17.6kJ/mol，而磷酸烯醇式丙酮酸（phosphoenolpyruvate，PEP）的磷酰烯醇酯键是高能键，其水解的标准自由能变化是－62.1kJ/mol，因此这一步反应显著地提高了磷酰基的转移势能。这是一步分子内脱水形成双键的反应。在脱水过程中发生了歧化反应，第二个碳被氧化，第三个碳被还原，使分子内能量重新分配生成高能磷酸化合物 PEP。

烯醇化酶需要 Mg^{2+}或 Mn^{2+}作为辅因子。由于氟化物能与 Mg^{2+}形成络合物并结合在酶上，因此氟化物可以抑制此酶的活性。

10．磷酸烯醇式丙酮酸的底物水平磷酸化（丙酮酸激酶） 最后一步反应是由丙酮酸激酶（pyruvate kinase）催化的，将磷酸烯醇式丙酮酸上的磷酰基团转移给 ADP，形成 ATP 和烯醇式丙酮酸。烯醇式丙酮酸非常不稳定，容易自发地转变为丙酮酸（图 8-19）。丙酮酸激酶的激活需要 K^+、Mg^{2+}或 Mn^{2+}。这是糖酵解过程中的又一步底物水平磷酸化反应。

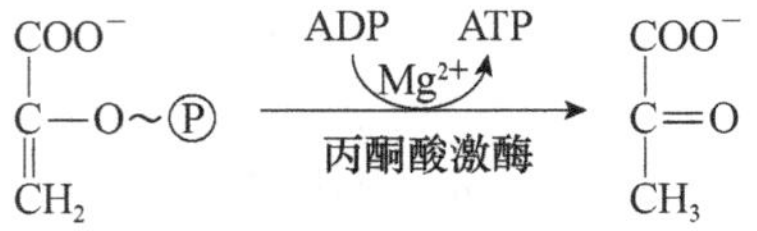

磷酸烯醇式丙酮酸 (PEP)　　　　丙酮酸 (Pyr)

图 8-19　磷酸烯醇式丙酮酸的底物水平磷酸化

综合上述两个阶段共 10 步反应，糖酵解的总反应可用下式表示：

$$C_6H_{12}O_6 + 2NAD^+ + 2ADP + 2Pi \longrightarrow 2CH_3COCOOH + 2NADH + 2H^+ + 2ATP + 2H_2O$$

二、糖酵解反应的特点和化学计量

（一）糖酵解反应的特点

按照酶的反应性质可以将糖酵解的 10 步反应分为以下 4 类反应。

1）4 步磷酸基团的转移反应，包括第 1、3、7、10 步反应，催化的酶依次是己糖激酶、磷酸果糖激酶、磷酸甘油酸激酶和丙酮酸激酶。

2）3 步异构反应，包括第 2、5、8 步反应，催化的酶依次是磷酸己糖异构酶、磷酸丙糖异构酶和磷酸甘油酸变位酶。

3）两步裂合反应，包括第 4、9 步反应，催化的酶依次是醛缩酶和烯醇化酶。

4）一步氧化还原反应，即第 6 步反应，由 3-磷酸甘油醛脱氢酶催化。

表 8-2　糖酵解过程中 ATP 的消耗和产生

消耗或产生 ATP 的反应	1 分子葡萄糖的 ATP 变化分子数
葡萄糖 ⟶ 6-磷酸葡萄糖	−1
6-磷酸果糖 ⟶ 1,6-二磷酸果糖	−1
2 1,3-二磷酸甘油酸 ⟶ 2 3-磷酸甘油酸	+2
2 磷酸烯醇式丙酮酸 ⟶ 2 丙酮酸	+2
总计	+2

（二）糖酵解反应的化学计量

从糖酵解的总反应式可知，1 分子葡萄糖降解为 2 分子丙酮酸的过程中，净生成 2 分子 ATP（表 8-2）。在有氧条件下，糖酵解过程生成的 2 分子 NADH 可通过线粒体内膜上的穿梭系统进入电子传递链生成 5 分子或 3 分子 ATP（见第七章中细胞质基质中 NADH 进入线粒体的机制）。其他各步反应的标准自由能和自由能变化见表 8-3。

表 8-3　糖酵解各步反应的自由能变化（kJ/mol）

酶	$\Delta G^{\ominus\prime}$	$\Delta G'$
1．己糖激酶	−16.7	−33.9
2．磷酸己糖异构酶	+1.67	−2.92
3．磷酸果糖激酶	−14.2	−18.8
4．醛缩酶	+23.9	−0.23
5．磷酸丙糖异构酶	+7.56	+2.41
6．3-磷酸甘油醛脱氢酶	+6.30	−1.29
7．磷酸甘油酸激酶	−18.9	+0.1

续表

酶	$\Delta G^{\ominus\prime}$	$\Delta G'$
8. 磷酸甘油酸变位酶	+4.4	+0.83
9. 烯醇化酶	+1.8	+1.1
10. 丙酮酸激酶	−31.7	−23.0

注：实际的自由能变化 $\Delta G'$（37℃）是利用在正常生理条件下测得红细胞中的反应物浓度和标准自由能的数据计算的（Garrett and Grisham，2008）

三、糖酵解的生物学意义

糖酵解在生物体中普遍存在，有氧及无氧条件下都能进行，是葡萄糖进行有氧或无氧分解共同的代谢途径，在生物体内具有重要的生物学意义。

1．生物能量（ATP）的来源之一 虽然糖酵解生成 ATP 的效率远低于糖的有氧代谢，但对于厌氧生物或供氧不足的细胞来说，糖酵解是糖分解的主要途径及获得能量的主要形式。例如，缺氧下的肌肉组织以糖酵解为合成 ATP 的主要途径，哺乳动物成熟的红细胞以糖酵解作为生成 ATP 的唯一途径。

2．代谢中间产物为其他物质的合成提供原料 糖酵解途径中形成的中间产物，可作为合成其他物质的原料。例如，6-磷酸葡萄糖可转化为 1-磷酸葡萄糖合成糖原，磷酸二羟丙酮可转化为甘油，磷酸烯醇式丙酮酸为芳香族氨基酸的合成提供碳源，丙酮酸可转化为丙氨酸或乙酰-CoA，乙酰-CoA 是脂肪酸合成的原料。糖酵解通过中间产物与其他代谢途径联系，从而实现物质间的相互转化。

3．为糖异生提供基本途径 糖酵解途径只有 3 步反应不可逆，其余 7 步反应均可逆，为糖异生提供了基本途径。

资源 8-4

四、糖酵解的调节

糖酵解的 10 步反应中，只有 3 步是不可逆反应，分别由己糖激酶、磷酸果糖激酶和丙酮酸激酶催化，这 3 种别构调节酶催化的反应是糖酵解的调节部位，其中磷酸果糖激酶是最重要的调节酶（限速酶）。为什么限速酶是磷酸果糖激酶而不是己糖激酶或丙酮酸激酶呢？这是因为己糖激酶的产物 6-磷酸葡萄糖可进入糖酵解途径，也可通过磷酸戊糖途径进行氧化，还可以转化为糖原；而丙酮酸激酶催化的反应太靠后，所以第三步反应是最重要的调节位点。

（一）己糖激酶

调节己糖激酶活性的变构抑制剂是其产物 6-磷酸葡萄糖。当磷酸果糖激酶活性被抑制时，导致 6-磷酸果糖积累，进而导致 6-磷酸葡萄糖浓度升高，抑制己糖激酶活性。

（二）磷酸果糖激酶

磷酸果糖激酶的变构抑制剂包括 ATP、柠檬酸、脂肪酸和质子（低 pH），变构激活剂有 AMP、ADP 和 2,6-二磷酸果糖。

1．ATP 的变构抑制 ATP 既是磷酸果糖激酶的底物，又是该酶的变构抑制剂，那 ATP

是如何行使双重作用的呢？这是因为 PFK-1 上有两个 ATP 结合位点，一个是酶的活性中心，与 ATP 的亲和力高，当 ATP 浓度低时与酶的活性中心结合；另一个是变构中心，与 ATP 的亲和力低，当 ATP 浓度高时与变构中心结合导致酶的构象变化而抑制酶的活性。

2．柠檬酸和脂肪酸的变构抑制 柠檬酸是三羧酸循环的中间产物，脂肪酸是以糖分解中间产物为原料合成的产物。当细胞内其他物质（如脂肪酸）大量氧化并合成较多 ATP 时，会抑制三羧酸循环，导致柠檬酸积累，柠檬酸通过线粒体内膜上的载体进入细胞质基质，抑制 PFK-1 的活性。

3．H^+的抑制 糖酵解的产物丙酮酸在无氧条件下可以生成乳酸。哺乳动物的红细胞和肌细胞都可生成乳酸，乳酸进入血液循环时会释放 H^+，H^+可以抑制 PFK-1 的活性。如果生成的乳酸过多，会导致血液酸度升高，而 H^+作为 PFK-1 的抑制剂可以防止乳酸过多导致的酸中毒。

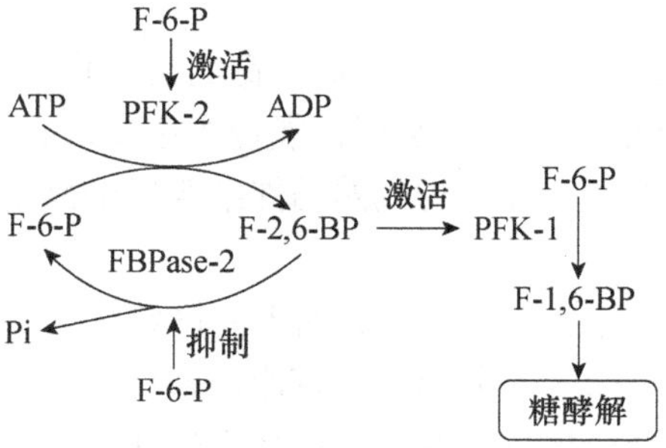

图 8-20 F-2,6-BP 对 PFK-1 的调节（郭霭光和范三红，2018）

4．2,6-二磷酸果糖的变构激活 磷酸果糖激酶2（PFK-2）催化 6-磷酸果糖生成 2,6-二磷酸果糖（F-2,6-BP），而 F-2,6-BP 由二磷酸果糖磷酸酶-2（fructose bisphosphatase-2，FBPase-2）水解生成 6-磷酸果糖（F-6-P）。PFK-2 和 FBPase-2 是位于同一条多肽链的双功能酶，N 端为 PFK-2，C 端为 FBPase-2。F-6-P 激活 PFK-2 但抑制 FBPase-2，高浓度的 F-6-P 导致高浓度 F-2,6-BP 的生成，进一步激活 PFK-1。因此，当 F-6-P 浓度高时，促进糖酵解的进行（图 8-20）。

2,6-二磷酸果糖激酶的活性还可以通过酶分子上的 Ser 残基的磷酸化共价修饰进行调节（图 8-21）。当双功能酶的 Ser 残基磷酸化时激活 FBPase-2 活性而同时抑制 PFK-2 的活性。当葡萄糖缺乏时，血液中的胰高血糖素启动 cAMP 的级联反应，激活依赖 cAMP 的蛋白激酶，磷酸化双功能酶的 Ser 残基，激活 FBPase-2 而同时抑制 PFK-2 活性，导致 F-2,6-BP 浓度降低，抑制糖酵解，升高血糖。当葡萄糖过剩时，胰岛素激活蛋白磷酸酶，使酶去磷酸化激活 PFK-2 而抑制 FBPase-2 活性，F-2,6-BP 浓度升高，促进糖酵解，降低血糖。

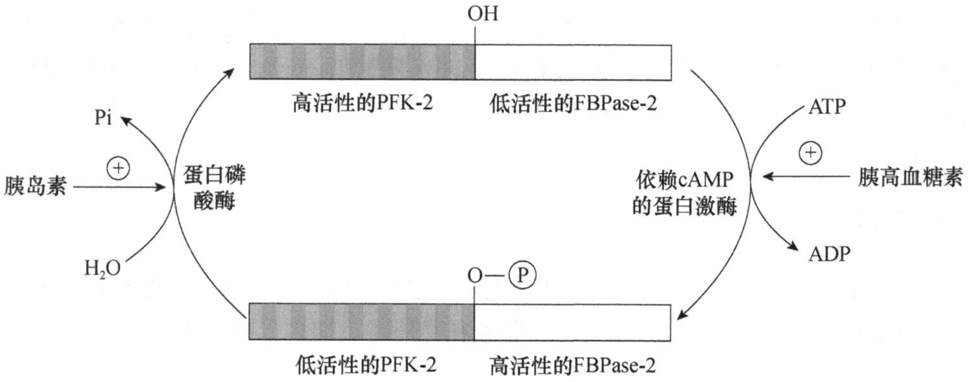

图 8-21 PFK-2/FBPase-2 受磷酸化/去磷酸化调节（朱圣庚和徐长法，2017）

（三）丙酮酸激酶

丙酮酸激酶受高浓度 ATP、乙酰-CoA、丙氨酸和长链脂肪酸等代谢物的反馈抑制，F-1,6-

BP 是该酶的激活剂。

五、糖酵解的其他底物

糖酵解不仅是葡萄糖的分解途径，也是其他糖类物质或非糖类物质（如甘油）的分解途径。重要的糖类物质包括糖原、双糖（蔗糖等）和其他单糖。多糖和双糖先被降解为单糖，各种单糖通过转变成糖酵解的中间产物之后，再沿着糖酵解途径进一步分解（图 8-22）。

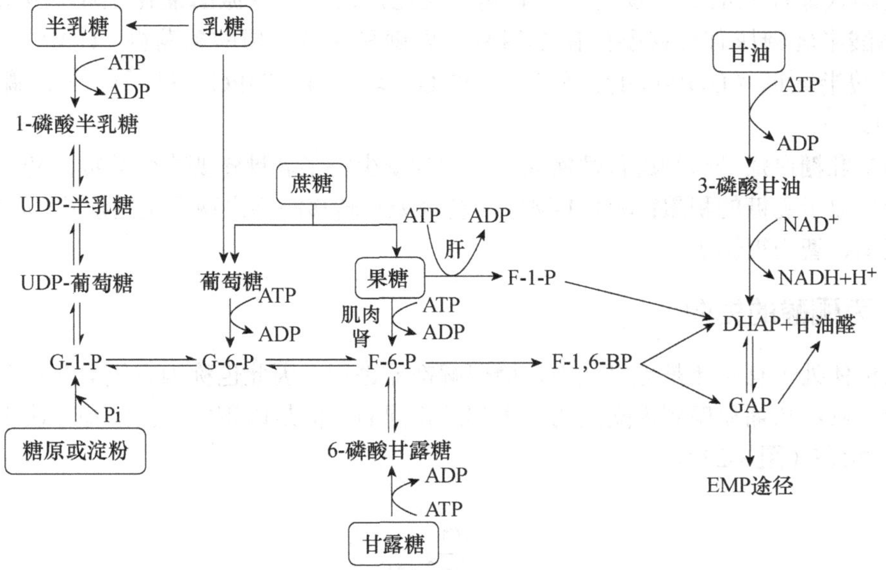

图 8-22 不同物质进入糖酵解的途径

（一）果糖

果糖进入糖代谢有两条途径：

在肌肉和肾中，已糖激酶催化果糖磷酸化生成 6-磷酸果糖：

$$果糖+ATP \longrightarrow 6\text{-}磷酸果糖+ADP$$

在肝中果糖激酶催化果糖 C1 磷酸化生成 1-磷酸果糖：

$$果糖+ATP \longrightarrow 1\text{-}磷酸果糖+ADP$$

1-磷酸果糖再由醛缩酶催化裂解生成磷酸二羟丙酮和甘油醛：

$$1\text{-}磷酸果糖 \rightleftharpoons 磷酸二羟丙酮+甘油醛$$

磷酸二羟丙酮能直接进入糖酵解。甘油醛必须先由丙糖激酶催化生成 3-磷酸甘油醛：

$$甘油醛+ATP \longrightarrow 3\text{-}磷酸甘油醛+ADP$$

果糖进入糖代谢的这两条途径在第一阶段都需要消耗 2 分子 ATP。由果糖转变为丙酮酸净生成 2 分子 ATP。单从产能的角度来说，果糖和葡萄糖是等价的。然而，在肝中果糖的降解绕过了磷酸果糖激酶这步重要的调节反应。因此对果糖和蔗糖的过度摄取会产生过量的丙酮酸。丙酮酸会转变成乙酰辅酶 A，乙酰辅酶 A 是胆固醇和脂肪酸合成的前体物质。因此从这个角度来讲，果糖代谢并不等同于葡萄糖代谢。

（二）甘露糖

甘露糖代谢是己糖激酶催化甘露糖磷酸化生成6-磷酸甘露糖，磷酸甘露糖异构酶催化6-磷酸甘露糖转变为6-磷酸果糖。

（三）半乳糖

半乳糖代谢反应的第一步也是半乳糖磷酸化，由半乳糖激酶催化生成1-磷酸半乳糖。接着1-磷酸半乳糖尿苷转移酶催化1-磷酸半乳糖和尿苷二磷酸葡萄糖（UDPG）反应生成尿苷二磷酸半乳糖（UDP-Gal），然后UDP-Gal转变成UDPG，最后变成6-磷酸葡萄糖（图8-22）。

人的半乳糖血症是一种遗传性疾病，是因为缺少将半乳糖转变为葡萄糖的酶。缺少半乳糖激酶会导致半乳糖的积累；缺少1-磷酸半乳糖尿苷转移酶会出现严重的症状，如身材矮小、肝功能衰竭、智力迟钝等。

六、丙酮酸的去向

不论机体处于有氧还是无氧状态，糖酵解都能进行，因此也称为有氧酵解和无氧酵解。不论是否有氧，从葡萄糖到丙酮酸的过程都是相同的，但是丙酮酸的去向却取决于机体组织的O_2供应状态（图8-23）。

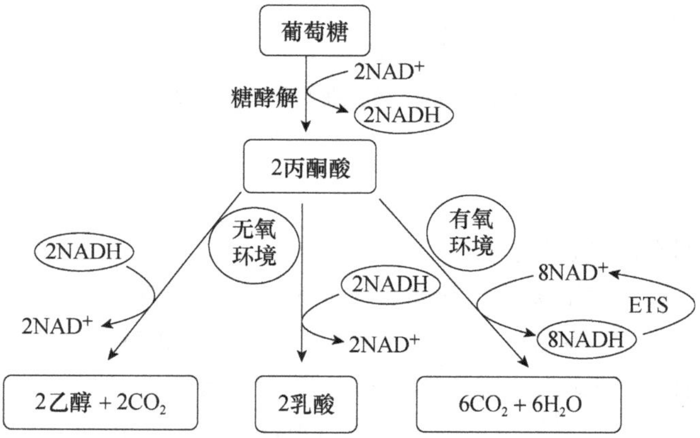

图8-23 丙酮酸的去向

（一）生成乙醇

在无氧条件下，生成乙醇的反应主要发生在植物和一些微生物（如酿酒酵母等）中，包括两步反应，首先丙酮酸在丙酮酸脱羧酶（pyruvate decarboxylase）催化下脱羧生成乙醛和CO_2，然后乙醛在乙醇脱氢酶（alcohol dehydrogenase，ADH）的催化下还原成乙醇，同时NADH被氧化成NAD^+（图8-24）。丙酮酸脱羧酶以硫胺素焦磷酸（TPP）为辅酶，人体内无丙酮酸脱羧酶但有乙醇脱氢酶，因此人体不能生成乙醇但能分解乙醇。

乙醇发酵可用于酿酒、面包制作等中。在有氧条件下，乙醛可被氧化为乙酸（醋）。

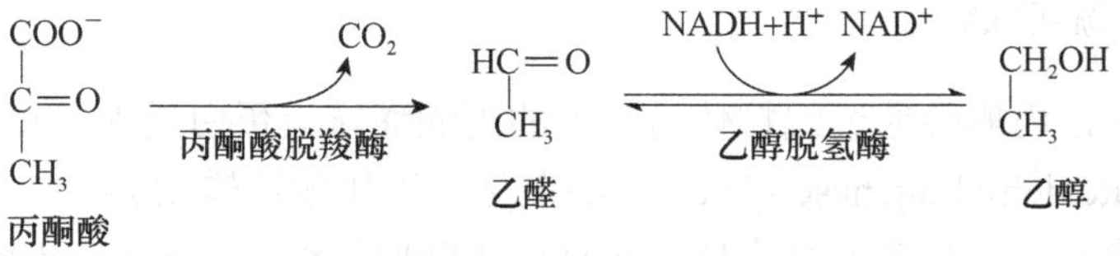

图 8-24　丙酮酸生成乙醇的反应

（二）生成乳酸

对于乳酸杆菌和其他一些微生物来说，丙酮酸在乳酸脱氢酶（lactate dehydrogenase，LDH）的催化下生成乳酸（图 8-25）。

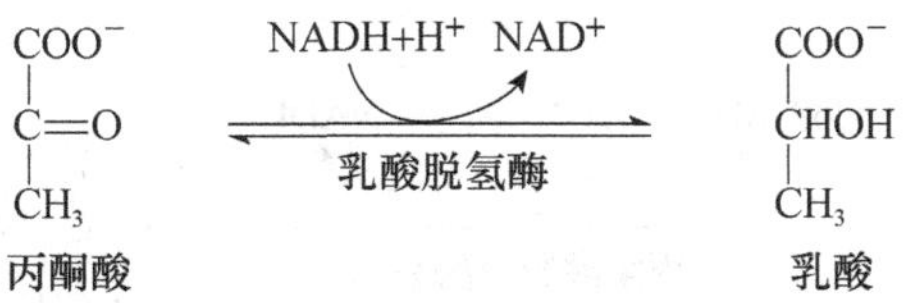

图 8-25　丙酮酸生成乳酸的反应

需氧生物在极端缺氧条件下不能生存，但是可以耐受暂时的缺氧。人与动物在相对缺氧的状态下，丙酮酸会转变为乳酸，这一反应发生在肌肉组织中，所以乳酸会最先在肌肉中积累，然后从肌肉中扩散进入血液，再进入肝，在肝中被转变为葡萄糖。

Cafl Ferdinand Cori 和 Gerti Cori 第一次描述肌肉、肝和血液间代谢的相互作用，因此这一系列反应称为科里循环（Cori cycle）。这个循环包括了从肌肉中葡萄糖酵解生成乳酸、乳酸随血液到达肝、乳酸在肝中被重新氧化成为丙酮酸、丙酮酸在肝中通过糖异生转变为葡萄糖。最后，血液又将葡萄糖转运至肌肉（图 8-26）。

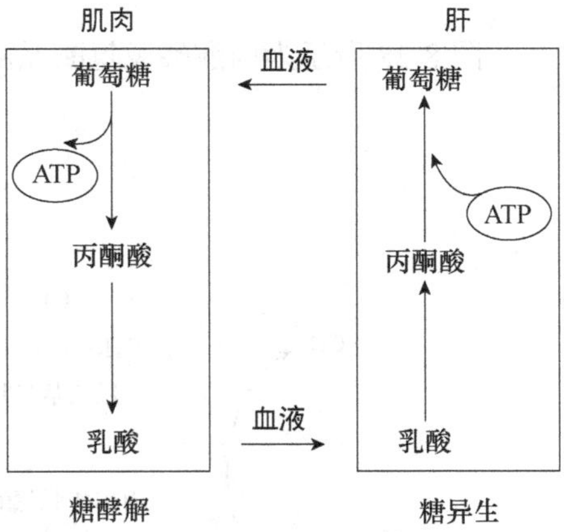

图 8-26　科里循环

科里循环与糖原的分解作用和合成作用有关。在肌肉中，糖原分解产生的葡萄糖转变成糖异生的原料乳酸。在肝中，乳酸经过糖异生生成的葡萄糖可被用作糖原合成的原料。

哺乳动物的乳酸脱氢酶由两种（分别为 M 型和 H 型）4 个亚基组成，构成 5 种同工酶（M_4、M_3H、M_2H_2、MH_3 和 H_4）。丙酮酸的去向主要取决于机体的供氧状况及不同组织的乳酸脱氢酶同工酶的类型。不同的组织酶动力学性质不同，M_4 型和 M_3H 型在骨骼肌和其他一些依赖糖酵解获得能量的组织中占优势，对丙酮酸有较高的亲和力，在 O_2 供应不足时有利于将丙酮酸转变成乳酸。心肌组织中主要是 H_4 型同工酶，对丙酮酸的亲和力较小，这确保在心肌中丙酮酸不能转变为乳酸，而有利于丙酮酸转变成乙酰辅酶 A。心脏是动物体的重要器官，三羧酸循环/电子传递体能够产生大量的 ATP，因此心脏通过这条途径最大限度地从葡萄糖获取能量。

（三）生成乙酰-CoA

在有氧条件下，丙酮酸通过线粒体内膜上的丙酮酸转运蛋白进入线粒体基质，在丙酮酸脱氢酶系（pyruvate dehydrogenase system）的催化下氧化成乙酰-CoA。

丙酮酸脱氢酶系是一种多酶复合体，包括丙酮酸脱氢酶（pyruvate dehydrogenase，E_1）、二氢硫辛酸乙酰转移酶（dihydrolipoyl transacetylase，E_2）和二氢硫辛酸脱氢酶（dihydrolipoyl dehydrogenase，E_3）3 种不同的酶及 TPP、FAD、NAD^+、CoA-SH、硫辛酸 5 种辅因子。

5 种辅因子中，辅基 TPP 与 E_1 相连，硫辛酸通过酰胺键（共价键）与 E_2 的赖氨酸残基结合，CoA-SH 作为乙酰基载体，FAD 以共价键与 E_3 结合，NAD^+作为 H 的载体。整个丙酮酸脱氢酶系催化的反应包括了氧化作用（脱氢）和脱羧基作用。该反应的化学式如图 8-27 所示。

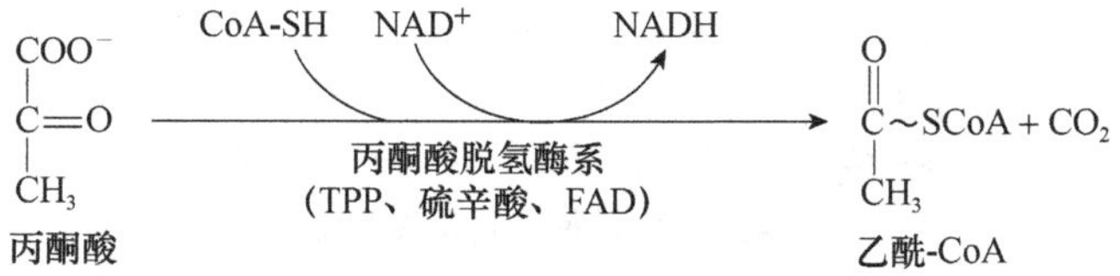

图 8-27　丙酮酸生成乙酰-CoA

图 8-28 所示为丙酮酸脱氢酶系的作用机制。

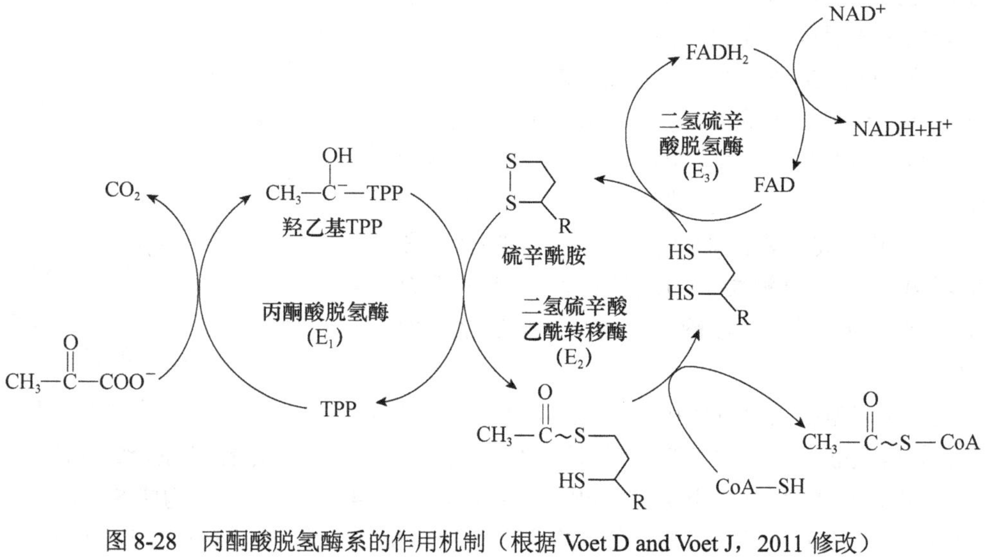

图 8-28　丙酮酸脱氢酶系的作用机制（根据 Voet D and Voet J，2011 修改）

1）E_1 的辅基 TPP 作为负碳离子亲核攻击丙酮酸的羰基碳，诱发脱羧反应，生成羟乙基 TPP。

2）在 E_2 催化下，氧化型硫辛酰胺的二硫键被还原，TPP 上的羟乙基氧化成乙酰基，同时将乙酰基转移到一个硫辛酰胺臂上形成高能硫酯键。

3）在 E_2 催化下，乙酰基从硫辛酰胺臂上转移到 CoA-SH 形成乙酰-CoA。

4）E_3催化还原型的硫辛酰胺重新氧化，并将氢传递给其辅基 FAD。

5）$FADH_2$被 NAD^+氧化，生成 NADH 和 H^+。

丙酮酸氧化脱羧反应过程中，只有第一步脱羧反应是不可逆的。三羧酸循环从乙酰-CoA 开始，丙酮酸到乙酰-CoA 的反应决定了进入三羧酸循环的底物，是一个重要的调节步骤。ATP、乙酰-CoA 和 NADH 分别变构抑制 E_1、E_2和 E_3。在真核细胞里，其他的调节方式还包括 E_1的共价修饰，去磷酸化的 E_1是有活性的形式。

第四节　三羧酸循环

在有氧条件下，糖酵解的产物丙酮酸通过氧化脱酸生成乙酰-CoA，乙酰-CoA 进入三羧酸循环（tricarboxylic acid cycle，TCA 循环）继续氧化生成 NADH、$FADH_2$和 CO_2。三羧酸循环的第一个中间产物是柠檬酸，所以这个循环也叫作柠檬酸循环；因为是德国科学家 H. Krebs 首先提出的从草酰乙酸到柠檬酸的闭合式的循环反应，故也称 Krebs 循环。TCA 循环是糖类、脂类和蛋白质在细胞内氧化分解的共同代谢途径，同时也在很多生物分子的合成代谢中起重要作用。Krebs 提出了 3 个循环，包括鸟氨酸循环（1932 年）、TCA 循环（1937 年）和乙醛酸循环（1957 年）。Krebs 因为 TCA 循环获得 1953 年的诺贝尔生理学或医学奖。

一、三羧酸循环的化学历程

TCA 循环包括 8 步反应（图 8-29），起始于乙酰-CoA（C_2）与草酰乙酸（C_4）缩合生成柠檬酸（C_6），经异构化形成异柠檬酸，脱氢脱羧形成 *α*-酮戊二酸（C_5），再次脱氢脱羧生成琥珀酰-CoA，经 4 步反应生成草酰乙酸（C_4）。

资源 8-5

1．草酰乙酸与乙酰-CoA 的缩合（柠檬酸合酶）　TCA 循环的第一步反应是由柠檬酸合酶（citrate synthase）催化乙酰-CoA 与草酰乙酸缩合生成柠檬酸（图 8-30），由于反应中包括乙酰-CoA 高能键的断裂，因此柠檬酸合酶的反应是一个强烈的放能反应。

2．柠檬酸的脱水与水合（顺乌头酸酶）　顺乌头酸酶（*cis*-aconitase），也称乌头酸酶（aconitase），催化柠檬酸脱水，然后又加水，从而改变分子内—OH 和—H 的位置，生成异柠檬酸（图 8-31）。

顺乌头酸酶催化的反应具有严格的立体化学专一性，酶与顺乌头酸结合，H_2O 以两种不同形式与双键结合，分别形成柠檬酸和异柠檬酸。虽然反应达到平衡时（25℃和 pH 7.4 条件下），异柠檬酸只占 6%，但下一步反应是大量放能的不可逆反应，所以反应向生成异柠檬酸的方向进行。

氟代乙酸是顺乌头酸酶的抑制剂，它是一种存在于疯草等植物中的有毒小分子物质。当氟代乙酸被动物吸收后，被乙酸硫激酶作用转变为氟代乙酰-CoA。柠檬酸合酶以氟代乙酰-CoA 为替代底物并催化其转变为氟代柠檬酸，氟代柠檬酸是顺乌头酸酶的强烈抑制剂，被用来做灭鼠剂或天然杀虫剂，动物误食含有氟代乙酸的植物会发生中毒反应。

3．异柠檬酸的氧化脱羧（异柠檬酸脱氢酶）　异柠檬酸脱氢酶（isocitrate dehydrogenase）催化的反应分为两步，首先以 NAD^+为辅酶脱氢生成草酰琥珀酸，然后经脱羧生成 *α*-酮戊二酸（图 8-32）。

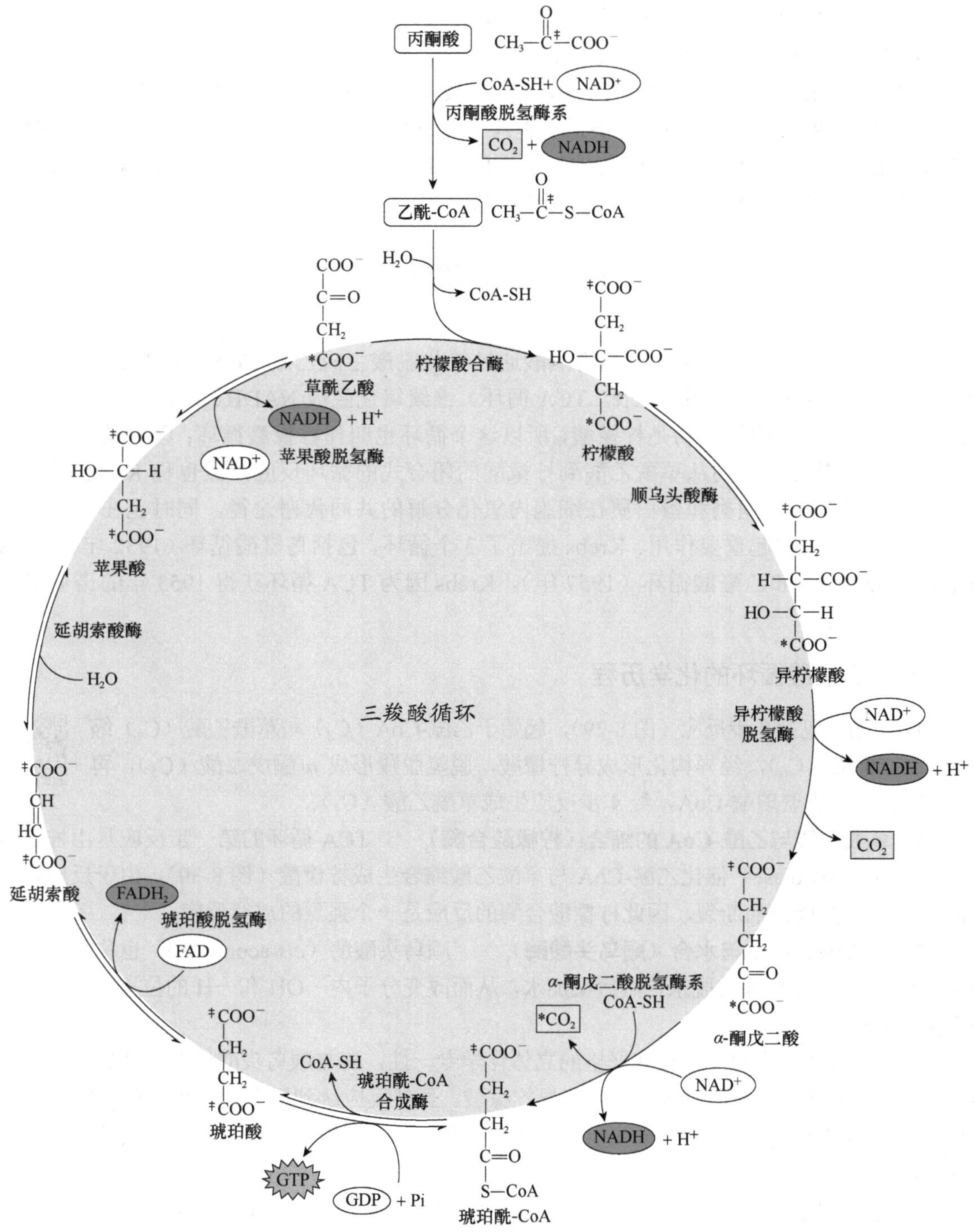

图 8-29 三羧酸循环的反应历程（Voet D and Voet J，2011）

"‡""*"用来标注碳原子的来源和去向

在真核细胞中，异柠檬酸脱氢酶存在两种同工酶形式：①以 NAD^+为辅酶，只存在于线粒体中，在三羧酸循环中起作用；②以 $NADP^+$为辅酶，在线粒体和细胞质基质中都存在，主要功能是还原产生 NADPH。

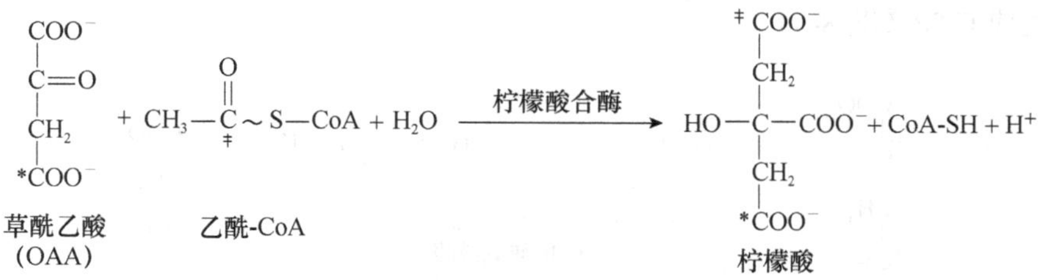

图 8-30 草酰乙酸与乙酰-CoA 的缩合

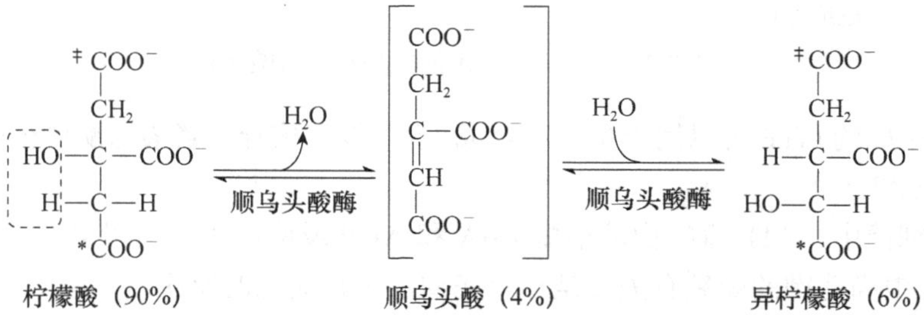

图 8-31 柠檬酸的脱水与水合

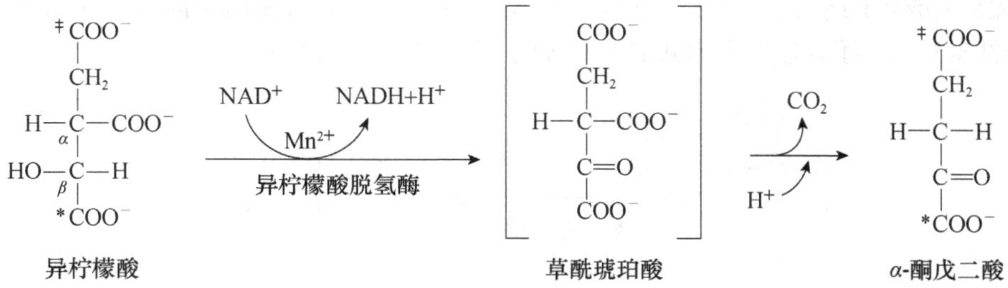

图 8-32 异柠檬酸的氧化脱羧

4．α-酮戊二酸的氧化脱羧（α-酮戊二酸脱氢酶系） α-酮戊二酸脱氢酶系催化 α-酮戊二酸脱氢、脱羧，生成琥珀酰-CoA（图 8-33）。α-酮戊二酸脱氢酶系与丙酮酸脱氢酶系在结构和功能上是类似的。它们都是多酶复合体，都催化氧化脱羧反应，需要同样的辅酶，包含同样的反应步骤。丙酮酸脱氢酶系和 α-酮戊二酸脱氢酶系的区别在于能量的利用方面。乙酰-CoA 的能量用于自身和草酰乙酸缩合形成柠檬酸，使这步反应成为强烈的放能反应，也是循环中的关键反应步骤。相反，琥珀酰-CoA 的能量以 GTP 形式促使等量 ATP 的生成，因此琥珀酰-CoA 的能量通过形成高能键直接被“储存”起来了。

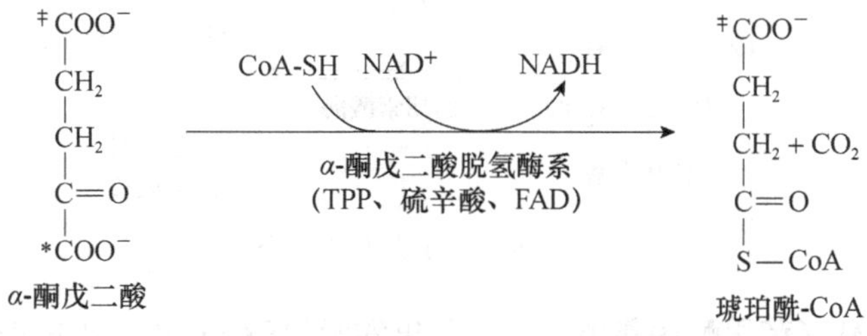

图 8-33 α-酮戊二酸的氧化脱羧

5．琥珀酰-CoA 的底物水平磷酸化（琥珀酸硫激酶） 琥珀酸硫激酶（succinate thiokinase）或称琥珀酰-CoA 合成酶（succinyl-CoA synthetase）催化琥珀酰-CoA 转化为琥珀酸，同时生成 GTP（图 8-34）。

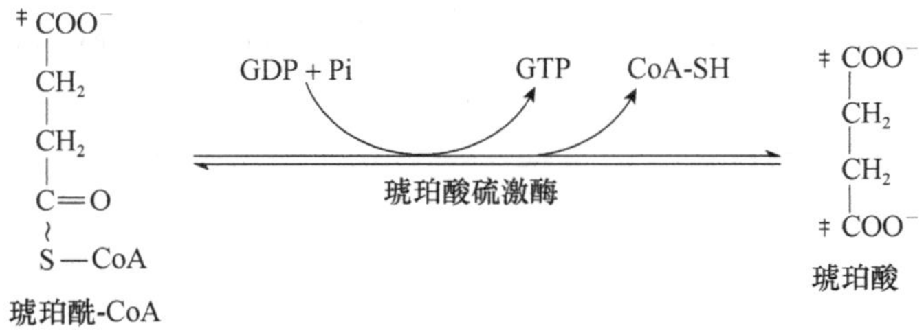

图 8-34 琥珀酰-CoA 的底物水平磷酸化

动物体内生成的 GTP 可以用于蛋白质合成，也可以在核苷二磷酸激酶的催化下将磷酰基转给 ADP 生成 ATP。

在植物和细菌中，ATP 直接由琥珀酰-CoA 和 ADP 反应产生。这里 GTP 和 ATP 的生成与琥珀酰-CoA 中高能键的断裂有关，是一个底物水平磷酸化的反应。

6．琥珀酸的氧化（琥珀酸脱氢酶） 琥珀酸脱氢酶（succinate dehydrogenase）催化琥珀酸脱氢生成延胡索酸。在这个立体异构反应中，全部生成反式异构体延胡索酸（反丁烯二酸）（图 8-35），而不会产生顺式异构体顺丁烯二酸（马来酸）。

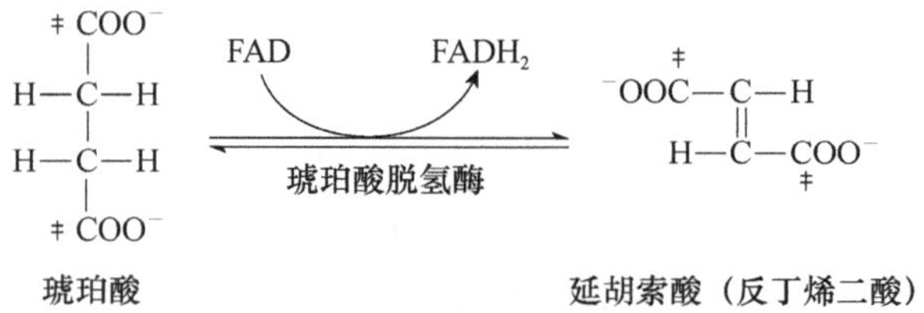

图 8-35 琥珀酸的氧化

琥珀酸脱氢酶是一种铁硫蛋白（4Fe-4S）和黄素蛋白，是 TCA 循环中唯一分布于线粒体内膜上的酶，是呼吸链中复合体Ⅱ的组成部分。丙二酸和戊二酸在结构上与琥珀酸相似，因此丙二酸和戊二酸是琥珀酸脱氢酶的竞争性抑制剂。

7．延胡索酸的水合（延胡索酸酶） 延胡索酸酶（fumarase）催化延胡索酸水化生成苹果酸（图 8-36）。该酶具有立体异构特异性，只能生成 L-苹果酸。

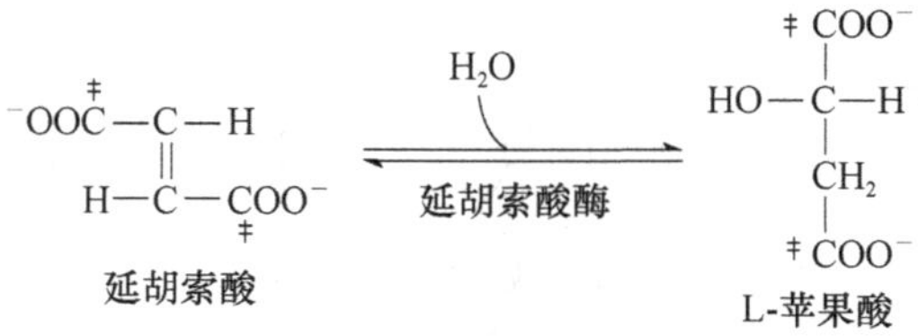

图 8-36 延胡索酸的水合

8．苹果酸的氧化（苹果酸脱氢酶） 苹果酸脱氢酶（malate dehydrogenase）催化 TCA 循环中的最后一步反应，催化苹果酸脱氢生成草酰乙酸（图 8-37）。草酰乙酸能与第二个乙酰-CoA 分子结合开始新一轮循环。

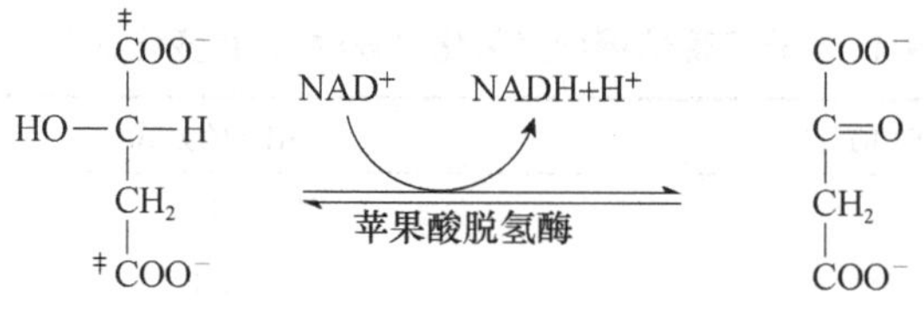

图 8-37 苹果酸的氧化

综合上述 8 种酶所催化的反应，TCA 循环的总反应式可用下述方程式表示：

$$CH_3CO\sim S\text{-}CoA + 3NAD^+ + FAD + GDP + Pi + 2H_2O \longrightarrow 2CO_2 + 3NADH + 3H^+ + FADH_2 + GTP + CoA\text{-}SH$$

二、三羧酸循环反应的特点与化学计量

（一）三羧酸循环反应的特点

按 8 种酶的反应性质，TCA 循环的 8 步反应分为以下 3 类。

1. 氧化还原反应 氧化还原反应包括第 3、4、6 和 8 步反应，催化的酶依次是异柠檬酸脱氢酶、*α*-酮戊二酸脱氢酶系、琥珀酸脱氢酶和苹果酸脱氢酶。在 4 步氧化还原反应中，有两步是氧化脱羧反应，在脱氢的同时发生脱羧反应。乙酰基经过两步氧化脱羧反应生成 2 分子 CO_2。就碳原子的数量而言，进入循环的碳原子数与从循环中释放出的碳原子的数量完全相等。但是，释放的 CO_2 分子中的碳原子并不是进入循环的乙酰基上的碳原子，而是来自循环中的草酰乙酸。

4 步脱氢反应中有 3 步反应需要以 NAD^+作为辅酶的脱氢酶，有一步反应需要以 FAD 为辅基的琥珀酸脱氢酶。4 步脱氢反应使 4 对电子离开循环进入呼吸链氧化磷酸化产生 ATP。

2. 裂合反应 裂合反应包括第 1、2 和 7 步反应，催化的酶依次是柠檬酸合酶、顺乌头酸酶和延胡索酸酶。顺乌头酸酶催化的反应看似使柠檬酸“异构化”为异柠檬酸，但实质上发生的反应是柠檬酸的脱水反应和顺乌头酸的水合反应，所以顺乌头酸酶属于裂合酶类。

3. 合成反应 合成反应指第 5 步反应，催化的酶是琥珀酸硫激酶（琥珀酸-CoA 合成酶），这一步是底物水平磷酸化反应。将琥珀酰-CoA 高能硫酯键断裂释放的能量用于 GTP 或 ATP 的合成。

另外，O_2 没有直接参与 TCA 循环，但 TCA 循环需要在有氧条件下才能进行。这是因为 NADH 和 $FADH_2$ 的氧化是通过位于线粒体内膜上的电子传递链将电子传递给 O_2 来完成的，需要 O_2 才能重新氧化生成 NAD^+和 FAD。糖酵解在无氧条件下也可进行，是因为在无氧条件下丙酮酸可以通过生成乙醇或乳酸再生成 NAD^+。

（二）三羧酸循环的化学计量

从 TCA 循环的总反应式可知，1 分子乙酰-CoA 可以生成 3 分子 NADH、1 分子 $FADH_2$ 和 1 分子 GTP。NADH 和 $FADH_2$ 经氧化磷酸化分别生成 2.5 和 1.5 分子 ATP，1 分子乙酰-CoA 经 TCA 循环可生成 10 分子 ATP。

从表 8-4 可知，1 分子葡萄糖经过糖酵解、TCA 循环和氧化磷酸化彻底氧化可生成 30 或 32 分子 ATP。

表 8-4　1 分子葡萄糖彻底氧化过程中 ATP 变化的分子数

消耗或产生 ATP 的反应	合成 ATP 的方式	ATP 变化的分子数
葡萄糖 ⟶ 6-磷酸葡萄糖	消耗 ATP	−1
6-磷酸果糖 ⟶ 1,6-二磷酸果糖	消耗 ATP	−1
2 3-磷酸甘油醛 ⟶ 2 1,3-二磷酸甘油酸（2NADH）	氧化磷酸化	+3 或+5
2 1,3-二磷酸甘油酸 ⟶ 2 3-磷酸甘油酸	底物水平磷酸化	+2
2 磷酸烯醇式丙酮酸 ⟶ 2 丙酮酸	底物水平磷酸化	+2
2 丙酮酸 ⟶ 2 乙酰-CoA（2NADH）	氧化磷酸化	+5
2 异柠檬酸 ⟶ 2α-酮戊二酸（2NADH）	氧化磷酸化	+5
2α-酮戊二酸 ⟶ 2 琥珀酰-CoA（2NADH）	氧化磷酸化	+5
2 琥珀酰-CoA ⟶ 2 琥珀酸	底物水平磷酸化	+2
2 琥珀酸 ⟶ 2 延胡索酸（2$FADH_2$）	氧化磷酸化	+3
2 苹果酸 ⟶ 2 草酰乙酸（2NADH）	氧化磷酸化	+5
总计		+30 或 +32

TCA 循环中每一步反应中的自由能的变化见表 8-5。整个反应有强烈的负自由能变化。强烈放能的反应意味着是不可逆反应，能够自发进行。TCA 循环有 3 步强烈放能的反应和一步显著正自由能变化的反应（苹果酸脱氢酶）。苹果酸脱氢酶的反应之所以能够进行，是因为它与一个放能的柠檬酸合成的反应相偶联。

表 8-5　糖酵解各步反应的自由能变化（kJ/mol）

酶	$\Delta G^{\ominus\prime}$	$\Delta G'$
1．柠檬酸合酶	−31.4	−53.9
2．顺乌头酸酶	+6.7	+0.8
3．异柠檬酸脱氢酶	−8.4	−17.5
4．α-酮戊二酸脱氢酶系	−30	−43.9
5．琥珀酰-CoA 合成酶	−3.3	≈0
6．琥珀酸脱氢酶	+0.4	≠0
7．延胡索酸酶	−3.8	≈0
8．苹果酸脱氢酶	+29.7	≈0

三、三羧酸循环的生物学意义

由于三羧酸循环在分解代谢和合成代谢中都起着重要的作用，因此我们称它为两用代谢途径（amphibolic pathway）。三羧酸循环在细胞呼吸作用中起着关键作用，并与其他多种代谢途径有着相互联系，为其他代谢物的相互转变提供保证。该循环有 3 个主要的生物学意义。

资源 8-6

1）代谢能量的主要来源。1 分子葡萄糖彻底氧化可生成 32（或 30）分子 ATP，是糖酵解的 16（或 15）倍。

2）中间产物为生物分子的合成提供原料。TCA 循环是糖类、脂类和蛋白质等物质代谢和转化的枢纽。

3）三羧酸循环是需氧生物中糖类、脂类和蛋白质氧化分解的主要途径。

四、三羧酸循环的调节

TCA 循环的调节发生在柠檬酸合酶、异柠檬酸脱氢酶和 α-酮戊二酸脱氢酶系（图 8-38）3 步反应中。这 3 步反应调节的关键因素是 ATP/ADP 和 $NADH/NAD^+$的值。

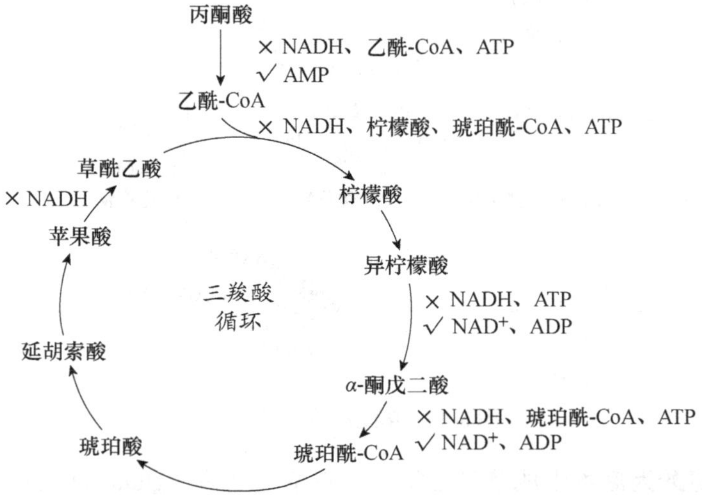

图 8-38　三羧酸循环的调节（龙良启等，2005）

"√"代表激活剂，"×"代表抑制剂

五、回补反应

TCA 循环在进行分解代谢时，乙酰-CoA 进入循环，其乙酰基与草酰乙酸缩合形成柠檬酸，最后草酰乙酸又在循环结束时再生。这意味着草酰乙酸及循环中各种中间产物的浓度维持不变。但在进行合成代谢时情况就不同了，三羧酸循环的中间产物被用作生物合成的前体而消耗。例如，卟啉的主要碳原子来自琥珀酰-CoA，谷氨酸、天冬氨酸是从 α-酮戊二酸、草酰乙酸衍生而成的。柠檬酸转运至细胞质基质裂解成乙酰-CoA 用于脂肪酸合成。上述过程均导致草酰乙酸浓度下降，从而影响 TCA 循环的进行。因此，这些中间产物必须不断补充才能维持循环的正常进行。这种补充称为回补反应（anaplerotic reaction）（图 8-39）。

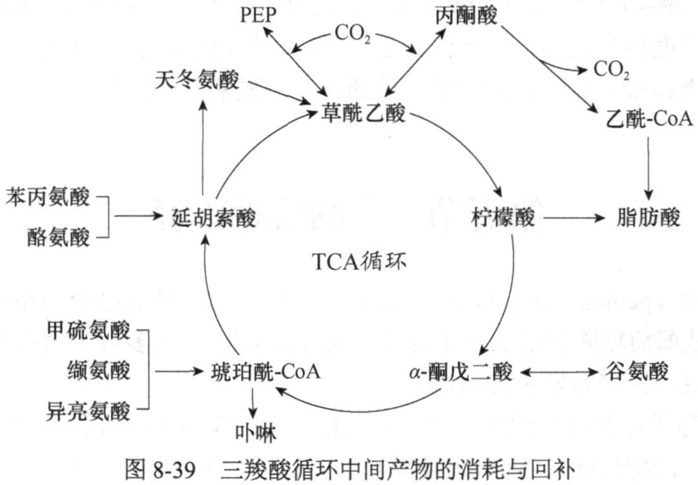

图 8-39　三羧酸循环中间产物的消耗与回补

草酰乙酸的回补主要通过 3 条途径（图 8-40）。

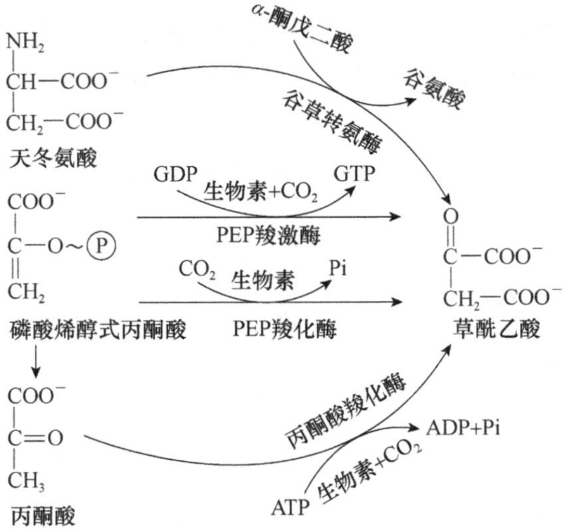

图 8-40　草酰乙酸的回补反应

1．以天冬氨酸为底物生成草酰乙酸　谷草转氨酶（glutamate-oxaloacetate transaminase，GOT）通过转氨基作用可以形成草酰乙酸。

2．以磷酸烯醇式丙酮酸为底物生成草酰乙酸　磷酸烯醇式丙酮酸羧激酶（PEP carboxykinase）主要分布在动物的心肌和骨骼肌，催化 PEP 形成草酰乙酸。反应在细胞质基质中进行，生成的草酰乙酸转变成苹果酸后穿梭进入线粒体，然后再脱氢生成草酰乙酸。

磷酸烯醇式丙酮酸羧化酶（PEP carboxylase）主要分布在高等植物、细菌和酵母中，催化 PEP 形成草酰乙酸。

3．以丙酮酸为底物生成草酰乙酸　丙酮酸羧化酶（pyruvate carboxylase）主要存在于动物的肝和肾中，也广泛地分布于植物和微生物中，催化丙酮酸形成草酰乙酸，反应需要生物素为辅基。

丙酮酸羧化酶是别构酶，乙酰-CoA 是它的变构激活剂。当 TCA 循环用于合成代谢时，循环的中间产物浓度下降，乙酰-CoA 进入 TCA 循环分解的速率减慢，导致乙酰-CoA 的浓度上升。高浓度的乙酰-CoA 激活丙酮酸羧化酶，使丙酮酸转变成草酰乙酸的作用加强，循环中所有中间产物的浓度得到提高，因此促进乙酰-CoA 进入循环的分解作用。

在动物、植物和微生物中，丙酮酸还可通过苹果酸酶和苹果酸脱氢酶联合催化生成草酰乙酸。

第五节　磷酸戊糖途径

磷酸戊糖途径（pentose phosphate pathway，PPP），也叫磷酸己糖旁路（hexose phosphate shunt，HMS），是葡萄糖降解的另一条途径。这条途径对于大多数生物来说发生在细胞质基质，对于植物来说，大多数发生在质体。

PPP 的发现源于在某些组织匀浆液中加入糖酵解的抑制剂，如碘乙酸（3-磷酸甘油醛脱氢酶）或氟化物（烯醇化酶），部分葡萄糖仍然可以降解为 CO_2 和 H_2O。当用同位素 ^{14}C 分别标记葡萄糖 C1 和 C6 时，实验结果表明进行 C1 更容易氧化成 $^{14}CO_2$。

PPP 是指 6-磷酸葡萄糖直接氧化脱羧生成 CO_2、NADPH 和 5-磷酸核酮糖（Ru-5-P），并通过单糖磷酸酯的相互转变再生为 6-磷酸葡萄糖的过程。

一、磷酸戊糖途径的化学历程

资源 8-7

PPP 将 6-磷酸葡萄糖氧化为 CO_2，并产生 NADPH。整个过程 6 分子 6-磷酸葡萄糖进入，重新生成 5 分子 6-磷酸葡萄糖，氧化 1 分子 6-磷酸葡萄糖（图 8-41）。

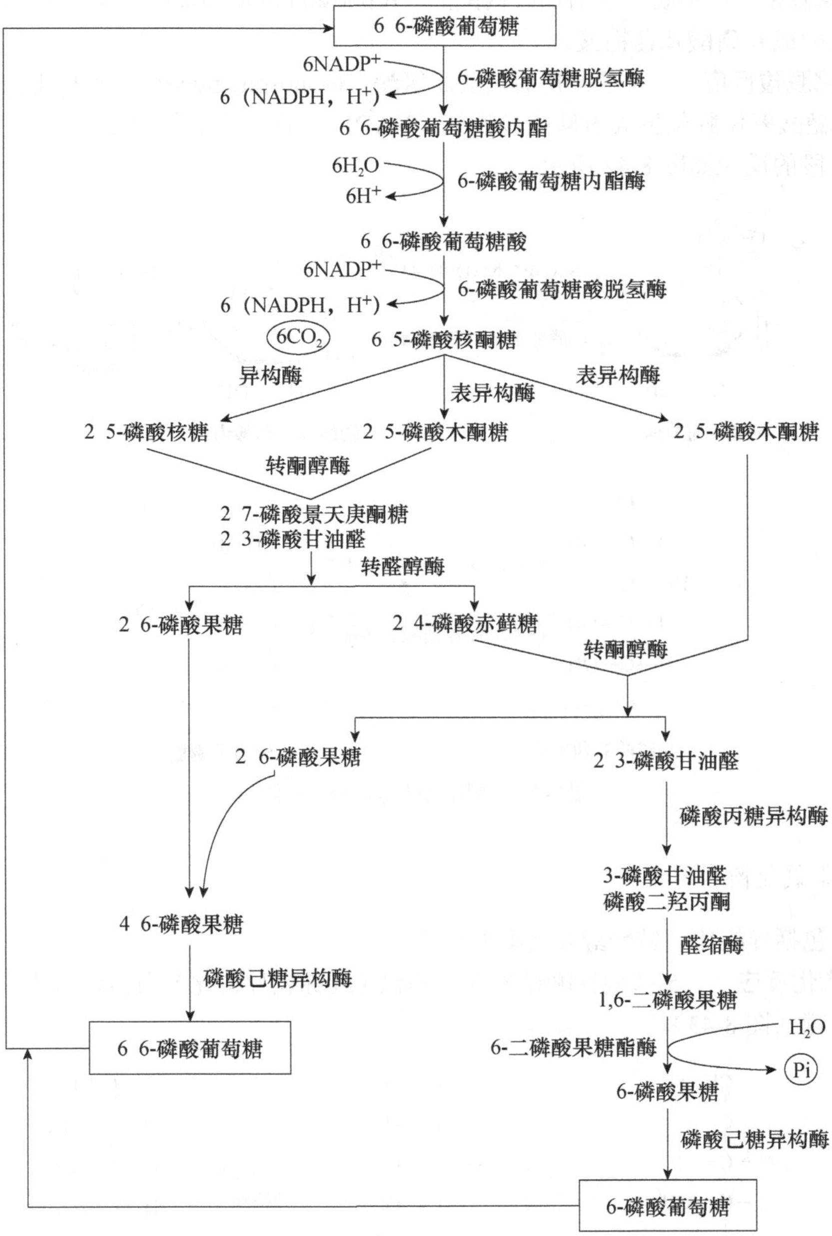

图 8-41 磷酸戊糖途径

PPP 可分为氧化脱羧阶段和非氧化的分子重组阶段。氧化脱羧阶段是 6-磷酸葡萄糖脱氢、水解和氧化脱羧生成5-磷酸核酮糖。非氧化阶段是磷酸戊糖经过分子重排，产生不同碳链长度的单糖磷酸酯。

（一）氧化阶段

这个阶段包括脱氢、水解和氧化脱羧3步反应。

1. 脱氢反应 6-磷酸葡萄糖脱氢酶（glucose-6-phosphate dehydrogenase）催化6-磷酸葡萄糖脱氢生成6-磷酸葡萄糖酸内酯，反应以$NADP^+$为氢的受体，形成$NADPH+H^+$。

2. 水解反应 6-磷酸葡萄糖酸内酯酶（6-phosphogluconolactonase）催化6-磷酸葡萄糖酸内酯水解成6-磷酸葡萄糖酸。

3. 氧化脱羧反应 6-磷酸葡萄糖酸脱氢酶（6-phosphogluconate dehydrogenase）催化6-磷酸葡萄糖酸氧化脱羧生成5-磷酸核酮糖，$NADP^+$再次作为氢的受体。

氧化阶段的反应如图8-42所示。

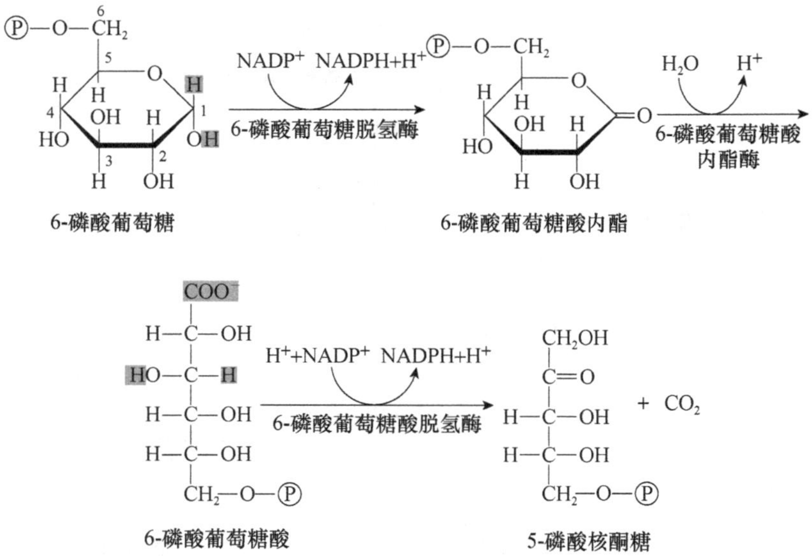

图8-42 磷酸戊糖途径的氧化阶段

（二）非氧化阶段

此阶段包括异构化、转酮醇和转醛醇反应。

1. 异构化反应 5-磷酸核酮糖差向异构化（或称表异构化）为5-磷酸木酮糖，异构化为5-磷酸核糖（图8-43）。

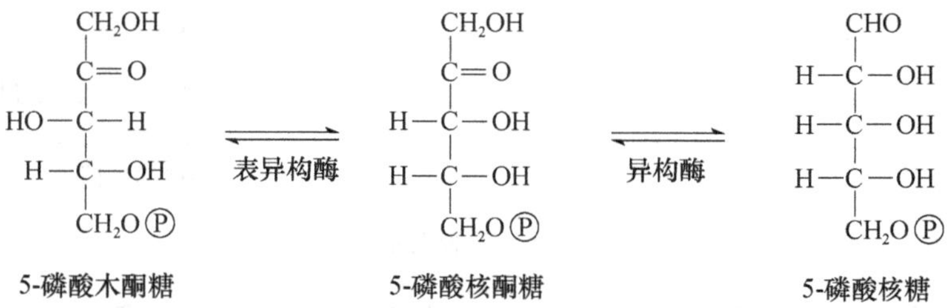

图8-43 5-磷酸核酮糖的异构化反应

2．转酮醇反应　转酮酶（transketolase）催化 5-磷酸木酮糖上的羟乙酰基（二碳单位）转移到 5-磷酸核糖的 C1 原子上，形成 3-磷酸甘油醛和 7-磷酸景天庚酮糖（图 8-44）。

3．转醛醇反应　转醛醇酶（transaldolase）催化 7-磷酸景天庚酮糖上的二羟丙酮基团转移给 3-磷酸甘油醛生成 4-磷酸赤藓糖和 6-磷酸果糖（图 8-45）。

4．转酮醇反应　4-磷酸赤藓糖经转酮醇反应接受 5-磷酸木酮糖上的二碳单位形成 6-磷酸果糖和 3-磷酸甘油醛（图 8-46）。

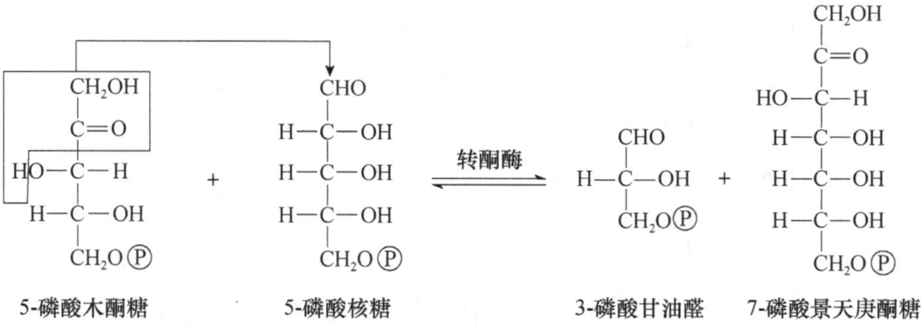

图 8-44　转酮醇反应（一）

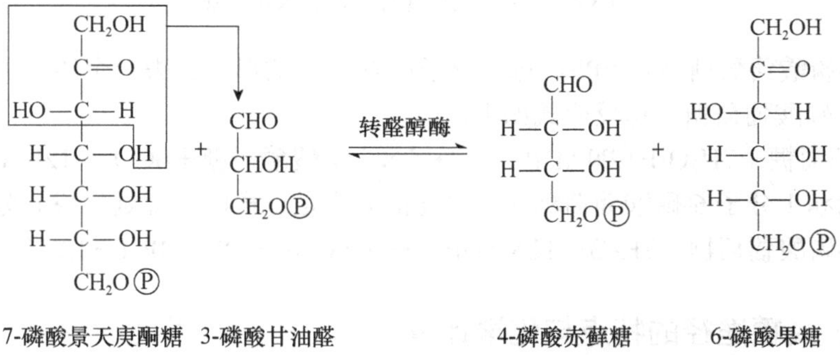

图 8-45　转醛醇反应

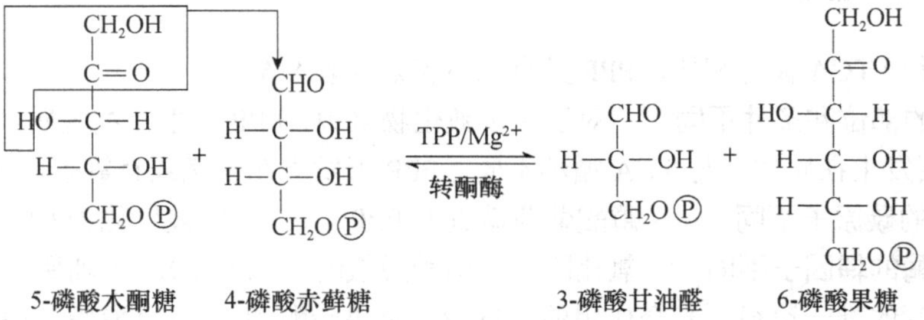

图 8-46　转酮醇反应（二）

最后，6-磷酸果糖异构化形成 6-磷酸葡萄糖。

该途径中的转酮酶和转醛醇酶的底物特征非常相似，都是从酮糖中转移一个含碳基团（作为供体）到醛糖（作为受体）上。两种酶的区别在于其转移基团的大小不一样。转酮酶是从酮糖分子中转移羟乙醛基（二碳基团）到醛糖上，生成新的酮糖和新的醛糖。转醛醇酶是从酮糖分子中转移二羟丙酮基（三碳基团）到醛糖上，生成新的醛糖和新的酮糖。转酮酶需要 Mg^{2+}和 TPP 作为辅因子。

磷酸戊糖途径中碳骨架的变换见图 8-47。

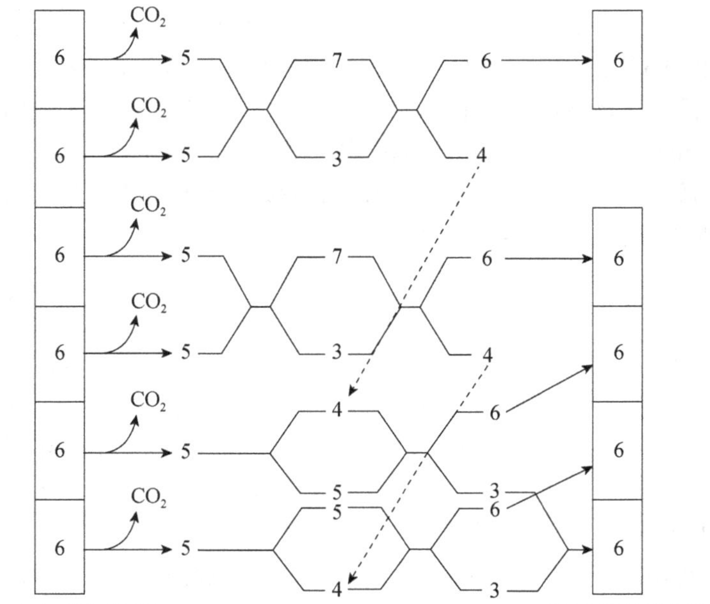

图 8-47　磷酸戊糖途径中碳骨架的变换

6 分子 6-磷酸葡萄糖进入 PPP，每个分子都以 CO_2 的形式失去一个碳原子。最后，重新生成 5 分子 6-磷酸葡萄糖，总反应式如下：

$$6\times 6\text{-磷酸葡萄糖}+7H_2O+12NADP^+ \longrightarrow 5\times 6\text{-磷酸葡萄糖}+6CO_2+12NADPH+12H^+$$

这个反应和 1 分子 6-磷酸葡萄糖完全氧化的效果是一样的，都是生成 6 分子的 CO_2。

$$6\text{-磷酸葡萄糖}+7H_2O+12NADP^+ \longrightarrow 6CO_2+12NADPH+12H^+ +Pi$$

二、磷酸戊糖途径的特点与化学计量

（一）磷酸戊糖途径的特点

与糖酵解和 TCA 循环相比，PPP 具有以下特点（表 8-6）。

1. 发生的部位和条件不同　对于大多数生物来说，PPP 发生在细胞质基质，但对于植物而言，主要发生在质体。与 TCA 循环不同，PPP 可发生在无氧或有氧条件下。

2. 脱羧的碳原子不同　6-磷酸葡萄糖进入 PPP，只有 C1 被氧化为 CO_2。

3. 脱氢酶的辅因子不同　氧化阶段的两种脱氢酶均以 $NADP^+$为辅酶。但 PPP 并不是产生 NADPH 的唯一途径，光合作用的光反应、苹果酸酶和 L-谷氨酸脱氢酶等均可以产生 NADPH。

表 8-6　EMP-TCA 循环与 PPP 的比较

特点	EMP-TCA 循环	PPP
反应部位	细胞质-线粒体	细胞质基质或质体
底物	淀粉、糖原、双糖、单糖等	6-磷酸葡萄糖
脱羧底物	$C_6 \rightarrow C_3$，三碳化合物脱羧	六碳化合物直接脱羧

续表

特点	EMP-TCA 循环	PPP
CO_2释放	6 个碳原子均被氧化为 CO_2	只有 C1 被氧化为 CO_2
脱氢酶的辅因子	NAD^+、FAD	$NADP^+$
底物水平磷酸化	3 步	无

（二）磷酸戊糖途径的化学计量

6 分子 6-磷酸葡萄糖进入 PPP，相当于 1 分子 6-磷酸葡萄糖完全氧化为 CO_2，生成 12 分子 NADPH。这与 EMP-TCA 循环降解途径产生的 NADH（10 分子）和 $FADH_2$（2 分子）总分子数目是一致的。

三、磷酸戊糖途径的生物学意义

磷酸戊糖途径的生物学意义主要有 3 点。

1. 以 NADPH 的形式产生还原力 NADH 和 NADPH 在代谢过程中的功能并不能互换。NADH 的作用是通过电子传递链氧化产生 ATP。而 NADPH 的作用是为细胞的各种合成反应提供还原力。例如，动物肌肉中磷酸戊糖途径的活性很低，但是脂肪组织中的却很高。在脂肪组织中，这个循环途径为合成脂肪酸提供了还原力。此外，NADPH 参与胆固醇的合成、核糖核苷酸转变为脱氧核糖核苷酸等反应。

在脊椎动物的红细胞中，PPP 的活性是相当高的。在红细胞中，谷胱甘肽还原酶催化氧化型谷胱甘肽（GSSG）形成还原型谷胱甘肽（GSH）。

$$GSSG + NADPH + H^+ \longrightarrow 2GSH + NADP^+$$

红细胞需要大量的还原型谷胱甘肽，其功能主要有 3 个：一是保护蛋白质中的—SH 不被氧化，从而维持蛋白质结构的完整性；二是避免细胞膜脂质被活性氧氧化而维持细胞膜的功能；三是维持血红素铁离子处于还原状态（Fe^{2+}）。NADPH 浓度降低会导致蛋白质结构的改变、脂质的氧化和形成高铁血红蛋白（丧失输氧功能）。所有这些变化都会使血红细胞膜变得更加脆弱从而更加容易溶血，造成溶血性贫血。

2. 中间产物为许多化合物的合成提供原料 5-磷酸核糖是生成多种核苷酸及核苷酸辅酶的原料。PPP 可形成 3～7 个碳原子的单糖，是不同结构的糖的来源。

3. 可与光合作用联系，实现单糖间的相互转化 PPP 非氧化阶段的中间产物及催化的酶类与光合作用中卡尔文循环中大部分的中间产物和酶类相同，可与光合作用相联系。

四、磷酸戊糖途径的调节

在 PPP 的氧化脱羧阶段，6-磷酸葡萄糖脱氢酶活性最低，是 PPP 的限速酶，其活性受［$NADP^+$］/［NADPH］值的调节。NADPH 是 6-磷酸葡萄糖脱氢酶和 6-磷酸葡萄糖酸脱氢酶的竞争性抑制剂，可以有效地进行反馈抑制调节。

非氧化阶段中戊糖的转变主要取决于底物浓度。非氧化阶段的反应均是可逆反应，根据细胞对代谢的需要，PPP 和糖酵解可以相互联系。6-磷酸葡萄糖的去向，取决于机体对 5-磷酸核糖（R-5-P）、NADPH 和 ATP 的不同需求（图 8-48）。机体对 5-磷酸核糖的需要远超过 NADPH 时，采用第一种模式，5-磷酸核糖用于核苷酸的合成，比如快速分裂的细胞。机体对 5-磷酸核糖和 NADPH 的需求处于平衡状态时，采用第二种模式，PPP 的氧化阶段占优势。当机体对 NADPH 的需求远超于 5-磷酸核糖，如脂肪组织大量合成脂肪酸时，采用第三种模式，6-磷酸葡萄糖彻底氧化为 CO_2。当机体需要 NADPH 和 ATP 时，可将 6-磷酸葡萄糖转化为 CO_2 和丙酮酸。

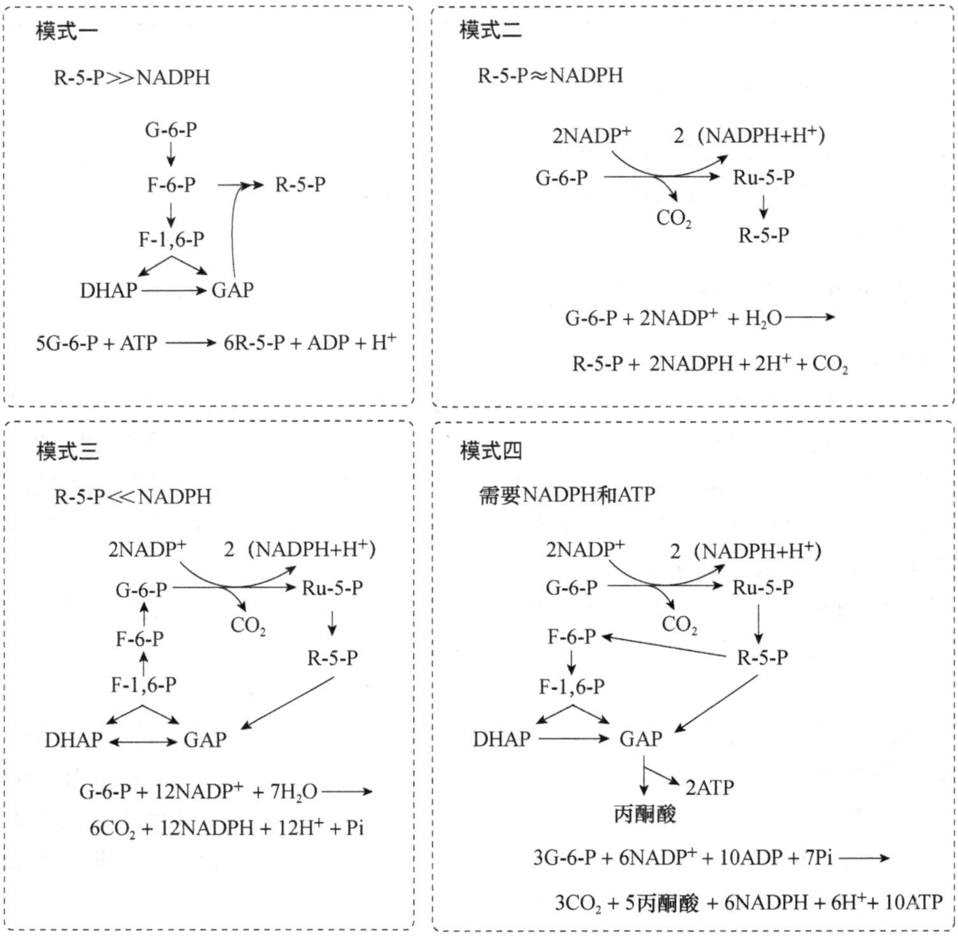

图 8-48　磷酸戊糖途径的变化（杨荣武，2018）

第六节　糖　异　生

糖异生（gluconeogenesis）是指一些非糖物质如乳酸、丙酮酸、甘油和氨基酸等合成葡萄糖的过程。

糖异生发生在所有生物体内。在高等植物中，非糖物质合成葡萄糖的主要途径是光合作用，糖异生主要发生在油料种子萌发时脂肪酸氧化产物（乙酰-CoA）和甘油向糖的转变（图 8-49）。在动物体内，糖异生的前体主要是乳酸、甘油和生糖氨基酸等，但偶数脂肪酸和乙酰-CoA 等不能作为糖异生的前体物质。

一、糖异生的化学历程

所有生物体中糖异生的反应历程是相同的。从底物与产物的角度来说，糖异生就是糖酵解的逆反应：从丙酮酸合成葡萄糖。但是糖异生并不是糖酵解的简单的逆反应，因为其中有3个强烈放能的不可逆反应：从葡萄糖到6-磷酸葡萄糖，从6-磷酸果糖到1,6-二磷酸果糖，从磷酸烯醇式丙酮酸到丙酮酸。糖酵解的3步不可逆反应由另外的酶来催化完成，糖酵解与糖异生在酶方面的差异如表8-7所示。

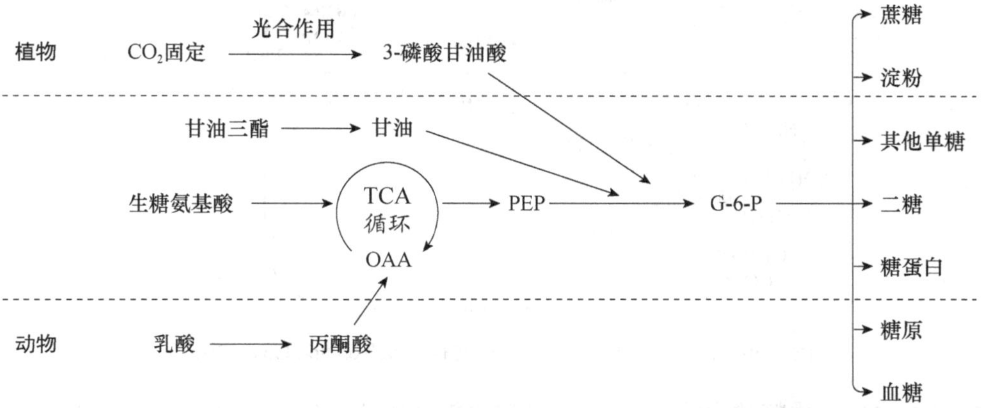

图8-49 非糖物质合成糖类（Nelson and Cox，2017）

表8-7 糖酵解与糖异生在酶方面的差异

糖酵解途径	糖异生
己糖激酶	6-磷酸葡萄糖磷酸酶
磷酸果糖激酶	1,6-二磷酸果糖磷酸酶
丙酮酸激酶	丙酮酸羧化酶、磷酸烯醇式丙酮酸羧激酶

1．丙酮酸的羧化 第一步反应由丙酮酸羧化酶催化，丙酮酸羧化形成草酰乙酸：

$$丙酮酸+CO_2+ATP \rightleftharpoons 草酰乙酸+ADP$$

丙酮酸羧化酶是由4个亚基组成的四聚体，存在于线粒体基质中，每个亚基都与Mg^{2+}结合并以生物素作为辅基。

第二步反应由PEP羧激酶催化：

$$草酰乙酸+GTP \rightleftharpoons PEP+CO_2+GDP+Pi$$

在不同的机体中，PEP羧激酶的亚细胞位置也不同。在鼠类的肝中，该酶只存在于细胞质基质中；在鸽子和兔的肝中，它存在于线粒体中；在豚鼠和人类中，它或多或少地分散在细胞质基质或线粒体中。PEP羧激酶在细胞内的定位对于草酰乙酸或PEP的特异性传输系统来说是很有必要的。如果它存在于细胞质基质中，那么草酰乙酸必须离开线粒体到细胞质基质中才能完成向PEP的转化。如果酶存在于线粒体中，在线粒体中形成的PEP必须转移到细胞质中才能参与糖异生，因为由磷酸烯醇式丙酮酸开始的糖异生反应在细胞质基质中进行（图8-50）。

丙酮酸羧化形成磷酸烯醇式丙酮酸总的反应式如下：

$$丙酮酸+ATP+GTP+H_2O \longrightarrow PEP+ADP+GDP+Pi$$

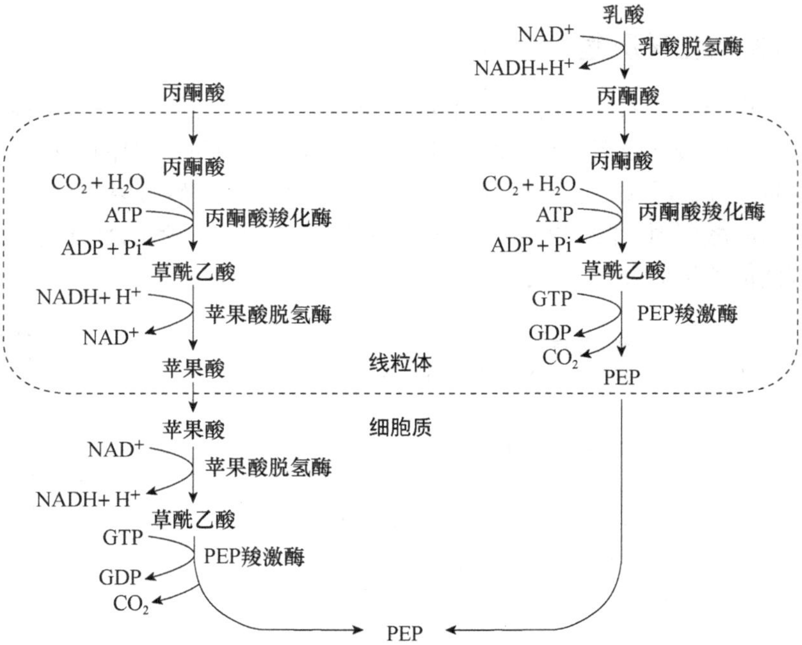

图 8-50　丙酮酸生成 PEP 的两种途径（Nelson and Cox，2017）

2．1,6-二磷酸果糖的水解　1,6-二磷酸果糖磷酸酶（fructose-1,6-bisphosphatase）催化 1,6-二磷酸果糖的磷酸酯水解转变为 6-磷酸果糖：

$$1,6\text{-二磷酸果糖}+H_2O \longrightarrow 6\text{-磷酸果糖}+Pi$$

3．6-磷酸葡萄糖的水解　6-磷酸葡萄糖磷酸酶催化 6-磷酸葡萄糖水解成葡萄糖：

$$6\text{-磷酸葡萄糖}+H_2O \longrightarrow \text{葡萄糖}+Pi$$

2 分子丙酮酸生成葡萄糖需要消耗 4 分子 ATP 和 2 分子 GTP（图 8-51）。总的反应如下：

$$2\text{丙酮酸}+2NADH+4ATP+2GTP+6H_2O \longrightarrow \text{葡萄糖}+2NAD^++4ADP+2GDP+6Pi$$

二、糖异生的特点与化学计量

（一）糖异生的特点

糖异生与糖酵解共用 7 步可逆反应，只需绕过糖酵解的 3 步不可逆反应。

在动物体内有两个重要的循环保证糖异生有足够的原料来源。一是科里循环（图 8-26），二是葡萄糖-丙氨酸循环（图 8-52）。在葡萄糖-丙氨酸循环中，葡萄糖在肌肉中经糖酵解作用转变为丙酮酸，然后丙酮酸经过转氨基作用变为丙氨酸。丙氨酸经血液转运至肝，在肝经过转氨基作用变为丙酮酸，丙酮酸又异生成葡萄糖。

葡萄糖-丙氨酸循环与科里循环的重要区别在于通过血液从肌肉转运到肝中的三碳化合物不同。在科里循环中，血液转运的是乳酸，但是在葡萄糖-丙氨酸循环中，血液转运的是丙氨酸。

（二）糖异生的化学计量

糖异生和糖酵解总反应的自由能变化都是负值，在热力学上都是有利发生的反应。如果以 2 分子丙酮酸为糖异生的前体物质合成葡萄糖，需要消耗 4 分子 ATP 和 2 分子 GTP，其中有 2 分子 ATP 和 2 分子 GTP 用于丙酮酸羧化为 PEP（图 8-51）。

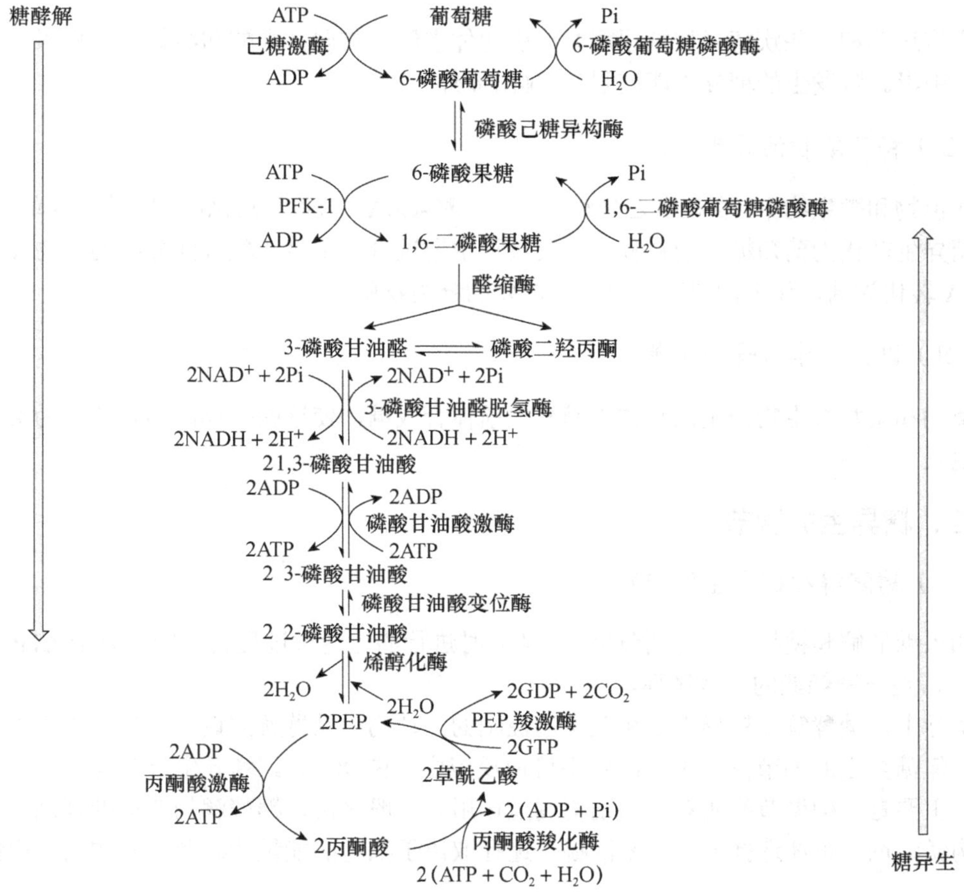

图 8-51 糖酵解与糖异生的反应历程

三、糖异生的生物学意义

（一）有利于维持血糖浓度的稳定

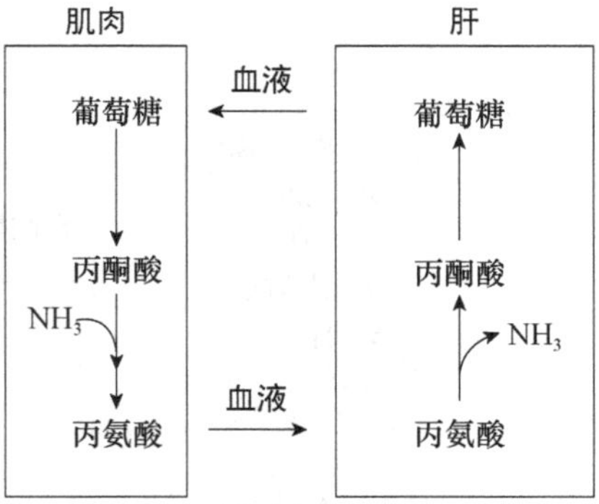

图 8-52 葡萄糖-丙氨酸循环

对于动物来说，糖异生有着重要的意义。因为机体有很多组织，包括大脑、肾髓质、血红细胞、睾丸等都以葡萄糖作为能源。机体必须维持正常的血糖水平，才能为组织提供必需的葡萄糖。但仅从食物中摄取的和自身储存的葡萄糖是不能满足机体需要的。从食物中摄取的葡萄糖很快就会被代谢消耗，身体里储存的糖也不能满足机体的需要。在人体中，体液含有 20g 葡萄糖，以糖原形式储存的糖的总量约为 190g。但是身体一天需要约 160g 的葡萄糖用于代谢，其中 120g 给了大脑。人体可以利用的葡萄糖大约仅能满足人一天的需求。

（二）减轻或消除代谢性酸中毒

剧烈运动和一些疾病（如糖尿病）会引起体内酸性物质（乳酸和酮体）的积累，导致代谢性酸中毒。肾发生的糖异生能增强 H^+ 排出体外。

（三）将三酰甘油异生为糖

在植物和微生物中，存在着乙醛酸循环将乙酰-CoA（脂肪酸氧化产物）转化为草酰乙酸，通过糖异生转化为葡萄糖。油料种子萌发过程中通过糖异生将三酰甘油分解的产物甘油和乙酰-CoA 转化为糖，作为油料种子萌发所需要的糖类物质。

（四）以乙酸作为唯一碳源

植物和某些微生物使用乙酸作为糖异生前体合成糖，使这些生物能够以乙酸为唯一的碳源而生长。

四、糖异生的调节

（一）糖酵解和糖异生的相互调节

如果糖酵解和糖异生没有调节机制，那同时进行的这两种过程就浪费 2 分子 ATP 和 2 分子 GTP，是一种耗能的无效循环。

实际上，糖酵解和糖异生是相互协调控制的。动物中糖酵解的调节发生在 3 步不可逆反应中，但糖异生的调节只发生在两步不可逆反应中（图 8-53）。糖异生调节与糖酵解方式很相似，主要是别构调节物质对酶的别构调节作用。一般来讲，糖酵解的变构抑制剂是糖异生的变构激活剂。机体选择抑制或激活哪条途径取决于细胞的能量状态及有机物的利用情况。

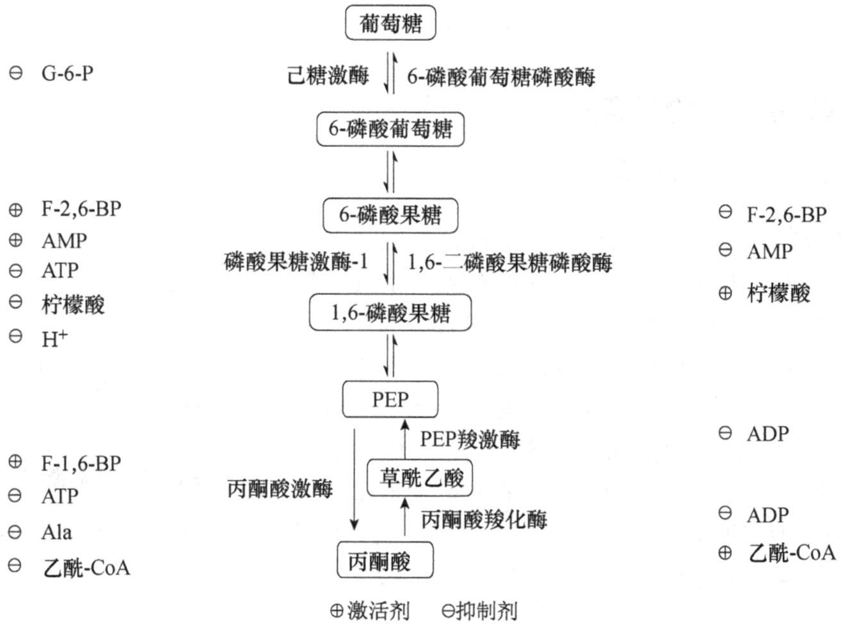

图 8-53 糖酵解和糖异生的相互调节（Garrett and Grisham，2008）

（二）2,6-二磷酸果糖的调节

2,6-二磷酸果糖是1980年发现的一种调节糖酵解和糖异生的关键效应因子。在糖酵解中，它作为磷酸果糖激酶-1的激活剂，其激活能力远大于已知的各种激活剂；在糖异生中，它作为1,6-二磷酸果糖磷酸酶的抑制剂。2,6-二磷酸果糖由双功能酶PFK-2/FBPase-2催化生成。当饥饿状态下，葡萄糖缺乏，血液中的胰高血糖素启动cAMP的级联反应，磷酸化双功能酶的Ser残基，激活FBPase-2而同时抑制PFK-2活性，导致F-2,6-BP浓度降低，抑制糖酵解，促进糖异生，升高血糖。因此，在饥饿状态下，低水平的F-2,6-BP促使反应向糖异生方向进行。在饱食的条件下，通过胰岛素使F-2,6-BP水平升高，促进糖酵解，抑制糖异生，降低血糖。

（三）乙酰-CoA的调节

乙酰-CoA不仅可协调糖类分解代谢（糖酵解、丙酮酸的氧化脱羧）与糖类合成代谢（糖异生），也可协调糖类代谢与脂肪酸代谢。乙酰-CoA是丙酮酸激酶和丙酮酸氧化脱羧中二氢硫辛酸乙酰转移酶的变构抑制剂，同时也是丙酮酸羧化酶的激活剂。一般情况下，脂肪酸的氧化伴随着糖异生的进行。脂肪酸氧化产生中间产物乙酰-CoA，彻底氧化产生大量的ATP。乙酰-CoA抑制丙酮酸的氧化脱羧，为丙酮酸进入糖异生提供了可能。乙酰-CoA激活丙酮酸羧化酶，生成的草酰乙酸与乙酰-CoA缩合生成柠檬酸，柠檬酸作为负效应物抑制PFK-1的活性，减少了F-1,6-BP的生成，降低了F-1,6-BP对丙酮酸激酶的前馈激活，从而抑制糖酵解的进行。同时，柠檬酸作为1,6-二磷酸果糖磷酸酶的激活剂促进糖异生的进行。

第七节 双糖和多糖的生物合成

一、糖核苷酸的生物合成

单糖只有转化为活化形式，才能合成寡糖和多糖。单糖的活化形式是糖核苷酸，葡萄糖的活化形式有尿苷二磷酸葡萄糖（UDPG）、腺苷二磷酸葡萄糖（ADPG）和鸟苷二磷酸葡萄糖（GDPG），分别在寡糖和多糖的合成中作为糖单位供体。其余单糖的活化供体通过UDPG转化而来。UDPG是在UDPG焦磷酸化酶（UDP-glucose pyrophosphorylase）的催化下合成的（图8-54）。

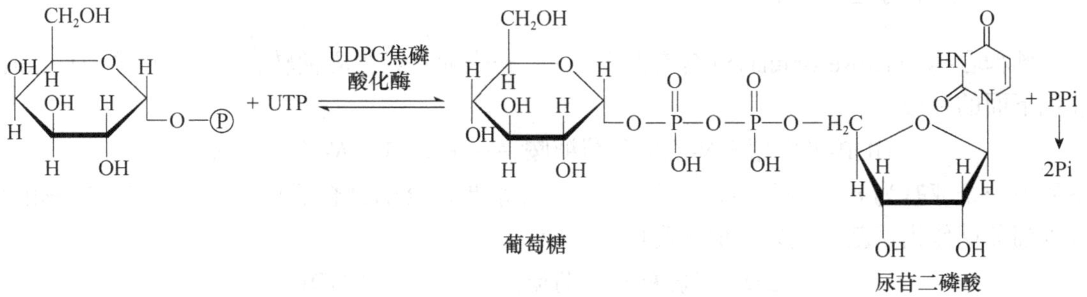

图8-54 UDPG的合成

二、双糖的生物合成

（一）蔗糖的生物合成

植物体内蔗糖的合成通过两条途径（图 8-55）。

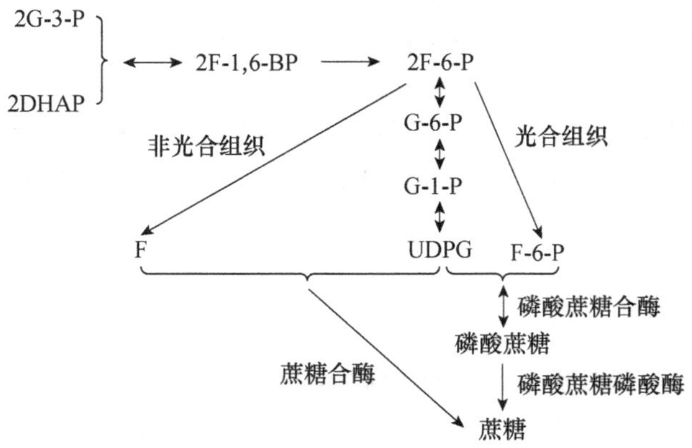

图 8-55　蔗糖合成的途径

1．蔗糖合酶途径　蔗糖合酶（sucrose synthase）催化 UDPG 和果糖合成蔗糖：

$$\text{UDPG}+\text{F}\xrightarrow{\text{蔗糖合酶}}\text{UDP}+\text{蔗糖}$$

蔗糖合酶也可利用 ADPG 和 GDPG 作为葡萄糖供体，但对 UDPG 的亲和力最高。蔗糖合酶主要分布于植物的非光合组织，既可催化蔗糖的合成也可催化蔗糖的分解。现在认为蔗糖合酶的主要功能是催化蔗糖的分解，在贮藏淀粉的组织器官中将光合组织运输的蔗糖转化为淀粉。

2．磷酸蔗糖合酶途径　磷酸蔗糖合酶（sucrose phosphate synthase）催化 UDPG 的葡萄糖基转移至 6-磷酸果糖上，生成磷酸蔗糖：

$$\text{UDPG}+\text{F-6-P}\xrightarrow{\text{磷酸蔗糖合酶}}\text{UDP}+\text{磷酸蔗糖}$$

磷酸蔗糖再由磷酸蔗糖磷酸酶（sucrose phosphate phosphatase）水解为蔗糖：

$$\text{磷酸蔗糖}+H_2O\xrightarrow{\text{磷酸蔗糖磷酸酶}}\text{蔗糖}+\text{Pi}$$

磷酸蔗糖合酶在光合组织中的活性高，一般认为是植物合成蔗糖的主要途径。

（二）乳糖的生物合成

乳糖合酶（lactose synthase）含有两个亚基，一个亚基为半乳糖转移酶，当它单独存在时，催化下面的反应：

$$\text{UDP-半乳糖}+N\text{-乙酰葡萄糖胺}\longrightarrow\text{UDP}+N\text{-乙酰乳糖胺}$$

酶的另一个亚基为 *α*-乳清蛋白，*α*-乳清蛋白与半乳糖转移酶结合后特性发生改变，转移酶变成以葡萄糖作为糖基的受体，催化乳糖的合成：

$$\text{UDP-半乳糖}+\text{葡萄糖}\longrightarrow\text{乳糖}+\text{UDP}$$

UDP-半乳糖来源于 UDPG，由 1-磷酸半乳糖尿苷转移酶（galactose-1-phosphate uridylyl transferase）催化形成。

在动物中，二聚体的乳糖合酶只存在于乳腺中，使得乳腺能合成大量的乳糖，作为奶的重要组成成分。

三、淀粉的生物合成

淀粉是植物体内的贮存多糖。光合作用旺盛时，光合细胞的叶绿体中可直接合成淀粉暂时贮存；非光合组织可利用葡萄糖合成或通过蔗糖转化为淀粉（图 8-56）。

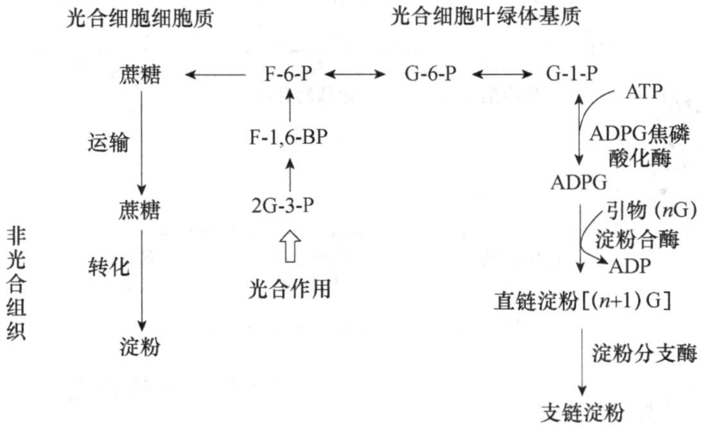

图 8-56 植物体内淀粉的合成

淀粉磷酸化酶催化的反应可逆，可将 G-1-P 的葡萄糖转移到引物的 C4 非还原端的羟基上合成淀粉。但在植物体内无机磷酸浓度较高，淀粉磷酸化酶主要催化淀粉的降解。

（一）直链淀粉的生物合成

1. ADPG 的合成 在 ADPG 焦磷酸化酶的催化下生成供淀粉合成的葡萄糖供体 ADPG（图 8-57）。

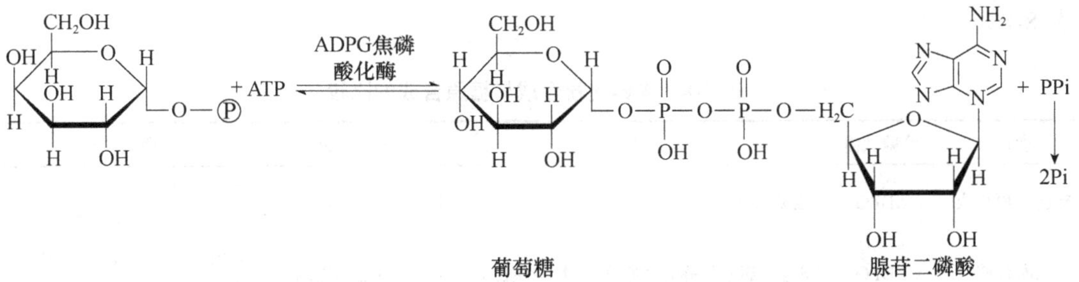

图 8-57 ADPG 的合成

2. “引物”的合成 D 酶（disproportionating enzyme）是一种糖苷转移酶，将麦芽寡糖的糖苷转移到受体寡糖上，形成淀粉合成的“引物”（图 8-58）。

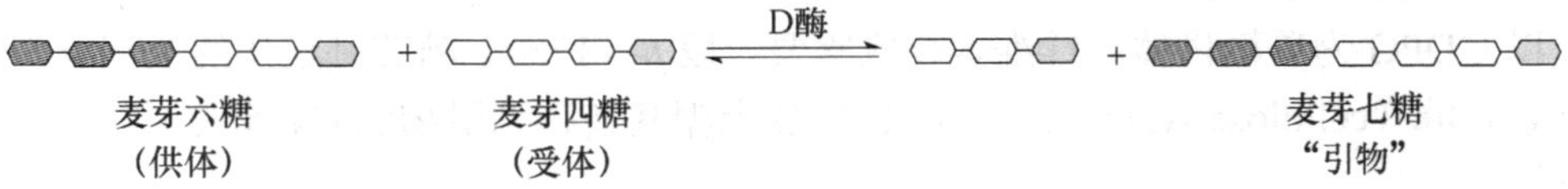

图 8-58 “引物”的合成

3. 直链淀粉的合成　淀粉合酶（starch synthase）将ADPG的葡萄糖基转移至引物的C4非还原端的羟基上形成α-（1→4）-糖苷键，延长糖链：

$$\text{ADPG}+\text{引物}\ (n\text{G}) \longrightarrow \text{直链淀粉}\ [(n+1)\text{G}]+\text{ADP}$$

淀粉合酶也可利用UDPG为葡萄糖基供体，但比对ADPG的亲和力小得多。

4. 蔗糖转化为直链淀粉　光合组织合成的糖主要以蔗糖形式运输到非光合组织（如种子、茎等），再转化为淀粉（图8-59）。

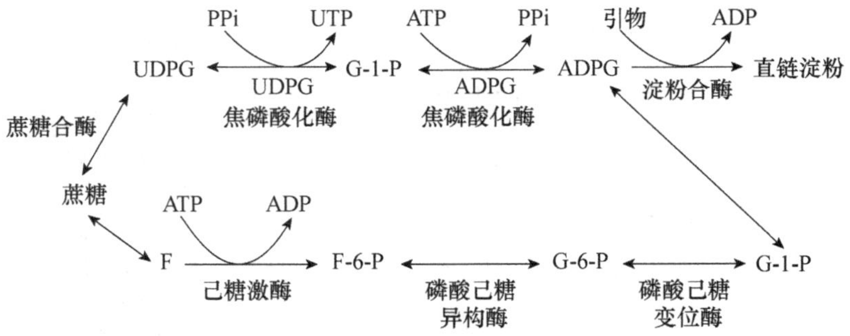

图8-59　蔗糖转化为淀粉的途径

（二）支链淀粉的生物合成

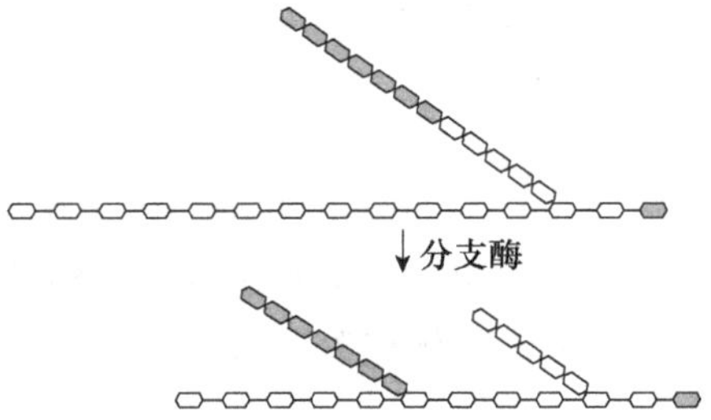

图8-60　支链淀粉的生物合成

支链淀粉的合成除了淀粉合酶，还需要淀粉分支酶（branching enzyme，原称Q酶）。分支酶是一个双功能酶，既可断裂α-（1→4）-糖苷键，又可形成α-（1→6）-糖苷键，将直链淀粉的非还原端的低聚糖链转移到相邻直链片段的非还原末端，形成分支（图8-60）。

四、糖原的生物合成

糖原的生物合成与支链淀粉的合成机制相似，但单糖供体和合成酶等方面有差异（表8-8）。

表8-8　支链淀粉合成与糖原合成的比较

项目	单糖供体	引物	合成的方向	所需的酶
支链淀粉合成	ADPG	需要（D酶合成）	还原端→非还原端	ADPG焦磷酸化酶、D酶、淀粉合酶、淀粉分支酶
糖原合成	UDPG	需要（部分降解的糖原分子；糖原蛋白）	还原端→非还原端	UDPG焦磷酸化酶、糖原合酶、糖原分支酶

五、纤维素的生物合成

在植物体内，纤维素合成的单糖供体一般是UDPG，但也有些植物（如豌豆、绿豆、玉米等）以GDPG为单糖供体。纤维素合成需要一段β-（1→4）-糖苷键连接的葡聚糖为引物，由纤维素合酶（cellulose synthase）催化UDPG上糖基转移到引物的C4非还原羟基上，延长葡聚糖链。

六、半纤维素的生物合成

半纤维素的主链和侧链的合成均由多种糖基转移酶（glycosyltransferases）催化，脱氢酶、脱羧酶和异构酶也参与了反应。半纤维素合成的单糖供体一般是由 UDPG 转化而成的 UDP-单糖，也有 GDP-甘露糖和 GDP-岩藻糖（图 8-61）。

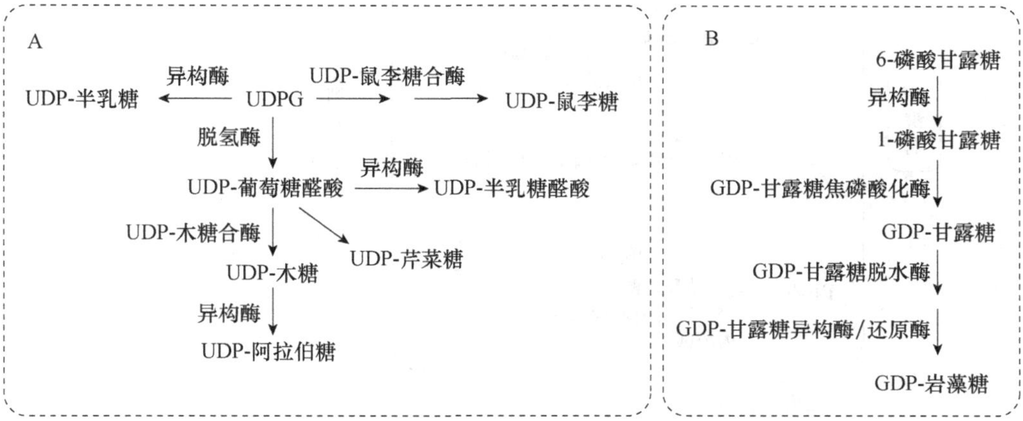

图 8-61　半纤维素和果胶生物合成的糖基供体（Caffall and Mohnen，2009）

A．UDPG 转化的 UDP-单糖；B．GDP-甘露糖和 GDP-岩藻糖的合成

七、果胶的生物合成

催化果胶生物合成的酶也是多种糖基转移酶。同型半乳糖醛酸的单糖供体是 UDP-半乳糖醛酸，既可由 UDPG 转化而来（图 8-61），也可通过肌醇合成：

肌醇 —肌醇加氧酶→ 葡萄糖醛酸 —葡萄糖醛酸激酶→ 1-磷酸葡萄糖醛酸 —UDP-葡萄糖醛酸焦磷酸化酶→

UDP-葡萄糖醛酸 —异构酶→ UDP-半乳糖醛酸

第八节　糖类代谢各途径的联系与调节

一、糖类代谢各途径的联系

多糖（淀粉、糖原等）和双糖（蔗糖、乳糖等）降解为单糖，以葡萄糖为底物进入糖酵解分解为丙酮酸，丙酮酸在有氧条件下经丙酮酸脱氢酶系生成乙酰-CoA，进入三羧酸循环进行氧化脱羧生成 CO_2（图 8-62）。细胞内的葡萄糖通过糖酵解和三羧酸循环氧化分解，生成大量的 ATP，这是葡萄糖分解代谢的主要途径。除此之外，葡萄糖通过磷酸戊糖途径产生 5-磷酸核酮糖和 NADPH。

植物体内合成糖类的主要途径是光合作用，油料种子萌发时脂肪酸和甘油可通过糖异生转化为糖。动物体内葡萄糖合成的主要途径是糖异生。

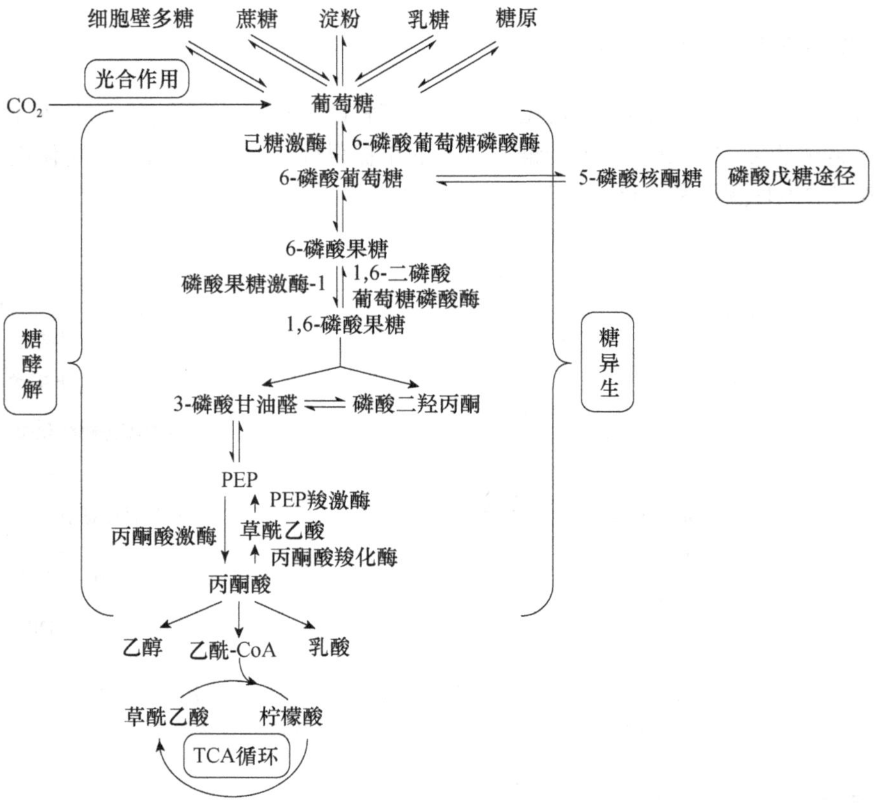

图 8-62 糖类代谢各途径之间的联系

二、糖类代谢各途径的调节

糖类分解代谢与合成代谢需要根据环境变化及时做出调整，代谢途径调节的本质是调节关键酶的活性与含量。

（一）糖类代谢的关键酶

一条代谢途径中包含一系列酶催化的连锁酶促反应，其中一种或几种酶是整条代谢途径的关键酶。关键酶主要具有以下几个特点：催化反应速率最慢；催化单向反应；处于代谢途径的起始处或分支处。表 8-9 列出了糖类代谢调节的关键酶。

表 8-9 糖类代谢调节的关键酶

代谢途径	关键酶
糖原分解	糖原磷酸化酶
糖酵解	己糖激酶；磷酸果糖激酶-1；丙酮酸激酶
糖有氧氧化	丙酮酸脱氢酶系；柠檬酸合酶；异柠檬酸脱氢酶；α-酮戊二酸脱氢酶系
磷酸戊糖途径	6-磷酸葡萄糖脱氢酶；6-磷酸葡萄糖酸脱氢酶
糖异生	丙酮酸羧化酶；磷酸烯醇式丙酮酸羧激酶；1,6-二磷酸果糖磷酸酶
糖原合成	糖原合酶

（二）调节关键酶活性

调节关键酶活性的主要方式是别构调节和共价修饰调节。别构调节物可以是底物、产物或中间代谢物，通过改变酶构象而调节酶活性，这一调节机制能够实现机体对能量与代谢物需求的动态平衡。共价修饰调节的起始物一般是激素，由激素引发一系列酶的化学修饰，从而调节酶活性。动物体内糖类代谢中受到共价修饰调节的关键酶见表 8-10。

表 8-10 磷酸化/去磷酸化修饰对酶活性的调节

关键酶	化学修饰类型	酶活性变化
糖原磷酸化酶	磷酸化/去磷酸化	激活/抑制
磷酸化酶 b 激酶	磷酸化/去磷酸化	激活/抑制
丙酮酸脱氢酶系	磷酸化/去磷酸化	抑制/激活
磷酸果糖激酶-2	磷酸化/去磷酸化	抑制/激活
丙酮酸激酶	磷酸化/去磷酸化	抑制/激活
糖原合酶	磷酸化/去磷酸化	抑制/激活

参与糖原代谢调节的激素有胰岛素、胰高血糖素和肾上腺素等，激素对靶细胞发挥作用需要依靠 3 种重要物质：受体、G 蛋白（GTP 结合蛋白）和第二信使。当激素与细胞膜表面的受体结合时，受体蛋白发生构象变化。变构的受体蛋白促使无活性的 G 蛋白变成有活性的 G 蛋白，G 蛋白在激素受体与细胞内的一些信号效应物之间起信号转导的作用。

在饥饿情况下，胰高血糖素分泌增多，通过激活 cAMP-蛋白激酶 A 系统，使肝细胞糖类代谢关键酶发生磷酸化，激活或抑制关键酶活性，调节代谢速率。胰高血糖素通过激活糖原磷酸化酶，促进肝糖原分解；抑制糖原合酶，从而抑制肝糖原合成；抑制磷酸果糖激酶-2 和丙酮酸激酶，减弱糖酵解；激活 2,6-二磷酸果糖磷酸酶-2，促进糖异生。胰高血糖素通过促进糖原分解与糖异生，抑制糖原合成和糖酵解等以升高血糖（图 8-63）。餐后，胰岛素分泌增多，激活磷酸化酶，导致关键代谢酶发生广泛的去磷酸化反应，以降低血糖。肾上腺素调节的对象是肌肉和肝，在肝细胞，促进糖原分解为葡萄糖；在肌肉，经糖无氧氧化生成乳酸，并通过乳酸循环间接升高血糖。肾上腺素的主要调节对象是肌肉，一般在应激状态下发挥调节作用。

酶的化学修饰一般伴随着信号的连续放大，估计在糖原分解中级联放大机制能将信号放大 25×10^6 倍。从上述讨论中可以看出，糖原磷酸化酶和糖原合酶都由相似的激素控制的酶级联调节，但糖原分解的级联过程要比其合成多一个循环。这就是说，糖原分解比糖原合成更为敏感，分解作用的放大效应比合成作用更大。研究表明，糖原的分解比其合成要快 300 倍。这一过程敏感性差异在代谢过程中有着重要意义，细胞迅速地利用储存的糖原分解提供能量比细胞快速将多余的葡萄糖转变为糖原储存要重要得多。

（三）糖的分解与合成调节

糖原分解、糖原合成、糖酵解和糖异生的调节可总结如下。机体从食物中获得足够的葡萄糖时，不需要通过代谢过程获取更多的葡萄糖。在这种情况下，肝就将葡萄糖转变成糖原和脂肪储存起来。葡萄糖可以直接用于合成糖原，也可以经过代谢途径转变成乙酰-CoA 之后用于合成脂肪。

禁食的机体从食物中获得的葡萄糖非常少，因此需要代谢不断产生血糖。在这种情况下，肝通过糖原降解为葡萄糖来释放储存的能量。同时也可利用蛋白质的降解产物转变成糖异生的前体物质丙酮酸和草酰乙酸，再经过肝的糖异生合成葡萄糖。

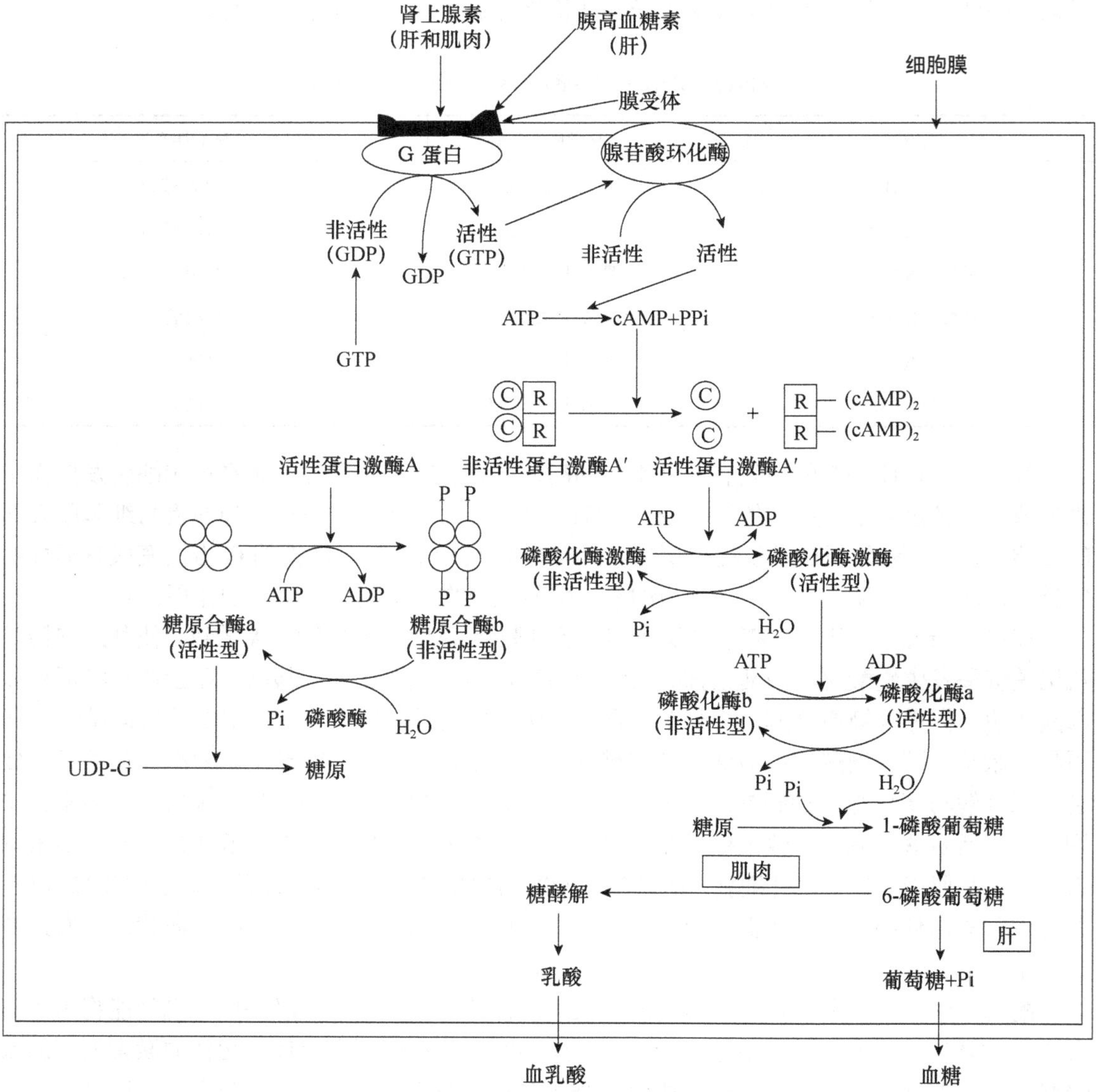

图 8-63 糖原分解代谢与合成代谢的化学修饰调节

本 章 小 结

糖类代谢包括分解代谢与合成代谢。多糖和寡糖降解为单糖，可进入糖酵解途径、三羧酸循环和磷酸戊糖途径。植物主要通过光合作用生成葡萄糖，动物通过糖异生合成葡萄糖。在动物体内血糖的恒定受多种激素的调节。胰岛素具有降低血糖的作用，而胰高血糖素、肾上腺素、糖皮质激素具有升高血糖的作用。

蔗糖在蔗糖酶和蔗糖合酶的催化下分解为单糖，麦芽糖和乳糖分别在麦芽糖酶和 β-半乳糖苷酶的作用下水解为单糖。淀粉的降解分为水解和磷酸解，水解酶包括水解 α-（1→4）-糖苷键的 α-淀粉酶、β-淀粉酶、麦芽糖酶，水解 α-（1→6）-糖苷键的有脱支酶和异麦芽糖酶；通过淀粉磷酸化酶催化生成 G-1-P。糖原的分解包括糖原磷酸化酶和糖原脱支酶。纤维素的降解是外切葡聚糖酶、内切葡聚糖酶和 β-葡萄糖苷酶共同作用的结果。半纤维素和果胶的降解除了水解酶，还需要多种酶的协同作用。

糖酵解是指在细胞质基质中，葡萄糖在无氧条件下降解为丙酮酸，净生成 2 分子 ATP 和 2 分子 NADH 的过程。糖酵解共有 10 步反应，可分为两个阶段。第一阶段是消耗能量的引发过程，通过磷酸化和异构化将 1 分子的葡萄糖（C_6）裂解为 2 分子 3-磷酸甘油醛（C_3），这个阶段包括两步消耗 ATP 的反应。第二阶段是产能的过程，将 3-磷酸甘油醛转变成丙酮酸（C_3），这个阶段包括两步产生 ATP 的反应（4 分子 ATP）。糖酵解过程有 3 步不可逆反应，催化的酶依次是己糖激酶、磷酸果糖激酶和丙酮酸激酶，是调节反应速率的别构调节酶。其中，磷酸果糖激酶催化的反应是限速步骤，该酶受高浓度 ATP、柠檬酸、H^+等化合物的抑制，受 AMP 和 2,6-二磷酸果糖激活。除葡萄糖外，双糖和多糖降解生成的其他单糖如果糖、半乳糖、甘露糖等可转化为糖酵解的中间产物而进入糖酵解途径。糖酵解在有氧和无氧条件下均可进行，依赖于 NAD^+的再生。在无氧条件下，丙酮酸可利用糖酵解生成的 NADH 通过生成乙醇或乳酸再生成 NAD^+。在有氧条件下，丙酮酸进入线粒体，在丙酮酸脱氢酶系的催化下氧化脱羧生成三羧酸循环的底物乙酰-CoA，生成的 NADH 进入电子传递链再生成 NAD^+。

三羧酸循环是所有能源物质（糖类、脂质和蛋白质）完全氧化为 CO_2 的共同代谢途径，同时为大量物质的合成提供前体，是物质代谢网络的中心。乙酰-CoA 与草酰乙酸在柠檬酸合酶的催化下生成三羧酸柠檬酸，在顺乌头酸酶的作用下生成异柠檬酸。在异柠檬酸脱氢酶的催化下，异柠檬酸氧化脱羧生成 NADH、CO_2 和 α-酮戊二酸，后者在 α-酮戊二酸脱氢酶系的催化下再次氧化脱羧生成 NADH、CO_2 和琥珀酰-CoA。琥珀酰-CoA 脱去 CoA 转化为琥珀酸时发生底物水平磷酸化形成 GTP（或 ATP）。琥珀酸在琥珀酸脱氢酶（分布在线粒体内膜）的催化下形成延胡索酸和 $FADH_2$。延胡索酸经加水、脱氢反应生成 NADH 时，再生成草酰乙酸。柠檬酸合酶、异柠檬酸脱氢酶和 α-酮戊二酸可受到 NADH/NAD^+、ATP/ADP、琥珀酰-CoA 等物质的别构调节。

磷酸戊糖途径分为氧化阶段和非氧化阶段。氧化阶段开始于 6-磷酸葡萄糖酸脱氢反应生成内酯，内酯水解形成 6-磷酸葡萄糖酸，氧化脱羧生成 5-磷酸核酮糖。非氧化阶段经过单糖磷酸酯的相互转变生成 6-磷酸葡萄糖。1 分子 6-磷酸葡萄糖经过磷酸戊糖途径完全氧化可生成 6 分子 CO_2 和 12 分子 NADPH。磷酸戊糖途径的主要作用是形成 NADPH 和 5-磷酸核糖。NADPH 为物质（脂肪酸等）的生物合成提供还原力，5-磷酸核糖及其衍生物可用于合成 DNA、RNA、NAD^+、FAD、NTP 等重要的生物分子。生物体根据对 NADPH、5-磷酸核糖和 ATP 需求量的不同，选择磷酸戊糖途径中 6-磷酸葡萄糖的去向。

糖异生是指非糖物质（乳酸、氨基酸、甘油、丙酮酸等）合成葡萄糖的过程。糖异生共用糖酵解的 7 步可逆反应，只需要绕行糖酵解的 3 步不可逆反应。丙酮酸羧化酶和 PEP 羧激酶催化的反应绕过丙酮酸激酶催化的反应，1,6-二磷酸果糖磷酸酶和 6-磷酸葡萄糖磷酸酶催化的反应分别绕过磷酸果糖激酶和己糖激酶催化的反应。糖异生对于动物饥饿和剧烈运动时维持血糖水平非常重要，在油料种子萌发时将脂肪异生为糖的过程中起重要作用。糖异生和糖酵解是相互协调的，当一条途径活跃时，另外一条途径就会相应受到抑制。磷酸果糖激酶和 1,6-二磷酸果糖磷酸酶是起主要调节作用的关键酶，2,6-二磷酸果糖促进糖酵解而抑制糖异生。

双糖和多糖的合成一般需要糖核苷酸（NDP-单糖）作为单糖的活化供体，淀粉的合成主要是 ADPG，糖原、蔗糖、纤维素、半纤维素等的主要供体是 UDPG。催化双糖和多糖合成的酶主要是糖基转移酶。

糖类分解代谢与合成代谢是相互联系、协同调节的。

思 考 题

1．比较植物体内 α-淀粉酶和 β-淀粉酶的异同。

2．丙酮酸脱氢酶系所催化的反应是什么？该酶系包括哪些酶及辅因子？

3．EMP 途径、丙酮酸氧化脱羧和 TCA 循环中分别有哪些脱氢反应和脱羧反应？写出反应方程式。

4．EMP 途径和 TCA 循环中的底物水平磷酸化反应及消耗 ATP 的反应有哪些？写出反应方程式。

5．简述 EMP 途径和 TCA 循环的调节酶及调节因素。

6．EMP 途径、TCA 循环分别在细胞的什么部位进行？各有何生物学意义？

7．简述 PPP 的特点和生物学意义。

8．糖异生与糖酵解代谢途径有哪些差异？

9．计算原核生物 1 分子葡萄糖经过糖酵解和 TCA 循环彻底分解成 CO_2 和 H_2O 产生的 ATP 分子数。

10．分析糯米酒制作过程中的注意事项及相关的生物化学知识。

参考答案

第九章 脂 质 代 谢

生物体脂类主要包括脂肪和膜脂。脂肪的分解代谢首先由脂肪酶催化形成甘油和脂肪酸，甘油进入糖代谢途径，脂肪酸通过 β-氧化进一步分解。β-氧化发生于真核生物的线粒体或过氧化物酶体，使脂肪酸链上的氢转变为 $FADH_2$ 和 NADH，碳转变为乙酰-CoA。脱氢产物进入呼吸链，乙酰-CoA 进入三羧酸循环。哺乳动物中乙酰-CoA 还可以进入生酮反应，转变为酮体。植物中乙酰-CoA 主要进入乙醛酸循环，转化为草酰乙酸，为糖异生提供原料。脂肪酸从头合成的本质是从最小的脂肪酸即乙酸的羧基端开始，利用丙二酸单酰-CoA 为二碳单位供体，逐轮延长一个二碳单位。通常脂肪酸的从头合成先形成 16 碳的软脂酸，在此基础上进一步延伸或去饱和，形成碳链更长的脂肪酸或不饱和脂肪酸。本章主要介绍脂类的合成与分解代谢。

第一节 脂类代谢概述

脂类物质是构成生物体的重要组分，具有多种生物学功能。动植物体内贮藏的脂肪是重要的能源物质；磷脂、糖脂是生物膜的骨架成分，糖脂还在信息识别和传递方面起作用；有些萜和甾醇类物质是生理活性成分。因此，脂类是生物进行正常生命活动必不可缺的重要成分。

一、动物脂肪的消化、吸收与转运

三酰甘油（triacylglycerol，TAG）又称甘油三酯或脂肪。构成脂肪的脂肪酸上的长烃链处于高度还原状态，具有极高的能量储存密度。脂肪酸完全氧化产生的能量是相同质量碳水化合物的 2 倍多。另外，脂肪的高度疏水性使其在细胞中聚集成脂滴（lipid droplet），不消耗细胞的溶剂水，不改变细胞渗透压。还原的烃链化学惰性强，不易与细胞成分发生反应。因此，脂肪是生物体最为理想的储能物质。在哺乳动物中，脂肪为肝、心脏等器官提供了一半以上的能量，一些冬眠动物和候鸟几乎完全依赖储存的脂肪提供能量。

细胞中脂肪的来源包括以下几种：①从饮食中摄取；②在特定的组织中从头合成后转运至其他细胞；③来自细胞的脂滴；④由细胞自噬产生。食物中摄入的脂肪首先要经过细胞外的消化作用，才能进一步被细胞吸收和转运。脂肪是水不溶性的，而消化作用的酶是水溶性的，因此，脂肪酶的水解反应发生在脂质-水界面。食物中的脂肪进入体内后，少部分是由胃脂肪酶（gastric lipase）消化，大部分在小肠中彻底消化。脂肪在小肠蠕动的“剧烈搅拌”作用下，与生物“去污剂”胆汁盐发生乳化作用，形成微胶粒，具有较大比表面积的微胶粒可极大地增加脂肪酶与底物结合的概率，促进脂肪的消化。

脂肪的消化产物甘油和短链脂肪酸（$\leqslant C_{10}$）可以直接被小肠黏膜上皮细胞吸收，而长链脂肪酸及其对应的单酰基甘油的可溶性较低，需要与胆盐形成微胶粒，才能被小肠黏膜上皮细胞吸收。因此，胆盐对于脂肪的消化与吸收均有重要的作用。脂肪酸进入小肠黏膜上皮细胞后，与甘油重新形成三酰甘油，进而与胆固醇及一些特定的蛋白质共同包装成被称为乳糜微粒（chylomicron）的脂蛋白聚集物。乳糜微粒从肠道黏膜进入淋巴系统，然后进入血液，被运输至肌肉和脂肪组织。在这些组织的毛细血管中，细胞外的脂蛋白脂肪酶被乳糜微粒表面的载脂蛋白激活后，催化脂肪水解形成游离脂肪酸与甘油。甘油被运送至肝组织，转变为磷酸二羟丙酮后进入糖酵解途径，当机体能量水平较高时，则进入糖异生途径。脂肪酸在肌肉组织中，往往进入氧化降解途径提供能量，而在脂肪组织中，则重新酯化形成三酰甘油，以脂滴的形式储存。

资源 9-1

二、动物脂肪的动员

脂滴是由磷脂单层膜包裹着三酰甘油、少量的胆固醇酯和膜上结合的特定蛋白质构成的细胞器，是动物脂肪组织细胞中脂肪的贮存场所。不同于食物摄入的脂肪在细胞外的降解过程，脂滴脂肪的代谢严格受胰高血糖素（glucagon）和肾上腺素（epinephrine）调节。当机体血糖水平较低或处于兴奋、激动等状态需要更多能量时，血液中胰高血糖素和肾上腺素水平会增加。这些激素与脂肪细胞表面的特定受体结合，引起信号级联传递，激活细胞内的脂肪酶。活化的脂肪酶水解脂滴中的三酰甘油，形成游离脂肪酸和甘油。脂肪酸进入血液系统后，与血清白蛋白通过非共价键结合，将水不溶的脂肪酸携带到骨骼肌、心肌及肝等中，然后脂肪酸从白蛋白中分离出来，并被质膜转运体运入细胞内进行分解。脂肪分解为游离脂肪酸并转移到肝及其他组织的过程，称为脂肪动员（fat mobilization）。过度的脂肪动员可导致肝被脂肪细胞所浸渗，形成脂肪肝（fatty liver）。

资源 9-2

三、植物脂质的贮存与降解

植物不从外界吸收脂质，但体内能进行脂质的合成、存储与转运。三酰甘油是植物脂质存储的主要形式，为植物的种子、果实和花粉提供碳源和能量储备。相对于动物，植物三酰甘油脂肪酸的长度及饱和度更加丰富多样，甚至包括一些不同寻常的脂肪酸（如含有共轭双键、碳碳三键，或羟基、酮基、环氧基等），目前已经鉴定出450多种非常规脂肪酸。

植物脂肪酸的从头生物合成发生在质体，包括绿色组织的叶绿体和非绿色组织的有色体。合成的脂肪酸转移至内质网后进一步酯化、加工、修饰形成成熟的三酰甘油，进而与内质网膜融合形成单层磷脂包围的三酰甘油液滴，称为油体（oil body），大小为0.5～22.0μm，是植物油脂的存储形式。种子和花粉的油体表面往往还镶嵌油质蛋白（oleosin），具有稳定油体的作用。果实的油体更大（如橄榄果油体为10～20μm），表面一般不含油质蛋白。在种子和花粉中三酰甘油主要用于提供能量与碳源，而果实中主要用于吸引动物促进种子传播。

与动物不同的是，植物往往不存在长距离的脂肪酸转运。但植物也存在脂质动员的过程，这一过程发生于种子萌发和授粉期。在该时期，特定的脂肪酶会与油体结合，动员脂质降解形成甘油和脂肪酸。

第二节　脂肪的分解代谢

一、脂肪的水解

无论是细胞外脂肪的酶促消化，还是细胞内脂肪的动员，本质上都是三酰甘油在脂肪酶的作用下，逐步水解为脂肪酸和甘油（图9-1）。

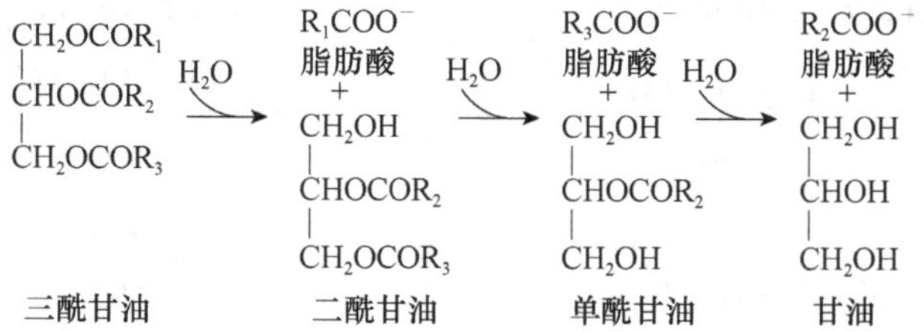

图 9-1 脂肪的水解

二、甘油的代谢

甘油（glycerol）在甘油激酶（glycerol kinase）的催化下，生成 α-磷酸甘油，然后脱氢生成磷酸二羟丙酮。它是糖酵解途径的中间产物，可沿糖酵解途径转变成丙酮酸，丙酮酸经乙酰-CoA 进入三羧酸循环彻底氧化成 CO_2 和 H_2O。磷酸二羟丙酮也可经糖异生生成糖。甘油的代谢途径如图 9-2 所示。

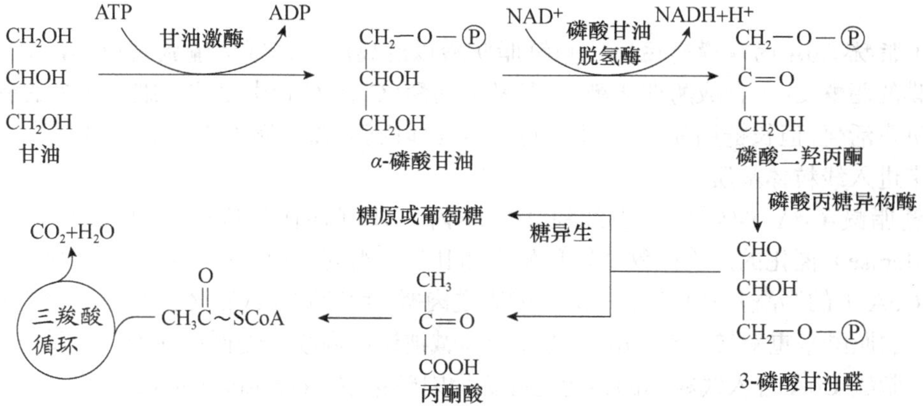

图 9-2 甘油的代谢

三、饱和脂肪酸的分解代谢

1. 脂肪酸的 β-氧化 早在 1904 年，德国科学家 F. Knoop 就巧妙地将在动物体内不易降解的苯基作为标记物，连接在不同长度脂肪酸分子的末端（ω 端），然后将其喂狗，分析狗排出的尿液成分（图 9-3）。结果发现，将利用苯基示踪的偶数碳原子脂肪酸饲喂狗后，尿液中的代谢物含苯乙酸衍生物（苯乙酰甘氨酸），而摄入苯基示踪的奇数碳原子脂肪酸的狗，其尿液中的代谢物含有苯甲酸衍生物（苯甲酰甘氨酸）。由此推论：脂肪酸氧化每次断裂一个二碳单位，而且发生在 β-碳原子上。这种长链脂肪酸在 β-碳原子上进行的氧化，每次断裂产生一个二碳单位（乙酰-CoA）的过程，称为 β-氧化（β-oxidation）。

资源 9-3

原核生物的 β-氧化是在细胞质基质中进行的；动物细胞的 β-氧化是在线粒体基质中进行的，少量长链脂肪酸的 β-氧化可在过氧化物酶体中进行；植物体内的脂肪酸 β-氧化不仅可以发生在线粒体内，也可以在乙醛酸体和过氧化物酶体中进行。线粒体中的脂肪酸分解代谢主要包括脂肪酸的活化、脂酰-CoA 的跨膜转运和 β-氧化三个阶段。

（1）脂肪酸的活化 长链脂肪酸在进入线粒体基质前需要活化形成脂酰-CoA。脂肪酸在脂酰-CoA 合成酶（acyl-CoA synthase）的催化下将脂肪酸转变为脂酰-CoA，生成的焦磷酸

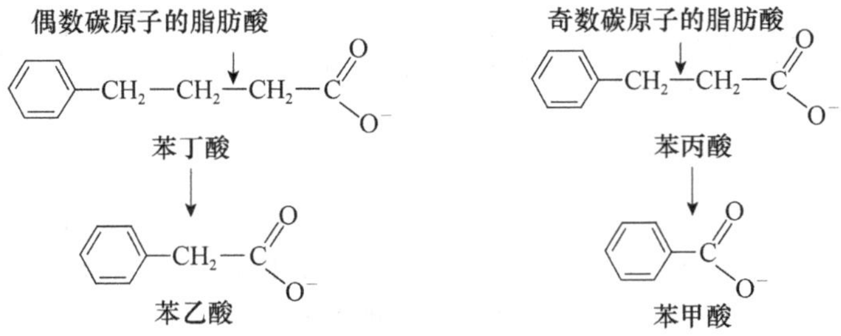

图 9-3 Knoop 实验

（PPi）立即被焦磷酸酶水解，使得反应不可逆。1 分子的脂肪酸活化消耗了两个高能磷酸键，相当于消耗了 2 分子的 ATP（图 9-4）。

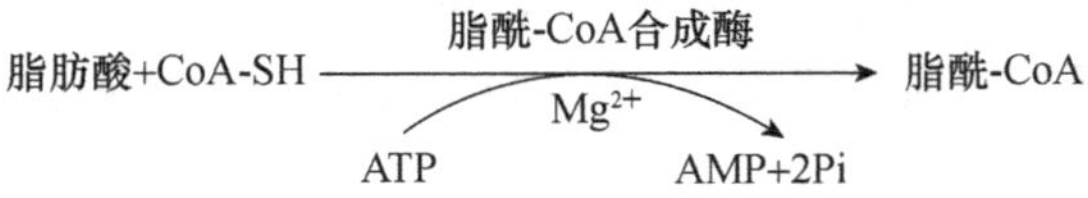

图 9-4 脂肪酸的活化过程

（2）脂酰-CoA 的跨膜转运　短链脂肪酸以游离酸的形式运输到线粒体，由定位于线粒体内膜的脂酰-CoA 合成酶催化激活。长链脂肪酸（C_{13}～C_{21}）由定位于细胞质中的脂酰-CoA 合成酶负责活化，但长链脂酰-CoA 不能透过线粒体内膜，需依靠内膜上极性的肉碱（carnitine）载体携带进入线粒体基质。

长链脂酰-CoA 的转运是由线粒体内膜内、外侧存在的肉碱酰基转移酶（carnitine acyltransferase）催化的。肉碱酰基转移酶 Ⅰ 和 Ⅱ 是一组同工酶。前者在线粒体内膜外侧，催化脂酰-CoA 上的脂酰基转移给肉碱，生成脂酰肉碱；后者则在线粒体内膜内侧将脂酰肉碱上的脂酰基重新转移至 CoA，游离的肉碱被运回内膜外侧循环使用。肉碱介导的长链脂酰-CoA 进入线粒体的转运过程称为肉碱穿梭（carnitine shuttle），如图 9-5 所示。肉碱穿梭转运机制首先在动物细胞中被确证，目前发现植物细胞中脂酰-CoA 也有

资源 9-4

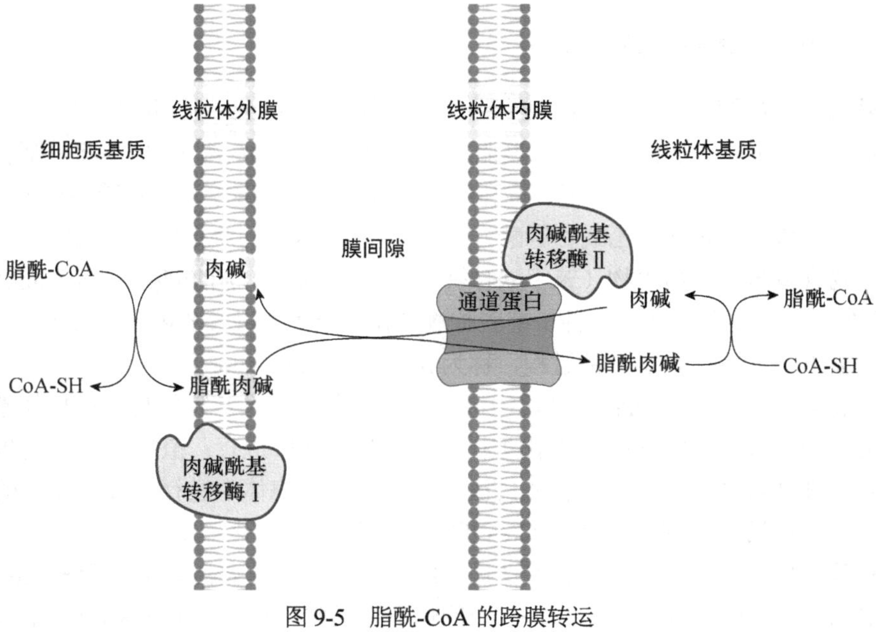

图 9-5 脂酰-CoA 的跨膜转运

类似的转运机制。

（3）脂酰-CoA 的 β-氧化　　脂酰-CoA 一旦进入线粒体，脂肪酸的氧化就真正开始。每一轮 β-氧化均包括脱氢、水合、脱氢、硫解 4 个步骤循环进行，直到脂酰-CoA 碳链完全被氧化生成乙酰-CoA。4 个步骤概述如下（图 9-6）。

1）脱氢：在脂酰-CoA 脱氢酶（acyl-CoA dehydrogenase）的作用下，脂酰-CoA 脱下 α、β 位的两个氢原子，转化为 Δ^2-反-烯脂酰-CoA（Δ^2-*trans*-enoyl-CoA），同时产生 $FADH_2$。$FADH_2$ 进入线粒体电子传递链再生为FAD，不同于TCA循环中 $FADH_2$ 由复合体Ⅱ进入电子传递链，这一步反应产生的 $FADH_2$ 通过电子传递黄素蛋白（electron transfer flavoprotein，ETF）、铁硫蛋白和 CoQ 进入电子传递链。1 分子 $FADH_2$ 理论上也产生 1.5 分子 ATP。

2）水合：Δ^2-反-烯脂酰-CoA 在烯脂酰-CoA 水合酶（enoyl-CoA hydratase）的催化下，加水形成 L-β-羟脂酰-CoA。此酶具有高度的结构专一性，仅催化 Δ^2 反式不饱和脂酰-CoA 水化。

3）脱氢：L-β-羟脂酰-CoA 在 L-β-羟脂酰-CoA 脱氢酶（L-β-hydroxyacyl-CoA dehydrogenase）的催化下，生成 β-酮脂酰-CoA（β-ketoacyl-CoA）。H 的受体主要为 NAD^+，形成 NADH 经复合体Ⅰ进入电子传递链。

4）硫解：β-酮脂酰-CoA 在 β-酮脂酰-CoA 硫解酶（thiolase）的催化下发生硫解，断裂为乙酰-CoA 和一个缩短了 2 个碳单位的脂酰-CoA。缩短的脂酰-CoA 进入下一轮 β-氧化，如此重复循环，直至脂肪酸完全降解为乙酰-CoA。

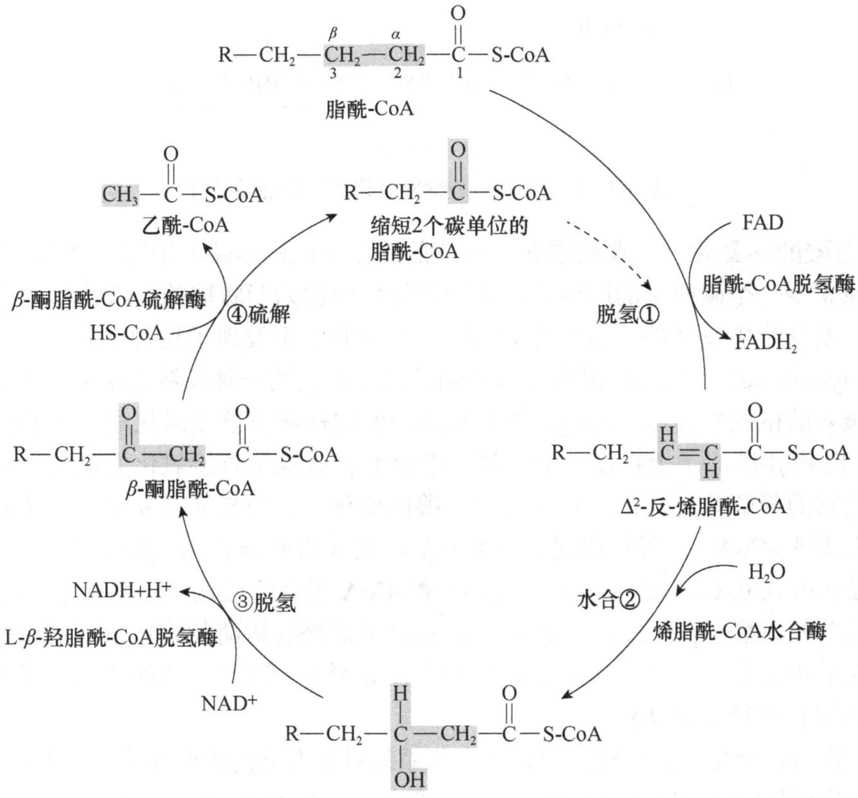

图 9-6　脂肪酸 β-氧化的过程

（4）β-氧化能量计算　　1 分子的饱和脂肪酸经 1 次 β-氧化，产生 1 分子的 $FADH_2$ 和

NADH 及 1 分子的乙酰-CoA。以 1 分子 16 个碳的软脂酸为例，它经 1 次活化反应和 7 次重复循环的 β-氧化反应，产生 8 分子的乙酰-CoA 及 7 分子的 $FADH_2$ 和 NADH。总反应式可表示如下：

$$软脂酸\text{-CoA}+7\text{CoA-SH}+7\text{FAD}+7\text{NAD}^+ +7\text{H}_2\text{O}\longrightarrow 8乙酰\text{-CoA}+7\text{FADH}_2+7\text{NADH}+7\text{H}^+$$

8 分子乙酰-CoA 进一步经过三羧酸循环形成 CO_2、GTP、NADH 和 $FADH_2$。β-氧化及 TCA 循环产生的 NADH 及 $FADH_2$ 进入电子传递链，通过氧化磷酸化生成 ATP，合计产生 108 分子的 ATP（图 9-7）。软脂酸活化成软脂酰-CoA 时需消耗 2 个高能磷酸键的能量，故 1 分子软脂酸彻底氧化可净生成 106 分子的 ATP。

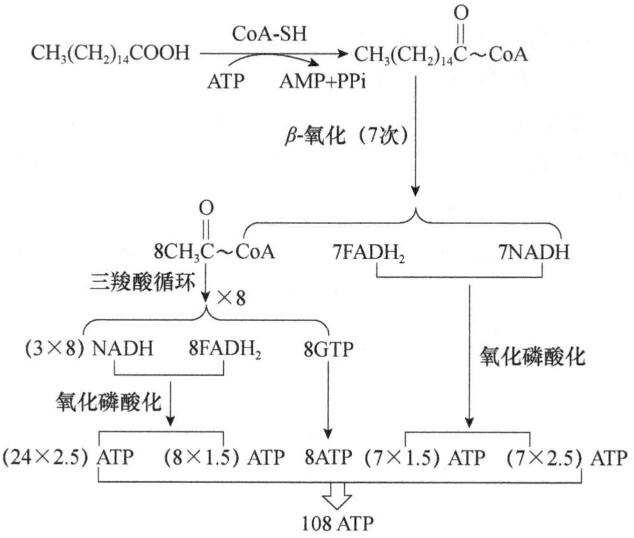

图 9-7 1 分子软脂酸彻底氧化过程的能量计算

2. 脂肪酸的 α-氧化 脂肪酸在一些酶的催化下，其 α-碳原子发生氧化，生成一分子 CO_2 和比原来少一个碳原子的脂肪酸，这种氧化作用称为脂肪酸的 α-氧化。α-氧化首先是在植物种子及叶片中发现的，后来在动物脑、肝细胞中也发现了这种脂肪酸的氧化作用。植烷酸（phytanic acid）是由叶绿素叶绿醇侧链衍生而来的一种长链脂肪酸，人类每天从各种饮食中摄入的植烷酸高达 100mg。植烷酸的降解同样需要首先活化成脂酰-CoA（即植烷酰-CoA），但其 β-碳原子上存在一个甲基，阻止了 β-碳原子直接氧化为羰基，无法进行 β-氧化。因此它的降解首先是在脂肪酸 α-羟化酶的催化下，消耗氧对 α-碳原子进行氧化，形成 α-羟基植烷酰-CoA。α-羟化酶属于单加氧酶，反应需要 α-酮戊二酸、维生素 C 及 Fe^{2+} 参与。α-羟基植烷酰-CoA 进一步由 α-羟植烷酰-CoA 裂合酶催化，产生甲酰-CoA 和少了 1 个碳原子的降植烷醛（pristanic acid），进而在降植烷醛脱氢酶的作用下形成降植烷酸。至此，原植烷酸中含有甲基的 β-碳原子被转变为 α-碳原子，而新形成的 β-碳原子不带甲基，可以进入 β-氧化途径（图 9-8）。

鉴于人类每天会摄入植烷酸，因此 α-氧化系统对于人类健康至关重要。α-氧化相关酶的缺乏，会导致植烷酸代谢障碍遗传病，即雷夫叙姆病（Refsum disease）。患者血液中植烷酸异常积累，导致严重的神经功能缺陷，产生失明和耳聋等症状。该病目前尚无有效的药物治疗，只能通过控制饮食来降低或避免植烷酸的摄入。

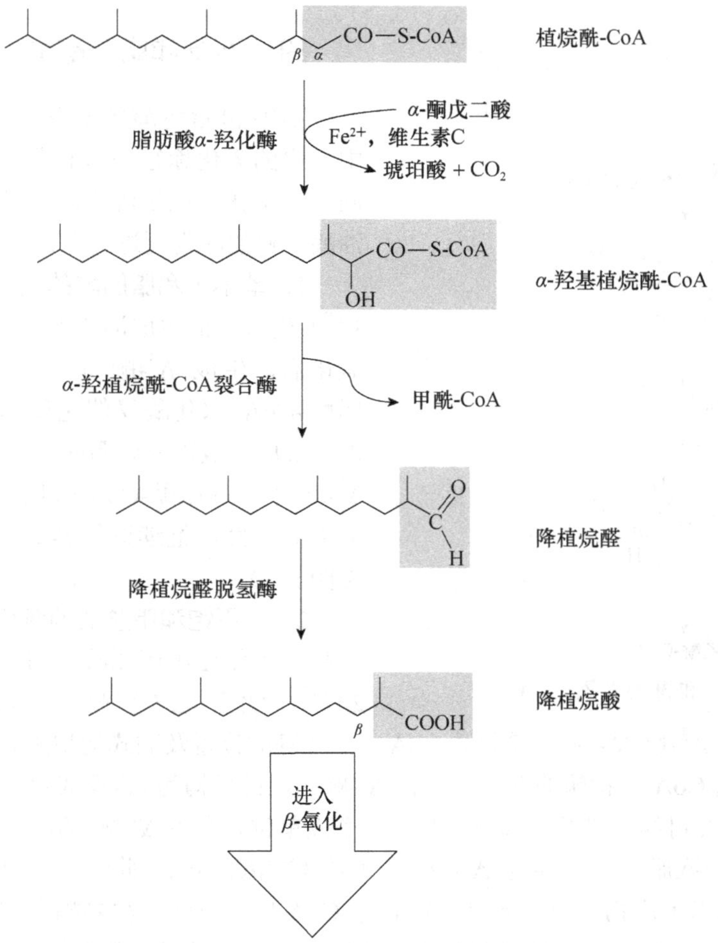

图 9-8 脂肪酸的 α-氧化

3．脂肪酸的 ω-氧化 脂肪酸在混合功能氧化酶等酶的催化下，其 ω-碳原子（末端甲基碳）发生氧化，先生成 ω-羟脂酸，继而氧化成 α,ω-二羧酸的反应过程称为脂肪酸的 ω-氧化作用。脂肪酸的 ω-氧化反应过程如图 9-9 所示，首先在混合功能氧化酶的催化下，对末端甲基进行加氧形成羟基，进而在醇脱氢酶和醛脱氢酶依次作用下，生成 α,ω-二羧酸。该二羧酸很容易从两端同时进行 β-氧化降解，因此，ω-氧化可以加速脂肪酸降解。

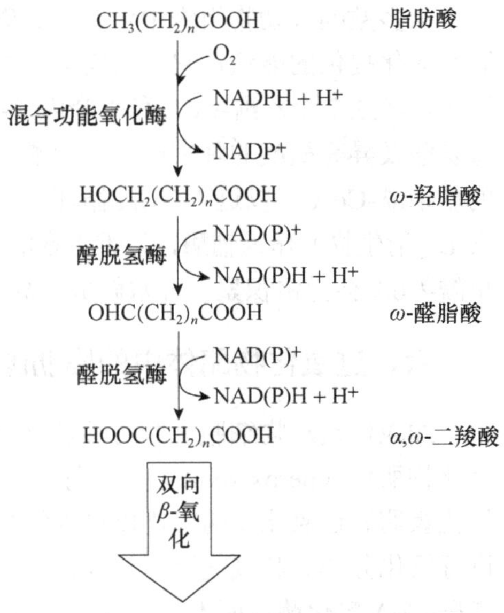

图 9-9 脂肪酸的 ω-氧化作用

ω-氧化所特有的酶定位于动物肝和肾的内质网中，主要作用于中长链脂肪酸。在哺乳动物中，ω-氧化并非脂肪酸氧化的主要途径，但当 β-氧化有缺陷时（如肉碱缺乏），它就变得非常重要。另外，一些需氧微生物能迅速降解烃及脂肪酸生成水溶性产物，而这种降解作用的起始反应就是 ω-氧化，如海洋中某些浮游细菌降解海面浮油，其氧化速率可高达 0.5g/（d · m^2）。

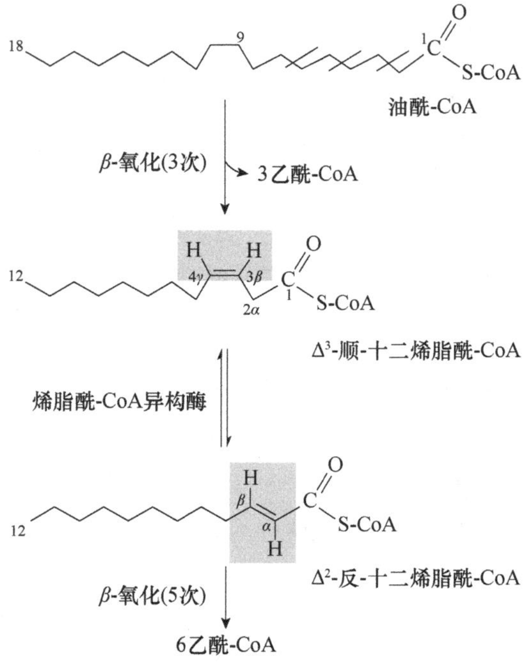

图 9-10　油酸的 β-氧化过程

四、不饱和脂肪酸的氧化

不饱和脂肪酸的氧化也是发生在线粒体中。它的氧化途径与饱和脂肪酸的氧化基本相同，只是在某些步骤中还需其他酶参与，现以油酸、亚油酸为例进行探讨。

1. 单不饱和脂肪酸的氧化　油酸（C18:1Δ^9）先被激活生成油酰-CoA，再进行 3 轮 β-氧化后，生成 Δ^3-顺-十二烯脂酰-CoA。因烯脂酰-CoA 水化酶仅催化反式构型碳碳双键的加水反应，故需要烯脂酰-CoA 异构酶参与，将 Δ^3-顺-十二烯脂酰-CoA 转化为 Δ^2-反-十二烯脂酰-CoA，然后继续进行 β-氧化作用。具体反应见图 9-10。

2. 多不饱和脂肪酸的氧化　多不饱和脂肪酸的氧化还需还原酶参与，以亚油酸（C18:2$\Delta^{9,12}$）为例，它先被激活成亚油酰-CoA 后，经 3 轮 β-氧化产生 Δ^3-顺-Δ^6-顺-二烯脂酰-CoA。Δ^3 双键的位置及顺式构型阻碍了 β-氧化的继续进行。在烯脂酰-CoA 异构酶的催化下，将 Δ^3-顺式双键异构为 Δ^2-反式双键，产物 Δ^2-反-Δ^6-顺-二烯脂酰-CoA 可继续进行 β-氧化，脱去 2 个碳单位，产生 Δ^4-顺-烯脂酰-CoA。接着又开始 β-氧化的第一次脱氢，产物为 Δ^2-反-Δ^4-顺-二烯脂酰-CoA。此时，由 2,4-二烯脂酰-CoA 脱氢酶催化，将以上产物还原成 Δ^3-反-烯脂酰- CoA 后，再经一次异构酶催化，将其转变为 Δ^2-反-烯脂酰-CoA，接着由 4 轮 β-氧化形成乙酰-CoA。具体反应见图 9-11。

五、奇数碳原子脂肪酸的氧化作用

大多数哺乳动物组织中罕有奇数碳原子脂肪酸，但在反刍动物如牛、羊中，奇数碳链脂肪酸氧化提供的能量占它们所需能量的 25%。具有 17 个碳的直链脂肪酸可经正常的 β-氧化途径，产生 7 个乙酰-CoA 和 1 个丙酰-CoA。丙酰-CoA 既是奇数碳脂肪酸的降解产物，也是缬氨酸及异亮氨酸的降解产物。丙酰-CoA 在动物体内的代谢途径如图 9-12 所示，最终形成的琥珀酰-CoA 可以进入 TCA 循环。甲基丙二酸单酰-CoA 变位酶需要脱氧腺苷钴胺素（维生素 B_{12} 衍生物）作为辅酶，该维生素的缺乏会影响机体对奇数碳脂肪酸的代谢。此时，丙二酸单酰-CoA 会异常积累，并水解成游离的甲基丙二酸，进而抑制糖异生，导致低血糖和酮症。

六、过氧化物酶体中的脂肪酸 β-氧化

线粒体是动物细胞内脂肪酸氧化的主要场所。但除了线粒体，脂肪酸的氧化也可以在过氧化物酶体（peroxisome）中进行，它是一种由单层细胞膜包被的细胞器，内含氧化酶、过氧化氢酶和过氧化物酶。难以进入线粒体的超长链脂肪酸（$\geq C_{23}$）可以进入过氧化物酶体，进行氧化分解。其氧化过程与线粒体中的 β-氧化有一定差异，表现为催化第一步反应的酶是脂酰-CoA 氧化酶，而不是脱氢酶。该酶催化产生的 FADH2 不进入电子传递链，而是传递给

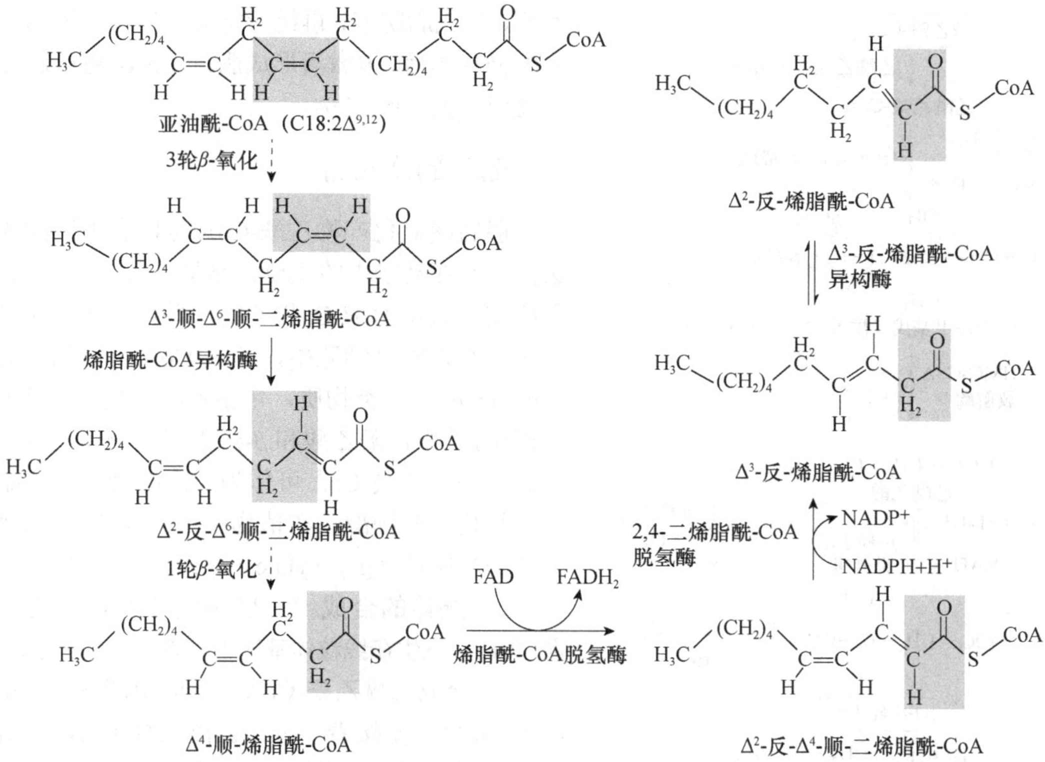

图 9-11 亚油酰-CoA 的氧化过程

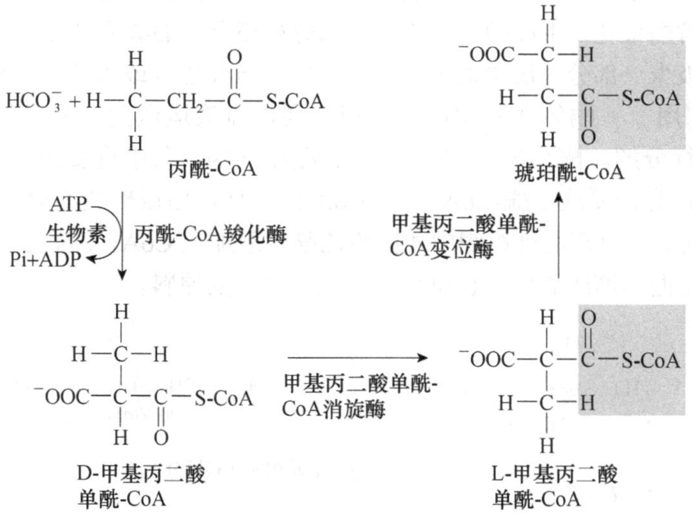

图 9-12 丙酰-CoA 的氧化

O_2 产生 H_2O_2。H_2O_2 会被过氧化物酶体内的过氧化物酶迅速分解为 H_2O 和 O_2。过氧化物酶体中催化其余 3 步 β-氧化反应的酶，与线粒体中相应的酶类似。脂肪酸在过氧化物酶体中的氧化产物 NADH、乙酰-CoA 需要进一步在线粒体中进行氧化利用。

与动物不同，植物线粒体中普遍不含参与 β-氧化的酶，其脂肪酸氧化发生于过氧化物酶体或乙醛酸循环体（glyoxysome）。乙醛酸循环体仅在种子萌发过程中形成，被认为是一种特化的过氧化物酶体。植物种子萌发时，油体中贮藏的三酰甘油被油质蛋白结合的脂肪酶催化

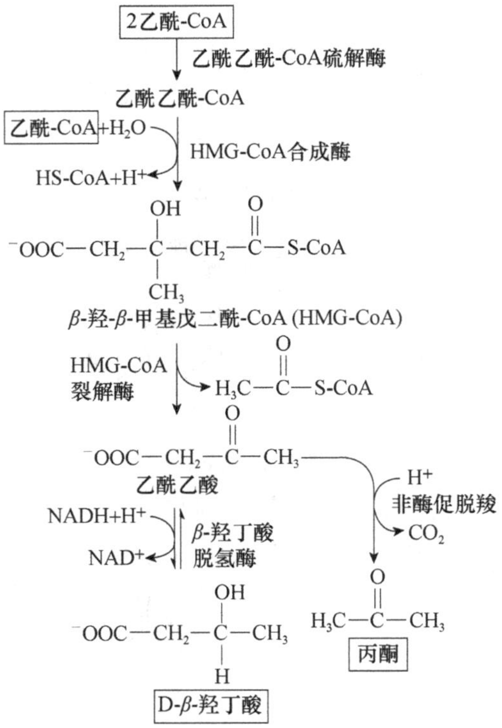

图 9-13 酮体的合成途径

水解，形成脂肪酸，再经特定的转运蛋白转运至乙醛酸循环体后，被激活形成脂酰-CoA，随后通过 β-氧化降解为乙酰-CoA。

七、酮体代谢

脂肪酸氧化产物乙酰-CoA 可以有不同的代谢去向。其在动物中的主要去路是进入三羧酸循环，最终完全氧化为 H_2O 和 CO_2，并伴随大量能量的产生。在动物肝细胞中，乙酰-CoA 可转化为酮体（ketone body）类物质，包括乙酰乙酸、β-羟丁酸和丙酮，其中乙酰乙酸和 β-羟丁酸是酮体的主要类型。此外，乙酰-CoA 可作为胆固醇合成的起始化合物转化为胆固醇。在植物中，乙酰-CoA 主要进入乙醛酸循环（glyoxylate cycle）。

1．酮体的合成 肝中酮体的合成途径见图 9-13，发生在线粒体基质中。首先，两分子乙酰-CoA 缩合成乙酰乙酰-CoA，反应由硫解酶（thiolase）催化。紧接着一分子乙酰乙酰-CoA 与乙酰-CoA 缩合，生成 β-羟-β-甲基戊二酰-CoA（HMG-CoA），反应由 HMG-CoA 合成酶催化。然后，HMG-CoA 分解成乙酰乙酸和乙酰-CoA，反应由 HMG-CoA 裂解酶催化。生成的乙酰乙酸一部分被还原成 D-β-羟丁酸，反应由 β-羟丁酸脱氢酶催化，也有极少一部分可脱羧形成丙酮，反应可自发进行或由乙酰乙酸脱羧酶催化。

2．酮体的利用 酮体在肝中产生，但需要由血液运送到肝外组织（如骨骼肌、心肌和肺等）中进行分解。酮体的分解代谢途径见图 9-14，其中重要的一步是乙酰乙酸转变为乙酰乙酰-CoA，它需要琥珀酰-CoA 作为 CoA 的供体，由琥珀酰-CoA 转移酶催化。由于肝中缺乏该酶，因此只有在肝外组织中才能给乙酰乙酸加上 CoA，然后裂解成乙酰-CoA。乙酰-CoA 通过 TCA 循环彻底氧化，也可作为合成脂肪酸的原料。

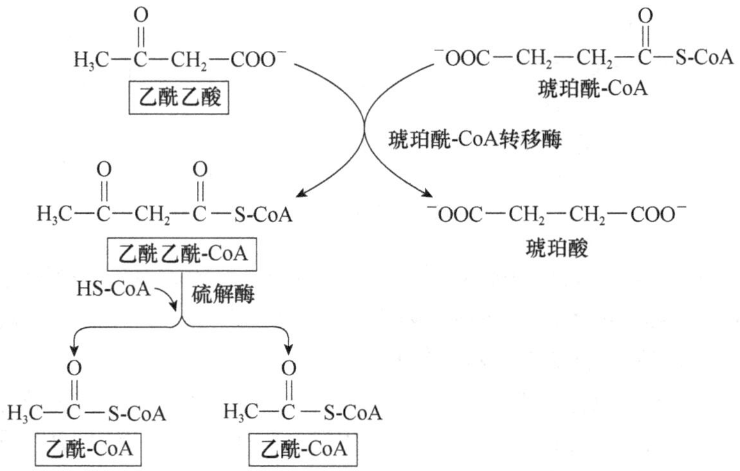

图 9-14 酮体的分解

3．酮体生成的意义及酮症　由酮体的代谢可以看出，肝将乙酰-CoA 转变为酮体，而肝外组织则再将酮体转变为乙酰-CoA。这并不是一种无效循环，而是乙酰-CoA 在体内的运输形式。目前认为，肝组织正是以酮体的形式将乙酰-CoA 通过血液运送至外周器官。骨骼、心脏和肾上腺皮质细胞的能量消耗主要就是来自酮体，脑组织在糖饥饿时也能利用酮体作为能源。对于健康人，由乙酰乙酸脱羧形成丙酮的量是极微量的，而严重饥饿或未经治疗的糖尿病患者，体内可产生大量的乙酰乙酸，其原因是饥饿状态或胰岛素水平过低都会耗尽体内贮存的糖。肝外组织不能自血液中获取充分的葡萄糖，为了取得能量，肝中的葡萄糖异生就会加速，肝和肌肉中的脂肪酸氧化也同样加速，同时动员蛋白质的分解。脂肪酸氧化加速生成大量的乙酰-CoA，葡萄糖异生使草酰乙酸供应耗尽，而后者又是乙酰-CoA 进入柠檬酸循环所必需的，在此情况下乙酰-CoA 不能正常地进入柠檬酸循环，而转向生成酮体，血液中出现大量有毒的丙酮。丙酮有挥发性和特殊气味，常可从患者的气息中嗅到，可借此对疾患作出诊断。血液中高浓度的乙酰乙酸和 β-羟丁酸使血液 pH 降低，以至发生“酸中毒”（acidosis），酮体过高可引起“酮症”（ketosis），导致昏迷，甚至死亡。

八、乙醛酸循环

在植物乙醛酸循环体中，脂肪酸的氧化产物乙酰-CoA 在一系列酶的作用下转变为琥珀酸的过程，称为乙醛酸循环。动物一般不存在乙醛酸循环，植物中该循环主要发生在油料植物种子萌发阶段。此外，某些无脊椎动物、藻类、真菌及细菌具有乙醛酸循环。

乙醛酸循环的反应历程如图 9-15 所示，不难看出，乙醛酸循环和三羧酸循环具有较大的相似性。首先，乙酰-CoA 都是在柠檬酸合酶与顺乌头酸酶的催化下形成异柠檬酸。不同于三羧酸循环，异柠檬酸接下来不是经过连续的两步脱羧反应，而是在异柠檬酸裂合酶的催化下，裂解为乙醛酸和琥珀酸。前者与另一分子的乙酰-CoA 在苹果酸合酶的催化下形成苹果酸，进而在苹果酸脱氢酶的催化下重新生成草酰乙酸；后者经三羧酸循环，转变为草酰乙酸。异柠

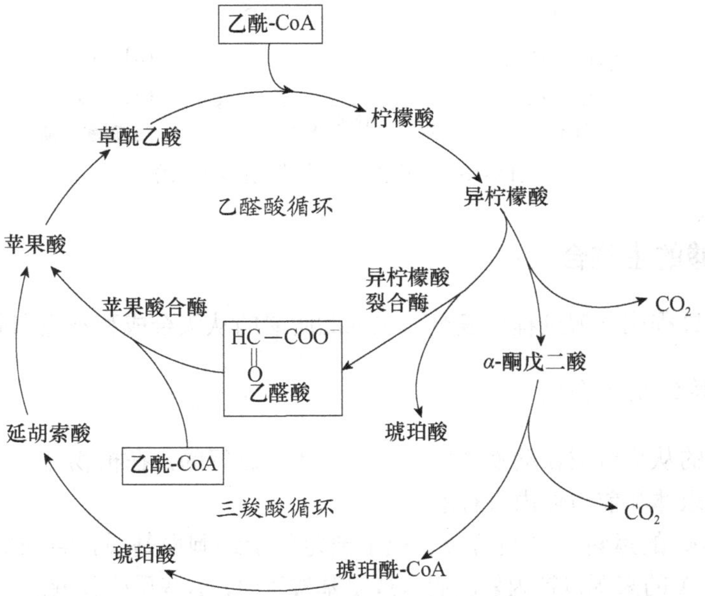

图 9-15　植物乙醛酸循环与三羧酸循环的关系

檬酸裂合酶和苹果酸合酶是乙醛酸循环的两个特征酶。一次乙醛酸循环可以将两分子乙酰-CoA 转变为一分子琥珀酸。琥珀酸经过特定的转运系统进入线粒体，然后通过三羧酸循环的部分反应，转变为苹果酸。苹果酸进入细胞质，沿糖异生途径转变为糖类。

油料植物种子中的主要贮藏物质为油脂，在种子萌发过程中，形成大量的乙醛酸循环体。脂肪酸在乙醛酸循环体内氧化为乙酰-CoA，并进一步由乙醛酸循环转化为琥珀酸。琥珀酸进入糖异生，转变为糖，并以蔗糖的形式转运至种苗的其他组织，为种子萌发提供能源和碳源。待形成的叶片能进行光合作用时，储存的脂肪酸消耗殆尽，乙醛酸循环体的数量减少直至消失。此时，植物生长所需的能源和碳源切换为由光合作用提供。因此，对于油料植物，乙醛酸循环的重要生物学意义是为种子的萌发提供碳源。对于一些微生物，乙醛酸循环使它们能够仅以乙酸盐为碳源进行生长。

第三节　脂肪的生物合成

脂肪是由甘油和脂肪酸合成的，但二者不能作为直接的底物参加反应，需首先转变为3-磷酸甘油和脂酰-CoA。

一、磷酸甘油的合成

3-磷酸甘油可以由图 9-16 中的两种方式合成，一种由糖酵解的中间产物磷酸二羟丙酮还原而成，另一种由甘油磷酸化形成。

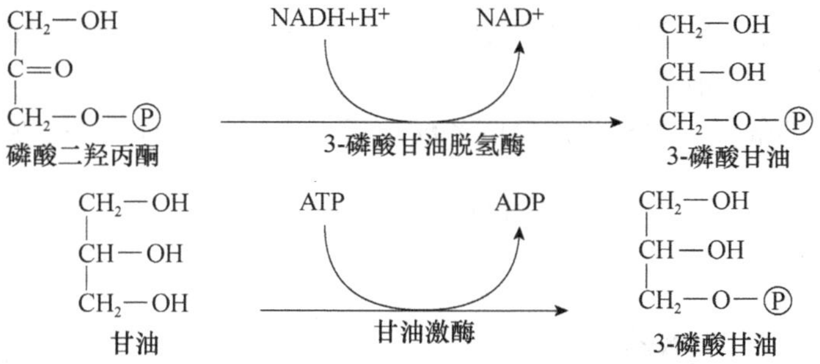

图 9-16　3-磷酸甘油合成的两种方式

二、脂肪酸的生物合成

脂肪酸合成过程比分解过程要复杂，包括脂肪酸的从头合成和不饱和脂肪酸的合成。

（一）脂肪酸的从头合成

饱和脂肪酸的从头合成在动物体中是在细胞质内进行的，在植物体的叶肉细胞和种子细胞中分别是在叶绿体和前质体内进行的。

1. 乙酰-CoA 的运转　脂肪酸合成主要定位于细胞质基质，合成脂肪酸的原料为乙酰-CoA。乙酰-CoA 的来源包括丙酮酸脱羧或氨基酸氧化，这些反应普遍发生于线粒体基质中。乙酰-CoA 不能自由穿过线粒体膜，需要通过“柠檬酸-苹果酸穿梭”（citrate-malate shuttle）

从线粒体内运输到细胞质。这一过程首先是乙酰-CoA 与草酰乙酸结合形成柠檬酸，然后通过柠檬酸转运蛋白穿过线粒体内膜，再由柠檬酸裂解酶裂解成草酰乙酸和乙酰-CoA。草酰乙酸又被 NADH 还原成苹果酸，苹果酸可直接转运出线粒体，也可经氧化脱羧产生 CO_2、NADPH 和丙酮酸。丙酮酸经丙酮酸转运蛋白进入线粒体后，在丙酮酸羧化酶的催化下形成草酰乙酸，又可以参与乙酰-CoA 转运循环（图 9-17）。

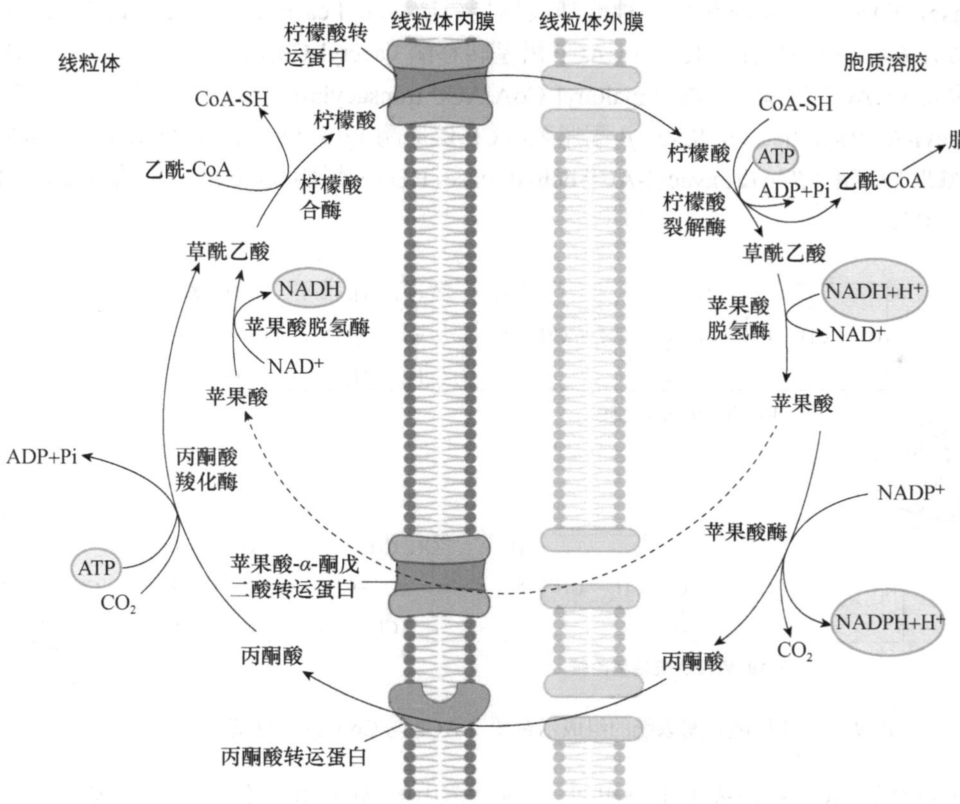

图 9-17 乙酰-CoA 的运转过程

在植物体内，乙酰-CoA 可直接来自叶绿体中丙酮酸脱氢酶复合体催化的丙酮酸脱氢脱羧反应，也可来自线粒体内的乙酰-CoA。线粒体内的乙酰-CoA 先转变为乙酸，乙酸运入叶绿体后，再在乙酰-CoA 合成酶的催化下形成乙酰-CoA。因而，植物体内可能不存在“柠檬酸穿梭”过程。

2．丙二酸单酰-CoA 的合成 以合成 1 分子软脂酸为例，合成过程中所需的 8 个二碳单位中，只有 1 个是乙酰-CoA，其他 7 个均以丙二酸单酰-CoA 形式提供。起始过程中的乙酰-CoA 通常被认为是脂肪酸合成的“引物”，丙二酸单酰-CoA 为脂肪酸链延长的二碳单位供体。

丙二酸单酰-CoA 是由乙酰-CoA 和 HCO_3^- 在乙酰-CoA 羧化酶（acetyl-CoA carboxylase，ACCase）的催化下形成的。乙酰-CoA 羧化酶为别构酶，柠檬酸和异柠檬酸是此酶的别构激活剂，软脂酰-CoA 和其他长链脂酰-CoA 是别构抑制剂。生物素是该酶的辅基，在羧化反应中起转移羧基的作用，总反应式如图 9-18 所示。

资源 9-5

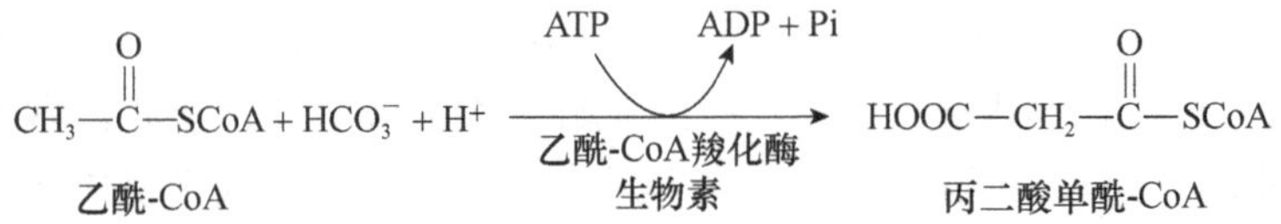

图 9-18 丙二酸单酰-CoA 的合成

3. 脂肪酸合酶系统 参与脂肪酸合成的蛋白质及酶统称为脂肪酸合酶系统（fatty acid synthase，FAS），其构成包括一种酰基载体蛋白质（acyl carrier protein，ACP）和 6 种酶（图 9-19）。6 种酶分别为：乙酰 CoA:ACP 酰基转移酶（acetyl-CoA:ACP transacylase，AT）、丙二酸单酰-CoA:ACP 酰基转移酶（malonyl CoA:ACP transacylase，MT）、*β*-酮脂酰-ACP 合酶（*β*-ketoacyl-ACP synthetase，KS）、*β*-酮脂酰-ACP 还原酶（*β*-ketoacyl-ACP reductase，KR）、*β*-羟脂酰-ACP 脱水酶（*β*-hydroxyacyl-ACP dehydratase，HD）和烯脂酰-ACP 还原酶（enoyl-ACP reductase，ER）。

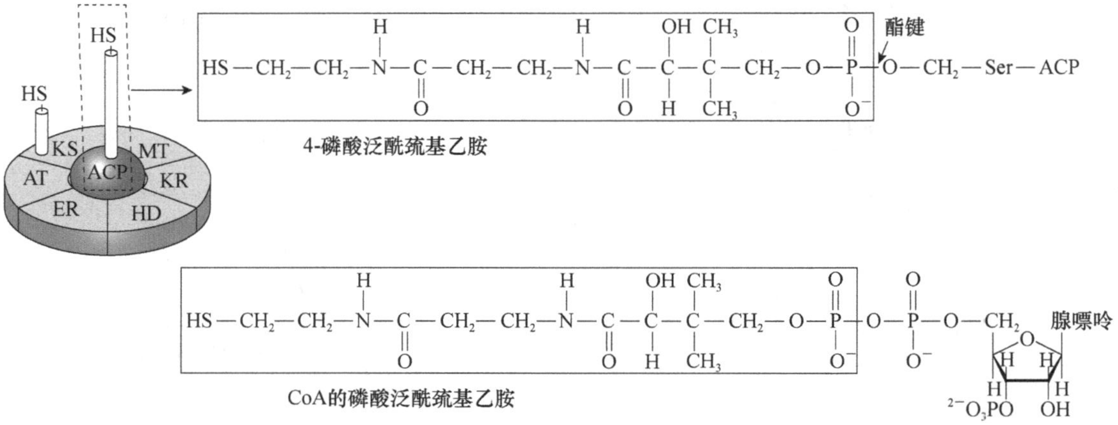

图 9-19 脂肪酸合酶系统的组成示意图及 ACP 与 CoA 的活性基团比较

不同生物体的 ACP 在组成上十分相似，大肠杆菌中的 ACP 是一个由 77 个氨基酸残基组成的热稳定蛋白质，其 36 位的丝氨酸羟基与 4-磷酸泛酰巯基乙胺的磷酸基团以酯键相连，其中巯基（—SH）是 ACP 的活性基团。上述 6 种酶以 ACP 为中心，有序地组成一个脂肪酸合酶系统，装载脂酰基的 ACP 犹如一个摆动的长手臂，将正在延伸的脂肪酸链依次递送给 6 个酶，催化脂肪酸链的加工。除 ACP 上有一“加长的、可以灵活摆动”的活性巯基（也称为中央巯基）外，*β*-酮脂酰-ACP 合酶上也有一活性巯基（外围巯基），由该酶多肽链上的一个半胱氨酸残基提供，是脂肪酸合成过程中脂酰基的另一个装载位点。

在不同的生物体中，FAS 由不同的结构组成，主要包括 3 种类型：①ACP 和 6 种酶串联在一条多肽链上，由单个基因编码，以同源二聚体的形式进行组装，形成具备脂肪酸合成活性的复合体，这一类型的 FAS 主要存在于哺乳动物中。②ACP 和 6 种酶随机定位在两条多肽链上（分别为 α 和 β 链），由两个独立的基因编码。两条肽链组装成异源多聚体后才具备脂肪酸合成能力，这一类型的 FAS 主要存在于低等的真核生物如真菌和酵母中。如在酵母中，α 链包含 *β*-酮脂酰-ACP 合酶、*β*-酮脂酰-ACP 还原酶及 ACP，β 链包含其余几种酶。6 条 α 和 β 多肽链组成的不均一异源多聚体（$\alpha_6\beta_6$）才具备催化脂肪酸合成的活性。③ACP 和 6 种酶独立存在，由独立的基因分别编码，该类型的 FAS 主要存在于细菌、古菌和植物中。

4．脂肪酸的合成历程 以哺乳动物中的软脂酸合成为例，介绍脂肪酸的合成历程（图 9-20）。

资源 9-6

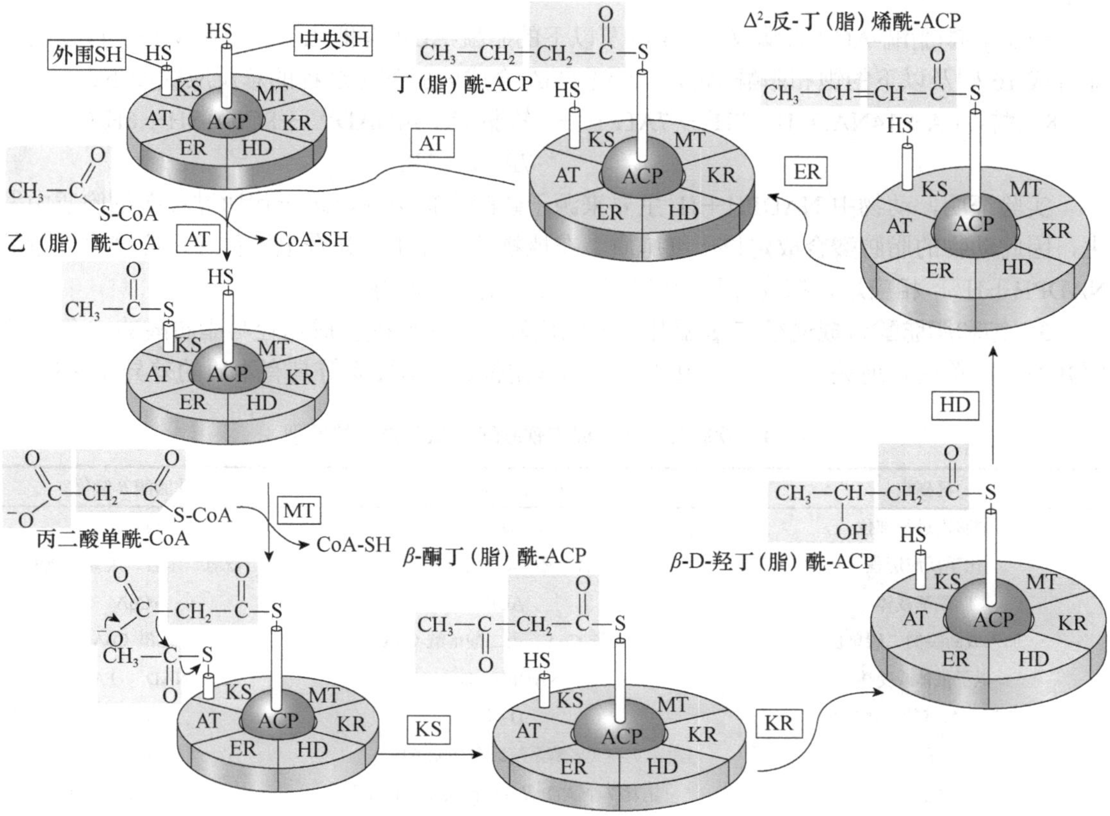

图 9-20 脂肪酸合成循环过程

括号表示延伸过程中不同碳链长度的产物统称

1）启动（priming）：在乙酰 CoA:ACP 酰基转移酶的催化下，乙酰-CoA 中的乙酰基先被转移到 *β*-酮脂酰-ACP 合酶的外围巯基上。在植物及细菌中，乙酰-CoA 的乙酰基首先转移到 ACP 上，进一步转移到 *β*-酮脂酰-ACP 合酶上。

2）装载（loading）：在丙二酸单酰-CoA:ACP 酰基转移酶的催化下，丙二酸单酰-CoA 的丙二酸单酰基被转移至 ACP 上，生成丙二酸单酰-ACP。

3）缩合（condensation）：*β*-酮脂酰-ACP 合酶上的乙酰基与 ACP 上的丙二酸单酰基在 *β*-酮脂酰-ACP 合酶的催化下，缩合成 *β*-酮丁酰-ACP，同时释放一分子 CO_2。

4）还原（reduction）：*β*-酮丁酰-ACP 在 *β*-酮脂酰-ACP 还原酶的催化下，以 NADPH 为氢供体，被还原成 *β*-D-羟丁酰-ACP。

5）脱水（dehydration）：在 *β*-羟脂酰-ACP 脱水酶的催化下，*β*-D-羟丁酰-ACP 在 α、β 碳原子间脱水生成 Δ^2-反-丁烯酰-ACP。

6）还原（reduction）：在烯脂酰-ACP 还原酶的催化下，以 NADPH 为氢供体，Δ^2-反-丁烯酰-ACP 被还原成丁酰-ACP。

至此，脂肪酸的从头合成完成了一轮二碳单位的延伸反应，一轮反应由上述 6 步连续的催化过程构成，延长两个碳原子。接下来，丁酰-ACP进入第二轮的碳链延伸反应，共经过7轮循环反应后，形成软脂酰-ACP。

7）释放（release）：软脂酰-ACP在硫酯酶（thioesterase）的水解作用下释放16碳的软脂酸。

由于β-酮脂酰-ACP合酶仅对14碳及以下的脂酰-ACP有催化活性，故从头合成途径只能合成16碳及以下的饱和脂酰-ACP。乙酰-CoA合成软脂酸全过程的总反应式如下：

$$8\text{乙酰-CoA}+14NADPH+7H^{+}+7ATP \longrightarrow \text{软脂酸}+14NADP^{+}+8CoA\text{-}SH+6H_2O+7ADP+7Pi$$

实验证明，动物中$NADPH+H^{+}$主要来源于磷酸戊糖途径，这一代谢过程在细胞质中发生，因此动物的脂肪酸合成定位于细胞质。在植物叶绿体中，光合电子传递反应产生大量的$NADPH+H^{+}$，相应地，植物叶片中脂肪酸的合成定位于叶绿体。

5. 饱和脂肪酸合成途径与*β*-氧化降解的比较 脂肪酸合成途径与脂肪酸的β-氧化降解并不是简单的可逆关系，二者催化的酶、细胞定位、参与要素等具有本质的差异（表9-1）。

表9-1 软脂酸从头合成与软脂酸*β*-氧化过程的差别

区别点	软脂酸从头合成	软脂酸β-氧化
细胞内进行部位	细胞质基质	线粒体
化学反应历程	缩合、还原、脱水和还原	脱氢、水合、脱氢和硫解
脂酰基载体	ACP	CoA
加入或断裂的二碳单位	乙酰-CoA、丙二酸单酰-CoA	乙酰-CoA
电子供体或受体	$NADPH+H^{+}$	NAD^{+}、FAD
β-羟脂酰基的立体异构	D型	L型
酶	7种（多酶系统或多功能蛋白）	4种
能量	消耗7个ATP及14个$NADPH+H^{+}$	产生106个ATP
对HCO_3^-和柠檬酸的需求	需要	不需要
底物的转运	柠檬酸-苹果酸穿梭	肉碱穿梭
反应方向	从ω位到羧基端	从羧基端到ω端
循环次数	7次	7次

6. 脂肪酸碳链的延长 脂肪酸从头合成一般终止于C_{16}的软脂酸，更长链的脂肪酸是以软脂酰-CoA为起点，由另外的酶催化加长。其通过与从头合成相似的步骤即缩合—还原—脱水—还原，逐步在羧基端增加二碳单位。延长过程的细胞定位与特点见表9-2。

表9-2 脂肪酸碳链延长的不同方式

细胞定位	动物		植物	
	线粒体	内质网	叶绿体、前质体	内质网
二碳单位	乙酰-CoA	丙二酸单酰-CoA	丙二酸单酰-CoA	不明确
脂酰基载体	CoA	CoA	ACP	CoA
电子供体	NADH、NADPH	NADPH	NADPH	NADPH

在动物细胞中，发生在线粒体的延长过程相当于脂肪酸β-氧化过程的逆转，只是第二次还原反应由还原酶而不是脱氢酶催化，电子载体是NADPH而不是$FADH_2$；内质网上的延长

与脂肪酸的从头合成过程相似，只是脂酰基的载体为 CoA 而不是 ACP。植物的脂肪酸延长系统有两种，叶绿体或质体中的只负责将软脂酸转变为硬脂酸（C18:0），这一过程类似于从头合成途径，碳链的进一步延长则由内质网上的延长系统完成。

（二）脂肪酸碳链的去饱和

生物体内存在大量的多种不饱和脂肪酸，如棕榈油酸（C16:1Δ^9）、油酸（C18:1Δ^9）、亚油酸（C18:2$\Delta^{9,12}$）、亚麻酸（C18:3$\Delta^{9,12,15}$）等，它们都是由饱和脂肪酸去饱和作用形成的。去饱和作用有需氧和厌氧两条途径，前者主要存在于真核生物中，后者存在于厌氧微生物中。

1．需氧途径 该途径由去饱和酶系催化，去饱和酶系由一系列的电子传递体组成，去饱和反应需要 O_2 和 NADPH 共同参与。一分子氧接受来自去饱和酶的两对电子而生成两分子水，其中一对电子通过电子传递体从 NADPH 获得，另一对则是从脂酰基获得，结果 NADPH 被氧化成 $NADP^+$，脂酰基被氧化形成双键。

动物和植物体内的去饱和酶系略有不同，前者结合在内质网膜上，以脂酰-CoA 为底物；后者在质体中，以脂酰-ACP 为底物。此外，两者电子传递体的组成也略有差别，动物体内为细胞色素 b_5，在植物体内为铁硫蛋白。

去饱和作用一般首先发生在饱和脂肪酸的 9、10 位碳原子上，生成单不饱和脂肪酸（如棕榈油酸、油酸）。对于动物，尤其是哺乳动物，从该双键向脂肪酸的羧基端继续去饱和形成多不饱和脂肪酸；而植物则是从该双键向脂肪酸的甲基端继续去饱和，生成如亚油酸、亚麻酸等多不饱和脂肪酸。

动物不能合成亚油酸和亚麻酸，但它们对维持其生长十分重要，必须从食物中获得，因此这些脂肪酸属于必需脂肪酸。但动物能通过去饱和作用和延长脂肪酸碳链的过程将它们转变为二十碳四烯酸。

2．厌氧途径 厌氧途径是厌氧微生物合成单不饱和脂肪酸的方式，这一过程发生在脂肪酸从头合成的过程中。当 FAS 系统从头合成到 10 个碳的羟脂酰-ACP（β-羟癸酰-ACP）时，由专一性的 β-羟癸酰-ACP 脱水酶催化在 β、γ 位之间脱水，生成 β,γ-烯癸酰-ACP，然后继续掺入二碳单位，进行从头合成反应过程，这样就可产生不同长短的单不饱和脂肪酸。

三、三酰甘油的生物合成

合成三酰甘油的原料是 3-磷酸甘油和脂酰-CoA，是由 3-磷酸甘油逐步与 3 分子脂酰-CoA 缩合生成的。三酰甘油的生物合成过程见图 9-21，3-磷酸甘油先与两分子脂酰-CoA 缩合形成磷脂酸（phosphatidic acid），反应由磷酸甘油酰基转移酶催化。磷脂酸在磷脂酸磷酸酶催化下脱去磷酸生成 1,2-二酰甘油（1,2-diacylglycerol）。1,2-二酰甘油再与一分子脂酰-CoA 缩合形成三酰甘油（triacylglycerol），反应由二酰甘油酰基转移酶催化。

四、脂肪代谢的调节

目前影响人类健康的主要疾病如心血管疾病、高脂血症、肥胖等都与脂肪代谢失调密切相关。因此，脂肪代谢调节的研究十分受人关注。脂肪代谢调节中最重要的部分是脂肪酸代谢的调节。

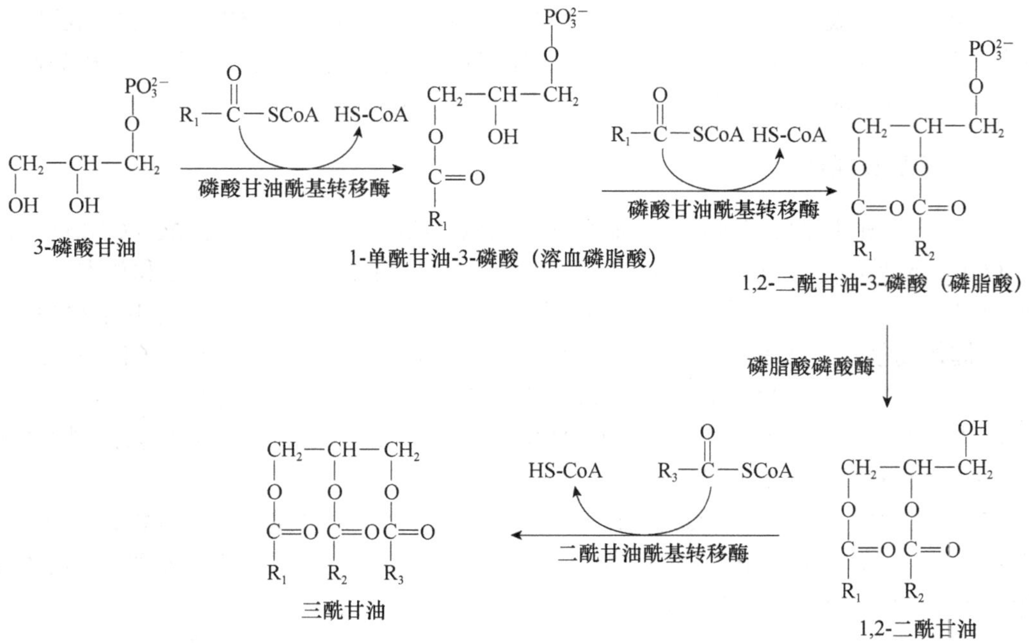

图 9-21 三酰甘油的生物合成过程

（一）脂肪酸分解与合成的调节

脂肪酸β-氧化调节的关键之一是血液中脂肪酸的供给情况。血液中游离脂肪酸主要来自三酰甘油的分解，它原是贮存在脂肪组织中，并受激素敏感的三酰甘油脂肪酶降解。脂肪酸分解与合成代谢进行协同调节，可防止耗能性的无效循环。

1．脂肪酸分解的调节 脂肪酸最主要的分解代谢途径是β-氧化，其限速步骤是脂酰-CoA跨线粒体转运。在参与转运的酶及蛋白质中，肉碱酰基转移酶Ⅰ是重要的限速酶，丙二酸单酰-CoA是该酶的抑制剂。当细胞中能荷较高时，丙二酸单酰-CoA含量高，导致肉碱酰基转移酶Ⅰ活性降低，脂酰-CoA不能穿过膜进入线粒体，因而无法氧化放能。另外，高能荷状态会抑制脂肪酸β-氧化，主要是通过NADH对β-羟脂酰-CoA脱氢酶的变构抑制实现的。

2．脂肪酸合成的调节 乙酰-CoA羧化酶是脂肪酸合成过程中的限速酶，是脂肪酸合成调节的关键。当细胞含有过量的脂肪酸时，软脂酰-CoA不但抑制了乙酰-CoA羧化酶的活性，而且抑制柠檬酸从线粒体基质到细胞质基质的转移、6-磷酸葡萄糖脱氢酶产NADPH及柠檬酸合酶产柠檬酸，从而降低脂肪酸合成效率。当线粒体乙酰-CoA浓度增高，ATP浓度也增高时，柠檬酸自线粒体转移到细胞质基质，转化为乙酰-CoA，作为ACCase的变构激活剂。

动物 ACCase 还可以通过激素诱导的磷酸化修饰来调节酶的活性。植物和细菌中的ACCase不受柠檬酸或磷酸化/去磷酸化循环的调节，但当基质中pH和Mg^{2+}浓度增高时，酶活性也升高。

如果脂肪酸合成及β-氧化同时发生，这两个过程会是耗能性无效循环，从而浪费能量。如前所述，β-氧化受到丙二酸单酰-CoA抑制，后者可抑制肉碱酰基转移酶Ⅰ的活性。因此，当脂肪酸合成代谢产生第一个中间体丙二酸单酰-CoA时，β-氧化依赖的线粒体肉碱穿梭就会被关闭，避免了脂肪酸合成及β-氧化同步进行。

(二) 激素对脂肪代谢的调节

在脂肪酸分解代谢调节中，有两个重要的激素即胰高血糖素（glucagon）和肾上腺素（epinephrine）参与调节。

脂肪组织中三酰甘油的水解速率受激素敏感的三酰甘油脂肪酶调节，此酶通过磷酸化/去磷酸化调节，而磷酸化/去磷酸化又受 cAMP 水平的调节。肾上腺素、胰高血糖素都使脂肪组织的 cAMP 含量升高。cAMP 变构激活 cAMP 依赖性蛋白激酶，后者增加三酰甘油脂肪酶磷酸化水平，从而加速了脂肪组织中的脂解（lipolysis）作用，进一步提高了血液中脂肪酸的水平，最终活化了其他组织如肝和肌肉中的 β-氧化途径。同时，cAMP 依赖性蛋白激酶也抑制乙酰-CoA 羧化酶活性，它是脂肪酸合成中的一个限速酶。综上，cAMP 依赖性磷酸化作用激活脂肪酸的氧化，同时又抑制脂肪酸的合成，避免了二者同时发生。

胰岛素与肾上腺素、胰高血糖素的作用相反，胰岛素刺激三酰甘油及糖原的形成。它还有降低 cAMP 水平的作用，引起下游的三酰甘油脂肪酶磷酸化水平降低，减少脂肪的降解，导致 β-氧化所需脂肪酸量减少。胰岛素也激活一些不依赖 cAMP 的蛋白激酶，这些酶使另外一些酶如乙酰-CoA 羧化酶磷酸化，促进脂肪酸的合成。因此，胰高血糖素和胰岛素的比例对于脂肪酸代谢的速度与方向至关重要。

第四节 类脂的代谢

一、磷脂的代谢

磷脂广泛存在于细胞中，是生物膜的主要成分。植物体内的磷脂还可作为贮藏物质。例如，种子中含有磷脂酰胆碱、磷脂酰乙醇胺及磷脂酰肌醇。种子萌发时子叶或胚乳中的磷脂消失，幼苗中并没有生成相应的磷脂，表明磷脂作为贮藏物质在种子萌发时进行着活跃的代谢转变。研究表明，磷脂在细胞内比油脂有更高的代谢速率，不断地进行着合成与降解。

(一) 磷脂的降解

和三酰甘油一样，甘油磷脂的降解也是先经过水解生成甘油、脂肪酸、磷酸及相应的醇。水解产物各自按不同的途径进一步分解或转化。现在以卵磷脂为例介绍其水解过程（图 9-22）。

卵磷脂中有 4 个酯键，需要经过多步水解反应。

1）第一步水解反应由磷脂酶（phospholipase）催化。已发现的磷脂酶有 4 种，分别为磷脂酶 A_1、磷脂酶 A_2、磷脂酶 C 和磷脂酶 D，它们水解磷脂的部位不同（图 9-22），因而产物也不同。

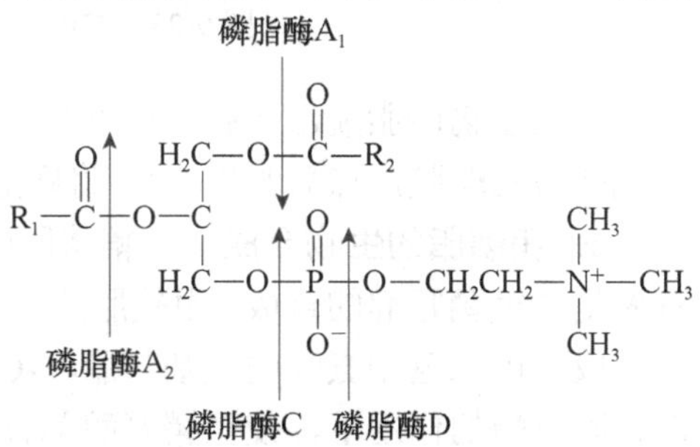

图 9-22 卵磷脂的水解

磷脂酶 A_1 广泛分布于动物细胞内；磷脂酶 A_2 存在于蛇毒、蝎毒和蜂毒中；磷脂酶 C 存在于动物脑、蛇毒和细菌毒素中；磷脂酶 D 主要存在于高等植物中。

2）由磷脂酶 A_1 或磷脂酶 A_2 水解甘油磷脂生成溶血磷脂。溶血磷脂是一类具有较强表面活性的物质，能使红细胞膜破坏，引起溶血或细胞坏死。溶血磷脂在溶血磷脂酶（lysophospholipase）的作用下，再水解一个脂肪酸，生成不具有溶血性的 3-磷酸甘油胆碱。

3）由以上水解酶催化生成的 3-磷酸甘油胆碱、磷脂酸、二酰甘油等物质，在磷酸酶（phosphatase）、脂肪酶等的作用下进一步水解，最终生成脂肪酸、甘油、磷酸及胆碱。

（二）磷脂的生物合成

1. 磷脂酸的生物合成 磷脂酸主要由磷酸甘油与两分子脂肪酸缩合形成，通常 C1 的脂肪酸是饱和的，而 C2 的脂肪酸是不饱和的。此外，二酰甘油也可以在特定的激酶催化下，在 C3 位添加磷酸基团，形成磷脂酸。

如图 9-23 所示，亲水性头部 X（丝氨酸、胆碱、乙醇胺、肌醇等）上的羟基（—OH）及二酰甘油 C3 上的—OH 分别与磷酸形成酯键，即 X 与二酰甘油通过磷酸二酯键连接形成磷脂。这一连接组装过程首先需要二酰甘油或 X 与胞苷二磷酸（CDP）连接而激活。根据激活的对象和合成路径的差异，磷脂的合成分为两条途径：一条途径从活化的 CDP-二酰甘油开始，X 上的羟基通过亲核攻击取代其胞苷单磷酸（CMP）部分，生成磷脂；另一种途径从活化的 CDP-X 开始，二酰甘油上的—OH 通过亲核攻击，置换掉 CDP-X 上的 CMP 部分，生成相应的磷脂。不难看出，磷脂中磷酸基团均由 CDP 提供。原核生物普遍采用第一种途径，而真核生物同时具有这两种途径（图 9-24）。

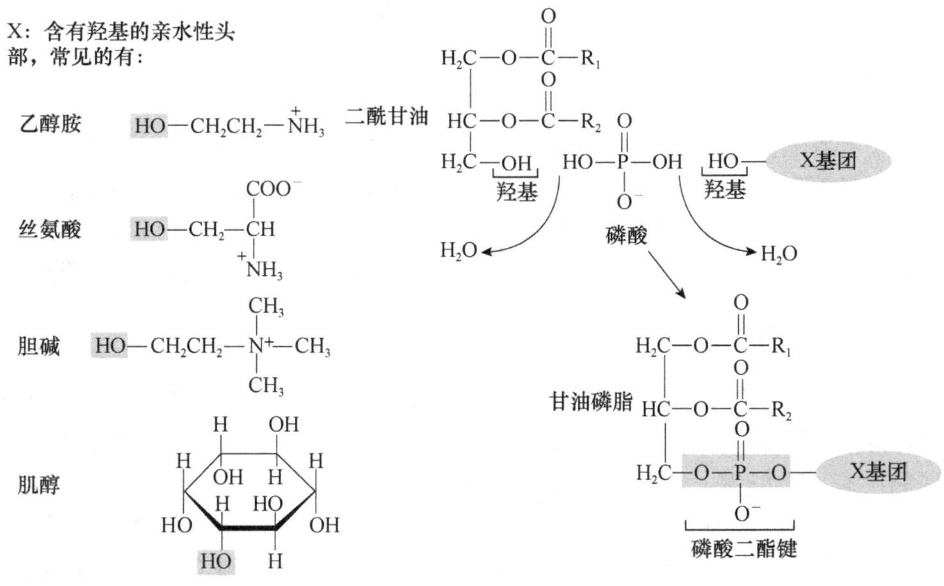

图 9-23　二酰甘油与亲水性头部（X）的连接方式

真核生物磷脂酰乙醇胺（脑磷脂）的合成如图 9-25 所示，乙醇胺在乙醇胺激酶的作用下合成磷酸乙醇胺，然后利用 CTP 将磷酸乙醇胺活化为 CDP-乙醇胺，再形成磷脂酰乙醇胺。

2. 鞘磷脂的生物合成 鞘磷脂的生物合成主要由以下 3 个反应阶段完成（图 9-26）。首先是二氢鞘氨醇的合成：由软脂酰-CoA 与丝氨酸经一系列酶促反应形成。然后是神经酰胺的形成：由二氢鞘氨醇的氨基与脂酰-CoA 的脂酰基连接形成 *N*-脂酰基二氢鞘氨醇，进而在混合脱氢酶的作用下，使得鞘氨醇部分去饱和形成 *N*-脂酰基鞘氨醇（神经酰胺）。最后是鞘磷脂的合成：神经酰胺中鞘氨醇的羟基接受特定的基团如磷酸胆碱形成鞘磷脂。

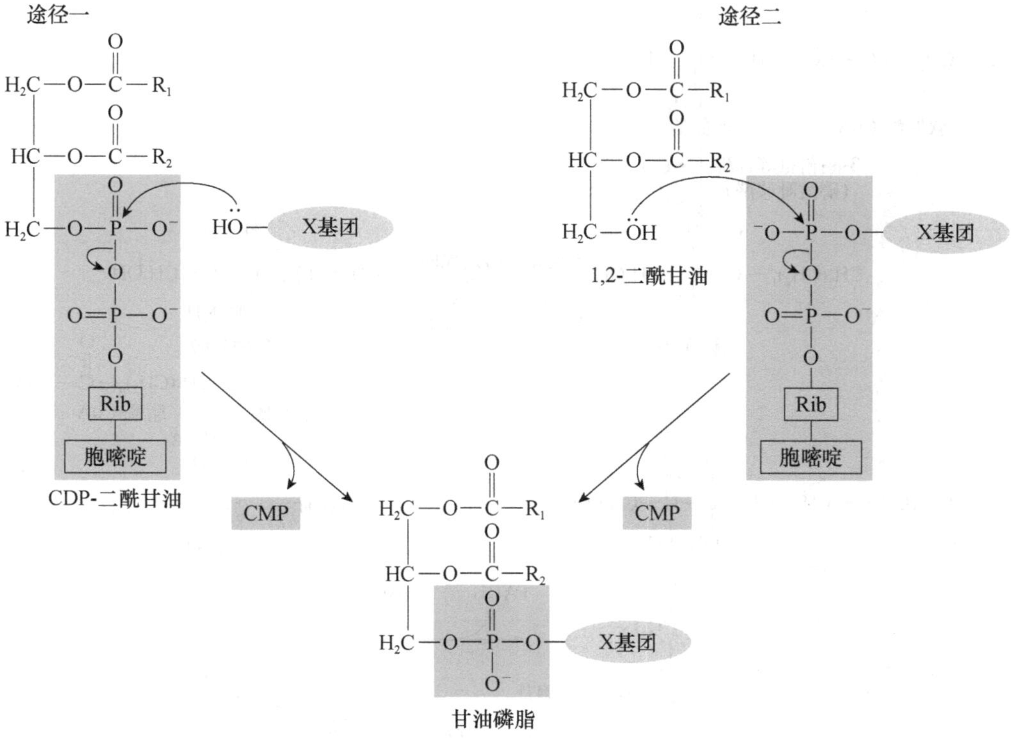

图 9-24 甘油磷脂合成的两种途径

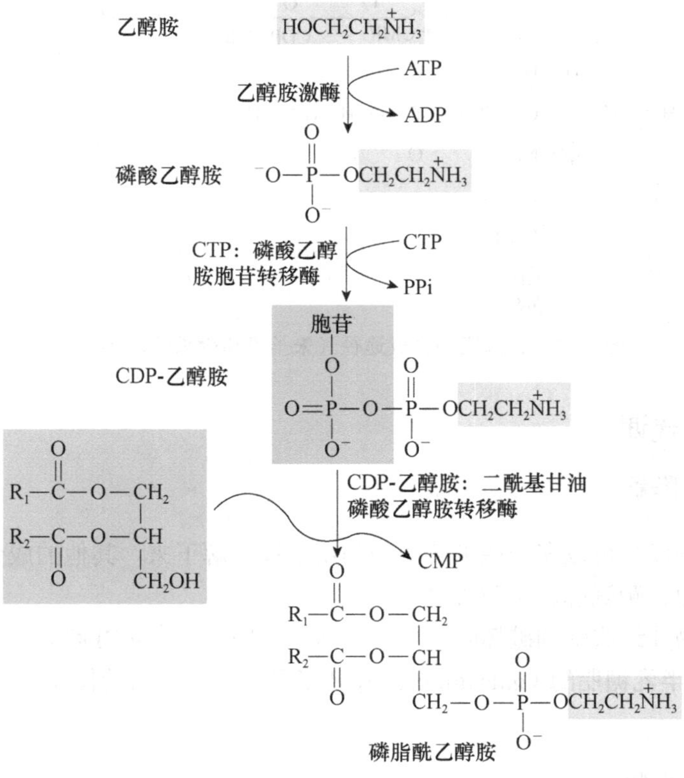

图 9-25 磷脂酰乙醇胺的合成

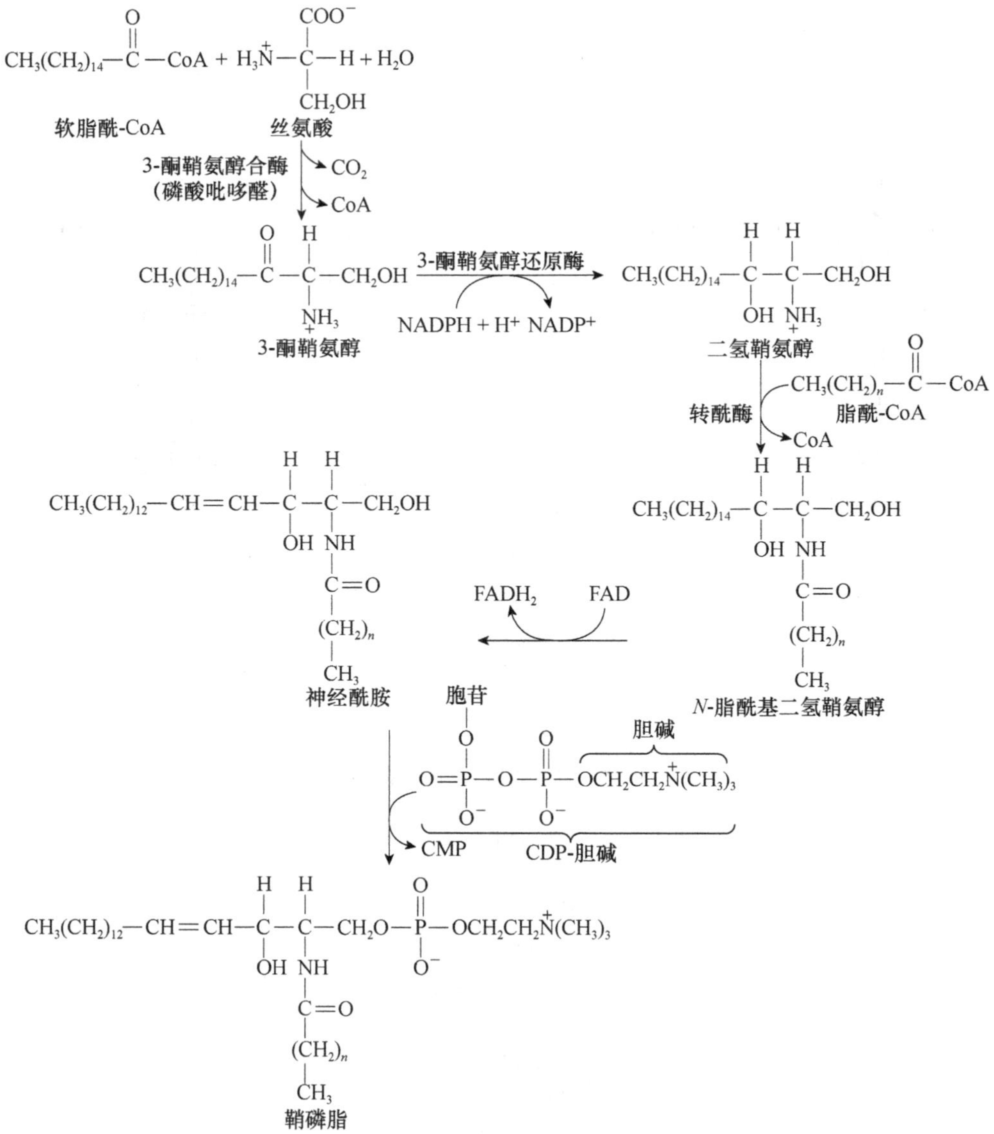

图 9-26 鞘磷脂的合成途径（朱圣庚和徐长法，2019）

二、糖脂的代谢

（一）糖脂的降解

糖脂上的糖基成分可以在一些糖苷酶的作用下被水解下来，其他的成分在各种脂酶作用下可水解生成甘油、鞘氨醇、脂肪酸等。

例如，当植物叶细胞受到破坏时，单半乳糖基二酰甘油（MGDG）和二半乳糖基二酰甘油（DGDG）可在半乳糖脂酶（galactolipase）、β-半乳糖苷酶等酶的催化下，迅速水解成甘油、脂肪酸和半乳糖。

（二）糖脂的生物合成

1．甘油糖脂的生物合成 植物体内的甘油糖脂主要有单半乳糖基二酰甘油和二半乳糖基二酰甘油，它们是叶绿体膜中的主要脂类。研究表明，它们在叶绿体的被膜上合成。

（1）单半乳糖基二酰甘油的合成 首先合成磷脂酸，然后水解掉磷酸生成二酰甘油。二酰甘油接受UDP-半乳糖上的半乳糖基，从而生成MGDG。该反应由UDP-半乳糖-二酰甘油半乳糖基转移酶催化（图9-27）。

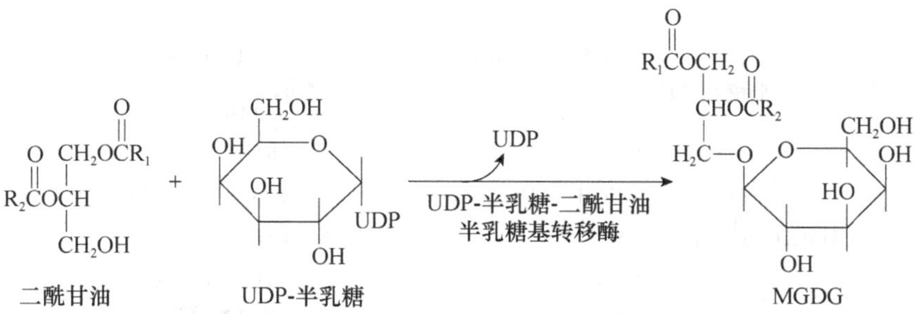

图9-27 MGDG的合成

（2）二半乳糖基二酰甘油的合成 由单半乳糖基二酰甘油再接受一分子UDP-半乳糖上的半乳糖基，即可生成DGDG。

经研究发现，植物体内合成多烯脂肪酸时，去饱和酶的底物不是来自脂肪酸，而是磷脂或甘油糖脂，如MGDG，其脂酰基R_2可以被去饱和酶继续去饱和形成多烯脂肪酸。

2. 鞘糖脂的生物合成 与鞘磷脂一样，鞘糖脂生物合成的前体物质也是神经酰胺。神经酰胺的末端羟基接受UDP-糖上的糖基，即可生成脑苷脂。如果在脑苷脂的糖基上继续添加糖基或其他基团，可形成其他的鞘糖脂，如神经节糖脂。此外，脑苷脂的合成也利用鞘氨醇为前体，先接受糖基形成鞘氨醇糖苷，然后再脂酰化。鞘糖脂的生物合成过程见图9-28。

三、胆固醇的代谢

（一）胆固醇的生物合成

合成胆固醇的碳源为乙酰-CoA，经过复杂的酶促过程，乙酰-CoA的甲基和羧基碳全部进入胆固醇骨架中，此外还需要还原剂NADPH和能源ATP的参与。胆固醇合成过程可分为4个阶段：第一阶段为3个二碳单位（C_2）即乙酰-CoA缩合形成6碳（C_6）中间体甲羟戊酸（mevalonic acid，MVA）；第二阶段为甲羟戊酸转化为活性5碳单位（C_5），即异戊二烯（isoprene）单元；第三阶段为6个异戊二烯单元聚合形成30碳（C_{30}）的线性鲨烯（squalene）；第四阶段为鲨烯环化形成类固醇（steroid）核的4个环，进一步经过氧化、去甲基化或甲基重排等产生27碳（C_{27}）的胆固醇（cholesterol）。

1. 阶段一：甲羟戊酸的合成 3分子乙酰-CoA合成1分子3-甲基-3,5-二羟戊酸（MVA，简称甲羟戊酸）。先由两分子乙酰-CoA缩合成乙酰乙酰-CoA，后者再与一分子乙酰-CoA缩合成*β*-羟-*β*-甲基戊二酸单酰-CoA（HMG-CoA）。这与酮体合成途径的前两步一样，但酮体的合成在线粒体基质中进行，而胆固醇合成在细胞质及内质网中进行，因此二者不存在干扰。HMG-CoA经HMG-CoA还原酶作用，被2分子NADPH还原成MVA，此反应是胆固醇合成的限速步骤（图9-29）。

2. 阶段二：由MVA生成两种活化的异戊二烯 如图9-30所示，MVA在MVA激酶的催化下，经3次磷酸化生成3-磷酸-5-焦磷酸甲羟戊酸，进而在5-焦磷酸甲羟戊酸脱羧酶

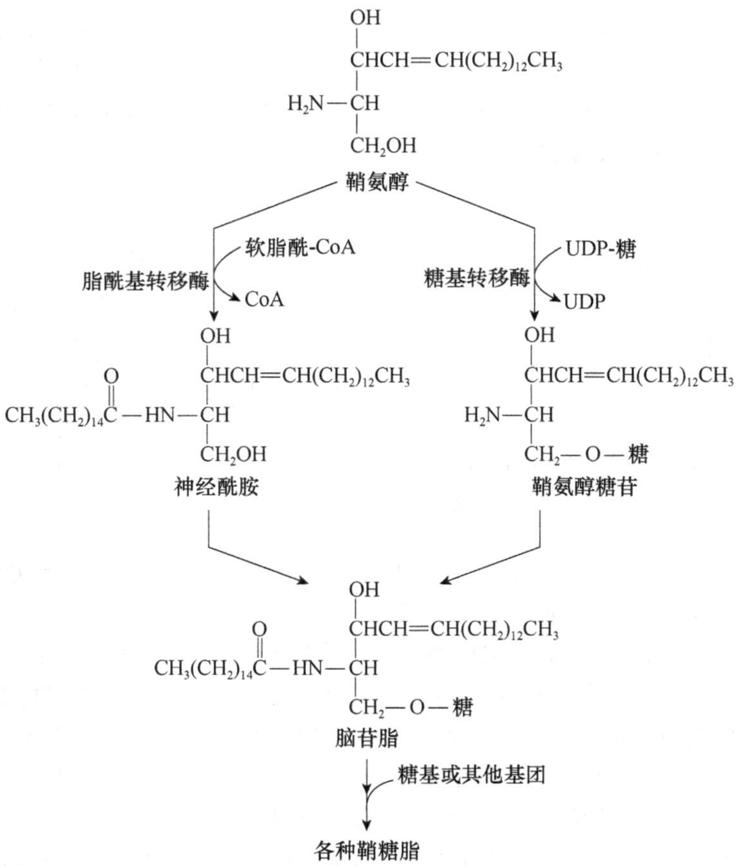

图 9-28 鞘糖脂的生物合成

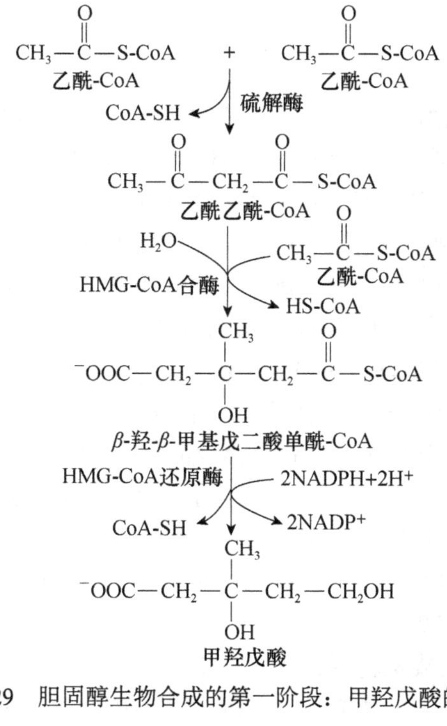

图 9-29 胆固醇生物合成的第一阶段：甲羟戊酸的合成

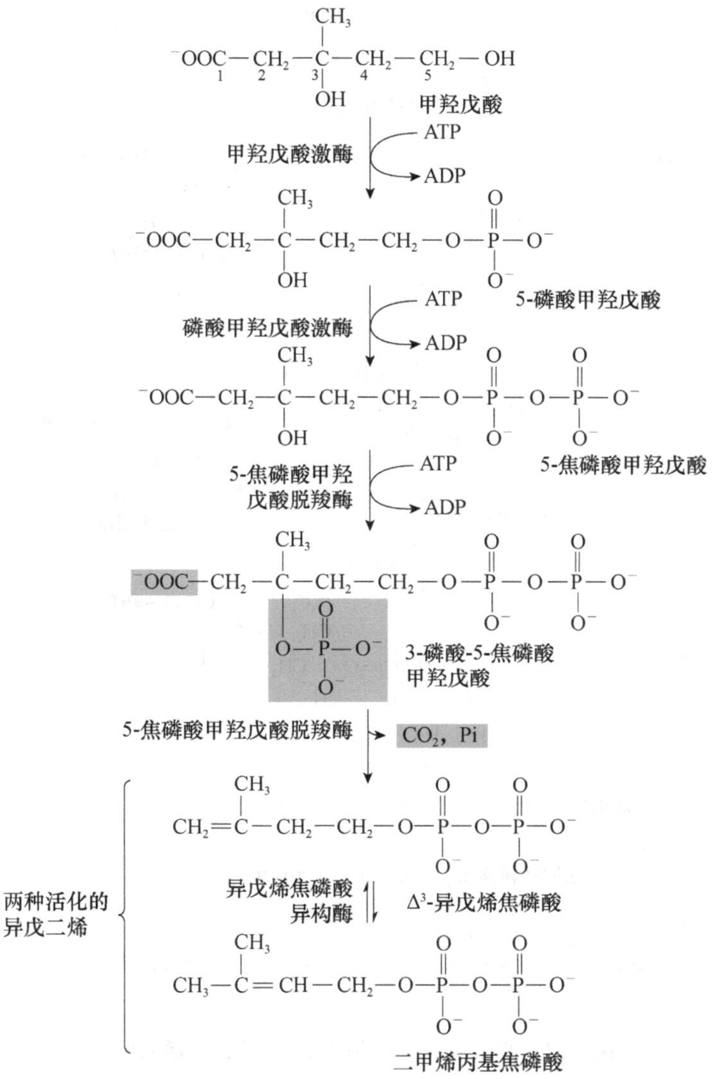

图 9-30 胆固醇生物合成的第二阶段：异戊二烯的合成

作用下脱羧而形成 Δ^3-异戊烯焦磷酸（Δ^3-isopentenyl pyrophosphate，IPP）。IPP 是胆固醇形成的两种活化异戊二烯中的第一个。Δ^3-异戊烯焦磷酸在异戊烯焦磷酸异构酶的作用下形成第二种活化的异戊二烯，即二甲烯丙基焦磷酸（dimethylallyl pyrophosphate，DPP）。这种合成 IPP 的途径，称为 MVA 途径。多年来，MVA 途径被认为是生物体 IPP 合成的唯一途径。直到 20 世纪末，科学家在植物及细菌中陆续鉴定了独立于 MVA 途径的 IPP 合成新途径，该途径的典型特征为需要甲基赤藓糖醇磷酸（methylerythritol phosphate，MEP）参与，因此，将其命名为 MEP 途径。MVA 途径普遍存在于动物、真菌、植物细胞质及古菌和一些细菌中。MEP 途径存在于大多数细菌、植物的叶绿体及一些单细胞真核生物如疟原虫中。因动物中普遍不存在 MEP 途径，所以它是新抗生素开发的潜在靶标。

3．阶段三：异戊二烯转化为 30 碳的鲨烯 如图 9-31 所示，该阶段的反应首先是异戊烯焦磷酸（IPP）和二甲烯丙基焦磷酸（DPP）在异戊烯转移酶的催化下，发生头尾缩合（“头”是指焦磷酸盐连接的末端），其中一个焦磷酸基被取代，形成一个 10 碳的产物牻牛儿焦磷酸（geranyl pyrophosphate）。牻牛儿焦磷酸再次与 IPP 缩合，延长 5 个碳单位，形成 15 碳的法

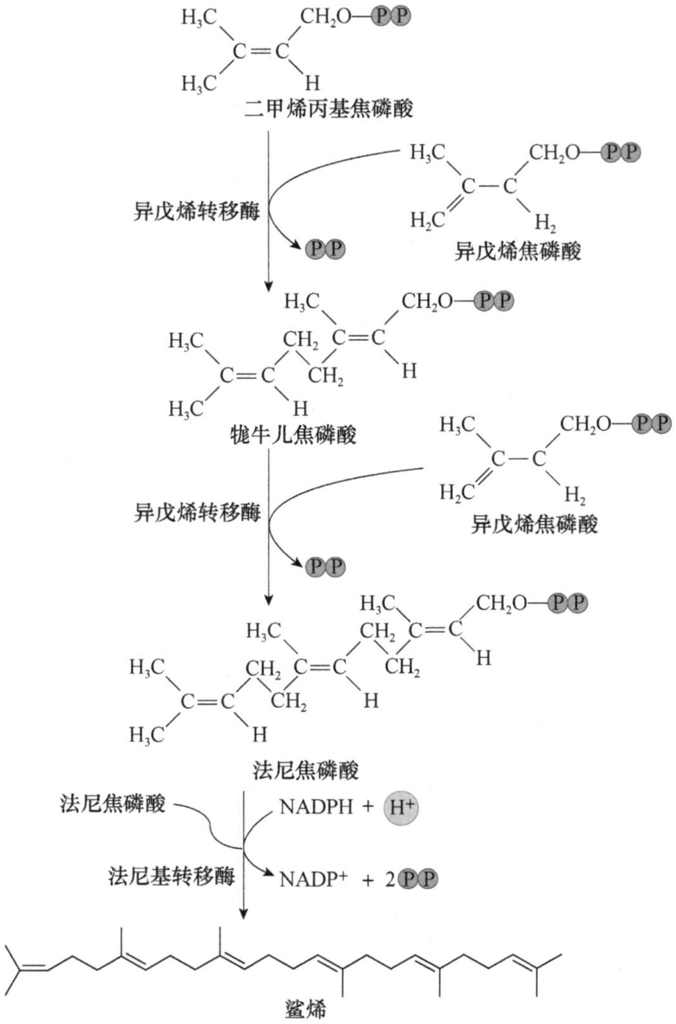

图 9-31 胆固醇生物合成的第三阶段：鲨烯的形成

尼焦磷酸（farnesyl pyrophosphate）。接下来，两个法尼焦磷酸在法尼基转移酶或鲨烯合酶的催化下头头缩合，并被 NADPH 还原脱去两分子焦磷酸，生成 30 碳的鲨烯（squalene）。

鲨烯合成过程的中间产物牻牛儿焦磷酸可进一步缩合成二萜及多萜类，是植物体内叶黄素、番茄红素、胡萝卜素等合成的重要前体物质。中间产物法尼焦磷酸还是生物体内其他一些异戊二烯类化合物（如多萜醇和 CoQ）合成的前体。法尼焦磷酸同时可以作为法尼基供体，参与膜蛋白的翻译后修饰，使得蛋白质带上疏水性非常强的异戊二烯单位，有利于蛋白质锚定在细胞膜上。

4. 阶段四：鲨烯生成胆固醇 该阶段中，鲨烯首先在鲨烯单加氧酶的催化下，2、3 位上环氧化生成 2,3-环氧鲨烯，然后整条长链环化形成羊毛固醇。30 碳的羊毛固醇经 3 次脱甲基、环上双键的移位，以及侧链双键被 NADPH 还原成单键的过程，最终形成 27 碳的胆固醇（图 9-32）。实际上，羊毛固醇到胆固醇的转化过程有两条途径。其一是羊毛固醇经过一系列复杂的酶促反应，首先转变为 7-脱氢胆固醇，然后经过一步还原形成胆固醇，这种途径称为 7-脱氢胆固醇途径，它是动物合成胆固醇的主要途径。其二为羊毛固醇经过一系列复杂的酶促反应生成链甾醇，进而对侧链的双键进行还原，形成胆固醇，称为链甾醇途径。

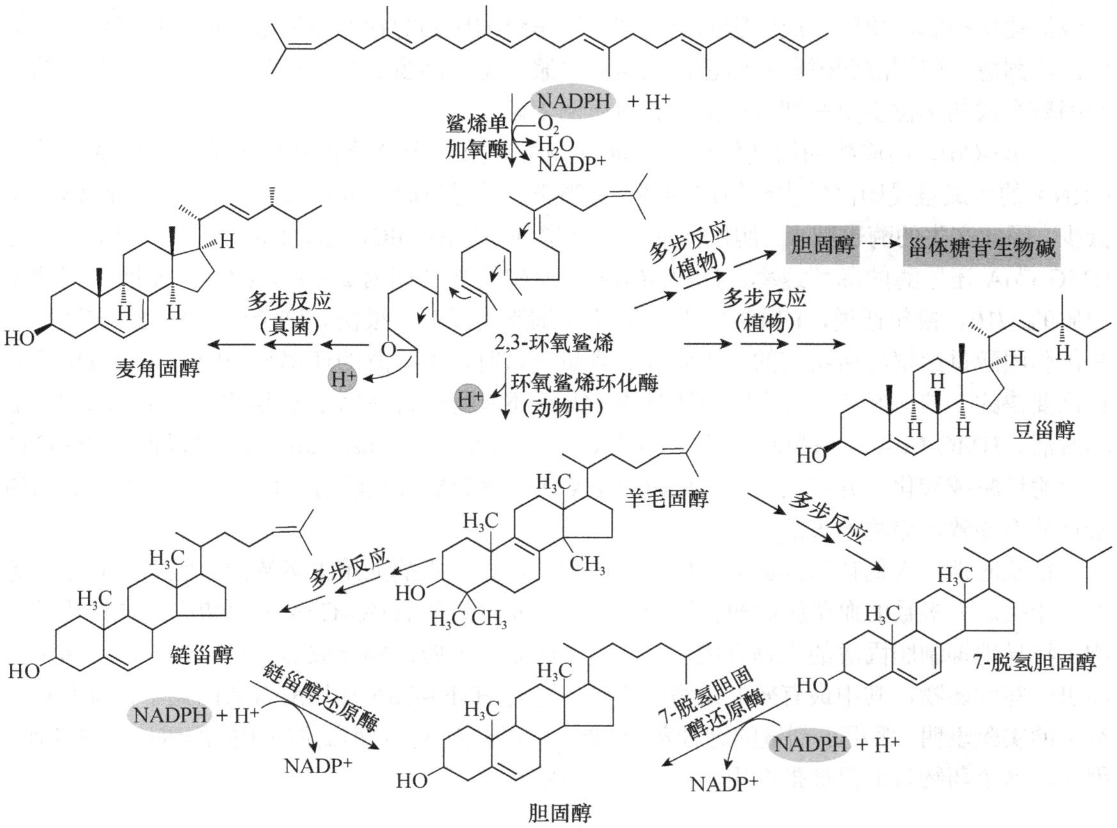

图 9-32　胆固醇生物合成的第四阶段：鲨烯转变为胆固醇

值得一提的是，环氧鲨烯除了在动物肝中形成胆固醇，在植物中可转化成豆甾醇，在真菌中可转化成麦角固醇。一般认为植物中不存在胆固醇合成途径，但最新的研究表明，茄科植物可以由 2,3-环氧鲨烯经过 10 步的反应，合成胆固醇，进而转化为甾体糖苷生物碱（steroidal glycoalkaloid，SGA）类次生代谢物质，如 *α*-龙葵碱和 *α*-番茄碱等。

（二）胆固醇的转化

胆固醇在动物体内不仅可以在 C3 的羟基上接受脂酰-CoA 的脂酰基酯化成胆固醇脂，还可以在有关酶的催化下转化成具有重要生理功能的物质，如胆酸、类固醇激素、维生素 D 等。

1．转化为胆酸及其衍生物　胆固醇在羟化酶及脱氢酶的催化下，在 C7、C12 位上发生羟基化，侧链 C24 位氧化成羧酸，从而转变为胆酸。胆酸在消耗 ATP 的条件下可形成胆酰-CoA，后者与牛磺酸或甘氨酸缩合形成牛黄胆酸或甘氨胆酸，这两种胆汁盐对油脂的消化和脂溶性维生素的吸收具有重要作用。

2．转化为类固醇激素　胆固醇在羟化酶、脱氢酶、异构酶和裂解酶的催化下，可转化为各种类固醇激素，如糖皮质激素、盐皮质激素、孕酮、雄激素和雌激素等。

3．转化为维生素 D　胆固醇先转化成 7-脱氢胆固醇，后者在紫外线作用下，C9 与 C10 间发生开环，进一步转化变为维生素 D_3。

（三）胆固醇的代谢调节

胆固醇的生物合成速率首先受 HMG-CoA 还原酶调节，该关键酶又由酶的合成和磷酸化/

去磷酸化所控制。酶的合成受胆固醇调节，这里讲的胆固醇指的是低密度脂蛋白（LDL）提供的胆固醇。胆固醇和磷脂靠脂蛋白运送到血浆取得。脂蛋白是由小肠和肝合成并分泌的。胆固醇合成的部位主要在细胞质基质和内质网中。

HMG-CoA 还原酶的酶活性受 3 方面的调节。第一个调节机制属于基因表达的范畴。mRNA 的生成量受胆固醇供给情况的调节，当胆固醇过量时，HMG-CoA 还原酶的 mRNA 量减少，因此产生的酶也减少。胆固醇的缺乏将增强还原酶 mRNA 的合成。第二个调节机制是 HMG-CoA 还原酶的降解速率。HMG-CoA 还原酶的半衰期为 2～4h，约为内质网中其他蛋白质的 1/10。换句话说，HMG-CoA 还原酶在细胞内降解得很快。这个还原酶的降解速率又是由胆固醇供给情况所决定的。当胆固醇含量丰富时，酶降解的速率与胆固醇在限量供给时相比要快约 2 倍。第三个调节机制是 HMG-CoA 还原酶的磷酸化/去磷酸化，它导致酶的失活和激活。HMG-CoA 还原酶激酶激酶（HMG-CoA reductase kinase kinase）可以使 HMG-CoA 还原酶激酶磷酸化，并使其激活。HMG-CoA 还原酶激酶被激活后又使 HMG-CoA 还原酶磷酸化从而导致还原酶的失活。

很长时期，人们认识到血浆中的高胆固醇与心血管疾病如绝大多数的心脏病、脑出血等密切相关。大多数的血浆胆固醇在肝中生成，因此设想使 HMG-CoA 还原酶失活或钝化的药物可特异地抑制胆固醇的生物合成，因为这个酶是调节胆固醇合成的关键。人们从真菌中分离出一些代谢物，其中最有效的是洛伐它汀，它是 HMG-CoA 还原酶有效的竞争性抑制剂。对狗的实验表明，服用小剂量的这种药物（8mg/kg 体重）可以使血浆中胆固醇浓度下降 30%。因此，这个药物目前已被批准用于高胆固醇血症患者。

本 章 小 结

三酰甘油是重要的贮能物质，在脂肪酶的作用下水解为甘油和脂肪酸。甘油可氧化供能，也可通过糖异生途径生成糖。脂肪酸的氧化方式主要为 β-氧化，长链脂肪酸首先被活化为脂酰-CoA，然后经肉碱穿梭进入线粒体基质。脂肪酸的 β-氧化经过脱氢、加水、脱氢、硫解 4 步反应，循环一次产生少 2 个碳原子的脂酰-CoA 和 1 分子乙酰-CoA。1mol 软脂酸彻底氧化需要进行 7 次 β-氧化，产生 8mol 乙酰-CoA、7mol $FADH_2$ 和 7mol NADH。$FADH_2$ 和 NADH 进入呼吸链氧化生成 28mol ATP；8mol 乙酰-CoA 彻底氧化可产生 80mol ATP；这样 1mol 软脂酸彻底氧化一共产生 108mol ATP，因活化时消耗 2mol ATP，故净得 106mol ATP。

动物中脂肪酸氧化产物乙酰-CoA 还可转变为酮体，包括乙酰乙酸、β-羟丁酸和丙酮酸。酮体在肝中产生，可被肝外组织利用。植物中脂肪酸 β-氧化发生于乙醛酸循环体，乙酰-CoA 通过乙醛酸循环转变为琥珀酸，为糖异生提供原材料。

脂肪酸合成的原料乙酰-CoA 通过三羧酸转运系统从线粒体转运至细胞质基质，经过羧化产生丙二酸单酰-CoA。在脂肪酸合成过程中，需要酰基载体蛋白质，其功能是负责携带不同长度的脂肪酸合成的中间体在脂肪酸合酶系统上，从一个酶的活性部位转到另一个酶的活性部位，经历缩合、还原、脱水和还原反应，每循环一次延长两个碳原子，还原反应需辅酶 NADPH。

生物体一般先合成软脂酸。线粒体和内质网中有脂肪酸的延长酶系，可将脂肪酸延长到 $C_{13\sim24}$。动物体脂肪酸的去饱和作用是在光面内质网膜进行的，哺乳动物只能在 C9 位引入双键，而不能在末端甲基与 C9 位之间引入双键。所以哺乳动物只能合成软脂烯酸和油酸，不能合成亚油酸和亚麻酸，这两种多不饱和脂肪酸对于哺乳动物来讲为必需脂肪酸，必须从食物中获得。

磷脂是生物膜的重要成分，磷脂的合成需 CTP 参加，磷脂间可相互转变。

胆固醇合成的原料是乙酰-CoA，合成途径的关键酶是β-羟-β-甲基戊二酸单酰-CoA还原酶（HMG-CoA还原酶），此酶受多种因素的调节，维持体内胆固醇水平稳定。胆固醇可转变为胆酸盐促进脂肪的消化，还可衍生为维生素D_3和固醇类激素，参与钙、磷代谢和多种生理功能的调节。

思 考 题

1. 说明高等动物脂肪酸β-氧化的细胞定位及反应过程。
2. 简述1分子硬脂酸（C_{18}）彻底氧化为CO_2和H_2O产生的ATP分子数。
3. 植物和动物脂肪酸分解代谢的不同之处有哪些？
4. 参与脂肪酸从头合成的酶有哪些？
5. 比较脂肪酸β-氧化与合成代谢的异同。
6. 论述乙酰-CoA在脂质合成中的重要地位。
7. 乙醛酸循环的细胞定位、反应过程及生物学意义分别是什么？
8. 简述胆固醇的生物合成过程。

参考答案

第十章　蛋白质的酶促降解和氨基酸代谢

细胞不断地将氨基酸合成为蛋白质，又不断地将蛋白质降解为氨基酸。氨基酸的分解代谢以脱氨基作用为主。氧化脱氨基作用普遍存在于动植物中，非氧化脱氨基作用主要见于微生物。转氨基作用是氨基酸脱去氨基的一种重要方式，不同的氨基酸和α-酮戊二酸通过转氨基作用形成谷氨酸，在氨基酸的分解代谢中占有重要地位；联合脱氨基作用是脱氨基作用的主要形式。陆生脊椎动物将脱下的氨经鸟氨酸循环合成尿素。大多数生物的氨基酸分解代谢相似，但氨基酸合成代谢途径有很大差异。动物体内的氨基酸可分为生糖、生酮和生糖兼生酮氨基酸。根据是否能自身合成，氨基酸分为必需氨基酸和非必需氨基酸。自然界中由固氮生物的固氮酶完成氮向氨的转化。植物和绝大多数微生物能合成全部氨基酸。本章将主要介绍蛋白质的酶促降解、氨基酸的分解与合成代谢等。

第一节　蛋白质的酶促降解

一、蛋白酶

蛋白酶（protease）也称为肽链内切酶，是水解蛋白质多肽链的一类酶的总称。它能随机地水解多肽链内部的肽键，将肽链降解为小的肽段。按照其水解方式可以分为内肽酶和外肽酶两类。内肽酶将蛋白质分子内部肽键切断，形成分子量较小的朊和胨。外肽酶从蛋白质分子的游离氨基或羧基端逐个将肽键水解游离出氨基酸，前者为氨基肽酶，后者为羧基肽酶。蛋白酶按其活性中心特征，又可以分为丝氨酸蛋白酶、巯基蛋白酶、金属蛋白酶和天冬氨酸蛋白酶。按其反应的最适 pH 可分为酸性蛋白酶、中性蛋白酶和碱性蛋白酶。

蛋白酶广泛存在于动物内脏、植物茎叶、果实和微生物中。微生物蛋白酶主要由霉菌、细菌，其次由酵母、放线菌产生。催化蛋白质水解的酶种类很多，重要的有胃蛋白酶、胰蛋白酶、组织蛋白酶、木瓜蛋白酶和枯草杆菌蛋白酶等。蛋白酶对所作用的反应底物有严格的选择性，一种蛋白酶仅能作用于蛋白质分子中一定的肽键，如胰蛋白酶催化水解碱性氨基酸羧基参与形成的肽键。

二、外源蛋白质的酶促降解

在正常生长的植物体内，蛋白质更新及降解速率很低，氨基酸池动态平衡的维持主要依靠植物从外界所吸收的无机氮转换形成的氨基酸，其他含氮物质合成所需的氮元素也是来自这些氨基酸；当植物从衰老枝叶中回收营养成分，或胚乳、块根、块茎在新芽萌发时，细胞溶酶体内的蛋白质水解酶类释放并将细胞内的蛋白质大量降解为氨基酸，通过植物疏导系统被运输到相应器官，同时部分细胞将因此而消亡。

高等动物摄入的外源蛋白质在消化道内经过水解作用变为小分子的氨基酸，然后才被吸收进入血液。当外源蛋白质进入消化管，细胞分泌各类蛋白酶和肽酶，在消化管内将外源蛋白质水解为氨基酸和寡肽，再由消化管壁细胞进行吸收。例如，哺乳动物胃中的强酸性消化液不但能使蛋白质变性而更易于被水解，也刺激胃壁分泌胃蛋白酶分解蛋白质；当部分分解后的食物蛋白质继续进入肠道时，又刺激肠道分泌胰蛋白酶、胰凝乳蛋白酶、氨肽酶、羧肽酶、弹性蛋白酶等，对蛋白质及多肽进行进一步的分解。

三、细胞内蛋白质的酶促降解

活细胞中的蛋白质具有一定寿命，半寿期从几分钟到几周乃至几个月。一般处于重要代谢调节点上的蛋白质寿命更短些。就同一种蛋白质而言，它在不同细胞中的寿命也是不一样的。例如，红细胞中的血红蛋白可生存 120 天，而网织红细胞的血红蛋白半寿期仅有 10min 左右。细胞总是不断地从氨基酸合成蛋白质，又不断地将蛋白质水解为氨基酸。蛋白质降解可以清除异常蛋白，如突变蛋白、错误折叠蛋白等，因为它们的积累对细胞有害；可以降解那些过多的酶和调节蛋白。机体在不同发育时期所需要的蛋白质是不同的，只有及时、选择性地清除已经完成功能的蛋白质，才能使细胞代谢顺利进行。真核生物对蛋白质的降解主要有两个体系：①溶酶体（lysosome）系统；②依赖 ATP，以泛素（ubiquitin）为标记的选择性蛋白质降解系统——泛素-蛋白酶体系统。

（一）溶酶体系统

溶酶体是一类膜性细胞器，它的内环境为酸性（pH 5.0 左右），含有 50 多种蛋白酶。溶酶体可以降解细胞通过胞饮作用摄取的物质，也可融合细胞中的自噬体（autophagosome）形成自噬溶酶体（autolysosome）。在真核细胞中，蛋白质可以在溶酶体系统中被水解为氨基酸。溶酶体通过吞噬将细胞中的蛋白质裹入，然后进行水解。在正常生理条件下，溶酶体对蛋白质的水解都是非选择性的，只有在特殊情况下，如细胞长期处于饥饿等非正常状态时，溶酶体的专一活性才被激活。比如，借助一类热激蛋白，溶酶体特异地选择那些带有五肽（KFERQ）的蛋白质进行水解。糖尿病、肌肉受伤、产后子宫萎缩等可引起溶酶体活性增高，加速局部组织蛋白质的水解。蛋白质在溶酶体中的水解是不需要能量的。

（二）泛素-蛋白酶体系统

泛素-蛋白酶体途径（ubiquitin-proteasome pathway）介导的蛋白质降解是机体调节细胞内蛋白质水平与功能的一个重要机制。2004 年，A. Hershko、A. Ciechanover 和 I. Rose 等 3 人因发现泛素（ubiquitin）调节的蛋白质降解过程而获得了诺贝尔化学奖。泛素-蛋白酶体系统（ubiquitin-proteasome system，UPS）广泛存在于真核生物中，泛素是一类小分子质量单体蛋白，含有 76 个氨基酸残基，分子质量大约为 8.45kDa，是高度保守的真核蛋白之一，因广泛存在且含量丰富而得名。泛素通过酶促反应，消耗 ATP 标记的需要分解的蛋白质，使其被 26S 蛋白酶体（proteasome）降解。26S 蛋白酶体调节亚基可以识别 Lys48 和 Lys11 位连接的多聚泛素化蛋白，20S 核心亚基在 ATPase 供能下水解底物。

资源 10-1

第二节　氨基酸的分解代谢

组成蛋白质的 20 种天然氨基酸，其结构和代谢途径都各不相同，但各种氨基酸都含有氨基和羧基这样的共同基团，因此它们的降解过程也有一些共同途径，如脱氨基作用和脱羧基作用；各种氨基酸侧链基团又各不相同，因此每一种氨基酸又有其特定的降解途径。

一、氨基酸的脱氨基作用

氨基酸的脱氨反应主要通过以下 3 种方式。

（一）氧化脱氨基作用

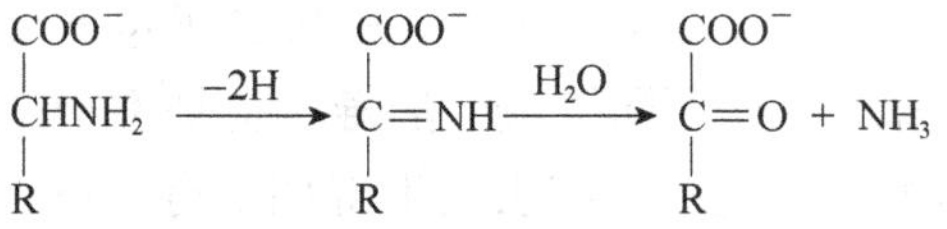

氨基酸　　亚氨基酸　　α-酮酸

图 10-1　氧化脱氨基作用

氧化脱氨基作用（oxidative deamination）是指在酶的作用下氨基酸脱氨的主要方式，氨基酸脱去氨基转变为相应的酮酸和氨的过程（图 10-1）。例如，L-谷氨酸脱氢酶催化 L-谷氨酸氧化脱氨后，生成 α-酮戊二酸。

在高等植物内，L-谷氨酸脱氢酶广泛分布于种子、根、胚轴、叶片等组织中。在细胞内，L-谷氨酸脱氢酶存在于线粒体内；在细胞质也发现有 L-谷氨酸脱氢酶存在。此外，氨基酸在 L-氨基酸氧化酶的催化下，也进行氧化脱氨基。

已知在动物体内有 L-氨基酸氧化酶、D-氨基酸氧化酶和 L-谷氨酸脱氢酶等酶催化氨基酸的氧化脱氨基作用。L-氨基酸氧化酶以 FMN 为辅基，催化 L-氨基酸的氧化脱氨基作用，但此酶在体内分布不广，活性不强，故其在体内氨基酸代谢中的作用不大。D-氨基酸氧化酶以 FAD 为辅基，在体内分布广泛，活性也强，但由于生物体内的氨基酸绝大多数是 L 型，故此类氨基酸氧化酶在氨基酸代谢中的作用不大。

L-谷氨酸脱氢酶（L-glutamate dehydrogenase）广泛存在于肝、肾和脑等组织中，是一种不需氧的脱氢酶，其辅酶是 NAD^+或 $NADP^+$，有较强的活性，催化 L-谷氨酸氧化脱氨生成 α-酮戊二酸（图 10-2）。

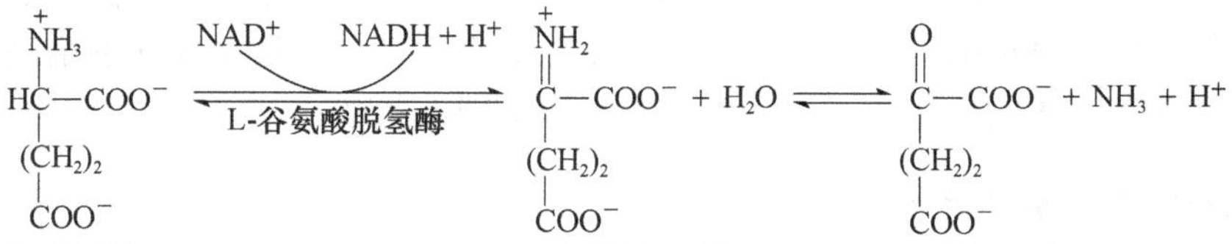

L-谷氨酸　　α-亚氨基戊二酸　　α-酮戊二酸

图 10-2　谷氨酸氧化脱氨基作用

以上反应是可逆的，一般情况下，反应偏向于谷氨酸的合成。但当谷氨酸浓度高而氨浓度低时，则有利于 α-酮戊二酸的生成。L-谷氨酸脱氢酶具有强的专一性，只能催化 L-谷氨酸的氧化脱氨基作用，所以此酶并不能使体内大多数氨基酸发生脱氨基作用。

除氧化脱氨基作用外，氨基酸还可以通过非氧化脱氨基作用进行脱氨反应。例如，L-丝氨酸在丝氨酸脱水酶（serine dehydratase）的作用下发生脱氨，此酶以磷酸吡哆醛（PLP）为辅酶，催化丝氨酸脱氨后，发生分子内重排，生成丙酮酸。

另一非氧化脱氨反应是由解氨酶催化的。例如，苯丙氨酸解氨酶（phenylalanine ammonia lyase，PAL）催化 L-苯丙氨酸和 L-酪氨酸发生脱氨基作用（图 10-3）。

植物组织接受光照后，PAL 含量显著增加，故常被用作研究酶合成的材料。所生成的反式肉桂酸可进一步转化为香豆素、木质素、单宁等次生物质，反式香豆酸可转化为 P-羟苯甲酸，后者参加泛醌（辅酶 Q）的合成。酰胺也可以在脱酰胺酶（deamidase）的作用下脱去酰胺基而生成氨，在花生种子发芽时可观察到此脱酰胺反应。

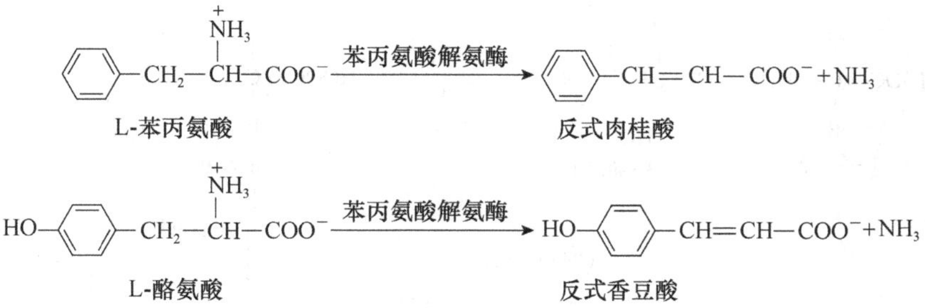

图 10-3　苯丙氨酸解氨酶催化的非氧化脱氨基作用

（二）转氨基作用

转氨基作用（transamination）是 α-氨基酸和 α-酮酸之间的氨基转移反应。α-氨基酸的氨基在相应的氨基转移酶（aminotransferase）或称转氨酶（transaminase）的催化下转移到 α-酮酸的酮基碳原子上，原来的氨基酸生成了相应的 α-酮酸，而原来的 α-酮酸则形成了相应的氨基酸，这种作用称为转氨基作用（图 10-4）。

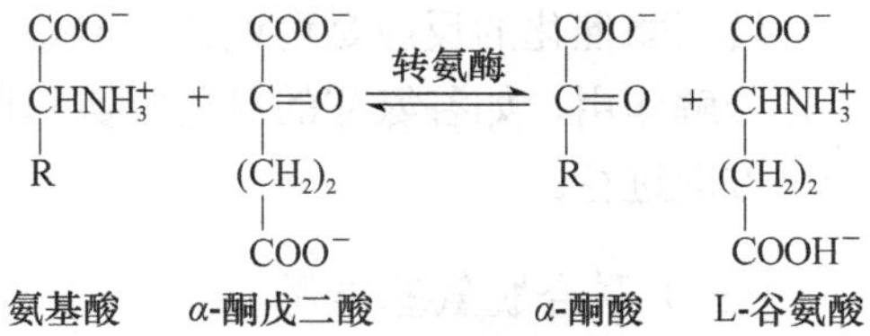

图 10-4　转氨基作用

转氨酶广泛存在于生物体内，目前已经发现的转氨酶有 50 多种。用 ^{15}N 标记氨基酸的实验已经证明，除甘氨酸、赖氨酸、苏氨酸和脯氨酸外，其余的 α-氨基酸都可参加转氨基作用，其中以丙氨酸氨基转移酶（alanine amino-transferase，ALT）[又称谷丙转氨酶（glutamic-pyruvic transaminase，GPT）] 和天冬氨酸氨基转移酶（aspartate transferase，AST）[又称谷草转氨酶（glutamic-oxaloacetic transaminase，GOT）] 最重要，前者催化丙氨酸与 α-酮戊二酸之间的转氨基作用，后者催化天冬氨酸与 α-酮戊二酸之间的转氨基作用（图 10-5）。

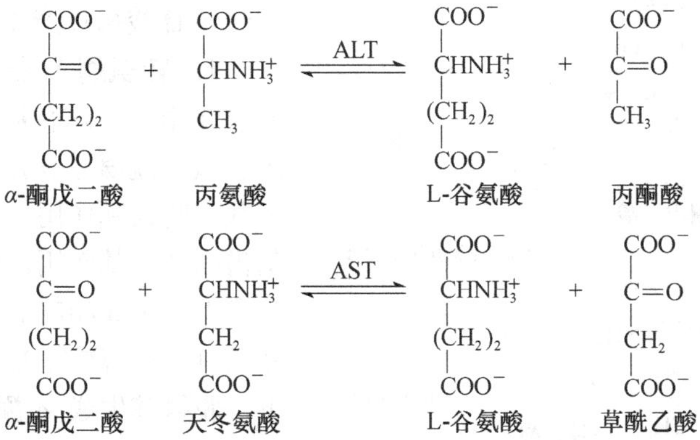

图 10-5　ALT 和 AST 催化的转氨基作用

转氨酶的种类虽多，但其辅酶只有一种，即磷酸吡哆醛。磷酸吡哆醛传递氨基的机制是它能接受氨基酸分子中的氨基而变成磷酸吡哆胺，同时氨基酸变成 α-酮酸。磷酸吡哆胺再将其氨基转移给另一分子 α-酮酸生成另一种氨基酸，本身变成磷酸吡哆醛。磷酸吡哆醛实际上是氨基酸分解与合成过程中的一种氨基传递体。其作用机制如图 10-6 所示。

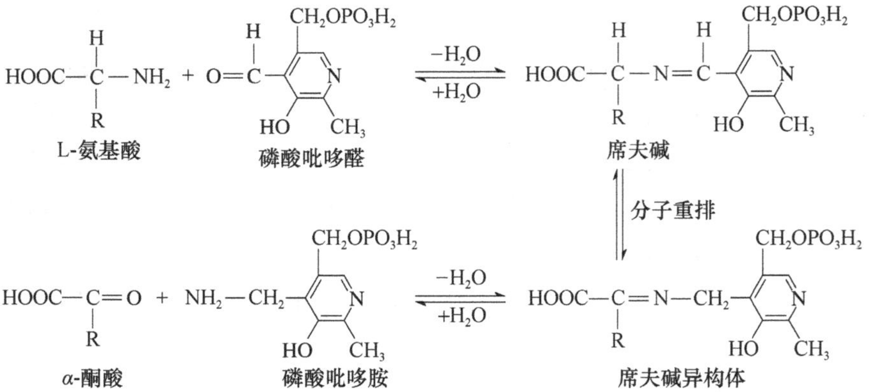

图 10-6 转氨酶的作用机制

转氨酶催化的反应是可逆的。但是在生物体内，与转氨基作用相偶联的反应是氨基酸的氧化分解作用，如谷氨酸的氧化脱氨基作用，这种偶联反应可以促使氨基酸的转氨基作用向一个方向进行。

（三）联合脱氨基作用

氨基酸的转氨基作用虽然在生物体内普遍存在，但只靠转氨基作用并不能最终使氨基酸脱去氨基。同时，氧化脱氨基作用也不能满足机体脱氨基的需要。而体内既有活泼的催化大多数氨基酸与 α-酮戊二酸之间进行转氨基作用的酶类，又有活泼的 L-谷氨酸脱氢酶，因此一般认为 L-氨基酸在体内不是直接氧化脱氨，而是先与 α-酮戊二酸经转氨基作用变为相应的 α-酮酸和谷氨酸，谷氨酸再通过氧化脱氨基作用脱氨。

这种以 L-谷氨酸脱氢酶为中心的联合脱氨基作用，虽然在体内广泛存在，但并不是所有组织细胞的主要脱氨基方式。骨骼肌、心肌、肝及脑的脱氨基方式可能是以嘌呤核苷酸循环为主，实验证明脑组织中的氨有 50% 是经嘌呤核苷酸循环产生的。

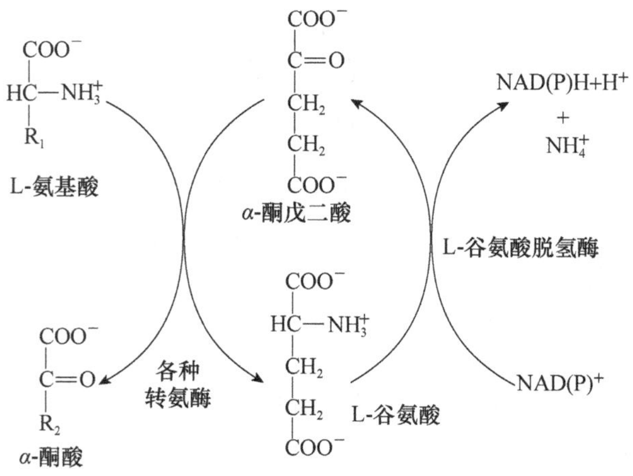

图 10-7 联合脱氨基作用

1. 转氨酶-L-谷氨酸脱氢酶的联合脱氨基作用 这种脱氨基作用是转氨基作用和氧化脱氨基作用偶联进行的，所以称为联合脱氨基作用。它是指氨基酸的 α-氨基借助转氨基作用，转移到 α-酮戊二酸的分子上，生成相应的 α-酮酸和 L-谷氨酸，然后 L-谷氨酸在 L-谷氨酸脱氢酶的催化下，脱氨基生成 α-酮戊二酸，同时释放出氨（图 10-7）。

L-谷氨酸脱氢酶具有强的专一性，所以此酶不能使体内大多数氨基酸发生脱氨基作用，但氨基酸与 α-酮戊二酸进行氨基转移生成谷氨酸后再在 L-谷氨酸脱氢酶的作用下发生氧化脱氨基作用就可以使体内大部分氨基酸脱去氨基。上述的联合脱氨基作用主要在肝、肾等组织中进行，全部过程都是可逆的，因此这一过程也是体内合成非必需氨基酸的重要途径。

2. 转氨酶-嘌呤核苷酸循环联合脱氨基作用 L-谷氨酸脱氢酶在动物组织如肝、肾等脏器中含量丰富，活力很强。但该酶在心肌、骨骼肌和脑组织中的含量甚少，腺苷酸脱氨酶、腺苷酸代琥珀酸合成酶和腺苷酸代琥珀酸裂解酶在这些组织中的含量及活性都很高，主要是嘌呤核苷酸循环（purine nucleotide cycle）的联合脱氨基作用。在此过程中，氨基酸可以通过转氨基作用将氨基转移给草酰乙酸，生成天冬氨酸，天冬氨酸与次黄嘌呤核苷酸（inosine 5′-monophosphate，IMP）缩合生成腺苷酸代琥珀酸，后者裂解释放出延胡索酸并生成AMP，AMP在腺苷酸脱氨酶的催化下转变为IMP，IMP经过腺苷酸代琥珀酸再转变成AMP（图10-8）。这种循环产生的延胡索酸可进入线粒体，经苹果酸转变成草酰乙酸，从而提高TCA循环的效率，产生更多的ATP以满足肌细胞的需要。

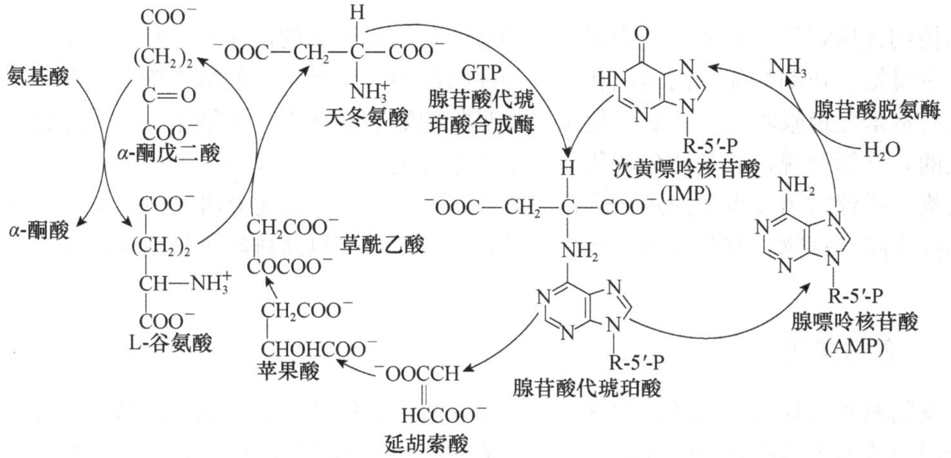

图10-8 嘌呤核苷酸循环

二、氨基酸的脱羧基作用

脱羧基作用（decarboxylation）是指氨基酸在脱羧酶（decarboxylase）的作用下发生脱羧基反应，形成胺类化合物（图10-9）。

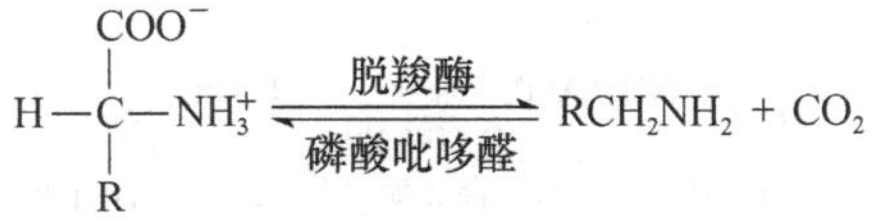

图10-9 脱羧基作用

在动植物和微生物中都含有氨基酸脱羧酶，它的辅酶为磷酸吡哆醛。氨基酸脱羧酶的专一性很高，一般是一种氨基酸对应一种脱羧酶，而且只对L-氨基酸起作用。在脱羧酶中只有组氨酸脱羧酶不需要辅酶。氨基酸脱羧后形成的胺，有许多重要的生理作用。例如，谷氨酸脱羧后生成的 γ-氨基丁酸是重要的神经递质。γ-氨基丁酸在马铃薯块茎中大量存在，在其他植物组织中也广泛分布，在发芽种子及缺水和（或）厌氧条件下的叶片中也显著存在。有证据表明 γ-氨基丁酸的氨基可发生转氨反应生成谷氨酸和琥珀酸半醛，后者被氧化为琥珀酸后进入三羧酸循环。丝氨酸脱羧后生成乙醇胺，乙醇胺经甲基化后生成胆碱，乙醇胺和胆碱分别是合成脑磷脂和卵磷脂的成分。色氨酸在脱氨和脱羧后，生成一种植物生长素——吲哚乙酸。由赖氨酸脱羧生成尸胺（cadaverine），由鸟氨酸脱羧生成腐胺（putrescine），由精氨酸脱羧生成鲱精胺（agmatine），鲱精胺也可转化为腐胺。

肉类及动物尸体腐烂时发出的恶臭气味，是由细菌分解蛋白质后生成的尸胺和腐胺产生的。腐胺有促进动物和细菌细胞生长的效应，对RNA合成也有促进作用。植物在缺钾时，在叶子内有鲱精胺和腐胺累积。据推测，胺可能起着维护细胞内pH稳定的作用。组氨酸脱羧形成的组胺有降低血压的作用，又是胃液分泌的刺激剂。酪氨酸脱羧形成的酪胺有升高血压的作用。绝大多数胺类对动物是有毒性的。但体内有胺氧化酶，能将胺氧化为醛和氨，醛可进一步氧化成脂肪酸，氨可合成尿素，又可形成新的氨基酸。

三、氨的代谢

一定浓度的游离氨对动植物组织来说是有害的，因此动植物细胞中游离氨的浓度必须维持在较低的水平。氨基酸脱氨基作用产生的氨，需要通过一定的代谢途径不断地转变为无毒或毒性较小的化合物。

（一）氨的来源与去路

动植物体内氨的主要来源是由氨基酸的脱氨基作用产生的，胺类、嘌呤和嘧啶的分解也能产生少量氨。在动物体肌肉组织和中枢神经组织中，有相当量的氨是腺苷酸脱氨产生的，另外还有从消化道吸收的一些氨，是由未被吸收的氨基酸在消化道细菌作用下通过脱氨基作用产生的。概括地说，氨基酸分解代谢产生的氮排出体外的途径有 3 种：①排氨，包括许多水生动物，排泄时需要少量的水；②排尿素，包括绝大多数陆生脊椎动物；③排尿酸，包括鸟类和陆生爬行动物。有些生物在水供应受到限制时，可以从排氨类转变为排尿素类或排尿酸类。

（二）氨的转运

过量的氨对机体是有毒的。谷氨酸、天冬氨酸可与氨结合生成相应的酰胺，反应由谷氨酰胺合成酶或天冬酰胺合成酶催化；在谷氨酰胺酶或天冬酰胺酶的催化下，这些酰胺又可以将氨重新释放出来。因此，在生物体特别是植物体内，两种酰胺及谷氨酸是铵态氮贮藏和运输的主要形式。对动物来讲，氨的解毒部位主要是肝，体内各组织中产生的氨需要被运输到肝进行解毒。

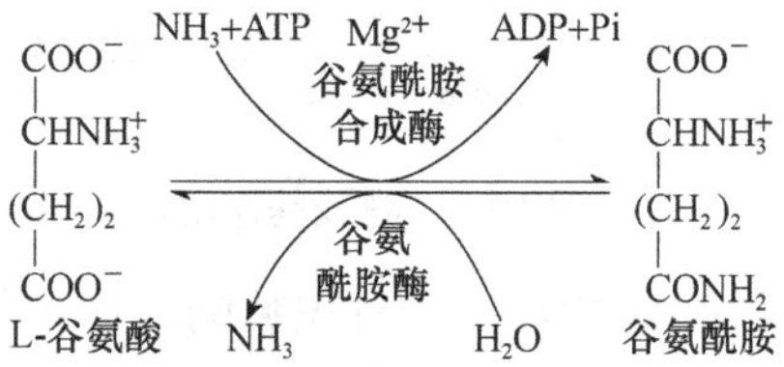

图 10-10 谷氨酰胺的合成

1. 谷氨酰胺转运氨的作用 氨的转运主要是通过谷氨酰胺从脑、肌肉等主要组织向肝或肾转运氨。氨与谷氨酸在组织中谷氨酰胺合成酶（glutamine synthetase）的催化下生成谷氨酰胺，并由血液运送到肝和肾，再经谷氨酰胺酶（glutaminase）水解成谷氨酸和氨（图 10-10）。

谷氨酰胺是中性无毒物质，易通过细胞膜，是体内迅速解除氨毒的一种方式，也是氨的储藏及运输形式。有些组织如大脑等所产生的氨，首先是形成谷氨酰胺进行解毒，然后随血液运至其他组织中进一步代谢。运至肝中的谷氨酰胺将氨释出合成尿素；运至肾中将氨释出随尿排出；还可以在组织中将氨用于合成氨基酸和嘌呤、嘧啶等含氮物质。

已知在肾小管上皮细胞中有谷氨酰胺酶，当体内酸过多时，谷氨酰胺酶活性增高，谷氨酰胺分解加快，氨的生成与排出增多。排出的 NH_3 可与尿液中的 H^+ 生成 NH_4^+，降低尿中 H^+ 浓度，使 H^+ 不断地从肾小管细胞排出，从而有利于维持动物机体酸碱平衡。

2. 丙氨酸-葡萄糖循环 肌肉可利用丙氨酸将氨运送到肝中。肌肉中的氨基酸经转氨基作用将氨基转给丙酮酸生成丙氨酸，生成的丙氨酸经血液运到肝中。在肝中通过联合脱氨基作用释放出氨，用于尿素的形成。经转氨基作用产生的丙酮酸通过糖异生途径生成葡萄糖，形成的葡萄糖由血液又回到肌肉，又沿糖分解途径转变成丙酮酸，后者再接受氨基而生成丙氨酸。丙氨酸和葡萄糖反复地在肌肉和肝之间进行氨的转运，称为丙氨酸-葡萄糖循环（alanine-glucose cycle）（图 10-11）。

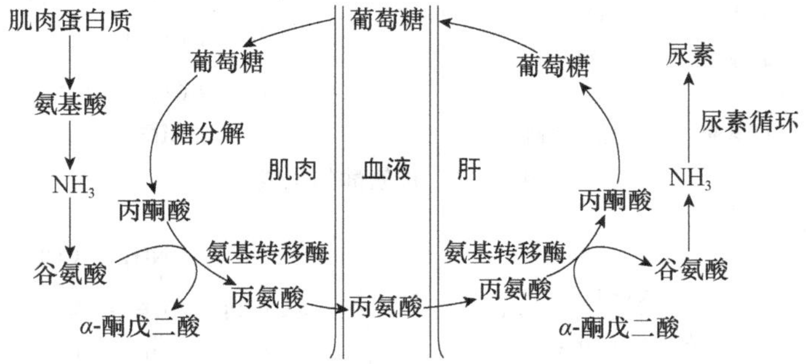

图 10-11　丙氨酸-葡萄糖循环

（三）尿素循环

在哺乳动物体内氨的主要去路是合成尿素排出体外。尿素循环是第一个被发现的环式代谢途径，由 H. Kerbs 和 K. Henseleit 于 1932 年提出。尿素合成中，一个氮原子来自氨，另一个氮原子来自天冬氨酸，而碳原子则是由 CO_2 衍生来的。鸟氨酸为尿素循环中这些氨基的载体，尿素循环也称为鸟氨酸循环。

尿素是在肝中由尿素循环中的一系列酶催化形成的。合成的尿素进入血流，再被肾分离，经尿液排出。尿素生成的循环反应过程可概括如下。

1．氨甲酰磷酸的生成　氨、CO_2 和 ATP 在氨甲酰磷酸合成酶Ⅰ（carbamoyl phosphate synthetaseⅠ，CPS-Ⅰ）（存在于肝细胞线粒体内）的催化下，合成氨甲酰磷酸（图 10-12）。

$$CO_2 + NH_3 + H_2O + 2ATP \xrightleftharpoons[Mg^{2+},\ N\text{-乙酰谷氨酸}]{\text{氨甲酰磷酸合成酶 I}} \underset{\text{氨甲酰磷酸}}{H_2N-\overset{\overset{\displaystyle O}{\|}}{C}-O\sim Ⓟ} + 2ADP + H_3PO_4$$

图 10-12　氨甲酰磷酸的生成

CPS-Ⅰ 特异地利用主要来自联合脱氨基作用产生的游离氨。*N*-乙酰谷氨酸（*N*-acetyl glutamic acid，*N*-AGA）是其变构激活剂，可以由谷氨酸和乙酰-CoA 作为原料合成，当氨基酸分解加强时，产生的过多的氨必须排出体外，此时由转氨基作用生成的谷氨酸在细胞中的浓度增加，它作为氨基酸分解代谢加强的化学信号，促进 *N*-乙酰谷氨酸的合成增加，进一步激活 CPS-Ⅰ，推动尿素循环的进行。

2．瓜氨酸的生成　氨甲酰磷酸是高能磷酸化合物，在线粒体内鸟氨酸氨甲酰基转移酶（ornithine carbamoyl transferase，OCT）的催化下，氨甲酰磷酸将其氨甲酰基转移给鸟氨酸，释放出磷酸，生成瓜氨酸。此反应不可逆。反应中的鸟氨酸是在细胞质基质中生成并通过线粒体膜上特异的转运系统转移至线粒体内的（图 10-13）。

3．精氨酸的生成　瓜氨酸形成后离开线粒体转入细胞质基质。在细胞质基质中，瓜氨酸与天冬氨酸由精氨酸代琥珀酸合成酶（argininosuccinate synthetase）催化形成精氨酸代琥珀酸（图 10-14）。该酶需要 ATP 提供能量（消耗两个高能磷酸键）及 Mg^{2+} 的参与。

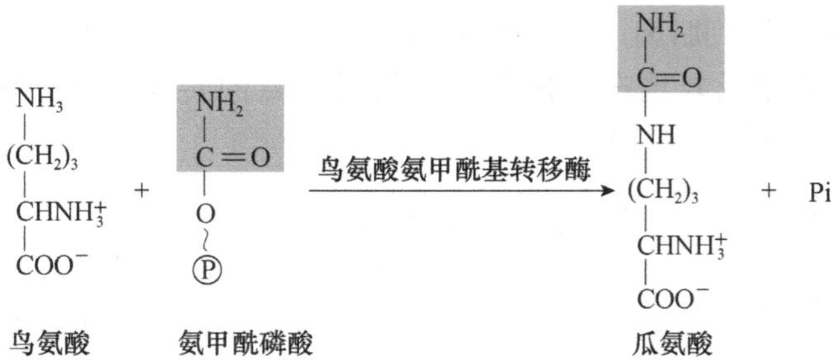

图 10-13 瓜氨酸的生成

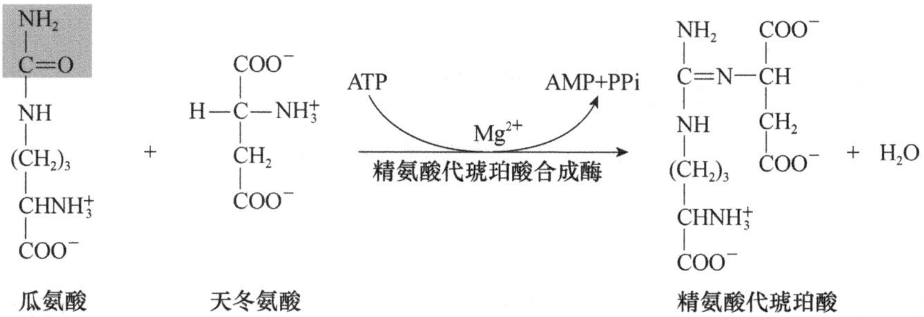

图 10-14 精氨代琥珀酸的生成

精氨酸代琥珀酸在精氨酸代琥珀酸裂解酶（argininosuccinase 或 argininosuccinate lyase）的催化下分解为精氨酸及延胡索酸（图 10-15）。在这两步反应中，天冬氨酸起了氨基供体的作用。

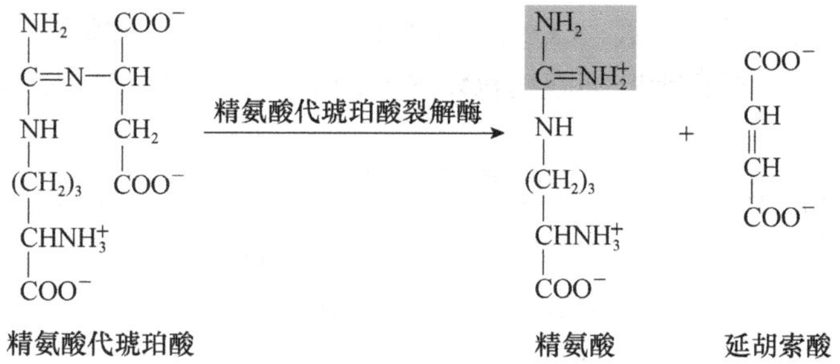

图 10-15 精氨酸的生成

4. 精氨酸的水解 精氨酸在精氨酸酶的作用下水解生成尿素和鸟氨酸（图 10-16）。精氨酸酶存在于哺乳动物体内，尤其在肝中有很高的活性。

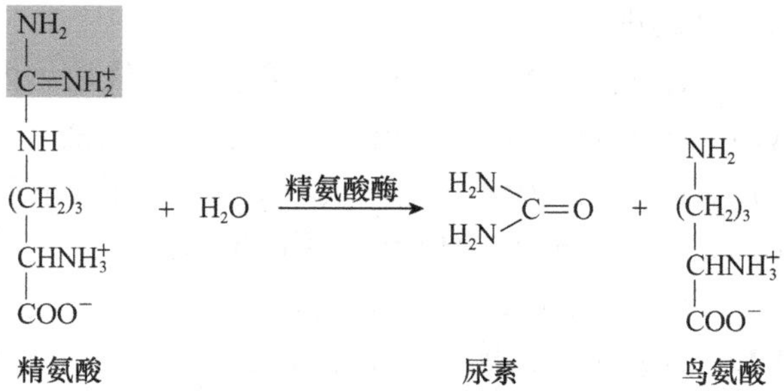

图 10-16 精氨酸的水解

综合上述过程，可将尿素合成的总反应归结如图 10-17 所示。

$$CO_2 + NH_3 + 3ATP + \text{天冬氨酸} + 2H_2O \longrightarrow H_2N-\overset{\overset{\displaystyle O}{\|}}{C}-NH_2 + \text{延胡索酸} + 2ADP + AMP + PPi + 2Pi$$

图 10-17　尿素合成反应

尿素合成是一个消耗能量的过程，每生成 1mol 尿素，需水解 3mol ATP 中的 4 个高能磷酸键。形成 1mol 尿素，可以清除 2mol 氨和 1mol CO_2。尿素循环过程如图 10-18 所示。

资源 10-2

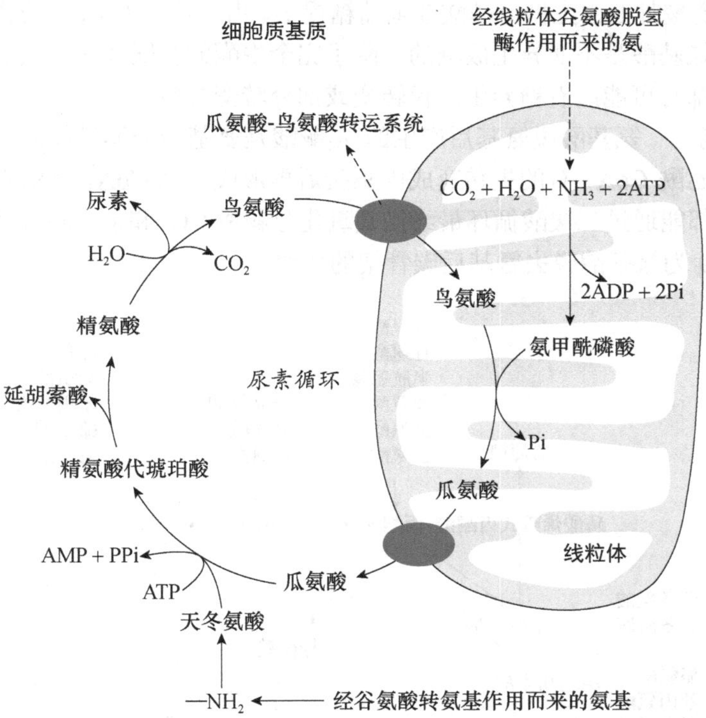

图 10-18　尿素循环过程

在动物体内，生成的尿素随尿液排出体外，避免了氨积累中毒；而植物体内则含有脲酶，尿素循环产生的尿素一般不排出体外，而是在特定的器官及一定生理条件下由脲酶催化水解，释放出氨重新合成氨基酸及其他含氮化合物。

四、α-酮酸的代谢

氨基酸脱氨基后生成相应的 α-酮酸。α-酮酸可以再合成氨基酸，可以转化为糖和脂类，也可以氧化供能。

1. 转化为氨基酸　由于转氨基作用和联合脱氨基作用都是可逆的过程，因此所有的 α-酮酸也都可以通过脱氨基作用的逆反应而氨基化，生成其相应的氨基酸。这也是动物体内非必需氨基酸的主要生成方式。

2. 转化为糖和脂类　在动物体内，α-酮酸可以转化为糖和脂类。经实验发现，当用氨基酸饲喂患人工糖尿病的犬时，绝大多数氨基酸可以使动物尿中葡萄糖含量增加，少数几种使葡萄糖和酮体都增加，只有亮氨酸和赖氨酸仅使尿中的酮体排出量增加。因此，把在动物体内可以转变成葡萄糖的氨基酸称为生糖氨基酸（glucogenic amino acid），有丙氨酸、半胱氨酸、甘氨酸、丝氨酸、苏氨酸、天冬氨酸、天冬酰胺、甲硫氨酸、缬氨酸、精氨酸、谷氨酸、谷氨酰胺、脯氨酸和组氨酸；在动物体内能转变成酮体的氨基酸，称为生酮氨基酸（ketogenic amino acid），包括亮氨酸和赖氨酸；在动物体内既能转变成葡萄糖，又能转变成酮体的氨基酸，称为生糖兼生酮氨基酸（glucogenic and ketogenic amino acid），包括色氨酸、苯丙氨酸、酪氨酸和异亮氨酸。

在动物体内，糖是可以转变成脂肪的，因此生糖氨基酸也能转变为脂肪。生酮氨基酸转变为酮体后，酮体可转变为乙酰-CoA，然后进一步转变成脂酰-CoA，再与3-磷酸甘油合成脂肪。所需的3-磷酸甘油由生糖氨基酸或葡萄糖提供。由于乙酰-CoA在动物机体内不能转变成糖，因此生酮氨基酸是不能异生成糖的。除了完全生酮的赖氨酸和亮氨酸，其余的氨基酸脱氨后的代谢物都有可能沿着糖异生途径转变或部分转变成糖。

3．氧化供能 氨基酸脱氨基后产生的 α-酮酸是氨基酸分解供能的主要部分。其中有的可以直接生成乙酰-CoA，有的先转变成丙酮酸后再形成乙酰-CoA，有的则是三羧酸循环的中间产物，因此都能通过三羧酸循环最终彻底氧化分解成 CO_2 和水，同时释放能量供生理活动需要。图10-19为氨基酸脱去氨基后碳骨架的代谢。

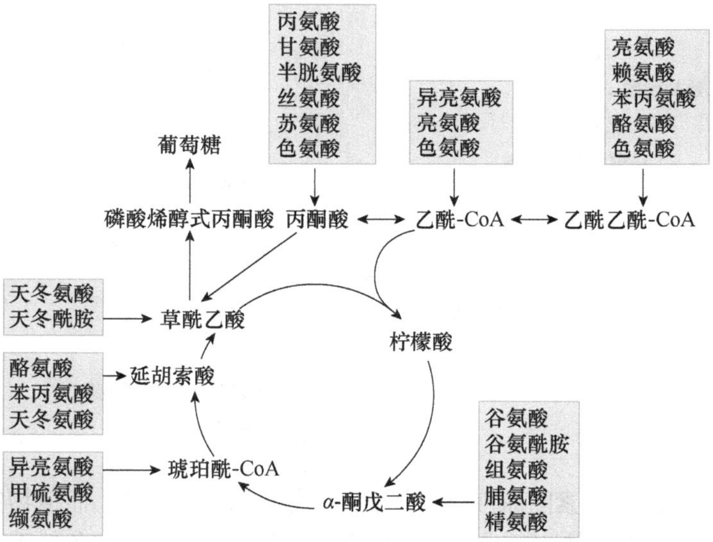

图10-19 氨基酸脱去氨基后碳骨架的代谢

第三节 氨基酸的生物合成

氨基酸是蛋白质合成的基本单位，不同生物用于合成蛋白质的氮源不同，其中大气氮是最大的氮资源。自然界仅有与豆科植物共生的根瘤菌和少数细菌能合成固氮酶，将大气中的氮还原为 NH_3，进而利用其合成氨基酸和蛋白质。植物和绝大多数微生物可以将硝酸盐和亚硝酸盐还原为 NH_3，动物只能通过降解动植物蛋白作为蛋白质合成的氮源。氨基酸的种类较多，不同生物合成氨基酸的能力不同，植物和微生物能从头合成常见的20种氨基酸，哺乳动物只能合成其中的10种非必需氨基酸，部分合成2种半必需氨基酸，其余8种必需氨基酸只能从食物中获取。本书仅仅介绍氨基酸代谢概况。

一、转氨基作用

生物机体内各种转氨酶催化的反应都是可逆的，所以转氨基过程既发生在氨基酸分解过程中，也发生在氨基酸合成过程中。这两个相反的方向视细胞中具体代谢的需要而定。转氨酶广泛存在于动植物体内。许多氨基酸都可作为氨基的供体，其中最重要的是谷氨酸，它可由 α-酮戊二酸与氨合成，然后通过转氨基作用转给其他 α-酮酸合成相应的氨基酸，这样谷氨酸便成为氨基的转换站（图 10-20）。

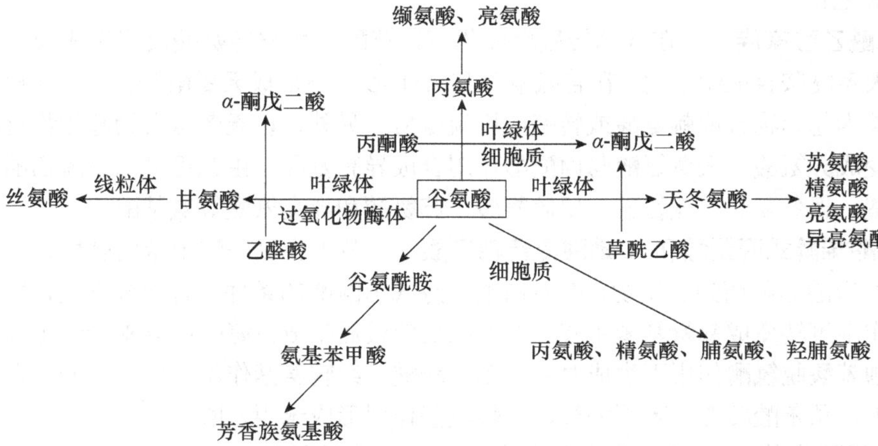

图 10-20　谷氨酸氨基的转换

各种 α-酮酸主要来自糖代谢，因而 α-酮酸的氨基化作用与转氨基作用就成为糖代谢与氨基酸、蛋白质代谢密切联系的一种重要方式。

二、各族氨基酸的合成

氨基酸生物合成的研究，大多数用动物和微生物作为材料，关于高等植物的研究较少。越来越多的实验结果表明，它们可能与动物和微生物具有相同的合成途径。植物和微生物能合成所有氨基酸，而动物只能合成非必需氨基酸，必需氨基酸必须从食物中获得。

根据氨基酸合成的碳骨架来源不同，可将氨基酸分为若干家族，分别是 α-酮戊二酸家族、丙酮酸家族、3-磷酸甘油酸家族、草酰乙酸家族、磷酸烯醇式丙酮酸和 4-磷酸赤藓糖家族及组氨酸家族等，每一族里的几种氨基酸都有共同的碳来源。在此简要概括它们的碳来源和合成过程。

1. α-酮戊二酸家族　α-酮戊二酸与 NH_3 在 L-谷氨酸脱氢酶（辅酶为 $NADPH+H^+$）催化下生成谷氨酸；谷氨酸与 NH_3 在谷氨酰胺合成酶催化下，消耗 ATP 形成谷氨酰胺；谷氨酸的 γ 羧基还原生成谷氨酸半醛，然后环化成二氢吡咯-5-羧酸，再由二氢吡咯还原酶作用还原成脯氨酸。谷氨酸也可在转乙酰基酶催化下生成 *N*-乙酰谷氨酸，再在激酶作用下消耗 ATP 后转变成 *N*-乙酰-γ-谷氨酰磷酸，然后在还原酶催化下由 $NADPH+H^+$ 提供氢而还原成 *N*-乙酰谷氨酸-γ-半醛。最后经转氨酶作用，谷氨酸提供 α-氨基而生成 *N*-乙酰鸟氨酸，去乙酰基后转变成鸟氨酸。通过鸟氨酸循环而生成精氨酸。由上所述，α-酮戊二酸家族可合成谷氨酸、谷氨酰胺、脯氨酸和精氨酸等非必需氨基酸。

资源 10-3 资源 10-4

2. 丙酮酸家族 以丙酮酸为起始物可合成丙氨酸、缬氨酸和亮氨酸。

3．3-磷酸甘油酸家族 由 3-磷酸甘油酸起始，可分别合成丝氨酸、甘氨酸和半胱氨酸。3-磷酸甘油酸经磷酸甘油酸脱氢酶催化脱氢生成羟基丙酮酸-3-磷酸，经磷酸丝氨酸转氨酶作用，谷氨酸提供 α-氨基而形成丝氨酸-3-磷酸。它在磷酸丝氨酸磷酸酶作用下去磷酸生成丝氨酸。丝氨酸在丝氨酸转羟甲基酶的作用下，脱去羟甲基后生成甘氨酸。大多数植物和微生物可以把乙酰-CoA 的乙酰基转给丝氨酸而生成 *O*-乙酰丝氨酸。反应由丝氨酸转乙酰基酶催化。*O*-乙酰丝氨酸经巯基化而生成半胱氨酸和乙酸。

4．草酰乙酸家族 在谷草转氨酶催化下，草酰乙酸与谷氨酸反应生成天冬氨酸；天冬氨酸经天冬酰胺合成酶催化，在谷氨酰胺和 ATP 参与下形成天冬酰胺；细菌和植物还可以由天冬氨酸为起始物合成赖氨酸或转变成甲硫氨酸。另外，以天冬氨酸为起始物合成高丝氨酸，再转变成苏氨酸。天冬氨酸与丙酮酸作用合成异亮氨酸。由此可见，草酰乙酸家族可合成天冬氨酸、天冬酰胺、赖氨酸、甲硫氨酸、苏氨酸和异亮氨酸等氨基酸。

5．磷酸烯醇式丙酮酸和 4-磷酸赤藓糖家族 芳香族氨基酸中苯丙氨酸、酪氨酸和色氨酸可由 4-磷酸赤藓糖为起始物，在有磷酸烯醇式丙酮酸的条件下合成分支酸，再经氨基苯甲酸合酶作用可转变成邻氨基苯甲酸，经系列反应最后生成色氨酸；分支酸还可以转变成预苯酸，在预苯酸脱氢酶作用下生成对羟基苯丙酮酸，经转氨基作用生成酪氨酸；在预苯酸脱水酶作用下，预苯酸转变成苯丙酮酸，经转氨基作用形成苯丙氨酸。

6．组氨酸家族 组氨酸酶促生物合成途径非常复杂。它由 5-磷酸核糖-1-焦磷酸（phosphoribosyl pyrophosphate，PRPP）开始，首先把 5′-磷酸核糖部分连接到 ATP 分子中嘌呤环的第 1 号氨原子上生成 *N*-糖苷键相连的中间物［*N*-1-（5′-磷酸核糖）-ATP］，经过一系列反应最后合成组氨酸。不同氨基酸家族合成示意图如图 10-21 所示。

资源 10-5

三、一碳单位代谢

（一）一碳单位的概念及生物学意义

有些氨基酸在分解代谢过程中可生成含有一个碳原子的活性基团，称为一碳单位或一碳基团。一碳单位不能游离存在，必须与其载体相结合并由载体进行转运。最常见的载体是由叶酸［也称维生素 B_{11}、蝶酰谷氨酸（或 PGA）］衍生而来的四氢叶酸（THFA 或 FH_4）。四氢叶酸分子（图 10-22）的 N5 或 N10 氮原子（记为 N^5 和 N^{10}）可与不同的一碳单位相结合，将这些一碳单位从供体处转运到需要的合成部位。

除了参与氨基酸代谢，生物体内许多活性物质如嘌呤、嘧啶、肌酸、卵磷脂、*S*-腺苷甲硫氨酸等的代谢，都与一碳单位的转移有关。因此，一碳单位是生物体内各种化合物甲基化的主要甲基来源。一碳单位参与嘌呤和嘧啶的从头合成，是氨基酸代谢与核苷酸代谢相互联系的一个重要方面。

（二）一碳单位的种类及代谢

生物体内主要的一碳单位见表 10-1。

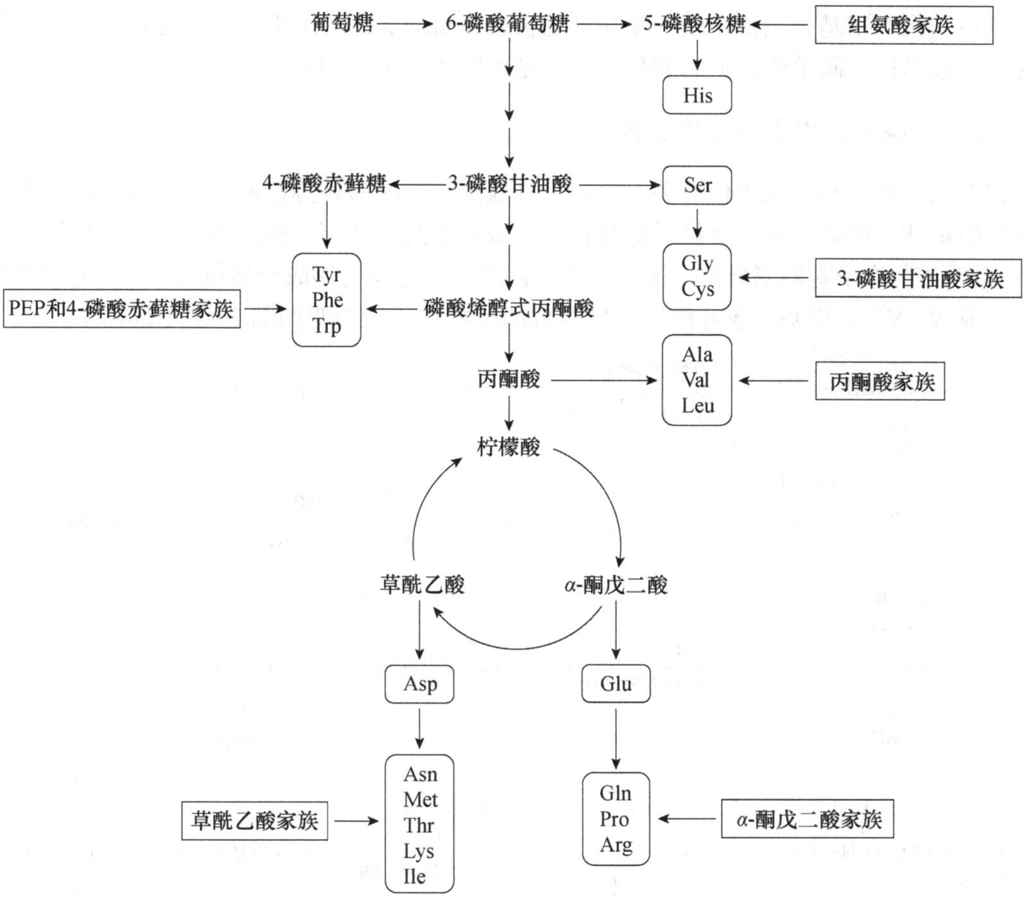

图 10-21　不同氨基酸家族合成示意图（魏民等，2021）

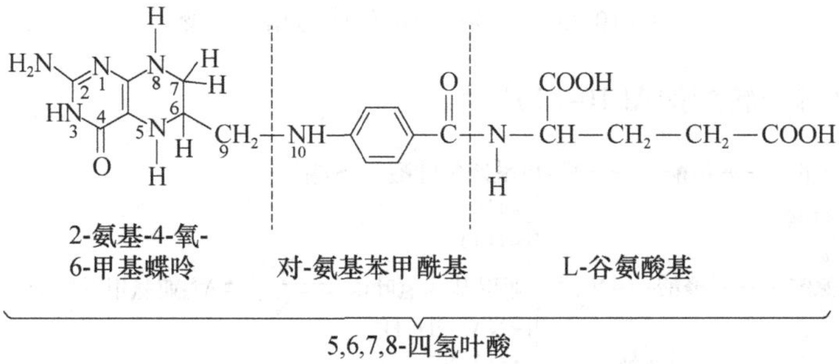

图 10-22　四氢叶酸的结构

表 10-1　几种主要的一碳单位形式

一碳单位名称	结构	与四氢叶酸结合位点
甲基	$-CH_3$	N^5
亚甲基（甲烯基）	$-CH_2-$	N^5 和 N^{10}
甲酰基	$-CHO$	N^5
次甲基（甲川基）	$-CH=$	N^5 和 N^{10}
羟甲基	$-CH_2OH$	N^5
亚氨甲基	$-CH=NH$	N^5

从甲基到亚甲基再到次甲基，碳的氧化状态逐渐增加。氧化状态最高的 CO_2 在有些羧化反应中也被当作一碳单位，但它的载体通常是生物素而不是四氢叶酸。

（三）一碳单位的生成与相互转变

许多氨基酸都和一碳单位有关。例如，甘氨酸、丝氨酸、苏氨酸、组氨酸等都可作为一碳单位的供体。例如，甘氨酸经脱氨基作用生成乙醛酸，即可在酶的催化下，与甲羟叶酸反应生成 N^5,N^{10}-次甲基四氢叶酸。丝氨酸既可直接与 FH_4 作用形成一碳单位，又可通过甘氨酸途径形成 N^5,N^{10}-亚甲基四氢叶酸。一碳单位的生成与相互转变如图 10-23 所示。

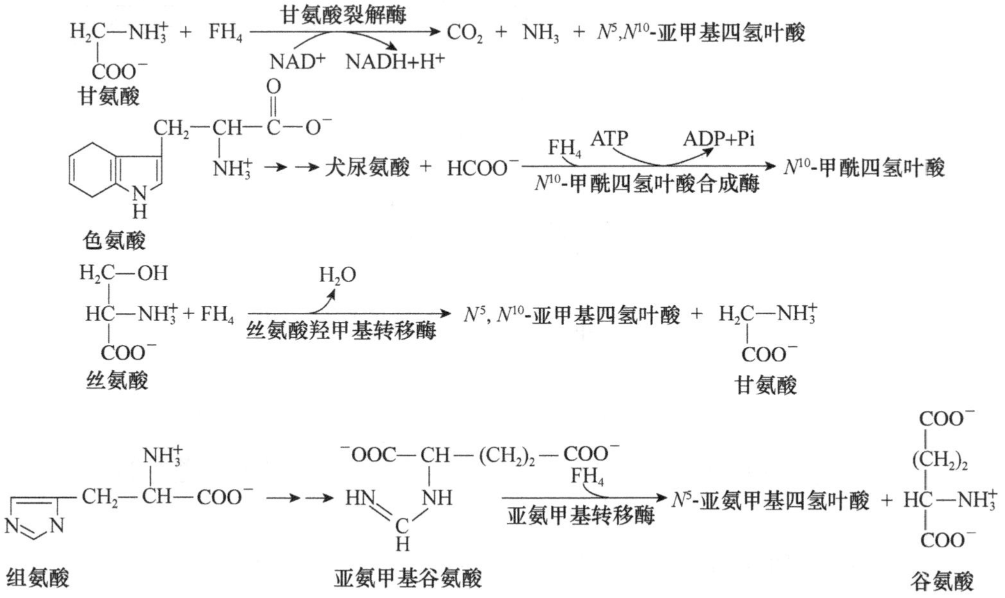

图 10-23 一碳单位的生成与相互转变

一碳单位的来源与转变如图 10-24 所示。

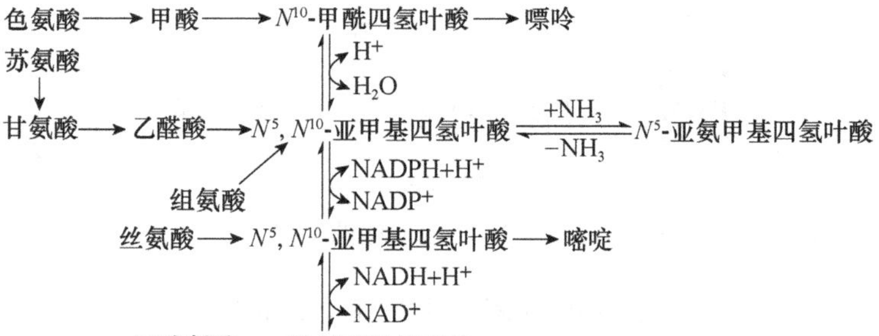

图 10-24 一碳单位的来源与转变

四、氨基酸的衍生物

在生物体内，氨基酸不仅是合成蛋白质的原料，还参与合成其他含氮化合物，包括核苷酸、脂类、激素、多胺、生氰糖苷、生物碱、卟啉类色素、神经递质、辅酶类、木质素等。表 10-2 列出了由氨基酸衍生的一些含氮化合物。

表 10-2　由氨基酸衍生的一些含氮化合物

含氮化合物种类	氨基酸前体	含氮衍生物
核苷酸	甘氨酸、谷氨酰胺、天冬氨酸	嘌呤、嘧啶
类脂	甲硫氨酸	胆碱
	丝氨酸	鞘氨醇、乙醇胺
	酪氨酸	肾上腺素、甲状腺素
激素	色氨酸	吲哚乙酸
	甲硫氨酸	乙烯
多胺	精氨酸	腐胺、尸胺、精胺、亚精胺
生氰糖苷	缬氨酸、异亮氨酸、苯丙氨酸	亚麻苦苷、百脉根苷、苦杏仁等
生物碱	赖氨酸	鹰爪豆碱、羽扇豆烷宁
	天冬氨酸	烟草生物碱
	苯丙氨酸、酪氨酸	石蒜科生物碱、秋水仙碱
	色氨酸	吲哚生物碱、毒扁豆碱、麦角碱、马钱子碱、奎宁
	酪氨酸	吗啡、可待因
卟啉类色素	甘氨酸、天冬氨酸、谷氨酸	叶绿素、血红素、细胞色素
黑色素	酪氨酸	黑素
抗生素	缬氨酸、半胱氨酸	青霉素
神经递质	色氨酸	5′-羟色胺
	谷氨酸	γ-氨基丁酸
	甲硫氨酸、丝氨酸	乙酰胆碱
辅酶类	色氨酸、甘氨酸、谷氨酸、天冬氨酸	NAD^+、$NADP^+$
	缬氨酸、天冬氨酸、半胱氨酸	泛酸（CoA）
	谷氨酸	FH_4
木质素	苯丙氨酸、酪氨酸	香豆醇、松柏醇、芥子醇
胆汁成分	半胱氨酸	牛磺酸
还原保护	谷氨酸、半胱氨酸、甘氨酸	谷胱甘肽

本章小结

真核生物内蛋白质的降解有两个体系，其一是溶酶体系统，其二是依赖 ATP，以泛素为标记的选择性蛋白质降解系统——泛素-蛋白酶体系统。蛋白质可在多种蛋白酶及肽酶的催化下降解成为氨基酸。

氨基酸通过脱氨基作用和脱羧基作用降解为氨、CO_2、α-酮酸和有机胺等中间代谢物。胺可随尿直接排出，也可在酶的催化下转变为其他物质。氨基酸脱氨基的方式有氧化脱氨基作用、转氨基作用。

氨可通过尿素循环及多种代谢途径转变为尿素或其他代谢物排出体外，尿素循环主要在肝中进行，排出 1mol 尿素等于从体内清除掉 2mol 的氨和 1mol 的 CO_2。合成 1mol 尿素需消耗 4 个高能磷酸键。延胡索酸将鸟氨酸循环和柠檬酸循环联系在一起。

多数氨基酸经脱氨基作用生成的 α-酮酸，能够转化为相关中间化合物而进入柠檬酸循环，将糖、脂、蛋白质代谢相互联系起来；有机胺及氨基酸本身可作为多种含氮生理活性物质合成的原料或中间物。亮氨酸和赖氨酸为生酮氨基酸，异亮氨酸和 3 种芳香族氨基酸为生糖兼生酮氨基酸，其他氨基酸为生糖氨基酸。

不同生物合成氨基酸的能力有所不同。动物自身无法合成，必须由食物供给的氨基酸称为必需氨基酸，自身能合成的氨基酸称为非必需氨基酸。植物和绝大多数微生物能合成全部氨基酸。

大气氮和硝酸盐通过固氮作用及硝酸还原作用转变为氨，再通过氨同化进入氨基酸合成过程。糖代谢中间物作为糖代谢的碳骨架，通过转氨基作用及进一步的代谢反应合成各种氨基酸。根据碳骨架来源的不同可将氨基酸分为若干族。

氨基酸降解产生的一碳单位可作为生物体内化合物合成的来源，甘氨酸、丝氨酸、苏氨酸、组氨酸等都可作为一碳单位的供体，一碳单位的载体是 FH_4，一碳单位是生物体内各种化合物甲基化的主要甲基来源。特别是一碳单位参与嘌呤与嘧啶的从头合成，是氨基酸代谢与核苷酸代谢相互联系的一个重要方面。

思 考 题

1. 动物体内有哪些主要的酶参与蛋白质水解反应？总结这些酶的作用特点。
2. 哪些氨基酸对人体是必需氨基酸？为什么有些氨基酸称为非必需氨基酸？
3. 试述氨基酸脱氨基作用的主要形式。脱氨基作用后有哪些产物？其转变过程如何？
4. 氨基酸脱氨基后的碳链如何进入柠檬酸循环？
5. 哺乳动物如何消除有毒氨，主要反应过程如何？有何生理意义？
6. 一碳单位有何生理功能？其生理意义如何？
7. 在氨基酸生物合成中哪些氨基酸和柠檬酸循环有联系？哪些氨基酸和糖酵解过程及磷酸戊糖途径有直接联系？
8. 缺乏苯丙氨酸羟化酶（苯丙氨酸单加氧酶）的患者为什么出现苯丙酮酸尿？

参考答案

第十一章　核酸的酶促降解和核苷酸代谢

核苷酸是生物体内普遍存在的物质，在细胞生命活动中发挥重要作用。核苷酸是合成核酸的原料，是 NAD^+、$NADP^+$、FMN、FAD 和辅酶 A 等的组成成分，参与机体能量代谢和代谢调节等过程。核酸在核酸酶的作用下逐步水解为碱基、戊糖和磷酸。核苷酸的分解代谢和生物合成对细胞极其重要，二者处于动态平衡中，受到严格的调控。核苷酸的分解代谢过程包括脱氢、脱氨基和脱羧基等反应，嘌呤核苷酸在不同种属动物体内分解产生的最终产物不同。核苷酸合成主要是从头合成，在动物的脑和骨髓中还存在补救途径。本章将主要介绍核酸的酶促降解及核苷酸的生物合成与分解代谢等。

第一节　核酸的酶促降解

食物中的核酸常以核蛋白的形式存在，核蛋白在胃中降解成蛋白质和核酸。在小肠核酸酶（nuclease）的作用下，核酸被水解为核苷酸，但由于核苷酸不能通过细胞膜，会被进一步水解为核苷和磷酸。核苷酸酶有的是非特异性的，有的具有较强的特异性，如 3′-核苷酸酶只水解 3′-核苷酸，5′-核苷酸酶只水解 5′-核苷酸。

核苷可直接被肠黏膜吸收，或在核苷酶（nucleosidase）的作用下水解为嘌呤碱（或嘧啶碱）和戊糖。核苷酶有两类：①广泛存在于生物机体的核苷磷酸化酶（nucleoside phosphorylase），催化可逆反应；②主要存在于植物和微生物中的核苷水解酶（nucleoside hydrolase），只作用于核糖核苷，催化不可逆反应。其反应式为

$$\text{核苷} + \text{Pi} \xrightleftharpoons{\text{核苷磷酸化酶}} \text{碱基} + \text{1-磷酸戊糖}$$

$$\text{核苷} + H_2O \xrightarrow{\text{核苷水解酶}} \text{碱基} + \text{戊糖}$$

核苷酸降解产生的戊糖可进入糖分解代谢产生能量，不同生物的嘌呤碱基通常降解为不同化合物，分泌到体外，而嘧啶碱基被彻底代谢。

一、核酸酶

核酸酶是一类能够水解核酸中磷酸二酯键的酶，作用于 RNA 的称为核糖核酸酶（RNase），作用于 DNA 的称为脱氧核糖核酸酶（DNase）。有些核酸酶的专一性较低，既能作用于 RNA 也能作用于 DNA，统称为核酸酶（nuclease）。根据核酸酶作用的位置，又可将其分为核酸外切酶（exonuclease）和核酸内切酶（endonuclease）。

核酸外切酶是指一类从核酸分子的一端逐一把核苷酸水解下来的核酸水解酶，它们是碱基非特异性的磷酸二酯酶。不同的核酸外切酶作用方向有差别。例如，蛇毒磷酸二酯酶是从 RNA 或 DNA 的游离 3′端开始水解，依次产生 5′-核苷酸；牛脾磷酸二酯酶作用则相反，从游离 5′端开始水解，逐个水解生成 3′-核苷酸。

核酸内切酶特异地水解核酸内部的磷酸二酯键，能够从链中间切开核酸链。核酸内切酶

对于 DNA 修复至关重要，可精确识别和切割受损 DNA。一些核酸内切酶还具有防御功能，可以防止某些病原体进入。

二、核糖核酸酶

核糖核酸酶是一类水解 RNA 的酶的通称。根据水解专一性，其可分为碱基特异性和非特异性两类。例如，牛胰核糖核酸酶是一种核酸内切酶，专一性地水解 RNA 链中的嘧啶核苷酸键，产生 3′-嘧啶核苷酸和以 3′端为嘧啶核苷酸的寡核苷酸（图 11-1）。单核苷酸可被细胞直接利用，也可被进一步降解。

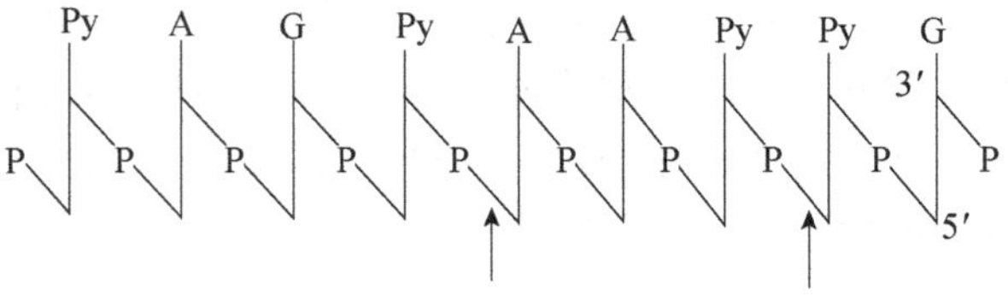

图 11-1 牛胰核糖核酸酶的水解位点（↑所示）

P 代表磷酸；Py 代表嘧啶碱基；A 代表腺嘌呤；G 代表鸟嘌呤

三、脱氧核糖核酸酶

脱氧核糖核酸酶是能水解 DNA 中磷酸二酯键生成多核苷酸或单核苷酸的磷酸二酯酶。其中能够水解 DNA 分子内磷酸二酯键的酶又称为 DNA 内切酶，如 DNA 酶Ⅰ（DNaseⅠ）和 DNA 酶Ⅱ（DNaseⅡ）等；在 DNaseⅠ的作用下，DNA 被水解成 3′端为游离羟基、5′端为磷酸基团的寡聚脱氧核苷酸，其平均长度为 4 个脱氧核苷酸残基。在 DNaseⅡ的作用下，DNA 被水解成 5′端为游离羟基、3′端为磷酸基团的寡聚脱氧核苷酸，平均长度约 6 个核苷酸残基。

从 DNA 链的一端逐个水解核苷酸的酶称为 DNA 外切酶，如牛脾磷酸二酯酶和蛇毒磷酸二酯酶等非专一性核酸酶（底物也可为 RNA），如图 11-2 所示。牛脾磷酸二酯酶可从 DNA 的 5′-OH 端开始逐个切割磷酸二酯键，蛇毒磷酸二酯酶可从 DNA 的 3′-OH 端开始逐个切割磷酸二酯键。

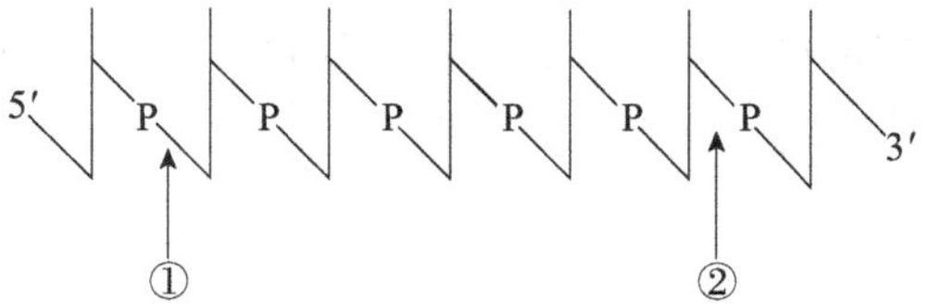

图 11-2 牛脾磷酸二酯酶和蛇毒磷酸二酯酶的水解位点

P 代表磷酸；①为牛脾磷酸二酯酶的水解位点；②为蛇毒磷酸二酯酶的水解位点

四、限制性核酸内切酶

限制性核酸内切酶是指作用于特定核酸序列的一类核酸内切酶。限制性核酸内切酶从各种细菌和古生菌中获得，每一种都对多核苷酸链中的不同位点具有特异性。1973 年，H. Smith 和 D. Nathans 规定了限制性核酸内切酶的命名原则。酶的名称以斜体三字母缩写词开头。第一个字母表示分离酶的细菌属的第一个字母，第二和第三个字母则来自细菌种群；后面还可以跟随其他字母或数字来表示血清型或菌株；然后是一个空格和一个罗马数字，表示识别顺序。例如，

*Hind*III表示是从流感嗜血杆菌（*Haemophilus influenza*）血清型 d 分离出的 4 种酶中的第三种。

限制性核酸内切酶是重要的核酸内切酶之一，基于组分、切割位点的特征及辅因子要求，限制性核酸内切酶分为 3 类：Ⅰ型、Ⅱ型和Ⅲ型。

Ⅰ型核酸内切酶：分子质量大于 1×10^5kDa，多亚基，需 *S*-腺苷甲硫氨酸、ATP 和 Mg^{2+}，识别位点与切割位点相差甚远。

Ⅱ型核酸内切酶：分子质量小于 1×10^5kDa，需 Mg^{2+}，切割位点位于识别位点上，产物为专一性片段，不具修饰酶功能。目前常用的限制性核酸内切酶均为此类。

Ⅲ型核酸内切酶：识别位点为 5～7bp 的非对称序列，切割位点在识别序列之外，离识别序列 5～10bp，切割双链，个别也切割单链，可切割 25bp 的序列。

第二节　核苷酸的分解代谢

资源 11-1

一、嘌呤的分解代谢

嘌呤核苷酸在降解过程中产生的嘌呤碱基经氧化、脱氢或脱氨都能转化为黄嘌呤，黄嘌呤发生氧化生成尿酸（uric acid）。嘌呤核苷酸 AMP 和 GMP 的分解途径如图 11-3 所示。

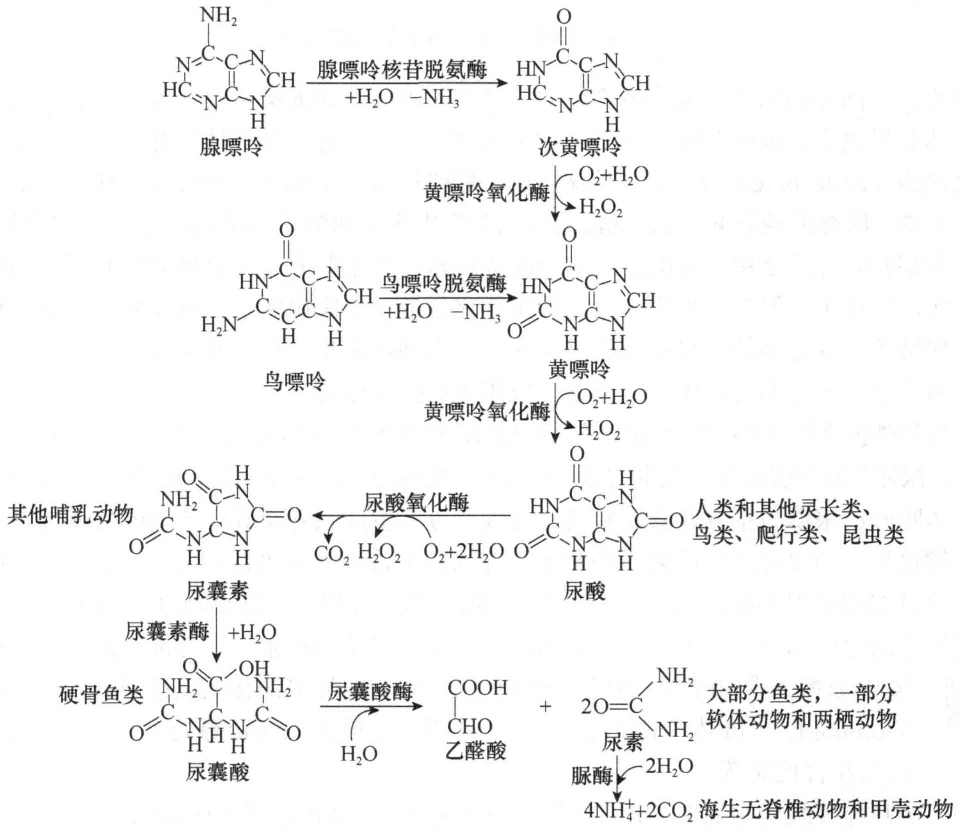

图 11-3　AMP 和 GMP 的分解途径

AMP 和 GMP 首先在 5′-核苷酸酶的作用下，生成腺嘌呤核苷和鸟嘌呤核苷。腺嘌呤核苷再经腺嘌呤核苷脱氨酶（adenosine deaminase）脱去氨基成为肌苷，肌苷水解成为次黄嘌呤和

资源 11-2

D-核糖。次黄嘌呤在黄嘌呤氧化酶（xanthine oxidase）作用下继续氧化成为黄嘌呤，黄嘌呤在黄嘌呤氧化酶作用下生成尿酸（uric acid）（图 11-3）。鸟嘌呤核苷在核苷酶和鸟嘌呤脱氨酶催化下也转变成黄嘌呤，黄嘌呤在黄嘌呤氧化酶的作用下生成尿酸。黄嘌呤氧化酶是一种复合黄素蛋白酶，由两个相同的亚基组成，分子量为 260 000。每个亚基含有一个 FAD、一个钼原子和两个［2Fe-2S］铁硫中心。

AMP 转变成次黄嘌呤的过程中，由于人和大鼠体内缺乏腺嘌呤脱氨酶，腺嘌呤的脱氨反应是在腺苷或腺苷酸的水平上进行的，其产物是次黄嘌呤核苷或次黄嘌呤核苷酸，它们再进一步分解生成次黄嘌呤（图 11-4）。

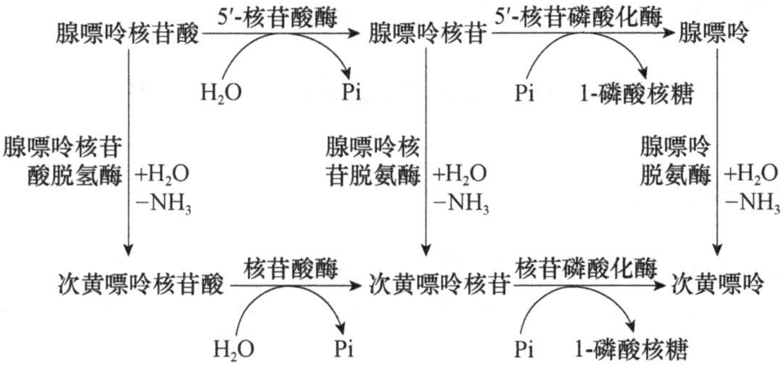

图 11-4　AMP 分解为 IMP 的代谢途径

嘌呤在不同种类动物体内分解产生的最终产物不同。在人类和其他灵长类、鸟类、爬行类和大部分昆虫中，嘌呤分解的最终产物是尿酸，排出体外；在其他哺乳动物中，肝有一种尿酸氧化酶（urate oxidase），是一种铜蛋白，尿酸被进一步氧化成尿囊素（allantoin）；在某些硬骨鱼中，尿囊素经尿囊素酶（allantoinase）作用生成尿囊酸（allantoate）；在大多数鱼类、两栖类和某些软体动物中，尿酸进一步分解成尿素；在某些海生无脊椎动物和甲壳动物中，尿素分解成氨排出。氮的排出形式是比较生物化学的一个突出例子，它反映了代谢与环境适应性，如肺鱼在水充裕的环境中排氨，而在泥浆中则排尿素。也与胚胎发育过程有关，如两栖类蝌蚪排氨，在变态过程中合成尿素，成年青蛙排出尿素。

植物和微生物体内嘌呤的降解途径大致相似。植物体内广泛存在着使嘌呤分解的酶类，如尿囊素酶、尿囊酸酶和脲酶等。微生物分解嘌呤最终生成氨、CO_2及一些有机酸如甲酸、乙酸等。

人体嘌呤的来源包括食物获取和自身合成。过多生成嘌呤及其核苷酸的代谢异常能够加速其降解过程，最终导致嘌呤降解产物尿酸在人体血液中含量增加。痛风（gout）是尿酸过量产生或者尿酸排泄不畅造成的一种疾病，其临床特征表现为高尿酸血症（hyperuricemia）和反复发作的急性单一关节炎。尿酸的 pK_a为 5.4，在生理 pH 条件下是离子形式的，在水环境中尿酸及尿酸盐的溶解性很差。当其在血浆中的浓度超过某临界值时（约 576μmol/L），极易形成结晶，并沉积在关节、软组织和肾等处，导致关节炎、尿路结石和肾疾病等。

资源 11-3

参与嘌呤核苷酸代谢的 PRPP 合成酶、谷氨酰胺：PRPP 酰胺转移酶或 HGPRT（次黄嘌呤-鸟嘌呤磷酸核糖转移酶）的缺陷均可诱发痛风。PRPP 合成酶和谷氨酰胺：PRPP 酰胺转移酶是嘌呤核苷酸从头合成的限速酶，若这两种酶的任何一种发生突变，将导致它们对反馈抑制不再敏感，致使嘌呤核苷酸过量合成，从而导致尿酸水平异常。HGPRT 的缺陷与痛风之间的关系尚不完全确定，但一种可能的解释是，HGPRT 能够消耗 PRPP，降低 PRPP 的浓度。

若这种酶有缺陷：①嘌呤核苷酸合成的补救途径受阻，从而减少了嘌呤碱基的消耗；②PRPP积累可激活嘌呤核苷酸的从头合成途径，从而增加了嘌呤碱基的合成。两个方面都可以增加体内嘌呤碱基的量，从而使尿酸的水平上升。

临床上治疗痛风的特效药物是别嘌呤醇（allopurinol），它是次黄嘌呤结构类似物，能够与次黄嘌呤竞争黄嘌呤氧化酶的活性位点，抑制该酶的活性，降低尿酸的生成，是黄嘌呤氧化酶的抑制剂（图 11-5）。此外，别嘌呤醇还可以与 PRPP 反应生成别嘌呤核苷酸，消耗 PRPP，从而阻止 PRPP 对谷氨酰胺：PRPP 酰胺转移酶的激活。辅助用药包括别黄嘌呤和秋水仙碱，前者也是黄嘌呤氧化酶的抑制剂，抑制尿酸合成反应；后者能够阻碍吞噬细胞吞噬尿酸盐结晶及阻止吞噬细胞微管形成，进而减缓吞噬细胞破裂导致的关节炎症反应，达到治疗痛风的目的。

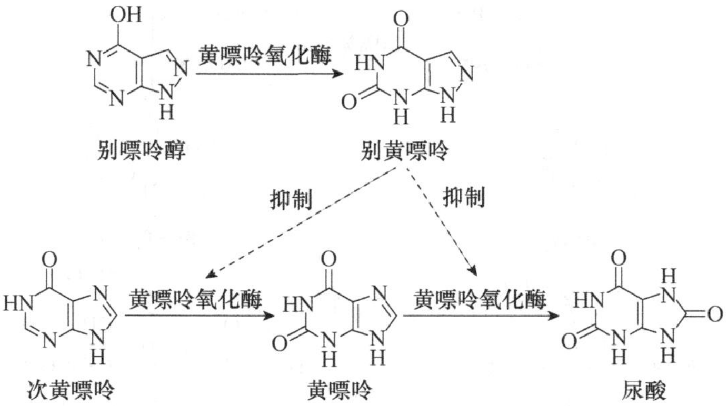

图 11-5　别嘌呤醇治疗痛风的机制

然而，现有治疗药物的疗效有限且副作用明显，黄嘌呤氧化酶（XO）是体内尿酸生成过程中的关键限速酶，可催化次黄嘌呤向黄嘌呤及黄嘌呤向尿酸的转化。合成和筛选黄嘌呤氧化酶的抑制剂，能有效降低尿酸水平，为开发低毒高效的新型降尿酸药物提供了新思路。

近几年，肠道微生物研究成为热点，研究表明乳酸杆菌能降解嘌呤代谢的中间产物，改善高尿酸血症，如凝结魏茨曼氏菌 BC99（*Weizmannia coagulans* BC99）、发酵柠檬酸乳杆菌 JL-3（*Limosilactobacillus fermentum* JL-3）、短乳杆菌 DM9218（*Lactobacillus brevis* DM9218）和格氏乳杆菌 PA-3（*Lactobacillus gasseri* PA-3）。

二、嘧啶的分解代谢

资源 11-4

核苷酸分解产生的嘧啶碱在生物体内会被进一步分解，胞嘧啶先脱氨生成尿嘧啶。在胞嘧啶、胞嘧啶核苷、胞嘧啶核苷酸转变成尿嘧啶过程中，不同生物可能有所不同。胞嘧啶脱氨酶似乎只存在于酵母和细菌中，胞嘧啶核苷脱氨酶广泛分布于细菌、植物和哺乳动物中。此外，在细菌和动植物中还存在一种特殊的脱氧核糖胞嘧啶核苷氨基水解酶，它催化胞嘧啶核苷、胞嘧啶核苷酸先转变成尿嘧啶核苷与尿嘧啶核苷酸，再进一步转变成尿嘧啶。脱氧胞嘧啶核苷先转变成脱氧尿嘧啶核苷，再经尿嘧啶核苷磷酸化酶作用转变成尿嘧啶。

嘧啶的分解代谢过程如图 11-6 所示。分解代谢过程包括脱氨基、氧化、还原和脱羧基等反应。尿嘧啶和胸腺嘧啶经过还原、水解，生成β-丙氨酸和β-氨基异丁酸。具体反应过程为：尿嘧啶和胸腺嘧啶先在二氢嘧啶脱氢酶的催化下，分别还原为二氢尿嘧啶和二氢胸腺嘧啶。二氢嘧啶酶（dihydropyrimidinase）再催化嘧啶环水解，分别生成β-脲基丙酸（β-ureidopropionic acid）和β-脲基异丁酸（β-aminoisobutyrate）。β-脲基丙酸进一步被脲基丙酸酶分解生成 NH_3、

CO_2和β-丙氨酸，β-丙氨酸转变成乙酸，再按乙酸代谢最终生成乙酰-CoA；而胸腺嘧啶分解产生的β-脲基异丁酸被脲基丙酸酶继续分解生成NH_3、CO_2和β-氨基异丁酸，β-氨基异丁酸经转氨等多步反应转变成琥珀酰-CoA。乙酰-CoA和琥珀酰-CoA进入柠檬酸循环被彻底降解；β-脲基异丁酸也可随尿直接排出体外。在哺乳动物肝中，尿二氢嘧啶脱氢酶和胸腺二氢嘧啶脱氢酶以NADPH作为供氢体；在细菌中，这两种酶利用NADH作为供氢体。

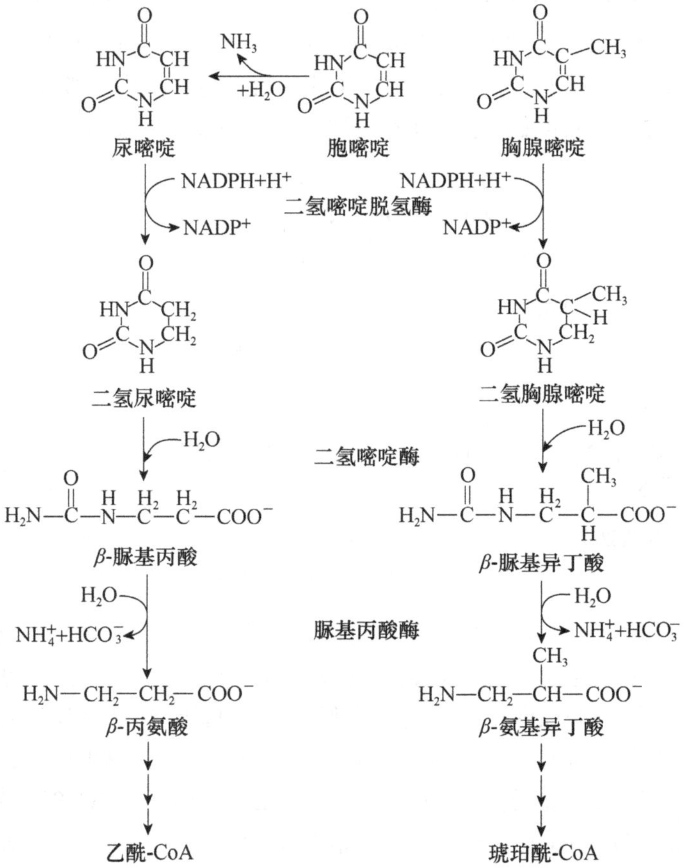

图 11-6　嘧啶的分解代谢途径

资源 11-5

第三节　核苷酸的生物合成

一、嘌呤核苷酸的生物合成

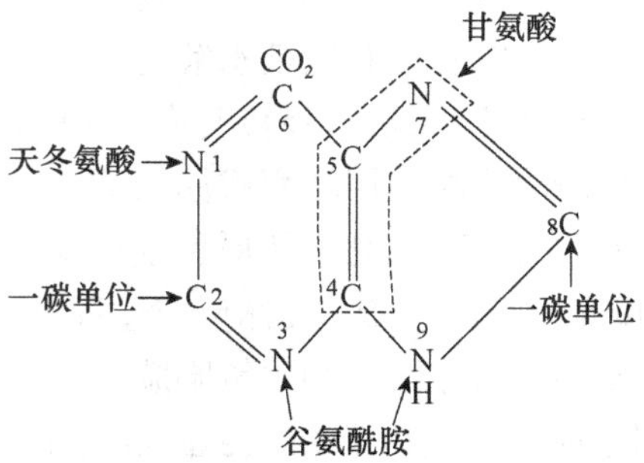

图 11-7　嘌呤环的原子来源

（一）嘌呤核苷酸的从头合成

1. 嘌呤环的原子来源　核酸中嘌呤碱基主要是腺嘌呤和鸟嘌呤。科学家借助放射性同位素标记的小分子营养物喂养鸽子，分析鸽子粪便中尿酸分子上的同位素分布，确定了嘌呤环上碳原子和氮原子分别来源于甘氨酸、天冬氨酸、谷氨酰胺、CO_2和一碳单位（甲酰基）化合物等小分子前体（图 11-7）。

彩图

2. 嘌呤核苷酸的生物合成过程　嘌呤核

苷酸的生物合成过程可分为 3 个阶段（图 11-8）。

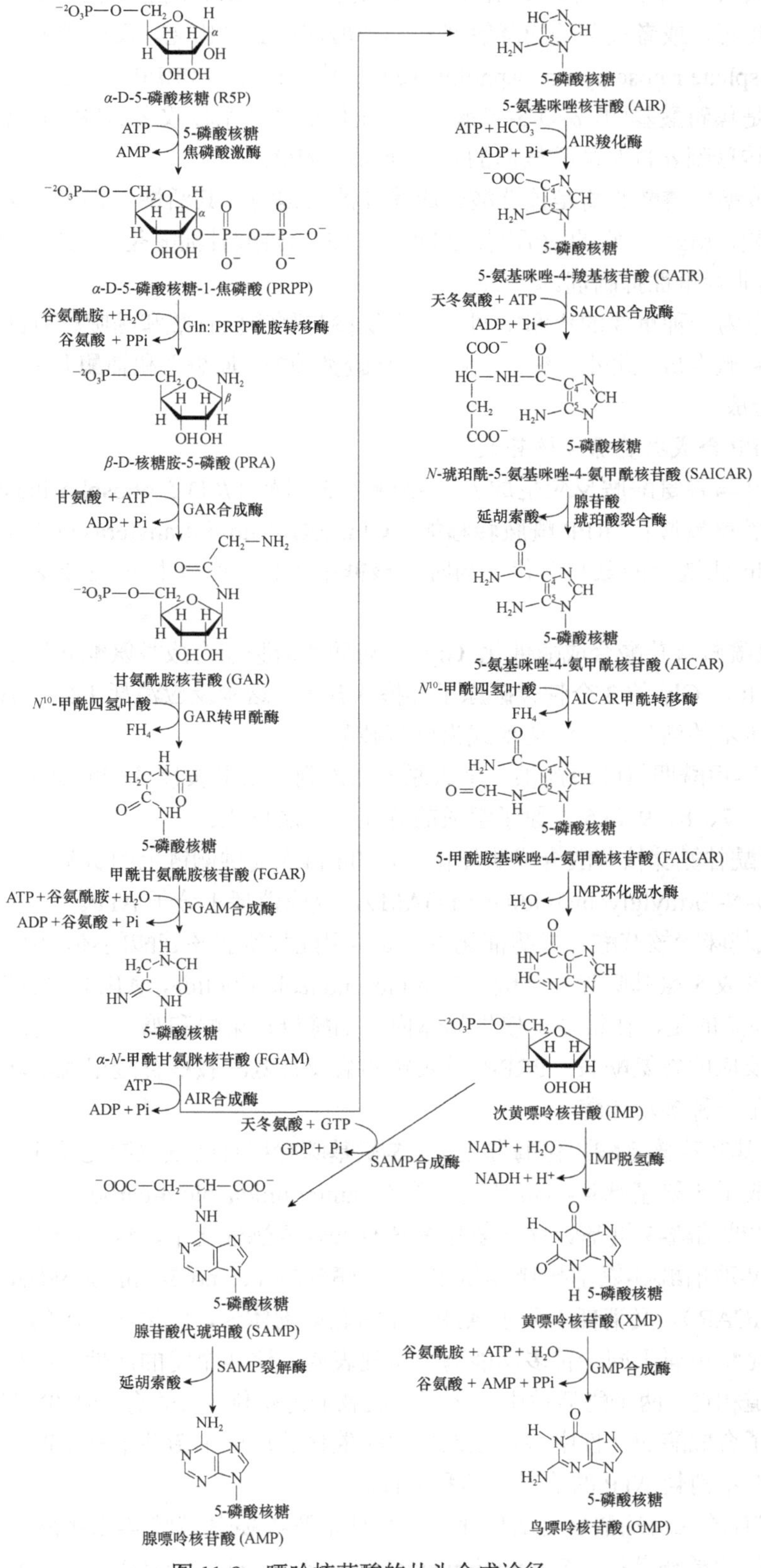

彩图

图 11-8　嘌呤核苷酸的从头合成途径

（1）*α*-D-5-磷酸核糖合成磷酸核糖焦磷酸　嘌呤核苷酸和嘧啶核苷酸生物合成都是从合成 *α*-D-5-磷酸核糖-1-焦磷酸（PRPP）开始的。合成 PRPP 的底物为 *α*-D-5-磷酸核糖，可来自磷酸戊糖途径，或者核苷酸的降解产物 1-磷酸核糖的异构化。反应需要 5-磷酸核糖焦磷酸激酶（5-phosphate ribose pyrophosphokinase）催化，也称为 PRPP 合成酶（PRPP synthetase），该酶转移的是焦磷酸基团。*α*-D-5-磷酸核糖 C1 位的羟基亲核攻击 ATP 的 *β* 位磷酸基团，ATP 的焦磷酸根转移到 *α*-D-5-磷酸核糖的 C1，形成 PRPP。

5-磷酸核糖焦磷酸激酶是核苷酸合成途径的关键酶，其活性受许多代谢产物和试剂的影响。无机磷酸、Mg^{2+}是它的激活剂，ADP 和 2,3-二磷酸甘油醛是其竞争性抑制剂，而 AMP 和 GTP 是其非竞争性抑制剂。

PRPP 作为一种重要的代谢中间物，不仅参与嘌呤核苷酸和嘧啶核苷酸的从头合成，还参与它们的补救合成。此外，还参与某些核苷酸类辅酶（辅酶Ⅰ和辅酶Ⅱ）和某些氨基酸（His 和 Trp）的合成。

（2）PRPP 合成次黄嘌呤核苷酸

1）PRPP 与谷氨酰胺反应生成 *β*-D-核糖胺-5-磷酸（*β*-D-5-phosphoribosylamine，PRA）。这步反应由谷氨酰胺：PRPP 酰胺转移酶（Gln: PRPP amidotransferase）催化，PRPP 中焦磷酸基团被 Gln 侧链上的氨基取代。同时，核糖中 C1 的构型由 *α*-型转变为天然核苷酸特有的 *β*-构象。

2）甘氨酰胺核苷酸合成酶催化 Gly 与磷酸和糖胺缩合成甘氨酰胺核苷酸（glycinamide ribotide，GAR），Gly 的 3 个骨架碳原子都掺入其中，这步反应消耗 1 分子 ATP，释放的能量用于甘氨酸羧基的活化，其活化形式为酰基磷酸酯。

3）由 N^{10}-甲酰四氢叶酸提供一个碳原子加入到甘氨酰胺核苷酸的氨基上。自此，嘌呤环骨架中 4、5、7、8、9 等 5 位原子组成的五元环逐次形成。

4）在甲酰甘氨脒核苷酸合成酶催化下，Gln 再次提供侧链上的氨基，形成 *α*-*N*-甲酰甘氨脒核苷酸（*α*-*N*-formylglycinamidine，FGAM），反应消耗 1 分子 ATP。

5）在氨基咪唑核苷酸合成酶催化下，*α*-*N*-甲酰甘氨脒核苷酸闭环，由谷氨酰胺提供第 1 位氮原子，形成 5-氨基咪唑核苷酸（5-aminoimidazole ribotide，AIR），反应再次消耗 1 分子 ATP。值得注意的是，在很多真核生物体内，如酵母、果蝇和鸡中，催化这一步反应的酶与前面第一步反应的谷氨酰胺：PRPP 酰胺转移酶及甘氨酰胺核苷酸甲酰基转移酶实为同一种蛋白质，属于一种多功能酶。

6）在氨基咪唑核苷酸羧化酶催化下，5-氨基咪唑核苷酸发生羧化反应，在没有消耗 ATP 的条件下生成了 5-氨基咪唑-4-羧基核苷酸（5-aminoimidazole-4-carboxylate ribotide，CATR）。

7）在 *N*-琥珀酰-5-氨基咪唑-4-氨甲酰核苷酸合成酶催化下，5-氨基咪唑-4-羧基核苷酸与 Asp 缩合成 *N*-琥珀酰-5-氨基咪唑-4-氨甲酰核苷酸（*N*-succino-5-aminoimidazole-4-carboxamide ribotide，SAICAR），又消耗 1 分子 ATP。在哺乳动物体内，催化该反应的合成酶与催化上一步反应的羧化酶也属于同一种多功能酶。研究表明，这两个酶的活性中心很近，通过一个特殊的底物通道相连，两个酶活性中心之间的底物通道仿佛就是“分子吸尘器”，将羧化酶的产物直接吸到了合成酶的活性中心。虽然羧化酶催化的反应平衡并不利于产物的形成，但其催化过程仍能在不消耗 ATP 的情况下顺利进行。

8）在腺苷酸代琥珀酸裂合酶催化下，*N*-琥珀酰-5-氨基咪唑-4-氨甲酰核苷酸被裂解成 5-氨基咪唑-4-氨甲酰核苷酸（5-aminoimidazole-4-carboxamide ribotide，AICAR）和延胡索酸。

9）在5-氨基咪唑-4-氨甲酰核苷酸甲酰转移酶催化下，5-氨基咪唑-4-氨甲酰核苷酸接受N^{10}-甲酰四氢叶酸的甲酰基，生成5-甲酰胺基咪唑-4-氨甲酰核苷酸（5-formylaminoimidazole-4-carboxamide ribotide，FAICAR）。

10）在次黄嘌呤核苷酸合酶或次黄嘌呤核苷酸环化脱水酶催化下，5-甲酰胺基咪唑-4-氨甲酰核苷酸脱水环化形成IMP，IMP也叫肌苷酸（一种高效保鲜剂，可使肉制品口感稳定持久，提高鲜味）。催化这步反应的酶与上一步反应的甲酰转移酶属于同一种多功能酶。形成的IMP嘌呤环中的谷氨酰胺提供第1位氮原子，天冬氨酸提供第3位氮原子，N^{10}-甲酰四氢叶酸提供第2位碳原子，但第6位碳原子却是由基质中的CO_2提供的，CO_2加入时的酰化反应不需要生物素作为辅因子。

从PRPP到IMP共包括10步反应。IMP的合成过程是由一个大的多酶复合体催化完成的。在从酵母到果蝇、鸡等真核生物中，第2、3、5步反应是由一个多功能蛋白质催化的，而第6、7、9、10步反应是由另外的多功能蛋白质所催化的。然而，大肠杆菌中从第1步到第 10 步是由不同的蛋白质催化的，它们也以非共价连接的多酶复合体形式存在。从α-D-5-磷酸核糖合成IMP共需水解来自ATP的6个高能磷酸键。

（3）IMP转变成AMP和GMP　IMP在细胞中进一步转变成AMP和GMP。从IMP转变成AMP的过程中，首先是腺苷酸代琥珀酸合成酶催化IMP与Asp缩合成腺苷酸代琥珀酸，同时消耗1分子GTP。随后在腺苷酸代琥珀酸裂解酶的作用下，腺苷酸代琥珀酸裂解成AMP和延胡索酸。

从IMP到GMP，则首先在次黄嘌呤核苷酸脱氢酶的催化下，IMP被氧化成黄嘌呤核苷酸（xanthosine monophosphate，XMP）；随后在鸟嘌呤核苷酸合成酶的催化下，XMP接受Gln侧链上的氨基酸（细菌为游离的氨）形成GMP，同时ATP被水解成AMP，反应释放2个高能磷酸键的能量。

3．嘌呤核苷酸生物合成的反馈调节　嘌呤核苷酸的生物合成主要受到3条途径的反馈调节，包括对5-磷酸核糖焦磷酸激酶、谷氨酰胺：PRPP酰胺转移酶及分支中腺苷酸代琥珀酸合成酶与IMP脱氢酶的调节（图11-9）。

在从PRPP合成AMP和GMP过程中，谷氨酰胺：PRPP酰胺转移酶催化第一步反应，它是整个合成过程的限速酶。该酶是一个别构酶，其活性受5′-嘌呤核苷酸抑制，不同核苷酸对不同来源酶的抑制作用不同。AMP、GMP、IMP是其共有的抑制剂，抑制常数（K_i）通常为10^{-5}～10^{-3}mol/L。某些核苷酸，如AMP和GMP，还具有协同作用，无论是AMP还是GMP累积过剩，都将反馈抑制这一过程。此外，谷氨酰胺：PRPP酰胺转移酶催化反应的速率还受细胞内底物L-谷氨酰胺和PRPP浓度的影响。

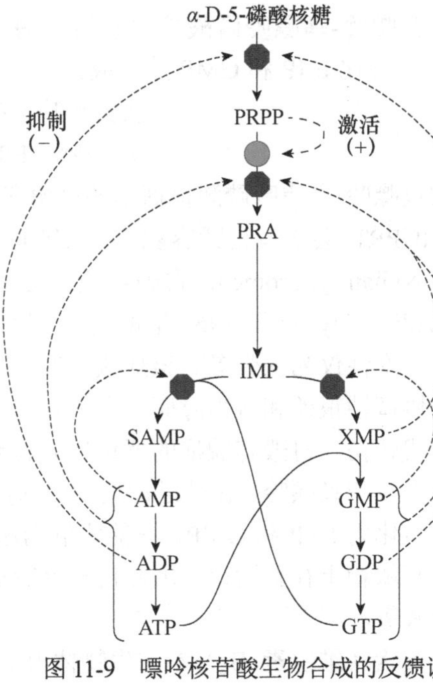

图11-9　嘌呤核苷酸生物合成的反馈调节

从IMP到AMP和GMP的分支途径受到反馈调节。GMP累积抑制IMP脱氢酶，从而抑制黄嘌呤核苷酸（XMP）的合成，进一步抑制GMP

的合成。同样，AMP 过剩将抑制腺苷酸代琥珀酸合成酶，从而抑制腺苷酸代琥珀酸的合成，最终抑制 AMP 的生成。

值得注意的是，嘌呤核苷酸的生物合成中还存在一种“正”调节机制。在 IMP 转变成 AMP 中 GTP 作为能源，在 IMP 转变成 GMP 中 ATP 作为能源。当 GTP 含量增加时可促进 AMP 的生成，当 ATP 含量增加时则可促进 GMP 的生成，对于 AMP、GMP 生物合成起着重要的平衡调节作用。

这 3 种反馈调节具有协同作用，保证了嘌呤核苷酸合成的速率及两种终产物腺嘌呤核苷酸与鸟嘌呤核苷酸的相对比例。

（二）嘌呤核苷酸合成的补救途径

细胞内核苷酸在降解过程中不断产生游离的碱基或核苷，在酶的作用下可重新转化为相应的核苷酸，这一合成途径叫作补救途径（salvage pathway）。通常由食物消化产生的碱基发生进一步降解，而细胞内核酸降解产生的碱基多用于补救途径。补救途径实质是碱基的再循环利用，不仅能节约时间，还能节省能量。因此，补救合成的重要性不亚于从头合成，据估计约 90%的嘌呤碱基可用于补救合成，其中脑细胞主要通过补救途径合成嘌呤核苷酸。

1. 嘌呤碱与 1-磷酸核糖（R-1-P）合成嘌呤核苷酸 嘌呤碱与 1-磷酸核糖在核苷磷酸化酶的催化下生成嘌呤核苷，再由核苷磷酸激酶催化生成嘌呤核苷酸。

$$\text{嘌呤碱}+\text{R-1-P}\xrightarrow{\text{核苷磷酸化酶}}\text{嘌呤核苷}\xrightarrow{\text{核苷磷酸激酶}}\text{嘌呤核苷酸}$$

2. 嘌呤碱与 PRPP 合成嘌呤核苷酸 在磷酸核糖转移酶的催化下，PRPP 水解出焦磷酸，将磷酸核糖贡献出来，与碱基共价连接形成核苷酸。

磷酸核糖转移酶对嘌呤碱具有专一性，腺嘌呤磷酸核糖基转移酶（adenine phosphoribosyltransferase，APRT）催化腺嘌呤和 PRPP 合成 AMP：

$$\text{腺嘌呤}+\text{PRPP}\longrightarrow\text{AMP}+\text{PPi}$$

次黄嘌呤-鸟嘌呤磷酸核糖基转移酶（hypoxantine-guanine phosphoribosyl transferase，HGPRT）催化 IMP 和 GMP 的合成。

$$\text{次黄嘌呤}+\text{PRPP}\longrightarrow\text{IMP}+\text{PPi}$$

$$\text{鸟嘌呤}+\text{PRPP}\longrightarrow\text{GMP}+\text{PPi}$$

次黄嘌呤-鸟嘌呤磷酸核糖基转移酶在人体嘌呤核苷酸补救途径中发挥重要作用。先天性缺乏 HGPRT 会引发自毁容貌症（self-destructire faial syndrome），也称为莱施-奈恩综合征（Lesch-Nyhan syndrome）。自毁容貌症由约翰霍普金斯大学医学院学生 Michael Lesch 和他的恩师 William Nyhan 于 1964 年报道。该综合征是一种隐性的性连锁遗传性疾病，患者几乎都是男性，女性仅为携带者。该症状一般在两岁的儿童中出现，几乎全在男孩中发现，有时伴有活动协调性很差和智力障碍，有很强的敌意和自我伤害的倾向，通过咬手指、脚趾和嘴唇进行自我毁伤。自毁容貌症的严重后果表明了核苷酸合成补救途径的重要性。核酸的降解产生次黄嘌呤和鸟嘌呤，在缺乏次黄嘌呤-鸟嘌呤磷酸核糖基转移酶的情况下，次黄嘌呤、鸟嘌呤无法转化为 IMP 和 GMP，只能降解为尿酸，导致体内尿酸水平增高，PRPP 浓度升高。脑组织尤其依赖于补救途径，因此自毁容貌症的主要症状包括：高尿酸血症、肌强直、智力障碍和自残等。

核黄素（维生素 B_2）参与生物体内多种氧化还原反应，作为黄素酶类的辅酶（FAD 和

FMN）参与促进生物体内碳水化合物的合成、脂肪酸代谢及呼吸电子链传递。GTP 是核黄素生物合成的直接前体，既可以以糖和氨基酸为底料进行从头合成，也可以利用嘌呤碱为前体进行补救合成。嘌呤前体的有效供应对核黄素的生产至关重要，利用代谢工程策略增强 GTP 的合成有利于提高核黄素生物制造的产量。

二、嘧啶核苷酸的生物合成

（一）嘧啶核苷酸的从头合成

彩图

1．嘧啶环的原子来源　嘧啶碱基的从头合成比嘌呤核苷酸要简单，消耗的 ATP 也少。嘧啶核苷酸从头合成的前体包括 Gln、CO_2、Asp 等。同位素标记实验证实，嘧啶环的 C2 来自甲酸盐，N3 来自谷氨酰胺，其他 4 个原子来源于天冬氨酸（图 11-10）。

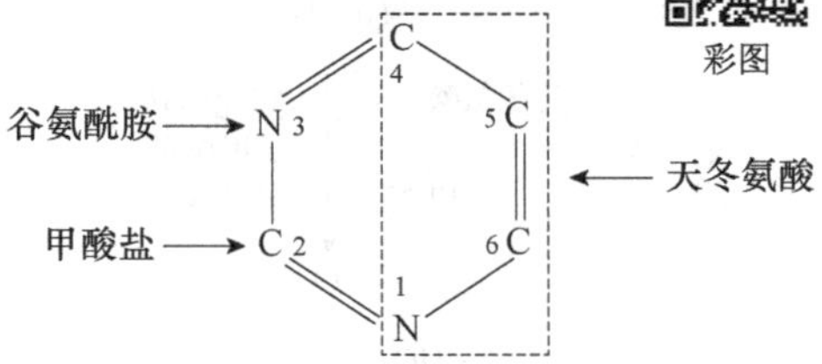

图 11-10　嘧啶环的原子来源

与嘌呤核苷酸从头合成相比，嘧啶核苷酸有两个显著的差别：①嘌呤核苷酸是先形成 β-*N*-糖苷键，然后逐步形成嘌呤环；而嘧啶核苷酸是先形成嘧啶环，然后再与 PRPP 形成 β-*N*-糖苷键。②嘌呤核苷酸从头合成的所有反应都是在细胞质基质内发生的；而真核生物的嘧啶核苷酸从头合成的有些反应则发生在线粒体中。

2．嘧啶核苷酸的从头合成　嘧啶核苷酸的从头合成最先被合成的核苷酸是不常见的乳清苷酸（orotidylate，OMP），然后得到 UMP，共有 6 步反应（图 11-11）。

（1）氨甲酰磷酸的合成　这步反应由氨甲酰磷酸合成酶Ⅱ（CPS-Ⅱ）催化，是哺乳动物嘧啶核苷酸从头合成途径的限速步骤。与尿素循环中的氨甲酰磷酸合成不同的是：①反应场所不同，尿素循环中这步反应发生在肝细胞的线粒体基质，由 CPS-Ⅰ催化；而微生物和真核细胞的嘧啶合成大多数发生在细胞质基质。②调节机制不同，CPS-Ⅰ的辅酶为生物素，受到 *N*-乙酰谷氨酸的激活；而 CPS-Ⅱ不含生物素，不受 *N*-乙酰谷氨酸影响，但受到 UTP 的反馈抑制。③氨基供体不同，CPS-Ⅰ的氨基供体主要来自 Glu 氧化脱氨，而 CPS-Ⅱ的氨基供体来自 Gln 的酰胺基。

（2）氨甲酰天冬氨酸的形成　该反应由天冬氨酸转氨甲酰酶（asparate transcarbamoylase，ATCase）催化，产物为氨甲酰天冬氨酸，在细菌中此步反应为限速步骤。

（3）二氢乳清酸（dihydroorotic acid）的形成　由二氢乳清酸酶（dihydroorotase）催化氨甲酰天冬氨酸脱水闭环形成二氢乳清酸。

（4）乳清酸（orotic acid）的形成　这步反应由二氢乳清酸脱氢酶（dihydroorotate dehydrogenase）催化，二氢乳清酸经脱氢反应转变为乳清酸。二氢乳清酸脱氢酶在真核中是一个与线粒体内膜结合的脂蛋白，辅酶Ⅰ或者 CoQ 充当电子受体。在某些生物中是黄素蛋白，含有 FMN 或 FAD，以及非铁血红素与硫。二氢乳清酸脱氢酶是嘧啶核苷酸从头合成途径的限速酶，与多种疾病（如类风湿性关节炎、多发性硬化症、急性髓系白血病、小细胞肺癌、新冠病毒感染等）的发生发展密切相关，已有多种针对此靶点的小分子抑制剂被报道。

资源 11-6

（5）乳清苷酸的形成　这步反应与嘌呤核苷酸合成的补救途径相似，在乳清酸磷酸核糖转移酶（orotate phosphoribosyl transferase）的催化下，乳清酸与 PRPP 反应形成乳清苷酸。

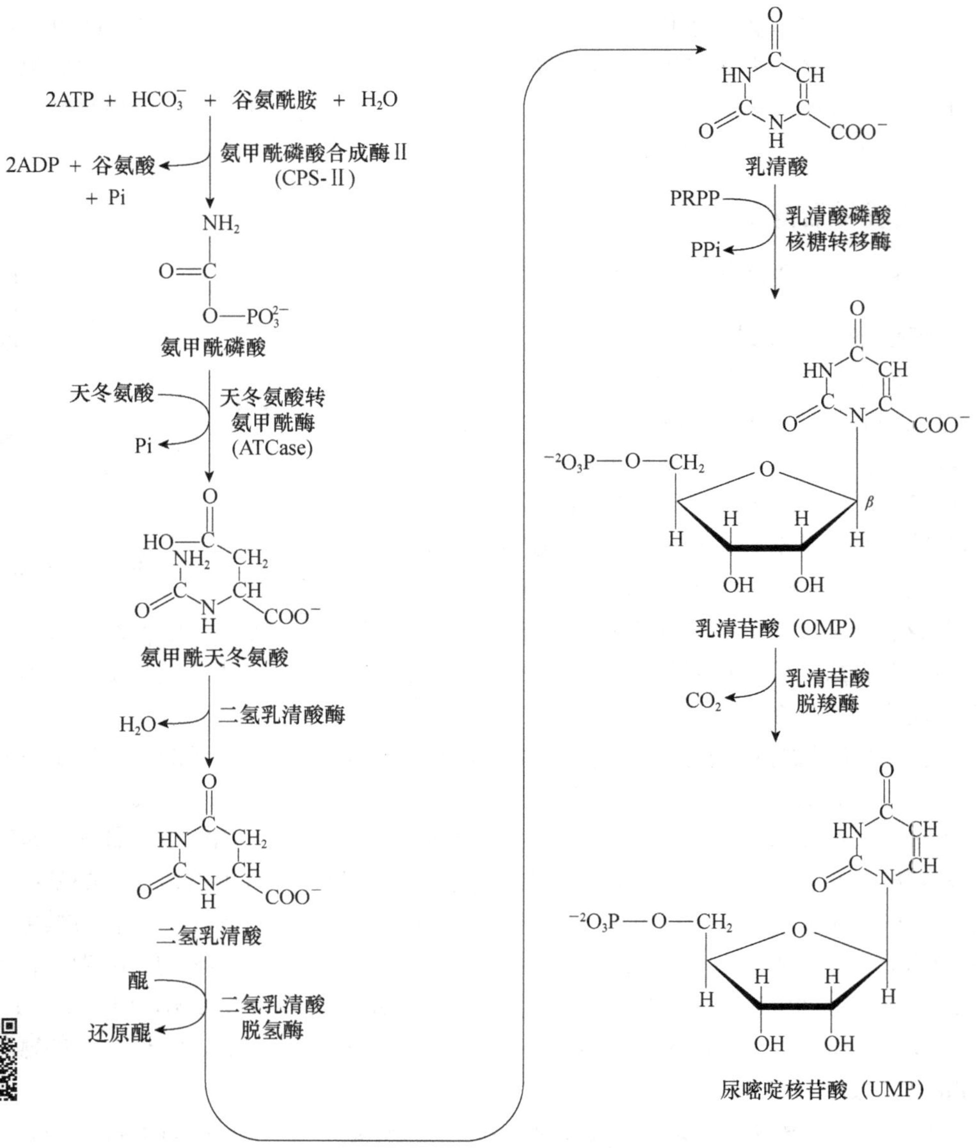

彩图

图 11-11 尿嘧啶核苷酸（UMP）的生物合成

（6）*尿嘧啶核苷酸的形成* 这是一步脱羧反应，由乳清苷酸脱羧酶催化，乳清苷酸脱羧生成尿嘧啶核苷酸（uridine monophosphate，UMP）。

现已明确，无论是在原核细胞还是真核细胞，UMP 合成的 6 个基本步骤是一致的，只是酶的组织方式不同。在大部分原核生物中，6 个结构基因编码这 6 种酶，分别起催化作用。在真核生物中由于形成多功能蛋白质而减少了基因数目。例如，催化前 3 步反应的酶（CPS-Ⅱ、ATCase 与二氢乳清酸酶）属于同一条多肽链的三功能蛋白质，分子量为 230 000，具有 3 种反应的活性部位。几种催化活性共存于一个多肽链中的多功能酶，可使代谢中间产物直接从酶的一个活性位点到达下一个活性位点，这有利于限制中间产物的扩散或进入细胞代谢库中，提高酶催化效率。与此类似的是，在哺乳动物中，乳清酸磷酸核糖转移酶和乳清苷酸脱羧酶也是一种同一条多肽链上的多功能蛋白质，具有两种酶活性。UMP 在激酶作用下磷酸化成 UTP，UTP 再经胞嘧啶核苷酸合成酶（cytidylate synthetase）

资源 11-7

作用生成 CTP（图 11-12）。

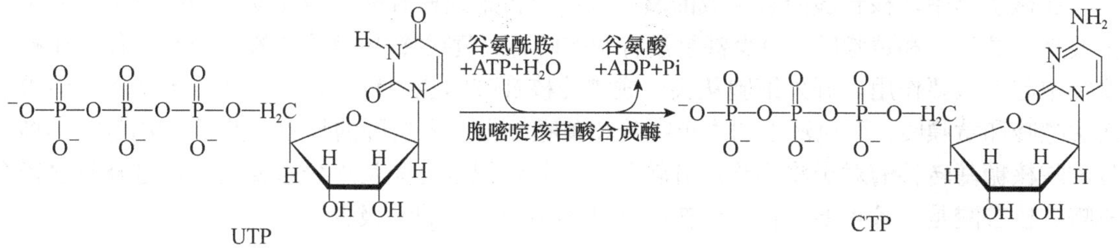

图 11-12　CTP 的合成

在这步反应中，氨基供体在动物中是谷氨酰胺，在某些细菌中为 NH_4^+。

嘧啶核苷酸从头合成的关键酶氨甲酰磷酸合成酶Ⅱ（CPS-Ⅱ）-天冬氨酸转氨甲酰酶（ATCase）-二氢乳清酸酶（CAD）三功能酶的表达与食管癌细胞增殖、迁移和侵袭能力呈正相关。

3. 嘧啶核苷酸生物合成的调节　嘧啶核苷酸的合成速率也是受反馈调节的，其调节方式如图 11-13 所示。UMP 合成的关键酶是天冬氨酸转氨甲酰酶，CTP 合成的关键酶是 CTP 合成酶，这两种酶是重要的调节位点。天冬氨酸转氨甲酰酶属于别构酶，被 CTP 和 UTP 所抑制，受 ATP 激活；CTP 合成酶被 CTP 抑制，受 GTP 激活。

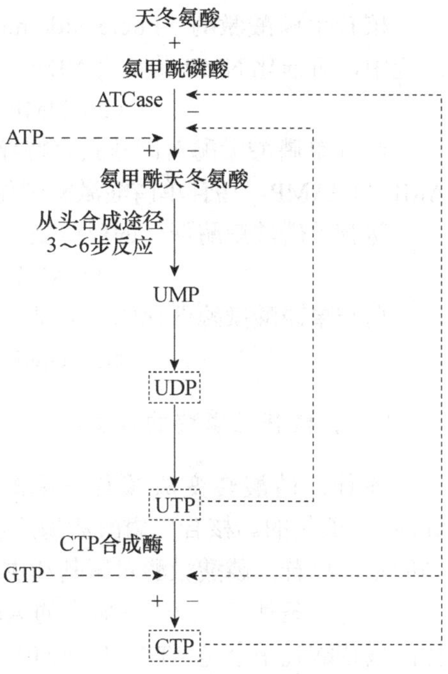

图 11-13　嘧啶核苷酸生物合成的调节

（二）嘧啶核苷酸的补救合成

嘧啶核苷酸的补救合成也具有类似的过程。参与嘧啶核苷酸补救合成的酶主要有嘧啶磷酸核糖转移酶、嘧啶核苷磷酸化酶、嘧啶核苷激酶。

1. UMP 的合成　尿嘧啶直接接受 PRPP 提供的磷酸核糖基，在嘧啶磷酸核糖转移酶（pyrimidine phosphoribosyl transferase）的催化下生成 UMP。或者尿嘧啶与 1-磷酸核糖作用先生成尿嘧啶核苷，再被尿苷激酶催化生成 UMP。

2. CMP 的合成　与尿嘧啶不同，胞嘧啶碱基不能直接通过与 PRPP 反应生成 CMP。

嘧啶核苷磷酸化酶催化的反应为

$$\text{嘧啶碱基} + \text{1-磷酸核糖} \longrightarrow \text{嘧啶核苷} + \text{Pi}$$

嘧啶核苷激酶催化的反应是

$$\text{嘧啶核苷} + \text{ATP} \longrightarrow \text{嘧啶核苷酸} + \text{ADP}$$

3. dTMP 的合成　dTMP 也可由补救途径合成，催化的酶依次是胸腺嘧啶磷酸化酶（thymine phosphorylase）和胸苷激酶（thymidine kinase）。

胸腺嘧啶磷酸化酶催化的反应是

$$\text{胸腺嘧啶} + \text{1-磷酸脱氧核糖} \longrightarrow \text{脱氧胸苷} + \text{Pi}$$

胸苷激酶催化的反应是

$$脱氧胸苷+ATP \longrightarrow dTMP+ADP$$

在微生物中，核苷酸降解生成的碱基大部分再生成核苷酸。但在动物细胞中生成的嘌呤主要是次黄嘌呤和黄嘌呤，很少甚至没有腺嘌呤，次黄嘌呤-鸟嘌呤磷酸核糖基转移酶在补救途径中起着重要作用。肝外细胞从头合成嘌呤核苷酸的能力较弱，主要依赖于从血液中摄取次黄嘌呤和黄嘌呤，而血液中的次黄嘌呤和黄嘌呤主要来自肝的释放。因而，次黄嘌呤-鸟嘌呤磷酸核糖基转移酶对于将嘌呤从肝转移到肝外组织也可能是十分重要的。通过补救途径合成嘧啶核苷酸是一条重要途径，但在哺乳动物中则生成的量极少。

三、NDP 和 NTP 的合成

细胞中存在着一系列激酶（磷酸转移酶）能将核苷单磷酸（NMP）转变成相应的核苷二磷酸（NDP）和核苷三磷酸（NTP）。

（一）核苷二磷酸的合成

核苷单磷酸激酶（nucleoside monophosphate kinase）广泛存在于细菌等微生物及动物细胞中，可催化 NMP 转变为 NDP。

$$(d)\ NMP+ATP \longrightarrow (d)\ NDP+ADP$$

核苷单磷酸激酶对碱基具有特异性，但对戊糖无特异性。例如，腺苷单磷酸激酶作用于 AMP 和 dAMP，鸟苷单磷酸激酶则作用于 GMP 和 dGMP。

腺苷单磷酸激酶催化的反应是

$$(d)\ AMP+ATP \longrightarrow (d)\ ADP+ADP$$

鸟苷单磷酸激酶催化的反应是

$$(d)\ GMP+ATP \longrightarrow (d)\ GDP+ADP$$

（二）核苷三磷酸的合成

核苷二磷酸转变成核苷三磷酸的反应是由核苷二磷酸激酶（nucleoside diphosphate kinase）催化的。核苷二磷酸激酶广泛存在于微生物和动植物细胞中，与核苷单磷酸激酶不同的是，核苷二磷酸激酶对碱基和戊糖均无特异性。

在有氧条件下，由于细胞内的 ATP 浓度远远高于其他几种核苷三磷酸，因此作为磷酸供体的核苷酸几乎全是 ATP。以 AMP 为底物的是腺苷酸激酶（adenylate kinase），广泛存在于能量周转率较高的组织中。它催化的反应为

$$AMP+ATP \longrightarrow 2ADP$$

ATP 可以通过底物水平磷酸化、氧化磷酸化和光合磷酸化直接生成。

其他 NTP 在核苷二磷酸激酶（nucleotide diphosphate kinase）的催化下形成。其反应为

$$NTP_D+NDP_A \longrightarrow NDP_D+NTP_A$$

这里 D 表示磷酸供体，A 表示磷酸受体。反应时，以二价阳离子，特别是 Mg^{2+} 作为辅因子。现已证实这类激酶作用时，其中间物是该酶的磷酸化形式，且磷酸基团是连接在它的组氨酸侧链 N1 原子上的。

四、脱氧核糖核苷酸的生物合成

脱氧核糖核苷酸是 DNA 的分子构件，曾一度认为脱氧核糖核苷酸的生成与核糖核苷

酸的生物合成途径类似。同位素示踪研究表明，脱氧核糖核苷酸是由相应的核糖核苷二磷酸生成的，核糖核苷二磷酸中 D-核糖的第 2 位碳原子的羟基直接还原成 2′-脱氧核糖。现已知道从核糖核苷二磷酸还原生成脱氧核糖核苷二磷酸是由两套酶系统来完成的。催化核糖核苷二磷酸还原的第一套酶系统包括谷氧还蛋白（glutaredoxin）、谷胱甘肽还原酶（glutathione reductase）和核苷二磷酸还原酶（ribonucleoside diphosphate reductase）。催化核苷二磷酸还原的第二套酶系统包括硫氧还蛋白（thioredoxin）、硫氧还蛋白还原酶（thioredoxin reductase）和核苷二磷酸还原酶。其反应过程见图 11-14。

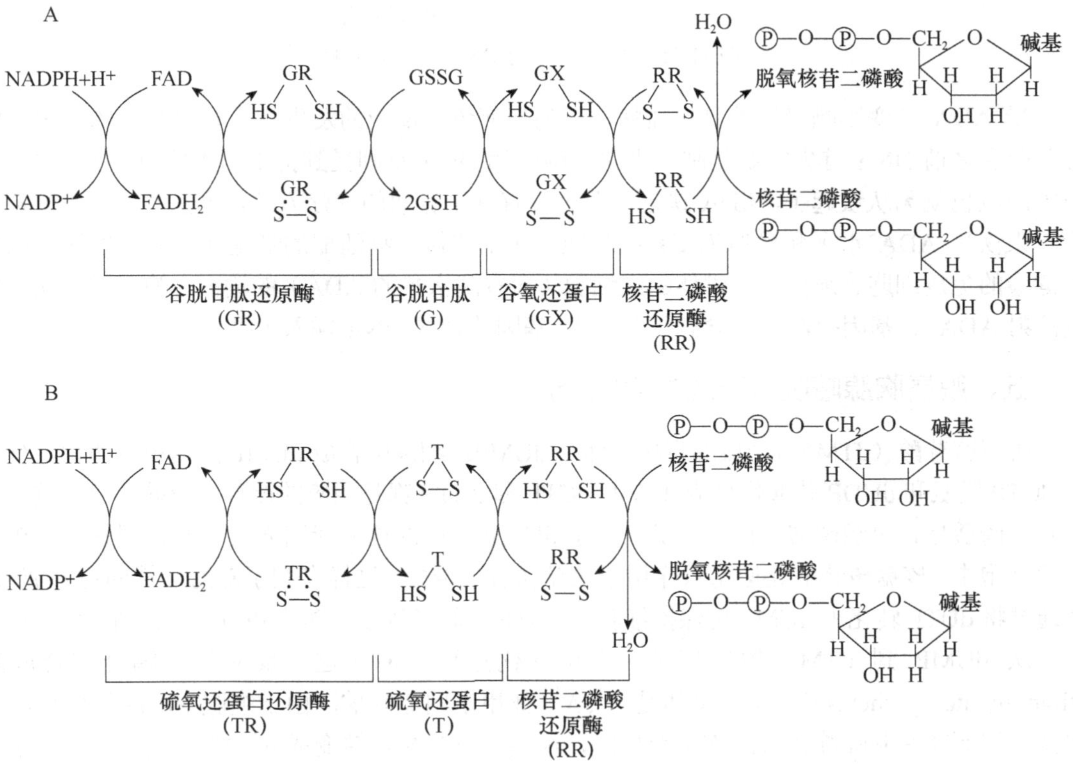

图 11-14　核苷二磷酸还原成脱氧核苷二磷酸

A．第一套酶系统；B．第二套酶系统

核糖核苷二磷酸还原生成脱氧核糖核苷二磷酸的过程中，氢的最终供体都是 NADPH＋H^+。在第一套酶系统中，电子从 NADPH 传至谷胱甘肽，还原型谷胱甘肽再依次去还原谷氧还蛋白，还原型谷氧还蛋白则在核糖核苷二磷酸还原反应中起还原性底物的作用。在第二套酶系统中，电子的传递从 NADPH 逐次转递给硫氧还蛋白还原酶、硫氧还蛋白，最后使核糖核苷二磷酸还原。

重症联合免疫缺陷（SCID）是腺苷脱氨酶（ADA）基因突变所致，导致其编码的腺苷脱氨酶可能无法正常行使功能，患者的免疫反应几乎完全丧失，必须生活在无菌的环境之中。ADA 缺陷之所以能导致 SCID 的发生，是因为缺乏 ADA 而使细胞内的 dATP 急剧升高。高浓度的 dATP 与核苷酸还原酶的 A 位点结合，从而关闭该酶的活性，导致细胞内不能合成 dNDP，这必然影响到细胞内 DNA 复制（图 11-15），使得负责行使免疫功能的淋巴细胞无法正常生长、增殖。

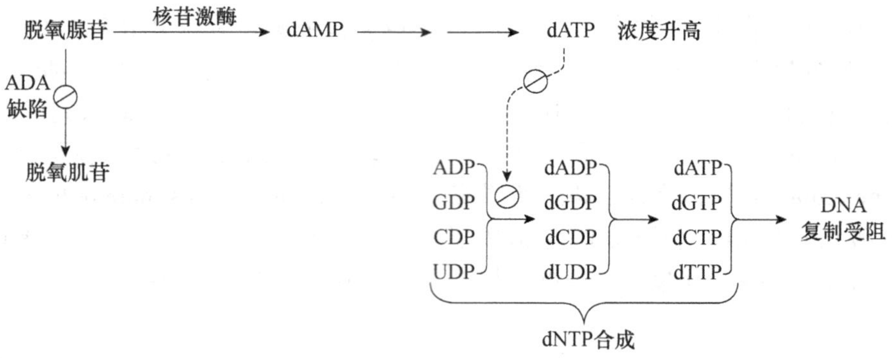

图 11-15 ADA 缺陷对 DNA 复制的影响

受 ADA 突变影响最深的是白血病，因为任何免疫反应的发生都需要白细胞的分裂，而细胞分裂之前 DNA 首先需要复制，当白细胞因为 DNA 复制受到抑制而不能有效分裂以后，免疫反应也就无从谈起了。ADA 缺乏症至今没有真正有效的治疗方法，但医生试图通过各种治疗来恢复 ADA 水平和提高免疫系统功能，包括移植生物匹配的骨髓（如兄弟姐妹）以提供健康的免疫细胞、来自健康供体的红细胞（含有高水平的 ADA）的输血、酶替代疗法（反复注射 ADA）、基因疗法（将含有正常 *ADA* 基因的合成 DNA 插入免疫细胞）。

五、脱氧胸腺嘧啶核苷酸的生物合成

脱氧胸苷酸（dTMP）合成的直接前体是 dUMP。细菌中合成 dUMP 的途径有两种，分别是 dCTP 脱氨和 dUDP 磷酸化形成 dUTP。dCTP 和 dUTP 都是相应的核苷二磷酸还原生成脱氧核苷二磷酸后，再经磷酸化而生成的。对于 dUMP 生成的这种迂回方式有两种理解：①在大多数细胞中，核糖核苷酸还原酶只作用于核糖核苷二磷酸，这样有利于对酶活性的更好调节；②通过将 dUTP 转化为 dUMP 可保持细胞内 dUTP 的较低浓度，防止 dUTP 结合到 DNA 中。

从 dUMP 到 dTMP 的过程是一个甲基化过程。催化这一反应的是胸苷酸合成酶（thymidylate synthetase），甲基供体是 N^5, N^{10}-亚甲基四氢叶酸。由于细胞中叶酸衍生物浓度很低，因而在胸腺嘧啶核苷酸连续合成时，需要二氢叶酸再转变成 N^5, N^{10}-亚甲基四氢叶酸，N^5, N^{10}-亚甲基四氢叶酸的生成是由二氢叶酸还原酶和丝氨酸转羟甲基酶所催化的两步反应来完成的。其过程见图 11-16。

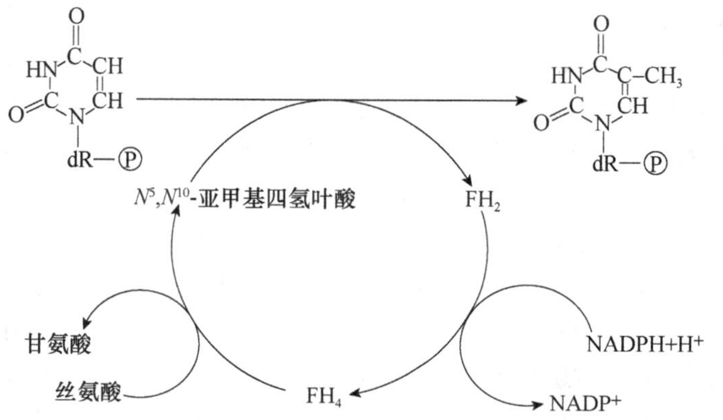

图 11-16 胸腺嘧啶核苷酸的生物合成

dR. 脱氧核糖；FH_2. 二氢叶酸；FH_4. 四氢叶酸

在这个过程中，四氢叶酸的再生成是必要的。很多代谢过程的四氢叶酸的再生成取决于这些过程中相应辅酶的形式。目前发现参与这一过程的酶也存在不同的组织形式，在植物和至少一种原生生物中，胸苷酸合成酶和二氢叶酸还原酶是位于一条肽链上的双功能蛋白质。

六、核苷酸合成的抑制剂

核苷酸作为 DNA 和 RNA 合成的前体，其在细胞内的代谢情况可直接影响到 DNA 的复制和转录，进而影响到细胞的分裂。抗核苷酸代谢类药物是一些参与核苷酸生物合成的天然代谢物的类似物，它们通常作为竞争性抑制剂抑制核苷酸合成的某一种酶，干扰或阻断核苷酸的合成。

资源 11-8

癌细胞的生长和分裂十分迅速，因此对核苷酸的需求比一般细胞要大得多，它们对核苷酸合成抑制剂的作用就更为敏感，这就构成了癌症化疗的生化基础。抗核苷酸代谢类药物除了可用于治疗癌症，还经常用作抗病毒的药物。

抗核苷酸代谢类药物按照它们在嘌呤和嘧啶核苷酸合成途径中的作用位点不同，可分为以下几种类型。

（一）叶酸类似物

在嘌呤核苷酸的从头合成途径中，由甲酰转移酶催化的反应需要 N^{10}-甲酰四氢叶酸，脱氧胸苷酸合成需要 N^5,N^{10}-亚甲基四氢叶酸。从二氢叶酸转变为四氢叶酸需要二氢叶酸还原酶，叶酸类似物是二氢叶酸还原酶的抑制剂，如氨基蝶呤（aminopterin）、氨甲蝶呤（methotrexate，MTX）和甲氧苄啶（trimethoprim），其中氨基蝶呤和氨甲蝶呤是哺乳动物细胞二氢叶酸还原酶的抑制剂，临床上被用于多种癌症的治疗，而甲氧苄啶是细菌二氢叶酸还原酶的抑制剂，是一种抗菌药。

（二）谷氨酰胺类似物

谷氨酰胺是核苷酸合成的氨基供体，在核苷酸合成过程中至少参与 6 步不同的反应。核苷酸生物合成有多种酶以 Gln 为底物，包括谷氨酰胺：PRPP 酰胺转移酶、鸟苷酸合成酶、氨甲酰磷酸合成酶Ⅱ（CPS-Ⅱ）和 CTP 合成酶等。1950 年，John Buchanan 发现重氮丝氨酸（azaserine）是谷氨酰胺类似物的抑制剂。此外，还有 6-重氮-5-氧-正亮氨酸（6-diazo-5-oxonorleucine），它们能够抑制这几种酶的活性，且抑制剂与催化位点的氨基酸侧链之间形成共价键，对谷氨酰胺氨基转移酶的抑制是不可逆抑制，从而阻断细菌核苷酸的合成，可作为抗生素使用。谷氨酰胺类似物的结构如图 11-17 所示。

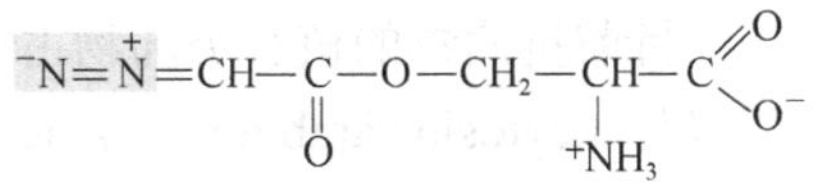

重氮丝氨酸

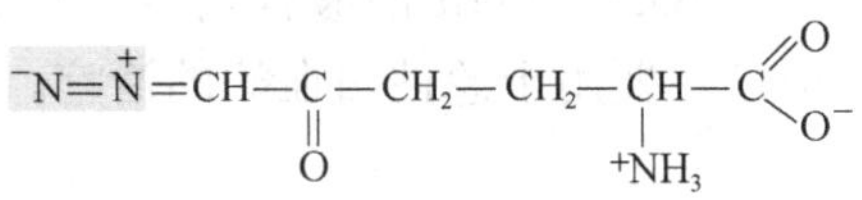

6-重氮-5-氧-正亮氨酸

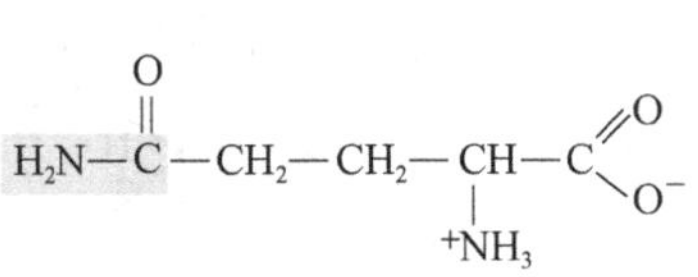

谷氨酰胺

图 11-17　谷氨酰胺类似物的结构

（三）碱基类似物

1. 嘌呤类似物　嘌呤类似物主要有 6-巯基嘌呤（6-mercaptopurine）、6-巯基鸟嘌呤（6-mercaptoguanine）和 8-氮杂鸟嘌呤（8-azaguanine）等（图 11-18），它们在细胞内经补救途径可转变为相应的核苷酸类似物，通过 3 种方式来抑制嘌呤核苷酸的合成：①抑制 IMP→

AMP 或 GMP；②竞争性抑制 HGPRT，阻断嘌呤核苷酸合成的补救途径；③抑制谷氨酰胺：PRPP 酰胺转移酶的活性。其中 6-巯基嘌呤长期用于儿童白血病的治疗，治愈率从最初的 4%左右已提高到 80%以上。

2．嘧啶类似物 5-氟尿嘧啶（5-fluorouracil，5-FU）、5-氟胞嘧啶（5-fluorocytosine）和 5-氟乳清酸（5-fluoroorotate）是嘧啶类似物（图 11-19），它们能抑制胸苷酸合成酶。5-氟尿嘧啶本身并无抑制作用，它在细胞内通过补救途径转变成 5-氟尿苷酸（5-FUMP）。5-FUMP 是胸苷酸合成酶的自杀型底物，能不可逆地抑制该酶的活性，从而阻断体内胸苷酸的合成，达到抑癌的效果。

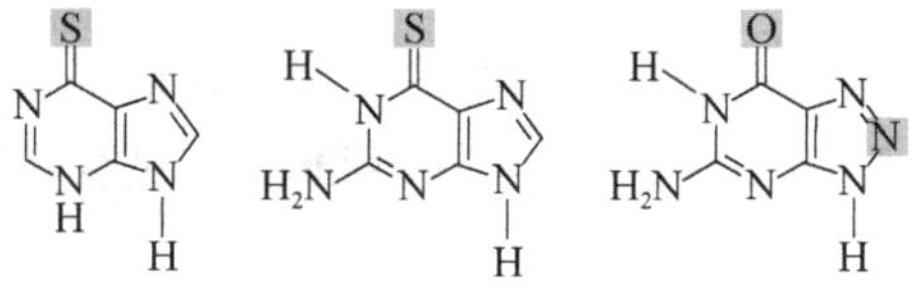

6-巯基嘌呤 6-巯基鸟嘌呤 8-氮杂鸟嘌呤

图 11-18 嘌呤类似物

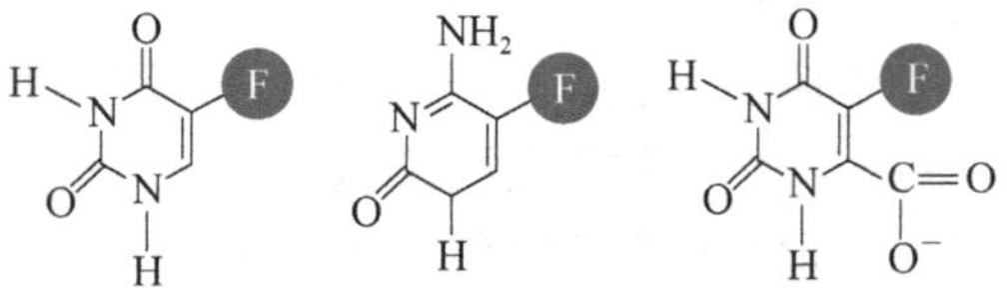

5-氟尿嘧啶 5-氟胞嘧啶 5-氟乳清酸

图 11-19 嘧啶类似物

（四）核苷类似物

核苷类似物进入细胞后，通常逐步磷酸化转变为三磷酸核苷类似物，在病毒合成 DNA、RNA 的过程中，与相应核苷酸竞争性结合病毒逆转录酶或 RNA 聚合酶，因核苷类似物在碳水化合物部分缺乏 3′-OH，不能结合下一个 5′-核苷三磷酸，病毒 DNA 或 RNA 链的合成提前终止，从而抑制病毒复制。修饰后的核苷类似物大多具有很好的抗病毒、抗肿瘤等生物活性，在治疗丙型肝炎病毒、乙型肝炎病毒、HIV、肿瘤等危重疾病方面发挥着至关重要的作用。

目前抗病毒的核苷类药物占临床应用药物的半数以上，如 3′-叠氮脱氧胸苷（AZT）、阿糖胞苷（cytosine arabinose，araC）和双脱氧肌苷（ddI）（图 11-20），它们在体内经补救途径可分别转变为 AZTTP、araCTP 和 ddITP，然后掺入正在合成的 DNA 链之中，抑制链延伸。其中 AZT 和 ddI 能够有效地阻断 HIV 的逆转录，已成为治疗艾滋病最有效的药物之一，而 araC 主要用于急性白血病的治疗。

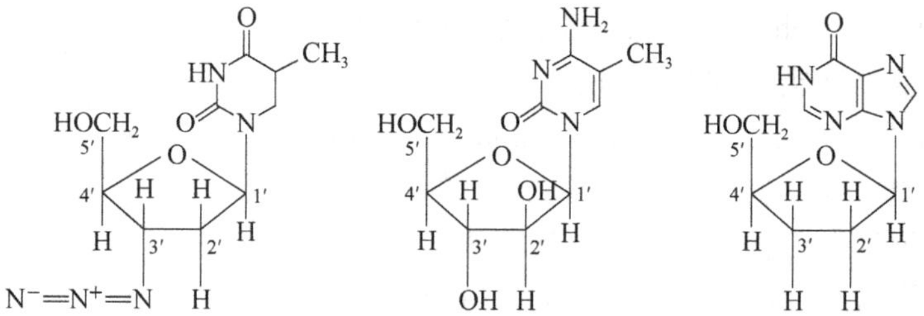

AZT araC ddI

图 11-20 核苷类似物

2021 年 11 月 4 日，全球首个新冠口服药 Molnupiravir（EIDD-2801，名称源自 Mjollnir，雷神之锤）在英国获批上市，也是一种核糖核苷类似物，用于治疗轻度到中度新冠病毒感染患者，可使死亡率降低 50%。

（五）核苷酸类似物

理论上，上述碱基类似物和核苷类似物均可在体外转变成相应的核苷酸类似物，但由于核苷酸类似物带有高度的负电荷，难以进入细胞起作用，因此很少直接使用核苷酸类似物作为抗癌或抗病毒的药物。

本章小结

核酸在核酸酶的作用下水解为核苷酸。作用于 RNA 的称为核糖核酸酶，作用于 DNA 的称为脱氧核糖核酸酶。根据核酸酶作用的位置，可将核酸酶分为核酸外切酶和核酸内切酶。限制性核酸内切酶是指作用于特定核酸序列的一类核酸内切酶。

体内核苷酸的分解包括嘌呤核苷酸和嘧啶核苷酸的分解途径。

嘌呤核苷酸在降解过程中产生的嘌呤碱基经氧化、脱氢或脱氨都能转化为黄嘌呤，黄嘌呤发生氧化生成尿酸，随尿排出体外。黄嘌呤氧化酶是分解代谢中重要的酶。嘌呤在不同种类动物体内分解产生的最终产物不同。嘌呤代谢异常导致尿酸过多而引起痛风，患者血中尿酸可以尿酸盐晶体形式沉积于关节、软组织、软骨及肾等处，导致关节炎、尿路结石及肾病。临床上常用别嘌呤醇治疗痛风。嘧啶核苷酸在酶的作用下生成磷酸、核糖及自由碱基，产生的嘧啶碱进一步分解。胞嘧啶脱氨基转变成尿嘧啶，尿嘧啶最终生成 NH_3、CO_2 及 β-丙氨酸。胸腺嘧啶降解成 β-氨基异丁酸。

体内核苷酸的合成有两条途径，一是从头合成途径，主要发生在肝中；二是补救途径，主要发生在脑、骨髓中。从头合成途径是主要途径。

嘌呤核苷酸从头合成的原料包括磷酸核糖、天冬氨酸、甘氨酸、谷氨酰胺、一碳单位及 CO_2 等。嘌呤核苷酸首先合成 IMP，IMP 再转变成 AMP 与 GMP。嘌呤环各元素来源如下：N1 由天冬氨酸提供，C2 由甲酸盐（以 N^{10}-甲酰四氢叶酸形式）提供，C8 由 N^5,N^{10}-甲炔四氢叶酸提供，N3、N9 由谷氨酰胺提供，C4、C5、N7 由甘氨酸提供，C6 由 CO_2 提供。嘌呤核苷酸从头合成的关键酶包括谷氨酰胺：PRPP 酰胺转移酶、PRPP 合成酶。谷氨酰胺：PRPP 酰胺转移酶是一类别构酶，其单体形式有活性，二聚体形式无活性。从头合成的调节机制是反馈调节。

嘌呤核苷酸补救合成的主要酶包括腺嘌呤磷酸核糖基转移酶、次黄嘌呤-鸟嘌呤磷酸核糖基转移酶。嘌呤核苷酸补救合成的生理意义：节省从头合成时能量和一些氨基酸的消耗；体内某些组织器官如脑、骨髓等由于缺乏从头合成嘌呤核苷酸的酶体系，而只能进行嘌呤核苷酸的补救合成。

脱氧核苷酸的生成：体内的脱氧核苷酸是通过各自相应的核糖核苷酸在二磷酸水平上还原而成的。核糖核苷酸还原酶催化此反应。

嘧啶核苷酸从头合成的原料是天冬氨酸、谷氨酰胺、CO_2 等。反应过程中的关键酶在不同生物体内有所不同，细菌中的主要是天冬氨酸氨基甲酰转移酶；哺乳动物细胞中的主要是氨甲酰磷酸合成酶Ⅱ。其合成过程形成的第一个嘧啶核苷酸是乳清苷酸，进而形成尿嘧啶核苷酸，UMP 在一系列酶的作用下生成 CTP。dTMP 由 dUMP 经甲基化生成。嘧啶核苷酸从头合成的特点是先合成嘧啶环，再磷酸核糖化生成核苷酸。

嘧啶核苷酸的补救合成：主要酶是嘧啶磷酸核糖转移酶，能利用尿嘧啶、胸腺嘧啶及乳清酸作为底物，对胞嘧啶不起作用。

抗核苷酸代谢类药物是一些参与核苷酸生物合成的天然代谢物的类似物，它们通常作为竞争性抑制剂抑制核苷酸合成的某一种酶，干扰或阻断核苷酸的合成，包括叶酸类似物、谷氨酰胺类似物、碱基类似物、核苷类似物和核苷酸类似物等。抗核苷酸代谢类药物除了可用于治疗癌症，还经常被用作抗病毒的药物。

思 考 题

1. 哪些原料参与了嘌呤和嘧啶环的合成?
2. 请说明抗癌药物 5-氟尿嘧啶（5-FU）的作用机制。
3. 别嘌呤醇是黄嘌呤氧化酶的抑制剂，临床上用来治疗痛风，请解释它的生化机制。
4. UMP 如何转变成 dTMP?
5. 比较嘌呤核苷酸和嘧啶核苷酸从头合成途径的不同。
6. 将标记氨基氮的腺嘌呤和标记 N7 的腺嘌呤拌入人、小鼠和鸽子的食物中，在其哪种排泄物上有标记?
7. 简要说明嘌呤和嘧啶核苷酸合成的调节方式。
8. 羽田杀菌素是天冬氨酸的结构类似物，说明它在嘌呤核苷酸合成中的抑制作用。
9. 简述 PRPP（磷酸核糖焦磷酸）在核苷酸代谢中的作用。
10. 简述各类抗核苷酸代谢类药物的作用原理及其临床应用。

参考答案

第十二章　DNA 的生物合成

DNA 复制是一个有多种酶和因子参与的复杂过程，主要包括拓扑异构酶、解旋酶、单链 DNA 结合蛋白、引发酶、DNA 聚合酶和 DNA 连接酶等。DNA 复制的主要方式是半保留复制，在复制过程中，前导链复制是连续的，后随链以不连续的冈崎片段形式合成，其复制是不连续的。原核生物 DNA 聚合酶主要有 3 种，DNA 聚合酶III是主要的复制酶；真核生物 DNA 聚合酶主要有 5 种。二者的酶促反应类似。真核生物还有端粒保障染色体末端的完整性。DNA 在复制过程中有可能产生错配或者由某些理化因素引起损伤，在长期的进化过程中，生物体获得了多种修复系统以实现高保真度复制。DNA 重组技术是按生物规律人为设计的，以实现体外基因改造，使生物的遗传性状获得改变。本章主要介绍 DNA 复制的基本过程及其损伤修复方式等。

第一节　DNA 复制的特点

DNA 是遗传信息传递的物质基础。遗传信息从 DNA 到 RNA，最终以蛋白质的形式表现生命活动的各种特征。1958 年，F. Crick 提出的遗传中心法则主要由复制（replication）、转录（transcription）和翻译（translation）3 部分组成，后来在 RNA 病毒的研究中发现了 RNA 复制和 RNA 逆转录，更新了人们对中心法则的认知（图 12-1）。20 世纪 50 年代，诸多研究均已证明 DNA 是生物体内的遗传物质，除少数的 RNA 病毒，生物的遗传信息是以不同的脱氧核糖核苷酸的形式排列在 DNA 分子上，储备在 DNA 分子上的遗传信息通过复制活动将遗传信息传递给子代，遗传物质复制的准确性让生命不断繁衍生息。

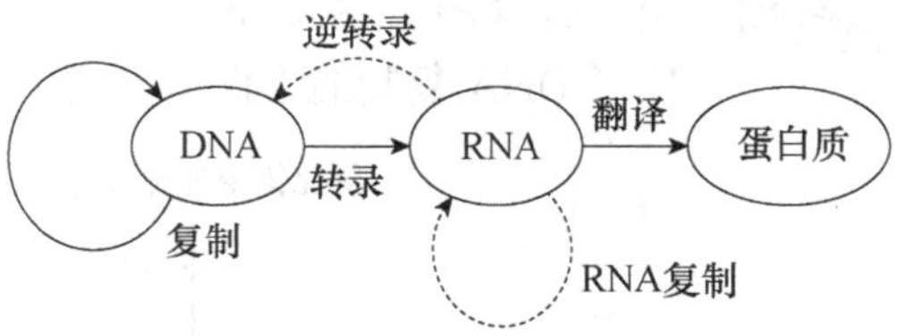

图 12-1　遗传信息传递的中心法则

一、DNA 的半保留复制

（一）半保留复制的提出

DNA 复制是指亲代 DNA 双螺旋解开，两条单链分别作为模板，合成子代 DNA 的过程。早在 1953 年，Watson 和 Crick 就提出了 DNA 双螺旋结构模型，从而认识到 DNA 双链中碱基配对的特性，即 A 与 T 相配对，C 与 G 相配对。Watson 和 Crick 开创性的论文对 DNA 双螺旋的描述以这样一段陈述结尾：“不出我们的意料，我们所假设的特异性配对提示一种遗传物质可能的复制机制。”在 DNA 双螺旋结构的基础上又提出了 DNA 半保留复制假说。他们推测复制时 DNA 的两条链分开，然后用碱基配对方式，按照每一条单链 DNA 的核苷酸顺序合成新链以组成新的 DNA 分子，即分别以 DNA 分子中的每一条链为模板，合成两个新的 DNA 分子。这样新形成的两个 DNA 分子与原来 DNA 分子的碱基顺序完全一样。由于每个子代分子的一条链来自亲代的 DNA，另一条链是新合成的 DNA，因此把这种复制方式称为半保留复制（semiconservative replication）（图 12-2）。鉴于当时不知晓 DNA 的双链如何解开，

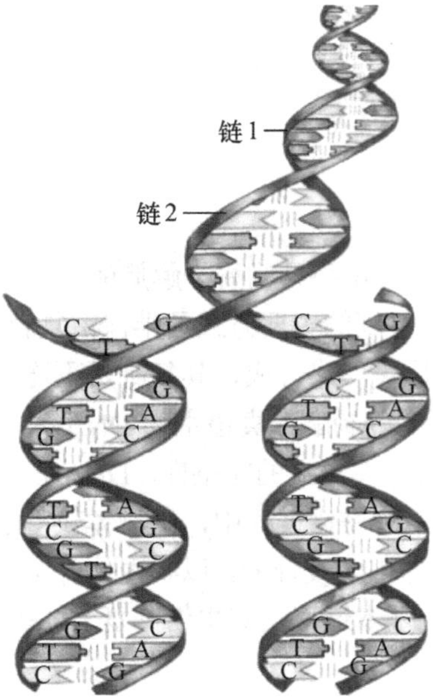

图 12-2 DNA 的半保留复制

有人也曾提出全保留复制和分散复制的假设，但在 1958 年被否定，并结合实验验证了半保留复制的正确性。

（二）半保留复制的验证

1958 年，Meselson 和 Stahl 首次用实验证实了 DNA 的半保留复制。实验巧妙地选用了同位素标记法和氯化铯密度梯度超速离心技术，他们先使大肠杆菌长期在以 $^{15}NH_4Cl$ 为唯一氮源的培养基中生长，使其 DNA 全部变成［^{15}N］DNA。然后将细菌转入普通培养基（含 $^{14}NH_4Cl$）中，并将各代的细菌 DNA 抽提出进行氯化铯密度梯度超速离心。

在密度梯度超速离心过程中，离心管内的氯化铯溶液因离心作用与扩散作用达到平衡，溶液中 DNA 逐渐聚集在与氯化铯密度相同的位置处形成区带。由于［^{15}N］DNA 比［^{14}N］DNA 的密度大，离心时形成区带的位置出现差异。Meselson 和 Stahl 发现［^{15}N］培养基中的细菌 DNA 只形成一条［^{15}N］DNA 区带，并且区带位置靠近离心管的底部。移至［^{14}N］培养基经过一代后，所有 DNA 的密度都在［^{15}N］DNA 和［^{14}N］DNA 之间，区带位置比第一代分子向上平移，说明形成了一半［^{15}N］DNA 和一半［^{14}N］DNA 的杂交分子。实验证明第二代 DNA 正好一半为此杂交分子，一半为［^{14}N］DNA 分子。第三代以后［^{14}N］DNA 成比例地增加，整个变化与半保留复制预期的完全一样（图 12-3）。此后，又对细菌、动植物细胞及病毒进行了许多实验研究，都证明了 DNA 复制的半保留方式。

资源 12-1

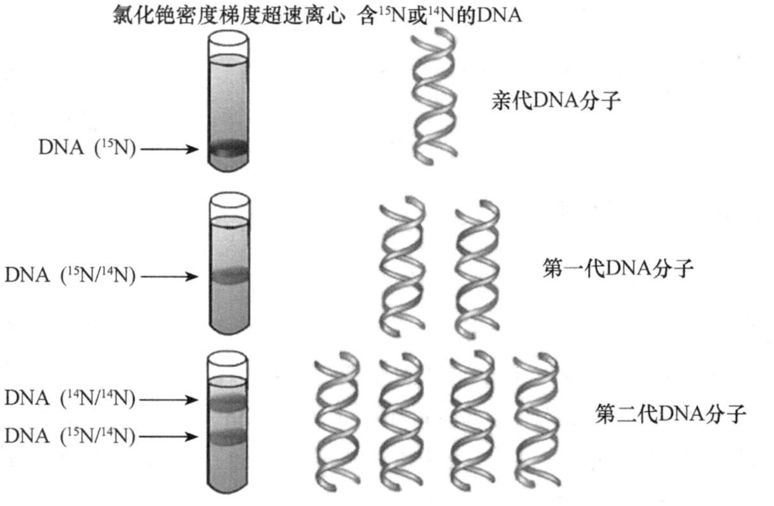

彩图

图 12-3 Meselson-Stahl 实验

二、DNA 复制的起点和方向

1. 复制的起点 基因中能够独立复制的单位称为复制子（replicon）。DNA 的复制并不是从 DNA 的一端开始的，而是开始于一个特定的位点，此特定位点称为复制起点（origin of replication）或生长点，可用 ori 表示。原核细胞 DNA 分子上只有一个起点，起点长度一般为 100～200bp。例如，大肠杆菌染色体是一个含有 4×10^6bp 的 DNA 分子，其中有一段约 245bp 的特殊序列 DNA 片段，为复制起点。质粒、噬菌体及原核细胞的基因组一般由单个复制子组成。细胞内存在能识别起点的特异蛋白质。原核生物生长迅速，第一个复制尚未完成，第二个 DNA 分子就会在同一个起点上开始复制，因此原核生物通过这种方式可实现快速的生长繁殖。真核生物复制原点的 DNA 序列一般并无固定的模式，但大多数包含一个富含 AT 的序列和一个特异蛋白质的结合位点。真核生物的染色体中有多个复制起点，形成多个复制子，复制的起点不是同时启动。例如，在果蝇 3×10^4bp 的染色体上 DNA 的复制起点有 2000～3000 个，复制从起点开始双向复制形成多个复制泡（replication bubble）或复制眼（replication eye），每个复制泡均有固定的起点，然后向双向伸展，与相邻的复制泡会合，这样一段一段的 DNA 片段就称为一个复制单位。不同生物的复制单位的大小不均一，复制子差异较大，即便同一生物在不同的生长条件下，复制子的大小也不相同，生长快时，复制子小，反之亦然。

2．复制叉　从复制起点开始，将 DNA 双链解开，在复制的同时进行解链与合成，把子链沿模板延伸所形成的 Y 形结构，形象地称为“复制叉”（replication fork）。复制叉从原点开始，复制叉行进的方向和后随链模板的 5′→3′方向是一致的。复制的方向大多数是双向的，因此复制过程会形成含有两个复制叉的复制泡。少数为单向复制，只形成一个复制叉。原核生物的环状 DNA，其复制叉的移动速率约为 10^5bp/min，双链环状 DNA 复制过程可在电子显微镜下观察到“θ”形结构，所以又称为“θ”式复制。真核生物的复制叉移动较慢，速率为 5×10^2～5×10^3bp/min。

资源 12-2

3．复制的方向　复制的方向可能有 3 种（图 12-4）。一是从两个起点开始，各以相反的单一方向复制新链，形成两个复制叉。二是从一个起点开始，以同一方向复制两条链，形成一个复制叉。三是从一个起点开始，沿两个相反方向复制两条链，形成两条复制叉，这种方式最为常见，是最重要的双向复制（bidirectional replication）。在大肠杆菌中，DNA 的复制速率大约是 10^5bp/min，而真核细胞的复制速率仅为 500～5000bp/min，虽然原核的复制速率比真核快很多，但事实上，真核生物 DNA 复制时间一般仅为几小时，这正是通过从多个复制起点同时开始并双向复制来实现的。DNA 复制如图 12-4 所示。

资源 12-3

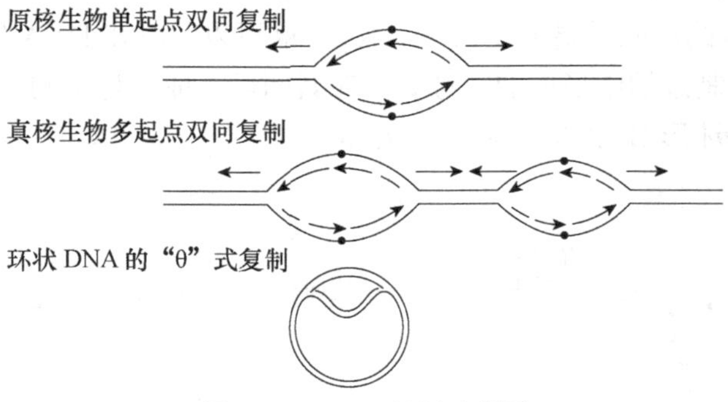

图 12-4　DNA 复制示意图

三、复制的引物

DNA 合成的起始需要 RNA 的协助，由于目前发现的 DNA 聚合酶不能聚合游离的脱氧核糖核苷酸，因此需要引物酶在起始部位以 DNA 为模板，合成一小段 RNA 引物，该引物提供 3′-OH 端，dNTP 与 3′-OH 结合形成磷酸二酯键，使 DNA 新链延长。新链合成完毕，再将 RNA 切除并重新填补。原核生物中该过程由 DNA 聚合酶 I 完成。

四、DNA 的半不连续复制

DNA 的复制从复制原点开始，复制叉向未复制的 DNA 方向前进。但是，催化 DNA 合成的酶只能催化新链 DNA 按 5′→3′方向进行合成，不能按 3′→5′ 方向合成，只有合成方向与复制叉前进方向相同的那条子代链可以连续合成，此链称为前导链（leading strand）。DNA 的复制始于引物酶合成的 RNA 引物，由 DNA 聚合酶III在引物的 3′-OH 端上按照碱基互补配对原则加上脱氧核糖核苷酸。合成一旦开始，前导链的合成连续进行，复制的方向与复制叉移动方向一致；另一条子代链复制是不连续的，复制的方向与复制叉移动的方向相反，会形成不同的冈崎片段（Okazaki fragment），因其合成的速率滞后于前导链，又称为后随链（lagging strand）。因此把前导链的连续复制和后随链的不连续复制称为 DNA 的半不连续复制（semidiscontinuous replication）。

第二节 原核生物 DNA 的复制

一、原核生物 DNA 复制的酶及蛋白质

（一）拓扑异构酶

拓扑异构酶（topoisomerase）是一类通过催化 DNA 链的断裂、旋转和重新连接而直接改变 DNA 拓扑学性质的酶。它的作用是在 DNA 正式复制之前松弛超螺旋和在完成复制之后重新形成超螺旋，另外它还可以消除由解旋酶造成的拓扑张力。它兼具内切酶和连接酶活力，能迅速使 DNA 链断开又连接上。拓扑异构酶包括拓扑异构酶 I （Top I ）和拓扑异构酶II（Top II）。

Top I 是单链蛋白质，其主要功能是先切开 DNA 中的一条链。链的切口末端沿着松弛超螺旋的方向转动，然后将切口封闭。Top I 在松弛超螺旋作用中不需要 ATP 参与。参与 DNA 复制的主要是 Top II，曾被称为旋转酶（gyrase），由两个 A 亚基和两个 B 亚基组成（A_2B_2），它可同时切开超螺旋 DNA 分子的两条链，使 DNA 分子变为松弛状态，然后将切口封接（图 12-5），此反应需要 ATP 参与。Top II 既可以及时在 DNA 复制前引入负超螺旋，又可以及时清除在复制过程中形成的超螺旋。在其间可完成几种不同类型的拓扑学转变，包括松弛正负超螺旋、环形 DNA 的连环化与去环化。

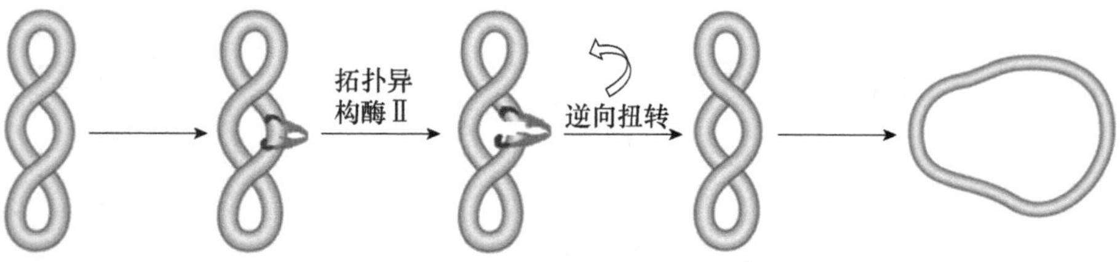

图 12-5 拓扑异构酶 II 的作用

（二）解旋酶

DNA 双螺旋的解链由解旋酶（helicase）催化。DNA 复制起始时，解旋酶与一条 DNA

链结合，利用水解 ATP 获得的能量沿 DNA 链滑动，解开 DNA 双螺旋。所有生物体内都含有解旋酶，大肠杆菌含有 12 种解旋酶，其中 DnaB 蛋白在 DNA 复制中起主要作用，它的分子量为 50 000，为同型六聚体蛋白，在 DNA 复制过程中沿 5′→3′方向滑动解开双螺旋，ATP 或 GTP、CTP 提供能量（图 12-6）。Rep 解旋酶和 PriA 解旋酶的分子量分别为 68 000 和 70 000，都是单亚基蛋白质，两者都是沿 DNA 模板链 3′→5′方向滑动解开双螺旋。Rep 解旋酶的存在对于大肠杆菌 DNA 复制不是必需的，但是该蛋白突变体的 DNA 复制叉移动速率与正常野生型相比约下降 50%。

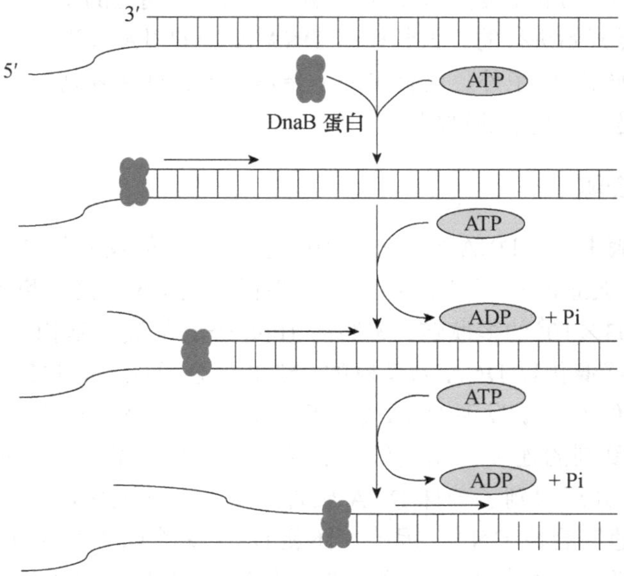

图 12-6 大肠杆菌 DnaB 蛋白的解旋酶活性（杨荣武，2018）

（三）单链 DNA 结合蛋白

DNA 双螺旋经解旋酶作用后会迅速结合上单链 DNA 结合蛋白，单链 DNA 结合蛋白（single strand DNA binding protein，SSB 蛋白）由 4 个相同的亚基组成，分子量为 1.88×10^4，每个细胞中约含有 800 个。它的作用是与分开的两条 DNA 单链结合以阻止它们重新结合，使 DNA 模板的碱基顺序暴露给复制酶系统，保证复制顺利进行。它与单链 DNA 紧密结合时的亲和力很强。一分子 SSB 蛋白可以覆盖 DNA 单链上 30 个核苷酸残基的长度，SSB 蛋白与解开的 DNA 单链结合可稳定此单链，使 DNA 单链免遭核酸酶降解，并保持单链的伸展状态以利于其发挥模板作用。SSB 蛋白在复制过程中可以循环利用，在复制过程中，从模板上置换下来的 SSB 蛋白，可重新缔合到新的单链区发挥其对单链 DNA 的保护作用。但在聚合酶Ⅲ进行复制前，SSB 蛋白必须与 DNA 分开。

（四）引发酶

目前绝大多数 DNA 聚合酶都不能从头开始合成一条全新的 DNA 链，引发酶（primase）只能把一个核苷酸加到具有游离的 3′-OH 端引物的 3′端上，引物为将要合成的多聚分子提供一个“把手”。大多数引物（primer）是与模板互补的具有约 10 个核苷酸的一段 RNA。机体之所以选择 RNA 作为引物，是为了减少突变。因为复制最初几个核苷酸时，碱基堆积力和氢键结合能力都很弱，碱基对发生差错的概率相对较高，加上这几个核苷酸还没有与模板形成稳定的双链结构，所以 DNA 聚合酶的 3′→5′校错功能很难发挥作用。解决的办法是采用一种过渡形式。RNA 引物易被 DNA 聚合酶Ⅲ识别而停止聚合作用，又便于 DNA 聚合酶Ⅰ进行水解，所以 RNA 是比较合适的引物。

RNA 引物是引发酶催化合成的。引发酶是一种特殊的 RNA 聚合酶，只有和另外的几种蛋白质组成复合体时才能催化引物合成，这种复合体称为引物体或引发体（primosome）。引发体包含多种蛋白质因子，它连续地与引发酶联合和解离，从而在不同部位引导引发酶催化合成 RNA 引物，为 DNA 的合成提供 3′-OH 端，这也为后随链的不连续合成准备了条件。引发过程是在复制起点开始进行的。大肠杆菌 DNA 复制的引发过程除含有拓扑异构酶、解旋酶、单链 DNA 引物酶等因子外，还有 DnaA 蛋白（大肠杆菌复制作用的起始蛋白）参与。由此可见引发阶段是一个复杂的过程。

（五）DNA 聚合酶

1．DNA 聚合酶Ⅰ DNA 复制过程中最基本的酶促反应是 4 种脱氧核苷酸的聚合反应。1956 年，A. Kornberg 从大肠杆菌中首先提取出 DNA 聚合酶Ⅰ（DNA PolⅠ），它是一条分子量为 1.03×10^5 的多肽链，大约由 1000 个氨基酸残基构成，每个分子中含有一个 Zn^{2+}，由于它能够催化以 DNA 为模板的 dNTP 聚合反应，因此最初认为它就是催化新 DNA 链合成的酶。但不久就发现 DNA 聚合酶Ⅰ的催化速率远远小于 DNA 复制叉的移动速率，而且它催化复制的连续性相当低，加接几十个核苷酸就脱离模板。而最重要的是 1969 年 John Cairns 分离得到了一株 DNA 聚合酶Ⅰ基因缺陷株，它没有 DNA 聚合酶Ⅰ活性，但仍能以正常速率合成 DNA。因此，怀疑 DNA 聚合酶Ⅰ是否在体内负责 DNA 的复制，并推测细胞内必定还有其他聚合酶存在。那么 DNA 聚合酶Ⅰ的主要作用是什么呢？经研究发现，此酶的 5′→3′外切酶活性负责切除已完成使命的引物，5′→3′聚合酶活性催化填补由于引物切除而产生的空隙，3′→5′外切酶活性则可识别并去除错配的核苷酸而纠正错误（图 12-7）。

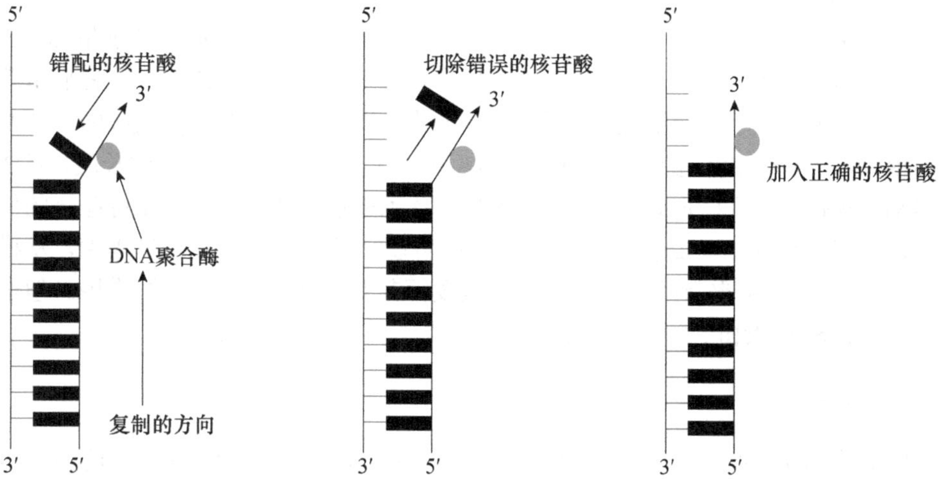

图 12-7 DNA 聚合酶的校对作用

每个大肠杆菌细胞约有 400 个 DNA 聚合酶Ⅰ，在 37℃每分钟约聚合 1000 个核苷酸残基。实验发现枯草杆菌蛋白酶可将其水解为两个大小不同的片段，C 端的大片段（分子量为 6.8×10^4）保留 5′→3′聚合酶和 3′→5′外切酶活性，叫作 Klenow 片段，是分子生物学中常用的工具酶；N 端的小片段（分子量为 3.5×10^4）保留 5′→3′外切酶活性，可以切除少量的核苷酸。

2．DNA 聚合酶Ⅱ　DNA 聚合酶Ⅱ是分子量为 9.0×10^4 的多亚基酶，其活力比 DNA 聚合酶Ⅰ高，每分钟可催化约 2400 个核苷酸聚合。除具有 5′→3′聚合酶活性外，DNA 聚合酶Ⅱ也有 3′→5′外切酶活性，但无 5′→3′外切酶活性。经研究发现，DNA 聚合酶Ⅱ缺失的大肠杆菌突变株中 DNA 复制各方面都正常，其主要功能是参与 DNA 的损伤修复，不是真正的复制酶。

3．DNA 聚合酶Ⅲ　DNA 聚合酶Ⅲ才是大肠杆菌主要的复制酶，在 DNA 复制中链的延长上起主要作用。它催化的聚合作用迅速，含有超过 10 个亚基（表 12-1）。这些亚基组成两个亚单位而形成不对称的二聚体（图 12-8）。

表 12-1　大肠杆菌 DNA 聚合酶Ⅲ亚基的功能

亚基	全酶中的亚基数	分子量	基因	亚基的功能
α	2	132 000	*pol* C（*dna E*）	聚合酶活性 }聚合酶核心
ε	2	27 000	*dna* Q（*mut D*）	3′→5′外切酶 }聚合酶核心
θ	2	10 000	*hol E*	α 和 ε 的装配
τ	2	71 000	*dna X*	将全酶装配到 DNA
γ	2	52 000	*dna X′*	“钳”载复合物
δ	1	35 000	*hol A*	“钳”载复合物
δ′	1	33 000	*hol B*	“钳”载复合物
χ	1	15 000	*hol C*	“钳”载复合物
ψ	1	13 000	*hol D*	“钳”载复合物
β	4	37 000	*dna N*	核心酶连接 DNA 模板

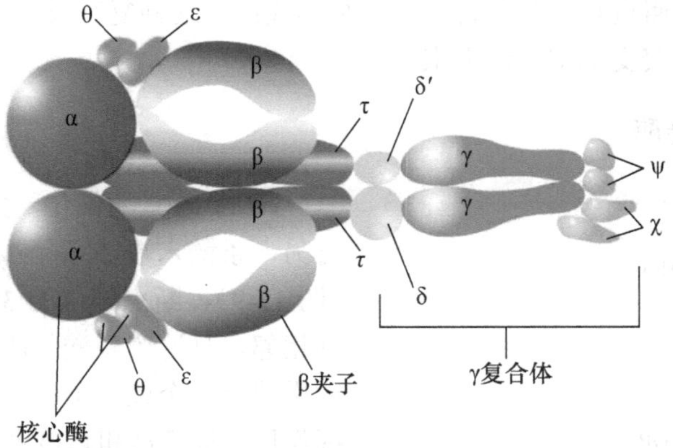

图 12-8　大肠杆菌 DNA 聚合酶Ⅲ的亚基组成（刘国琴和杨海莲，2019）

从表 12-1 中可知 DNA 聚合酶Ⅲ的聚合活性和校对活性位于各自的亚基 α 和 ε 上。θ 亚基与 α 和 ε 亚基相连形成一个聚合酶核心（核心酶），这个核心酶能进行 DNA 聚合反应，但只有有限的连续性。τ（tau）亚基的二聚体可以把两个核心酶连在一起，形成一种复合物。这种复合物再和由 5 种蛋白 $\gamma_2\delta\delta'\chi\psi$ 形成的“钳”载复合物（single clamp-loading complex），组装成 14 个蛋白亚基（9 种蛋白）的Ⅲ型 DNA 聚合酶。

Ⅲ型 DNA 聚合酶要像人们所期望的那样能完成全染色体 DNA 复制，其连续性还是太低。Ⅲ型 DNA 聚合酶与 4 个 β 亚基形成全酶后获得足够的复制连续性。β 亚基成对相连形成面包圈样的结构，像把钳子环绕 DNA，每个二聚体和一个核心酶组件相结合，复制进行时沿着 DNA 滑动。这种 β 亚基形成的钳样结构防止 DNA 聚合酶Ⅲ从 DNA 模板上解离，使复制连续性增加到 500 000 个核苷酸以上。现将大肠杆菌 3 种 DNA 聚合酶的特性与功能列于表 12-2。

表 12-2　大肠杆菌中 DNA 聚合酶

酶活性	Pol Ⅰ	Pol Ⅱ	Pol Ⅲ
5′→3′聚合作用	+	+	+
3′→5′外切酶活性	+	+	+
5′→3′外切酶活性	+	−	−
构成（亚基数）	单体	多亚基（≥7）	多亚基（≥10）
分子量	10.3×10^4	9.0×10^4	90.0×10^4
体外链延长速率/（核苷酸数/min）	1 000～1 200	2 400	15 000～60 000
分子数/细胞	400	100	10～20
功能	切除引物、修复、填补空隙	修复	复制

这 3 种 DNA 聚合酶在许多方面是相似的。首先，它们都需要模板 DNA 和底物 dNTP，需要一个有游离 3′-OH 的片段作为“引物”，即它们只能催化脱氧核苷酸加在 DNA 或 RNA 链的 3′-OH 上，并按 5′→3′的方向进行。另外，3 种酶都具有 3′→5′外切酶活性，以切除 DNA 复制中错配的核苷酸，起到“校对”的作用。DNA 聚合酶Ⅰ具有 5′→3′外切酶活性，负责引物的切除和空隙的填补。

4. DNA 聚合酶Ⅳ和Ⅴ　1969 年，人们发现了另外两种大肠杆菌 DNA 聚合酶Ⅳ和Ⅴ，它们参与不寻常的 DNA 损伤的修复。已知 DNA 聚合酶Ⅴ能使复制通过许多损伤位点，而不像其他复制酶一样中断复制，导致错配碱基的出现。但这又是一种不得不采取的策略，是为了克服不可逾越的障碍进行复制所付出的生物学代价。这种复制或导致许多细胞产生突变致死，但它允许小部分突变细胞存活下来。

（六）DNA 连接酶

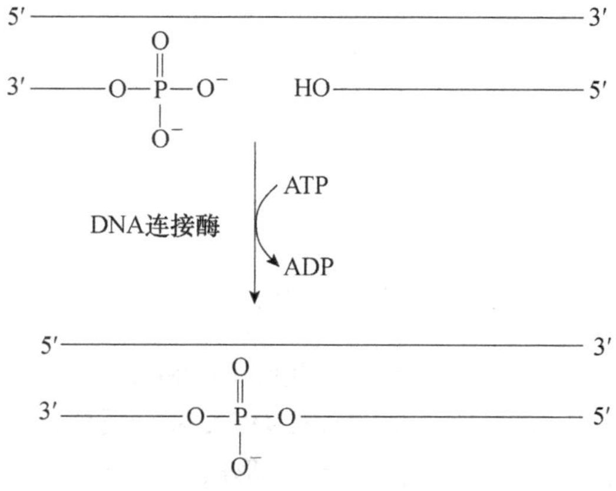

图 12-9　DNA 连接酶的酶促反应

DNA 连接酶催化一条 DNA 链末端 3′-OH 与另一条链末端 5′-磷酸之间磷酸二酯键的形成（图 12-9），断点部位的 3′-OH 和 5′-磷酸基团必须相邻，且这个磷酸基团必须被腺苷酸化激活，如果缺少一个或几个核苷酸残基，连接酶不能发挥作用。从病毒和真核生物分离的 DNA 连接酶使用 ATP，而从细菌分离的 DNA 连接酶一般是使用 NAD^+作为辅因子以提供 AMP 激活基团。DNA 连接酶在 DNA 复制、损伤修复和重组中不可缺少，它已经成为 DNA 分子生物学实验的重要工具。

二、原核生物 DNA 复制的过程

资源 12-4

（一）起始

大肠杆菌的 DNA 复制起始于对 *oriC* 的识别，终止于引发体的形成。*oriC* 长度约为 245bp，含有 4 个 9bp 同向或反向重复序列、3 个 13bp 同向重复序列及 11 个拷贝的甲基化位点序列（GATC），*oriC* 的左侧还有一个编码 DNA 复制起始蛋白 DnaA 的 *dnaA* 基因（图 12-10）。DnaA 识别并结合 9bp 的重复序列，水解 ATP 驱动 13bp 的重复序列发生解链，形成开放的起始复合物，在 DnaB、DnaC、DnaG 蛋白等的作用下，SSB 蛋白与单链结合。在此基础上，经拓扑异构酶和解旋酶的作用，解开 DNA 双链，形成复制叉，引物酶进入形成引发体，同时更多的 SSB 结合到单链 DNA 上。引发体中的引物酶以复制子上单链 DNA 为模板，利用 4 种 NTP 按 5′→3′方向合成 RNA 引物。

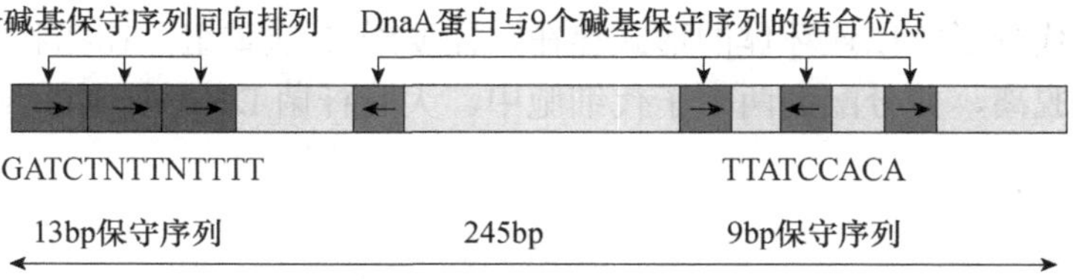

图 12-10　大肠杆菌 DNA 复制起始区 *oriC* 的结构示意图

（二）延伸

在 DNA 聚合酶Ⅲ的作用下，第一个脱氧核糖核苷酸的 5′-磷酸基团与 RNA 引物的 3′-羟基间形成磷酸二酯键，接下来继续以单链 DNA 为模板，以 4 种脱氧核糖核苷酸为底物，在 DNA 聚合酶Ⅲ的作用下，沿着 5′→3′的方向依次连上脱氧核糖核苷酸，从而形成新的互补的 DNA 链。由于 DNA 双螺旋结构中两条链的方向是反向的，因此两条模板的合成情况也不一样。对起始部位为 3′的模板链，因 DNA 聚合酶的聚合方向为 5′→3′，新链的合成方向和解旋方向一致，该过程可连续合成，这条链称为前导链。而互补的另一条模板链的起始端为 5′，其新链的聚合方向无法从模板 5′端直接匹配合成新链，为了降低和前导链合成速率的差异，是以不连续方式合成子代链，该条链称为后随链。

1968 年，日本学者冈崎等提出了 DNA 的不连续复制模型。在一个复制叉内，新链的合成方向均是 5′→3′，受模板链方向的限制，后随链的合成比较复杂。首先由 DNA 聚合酶Ⅲ催化按 5′→3′方向合成不连续的冈崎片段。当此片段接近前方的片段时，DNA 聚合酶Ⅰ利用其 5′→3′外切酶活性切除掉 RNA 引物，造成了片段间的空隙；继而 DNA 聚合酶Ⅰ催化进行 5′→3′方向的聚合作用，填补片段间的空隙。由于 DNA 聚合酶Ⅰ和 DNA 聚合酶Ⅲ相互配合，各自发挥其聚合作用活性及外切酶活性，得以合成出许多相邻的片段，然后由 DNA 连接酶将这些片段连接在一起，形成完整的 DNA 链（图 12-11）。对大肠杆菌而言，因其染色体是环状的，所以末端冈崎片段引物切除后可借助另外一条 DNA 链向前延伸补足缺口，最后由连接酶负责首尾连接，形成完整的片段。

（三）终止

单向复制的环状 DNA 分子，其复制活动从起点开始又终止于起点。一般来说，链的终

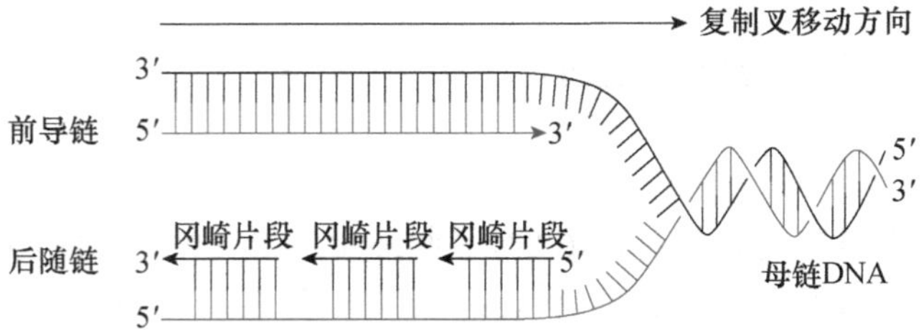

图 12-11 大肠杆菌 DNA 前导链和后随链的复制（刘国琴和杨海莲，2019）

止不需要特定的信号，也不需要特定的蛋白质参与，因为环形大肠杆菌染色体 DNA 上两个相反方向的复制叉总能相遇。但是染色体上的确有一个终止区域，环形大肠杆菌染色体上的两个复制叉相遇在排列有多重拷贝 Ter 顺序的一个终止区域，它含有约长 20bp 的特殊序列，创造一种顺时针复制叉“陷阱”，使复制叉进去后出不来，当一个复制叉到达而另一个可能因为 DNA 的损伤或遇到其他障碍被耽搁的时候，它们可以防止过分复制。DNA 复制结束后两个子代分子将以连环体的形式存在，需要经 2 次重组，在拓扑异构酶的作用下使两个子代分子脱离，并分配到两个子代细胞中。大肠杆菌 DNA 复制的终止过程如图 12-12 所示。

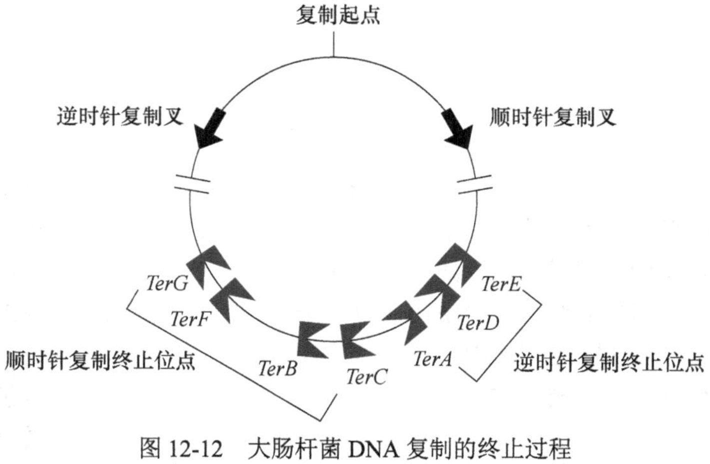

图 12-12 大肠杆菌 DNA 复制的终止过程

三、其他类型的复制方式

（一）滚环复制

滚环复制（rolling circle replication）是许多病毒 DNA、质粒、F 因子接合转移时的常见复制方式。1968 年，W. Gilbert 和 D. Dressler 提出滚环复制模式，主要解释噬菌体 DNA 的复制过程。噬菌体 DNA 为环状单链分子，其主要复制过程是双链 DNA 的其中一条链在起点部位被切开，将 5′端游离出来，DNA 聚合酶在 3′端—OH 处聚合 dNTP，进行复制时，切断的 5′端继续游离下来，并被单链 DNA 结合蛋白所附着，DNA 生长链沿着环状 DNA 分子 3′端以新链生长的方式不断做环绕旋转，拷贝形成多个复制子，因而称为滚环复制。5′端从环上解链后，引发体催化引物合成并由 DNA 聚合酶催化合成冈崎片段，过程类似前述复制活动，最终切除引物后填补空缺部位的遗传信息，这种复制方式可使 DNA 不断延长，产生的 DNA

链伴随着滚环不停地向前延伸，故新产生的 DNA 链可以是亲代 DNA 单位长度的很多倍，最终由特异的内切酶切开产生不同长度的子代 DNA 分子。

（二）取代环复制

取代环复制（displacement-loop replication）常见于线粒体和叶绿体，由于线粒体的 DNA 为环状双链分子，但在复制时并不是同时进行，复制发生过程呈现字母 D 的形状，所以又称 D 环复制（D-loop replication）。其复制过程为：环状分子的内侧链从复制起点开始，合成引物，引发起始互补新链合成，内外侧链原有的氢键打开，取而代之为新生成的 DNA 与内侧链的结合，原有外侧链呈单链状态凸起于分子表面，在电子显微镜下观察形似字母 D 的环化状态。当内环链合成到一定程度，暴露出外侧链的复制起点，此时外环链在引物的作用下开始合成，内环链优先合成，外环链随后合成，最后完成两个模板 DNA 的复制。这类 DNA 两条链的复制起点处于不同位置，当先复制的链复制达到一定程度，暴露出另一条链的复制起点时，该链才能开始复制。

第三节　真核生物 DNA 的复制

真核生物 DNA 的复制在很多方面与原核生物相似，但其复制系统及其复制过程比原核生物复杂。

一、真核生物 DNA 复制的酶及蛋白质

（一）拓扑异构酶

真核生物中主要存在两种拓扑异构酶，拓扑异构酶 I 是一条分子量约为 9.5×10^4 的多肽，其所催化的反应与原核生物的酶相似，但它同样能使正、负超螺旋 DNA 松弛。松弛作用不依赖于 ATP，能发生于有 Mg^{2+}的条件下，可提高该酶的活力。拓扑异构酶 II 为分子量为 1.5×10^5～1.8×10^5 的均质二聚体（A_2B_2），能以同样的速率松弛正、负超螺旋 DNA，发挥作用时需要 ATP 和 Mg^{2+}；与原核生物不同的是，真核生物拓扑异构酶 II 不能产生负超螺旋。

（二）DNA 聚合酶

目前已从哺乳动物细胞中区分出至少 12 种 DNA 聚合酶，分别以 α、β、γ、δ、ε、ζ、η、θ、ι、κ、λ、μ 来命名。其中主要的 α、β、γ、δ 和 ε 5 种酶都能按 5′→3′方向聚合 DNA 链。除了 γ 存在于线粒体内，其余的 4 种均在细胞核中。5 种 DNA 聚合酶的活性及执行的功能各不相同。从表 12-3 中可知，DNA 聚合酶 δ 和 DNA 聚合酶 ε 主要负责真核生物 DNA 的合成，其中 DNA 聚合酶 ε 相当于原核生物 DNA 聚合酶 I 的角色，而 DNA 聚合酶 δ 相当于原核生物 DNA 聚合酶III的角色。DNA 聚合酶 α 相当于原核生物的引物酶，所不同的是，它不仅能合成 RNA，也有 DNA 聚合酶活性，所合成的引物包括约 10nt 的 RNA 和 20～30nt 的 DNA 两部分。

表 12-3 部分参与真核生物 DNA 复制的 DNA 聚合酶

DNA 聚合酶	存在区域	活性	持续合成能力	复制中的作用
DNA 聚合酶 α	细胞核	聚合活性 3′→5′外切酶活性 引物酶活性	低	DNA 修复 引物合成
DNA 聚合酶 β	细胞核	聚合活性	低	DNA 修复
DNA 聚合酶 γ	线粒体	聚合活性 3′→5′外切酶活性	高	线粒体 DNA 复制
DNA 聚合酶 δ	细胞核	聚合活性 3′→5′外切酶活性	高	前导链、后随链合成 DNA 修复
DNA 聚合酶 ε	细胞核	聚合活性 3′→5′外切酶活性 5′→3′外切酶活性	高	后随链空隙修补 DNA 修复

（三）引发酶

引发酶的分子质量为 50～60kDa，能够与 DNA 聚合酶 α 形成紧密的复合物，这种复合物不但是复制所必需的，而且与结合于复制原点的特异性蛋白质构成了复制体。来自人类 HeLa 细胞的复制体系，如果用 DNA 聚合酶 α 抗体去除体系中的 DNA 聚合酶 α 和引发酶的复合物，则复制体系的其余组分不能支持 SV40 复制原点在体外的复制。如果加入人类 HeLa 细胞中的这种复合物或猴子肾细胞系（COS）细胞中的复合物，均能恢复复制能力。而加入小鼠或牛的复合物及 *E. coli* 的 DNA 聚合酶 I 或聚合酶III全酶均不能奏效。这可能是该复合物与抗原间的蛋白质-蛋白质的特异性作用有关。其次，真核生物的 DNA 引发酶的引发合成方式较为特别，其作用是阵发式，每次作用能拷贝 6～15 个核苷酸。当 DNA 聚合酶 α 缺少时，首次阵发性合成产物可以被下几次阵发性合成所延长成为很长的多聚核苷酸。

（四）端粒酶

端粒（telomere）是真核生物线状 DNA 的末端特殊结构，具有保护 DNA 双链末端，使其免遭降解及彼此融合的功能。

端粒酶（telomerase）是一种由 RNA 和蛋白质组成的酶，RNA 和蛋白质都是酶活性必不可少的组分。端粒酶可看作一种逆转录酶。此酶中的 RNA 可作为模板，催化合成端粒的 DNA 片段。端粒酶中的 RNA 组分大约有 150nt 长，含有类似于端粒重复序列 CYAX 约 1.5 拷贝。以 RNA 为模板合成端粒的 TXGY 链。所以，事实上，端粒酶是一种特殊的逆转录酶，它是以其内部 RNA 为模板催化合成端粒的 DNA 片段。由此可见，端粒酶在保证染色体复制的完整性上有重要意义。

真核生物的线形染色体 DNA 与原核生物的环状 DNA 有所不同。在真核生物的 DNA 复制中存在一个问题，当后随链合成时从各合成片段上去除 RNA 引物后，继续在 DNA 聚合酶作用下填补空隙。但是在最后的片段除去引物后，则无法补充此空隙，这是由于 DNA 聚合酶不能催化 3′→5′的合成反应。结果造成子代 DNA 分子上有一条不完全的 5′端，链会变短。如此连续地进行复制后，将使子代 DNA 逐渐变短（图 12-13）。

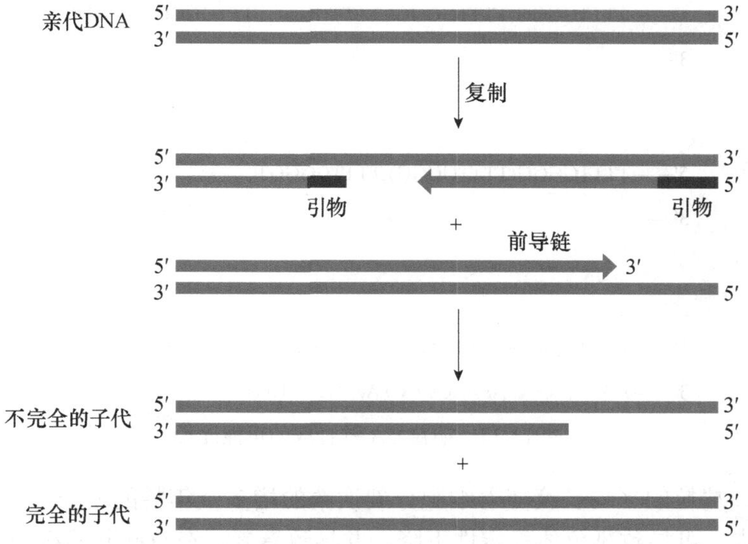

图 12-13 真核生物线形染色体 DNA 复制时不完全子代的合成

但是，正常情况下并非如此，这是由于在真核生物线形染色体的末端存在特殊的结构端粒。端粒中有核苷酸重复序列，一般在一条链上为 TXGY，互补链为 CYAX，X 与 Y 在 1～4 内，人的端粒含有 TTAGGG 重复序列。端粒具有特殊的生物学作用，通过端粒酶发挥作用。

端粒的合成中 TG 链以短的 TXGY 为引物，如图 12-14 所示，端粒酶结合在 DNA 的 TG 引物及端粒酶中内部 RNA 模板上。在酶的作用下，有更多的 T 和 G 残基加至引物上。随着端粒酶的移位，继续加入 T 和 G。新合成的端粒链可以非标准的 GG 配对，形成发夹结构。然后进一步进行聚合作用，直至端粒的 TG 链的合成达到一定长度后终止。端粒的 CA 链如何合成则还不清楚。但富含 G 的序列有一特点，它能以非标准的 GG 配对而折叠起来，如此为合成端粒的 CA 互补链提供了引物，继而进行聚合反应（图 12-15）。

资源 12-5 资源 12-6

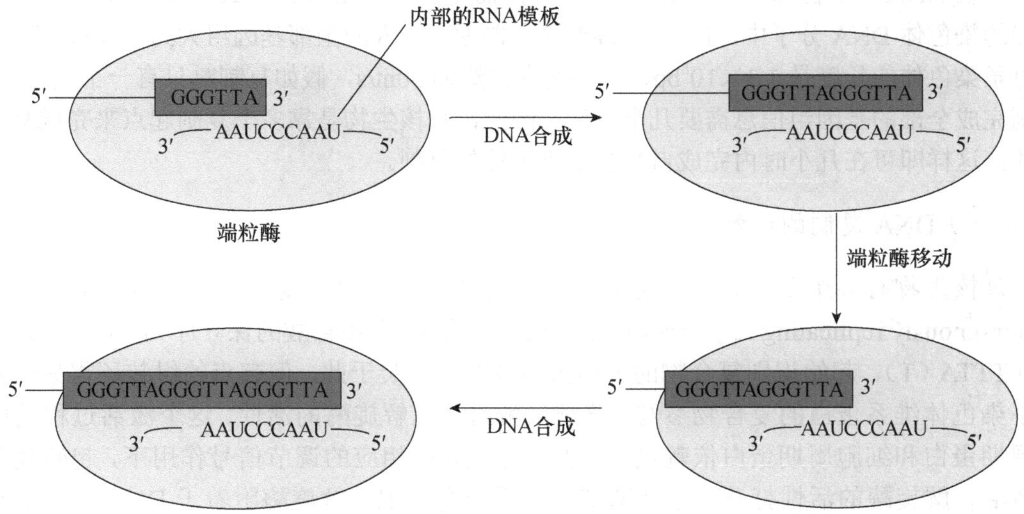

图 12-14 端粒酶催化端粒 TG 链的合成

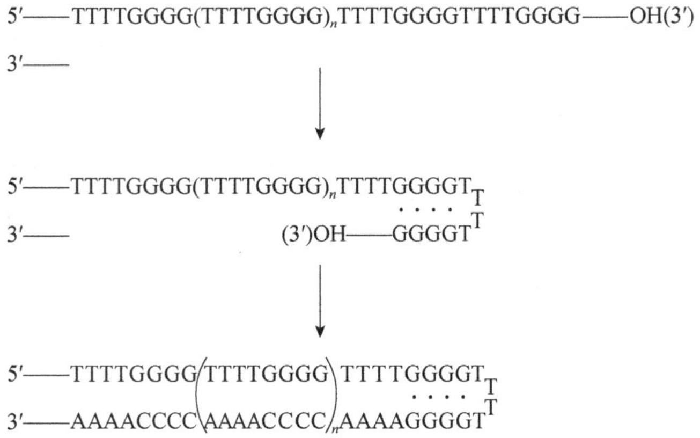

图 12-15 端粒 CA 链合成的可能途径

研究表明，端粒的平均长度随着细胞分裂次数的增多及年龄的增长而变短。端粒 DNA 逐渐变短至消失，可导致染色体稳定性下降，并导致衰老。在有些肿瘤细胞中还观察到有端粒缺失及融合，现已有将端粒酶用于肿瘤化学治疗药物的筛选研究中。由此可知，端粒酶作为一种特殊的逆转录酶，具有特殊的生物学功能。

二、真核生物 DNA 复制的过程

真核细胞中的 DNA 分子远比原核细胞中的 DNA 大，其 DNA 结构相当复杂，一个真核细胞含有相当于细菌染色体 1000 倍的 DNA。对于真核细胞 DNA 复制的研究表明，真核细胞中也有冈崎片段（长 100～200bp）、RNA 引物（约含 10bp）、DNA 连接酶及有关使 DNA 分子解旋的酶和蛋白质，因此可以说真核生物的 DNA 复制过程与原核生物基本相似，同为半保留复制、半不连续复制，但又有一定的不同。

真核生物复制叉的移动速率较慢，仅是细菌细胞的 1/10（约 50nt/s），如果按照这个速率，由单个复制起点进行一条染色体 DNA 的复制需 500h 以上。但由于它的复制是由多个 DNA 聚合酶、多个复制子双向复制共同完成的，因此它复制的速率远比原核生物快。实验证明，真核生物 DNA 的各区域不是全部同时复制的，而是一次活化相邻的 20～80 个复制子。例如，果蝇的染色体 DNA 分子中，估计有 6000 个复制原点。人的全部基因组大约有 3×10^9bp，平均每条染色体的长度是 1.3×10^8bp，复制速率大约为 50nt/s，假如复制时只有一个复制原点，复制完成全部的基因组信息需要几个星期。因此，真核生物是靠多个复制起点来完成复制活动的，这样即可在几小时内完成自身全部染色体的复制。

（一）DNA 复制的起始

真核生物有多个复制起点，且复制起点有特殊的序列，复制起点称为自主复制序列（autonomously replicating sequence，ARS），约为含有 11 个核苷酸的保守序列：A（T）TTTATA（G）TTTA（T），起始识别复合物的大的蛋白复合体组装于此，但起点的组装还需另一种称为小染色体维系蛋白的复合物参与，该维系蛋白具有解旋酶的活性。这个激活过程是由细胞周期蛋白和细胞周期蛋白依赖蛋白激酶调节的，在相应的调节信号作用下，起始复合物被激活，解旋酶的活性打开了亲代双链，形成一个小泡，解旋酶附着于 DNA 上，小泡被扩大。

（二）RNA 引物的形成

引发酶与 DNA 聚合酶 α 形成一个复合体，不仅能准确识别位点，还能以核糖核苷三磷酸为底物，以解开的单链 DNA 为模板，合成一条含 8～10bp 的短链 RNA，引发酶的活性可进一步转变为 DNA 聚合酶 α 的活性，在引物的 3′-OH 端合成新的 DNA 单链，延长 18～30 个脱氧核苷酸。

（三）DNA 复制的延伸

DNA 聚合酶 α/引发酶产生 RNA-DNA 后，当达到一定长度（大约 40bp）时，DNA 聚合酶 α 不具备持续合成的能力，复制因子 C（replication factor C，RFC）紧密结合到引物-模板接合处，DNA 聚合酶 α 与模板 DNA 脱离，再引发另一个引物的合成。然后 DNA 聚合酶 δ（Pol δ）结合到一种类似 β-滑动夹子的复制因子增殖细胞核抗原（proliferating cell nuclear antigen，PCNA）组成的滑动夹子上，导致 Pol α/δ 之间的转换。由 DNA 聚合酶 δ 完成冈崎片段延伸，最终长度为 130～200bp，当它遇到原先已形成的冈崎片段 5′端时，Pol δ/PCNA 复合物从 DNA 上释放下来。前导链引物合成后由 DNA 聚合酶 δ 连续延伸 DNA 链，长度可达 5～10kb。两条链均按 5′→3′方向合成，一条链 3′端的方向朝着复制叉前进的方向，可连续合成，称前导链。另一条链 5′端朝着复制叉，合成是不连续的，形成冈崎片段，此链称后随链。

（四）DNA 复制的终止

引物的去除通过两个步骤，首先由 RNase H 降解 RNA 引物，留下单个核糖核苷酸连接到冈崎片段上。然后，由核酸内切酶（endonuclease）除去最后一个核苷酸，也能除去由 DNA 聚合酶 δ 产生的某些错误碱基。

三、DNA 复制的抑制剂

1. 依托泊苷　通过与拓扑异构酶Ⅱ作用，形成易解离复合物，防止 DNA 链再连接，双链断裂，结构破坏。

2. 阿霉素类　广谱抗肿瘤药，该类药物以多种方式与细胞内物质相互作用。通过将关键基团插入相邻的碱基对之间，改变解旋酶的功能。

3. 喹诺酮类　该类药物的代表药就是各种“沙星”，如诺氟沙星、氧氟沙星等。通过抑制细菌的拓扑异构酶Ⅱ，影响细菌 DNA 的复制。

四、DNA 复制的忠实性

一切生物都要以极高的保真性复制其 DNA。在 DNA 复制过程中，新链的生成是按照碱基互补配对的原则与模板 DNA 严格配对，保证了新 DNA 分子是旧 DNA 分子的翻版。然而，这种保真并不是绝对的，因此，在几亿年进化的过程中产生了对复制过程中偶然发生的错误进行校正的高效“校正”系统，以及对由客观因素造成的 DNA 损伤进行修复的修复系统。

细胞通过以下机制保证复制的准确性：①复制过程中严格遵循 AT、GC 的碱基互补配对原则。②DNA 聚合酶Ⅰ和Ⅲ都具有 5′→3′的聚合酶活性和 3′→5′外切酶活性，按 5′→3′进行 DNA 聚合时严格按照碱基互补配对的原则进行合成，选择正确的碱基掺入引物末端，当新合成的互补链上有错误的碱基时，通过 3′→5′外切酶的作用及时将错误碱基切除。③利用 5′→3′外切酶活性最终将 RNA 引物切除，再利用其 5′→3′聚合酶活性填补上因切除引物后留下的空隙，提高了复制的准确性。④4 种 dNTP 要平衡；酶的激活因子如 Mn^{2+}、Mg^{2+}的比例和浓度要适中。⑤修复作用，环境中的物理或化学因素可以使 DNA 不断受到损伤，可以通过细胞的各种修复机制如光修复、暗修复等来进行有效的纠正，以保证复制模板的准确完整。

第四节　DNA 的逆转录

逆转录是以 RNA 为模板合成 DNA 的过程，即 RNA 指导下的 DNA 合成。该过程是正向遗传表达转录的逆过程，也是某些 RNA 病毒常见的复制形式（图 12-16）。

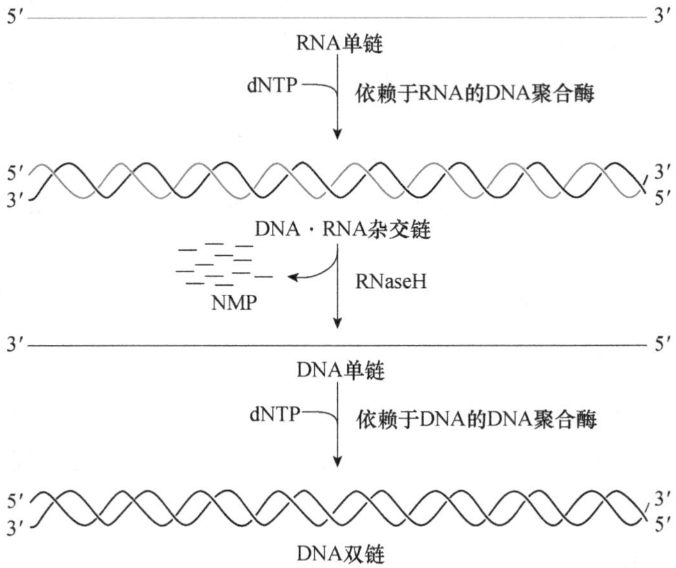

图 12-16　逆转录酶催化的反应

1962 年，H. Temin 首先提出逆（反）转录酶的概念。1970 年，H. Temin 和 D. Baltimore 分别从（鸡）劳斯肉瘤病毒和小白鼠白血病病毒等致病 RNA 病毒中分离出逆转录酶，迄今已知的致癌 RNA 病毒都含有逆转录酶。逆转录酶是一种多功能酶，主要特点包括：①依赖于 RNA 的 DNA 聚合酶活性，当病毒 RNA 感染机体时，首先会合成一条以 RNA 为模板的 cDNA 链，形成 RNA-DNA 杂合体。②依赖于 DNA 的 DNA 聚合酶活性，成功复制出双链 DNA。③核糖核酸酶 H（RNase H）活性，专一地水解 RNA-DNA 杂交分子中的 RNA，且可沿着 3′→5′和 5′→3′两个方向起核酸外切酶的作用。

目前已研究的致癌 RNA 病毒均含有逆转录酶，当病毒侵染宿主细胞后，逆转录酶即可发挥以上 3 种酶的活性，然后用形成的双链 DNA 把病毒 RNA 的信息整合到宿主细胞染色体上，通过宿主体内整合后的 DNA 病毒复制传递，从而引起宿主细胞的癌变。

逆转录过程的发现，是遗传中心法则的重要补充，不仅有助于人们了解 RNA 病毒的致病机制，更为防治相关疾病提供了重要的依据。例如，艾滋病是一种逆转录病毒引起的疾病，在防治相关艾滋病病毒的研究工作中，需要科研人员深入探究病毒的逆转录过程。逆转录酶是当今生命科学研究的重要工具酶，利用它可将 RNA 合成 cDNA，对基因的结构与功能、蛋白质氨基酸序列预测等方面的研究均具有重要的意义。

第五节　DNA 的损伤和修复

DNA 是细胞中唯一一种在受到损伤或改变后能修复的分子，因为没有任何分子的完整性受损会像 DNA 那样影响细胞的存活。细胞 DNA 修复系统的多样性，反映了 DNA 修复对细胞存活的重要性和 DNA 损伤的多种方式。生物体内许多因素均能造成 DNA 结构的损伤，如复制过程中形成的错配，某些物理化学因子如电离辐射、紫外线、氧化剂等造成局部 DNA 的损伤，因此 DNA 的损伤类型有多种。对一些普通的损伤类型，细胞有固定的几个修饰系统来修复它们（如嘧啶二聚体的修复）。值得注意的是许多 DNA 修复过程具有极低的能量效率，这是生物代谢途径中一个重要的例外。上述章节中曾提到，生物代谢途径中每个 ATP 都被仔细计算并得到最佳利用。这个事实表明，当遗传信息的完整性受到威胁时，修复过程中化学能投入的问题就显得微不足道。

DNA 修复之所以成为可能，是因为 DNA 由两条互补的双链组成，当一条链损伤时，损伤部分可被除去，并在互补链的指导下精确地修复。已知体内存在的修复系统可分为光修复系统和暗修复系统。暗修复是通过 3 种不同的机制来完成修复的，包括切除修复（excision repair）、重组修复（recombination repair）和 SOS 修复（SOS repair）。

一、光修复

光修复也称光复活，它是通过可见光（300～400nm）激活光复活酶（photoreactivating enzyme）进行修复的。物理因素中紫外线的作用机制被研究得比较清楚。例如，紫外线引起 DNA 分子中同一条链上相邻的两个嘧啶核苷酸以共价键连接生成环丁烷结构，即嘧啶二聚体，最常见的是胸腺嘧啶二聚体（图 12-17）。此种二聚体使 DNA 的双螺旋结构发生扭曲形变，影响 DNA 的复制，因此不能容纳在双螺旋结构中。光复活酶能分解紫外线照射形成的胸腺嘧啶二聚体。已从细菌和动物的细胞中分离出一种光复活酶，此酶与 DNA 形成的复合物以一种尚未被了解的方式吸收光，并利用光能裂解二聚体中的环丁基的 C-C 键，以复活胸腺嘧啶。哺乳动物和人体内缺乏此酶，在高等动物体内暗修复代替了光修复。

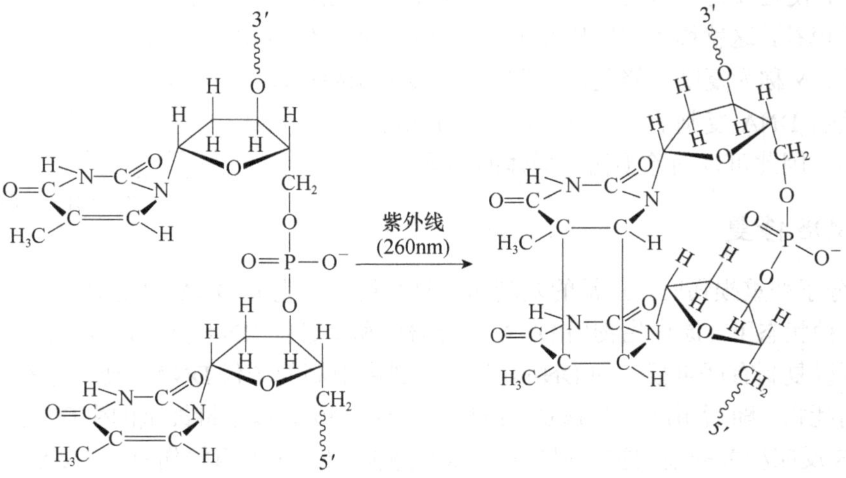

图 12-17　胸腺嘧啶二聚体

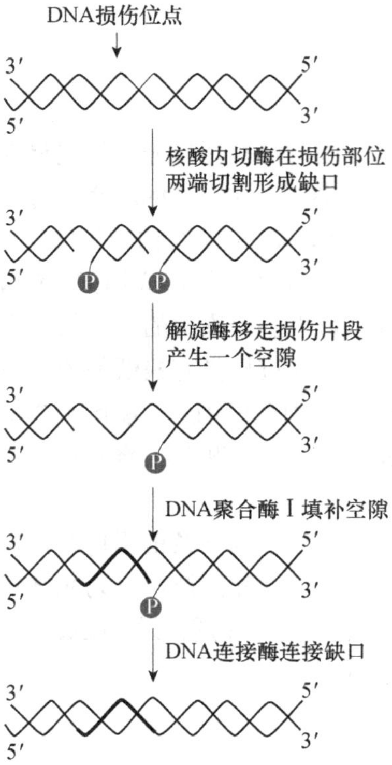

图 12-18 DNA 损伤的切除修复

二、切除修复

所谓切除修复，是指对 DNA 的损伤部位先进行切除，再以完整的那一条链为模板合成正确的新片段，以此补充被切除的片段。切除修复对多种损伤均能起修复作用，是最重要的一种修复机制。

切除修复是一个多种酶共同作用的催化过程，包括 4 个步骤，可以概括为切-补-切-封（cut-patch-cut-seal）。以胸腺嘧啶二聚体为例（图 12-18），其主要过程如下：①由特异内切核酸酶识别嘧啶二聚体，并在嘧啶二聚体前的糖-磷酸骨架上切开一个裂口。裂口处有 3′-OH 和含有嘧啶二聚体的 5′端。②DNA 聚合酶以 3′-OH 为引物，以另一条完好的互补链为模板进行复制，合成一段新片段。③嘧啶二聚体区被 DNA 聚合酶的 5′→3′外切酶活性切除。④新合成的 DNA 片段和原存在的 DNA 部分由连接酶催化相连。

在大肠杆菌中，DNA 聚合酶Ⅰ兼有 5′→3′聚合酶和 5′→3′外切酶活性，修复时的合成与切除均由同一个酶来完成。在真核细胞中，DNA 聚合酶没有外切酶活性，切除由另外的酶来完成。

三、重组修复

切除修复若发生在 DNA 复制之前，也称为复制前修复。但也可以进行复制后修复。这种修复中含嘧啶二聚体的 DNA 片段仍可以进行复制，但在子代链中损伤的对应部位出现缺口，复制后通过分子内重组或称为姐妹链交换（sister-strand exchange），从完整的亲代链上把相应碱基顺序的片段移至子代链缺口处，使之成为完整的分子，亲代链上的缺口由聚合酶Ⅰ和连接酶填补，这就称为重组修复（图 12-19）。重组修复发生在复制后，又称为复制后修复，虽然重组修复并未除去原初损伤，但随着 DNA 复制的不断进行，受损 DNA 分子所占比例越来越小，因此可以消除损伤对群体的影响。

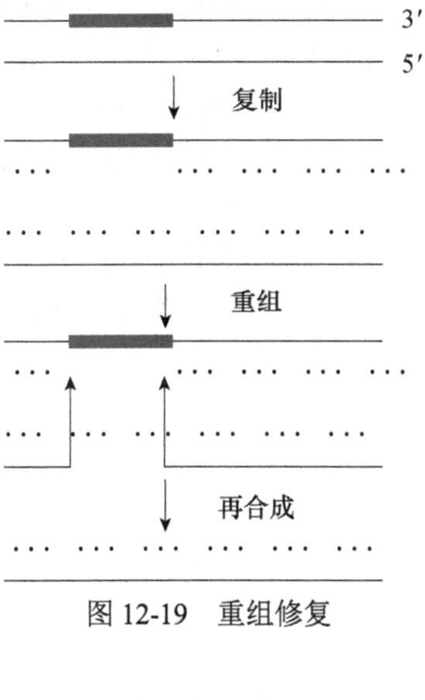

图 12-19 重组修复

四、SOS 修复

DNA 分子严重损伤时，正常的复制和修复系统无法完成 DNA 的复制，此时会启动 SOS 修复。在这种状态下，原核生物用 DNA 聚合酶Ⅳ和Ⅴ进行 DNA 复制，这两种酶复制的精确度较差，可以复制有严重损伤的 DNA，生成差错率很高的子代 DNA，使细胞不至于因 DNA 无法复制而死亡。随后由高效的修复系统修复子代 DNA，以维持细胞的生存。在正常的细胞内，与 SOS 反应相关的基因被阻遏蛋白 LexA 抑制，DNA 严重损伤时，RecA 蛋白激活，使 LexA 蛋白自我切割为无活性的肽段，SOS 反应相关的基因通过转录和翻译，合成相应的蛋白质，SOS 系统因而被启动。

第六节　DNA 重组

一、DNA 重组概述

DNA 重组技术是以 DNA 为组件，运用多种限制性核酸内切酶和 DNA 连接酶等，在细胞外将一种外源 DNA（来自原核或真核生物）和载体 DNA 连接组合（重组），形成杂交 DNA。最后将杂交 DNA 转入宿主生物（如大肠杆菌），使外源 DNA 在宿主生物细胞中随着细胞的繁殖而增殖，或最后得到表达。最终获得基因表达产物或改变生物原有的遗传性状。

由于这项技术是按生物科学规律人为设计、实现体外基因改造，最后使生物的遗传性状获得改变，故称为“遗传工程”。其本质是基因的体外重组，所以又称“基因工程”或“DNA 重组技术”等。DNA 重组技术的成功说明不同来源的、无关的基因在实验室中可以按人的愿望进行重组构建；重组的外源基因被引入另一种生物细胞后，可以被增殖并保持原有的遗传性状，在新的环境中转录和翻译，使宿主的遗传性状按照设计的路线发生永久性的改变。

多少年来，人类在认识和改变生物的遗传特性方面做了大量的研究工作，期待有一天能按人的意愿主动改变生物的遗传性能，获得预想的结果。用 DNA 重组技术终于初步实现了。这是生物科学上的重大进展，开辟了人类主动改造生物的新途径。

二、DNA 重组的基本过程

1．目的基因的获取　一个完整的 DNA 克隆过程应包括：目的基因的获取、基因载体的选择与构建、目的基因与载体的拼接、重组 DNA 分子导入受体细胞、筛选并无性繁殖含重组分子的受体细胞（转化子）（图 12-20）。

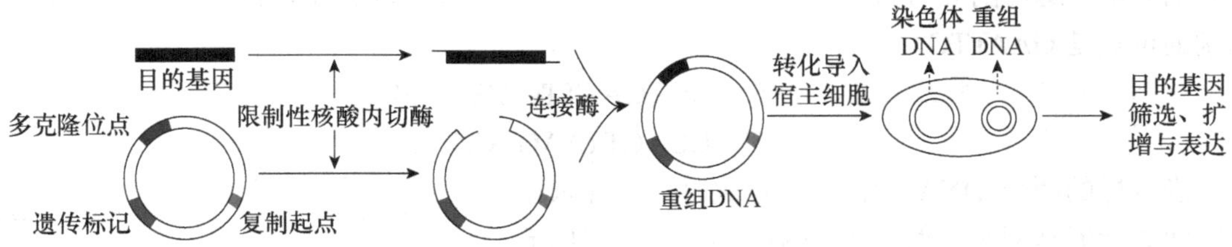

图 12-20　DNA 克隆基本过程

目的基因是具有某种遗传特性的外源 DNA 片段，可以通过以下途径获得。

1）化学合成法。

2）从基因组 DNA 中切割、分离目的基因片段。

3）构建 cDNA 文库。以 mRNA 为模板，利用逆转录酶合成与 mRNA 互补的 DNA（complementary DNA，cDNA），再复制成双链 cDNA 片段，与适当载体连接后转入受体菌，扩增为 cDNA 文库，由总 mRNA 制作的 cDNA 文库（cDNA library）包含了细胞全部的 mRNA 信息，自然也含有目的基因，通过适当的方法可分离获取。

4）聚合酶链反应（polymerase chain reaction，PCR）是美国科学家 Mullis 于 1985 年发明的体外酶促合成特异 DNA 片段的一种方法，并于 1993 年获得诺贝尔化学奖。PCR 反应体系包括模板 DNA、特异性引物、4 种 dNTP、耐热 DNA 聚合酶（*Taq* DNA 聚合酶）和 Mg^{2+}等。反应体系经高温变性、低温退火及中温延伸多次循环后，反应产物呈指数增长。PCR 反应过程如图 12-21 所示。

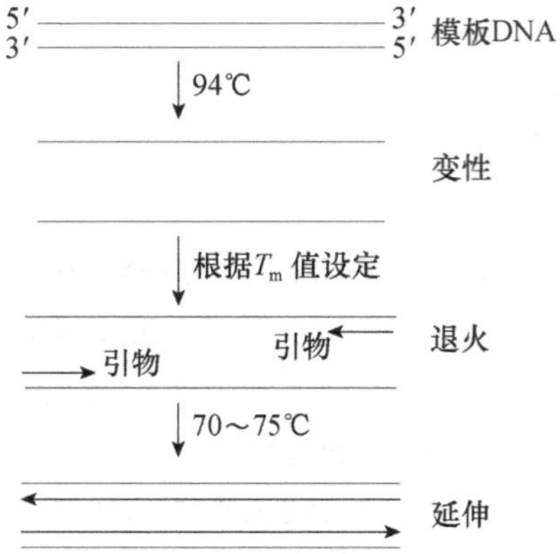

图 12-21 PCR 反应过程

如果已知某个基因的 DNA 序列，或根据多肽链氨基酸序列推断出基因编码序列，结合序列信息设计引物，可直接利用基因组 DNA 或 cDNA 为模板，采用 PCR 技术获取目的 DNA。

2. 选择目的基因载体 外源 DNA 片段是不能直接进入宿主细胞的，必须有特殊“载体”（vector）的帮助。通过它的运载，外源 DNA 可进入受体细胞扩增，这种起运载工具作用的 DNA 称为载体 DNA。这种载体应是宿主细胞本来就具有的或是宿主细胞完全可接受的 DNA 分子。它的分子量要尽可能小，不仅能在宿主细胞内独立地进行复制，也能复制它所连接的 DNA 分子。载体 DNA 经限制性核酸内切酶切割后，仍不失自我复制能力；载体 DNA 应具有能够观察的表型特征，在外源 DNA 插入后，这些特征可作为重组 DNA 的选择标记。在原核生物的 DNA 重组中常用的载体是质粒和噬菌体，酵母和动物病毒等常被用作真核生物克隆的载体。目的不同，操作基因的性质不同，应选择的载体也不同。

3. 外源基因与载体的连接 通过不同途径获取含目的基因的外源 DNA 与适当的克隆载体 DNA 连接在一起，即 DNA 的体外重组。这种 DNA 的重组一般是靠 DNA 连接酶将外源 DNA 与载体共价连接的。进行外源基因与载体连接前，必须结合所研究目的基因的特性，认真设计要构建的重组体分子。

（1）黏性末端连接

1）同一限制酶切割位点连接：由同一限制性核酸内切酶切割的不同 DNA 片段具有完全相同的末端。酶切割 DNA 后产生单链突出（5′端突出及 3′端突出）的黏性末端，如 *Eco*R Ⅰ识别的位点是 GAATTC。

5′…GGTGAATTCAGG…3′
3′…CCACTTAAGTCG…5′

当这样的两个 DNA 片段一起退火时，黏性末端单链间进行碱基配对，然后在 DNA 连接酶的催化下形成共价结合的重组 DNA 分子。

2）不同限制酶切割位点连接：由两种不同的限制性核酸内切酶切割的 DNA 片段具有相同类型的黏性末端，即配伍末端，也可以进行黏性末端连接。例如 *Mbo* Ⅰ（↓GATC）和 *Bam* HⅠ（G↓GATCC）切割 DNA 后均可产生 5′端突出的 GATC 黏性末端，彼此可以互相连接。

（2）平端连接 DNA 连接酶可催化相同和不同限制性核酸内切酶切割的平端之间的连接。原则上讲，限制酶切割 DNA 后产生的平端也属配伍末端，可彼此相互连接；若产生的黏性末端经酶处理，使单链突出处被补齐或削平，变为平端，也可实行平端连接。

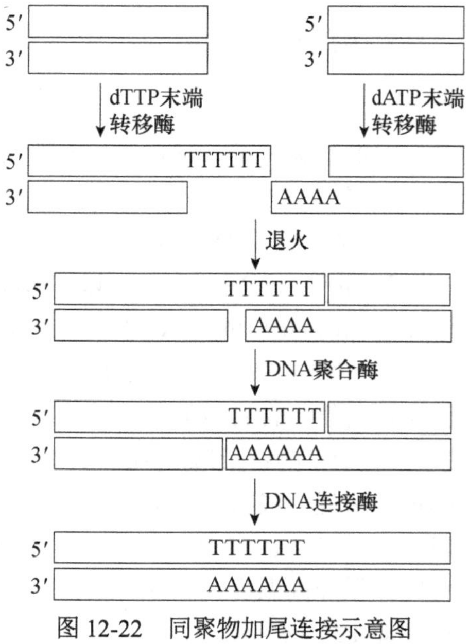

图 12-22 同聚物加尾连接示意图

（3）同聚物加尾连接 同聚物加尾连接是利用

同聚物序列如多聚 A 与多聚 T 之间的退火作用完成连接的。在末端转移酶（terminal transferase）作用下，在 DNA 片段末端制造出黏性末端，而后进行黏性末端连接（图 12-22）。这是一种人工提高连接效率的方法，也属黏性末端连接的一种特殊形式。

（4）人工接头连接　对平端 DNA 片段或载体 DNA，可在连接前将磷酸化的接头（linker）或适当的分子连接到末端，使产生新的限制性核酸内切酶位点。再用识别新位点的限制性核酸内切酶切除接头的远端，产生黏性末端。

4. 重组 DNA 导入受体细胞　外源 DNA（含目的 DNA）与载体在体外连接成重组 DNA 分子（嵌合 DNA）后，将其导入受体，随着受体生长、增殖，重组 DNA 分子也复制、扩增，这一过程即无性繁殖；筛选出的含目的 DNA 的重组体即无性繁殖体或克隆体。进行无性繁殖时所采用的受体多为大肠杆菌 K-13 改造的宿主菌，在人的肠道中几乎无存活率或存活率极低。选择适当的受体菌经特殊方法处理，使之成为感受态细胞（competent cell），即具备接受外源 DNA 的能力。根据重组 DNA 时所采用的载体性质不同，导入重组 DNA 分子有转化（transformation）、转染（transfection）和感染（infection）等不同的手段。转化是以质粒为载体构建的重组 DNA 分子导入受体细胞的过程。而转染（转导）则是以噬菌体或真核病毒作为载体构建的重组体导入受体细胞的过程。一般是用重组体直接感染受体细胞。感染是病毒侵入宿主细胞的过程。

5. 重组体的筛选　通过转化、转染或感染，重组 DNA 分子被导入受体细胞，经培养得到大量转化子菌落或转染噬菌斑。由于每一重组体只携带某一段外源基因，而转化或转染时每一受体菌只能接受一个重组体分子，需要将众多的转化菌落或转染噬菌斑区分开，并鉴定哪一菌落或噬菌斑的重组 DNA 分子带有目的基因。根据载体体系、宿主细胞特性及外源基因在受体细胞表达情况的不同，可采取直接法和间接法。

直接法是针对载体携带某种或某些标志基因和目的基因而设计的筛选方法，其特点是直接测定基因或基因表型。主要方法包括：①抗药性标志选择。如果克隆载体携带有某种抗药性标志基因，如 *amp*^{r}、*tet*^{r} 或 *kan*^{r}，转化后只有含这种抗药基因的转化子细菌才能在该抗生素的培养板上幸存并形成菌落，这样就可将转化菌与非转化菌区别开。②标志补救。若克隆的基因能够在宿主菌表达，且表达产物与宿主菌的营养缺陷互补，那么就可以利用营养突变菌株进行筛选。③分子生物学技术。利用分子生物学技术鉴定目的基因，如原位杂交技术、Southern 杂交技术和 PCR 技术等。

间接法是利用特异抗体与目的基因表达产物相互作用进行筛选，如免疫化学法、酶联免疫吸附试验、Western 杂交技术等。

本章小结

遗传变异是生命的基本特征。相关实验已证实，DNA 是绝大多数生物遗传信息的携带者，并可进行自我复制，也正是因为如此，细胞分裂时，亲代遗传信息准确无误地传递给子代，保证了细胞的增殖和生物信息的遗传。

DNA 的复制需多种酶协助共同完成复制活动，如拓扑异构酶、解旋酶、单链 DNA 结合蛋白、引发酶、DNA 聚合酶、DNA 连接酶等，它们各司其职，在自己的领域负责完成相应的功能，赋予 DNA 复制活动的四大特点：半保留复制、半不连续复制、双向复制、高保真度复制。半保留复制说明 DNA 遗传上的稳定性；半不连续复制中形成一条前导链，另外一条由冈崎片段连接而形成后随链。

真核生物与原核生物的复制机制相似，但在同一功能酶的种类上有明显差别。原核生物的复制通常只有一个复制起点，而真核生物却有多个。真核生物的端粒酶是由独特的DNA重复序列及相关蛋白质组成的复合体，其特殊结构可维持染色体结构的完整性，解决了线状DNA分子末端复制的难题。

细胞DNA修复系统的多样性，反映了DNA修复对细胞存活的重要性。生物体内许多因素均能造成DNA结构的损伤，如复制过程中形成的错配、某些物理化学因子等造成的局部DNA损伤。DNA修复之所以成为可能，是因为DNA由两条互补的双链组成，当一条链损伤时，损伤部分可被除去，并在互补链的指导下精确地修复。已知体内存在的修复系统可分为光修复系统和暗修复系统。暗修复是通过3种不同的机制来完成修复的，主要包括切除修复、重组修复和SOS修复。

DNA重组是按生物科学规律人为设计、实现体外基因改造的。DNA重组需要工具酶、载体和宿主细胞。在得到目的基因后，通过切、接、转、筛和扩等环节使基因扩增，随后可分离或表达目的基因，最后使生物获得新的遗传性状，为人类主动改造生物开辟了新的路径。

思 考 题

1. 说明DNA半保留复制的实验依据。
2. 简述参与原核生物DNA复制的酶的种类及功能。
3. 简述原核生物DNA聚合酶的特点。
4. 简述引发酶的作用。
5. 简述端粒酶的作用。
6. 比较原核生物和真核生物复制过程中酶的差别。
7. 简述DNA复制的忠实性。
8. 以原核生物为例，说明其复制过程及其特点。
9. 引起DNA损伤的因素有哪些？有哪几种修复方式？
10. 简述PCR的反应过程。

参考答案

第十三章　RNA 的生物合成

在 RNA 聚合酶的作用下，以 DNA 的一条链为模板合成 RNA 的过程称为转录。作为模板的 DNA 链称为模板链，与之互补的链称为编码链，转录具有不对称性。转录过程包括模板的识别、转录起始、转录延伸、转录终止等阶段，由 RNA 聚合酶催化完成。与 DNA 复制不同，RNA 转录不需要引物。转录的直接产物为初级转录物，也称为 RNA 前体。RNA 前体需要经过一系列的加工，才能变成成熟的 RNA，该过程称为转录后加工。RNA 所携带的遗传信息也可以指导 RNA 或 DNA 的合成，前者称为 RNA 复制，后者称为逆转录。本章主要讨论转录的基本特征、转录的过程及转录后产物的加工等。

第一节　转录的基本特征

RNA 的转录与 DNA 的复制相比在化学方向和酶学上非常相似，但两者之间存在明显的差别。转录仅仅以 DNA 双链中的一条链为模板，DNA 双链中两条链的作用不同，把与 RNA 序列相同的那条 DNA 单链称为编码链（coding strand）、有义链（sense strand）或正（+）链，而把另一条与 RNA 序列互补的 DNA 单链称为模板链（template strand）、反义链（antisense strand）或负（−）链。DNA 双链中的编码链是由基因的启动子决定的。转录的方向与 DNA 复制的方向一样，也是按 5′→3′方向合成，模板链与合成的 RNA 链方向相反。转录时，RNA 聚合酶沿模板链以 3′→5′方向移动并读取遗传信息。

在 RNA 聚合酶与 DNA 上的启动子结合后，转录在特定起点开始，至终止子（terminator）处结束，转录的整个过程是连续的。模板链 DNA 上开始转录的第一个核苷酸（或碱基）称为转录起始位点，从启动子到终止子的一段序列称为转录单位（transcription unit），也叫转录子或转录物（transcript）。在编码链上，转录起始位点 5′端序列称为上游（upstream），3′端序列称为下游（downstream），转录起始位点为+1，上游的第一个核苷酸为−1，所有基因转录产生的初级转录物是能够与模板链互补而与编码链序列和方向一致（除 T→U 外）的 RNA 序列，所以对基因的组成习惯上就以双链 DNA 分子中的编码链序列来表示。在双链 DNA 分子中基因所在的区域，只有一条链是编码链，但要注意的是，在许多生物基因组中，大部分基因的编码链在 DNA 分子的同一条单链上，少数则在另一条 DNA 单链上。由于基因的转录是按 5′→3′进行的（以编码链序列为参照），因此位于两条互补链上的基因就具有不同的转录方向和极性，用“→”来表示转录的方向和基因的极性。转录具有以下基本特征。

1）对于基因组来说，转录只发生在一部分区域，基因组中有许多区域并不转录成 RNA。哺乳动物细胞中只有约 1%的 DNA 序列被转录为成熟的 mRNA 进入细胞质中，以指导蛋白质的合成。复制则拷贝整个基因组。

2）转录具有不对称性，转录时只有一条链作为模板。复制时两条链都作为模板。

3）转录不需要引物，复制必须要有引物的参与。

4）转录的底物是 4 种 NTP，RNA 与模板 DNA 的碱基互补配对关系为 GC 和 AU。复制的底物是 4 种 dNTP，碱基互补配对关系为 GC 和 AT。

5）RNA 的合成依赖于 RNA 聚合酶的催化作用，复制则需要 DNA 聚合酶。

6）转录时 DNA-RNA 杂合双链分子是不稳定的，RNA 链在延伸过程中不断地从模板链上游离出来，模板 DNA 又恢复双链状态。在复制时，复制叉形成之后，两条模板链一直打开，不断向两侧延伸，新合成的链与亲本链形成稳定的双链。

7）真核生物基因转录产生的初级转录物一般都需要经过转录后加工过程，成为成熟的 RNA 分子才具有生物活性。复制一旦完成，一般不需要进一步加工。

8）在合成的准确度方面，RNA 合成的错误率约为 10^{-6}，相较于 DNA 合成的错误率（10^{-10}～10^{-9}）要高很多。并且由于 RNA 聚合酶缺乏 3′→5′外切酶活性，因此没有校对功能。

第二节　原核生物的转录

一、原核生物的 RNA 聚合酶

RNA 的合成是由 RNA 聚合酶（RNA polymerase）[又称转录酶（transcriptase）] 催化的。多数细菌的 RNA 聚合酶具有很大的保守性，在组成、分子量及功能上均非常相似。大肠杆菌 RNA 聚合酶研究得比较透彻，含有核心酶（core enzyme）和全酶（holoenzyme）两种形式（图 13-1）。核心酶包括两个 α 亚基、一个 β 亚基、一个 β′亚基和一个 ω 亚基（$\alpha_2\beta\beta'\omega$），全酶由核心酶和 σ 因子组成，σ 因子与核心酶的结合不紧密，容易脱落。核心酶可与 DNA 随机结合，但亲和力弱，选择性差。各亚基功能如表 13-1 所示。例如，核心酶与 T7 噬菌体 DNA 有 140 个结合位点，其结合常数为 2×11^{11}/mol。当 σ 因子与核心酶结合时，核心酶发生变构。全酶与 T7 噬菌体 DNA 的结合位点只有 8 个，结合常数为 10^{12}～10^{14}/mol。

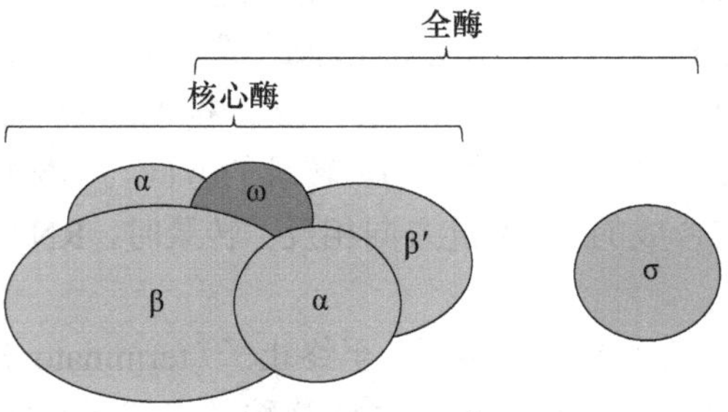

图 13-1　大肠杆菌 RNA 聚合酶的全酶与核心酶

表 13-1　大肠杆菌 RNA 聚合酶全酶的组成及亚基的功能

亚基	分子量	组分	功能
α	36 000	核心酶	酶的连接、装配，与调节蛋白相作用
β	151 000	核心酶	转录的起始和延伸，磷酸二酯键的生成
β′	155 000	核心酶	与 DNA 非特异性结合
ω	11 000	核心酶	促进核心酶组装，β′的分子伴侣
σ	70 000	σ 因子	启动子的识别

二、原核生物基因的启动子

启动子（promoter）是指能被 RNA 聚合酶识别并与之结合和开始转录的一段 DNA 序列。启动子本身不被转录，并且每一个基因均有自己特有的启动子。RNA 聚合酶起始转录需要蛋白质辅因子即转录因子的参与。转录因子可直接识别和结合在 DNA 的顺式作用位点，或者识别和结合其他转录因子或 RNA 聚合酶而间接影响 DNA 的转录。原核生物的启动子大约长 55bp，其中包括转录的起始位点、RNA 聚合酶识别位点和结合位点。

起始位点（start site）是 DNA 模板链上开始进行转录的位点，通常在其互补的编码链对应位点（碱基）标以＋1。从起始位点转录出的第一个核苷酸常为嘌呤核苷酸，即 A 或 G。转录是从起始位点开始向模板链的 5′端方向即编码链 3′端方向行进的。DNA 分子中，模板链上从起始位点开始顺转录方向的区域称为下游，从起始位点逆转录方向的区域称为上游。

结合位点是指在 DNA 分子上与 RNA 聚合酶核心酶紧密结合的序列。结合位点的长度大约是 7bp，其中心位于起始位点上游的－10bp 处，因此将此部位称为－10 区（－10 region）。多种启动子的－10 区具有高度的保守性和一致性，它们有共有序列（consensus sequence），为 5′-TATAAT-3′，由于该序列富含 TATA，被称为 TATA 框（TATA box），这一序列首先由 D. Pribnow 发现，又称为 Pribnow 框（Pribnow box）。Pribnow 框的碱基组成是 AT 配对，缺少 GC 配对，前者的亲和力只相当于后者的 1/10，所以 T_m 值较低。因此，此区域的 DNA 双链容易解开，利于 RNA 聚合酶的进入而起始转录作用。

在 DNA 分子上还有一段识别位点，是 RNA 聚合酶的 σ 因子识别 DNA 分子的部位。识别位点约 6bp，其中心位于上游－35bp 处，所以这一部位称为－35 区（－35 region）。多种启动子的－35 区也具有高度的保守性和一致性，其共有序列为 5′-TTGACA-3′。在－35 区与－10 区之间大约间隔 17bp（图 13-2）。

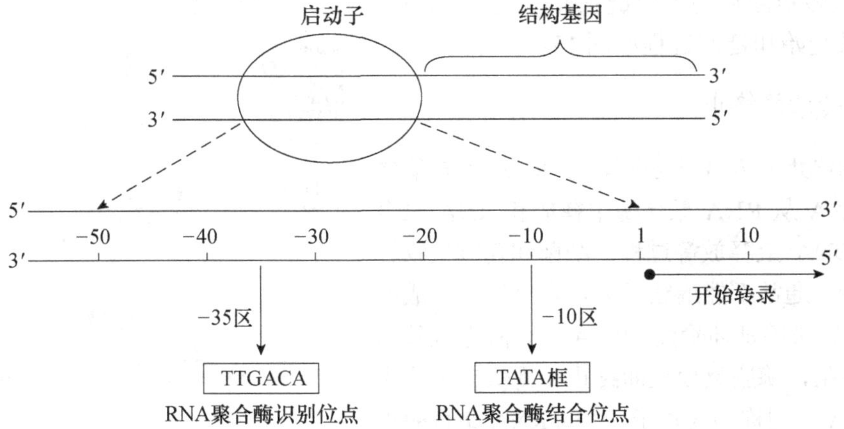

图 13-2　原核生物的启动子

（一）转录的起始

RNA 聚合酶的 σ 因子在 RNA 合成时能特异性辨认模板 DNA 链上的起始位点，使全酶结合在起始位点上，形成全酶-DNA 复合物，从而开始"起始反应"，与模板链配对的第一个核苷酸（通常是 ATP 或 GTP）进入，形成 DNA-RNA 聚合酶-NTP 三元起始复合物。转录开始后，σ 因子立即从复合物中脱落下来，由"核心酶"催化 RNA 的合成，而 σ 因子脱落以后又重新与核心酶结合而循环利用。不同的起始位点（启动子）的碱基序列不一样，起始位点可能决定一个特定基因的转录效率。

RNA 聚合酶Ⅱ识别的大部分启动子都有在转录起始位点上游 25bp 的 TATA 框。RNA 聚合酶结合到启动子上需要与几种通用转录因子以严格的次序装配成转录起始复合物。一些蛋白质编码基因缺少 TATA 框，但依然利用许多相同的转录因子起始转录。

（二）转录的延伸

一旦转录开始，σ 亚基即从全酶上脱落下来。核心酶构象发生改变，酶和 DNA 模板的结合亲和力下降，有利于 RNA 聚合酶沿模板移动。RNA 合成的延伸过程由核心酶完成，RNA

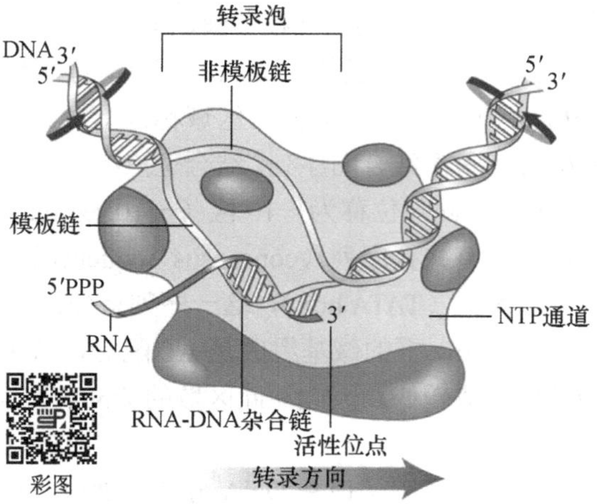

彩图

图 13-3 转录泡（马海田，2023）

聚合酶按 5′→3′方向，以 4 种 5′-三磷酸核苷（ATP、CTP、GTP 和 UTP）为原料合成 RNA。正在形成过程中的RNA的3′-OH攻击将被整合的与模板链碱基配对的 5′-三磷酸核苷的 α 磷酸基，形成 3′,5′-磷酸二酯键。RNA 聚合酶、DNA 模板和新转录的 RNA 复合物称为转录泡（transcription bubble）（图 13-3），转录泡可保护模板 DNA 和合成的 RNA 免受核酸酶的降解，DNA 双链被解开以允许转录发生。转录泡长 12～17bp，随着 RNA 聚合酶的移动（RNA 的合成）而移动，使 RNA 链不断延伸。新合成的 RNA 片段暂时与模板以 RNA-DNA 杂合链形式存在，当长度超过 12nt 后，RNA 链和 DNA 链之间的结合力因不足以维持杂交链的存在，RNA 单链便游离下来，已完成任务并被清空的 DNA 模板链随后与编码链互补，恢复双螺旋结构。原核生物 RNA 聚合酶识别并结合启动子、转录起始和延伸过程如图 13-4 所示。

资源 13-1

（三）转录的终止

转录的终止分为 3 个步骤，即 RNA 聚合酶停止移动、RNA 从 RNA 聚合酶中释放和 RNA 聚合酶从模板 DNA 上释放等过程。细菌和真核生物转录一旦起始，通常都能继续下去，直至转录完成而终止。但在转录的延伸阶段，RNA 聚合酶遇到障碍会停顿和受阻，酶脱离模板即终止。提供转录停止信号的 DNA 序列称为终止子，协助 RNA 聚合酶识别终止信号的辅因子（蛋白质）则称为终止因子（termination factor）。有些终止子的作用可被特异的因子所阻止，使酶得以越过终止子继续转录，这称为通读（readthrough），这类引起抗终止作用的蛋白质称为抗终止因子（antitermination factor）。

转录终止点出现在 DNA 分子内特定的碱基序列上。所有原核生物的终止子在终止点之前均有一个 DNA 回文结构序列，其转录产生的 RNA 可形成发夹结构。该结构可使聚合酶减慢移动或暂停 RNA 的合成。然而，RNA 产生的具有发夹型的二级结构远比终止信号多，如果酶所遇到的不是终止序列，它将继续移动并进行转录。

大肠杆菌（*E. coli*）存在两类终止子：①不依赖于 Rho（ρ）因子的终止子，或简单的终止子；②依赖于 ρ 因子的终止子。简单的终止子通常有一个富含

彩图

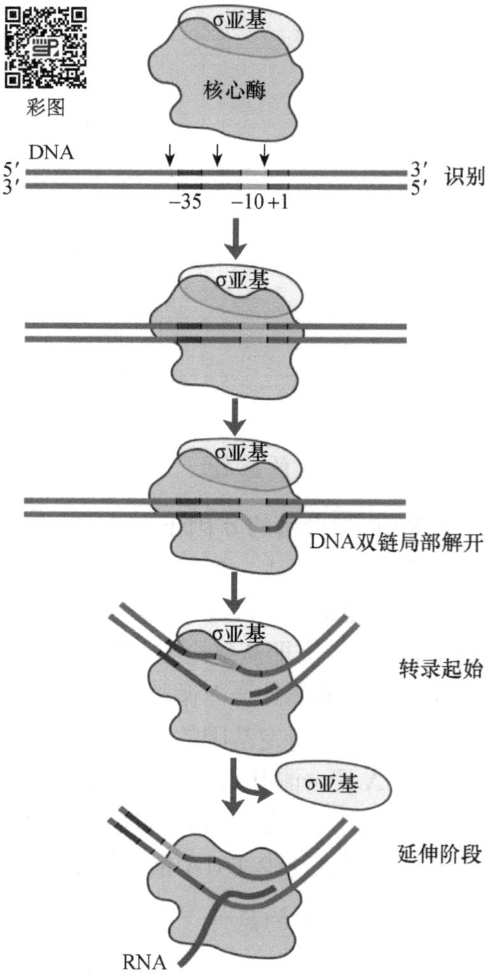

图 13-4 转录过程中的模板识别、起始和延伸（马海田，2023）

AT 的区域和一个或多个富含 GC 的区域，具有回文对称序列，该序列转录能形成茎环结构，茎环结构下游存在一串 U 序列。多聚 U 序列可能提供信号使 RNA 聚合酶脱离模板。由 RNA 上的多聚 U（rU）和 DNA 上的多聚 A（dA）组成的 RNA-DNA 杂合链之间具有较弱的氢键，使 RNA 很容易脱离，另外茎环结构也可以促进 RNA 聚合酶从模板链解离，从而终止转录（图 13-5）。

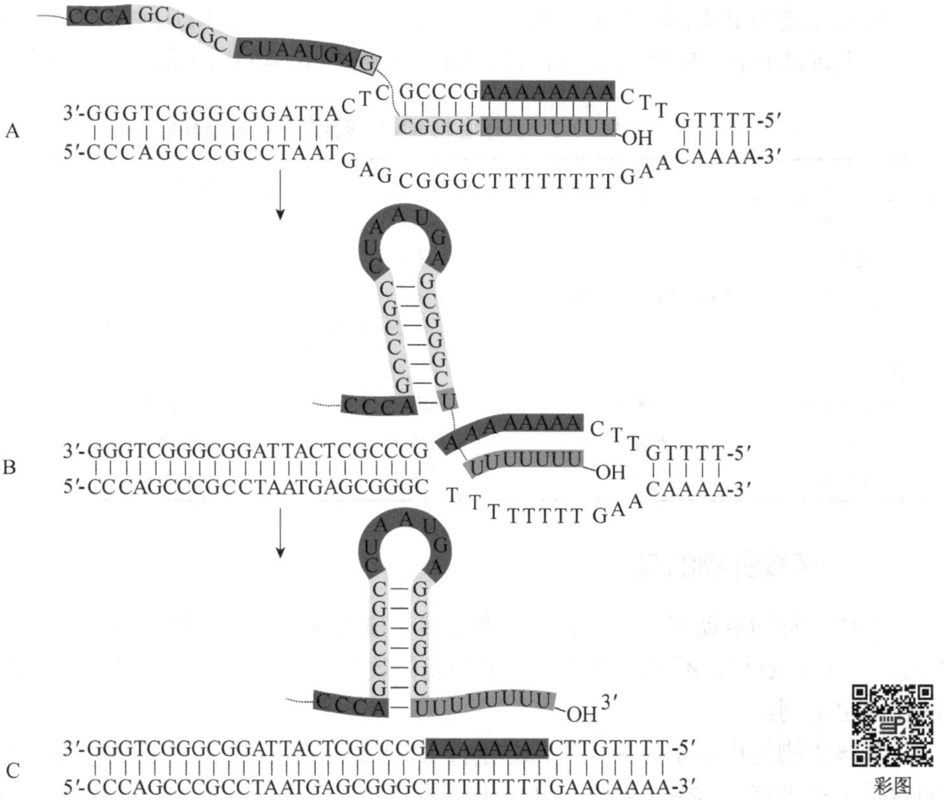

图 13-5　不依赖于 Rho（ρ）因子的终止子（刘国琴和杨海莲，2019）

A. 表示由回文序列转录形成的茎环结构，该结构能够稳定 RNA 分子并阻碍 RNA 聚合酶的移动；B. 表示茎环结构下游的多聚 U 序列，该序列由多个连续的 U 组成，能够使 RNA 聚合酶更容易从模板链上脱落；C. 表示 RNA 聚合酶，它在转录过程中沿着 DNA 模板链移动，合成 RNA，当遇到茎环结构和多聚 U 序列时，RNA 聚合酶从模板链上脱落，终止转录

依赖于 ρ 因子的终止子，其回文结构不含富有 GC 区，回文结构之后也无多聚 U 序列。依赖于 ρ 因子的终止子在细菌染色体中少见，而在噬菌体中广泛存在。ρ 因子是一种分子量约为 46 000 的蛋白质，通常以六聚体形式存在，在有 RNA 存在时，它能水解核苷三磷酸，即具有依赖于 RNA 的 NTPase 活力。由此推测，ρ 因子结合在新产生的 RNA 链的 5′端，借助水解 ATP 获得的能量推动其沿着 RNA 链向 3′方向移动，追赶 RNA 聚合酶。RNA 聚合酶遇到终止子时发生暂停，使 ρ 因子得以追上酶。ρ 因子与酶相互作用，造成释放 RNA，并使 RNA 聚合酶与该因子一起从 DNA 上脱落下来（图 13-6）。最近发现 ρ 因子具有 RNA-DNA 解旋酶（helicase）活力，进一步说明了该因子的作用机制。

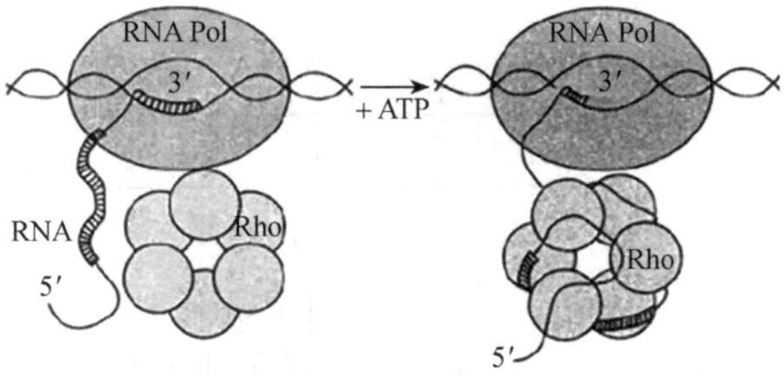

图 13-6　依赖于 Rho（ρ）因子的终止子

第三节　真核生物的转录

一、真核生物的 RNA 聚合酶

真核生物的 RNA 聚合酶比原核生物要复杂，有Ⅰ、Ⅱ、Ⅲ几种类型，又称 A、B、C 型；后来又发现还存在 Mt 型，每一种类型又有几种不同亚基的同工酶。其组成及功能见表 13-2。

表 13-2　真核生物 RNA 聚合酶的组成及功能

比较点	Ⅰ(A)	Ⅱ(B)	Ⅲ(C)	Mt
分子量	5.5×10^5	6×10^5	6×10^5	$6.5\times10^5\sim6.8\times10^5$
定位	核仁	核质	核质	线粒体
转录产物	5.8S、18S、28S 前体	mRNA 前体，U_1、U_2、U_4、U_5 snRNA 前体	tRNA 前体，5S rRNA 前体，U_6 snRNA 前体	线粒体 RNA
酶相对活性/%	50～70	20～40	10	
α-鹅膏蕈碱	不敏感	较敏感	中等敏感	不敏感
利福平	不敏感	不敏感	不敏感	敏感
利福霉素	敏感	敏感	敏感	

二、真核生物的启动子

真核生物的启动子一般更长，含有更多长度为 6～8bp 的保守小片段，这些小片段称为“元件”(element)。不同基因启动子中的元件数量、排序和方向不同，各元件在基因表达中的作用也不同。

真核生物的启动子分为 3 类，分别被 RNA 聚合酶Ⅰ、Ⅱ、Ⅲ识别。RNA 聚合酶Ⅰ和Ⅲ的启动子种类有限。RNA 聚合酶Ⅱ所识别的启动子包含 5 类控制元件：TATA 框(TATA box)、起始子（initiator)、上游元件（upstream element)、下游元件（downstream element）及应答元件（response element)。TATA 框含 TATAAA 保守序列，位于－25bp 处，也称为－25 区或 Goldberg-Hogness 框（Goldberg-Hogness box)，类似于原核生物中的 Pribnow 框，序列中全为 AT 对，仅少数启动子含有 CG 对，是 RNA 聚合酶Ⅱ的结合位点（图 13-7)。起始

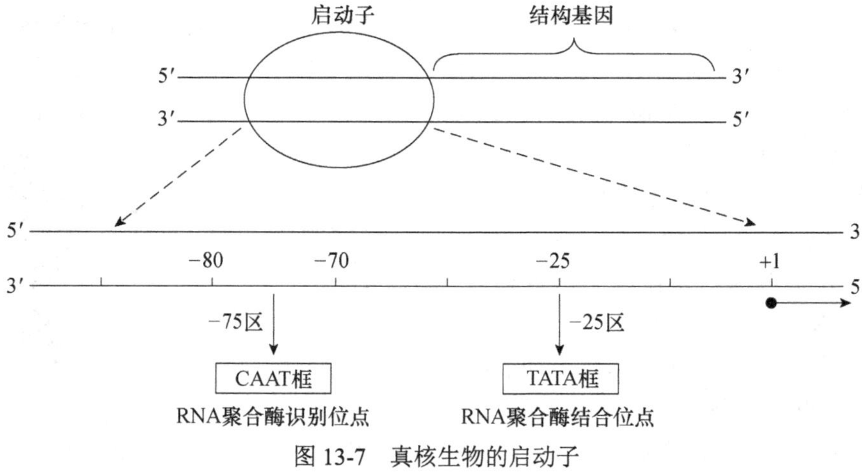

图 13-7　真核生物的启动子

子位于－3bp 和＋5bp 之间，是转录起始位点。应答元件是一类随外界信号（如高温、冷害、创伤等）进行转录调节的特殊序列。在真核生物转录起始位点上游－75bp（或称－75 区）处有 CAAT 序列，也称为 CAAT 框，共有序列为 GCCAATCT（类似于原核生物的－35 区），RNA 聚合酶Ⅱ可以识别这一序列。有的还含有 GC 框，共有序列为 GGGCGG 和 CCCCC。真核生物启动子各种元件的不同组合，再加上其他序列的变化，构成了种类庞大的启动子家族，启动子不仅变化比较大，整个序列也可以很长，通常将能够准确进行转录的最小序列称为核心启动子，包括 TATA 框和起始子等。有些启动子无起始子。核心启动子由起始子和下游元件（AGAC）组成；有些 TATA 框和起始子均无，上游元件将发挥关键作用。

三、真核生物的转录过程

真核生物 RNA 的转录过程大体与细菌相似，所不同的是真核生物 RNA 聚合酶自身不能识别和结合到启动子上，而需要在启动子上由转录因子和 RNA 聚合酶装配成活性转录复合物才能起始转录。真核生物的转录过程分为装配、起始、延伸和终止 4 个阶段。其间各种因子的作用比细菌复杂得多。二者的主要区别如下。

（一）转录起始

真核生物 RNA 的转录机制十分复杂，其转录起始机制还不是十分清楚。真核生物 RNA 聚合酶不能直接识别基因的启动子，需要转录调节因子按一定顺序结合于启动子上，RNA 聚合酶才能与之相结合并形成复杂的转录前起始复合物。

真核生物 3 种 RNA 聚合酶中，聚合酶Ⅰ和Ⅲ的启动子种类有限，相应转录因子也较少。RNA 聚合酶Ⅱ催化的转录中，需要的通用转录因子（general transcription factor，GTF）有 TFⅡA、B、D、E、F、H、S 和 J 等。GTF 在转录起始过程中相继结合到启动子上，形成转录起始复合物。TFⅡD 是一种多亚基蛋白，由 TATA 框结合蛋白（TATA box binding protein，TBP）和 TBP 相关因子（TBP-associated factor，TAF）组成，TFⅡD 的功能包括：可以识别和结合不同的启动子；结合和招募其他通用转录因子；多种调节蛋白的作用目标；具有激酶、组蛋白乙酰转移酶、泛素激活酶及结合酶活性。TFⅡA 由 3 个亚基组成，与 TBP 的 N 端结构域结合，可以稳定 TFⅡD 与启动子的结合。TFⅡF 可以与 RNA 聚合酶Ⅱ结合，促进与启动子的结合，降低延伸过程中的暂停。TFⅡB 既可以结合 TBP，又能引进 TFⅡF/RNA 聚合酶Ⅱ复合物，稳定 TBP 与 DNA 的结合。TFⅡD 再与 RNA 聚合酶Ⅱ的羧基末端结构域（carboxyl terminal domain，CTD）作用，使其定位于转录的起始位置，最后在 RNA 聚合酶Ⅱ的帮助下，TFⅡE 进入结合位点，参与启动子的解链，同时引入 TFⅡH 并提高其活性。TFⅡH 是最大、最复杂的转录因子，含有 9 个亚基，具有 ATP 酶、解旋酶和激酶的活性，可以催化 RNA 聚合酶Ⅱ的 CTD 磷酸化，使转录起始复合物发生构象变化而促进转录，并使 RNA 聚合酶Ⅱ在开始 RNA 链合成后脱离起始复合物。

（二）转录延伸

转录起始 CTD 被磷酸化，RNA 聚合酶随即离开启动子，并与诸多延伸因子和酶结合，转录进入延伸阶段。真核生物延伸阶段除 RNA 聚合酶外，还有延伸因子参与，主要有两类延伸因子：①通用延伸因子，能加快所有蛋白质基因的有效转录；②调节性延伸因子，调节特定的基因转录。延伸因子的主要作用是阻止转录的暂停或提前终止，促进转录的延伸。RNA

合成的速率为 30～50nt/s，但链的延伸并非以恒定速率进行，有时会降低速率或延迟，经常发生暂停，这是延伸阶段的重要特点，其原因尚不清楚。研究人员发现其在通过一个富含 GC 对的模板以后 8～10 个碱基，则会出现一次延迟。如果在突变体中 GC 变成 AT 则减少延迟；如果在连续的 GC 对之间只有一个 AT 对，把这个 AT 变为 GC 则会再现强烈的延迟作用。这种延迟作用可能与 RNA 链的终止和释放有关。

（三）转录终止

对于真核生物 RNA 转录的终止信号和机制了解得很少，其主要困难在于很难确定初始转录物的 3′端。因为在大多数情况下，转录后就很快进行加工，无论是 mRNA、tRNA，还是 rRNA 都是如此。RNA 聚合酶Ⅱ的转录产物是在 3′端切断，然后腺苷酸化，而无终止作用。RNA 聚合酶Ⅰ和 RNA 聚合酶Ⅲ转录产物末端常有连续的 U，但是仅仅连续的 U 本身不足以成为终止信号。例如，爪蟾 5S rRNA 的 3′端为 4 个 U，而这 4 个 U 的前后均为富含 GC 序列中的多聚 T（4 个以上），这种序列特征高度保守，从酵母到人都很相似。因此，U 序列附近的特殊序列结构在终止反应中起重要作用。

第四节　转录的抑制剂

RNA 转录的抑制剂根据其作用性质主要可以分为三大类：①嘌呤和嘧啶类似物，它们作为核苷酸代谢拮抗剂而抑制前体 RNA 的合成；②DNA 模板功能抑制剂，通过与 DNA 结合而改变模板的功能；③RNA 聚合酶的抑制剂，它与 RNA 聚合酶结合而抑制其活力。

一、嘌呤和嘧啶类似物

一些人工合成的碱基类似物，如 5-氟尿嘧啶、6-氮尿嘧啶、6-巯基嘌呤和 8-氮鸟嘌呤等能够抑制和干扰 DNA 或 RNA 的合成。这些碱基类似物或者作为代谢拮抗物直接抑制核苷酸合成有关的酶类，或者通过掺入核酸分子形成异常的核酸结构，从而影响核酸的进一步延伸。碱基类似物进入体内后一般先转变为相应的核苷酸后才能发挥抑制作用。6-巯基嘌呤在体内首先转变为巯基嘌呤核苷酸，并阻断细胞内嘌呤核苷酸的合成。它是重要的癌症治疗药物，用于治疗急性白血病和绒毛上皮癌等。8-氮鸟嘌呤形成核苷酸后既能抑制嘌呤核苷酸的合成，还能掺入 RNA 中，形成非正常的 RNA，从而抑制相应蛋白质的合成。5-氟尿嘧啶进入体内后首先转变为核糖核苷酸 5-氟尿苷-5′-单磷酸酯（F-UMP），再转变为 5-氟尿嘧啶脱氧核糖核苷酸（F-dUMP），抑制胸腺嘧啶核苷酸合成酶，影响 DNA 的合成。5-氟尿嘧啶也可能掺入 RNA 中，影响 RNA 和蛋白质的合成。5-氟尿嘧啶具有抑制肿瘤细胞生长的功能。在正常细胞中，5-氟尿嘧啶能被分解为 α-氟-β-氨基丙酸，但在癌细胞中则不被分解，这是 5-氟尿嘧啶在临床上被用作化疗药物的原因之一。

二、DNA 模板功能抑制剂

放线菌素、烷化剂和嵌入染料能与 DNA 结合使其失去模板功能而抑制 RNA 转录。放线菌素 D（actinomycin D）具有抗菌和抗癌作用，是 DNA 模板功能的抑制剂，可与 DNA 形成非共价复合物，抑制其作为模板的功能。1μmol/L 放线菌素 D 就可有效抑制 RNA 转录，但需要 10μmol/L 才能抑制 DNA 的复制。烷化剂如氮芥、磺酸酯氮丙啶等分子中带有能使 DNA

烷基化的活性烷基，同时作用于 DNA 的两条链，使之发生交联，抑制其模板功能。烷化剂的毒性较大，能够引起细胞突变，具有致癌作用。有些烷化剂，如环磷酰胺，能选择性杀伤肿瘤细胞，因而在临床上被用于治疗恶性肿瘤。

某些具有扁平芳香族发色团的嵌入剂如吖啶类染料和溴化乙锭等，可插入双链 DNA 相邻的碱基对之间，因此又称为嵌入染料。嵌入剂通常含有吖啶或菲啶环，它们的大小与碱基相当，插入后使 DNA 在复制中缺失或增添一个核苷酸，导致移码突变。溴化乙锭是高灵敏度的荧光试剂，与核酸结合后抑制其复制和转录。其实验中常用来检测样品中 DNA 和 RNA 的浓度。

三、RNA 聚合酶抑制剂

某些抗生素或化学药物如利福霉素（rifamycin）、利链菌素（streptolydigin）和 *α*-鹅膏蕈碱（*α*-amanitin），都是 RNA 聚合酶的抑制剂。其中，利福霉素能强烈地抑制革兰氏阳性菌和结核杆菌，具有广谱抗菌作用，能特异性地抑制细菌 RNA 聚合酶的活性。利链菌素与细菌 RNA 聚合酶的 β 亚基结合，抑制转录的起始。*α*-鹅膏蕈碱主要抑制真核生物 RNA 聚合酶Ⅱ，阻止真核生物 mRNA 合成，在高浓度时，还可抑制 RNA 聚合酶Ⅲ。

第五节　转录产物的加工

一、原核生物转录产物的加工

转录合成的 RNA 通常不是成熟的有功能的 RNA 分子，因此转录后常进行加工与修饰，使之生成成熟的 RNA 分子。RNA 分子的类型不同，转录后的加工修饰作用也就不同。

（一）mRNA 前体的加工

细菌中用于指导蛋白质合成的 mRNA 大多不需要加工，一经转录即可直接进行翻译。但也有少数多顺反子 mRNA 需通过核酸内切酶切成较小的单位，然后进行翻译。例如，核糖体大亚基蛋白 L10 和 L7/L12 与 RNA 聚合酶 β 和 β′亚基的基因组成混合操纵子（operon），它在转录出多顺反子 mRNA 后需通过 RNase Ⅲ将核糖体蛋白质与聚合酶亚基的 mRNA 切开，然后各自进行翻译。该加工过程的意义在于可对 mRNA 的翻译进行调节。核糖体蛋白质的合成必须对应于 rRNA 的合成水平，并且与细胞的生长速率相适应。细胞内 RNA 聚合酶的合成水平则要低得多。将二者 mRNA 切开，有利于各自的翻译调节。

类似的加工过程也可以在某些噬菌体的多顺反子 mRNA 中见到。例如，大肠杆菌噬菌体 T 的早期基因转录出一条长的多顺反子 mRNA，经 RNase Ⅲ切割成 5 个单独的 mRNA 和一段 5′端前导序列。mRNA 的切割对其中某些早期蛋白质的合成是必要的。推测可能是由于较长的 mRNA 产生二级结构，会阻止有关编码序列的翻译。这种 RNA 二级结构（可能还有三级结构）与其功能的调节关系在多种情况下均可看到，并不仅限于翻译起始的调节。通过 RNA 链的裂解，改变了 RNA 的二级结构，从而影响它的功能。

（二）rRNA 前体的加工

资源 13-2

大肠杆菌共有 7 个 rRNA 的转录单位，它们分散在基因组的各处。每个转录单位由16S rRNA、23S rRNA、5S rRNA及一个或几个tRNA的基因所组成。16S rRNA与23S rRNA的基因之间常插入1个或2个tRNA的基因，有时在3′端5S rRNA的基因之后还有1个或2个tRNA的基因。rRNA的基因初级转录物的沉降常数为30S，分子量为2.1×10^6，约含6500个核苷酸。由于在原核生物中rRNA的加工往往与转录同时进行，因此不易得到完整的前体。从RNase Ⅲ缺陷型大肠杆菌中可分离到30S rRNA前体（P30）。RNase Ⅲ是一种负责RNA加工的核酸内切酶，它的识别位点为特定的RNA双螺旋区。16S rRNA和23S rRNA的两侧序列互补，形成茎环结构，RNase Ⅲ在茎部有两个相差2bp的切割位点，切割产生16S和23S rRNA前体P16和P23。5S rRNA前体P5是在RNase E作用下产生的，它可识别P5两端形成的茎环结构。P5、P16和P23两端的多余附加序列需进一步由核酸酶切除。可能rRNA前体需先经甲基化修饰，再被核酸内切酶和核酸外切酶切割。不同细菌rRNA前体的加工过程并不完全相同，但基本过程相似（图13-8）。

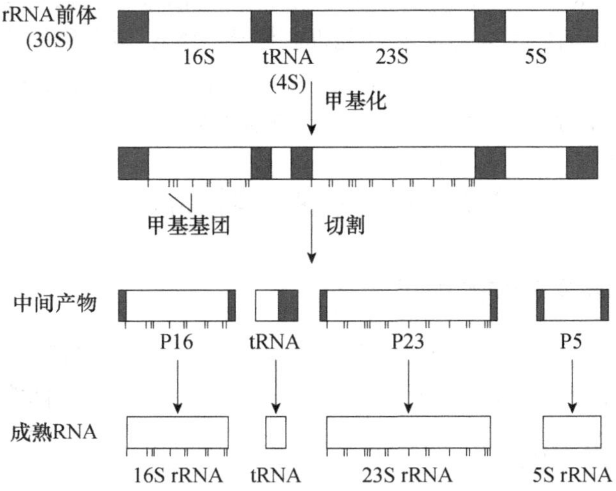

图13-8 大肠杆菌rRNA前体的加工

（三）tRNA前体的加工

大肠杆菌染色体基因组共有tRNA的基因约60个，大多成簇存在，或与rRNA的基因，或与编码蛋白质的基因组成混合转录单位。tRNA前体的加工包括以下几个步骤。

（1）切割（cutting） 核酸内切酶在tRNA两端切断，得到含有附加序列的tRNA分子。

（2）剪切（cleavage）及剪接（splicing） 剪切就是剪去部分序列；剪接是指剪切后又将片段连接起来。

（3）修剪（trimming） 由核酸外切酶从3′端逐个切去多余的序列。

（4）末端添加（terminal addition）核苷酸 如tRNA的3′端添加-CAA。

（5）核苷酸的修饰和异构化 在碱基及核糖分子上发生化学修饰反应。例如，tRNA分子中尿苷经化学修饰变为假尿苷。

与DNA限制性核酸内切酶不同，RNA核酸内切酶不能识别特异的序列，它所识别的是加工部位的空间结构。大肠杆菌RNase P是一类切断tRNA 5′端的加工酶，属于核酸内切酶。差不多所有大肠杆菌及其噬菌体tRNA前体都是在该酶作用下切出成熟的tRNA 5′端。因此，这个 5′-核酸内切酶是 tRNA 的 5′端成熟酶。RNase P 是一种很特殊的酶，它含有蛋白质和 RNA 两部分。RNA 链由 375 个核苷酸组成（分子量约为 130 000），蛋白质多肽链的分子量仅为 20 000。在某些条件下（提高 Mg^{2+}浓度或加入多胺类物质），RNase P 中的 RNA 单独也能切断 tRNA 前体的 5′端序列。

加工 tRNA 前体 3′端的序列还需要另外的核酸内切酶，如 RNase F，它从靠近 3′端处切断前体分子。为了得到成熟的 3′端，需要有核酸外切酶进一步进行修剪，从前体 3′端逐个切去附加的序列，直至 tRNA 的 3′端。负责修剪的核酸外切酶可能主要为 RNase D。该酶由分子量为 38 000 的单一多肽链所组成，具有严格的选择活性。实验表明它识别的是整个 tRNA 结构，而不是 3′端的特异序列。由此可见，RNase D 是 tRNA 的 3′端成熟酶。

所有成熟 tRNA 分子的 3′端都有 CCA-OH 结构，它对于接受氨酰基的活性是必要的。细菌的 tRNA 前体存在两类不同的 3′端序列：①其自身具有 CCA 三核苷酸，位于成熟 tRNA 序列与 3′端附加序列之间，当附加序列被切除后即显露出该末端结构。②其自身并无 CCA 序列。当前体切除 3′端附加序列后，必须外加 CCA。添加 CCA 是在 tRNA 核苷酸转移酶（nucleotidyltransferase）催化下进行的，由 CTP 和 ATP 供给胞苷酸和腺苷酸。

成熟的 tRNA 分子中存在众多的修饰成分，其中包括各种甲基化碱基和假尿嘧啶核苷。tRNA 修饰酶具有高度特异性，每一种修饰核苷都有催化其生成的修饰酶。tRNA 甲基化酶对碱基及 tRNA 序列均有严格要求，甲基供体一般为 *S*-腺苷甲硫氨酸（SAM）（图 13-9）。

资源 13-3

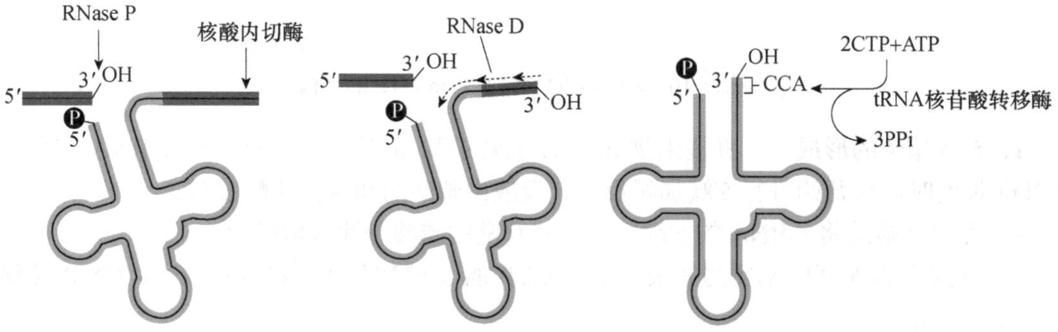

图 13-9 大肠杆菌 tRNA 前体的加工（刘国琴和杨海莲，2019）

二、真核生物转录产物的加工

真核生物 RNA 最初的合成产物是完全没有活性的前体，被称为初级转录物（primary transcript）。初级转录物经过各种加工和修饰，生成成熟的 mRNA、rRNA 和 tRNA。

（一）mRNA 的加工

真核生物编码蛋白质的基因以单个基因作为转录单位，不像原核生物那样组成操纵子，其转录产物为单顺反子 mRNA，而不是多顺反子 mRNA。大多数蛋白质基因存在居间序列，它与编码序列一起被转录，需要在转录后加工过程中切除掉。由于细胞核结构将转录和翻译过程分隔开，mRNA 在核中产生后须经过一系列复杂的加工过程并转移到细胞质中才能表现出翻译功能，因此它的调节序列变得更为复杂，半衰期也更长。mRNA 的初级转录物是分子量极大的前体，在核内加工过程中形成分子大小不等的中间物，它们被称为核内不均一 RNA (heterogeneous nuclear RNA，hnRNA)，其中至少有一部分可转变成细胞质的成熟 mRNA。

hnRNA 的碱基组成与总的 DNA 组成类似，因此又称为类似 DNA 的 RNA（D-RNA)。它们在核内迅速合成和降解，其半衰期很短，比细胞质 mRNA 更不稳定。不同细胞类型的 hnRNA 半衰期不同，为几分钟至 1h；而细胞质 mRNA 的半衰期一般在 1～10h，神经细胞 mRNA 的最长半衰期可达数年。

hnRNA 的分子量分布极不均一，其沉降系数主要在 30～40S 区域，少部分可高达 70～100S。哺乳类动物 hnRNA 平均链长为 8000～10 000nt，而细胞质 mRNA 平均链长为 1800～2000nt，hnRNA 链长是 mRNA 的 4～5 倍。由 hnRNA 转变成成熟 mRNA 的加工过程包括：5′端形成特殊的帽子结构（$m^7G5'ppp5'NmpNp$-）（图 13-10），即加帽（capping)；在 3′端加多聚腺苷酸［poly（A)］尾；通过剪接除去内含子序列；链内部核苷酸甲基化修饰等。

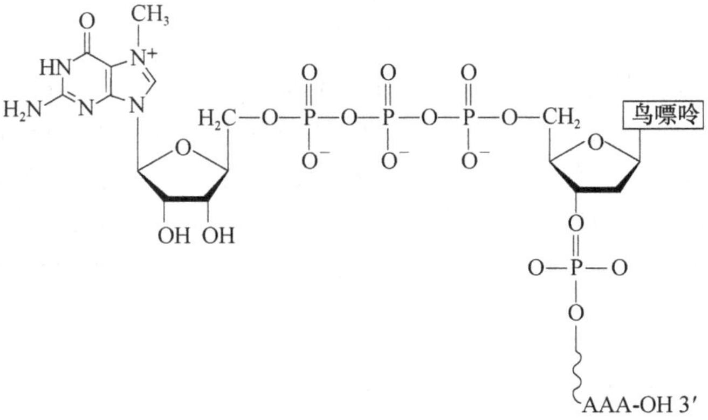

图 13-10　mRNA 的 5′端加上 m^7GTP 的结构

1．5′端帽子的形成　真核生物 mRNA 的转录和加工可以同时进行。mRNA 在合成不到 20nt 长度时，就开始进行 5′端加帽反应。反应由磷酸酶和甲基化酶参与。

1）首先磷酸酶将 mRNA 的 5′端第一个核苷酸的磷酸基团水解掉。

2）暴露出的 β 磷酸基团的氧亲核进攻 GTP 的 α 磷酸基团，释放焦磷酸，GMP 转移到 mRNA 的 5′端。

3）随后，在甲基化酶作用下，GMP 鸟嘌呤上的氮原子被甲基化，0 型帽子即形成。

4）如果原来第一个核苷酸核糖 2′-羟基继续发生甲基化，则形成 1 型帽子。

5）如果 mRNA 的 5′端原第一、二个核苷酸核糖 2′-羟基都被甲基化，则形成 2 型帽子。

在多细胞生物中 1 型帽子占优势，在单细胞真核生物中 0 型帽子占优势。mRNA 的 5′帽子结构能够保护 mRNA 不被核酸酶降解，并有助于 mRNA 在核糖体上正确定位。5′端帽子的确切功能还不十分清楚，可能早在翻译起始信号识别、mRNA 稳定、避免 5′端受核酸外切酶的降解等方面中起作用（图 13-11）。

资源 13-4

2．3′poly（A）尾的生成　真核生物 mRNA 合成后由多聚腺苷酸聚合酶［poly（A）聚合酶］在 mRNA 3′端连续加上大量腺苷酸，可多达 250 个腺苷酸，形成所谓的多聚腺苷酸尾［poly（A)］（图 13-12)。例如，高等真核细胞 mRNA 在靠近 3′端有一段保守序列 AAUAAA 作为发生多聚腺苷酸化的信号，当该序列被转录出现以后，一种专一性因子 CPSF（cleavage and polyadenylation specificity factor）与之特异性结合，并与核酸内切酶、poly（A）聚合酶相互作用，由核酸内切酶将 mRNA 链从保守序列处切断，由 poly（A）聚合酶以 ATP 为底物

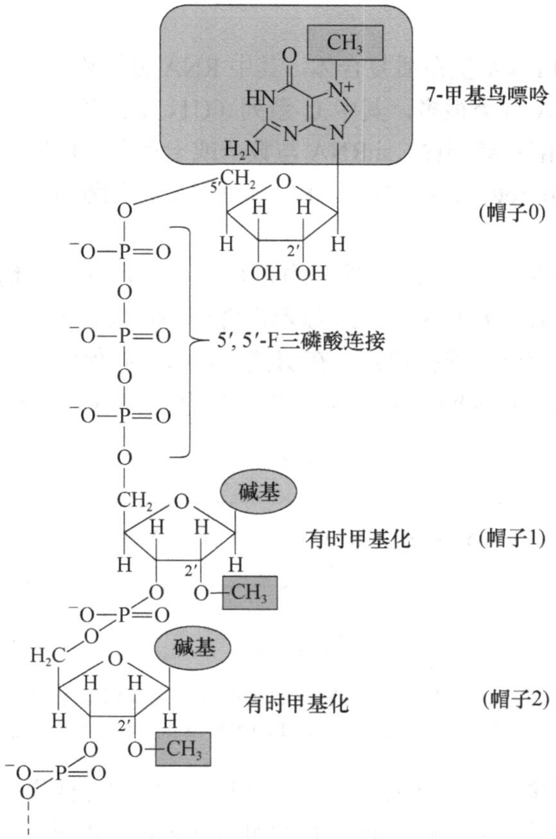

图 13-11　mRNA 加工过程中的甲基化

沿 mRNA 链的 3′端连续加入腺苷酸，释放出焦磷酸。poly（A）尾具有保护 mRNA 的 3′端不会被核酸酶降解，并有助于 mRNA 从细胞核向细胞质中转移的功能。

3. 剪接　真核生物结构基因由若干个编码区和非编码区互相间隔开但又连续镶嵌而成，为一个连续氨基酸组成的完整蛋白质，这些基因称为断裂基因（split gene）。大多数真核生物的基因是断裂基因。断裂基因在转录时外显子（expressed region，exon）和内含子（intervening region，intron）同时被转录，先形成非功能性的初级转录物，其中与 DNA 上的外显子和内含子对应的序列，也被称为外显子和内含子。断裂基因的初级转录物需通过剪接，去除内含子，使外显子成为连续序列。内含子多种多样，剪接机制也不同，有些需要在剪接体（spliceosome）

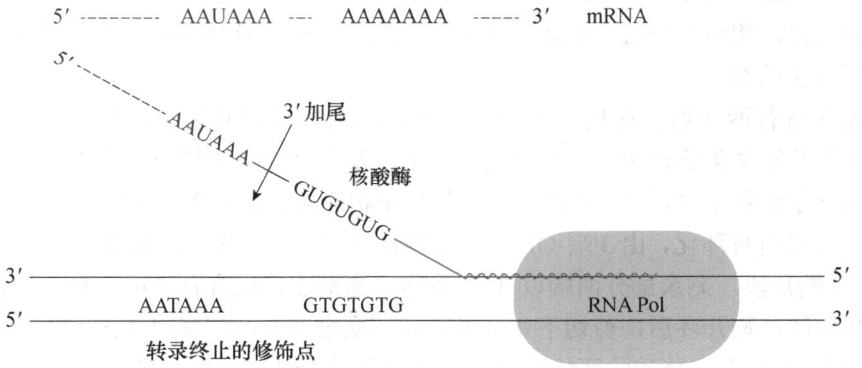

图 13-12　3′poly（A）尾的生成

的作用下才能完成。

剪接体是一个大的RNA-蛋白质复合体，其中RNA分子称为核内小RNA（small nuclear RNA，snRNA）。snRNA种类很多，其中U系列（U1、U2等）的共性是富含尿嘧啶，分子小，而且内部存在大量配对螺旋区。snRNA与数个或十多个蛋白质结合形成核小核糖核蛋白（small nuclear ribonucleoprotein，snRNP）。由于snRNA具有酶活性，整个剪接体可以看成是核酶的复合物。

真核生物核基因内含子在左端（5′端）均为GT，右端（3′端）均为AG，此称为GT-AG规则（对应于RNA为GU-AG）。图13-13显示出脊椎动物内含子的剪接位点及保守序列，其内含子的5′端和3′端各有一个剪接位点，在剪接位点附近有保守序列存在，另外内含子中还有一个保守的分支位点（branch site）“YNYURAY”，其中“A”在剪接过程中发挥重要作用。

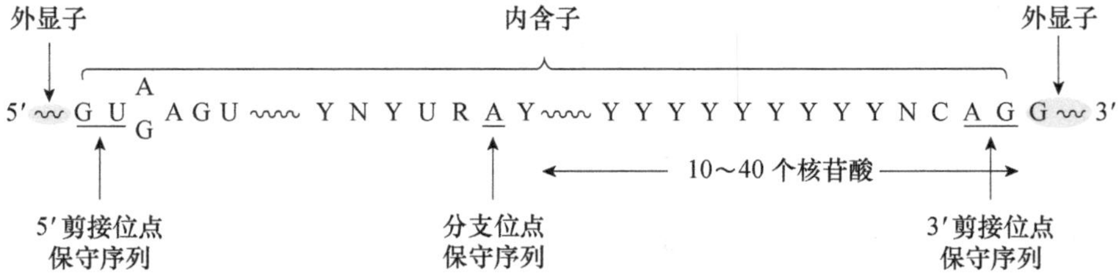

图13-13 脊椎动物内含子剪接位点及保守序列

Y代表任意嘧啶（U或者C）；R代表任意嘌呤（A或者G）；N代表任意核苷酸

4. RNA的自我拼接 多年来，人们认为生物体内的各种代谢反应全是在酶的催化下进行的，而酶的化学本质是蛋白质。但是1982年T. Cech及其同事在对四膜虫（一种有纤毛的原生动物）rRNA剪接过程的研究中非常出人意料地发现：四膜虫rRNA的前体长4.6kb，必须除去一段414bp的内含子，才能产生成熟的26S rRNA。当他们把一些细胞提取物加到前体RNA中，以确定剪接对蛋白因子的需要时，发现未加的对照中也发生了剪接，对照中仅有前体物和作为能量物质的ATP或GTP。他们怀疑可能有一种必需的蛋白质没有被除去，于是采用DNA重组技术，合成新的前体RNA。但用这种体外合成的RNA前体物所做的实验结果仍然与前面的相同：只需核苷酸存在，RNA就能自我剪接（self-splicing），即RNA分子本身具有高度专一性的催化活性。后来证明加入的GTP或ATP中，鸟核苷酸单位（GMP、GDP或GTP）是反应所需要的辅因子。

核酶作用的方式有剪切型、剪接型和其他型。剪接型核酶主要催化自身RNA进行化学反应，即首先切去自身RNA内部的一个核苷酸片段，再将剩余的两个片段连接起来，它的作用是既剪又接，相当于核酸内切酶与连接酶的联合作用。核酶的催化作用不需要任何其他酶或其他蛋白质的参与。

核酶反应进行两次剪接作用。第一次剪接时，由鸟苷或其衍生物作为辅因子，其中的3′-OH向外显子与内含子的5′剪接位点进行攻击，发生磷酸酯转移反应。于是由414个核苷酸组成的内含子脱落下来，而5′外显子与3′外显子相连接，成为26S rRNA。脱落下来的内含子（414nt）可以自身环化，由3′端-OH攻击5′端附近的磷酸二酯键，结果从含有G的5′端脱下15个核苷酸片段，剩余部分两端以3′,5′-磷酸二酯键连接成含有399个核苷酸的环状中间产物。环状中间产物开环后，剪切下4个核苷酸，剩余部分两端又以3′,5′-磷酸二酯键相连，环化成为含有395个核苷酸的环状分子。此环状分子再经过开环，最后得到一个丢失了19

个核苷酸的线性内含子序列，即“L-19”IVS（linear minus 19 intervening sequence）。此 L-19 IVS 具有催化活性。上述两次自我剪接作用是由内含子本身的催化性质所决定的。

L-19 IVS 是一种核酶，它可以催化数种 RNA 为底物的反应，如：①核苷酸转移反应，相当于核苷酸转移酶的作用；②水解反应，相当于磷酸二酯酶的作用；③磷酸转移反应，相当于磷酸转移酶的作用；④脱磷酸反应，相当于酸性磷酸酶的作用；⑤RNA 限制性内切反应，相当于 RNA 限制性核酸内切酶的作用。L-19 IVS 催化的水解反应是水解磷酸二酯键，可以使核苷酸上五胞苷酸（C_5）降解为 C_4 和 C_3，同时 L-19 IVS 也可以催化磷酸二酯键的生成，因此也可使核苷酸链上 C_5 变为 C_6 或更长。所以 L-19 IVS 既有 RNase 的作用，又有 RNA 聚合酶的作用。但是 L-19 IVS 对于 U_5 的作用则小于对 C_5 的作用，而对于 A_5 和 G_5 则根本没有作用。

自我剪切过程中并非所有的中间产物全是环状结构，也有的中间产物为套索结构，且反应初也不需要有 G 参与，如酵母线粒体某些 RNA 前体的剪接作用。

（二）rRNA 的加工

真核生物的核蛋白体中有 18S、5.8S、28S 及 5S rRNA，各自独立成体系，在成熟过程中加工甚少，不进行修饰和剪切。45S rRNA 前体中包含 18S、5.8S 及 28S rRNA。45S rRNA 前体经过剪切成为 41S rRNA 中间前体，继续剪切为 20S 及 32S rRNA 前体，再经过剪切成为 18S rRNA 及 28S-5.8S rRNA 复合体后，28S-5.8S rRNA 复合体剪切变为成熟的 28S rRNA 及 5.8S rRNA（图 13-14）。以上的剪切作用都是在细胞核酸酶的催化下进行的。在加工过程中，主要是在 28S 及 18S 中，rRNA 分子广泛地进行甲基化修饰，甲基化作用多发生于核糖上，较少发生在碱基上。

资源 13-5

（三）tRNA 的加工

tRNA 前体的加工包括：在酶的作用下从 5′端及 3′端处切除多余的核苷酸；去除内含子进行剪接作用；3′端加-CCA 及碱基的修饰（图 13-15）。

在核酸内切酶 RNase P 的作用下，从 5′端切除多余的核苷酸。3′端多余的核苷酸则是在核酸外切酶 RNase D 的作用下，从末端逐个地将核苷酸切下，如真核生物中 3′端的 UU。RNase P 存在于细菌到人类的各种生物体中，其组成包含蛋白质及 RNA，是一种核酶，将在后面介绍。

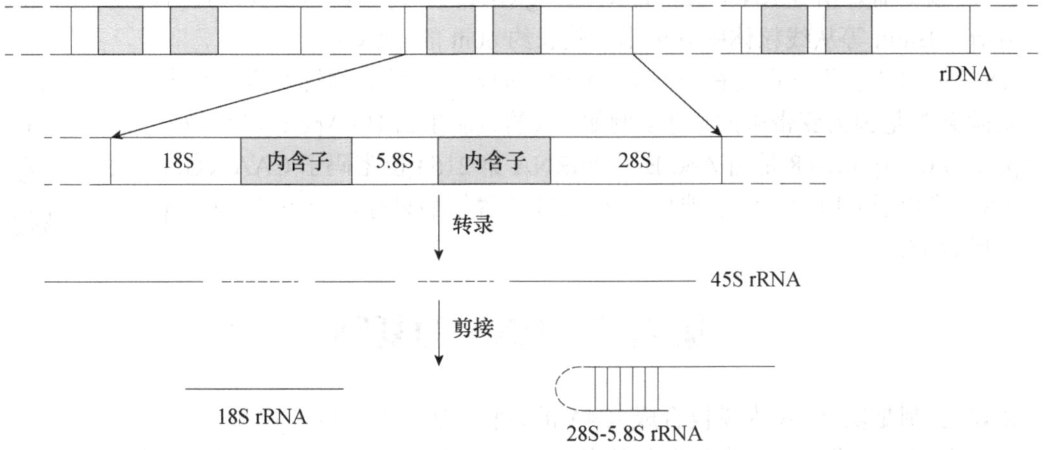

图 13-14 真核生物 rRNA 前体的加工

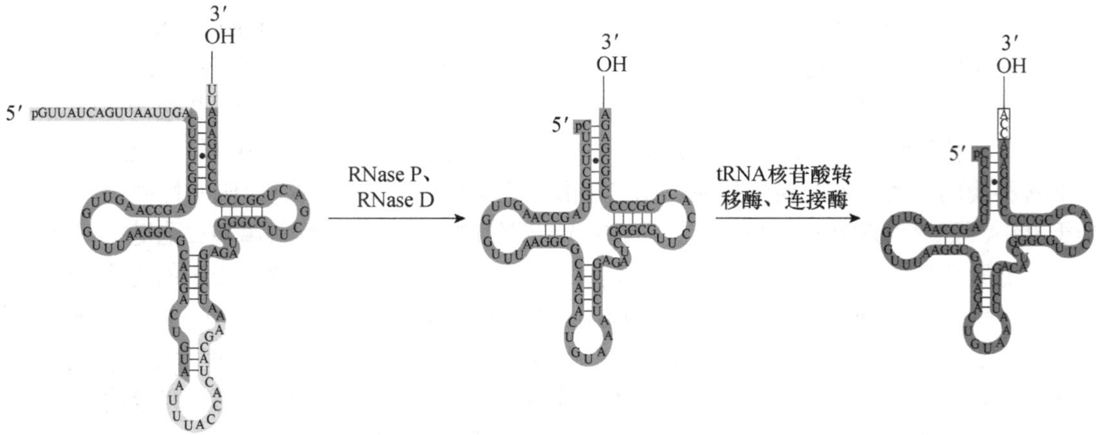

图 13-15　真核生物 tRNA 前体的加工

tRNA 前体中含有内含子，可通过剪接作用而被去除，即由核酸内切酶催化进行剪切反应，并通过连接酶将外显子连接起来。

资源 13-6

CCA-OH 加到 tRNA 前体的 3′端是 tRNA 前体加工过程的特有反应。该反应是在 tRNA 核苷酸转移酶和连接酶的催化下进行的。

tRNA 前体的加工还有化学修饰作用，包含碱基的甲基化反应、脱氨基反应及还原反应等。这些反应发生在 tRNA 中特定的核苷酸上。

（四）RNA 的编辑

mRNA 转录后通过插入或删除核苷酸，或者通过脱氨基和氨基化改变碱基的方式，改变和扩大原来模板 DNA 的遗传信息的过程，称为 RNA 编辑（RNA editing）。1986 年，R. Benne 等研究锥虫线粒体 DNA 时发现，其细胞色素氧化酶亚基Ⅱ（*Co Ⅱ*）基因与酵母或人的相应基因对比存在一个－1 的移码突变，然而酶的功能又是正常的。进一步比较 *Co Ⅱ*基因与其转录产物序列，发现转录物 RNA 在移码突变附近有 4 个不被 DNA 编码的额外尿苷酸，正好纠正了基因的移码突变。后来研究人员陆续在多种生物中发现 RNA 的编辑，其中包括 U 的插入和删除，C、A 和 G 的插入，C 被 U 取代或 U 被 C 取代，A 转变为 I 等方式。

RNA 编辑需要指导 RNA（guide RNA，gRNA）作为编辑的模板，且与被编辑的 mRNA 序列互补。Blum 等从线粒体中分离出一些长约 60nt 的 gRNA。

RNA 编辑的生物学意义在于其 RNA 通过插入、删除、修饰等方式扩大了遗传信息量，也可消除某些基因突变带来的危害。例如，人的载脂蛋白 B（Apo B）有两种形式：Apo B-100 和 Apo B-48。Apo B-48 是由 Apo B-100mRNA 第 2153 位密码子 CAA（Gln）突变成 UAA（终止子）所致。由于催化 C 变成 U 的脱氨酶只存在于小肠，故 Apo B-48 只在小肠合成。

资源 13-7

第六节　RNA 的复制

RNA 复制是以 RNA 为模板合成 RNA 的过程，是除了逆转录病毒的其他 RNA 病毒的复制方式。有些生物像某些病毒的遗传信息贮存在 RNA 分子中，当它们进入宿主细胞后，靠复制而传代。当它们以 RNA 为模板时，在 RNA 复制酶作用下，按 5′→3′方向合成互补的 RNA

分子，但 RNA 复制酶中缺乏校正功能，因此 RNA 复制时错误率很高，这与逆转录酶的特点相似。RNA 复制酶只对病毒本身的 RNA 起作用，而不会作用于宿主细胞中的 RNA 分子。

一、RNA 复制酶

RNA 复制酶属于“依赖于 RNA 的 RNA 聚合酶”（RNA-dependent RNA polymerase，RdRp），是 RNA 聚合酶的一种，存在于大部分 RNA 病毒中。和细胞中用来转录的 RNA 聚合酶不同，RNA 复制酶的模板是 RNA 分子。

某些 RNA 复制酶还有解旋酶活性，正链 RNA 或双链 RNA 病毒复制时都会产生双链 RNA，RNA 复制酶可以解开这些双链，保证 RNA 的复制顺利进行。

二、病毒 RNA 的复制

病毒 RNA 进入宿主细胞后，可进行复制，即在依赖于 RNA 的 RNA 聚合酶催化下进行 RNA 合成反应。

RNA 复制酶催化的合成反应是以 RNA 为模板，由 5′向 3′方向进行 RNA 链的合成。RNA 复制酶缺乏校对功能的内切酶活性，因此 RNA 复制的错误率较高，RNA 复制酶只是特异地对病毒的 RNA 起作用，而宿主细胞的 RNA 一般并不进行复制。

病毒 RNA 复制的几种方式如下。

1. 含正链 RNA（+）的病毒（如噬菌体 Q） （+）RNA 充当 mRNA，合成蛋白质。以（+）RNA 为模板进行复制合成（−）RNA，再以（−）RNA 为模板合成（+）RNA 组装成病毒颗粒。

2. 含负链 RNA（−）的病毒（如狂犬病毒） 由（−）RNA 合成（+）RNA，再由（+）RNA 合成蛋白质、（−）RNA，组装成病毒。

3. 含双链 RNA 的病毒（如呼肠孤病毒） 以双链 RNA 中的（−）RNA 为模板合成（+）RNA，以（+）RNA 为模板合成蛋白质，以（+）RNA 为模板合成双链 RNA，组装成病毒颗粒。

4. 逆转录病毒（如白血病病毒） 由 RNA 逆转录为 DNA，以 DNA 为模板合成 RNA，翻译蛋白质。

资源 13-8

前三种都需要用到 RNA 复制酶，第四种需要的是逆转录酶。

三、RNA 的自我复制

经研究还发现一些 RNA 病毒如 R17、f2、MS2 等，可以以 RNA 为模板直接复制新的 RNA，这些病毒都属于最简单的类型。例如，MS2 的 RNA 只含有大约 3500 个核苷酸，仅编码 3 种蛋白质：衣壳蛋白（capsid protein）、吸附蛋白（attachment protein）（其功能主要是使病毒能附着于寄主细胞并进入其内部）、RNA 复制酶（RNA replicase）的一个亚基（该亚基与寄主细胞的 3 种蛋白质共同形成 RNA 复制酶，可以使病毒 RNA 进行自我复制）。

本 章 小 结

在 DNA 指导下 RNA 的合成称为转录。转录需要 DNA 模板、RNA 聚合酶、4 种三磷酸核苷和 Mg^{2+}。RNA 链的合成方向也是 5′→3′。DNA 的两条链只有一条链可作为模板，用于转录，称为模板链或负链；另外一条链称为编码链或正链。RNA 聚合酶催化的反应无需引物，也无校对功能。

大肠杆菌 RNA 聚合酶全酶由 $\alpha_2\beta\beta'\sigma\omega$ 组成，没有 σ 亚基的酶为核心酶。RNA 的合成可分为 4 个阶段：识别、起始、延伸和终止。σ 亚基的作用在于引导 RNA 聚合酶稳定结合在 DNA 启动子上，它增加了 RNA 聚合酶对启动子的亲和力和停留时间，降低了酶与一般序列的亲和力和停留时间。σ 亚基还可帮助 RNA 聚合酶选择不同的转录基因。

真核生物的 RNA 聚合酶有Ⅰ、Ⅱ、Ⅲ几种类型，后来又发现还存在 Mt 型，它们分别转录 rRNA、mRNA 和小 RNA 及线粒体 RNA。利用 *α*-鹅膏蕈碱的抑制作用可以区分 RNA 聚合酶Ⅰ、Ⅱ、Ⅲ型。

启动子是 RNA 聚合酶识别、结合和开始转录的一段 DNA 序列。原核生物的启动子有两个保守序列，分别位于−10 区的 Pribnow 框和−35 区。真核生物启动子的两个保守序列，分别位于−25 区和−75 区，由 RNA 聚合酶Ⅰ、Ⅱ和Ⅲ进行识别和启动转录。RNA 聚合酶不能直接识别和结合到启动子上，而需借助于转录因子和辅助转录因子才能形成前起始复合物进行转录。转录的终止控制元件为终止子，其辅因子为终止因子。大肠杆菌有两类终止子：依赖于 ρ 因子的终止子和不依赖于 ρ 因子的终止子。

RNA 在转录后需要经过一系列复杂的加工过程才能成为成熟的 RNA 分子。原核生物的 rRNA 和 tRNA 存在切割、修剪、附加、修饰和异构化等加工过程，mRNA 一般在转录的同时即能进行翻译，不存在加工作用。真核生物 RNA 的加工过程更为复杂，mRNA 存在特殊结构，其加工包括 5′端加帽和 3′端聚腺苷酸化。真核生物 RNA 还存在拼接、编辑和再编码等信息加工过程。信息加工可以抽提有用信息，消除错误，适应调节和选择性的表达。这类加工还有利于生物进化。

RNA 也可以成为遗传信息的基本携带分子，如有些病毒的基因组为 RNA 分子。RNA 可借复制将遗传信息由亲代分子传递给子代分子。RNA 的复制由依赖于 RNA 的 RNA 聚合酶所催化。通常 RNA 复制酶对模板有很高的特异性，并且对 RNA 的复制和翻译、正链和负链的数量等存在调节控制作用。

思 考 题

1. 简述转录、启动子、外显子、内含子和 RNA 聚合酶的概念。
2. 简述原核和真核生物 RNA 聚合酶的特点和不同之处。
3. 简述原核生物 RNA 转录的过程。
4. 简述原核和真核生物转录的区别。
5. 简述原核和真核生物转录后 RNA 加工的区别。
6. 真核生物 mRNA 有哪些加工方式？简述加工过程。
7. 逆转录有何生物学意义？
8. 为何说真核生物的基因是断裂基因？
9. 简述 RNA 的剪接和编辑对真核生物的进化有何作用。
10. 简要说明 RNA 种类和功能的多样性。

参考答案

第十四章 蛋白质的生物合成

蛋白质的生物合成需要核糖体、mRNA、tRNA、多种氨酰 tRNA、蛋白质因子和酶等物质参与。原核生物的转录和翻译连续进行，而真核生物中转录在细胞核、翻译在细胞质中进行。蛋白质的生物合成包括氨基酸的活化、起始、延伸和终止 4 个阶段。氨基酸的活化是氨基酸与 tRNA 形成氨酰 tRNA，tRNA 反密码子与 mRNA 密码子的相互作用可以保证翻译的准确性；起始阶段包括起始信号的识别和起始复合物的形成；延伸阶段包括进位、转肽、脱落和移位等循环过程；肽链释放因子参与肽链合成的终止。蛋白质生物合成的起始密码子主要为 AUG，终止密码子为 UAA、UAG 和 UGA，沿 mRNA 的 5′→3′方向进行。肽链合成后还需要修饰、加工和折叠过程才能成为有生物功能的成熟蛋白质。本章主要讨论蛋白质生物合成体系和合成过程。

第一节 蛋白质生物合成体系

蛋白质是基因表达的最终产物，一个普通的细胞需要成百上千种蛋白质担负其各种功能。这些蛋白质在需要的时候合成，并运输（定位）到适当的细胞位置，当细胞不需要时又被降解。以 mRNA 为模板合成蛋白质的过程称为翻译（translation）。

蛋白质的合成过程中，有几百种不同的生物大分子参与，这些生物大分子相互作用，组成一个高效且精确的翻译体系。真核细胞中有 300 多种不同的生物大分子协同作用合成多肽，包括 70 多种核糖体蛋白质、20 多种激活氨基酸的酶、40 多种 tRNA、10 多种辅酶和其他蛋白质因子来参与肽链的合成，此外还需要 100 多种酶参与各类蛋白质的修饰。蛋白质合成消耗的能量约占一个细胞全部生物合成总耗能量的 90%。细胞中每个蛋白质和 RNA 分子都有成百上千个拷贝，一个典型的细菌细胞中含有 20 000 个核糖体、100 000 个蛋白质因子和酶、200 000 个 tRNA，占细胞干重的 35%以上。

资源 14-1

在真核细胞中，基因的编码序列常被内含子（非编码区）隔开，这些内含子在基因转录成 mRNA 时被剪切掉。通常一条 mRNA 只能携带一条信息，因而只能翻译成一种蛋白质。在细菌中，基因和蛋白质几乎是一一对应的，而高等生物由于拥有选择性剪切机制，一个基因可能对应两三种蛋白质，因此蛋白质组往往会显著大于基因组。

蛋白质的合成过程极其复杂，但还是有相当高的速率。在适宜的培养条件下，一个大肠杆菌细胞合成一个含 100 个氨基酸残基的多肽约只需 5s。蛋白质合成的调节是相当严格的，为保持细胞中蛋白质合适的比例和浓度，蛋白质的定位、降解与蛋白质的合成同步。蛋白质的生物合成是现代生物化学的重要内容，医学、生物学和农学等学科中的重大课题如肿瘤、免疫、遗传等无不涉及蛋白质的合成。对蛋白质生物合成的深入研究，可为揭示生命奥秘提供新的线索。

一、mRNA

mRNA 是蛋白质生物合成的模板，它将遗传信息从 DNA 传递到蛋白质，决定基因表达产物肽链的氨基酸序列。mRNA 含量很少，占细胞内 RNA 总量的 2%～5%，但种类繁多，代谢活跃。

原核生物和真核生物 mRNA 的结构有很大不同，转录方式及产物也有差异。在原核生物中，多个功能相关的结构基因常串联在一起，构成一个转录单位，转录得到的 mRNA 往往编码几种功能相关的多肽或蛋白质，这种 mRNA 称为多顺反子 mRNA，转录产物一般不需要加工，可直接作为翻译的模板。在真核生物中，结构基因的遗传信息是不连续的，mRNA 转录产物需要加工成熟才可作为翻译的模板。真核细胞一个 mRNA 只编码一种多肽或蛋白质，称为单顺反子 mRNA。

不同 mRNA 序列的分子大小和碱基排列顺序各不同，mRNA 的两端通常含有一段并不决定蛋白质氨基酸序列的非编码序列（non-coding sequence，NCS）或非翻译区（untranslated region，UTR），但与蛋白质的翻译有关。在 mRNA 翻译过程中，开放阅读框（open reading frame，ORF）内，从起始密码子 AUG 开始，核苷酸序列以三联体的形式被阅读，每相邻 3 个核苷酸组成一个三联体遗传密码（genetic code），编码特定的氨基酸。4 种核苷酸三三组合，一共有 64 种不同的排列组合形式，因此有 64 个遗传密码（表 14-1）。

表 14-1 遗传密码

第 1 位（5′端）	第 2 位				第 3 位（3′端）
	U	C	A	G	
U	UUU Phe	UCU Ser	UAU Tyr	UGU Cys	U
	UUC Phe	UCC Ser	UAC Tyr	UGC Cys	C
	UUA Leu	UCA Ser	UAA 终止密码子	UGA 终止密码子	A
	UUG Leu	UCG Ser	UAG 终止密码子	UGG Trp	G
C	CUU Leu	CCU Pro	CAU His	CGU Arg	U
	CUC Leu	CCC Pro	CAC His	CGC Arg	C
	CUA Leu	CCA Pro	CAA Gln	CGA Arg	A
	CUG Leu	CCG Pro	CAG Gln	CGG Arg	G
A	AUU Ile	ACU Thr	AAU Asn	AGU Ser	U
	AUC Ile	ACC Thr	AAC Asn	AGC Ser	C
	AUA Ile	ACA Thr	AAA Lys	AGA Arg	A
	AUG Met	ACG Thr	AAG Lys	AGG Arg	G
G	GUU Val	GCU Ala	CAU Asp	GGU Gly	U
	GUC Val	GCC Ala	GAC Asp	GGC Gly	C
	GUA Val	GCA Ala	GAA Glu	GGA Gly	A
	GUG Val	GCG Ala	GAG Glu	GGG Gly	G

蛋白质的翻译从起始密码子（initiation codon）开始，最常见的起始密码子为 AUG，AUG 除了作为肽链合成的起始信号，还编码多肽链中的甲硫氨酸。但在个别情况中，其他一些密

码子也具有起始的功能。例如，某些原核生物中 GUG 和 UUG 也可充当起始密码子。在 64 个密码子中有 3 个密码子（UAA、UAG、UGA）不编码任何氨基酸，只作为肽链合成终止的信号，称为终止密码子（termination codon）。

遗传密码具有如下特点。

1）方向性：翻译总是从 mRNA 开放阅读框的 5′端起始密码子开始，到 3′端的终止密码子结束，即遗传密码的阅读方向只能是 5′→3′。因此，遗传信息在 mRNA 分子中的方向性排列决定了多肽链合成的方向是从氨基端到羧基端。

2）连续性：在蛋白质翻译过程中，mRNA 分子中编码蛋白质氨基酸序列的各个三联体密码及密码子各碱基是连续排列的，没有间隔，翻译时从起始密码子开始，每 3 个碱基为一组向 3′端方向连续阅读，直至终止密码子处。由于遗传密码具有连续性，如果 mRNA 分子的开放阅读框内插入或缺失一个或多个（非 3*n* 个）核苷酸，就会使后续的读码产生错译，造成翻译产物氨基酸序列发生改变，因此引起的突变称为移码突变（frame-shift mutation）（图 14-1）。

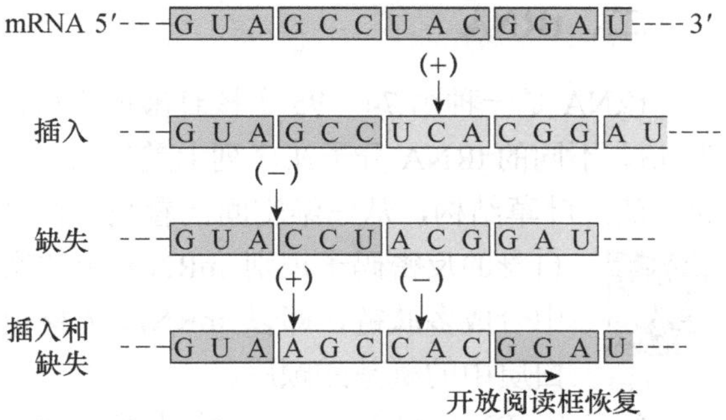

图 14-1 移码突变（Nelson and Cox，2017）

3）简并性：一种氨基酸可具有两种或两种以上的密码子为其编码，这种现象称为遗传密码的简并性（degeneracy）。从表 14-1 可知，61 种密码子编码 20 种氨基酸，除甲硫氨酸和色氨酸只对应 1 种密码子外，其他氨基酸都有多种密码子为其编码。编码同一种氨基酸的密码子称为简并密码子或同义密码子。经研究发现，同义密码子的第一、二位碱基多相同，而第三位碱基可以不同，即密码子的特异性主要由前两位核苷酸决定，所以这些密码子第三位碱基的突变并不影响翻译的氨基酸种类，因此，遗传密码的简并性对减少基因突变和维持蛋白质功能的稳定具有一定的生物学意义，可使基因更加耐受点突变。

4）摆动性：在翻译过程中，进入核糖体的氨基酸种类依赖于 mRNA 中密码子与 tRNA 的反密码子之间的配对。经研究发现，在密码子和反密码子的配对过程中，有时会出现不严格遵守碱基配对规律的情况，这种现象称为摆动配对（wobble pairing）。摆动配对常见于密码子的第三位碱基与反密码子的第一位碱基，两者虽不严格配对，但能相互识别。摆动配对的碱基间形成特异且低键能的氢键，有利于翻译时 tRNA 迅速与密码子分离。摆动性使密码子和反密码子的相互识别具有灵活性，可使一种 tRNA 识别 1～3 种简并密码子（表 14-2）。

表 14-2 密码子和反密码子摆动配对对应表

tRNA 反密码子第一位碱基	mRNA 密码子第三位碱基
I	U、C、A
U	A、G
G	U、C
A	U
C	G

5）通用性：从最简单的生物如病毒，一直到人类，在蛋白质的生物合成中都使用同一套遗传密码，且都是三联体密码，这就是遗传密码的通用性（universality）。蛋白质合成的整套遗传密码，基本上适用于整个生物界的所有生物。但近年经研究发现，遗传密码的通用性主要是针对细胞质中核糖体编码蛋白质而言的，动物的线粒体和植物的叶绿体中有自己独立的密码子系统，与通用密码子有一定差别。线粒体中自身所含的 DNA 也能编码蛋白质，它所使用的密码子的规则可能会与细胞质中不同。例如，AUA 既可作为起始密码子又可编码甲硫氨酸，终止密码子可为 AGA、AGG，而 UGA 编码色氨酸等。因此，密码子的通用性不是绝对的。

资源 14-2

二、tRNA

tRNA 是一种由 74～95 个核苷酸所组成的 RNA，分子量为 25 000～30 000，沉降常数约为 4S。不同的 tRNA 分子在序列上差异很大，但所形成的结构都很类似，其二级结构是一种典型的三叶草结构，从三维空间上看是一种“倒 L 形”结构。在翻译过程中，tRNA 可借由自身的反密码子识别 mRNA 上的密码子，将该密码子对应的氨基酸转运至核糖体中合成多肽链，即以 mRNA 为模板，将其中具有密码意义的核苷酸顺序翻译成蛋白质中的氨基酸顺序。

资源 14-3

每一个 tRNA 只能携带一种氨基酸，因此至少需要有 20 种不同的 tRNA 来携带常见的 20 种氨基酸。某些 tRNA 能识别不止一种密码子，但这些密码子必须编码同一种氨基酸。识别全部密码子至少需要 31 种不同的 tRNA。自然界中所使用的 tRNA 种类略高于这个数目，并且随物种的不同而有所不同。在肽链合成过程中，第一个进入核糖体与 mRNA 起始密码子结合的 tRNA 称为起始 tRNA；其余 tRNA 参与肽链延伸，称为延伸 tRNA。按照 mRNA 上密码子的排列顺序，携带特定氨基酸的 tRNA 依次进入核糖体，形成肽链后，tRNA 即从核糖体释放出来，该过程称为 tRNA 循环。

三、rRNA

核糖体是蛋白质合成的场所，在翻译过程中与 mRNA 可逆性结合，按照 mRNA 上密码子的顺序，合成具有特定一级结构的多肽链。核糖体是 rRNA 和蛋白质组成的复合体，为椭球形。核糖体既可以结合 mRNA，又可以结合负载的 tRNA。核糖体组分的大小使用沉降速率的单位 S 值来表示，细菌 70S 核糖体由 50S 大亚基和 30S 小亚基构成，而真核生物 80S 核糖体由 60S 大亚基和 40S 小亚基构成。

原核生物只有一种核糖体，而在真核生物中，细胞质、线粒体和叶绿体中都有核糖体。核糖体由大小不同的两个亚基组成，这两个亚基则是由几种 rRNA 与多种蛋白质分子共同构成的。细胞质中的核糖体分为两类：①附着于粗面内质网，主要参与清蛋白、胰岛素等分泌蛋白质的合成；②游离于细胞质，主要参与细胞固有蛋白质的合成。小亚基（原核生物为 30S，真核生物为 40S）的外形像哺乳动物的胚胎，长轴上有一下凹的颈沟将其分为头、体两部分。大亚基（原核生物为 50S，真核生物为 60S）的外形有 3 个角，中央部分凹陷，呈船形。大小亚基缔合时其间形成一个腔，像隧道一样贯穿整个核糖体（原核生物为 70S，真核生物为 80S），蛋白质的合成过程就在其中进行。

核糖体的组成非常复杂，如细菌的核糖体含有 3 个 rRNA，占总分子量的 2/3，其中 30S 小亚基含有一个 16S rRNA，50S 大亚基含有 5S rRNA 和 23S rRNA。剩下的 1/3 由 50 多种小蛋白质组成，其中 30S 小亚基含 21 种蛋白质，50S 大亚基含 34 种蛋白质。rRNA 均具有高度复杂的二级结构，具有许多茎环结构。核糖体催化肽键合成的是 rRNA，蛋白质只是维持 rRNA 的构象，起辅助的作用。

四、蛋白质合成的辅因子及酶

翻译的每一步都需要一些特殊的蛋白质因子参与。

1．辅因子　在蛋白质合成过程中需要多种辅因子的参与，包括起始因子（initiation factor，IF）、延伸因子（elongation factor，EF）、释放因子（release factor，RF），分别参与翻译起始复合物的形成、肽链的延长和蛋白质合成的终止。

2．重要的酶类　蛋白质合成过程中起主要作用的酶有：①氨酰 tRNA 合成酶，存在于细胞质中，主要作用为催化氨基酸活化。②肽酰转移酶，是核糖体大小亚基的组成成分，将 P 位上肽酰 tRNA 的肽酰基转移到 A 位上，并催化肽酰基的活化羧基与氨酰基的 α-氨基结合形成肽键，使肽酰基和氨酰基通过肽键相连。③转位酶，其活性存在于延伸因子 G 中，催化核糖体向 mRNA 的 3′方向移动一个密码子的距离，使下一个密码子定位于 A 位。

3．其他物质　在蛋白质合成的各个阶段需要某些无机离子的参与，如 Mg^{2+}、K^{+}等。另外，蛋白质的合成是一个耗能的过程，需要 ATP、GTP 供能。

第二节　原核生物蛋白质的生物合成

蛋白质的生物合成在细胞代谢中具有重要地位，合成过程非常复杂，有多种成分参与。自然界中存在 4 类体内翻译系统，即原核生物翻译系统、真核生物细胞质翻译系统、叶绿体翻译系统和线粒体翻译系统。原核细胞和真核细胞中蛋白质的合成虽然具有一些共同的性质，但也有不同之处。原核生物蛋白质生物合成的主要特点是 mRNA 转录与蛋白质翻译几乎同步进行；而真核生物 mRNA 先在核内转录为前体，经转录加工修饰成熟，从细胞核进入细胞质参与翻译过程。因此，真核细胞的蛋白质合成机制及调节比原核细胞更复杂。

早期对蛋白质生物合成的研究工作都是利用大肠杆菌的无细胞体系进行的，目前以大肠杆菌为代表的原核细胞蛋白质生物合成过程研究得比较清楚，蛋白质合成过程分 4 个基本阶段：①氨基酸的活化；②多肽链合成的起始；③多肽链合成的延伸；④多肽链合成的终止。原核生物多肽链合成过程涉及众多的蛋白质因子（表 14-3）。

表 14-3　参与原核生物多肽链合成的蛋白质因子及其生物学作用

蛋白质因子	种类	生物学功能
起始因子	IF1	占据 A 位，防止结合其他氨酰 tRNA
	IF2	促进 fMet-tRNA^{fMet} 与 30S 小亚基结合
	IF3	促进大、小亚基分离，提高 P 位对结合 fMet-tRNA^{fMet} 的敏感性
延伸因子	EF-Tu	促进氨酰 tRNA 进入 A 位，结合并分解 GTP
	EF-Ts	调节亚基
	EF-G	有转位酶活性，促进 mRNA-肽酰 tRNA 由 A 位前移到 P 位，促进卸载 tRNA 释放
释放因子	RF1	特异识别 UAA、UAG，诱导肽酰转移酶转变成酯酶
	RF2	特异识别 UAA、UGA，诱导肽酰转移酶转变成酯酶
	RF3	可与核糖体其他部位结合，有 GTP 酶活性，能介导 RF1 和 RF2 与核糖体的相互作用

一、氨基酸的活化

氨基酸是蛋白质生物合成的基本原料。在蛋白质合成过程中，氨基酸在参与肽链合成之前必须活化（activation）以获得额外的能量。一个氨基酸的 α-NH_2 与另一个氨基酸的 α-COOH 互相连接形成肽键的反应性不强，氨基酸必须经过活化才能彼此相连。氨基酸的活化及其活化后与相应 tRNA 的结合过程均在氨酰 tRNA 合成酶（aminoacyl tRNA synthetase）（也称氨酰 tRNA 连接酶）的催化下进行，该反应由 ATP 供能，并需要 Mg^{2+}或 Mn^{2+}参与，在氨基酸的羧基上进行活化。氨酰 tRNA 合成酶具有高度的专一性，它不仅能识别特异的氨基酸，还能识别特异的 tRNA，并能把氨基酸连接在特异的 tRNA 上，这是保证遗传信息准确性的条件之一。

在细胞质内，活化氨基酸与 tRNA 形成氨酰 tRNA。氨基酸与 tRNA 之间形成的共价键是高能键，它使氨基酸和正在延伸的多肽链末端反应形成新的肽链。因此，氨酰 tRNA 的合成称为氨基酸的活化。氨基酸连到 tRNA 上的反应由氨酰 tRNA 合成酶催化。每个氨基酸都有各自特异的氨酰 tRNA 合成酶，共有 20 种氨酰 tRNA 合成酶。合成过程分两步完成（图 14-2）。

第一步是氨基酸与 ATP 反应形成氨酰腺苷酸（即氨酰 AMP）。

$$\text{氨基酸} + \text{ATP} \rightleftharpoons \text{氨酰 AMP} + \text{PPi}$$

第二步是氨酰 AMP 在不离开酶的条件下，其氨酰基被转移到 tRNA 的 3′端 CCA-OH 上，形成氨酰 tRNA：

$$\text{氨酰 AMP} + \text{tRNA} \longrightarrow \text{氨酰 tRNA} + \text{AMP}$$

总的反应是

$$\text{氨基酸} + \text{tRNA} + \text{ATP} \xrightarrow[\text{Mg}^{2+}\text{或 Mn}^{2+}]{\text{氨酰 tRNA 合成酶}} \text{氨酰 tRNA} + \text{AMP} + \text{PPi}$$

随后，焦磷酸水解成无机磷酸。生成 1 分子的氨酰 tRNA，消耗 2 个高能磷酸键。

资源 14-4

氨酰基被连接在 tRNA 的 3′端 CCA 腺苷的核糖 2′-OH 或 3′-OH 上。氨酰 tRNA 一旦被连接在 2′-OH 上，则必须在它与核糖体结合后立即转移到 3′-OH 上才能与氨基酸之间形成肽键，如 Phe-$tRNA^{Phe}$ 的转移就属于这种情况。

二、原核生物蛋白质生物合成过程

（一）多肽链合成的起始

原核生物的翻译起始是指核糖体的大亚基、小亚基、mRNA 和具有启动作用的氨酰 tRNA 聚合为起始复合物的过程。大肠杆菌内蛋白质合成的起始是指核糖体小亚基 30S 与 fMet-$tRNA^{fMet}$ 及一个 mRNA 分子在起始因子参与下形成起始复合物的过程，最终形成 70S 起始复合物，完成翻译的起始。起始氨酰 tRNA 的反密码子与 mRNA 上的密码子 AUG 的碱基配对标志着多肽链合成的开始，这个过程由专一的起始因子来启动，且需要 GTP。

1. Met 作用 在遗传密码中，AUG 对应于甲硫氨酸（Met）和甲酰甲硫氨酸（fMet）（图 14-3），除少数使用 GUG（Val）作为起始密码子外，原核生物和真核生物都使用 AUG 编码 Met。蛋白质合成均起始于 AUG。

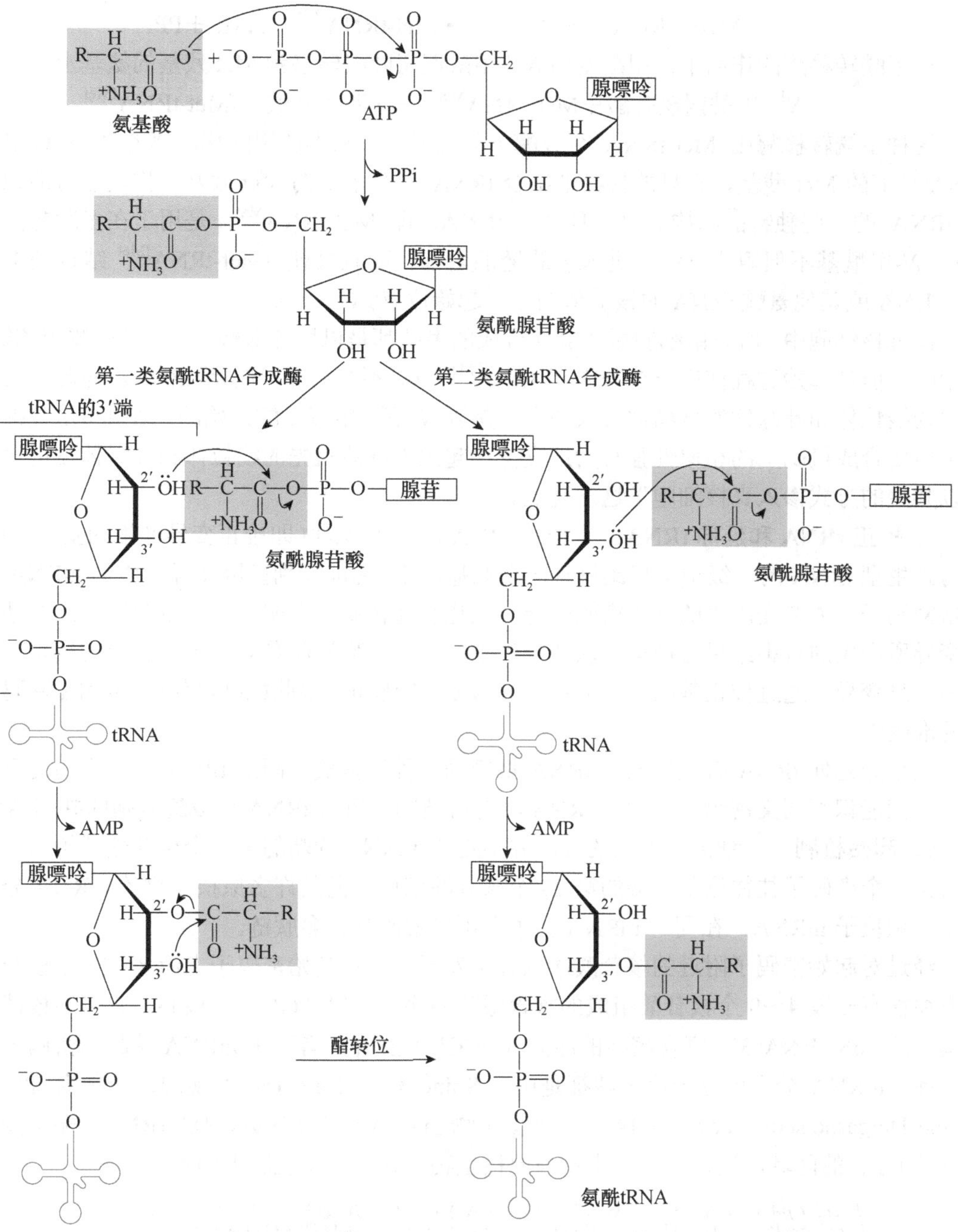

图 14-2　氨酰 tRNA 的合成（Nelson and Cox，2017）

2．起始 tRNA　起始 tRNA 是一类结构特异、能识别 mRNA 上起始密码子的 tRNA，它参与蛋白质生物合成的起始。在细胞中专一结合 Met 的 tRNA 有两种，分别标记为 $tRNA^{Met}$ 和 $tRNA^{fMet}$。在原核生物多肽链氨基端的起始氨基酸残基是 fMet。它以 fMet-$tRNA^{fMet}$ 的形式进入核糖体。fMet-$tRNA^{fMet}$ 由两步连续的反应生成。首先，甲硫氨酸在 Met-tRNA 合成酶的作用下连接到 $tRNA^{fMet}$ 上：

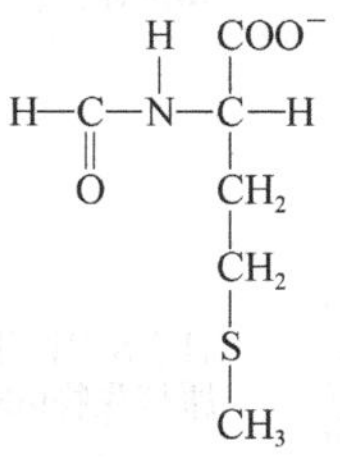

图 14-3　甲酰甲硫氨酸的结构

$$Met + tRNA^{fMet} + ATP \longrightarrow Met\text{-}tRNA^{fMet} + AMP + PPi$$

在甲酰转移酶的作用下，甲酰基由 N^{10}-甲酰四氢叶酸转移到 Met 残基的氨基上：

$$N^{10}\text{-甲酰四氢叶酸} + Met\text{-}tRNA^{Met} \longrightarrow \text{四氢叶酸} + fMet\text{-}tRNA^{fMet}$$

这种甲酰转移酶比 Met-tRNA 合成酶更具选择性，它不能甲酰化游离的 Met 或附着于 $tRNA^{Met}$上的 Met 残基，它只能特异地结合 $tRNA^{fMet}$分子上的 Met 残基。推测它可能识别这种 tRNA 的一些独特的结构。另一种 Met-tRNA，即 Met-$tRNA^{Met}$，是用于在多肽链内部的 Met。*N*-甲酰基不但阻止 fMet 进入多肽链的内部，而且会使 fMet-$tRNA^{fMet}$ 结合到不接受 Met-tRNA 或其他氨酰 tRNA 的核糖体的专一起始位点。

在真核细胞中，所有由细胞质核糖体合成的多肽都是以甲硫氨酸（而不是甲酰甲硫氨酸）开始的，但是起始过程使用一个与内部 $tRNA^{Met}$ 明显不同的专一起始 tRNA。与此相反，真核生物线粒体和叶绿体的核糖体合成的多肽是以 *N*-甲酰甲硫氨酸开始的。细菌与这些细胞器在蛋白质合成机制上的相似性强有力地支持“起源于细菌祖先的线粒体和叶绿体在进化的早期以共生的方式掺入真核细胞”这一观点。

3. 校正 tRNA 和延伸 tRNA 校正 tRNA 由校正基因（即校正变异产生的基因）编码。它与野生型 tRNA 的一级结构相比只有一个碱基之差。它能识别基因变异产生的 mRNA 上的异常密码子，如突变产生的终止密码子等。生化和遗传研究表明，一种蛋白质的结构基因发生变异所产生的有害结果可被第二次变异消除。第二次变异就是对第一次变异的校正。所以基因一旦变异可通过校正基因产生的校正 tRNA 进行校正。借此机制可保证 mRNA 密码子翻译的准确性。

大部分延伸 tRNA 有几种同工 tRNA 携带同一种氨基酸。同工 tRNA 具有不同的反密码子，它们能识别同义密码子。同工 tRNA 具有可被同一氨酰 tRNA 合成酶识别的共同结构。

4. 起始机制 细菌中多肽的合成并不是从 mRNA 5′端的第一个核苷酸开始的。被翻译的第一个密码子往往位于5′端的第 25 个核苷酸以后，尤其许多原核生物的 mRNA 分子往往是多顺反子 mRNA，在同一 mRNA 分子上可以编码几种多肽链。

经过对起始密码子附近的核苷酸序列分析发现，在距起始密码子上游 8～13 个核苷酸的地方往往有一段 4～9 个核苷酸组成的富含嘌呤的序列，以 AGGA 为核心，它可与核糖体小亚基中的 16S rRNA 3′端富含嘧啶的序列（UCCU）互补，有助于 mRNA 从起始密码子处开始翻译。mRNA 分子的这一序列特征是由 J. Shine 和 L. Dalgarno 发现的，故称为 SD 序列（Shine-Dalgarno sequence）（图 14-4）。真核生物 mRNA 无 SD 序列，18S rRNA 3′端也没有与 SD 序列互补的区域，这也是真核生物与原核生物在翻译起始机制上的重要差异。

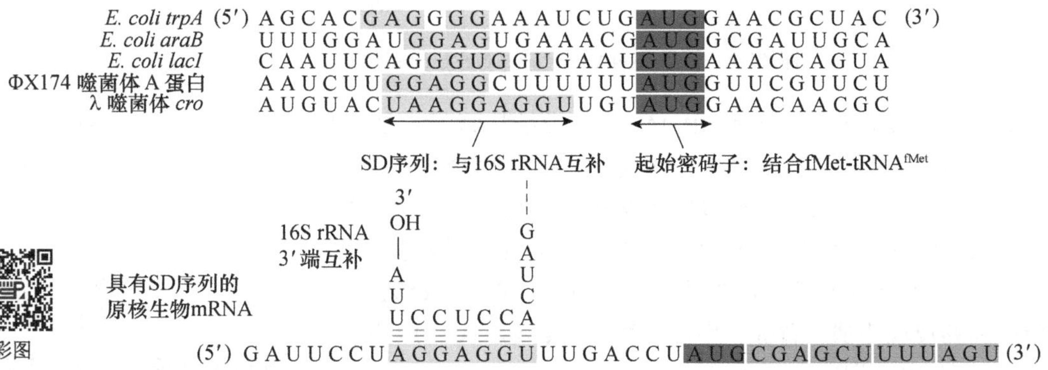

彩图

图 14-4 原核生物 mRNA 中蛋白质合成起始区（Nelson and Cox，2017）

核糖体上有 3 个位点与 tRNA 的结合有关，分别为：A 位，即氨酰位（aminoacyl site），是接受氨酰 tRNA 的部位，A 位主要分布在大亚基上；P 位，即肽酰位（peptidyl site），是起始 tRNA 与延伸中的肽酰 tRNA 的结合位点，P 位大部分在小亚基上；E 位，即出口位（exit site），是肽酰基转移后与即将释放的 tRNA 结合的位点，E 位主要存在于小亚基上（图 14-5）。

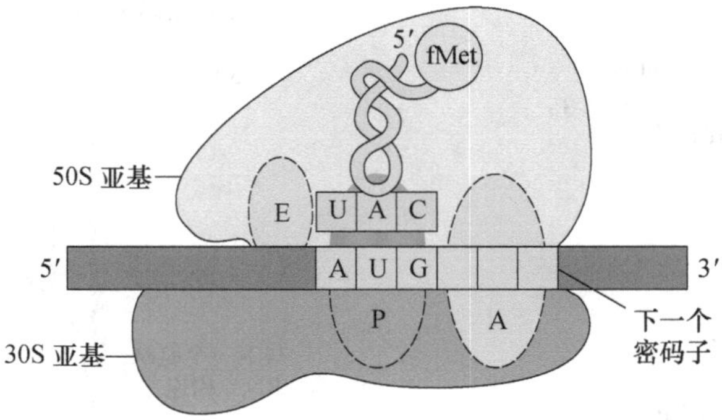

彩图

图 14-5 蛋白质合成中 P、A、E 位示意图（Nelson and Cox，2017）

原核细胞中肽链合成的起始需要 30S 亚基、mRNA、*N*-甲酰甲硫氨酸- tRNA、起始因子（IF1、IF2 及 IF3）和 GTP 参加。起始复合物的形成分 3 个步骤进行。

第一步是核糖体的 30S 小亚基与起始因子 IF1、IF3 结合，其中 IF1 结合于核糖体的 A 位，防止 tRNA 在起始阶段与 A 位结合；IF3 与小亚基的 E 位结合，促使核糖体 30S 小亚基与 50S 大亚基分离，并附着于 mRNA 的起始信号部位，然后 30S 小亚基与 mRNA 结合成 30S-mRNA-IF3 复合体（组分比例 1∶1∶1）。第二步是 30S-mRNA-IF3 复合体与已经含有结合态 GTP 及甲酰甲硫氨酰-tRNA 的起始因子 IF1 和 IF2 结合成更大的复合物。第三步是此复合物释放出 IF3 后就与 50S 核糖体大亚基结合，与此同时与 IF2 结合的 GTP 水解生成的 GDP 及磷酸释放出来，IF1 和 IF2 也离开此复合物，形成具有起始功能的核糖体称为起始复合物（图 14-6）。这时结合起始密码子 AUG 的 fMet-$tRNA^{fMet}$ 占据了核糖体上的 P 位，空着的 A 位对应 mRNA 上紧接在 AUG 后的三联体密码，准备接受下一个氨酰 tRNA。至此肽链延伸的准备工作已经完成。起始复合物形成过程中，起始因子 IF2 具有 GTP 酶活性，而 IF1 起协调 IF2 和促进 IF3 离开小亚基的作用。

资源 14-5

（二）多肽链合成的延伸

多肽链的延伸（extension）是在 mRNA 密码子序列的指导下，由 tRNA 的反密码子与 mRNA 上相应的密码子配对，氨基酸由 tRNA 携带并正确定位于核糖体上并聚合成多肽链，即多肽链以氨基酸残基为单位通过形成肽键连接延长。多肽链的延伸是在核糖体上进行的一个循环过程，称为核糖体循环（ribosomal cycle）。大肠杆菌中多肽链的延伸分 3 步进行，即进位（entrance）、成肽（peptide bond formation）和移位（translocation）。在此循环中，根据 mRNA 密码子的要求，新的氨基酸不断被相应的 tRNA 运至核糖体 A 位，形成新的肽键。同时，核糖体相对于 mRNA 从 5′端向 3′端不断移位。每循环一次，多肽链增加一个氨基酸残基，直到多肽链合成终止。

延伸的过程除了需要 mRNA、tRNA 和核糖体，还需要延伸因子（elongation factor，EF）、GTP 和某些无机离子的参与。原核生物延伸因子有 3 种，分别称为 EF-Tu、EF-Ts、EF-G。

1. 进位 进位是指氨酰 tRNA 进入 70S 复合体 A 位的过程（图 14-7）。

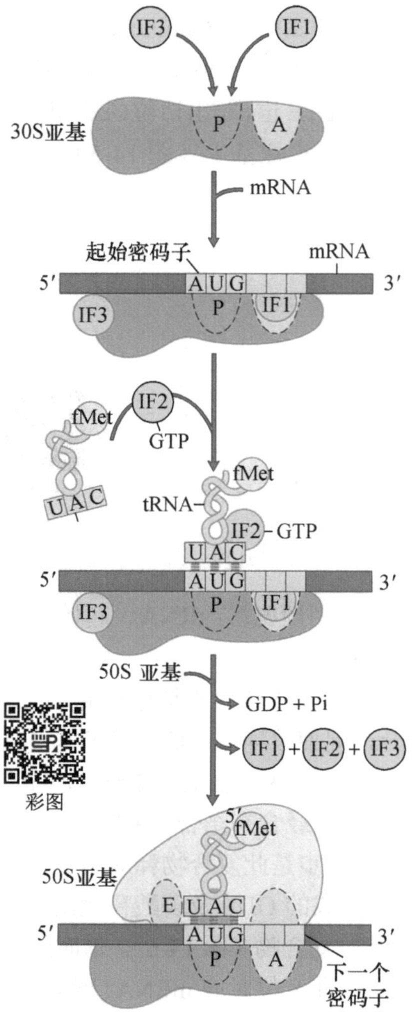

图 14-6 原核生物翻译起始复合物的形成（Nelson and Cox，2017）

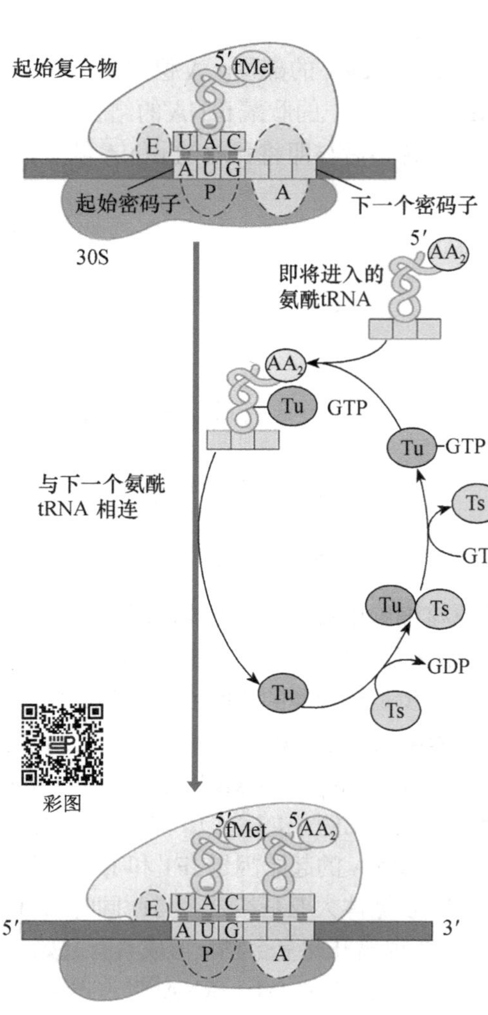

图 14-7 原核生物蛋白质合成延伸过程中的进位（Nelson and Cox，2017）

进入 A 位的是哪一种氨基酸取决于 A 位对应的 mRNA 的密码子。肽链合成起始后，核糖体 P 位已被起始氨酰 tRNA 占据，但 A 位是空缺的，并对应 AUG 后下一组三联体密码，进入 A 位的氨酰 tRNA 即由该密码子决定。进位需延伸因子 EF-Tu 参加，形成 GTP-EF-Tu-氨酰 tRNA 三元复合物，此复合物结合于 A 位上。当复合物结合于 A 位后，EF-Tu 具有 GTPase 活性，促使 GTP 水解成为 GDP 和 Pi。于是 GDP-EF-Tu 离开氨酰 tRNA，留下氨酰 tRNA 在 A 位，完成进位过程。离去的 GDP-EF-Tu 经以下循环可不断使用：

$$\text{GDP-(EF-Tu)}+\text{EF-Ts} \rightleftharpoons \text{(EF-Tu)-(EF-Ts)}+\text{GDP}$$

GDP 在机体内经转换再生成 GTP，然后：

$$\text{(EF-Tu)-(EF-Ts)}+\text{GDP} \rightleftharpoons \text{GTP-EF-Tu}+\text{EF-Ts}$$

形成的 GTP-EF-Tu 可以再一次完成下一个氨酰 tRNA 的进位。

GTP-EF-Tu 不能与起始的 fMet-$tRNA^{fMet}$ 相结合并送入 A 位，只能与其他 Met-tRNA 结合。这也是链中的 AUG 密码不能被起始 $tRNA^{fMet}$ 所识别的原因之一。

2. 成肽 氨酰 tRNA 进入 A 位后，核糖体的 P 位和 A 位都被占满。在 50S 大亚基中的肽酰转移酶（peptidyl transferase）的催化下，P 位的 fMet-tRNA^{fMet} 的甲酰甲硫氨酸的羧基被转到 A 位的氨酰 tRNA 氨基酸的氨基上，生成一个二肽酰 tRNA（图 14-8），该过程称为转肽作用。蛋白质合成时肽链的延伸方向是从氨基端向羧基端。

3. 移位　在原核生物中，移位依赖于延伸因子 EF-G 和 GTP。EF-G 具有转位酶活性，可结合并水解 1 分子 GTP，促进核糖体向 mRNA 3′端移动一个密码子的距离，使 A 位对应新的一组密码子。总而言之，移位是在 EF-G 的作用下，核糖体向 mRNA 3′端移动一个密码子的距离，使 mRNA 序列上的下一个密码子进入核糖体的 A 位，而原本占据 A 位的肽酰 tRNA 移至 P 位的过程（图 14-9）。同时，原本位于 P 位上的 tRNA 进入 E 位，并从 E 位释放。

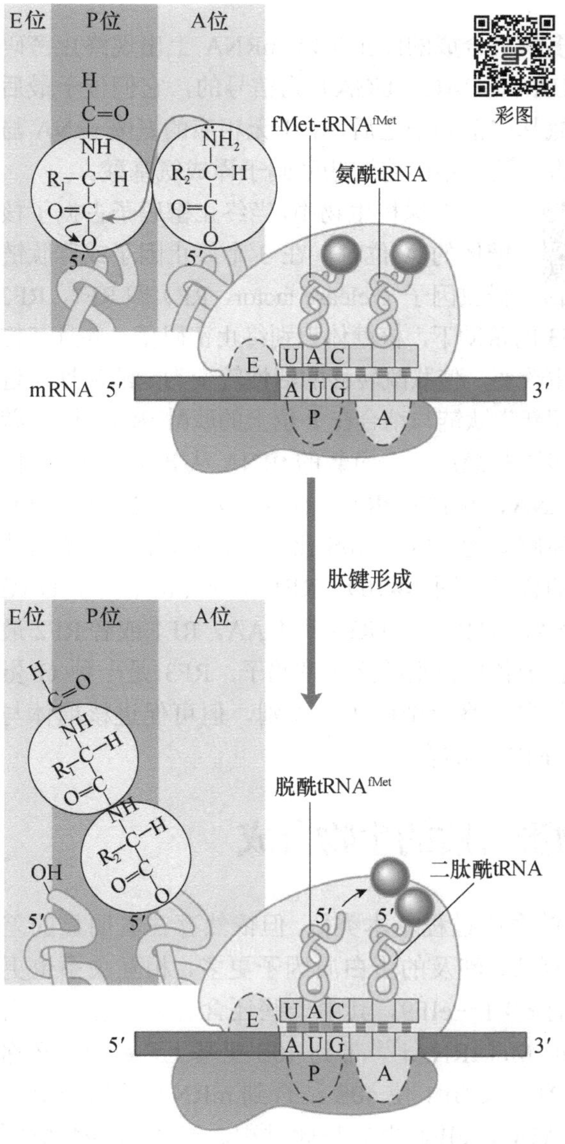

图 14-8　原核生物蛋白质合成延伸过程中的成肽（Nelson and Cox，2017）

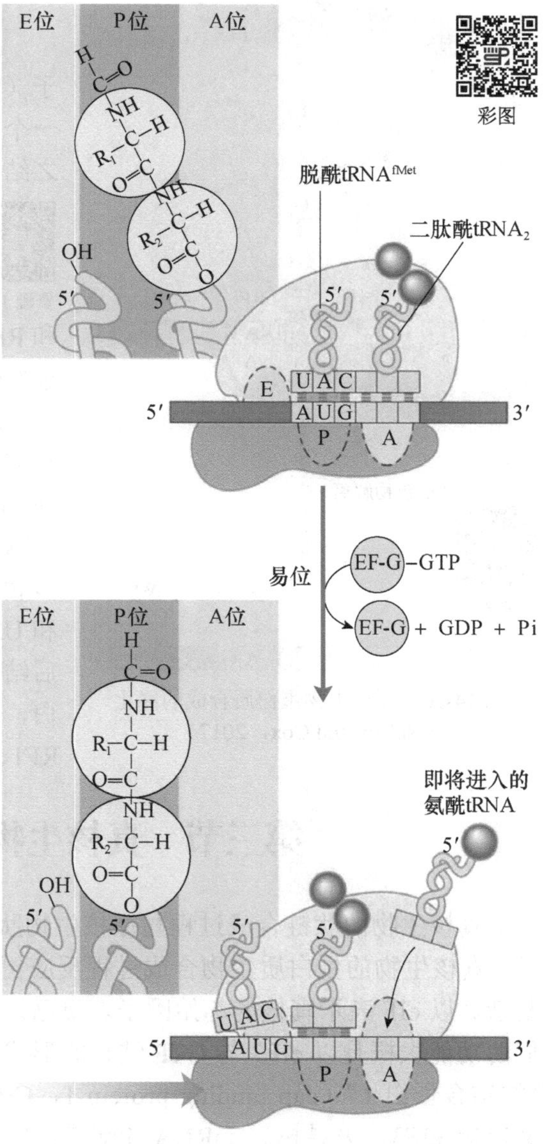

图 14-9　原核生物蛋白质合成延伸过程中的移位（Nelson and Cox，2017）

第一轮循环完成之后，mRNA 分子上的第三个密码子进入 A 位，为下一个氨酰 tRNA 进位做好准备。依次重复上述进位、成肽和移位的循环步骤，每循环一次，肽链就延伸一个氨基酸残基。经过多次重复，肽链不断由 N 端向 C 端延伸，直到增长至 mRNA 上的编码区结束时，进入下一个阶段。

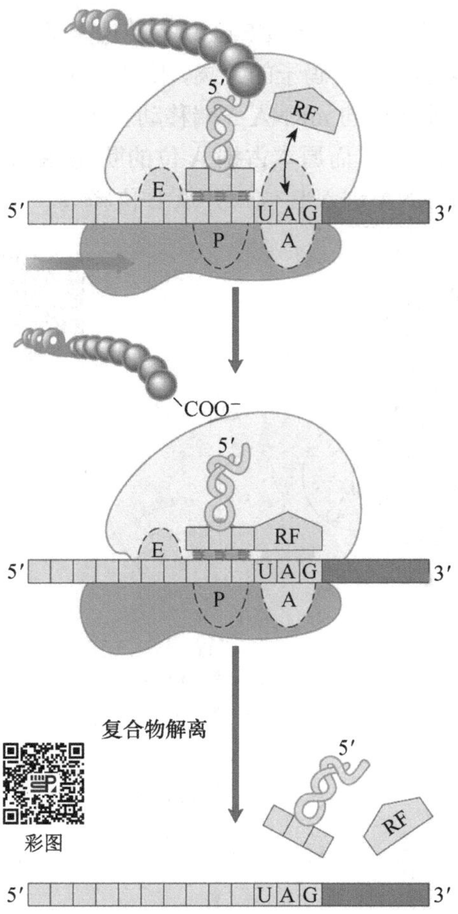

彩图

图 14-10　原核生物蛋白质合成的终止（Nelson and Cox，2017）

蛋白质的延伸是一个耗能过程。在氨基酸活化成氨酰 tRNA 时，需消耗 2 个高能磷酸键，在进位和成肽阶段，共消耗 2 分子 GTP 以获取能量，故每生成一个肽键，至少需要消耗 4 个高能磷酸键。

资源 14-6

（三）多肽链合成的终止

多肽链合成的终止是以 mRNA 上出现终止密码子（UAA、UAG、UGA）为信号的，它们位于最后一个氨基酸密码子之后，由于无相应的氨酰 tRNA 与之结合，因此不能将这些密码子译成氨基酸。

资源 14-7

在原核生物中，当终止密码子占据了核糖体的 A 位时，在 3 个终止因子或称肽链释放因子（release factor，RF）即 RF1、RF2 和 RF3 的帮助下，核糖体识别终止密码子，并且其构象发生改变，使肽酰转移酶活性转变为酯酶活性，进而水解新生肽链与结合在 P 位上的肽酰 tRNA 键，游离的多肽和最后一个负载的 tRNA 从 P 位释放，并促使 mRNA、卸载的 tRNA 及 RF 从核糖体脱离，70S 核糖体解离为 30S 和 50S 亚基，准备开始下一个新的多肽的合成（图 14-10）。RF1 识别终止密码子 UAG 和 UAA，RF2 识别 UGA 和 UAA。RF1 或者 RF2 最后结合于各自识别的终止密码子。RF3 是一种 G 蛋白，不参与终止密码子的识别，但可促进核糖体与 RF1、RF2 的结合。

第三节　真核生物蛋白质的生物合成

真核生物的肽链合成过程与原核生物肽链合成过程基本类似，但依然存在着明显的差异，真核生物的蛋白质生物合成过程反应更复杂，涉及的蛋白质因子更多，相互关系也更复杂。以 eIF 表示真核的起始因子。现已知有 eIF1～eIF9，其中一些还含有多个亚基。它们的功能大概是以 eIF2 与 GTP 结合的形式把 Met-tRNAi^{Met} 带到 40S 亚基上，eIF4E 又称“帽结合蛋白 1”（cap binding protein 1，CBP1）。CBP1 使 40S 结合到 mRNA 的帽子上，又连接 eIF3，去寻找离 mRNA 5′端最近的 AUG，eIF4 也参与此过程。当 Met-tRNAi^{Met} 与起始信号 AUG 配对后，eIF5 诱导 eIF2 上的 GTP 水解，使 eIF2 和 eIF3 释放。最后，60S 亚基与起始 Met-tRNAi^{Met}、mRNA 和 40S 亚基结合在一起，形成 80S 的起始复合物。合成过程涉及众多的蛋白质因子，见表 14-4。

表 14-4　参与真核生物肽链合成的蛋白质因子及其生物学作用

蛋白质因子	种类	生物学功能
起始因子	eIF1	多功能因子，参与翻译的多个步骤
	eIF2	促进 Met-tRNA^{Met} 与 40S 小亚基结合
	eIF2B	结合小亚基，促进大、小亚基分离
	eIF3	结合小亚基，促进大、小亚基分离；介导 eIF4 复合物-mRNA 与小亚基结合
	eIF4A	eIF4F 复合物成分，有 RNA 解旋酶活性，解除 mRNA 5′发夹结构，使其与小亚基结合
	eIF4B	结合 mRNA，促进 mRNA 扫描定位起始密码子 AUG
	eIF4E	eIF4F 复合物成分，结合 mRNA 5′帽子结构
	eIF4F	与 mRNA 帽子结合，使 mRNA 5′端解旋，具有 ATP 酶活性
	eIF4G	eIF4F 复合物成分，连接 eIF4E、eIF3 和 PAB
	eIF5	促进各种起始因子从核糖体释放，结合大亚基
	eIF6	促进无活性的 80S 核糖体解聚生成大、小亚基
延伸因子	eEF1α	结合 GTP，促进氨酰 tRNA 进入 A 位
	eEF1βγ	调节亚基
	eEF2	有转位酶活性，促进 mRNA-肽酰 tRNA 由 A 位前移到 P 位；促进卸载 tRNA 释放
释放因子	eRF1	识别 3 个终止信号，使大亚基的转肽酶与 E 位上已合成的多肽链水解释放
	eRF3	具有 GTP 酶活性

一、氨基酸的活化

真核生物氨基酸的活化与原核生物氨基酸活化差不多，所不同的是 Met-tRNA$_i^{Met}$ 并不进行甲基化。

二、真核生物蛋白质生物合成过程

（一）多肽链合成的起始

真核生物的翻译起始过程与原核生物类似，但所需的成分有区别，顺序也不同。真核生物核糖体为 80S，起始因子（eIF）更多，真核生物 mRNA 为单顺反子，起始密码子上游没有 SD 序列，但有 5′帽子结构和 3′poly（A）尾结构。蛋白质合成起始时，核糖体小亚基首先识别并结合 mRNA 5′帽子结构，再移向起始位点，并在起始位点处与大亚基结合。具体过程如下（图 14-11）。

在前一轮翻译终止时，真核细胞起始因子 eIF2B、eIF3 与核糖体小亚基结合，并在 eIF6 的参与下，促进 80S 核糖体解聚生成 40S 小亚基和 60S 大亚基。

在真核生物中，小亚基先与起始氨酰 tRNA 结合，再与 mRNA 结合。在真核生物中，起始密码子只有 AUG，起始的氨基酸是甲硫氨酸而不是 *N*-甲酰甲硫氨酸。在起始时，由 40S 亚基、Met-tRNA$_i^{Met}$ 和一些起始因子及 1 分子 GTP 组成起始复合物，然后与游离状态的核糖体小亚基 P 位结合，形成 43S 的前起始复合物。

真核生物 mRNA 不含 SD 序列，其在核糖体小亚基上的定位依赖于由多种蛋白质因子组成的帽结合蛋白质复合物（eIF4F 复合物），它包括 eIF4E、eIF4A 和 eIF4G 各组分。43S 的前起始复合物在帽结合蛋白质复合物的帮助下，在 mRNA 的 5′端帽子处或其附近与之结合，然后沿着 mRNA 滑动，直至遇上起始密码子 AUG，起始密码子与 Met-tRNA$_i^{Met}$ 的反密码子配对结合，使 mRNA 最终在小亚基准确定位。

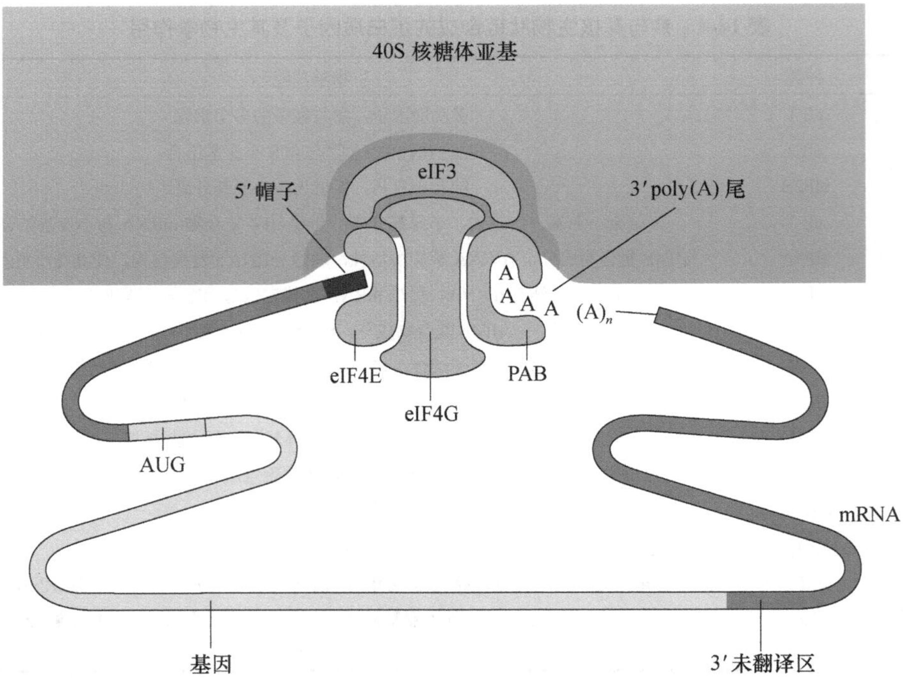

图 14-11 真核生物多肽链合成的起始（Nelson and Cox，2017）

已经结合 mRNA、Met-tRNA$_i^{Met}$的小亚基，在 eIF5 的作用下，迅速与大亚基结合成翻译起始复合物，并促使各种 eIF 从核糖体上释放。

值得说明的是，还存在不依赖于甲硫氨酸的翻译。通常认为不能被甲硫氨酰 tRNA（Met-tRNA）识别的起始密码子是不能起始和支持蛋白质生物合成的。目前所知几乎所有的真核 mRNA 起始密码子都是 AUG，极少有非 AUG 的起始密码子，如 CUG、GUG 和 ACG。尽管它们之间只有一个核苷酸之差，但都可被 Met-tRNA 所识别。然而 Sasaki 等（2000）报道了一种不依赖于甲硫氨酸的翻译起始方式。他们在研究 PSIV（plautia stali intestine virus，属蟋蟀麻样病毒组，正链 RNA 病毒）时，发现了这一翻译的起始方式。PSIV 病毒 RNA 有两个互不重叠的读码框。处于下游读码框的外壳蛋白基因组 RNA 按内部核糖体进入位点（internal ribosome entry site，IRES）介导的方式翻译出外壳蛋白。IRES 处于编码区上游，它具有特异的三级结构，可使核糖体进入 mRNA，而不依赖 mRNA 的 5′帽子结构，但 PSIV 的外壳蛋白基因缺少 AUG 起始密码子，在其编码区前有 6 个茎环结构，最靠近编码区的第 6 个茎环结构的环中有 5 个核苷酸，可与编码区 5′端的 5 个核苷酸形成“假结”结构，这才是翻译此蛋白所必需的。缺失实验证明，翻译起始于该“假结”结构下游的一个密码子 CAA（编码谷氨酰胺），而不是常用的 AUG，因此它是一个 IRES 介导的全新的翻译起始方式。

（二）多肽链合成的延伸

真核生物多肽链延伸各步反应和循环路线都与原核生物十分相似。延伸过程有多种因子参与，eEF 表示真核的延伸因子，有 eEF1、eEF2 和 eEF3。eEF1 是一个多聚蛋白质，大多数由 α、β、γ、δ 四个亚基组成，功能相当于原核中的 EF-Tu 和 EF-Ts。eEF2 是一种单体蛋白，相当于原核生物中的 EF-G。在延伸阶段也发生移位作用，催化移位的酶活性就在 eEF2 内。eEF3 是在真菌中发现的，是一条由约 1100 个氨基酸残基组成的肽链，它能结合 GTP，也能水解 GTP 与 ATP，对翻译的校正起重要作用。

（三）多肽链合成的终止

真核生物蛋白质合成终止过程与原核生物的类似，但仅有一个释放因子（eRF）辨认终止信号，它可以识别 3 种终止密码子 UAA、UAG、UGA，触发终止反应。当它促使肽酰转移酶释放新生的肽链后，即从核糖体上解离，解离依赖于 GTP 水解供能。

第四节　蛋白质合成的抑制剂

影响蛋白质生物合成的物质非常多，它们可以作用于 DNA 复制和 RNA 转录，对蛋白质的生物合成起间接作用，也可以直接作用于蛋白质翻译过程。蛋白质的生物合成受到抑制，往往引起生长、繁殖等过程减慢，甚至生命活动停止。

一、抗生素类阻断剂

一些抗生素可抑制细菌中的蛋白质合成。细菌和真核生物在蛋白质合成机制的不同之处使这类化合物大多数对真核细胞无害。抗生素是主要的"生化武器"，它们由一些微生物合成且对其他微生物有毒害作用。抗生素在蛋白质合成的研究中是非常有价值的工具。蛋白质合成的几乎每一步都可以被某一种抗生素专一性抑制。

1. 影响翻译起始的抗生素　伊短菌素（edeine）和螺旋霉素（spiramycin）可引起 mRNA 在核糖体上错位，从而阻碍翻译起始复合物的形成，对所有生物蛋白质合成均有抑制作用。

2. 影响肽链延伸的抗生素　了解最清楚的抑制性抗生素之一是嘌呤霉素（puromycin），它是由白黑链霉菌（*Streptomyces alboniger*）产生的。嘌呤霉素的分子结构与氨酰 tRNA 3′端上的 AMP 残基的结构十分相似。它能和核糖体的 A 位结合，并能在肽基转移酶的催化下，接受 P 位肽酰 tRNA 上的肽酰基，形成肽酰嘌呤霉素，但其连接键不是酯键而是酰胺键。肽酰-嘌呤霉素复合物很容易从核糖体上脱落下来，从而使蛋白质合成过程中断。

四环素（tetracycline）作用于细菌内的 30S 小亚基，抑制起始复合物的形成。可通过抑制氨酰 tRNA 进入核糖体上的 A 位，从而阻滞肽链的延伸；还可影响终止因子与核糖体结合，使已合成的多肽链无法释放。

氯霉素（chloramphenicol）属于广谱抗生素，能与 70S 核糖体的大亚基（50S）结合，阻碍氨酰 tRNA 进入核糖体的 A 位；还可抑制肽基转移酶的活性，使肽链延伸受到影响，从而停止了蛋白质的生成。氯霉素不与 80S 的核糖体结合，故对细菌蛋白质的合成抑制作用更强。它对人的毒性可能是抑制了线粒体中的蛋白质合成，因为线粒体的核糖体是 70S。

链霉素（streptomycin）是一种碱性三糖，能与核糖体 30S 亚基上的蛋白质结合，引起核糖体构象发生改变，使氨酰 tRNA 与 mRNA 上的密码子不能正确结合，引起翻译错误。另外，链霉素还能抑制 70S 起始复合物的形成及终止阶段 70S 核糖体解离为 50S 大亚基和 30S 小亚基。新霉素（neomycin）和卡那霉素（kanamycin）的作用与链霉素相似。

二、干扰素

干扰素（interferon）是感染病毒的细胞合成和分泌的一种小分子蛋白质。目前已从白细

胞中得到 α-干扰素；从成纤维细胞中得到 β-干扰素；从免疫细胞中得到 γ-干扰素。干扰素结合到未感染病毒的细胞膜上，诱导这些细胞产生寡核苷酸合成酶、核酸内切酶和蛋白激酶。在细胞未被感染时，不合成这 3 种酶，一旦被病毒感染，有干扰素或双链 RNA 存在时，这些酶被激活，并以不同的方式阻断病毒蛋白质的合成。

由于干扰素具有很强的抗病毒作用，因此在医学上有重大的使用价值，但它在组织中含量很少，难以从生物组织中大量分离干扰素。现在应用基因工程合成干扰素以满足研究与临床应用的需要。

三、其他干扰蛋白质合成的物质

白喉毒素（diphtheria toxin）是白喉杆菌产生的毒蛋白，分子质量为 65 000Da，主要作用是抑制蛋白质的合成。白喉毒素作为一种修饰酶，可催化真核生物延伸因子 eEF2 的白喉酰胺残基（一个修饰了的组氨酸残基）发生 ADP 核糖基化共价修饰，产生 eEF2 腺苷二磷酸衍生物，使 eEF2 失活。白喉毒素的催化效率极高，只需微量就能有效抑制蛋白质的生物合成，对真核生物的毒性极强。

蓖麻毒蛋白（ricin）是蓖麻产生的特毒的蛋白质，可阻断肽链的合成。蓖麻毒蛋白可催化真核生物核糖体 60S 大亚基的 28S rRNA 的特异腺苷酸脱嘌呤反应，使 28S rRNA 降解导致核糖体的 60S 大亚基失活，从而抑制肽链的延长。

第五节　多肽链翻译后的加工修饰

刚从核糖体上释放出来的新生多肽链一般不具备蛋白质生物学活性，必须经过复杂的加工修饰过程才转变为具有天然构象的功能蛋白质，并靶向运送至特定的亚细胞部位，发挥其生物学功能。该过程称为翻译后加工（post-translational processing）。

一、蛋白质的修饰

蛋白质的修饰主要包括肽链一级结构的修饰和肽链空间结构的修饰。

（一）肽链一级结构的修饰

1．肽链 N 端的修饰　在蛋白质的合成过程中，新生蛋白质的 N 端都带有一个甲硫氨酸残基（真核生物）或甲酰甲硫氨酸残基（原核生物）。大多数天然蛋白质并不是以甲硫氨酸或 *N*-甲酰甲硫氨酸为 N 端的第一个氨基酸。原核生物修饰时是由脱甲酰酶除去甲酰基的，多数情况下甲硫氨酸也可被氨肽酶除去。大肠杆菌中约 30%的蛋白质还保留甲酰甲硫氨酸残基，而真核生物中甲硫氨酸则全部被切除。

2．氨基酸侧链的化学修饰　氨基酸侧链的修饰包括磷酸化、羟基化、羧基化、甲基化及二硫键的形成等。蛋白质分子中的丝氨酸、苏氨酸、酪氨酸残基的羟基，可在酶的催化下被 ATP 磷酸化，磷酸化修饰在酶的活性调节中有重要意义。蛋白质分子中的脯氨酸和赖氨酸易发生羟基化。例如，胶原中的羟脯氨酸和羟赖氨酸是脯氨酸和赖氨酸羟基化生成的。凝血酶原（prothrombin）的谷氨酸羧化为 *γ*-羧基谷氨酸。钙调蛋白中的赖氨酸被甲基化成为三甲基赖氨酸。肽链中的半胱氨酸在二硫键异构酶（disulfide isomerase）催化下形成二硫键等。

某些蛋白质肽链中存在共价修饰的氨基酸残基，是肽链合成后特异加工产生的，主要包括磷酸化、甲基化、乙酰化、羟基化和羧基化等，这些共价修饰对维持蛋白质的正常生物学功能是必需的。例如，某些信号蛋白质分子的丝氨酸、苏氨酸或酪氨酸残基被磷酸化修饰与细胞信息传递过程相关；组蛋白分子的精氨酸可进行乙酰化修饰，从而改变染色质的结构，影响基因表达等。

3．多肽链的水解切除　许多新合成的酶和蛋白质是以酶原或其他无活性的“前体”形式存在的。由专一性的蛋白酶催化，水解切除其中多余的肽段，使之折叠成为有活性的酶或其他蛋白质。例如，胰岛素、病毒蛋白及像胰蛋白酶和胰凝乳蛋白酶这样的蛋白酶最初是以较大的、无活性的前体蛋白形式合成的，然后这些前体被专一性的蛋白酶催化，将部分肽段切除，修饰成最后的活性形式。

4．糖基化修饰　糖蛋白是细胞蛋白质的重要组分。它是在翻译的肽链上以共价键与单糖或寡聚糖连接而成的。糖基化是多种多样的，可以在同一肽链上的同一位点连接上不同的寡糖，也可以在不同位点上连接寡糖。糖基化是在酶催化下进行的，修饰可发生在折叠之前、折叠期间或折叠之后。

（二）肽链空间结构的修饰

多肽链合成后，除了正确折叠成天然空间构象，还需要经过某些其他的空间结构的修饰，才能成为完整的天然构象，发挥其生物学功能。

1．亚基聚合　具有四级结构的蛋白质由2条以上的肽链通过非共价聚合形成寡聚体。蛋白质各个亚基相互聚合所需的信息储存在多肽链的氨基酸序列之中，如血红蛋白分子$\alpha_2\beta_2$亚基的聚合。

2．辅基连接　对于结合蛋白质而言，其非蛋白质部分都是合成后连接上去的，如糖蛋白、脂蛋白、金属蛋白及各种带辅基的酶类。这类蛋白质只有结合了相应的非蛋白质成分，才能成为天然有活性的蛋白质。

3．疏水脂键的共价连接　类似G蛋白、Ras蛋白等，翻译后需要在多肽链特定位点共价连接一个或多个疏水性强的脂链、对异戊二烯链等，这些蛋白质通过脂链嵌入膜的脂双层，定位成特殊的质膜内在蛋白质，才成为具有生物学功能的蛋白质。

二、蛋白质的折叠

蛋白质的折叠是指按多肽链的氨基酸顺序形成具有正确三维空间结构蛋白质的过程。这一过程是从核糖体出现新生肽链时开始的，可能随着多肽链序列的不断延伸而逐步折叠，产生正确的二级结构、结构域直至形成完整的空间构象。蛋白质的空间构象与其功能密切相关，如果肽链折叠错误，就无法形成具有特定生物学功能的蛋白质分子。目前发现，多种疾病与蛋白质分子的不正确折叠而导致的蛋白质聚集有关，如阿尔茨海默病、人纹状体脊髓变性和牛海绵状脑病等。

体内蛋白质的折叠是非常复杂的过程，蛋白质折叠的全部信息均储存在肽链自身的氨基酸序列中，即蛋白质的空间结构由其一级结构所决定。在折叠过程中，有很多其他因子与蛋白质参与。从热力学的角度来看，蛋白质多肽链折叠成天然空间构象是一种释放自由能的自发过程。近年来的研究表明，参与体内蛋白质折叠的蛋白质至少有两类，称为助折叠蛋白（folding helper）。

一类是酶。如蛋白质二硫键异构酶（protein disulfide isomerase，PDI），它可帮助新生肽链形成二硫键并正确的折叠。多肽链内或多肽链间二硫键的正确形成对稳定分泌蛋白、膜蛋白等的天然构象十分重要，二硫键的形成主要是在细胞内质网中进行的。虽然没有蛋白质二硫键异构酶，新生肽链也可以正确折叠，但它的存在大大加快了这一过程。再如肽基脯氨酰顺反异构酶（peptidylprolyl *cis-trans* isomerase，PPIase），催化肽-脯氨酰之间肽键的旋转反应。脯氨酸吡啶环上的亚氨基在形成肽键时，有两种形式，即顺式和反式，其中反式较稳定，但也有部分顺式，在蛋白质发生变性后，肽键全部异构化为反式，在复性时，必须异构为顺式蛋白质才能恢复原来的空间结构，在 PPIase 的催化下，使异构作用速率加快。肽基脯氨酰顺反异构酶也是蛋白质三维空间构象形成的限速酶。

另一类是分子伴侣（molecular chaperone）。分子伴侣是细胞中的一类保守蛋白质，可识别肽链的非天然构象，促进各种功能域和整体蛋白质的正确折叠。其最早是由 Laskey 等提出来的。他们发现组蛋白与 DNA 组成核小体时，组蛋白必须与核内的核质素结合，把核质素叫分子伴侣。后来，Ellis 等将一类在细胞内帮助新生肽键正确组装成为有生理功能而本身不作为最终功能蛋白质分子的组成成分的蛋白质分子均称为分子伴侣。分子伴侣可促进靶蛋白正确折叠或阻止其错误折叠。

分子伴侣广泛存在于从细菌到人的细胞中，是蛋白质合成过程中形成空间结构的控制因子，在新生肽链的折叠和穿膜进入细胞器的转位过程中起关键作用。它能促进一个反应的进行，而本身又不出现于最终产物中，因此，它与酶的作用类似，但又不同于酶。例如，其作用专一性不高，同一分子伴侣可促进多种氨基酸序列完全不同的多肽链折叠成为空间结构、功能及性质都不同的蛋白质；另外，其催化效率很低。现已鉴定了很多分子伴侣蛋白，其中研究最多的有两个家族：胁迫-70 家族（Stress-70）与分子伴侣家族，它们广泛存在于原核与真核生物细胞中。例如，Stress-70 家族成员的分子质量为 70kDa，在细胞内含量丰富，研究较多的家族成员之一是热休克蛋白 70（heat shock protein 70，HSP70）。现已知 HSP70 除参与蛋白质的折叠外，还参与蛋白质的组装、跨膜分泌及降解等过程。

三、蛋白质的转位

真核细胞通过一系列的蛋白质和酶等维持其结构和功能的稳定。几乎所有蛋白质的合成都是开始于细胞质中的核糖体，然后通过一定的途径到达细胞中的目的地。那些要分泌到胞外的蛋白质、整合进入质膜或进入溶酶体的蛋白质，其转运途径的前几步是一样的，都始于内质网。目的地为线粒体、叶绿体或细胞核的蛋白质有独特的转运过程。目的地为细胞质的蛋白质仍待在合成的地方。蛋白质分类并转运到它们正确的细胞位置的过程称为蛋白质靶向输送（protein targeting）。

新生的蛋白质含有决定自身最终去向的信号，即所谓的信号序列（signal sequence）或信号肽（signal peptide）。信号肽是引导新合成的蛋白质向分泌通路转移的短肽链（含 5～30 个氨基酸残基），常指新合成多肽链中用于指导蛋白质跨膜转移（定位）的 N 端的氨基酸序列。新合成的蛋白质在转运中都需要穿过脂双层的质膜。蛋白质如何穿膜转运？膜上的膜蛋白如何组装？这些都是当前十分有吸引力的研究热点。信号序列的功能是由 David Sabatin 和 Giinter Blobed 于 1970 年发现的。信号序列指导蛋白质到胞内适当的位置，在转运过程中或到达目的地后，这段信号序列被除去。为了肯定信号顺序的定位能力，可将蛋白 A 的信号序列融入蛋白 B，最后可发现蛋白 B 到达了原是蛋白 A 应到的位置（图 14-12）。

资源 14-8

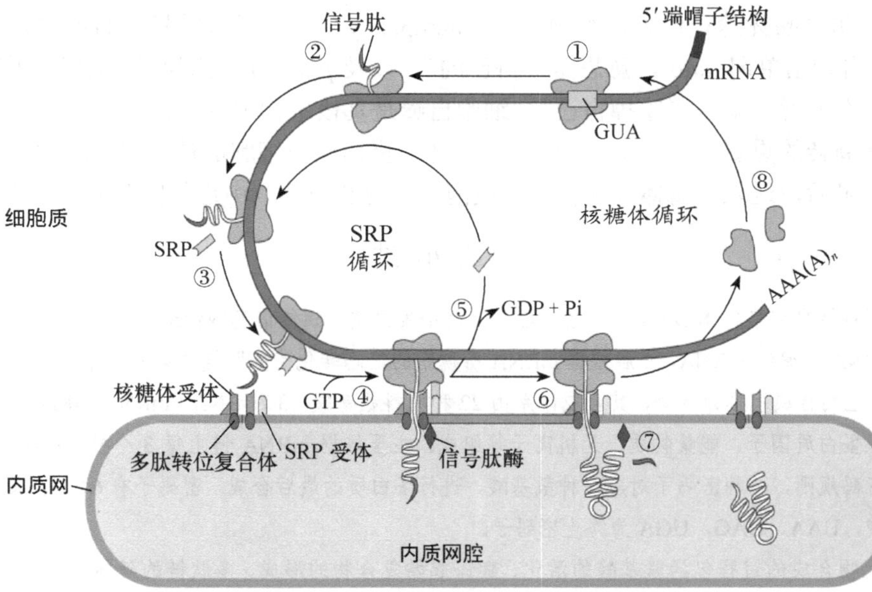

彩图

图 14-12　信号肽指导蛋白质进入内质网（李刚和贺俊崎，2018）

①肽链在游离核糖体上的翻译开始；②新生肽链 N 端的信号肽暴露于核糖体外；③信号肽识别颗粒（SRP）结合信号肽，形成核糖体-新生肽链-mRNA-SRP 复合物，蛋白质翻译暂停；④复合物与内质网膜上的受体结合；⑤SRP 离开复合物，进入下一轮循环；⑥蛋白质翻译恢复，蛋白质通过通道蛋白进入内质网；⑦信号肽被信号肽酶切除；⑧核糖体分解，再与 mRNA 结合，进入下一轮循环

四、蛋白质的降解

在所有的细胞中，为了防止异常的或不需要的蛋白质积累，加速氨基酸的循环，蛋白质总是不断地被降解。降解是一个选择性的过程。任何蛋白质的寿命都是由专门执行这项任务的蛋白水解酶系统调节的。在真核生物中，不同蛋白质的半衰期从半分钟到几小时甚至几天不等。尽管一些稳定的蛋白质（如血红蛋白）可与细胞的寿命相等（约 110 天），但大多数蛋白质在细胞中被代谢。被迅速降解的蛋白质包括那些在合成中的缺陷蛋白质或者发挥功能时受损伤的蛋白质。代谢途径中在关键调节点起作用的许多酶也被迅速降解。

缺陷蛋白质和那些寿命短的蛋白质无论是真核生物或细菌中都是由依赖于 ATP 的系统降解的。脊椎动物中第二个系统是在溶酶体中进行的，它用于处理重新循环利用的膜蛋白、细胞外蛋白质和长寿命的蛋白质。

在 *E. coli* 中，许多蛋白质是由一种依赖于 ATP 的称为 La 蛋白酶降解的。这种 ATPase 只有在有缺陷蛋白或那些特定短寿命的蛋白质存在时才被激活。裂解一个肽键需要水解 2 分子的 ATP。肽键切割过程中 ATP 水解的精确分子功能尚不清楚。一旦一个蛋白质被降解成小的无活性的多肽时，其他不依赖于 ATP 的蛋白酶就可完成其余的降解过程。

在真核细胞中，ATP 依赖性途径是非常特别的。在这个系统中一个关键的组分是由 76 个氨基酸构成的蛋白质——泛素（ubiquitin），之所以这样命名是因为真核细胞中都有它的存在。作为已知的最保守的蛋白质之一，即使在酵母和人类这样不同的有机体中，泛素也是基本相同的。泛素被共价连接于预定要被依赖 ATP 途径降解的蛋白质上。这个途径包括 3 个独立的酶。一个或多个泛素分子是如何附着于那些要水解的目标蛋白，这种机制仍然不清楚。真核生物中这种 ATP 依赖的蛋白质水解系统是一个被称为“蛋白酶体”（proteasome）的复合物。这个系统中蛋白酶成分的作用方式和 ATP 的功能尚不清楚。

资源 14-9

除泛素-蛋白酶体途径以外，细胞自噬（autophagy）也是蛋白质降解的重要方式。细胞自噬一词来自希腊单词 *auto-*，意思是“自己的”，以及 *phagein*，意思是“吃”。所以，细胞自噬的意思就是“吃掉自己”。细胞自噬是真核生物中进化保守的对细胞内物质进行周转的重要过程。该过程中一些损坏的蛋白质或细胞器被双层膜结构的自噬小泡包裹后，送入溶酶体（动物）或液泡（酵母和植物）中进行降解并得以循环利用。

资源 14-10

本 章 小 结

生物体可将储存在染色体 DNA 中的遗传信息传递给蛋白质。遗传信息的传递分为两步：首先遗传信息通过转录从 DNA 传递给 mRNA，之后依据 mRNA 所携带的信息转化为多肽链的氨基酸序列，即蛋白质的合成。蛋白质的生物合成也称为翻译，其合成体系由 22 种原料氨基酸、3 种 RNA（mRNA、tRNA 和 rRNA）、核糖体、酶、蛋白质因子、能量物质、无机离子等组成。主要依据 mRNA 链上每 3 个核苷酸决定一个氨基酸的三联体密码规则，一种密码子对应一种氨基酸，进行蛋白质的最后合成。密码子有 64 种，其中 61 种用于编码氨基酸，UAA、UAG、UGA 为终止密码子。

蛋白质生物合成的过程包括氨基酸的活化、翻译起始复合物的形成、多肽链的延伸和多肽链合成的终止。翻译的起始阶段是指 mRNA、起始氨酰 tRNA 分别与核糖体结合形成翻译起始复合物的过程。肽链延伸的过程是在核糖体上连续循环进行的，称为核糖体循环。每循环一次包括进位、成肽和移位 3 个阶段，每循环一次，肽链延长一个氨基酸残基，消耗 4 个高能磷酸键，直到终止密码子处结束。新生多肽链通常无活性，需经过末端修饰、剪切、糖基化、磷酸化、羟基化等加工修饰，使多肽链折叠成天然的三维构象，并靶向运送至特定的亚细胞部位，发挥其生物学功能。

某些药物和生物活性物质能抑制或干扰蛋白质的生物合成，多种抗生素通过抑制蛋白质的生物合成而发挥杀菌、抑菌作用。

思 考 题

1. 什么是遗传密码？遗传密码有哪些基本特性？
2. 什么是密码子的摆动性，有何生物学意义？
3. 简述 tRNA 在蛋白质生物合成中是如何起作用的。
4. 如何保证蛋白质翻译的准确性？
5. 比较真核生物与原核生物蛋白质合成的异同点。
6. 简述蛋白质肽链一级结构修饰的方式。
7. 何为信号肽，有什么作用？

参考答案

第十五章　物质代谢的联系及调节

生物体内的新陈代谢是一个完整统一的过程，各代谢途径之间密切联系、相互影响，机体的生命活动是各种物质代谢整合的结果。在正常情况下，机体各种物质代谢能适应内外环境不断的变化，各代谢途径相互配合、彼此协调进行。当外界环境发生改变时，各种物质代谢通过机体的调节机制，保证代谢的协调一致。如果环境的改变超过了机体的调节能力，会引起物质代谢异常。生物机体的代谢调节机制复杂，本章将对机体各种物质代谢之间的联系进行归纳，并从分子水平、细胞水平和整体水平进一步探讨物质代谢的调节方式，在此基础上对调节代谢的细胞信号转导过程作简要介绍。

第一节　物质代谢的相互联系

生物体在物质代谢中所采用的策略必须满足其生长、发育和繁殖等基本生理功能，生物体各种物质代谢高度协调，各条途径不能孤立和分隔，而是相互联系在一起，一些共同的代谢中间物作为分支点把许多途径联系在一起，形成复杂的代谢网络（图 15-1）。葡萄糖的有氧分解代谢不仅是糖、脂、氨基酸和核苷酸等各种物质分解代谢的共同归宿，也是它们之间相互联系和转变的枢纽。下面将从整体的角度探讨糖、脂、氨基酸（蛋白质）与核苷酸（核酸）代谢之间的联系和相互影响。

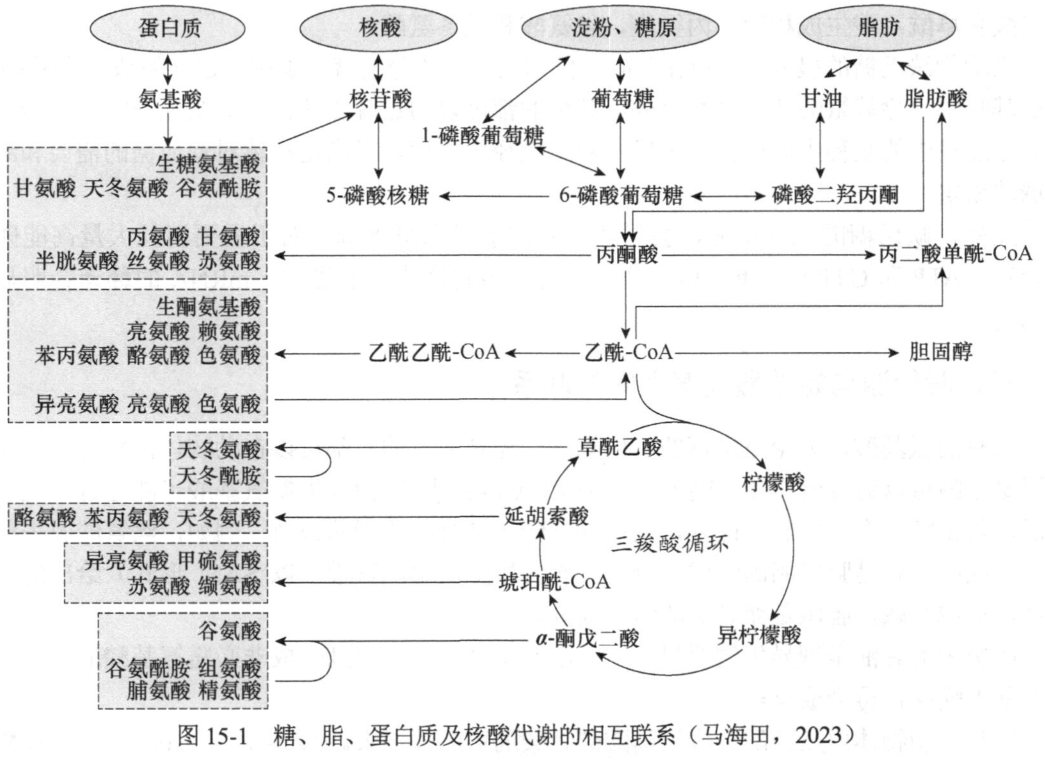

图 15-1　糖、脂、蛋白质及核酸代谢的相互联系（马海田，2023）

一、糖代谢与脂代谢之间的联系

糖代谢与脂代谢之间的联系最为密切。葡萄糖经氧化分解，生成磷酸二羟丙酮及丙酮酸等中间产物。当摄入过量的葡萄糖时，其中磷酸二羟丙酮还原成 3-磷酸甘油，而丙酮酸氧化脱羧转变为乙酰-CoA，由线粒体转入细胞质基质，再由脂肪酸合酶系统催化合成脂酰-CoA。3-磷酸甘油与脂酰-CoA 再用来合成三酰甘油。此外，乙酰-CoA 也是合成胆固醇及其衍生物的原料。在上述糖转变成脂类的过程中，磷酸戊糖途径还为脂肪酸、胆固醇合成提供了大量所需的还原辅酶 $NADPH+H^+$。

油料作物种子萌发时，动用所贮存的大量脂肪并将其转化为糖类。脂肪可分解成甘油和脂肪酸，甘油经激酶的作用磷酸化成 3-磷酸甘油，再脱氢生成磷酸二羟丙酮，然后通过糖异生途径生成糖。而脂肪酸经 β-氧化生成的乙酰-CoA，在植物和微生物体内可通过乙醛酸循环合成琥珀酸，经三羧酸循环生成草酰乙酸，然后经脱羧、磷酸化生成磷酸烯醇式丙酮酸逆糖酵解途径生成糖。甘油在动物体内可转化为糖，但脂肪酸不能转化为糖。这是因为动物体不存在乙醛酸循环，而丙酮酸氧化为乙酰-CoA 是不可逆的，脂肪酸 β-氧化生成的乙酰-CoA，在通常情况下通过三羧酸循环氧化成 CO_2 和 H_2O。有人用 $CH_3{}^{14}COOH$ 饲喂动物后，确有极少的 ^{14}C 掺入肝糖原中，但前提是必须向三羧酸循环中补充草酰乙酸等有机酸，而动物体内草酰乙酸又只能从糖代谢的中间产物丙酮酸羧化后或从其他氨基酸脱氨后得到。由此看来，乙酰-CoA 在生物体内可以异生成葡萄糖或糖原的观点是难以成立的。

二、糖代谢与氨基酸代谢之间的联系

糖是动物机体中主要的燃料分子，其分解代谢的中间产物，特别是 α-酮酸可以作为碳骨架通过转氨基或氨基化作用进而转变成组成蛋白质的许多非必需氨基酸，如由丙酮酸、α-酮戊二酸和草酰乙酸生成相应的丙氨酸、谷氨酸和天冬氨酸。

当动物缺乏糖的摄入（如饥饿）时，机体蛋白质的分解就要加强。已知组成蛋白质的 20 种氨基酸中，除赖氨酸和亮氨酸以外，其余的都可以通过脱氨基作用直接地或间接地转变成糖异生途径中的某种中间产物，再经糖异生途径合成糖，以满足机体对葡萄糖的需要和维持血糖的稳定。

此外，缺乏糖的充分供应，会导致细胞的能量水平下降，对于需要消耗大量高能磷酸化合物（ATP 和 GTP）的蛋白质生物合成过程也将产生不利影响，mRNA 的翻译会明显受到抑制。

三、脂代谢与氨基酸代谢之间的联系

所有的氨基酸，无论是生糖的、生酮的，还是兼生的，都可以在动物体内转变成脂肪。生酮氨基酸可以通过解酮作用转变成乙酰-CoA 再合成脂肪酸，生糖氨基酸也能通过异生成糖之后，再由糖转变成脂肪。此外，某些氨基酸还是合成磷脂的原料。例如，丝氨酸脱去羧基之后形成的胆胺是脑磷脂的组成成分，胆胺再接受由甲硫氨酸（以 SAM 形式）给出的甲基之后，形成胆碱，胆碱是卵磷脂的组成成分。

脂类中的甘油是糖异生的原料之一，因此由甘油可以得到合成非必需氨基酸的碳骨架，如羟基丙酮酸，再合成丝氨酸等。

但是在动物体内脂肪酸合成氨基酸碳骨架的可能性不大。因为当乙酰-CoA 进入三羧酸循环，再由循环中的中间产物形成氨基酸时，消耗了循环中的有机酸，如无其他来源得以补充，反应则不能进行下去。植物与微生物细胞中存在乙醛酸循环，可使 2 分子乙酰-CoA 缩合成 1 分子琥珀酸以增加循环中的有机酸，从而促使脂肪酸转变成氨基酸。在动物细胞中缺乏这样的机制，因此，一般动物组织难以利用脂肪酸合成氨基酸。

四、核苷酸代谢与其他物质代谢之间的联系

核酸通过控制细胞中蛋白质/酶的合成影响细胞的组分和代谢类型，但一般不把核酸作为细胞中的碳源、氮源和能源分子来看待。核苷酸不仅是核酸的基本组成单位，在调节代谢中也起着重要作用。例如，ATP 是通用能量货币和转移磷酸基团的主要分子；UTP 参与单糖的转变和多糖的合成；CTP 参与磷脂的合成；GTP 则为蛋白质多肽链的生物合成所必需。此外，CoA-SH、尼克酰胺核苷酸和黄素核苷酸等重要的辅酶、辅基都是腺嘌呤核苷酸的衍生物，参与酶的催化过程；环核苷酸如 cAMP、cGMP 作为胞内信号分子参与细胞信号的转导。核酸本身的合成也与糖、脂类和蛋白质的代谢密切相关。糖代谢为核酸合成提供了磷酸核糖和还原辅酶 $NADPH+H^+$；甘氨酸、天冬氨酸、谷氨酰胺所携带的一碳单位及四氢叶酸等参与嘌呤环和嘧啶环的合成；核酸的生物合成需要多种酶和蛋白质因子协助；糖、脂等燃料分子为核酸生物学功能的实现提供了能量保证。

第二节 物质代谢的调节

物质代谢各条途径之间相互联系、相互影响，在细胞内存在一套高效、经济的调节机制，能灵敏地应对环境的变化，保持各条代谢途径的协调一致。生物体不断地从外界摄入营养物质，然后在体内经不同的代谢途径进行转变，又不断地把代谢产物排出体外，这种状态称为稳态（stable state）。稳态使机体各种代谢中间物的含量在一定条件下基本保持不变，为了适应环境的变化，生物体又通过代谢调节改变各个代谢途径的速率和代谢中间物的含量，使一种稳态转变为另一种稳态。物质代谢调节主要包括分子水平、细胞水平和整体水平。

一、分子水平调节

（一）酶水平调节

酶水平调节是代谢最基本的调节方式。在一条代谢途径中，通常存在一种或几种关键酶（key enzyme），催化不可逆反应或限速反应。这些酶对代谢途径的方向和反应速率起着决定作用，其活性可受细胞内各种信号的调节，又称为调节酶（regulatory enzyme）。酶水平调节包括对酶活性和酶浓度的调节，也受代谢产物的反馈调节。

1. 酶活性调节 酶的别构调节和共价修饰调节是对关键酶活性进行调节的两种主要方式。关键酶常具有别构酶的特点，其变构剂往往是代谢途径的终产物或代谢中间物，其微小浓度的变化就可以通过别构作用迅速影响酶的活性，因此别构作用成为快速、灵敏调节代谢的有效方式。酶或调节蛋白也可在另一种酶的催化下发生共价化学修饰而改变其活性，共价修饰主要包括以下几种类型：①磷酸化/去磷酸化；②乙酰化/去乙酰化；③腺苷酰化/去腺苷酰化；④尿苷酰化/去尿苷酰化；⑤甲基化/去甲基化；⑥S-S/-SH 相互转变。其中磷酸化/去磷酸化共价修饰参与了很多生理生化过程的调节，在细胞的信号转导中发挥重要

作用。这种由酶催化的对另一些酶的共价修饰作用可以在细胞中引发酶活性的级联放大效应，仅需由 ATP 供给磷酸基，因此耗能小、作用快，成为调节细胞代谢中酶活性经济、有效的方法。

2．酶浓度调节　细胞内的酶活性一般与其含量呈正相关。酶的合成和降解的相对速率控制着细胞内酶的含量。酶蛋白生物合成可在其基因的转录水平和翻译水平上调节，多种调节信号影响酶蛋白基因的表达。已有许多证据显示，底物常能有效诱导代谢途径中关键酶的合成。酶蛋白在体内的降解速率不仅与组织蛋白酶的专一性有关，而且与环境中特异代谢物的浓度及酶蛋白本身的结构有关，其降解调节机制尚待深入研究。

3．反馈调节　反馈调节（feedback regulation）主要指酶促反应系统中的最终产物对起始步骤的酶活性的调节。最终产物抑制起始步骤酶活性的称负反馈或反馈抑制；最终产物激活起始步骤酶活性的称正反馈。终产物反馈抑制起始步骤的酶活性，使反应速率减慢；当最终产物被消耗或转移，其浓度降低时，则有利于反应进行，如此不断地进行调节，维持体内代谢的动态平衡。例如，机体长链脂肪酸合成多了，就可以反馈抑制催化脂肪酸合成第一步反应的酶——乙酰-CoA 羧化酶，使丙二酸单酰-CoA 的产量减少，脂肪酸合成速度减慢。此外，也有些代谢产物激活酶活性，如乙酰-CoA 可抑制丙酮酸脱氢酶系中脱羧酶的活性，但对丙酮酸羧化酶起反馈激活作用，催化丙酮酸变成草酰乙酸，促进三羧酸循环和糖异生（图 15-2）。

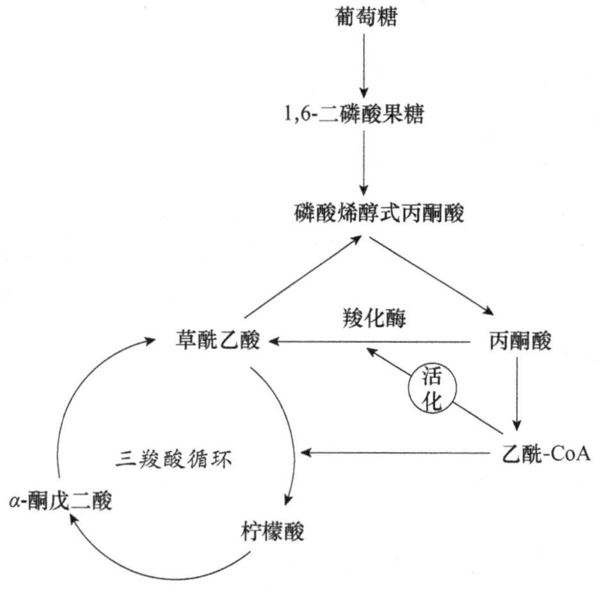

图 15-2　酶的反馈激活（魏民等，2021）

一些别构酶还可以受核苷酸类化合物的调节。例如，糖酵解和三羧酸循环等与能量生成有关的代谢途径中，一些酶的活力可因 ATP、ADP、AMP 浓度的改变而被抑制或激活。除反馈调节外，有些酶也可受系列反应前段物质的调节。例如，在糖原合成中，6-磷酸葡萄糖是糖原合成酶的别构激活剂，它能促进糖原的合成。有些酶可直接受其产物的抑制。例如，在动物组织中，己糖激酶为产物 6-磷酸葡萄糖所抑制，腺苷二磷酸抑制腺苷三磷酸酶等。产物抑制除了由于产物浓度增加促进了逆反应，还由于产物的积累抑制了酶的活性。

（二）基因表达调节

基因表达（gene expression）是指遗传信息进行转录、翻译产生具有特异生物学功能的RNA分子或蛋白质的过程。机体在受外环境信号刺激或适应环境变化的过程中，基因表达的水平、方式等会发生改变，该过程称为基因表达调节（regulation of gene expression）。基因表达调节在维持细胞结构和功能的稳定，调节细胞生长、发育和分化等方面发挥着重要作用。

基因表达具有时间特异性（阶段特异性）、空间特异性（细胞或组织特异性）、持续性和可诱导性等特点。生物物种越高级，基因表达就会越复杂、越精细。时间特异性（temporal specificity）是指按一定时间顺序表达特定基因产物的现象。空间特异性（spatial specificity）是指在不同组织器官表达特定基因产物的现象。基因表达水平在不同空间的差异是由细胞在不同组织、器官中的不同分化状态所决定的，因此空间特异性又称细胞特异性（cell specificity）或组织特异性（tissue specificity）。

生物体内几乎在所有细胞中持续表达、不易受环境条件影响的基因，通常称为管家基因或看家基因（house-keeping gene）。管家基因的表达基本不受其他机制调节，这类基因的表达称为组成型表达（constitutive expression）或结构型表达。机体内还有很多基因的表达极易受环境变化的影响，这些基因的表达是可诱导或可阻遏的，分别称为可诱导基因（inducible gene）和可阻遏基因（repressible gene）。在特定环境刺激下，基因表达产物增加的现象称为诱导（induction）；基因表达产物降低的现象称为阻遏（repression）。

1. 基因和基因组　基因（gene）是遗传的基本单位，广义上指DNA中含有特定遗传信息的核苷酸序列。一条染色体上有多个基因，有些生物（如RNA病毒）的基因是RNA。基因按其功能可分为结构基因和调节基因。结构基因（structural gene）是指可被转录为mRNA，并被翻译为蛋白质多肽的DNA序列。调节基因（regulatory gene）是指可控制结构基因表达的DNA序列。除染色体DNA外，细菌的质粒及真核生物的叶绿体、线粒体等细胞器都有DNA，也含有基因，这些染色体外的DNA称为染色体外遗传物质。除编码蛋白质外，还有终产物是RNA的基因，如编码tRNA和rRNA的基因，这些基因的产物与蛋白质的合成相关。结构基因在原核生物中占整个DNA分子的大部分，在真核生物中只占小部分。真核生物的基因是由一系列交替存在的内含子和外显子构成的，形成断裂基因，基因的大小取决于内含子的长度和数量。真核生物的基因结构如图15-3所示。

资源15-1

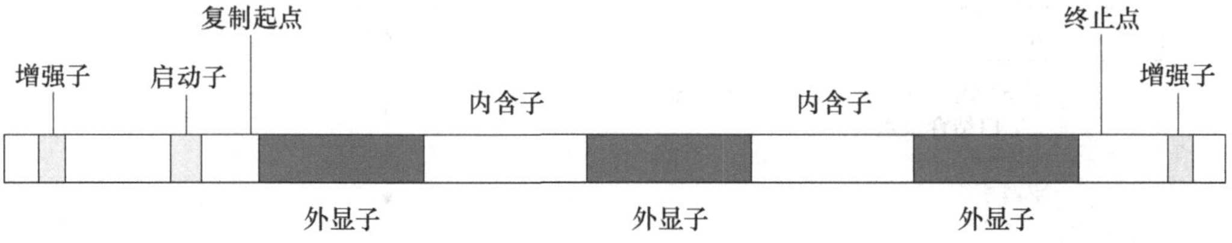

图15-3　真核生物基因结构示意图

基因组（genome）是细胞或生物体的全套遗传物质。原核生物的基因组是指单个染色体上所含的全部基因。原核生物染色体DNA小于10Mb（10×10^6bp），一般都是环状分子。原核生物基因组的结构有如下特点：①基因组小，大部分为编码序列，单拷贝、间隔序列和调节序列所占比例较小；②编码序列连续，无内含子；③功能相关的基因形成操纵子；④重复序列极少、较短。真核生物基因组的结构有如下特点：①基因组大（大于10Mb），间隔序列和调节序列所占比例较大；②编码的外显子被非编码的内含子隔开；③功能相关的基因不形成操纵子，分散在各染色体中；④存在较大比例的各种重复序列。

2．原核生物的基因表达调节 原核生物基因表达调节主要在转录水平。F. Jacob 和 J. Monod 对大肠杆菌乳糖发酵过程中酶的适应性合成进行了深入研究，在 1960～1961 年提出了乳糖操纵子模型（lac operon model），开创了基因表达调节机制研究的新领域。

（1）操纵子模型 操纵子是基因表达调节的协调单位（coordinated unit），它们有共同的调节区（control region）和调节系统（regulation system）。操纵子是指原核生物功能上彼此相关的结构基因及其调节序列组成的协调单位。调节序列由调节基因（regulatory gene，*R*）、启动基因（promoter，*P*）和操纵基因（operator，*O*）组成。

启动子是原核生物 RNA 聚合酶和模板 DNA 结合的部位，是决定基因表达效率的关键元件。

操纵基因是一段能被特异的阻遏蛋白（repressor）识别和结合的 DNA 序列。操纵序列时常位于启动序列下游，其 DNA 序列常与启动序列交错、重叠，它是原核生物阻遏蛋白的结合位点。当操纵序列结合阻遏蛋白时或阻碍 RNA 聚合酶与启动序列的结合，或使 RNA 聚合酶不能沿 DNA 向前移动，从而阻遏转录，介导负调节（negative regulation）。原核操纵子调节序列中还有一种特异性的 DNA 序列可结合激活蛋白，结合后 RNA 聚合酶活性增强而激活转录，介导正调节（positive regulation）。

调节基因（regulatory gene）是指编码能够与操纵序列结合的调节蛋白，可以分为特异因子、阻遏蛋白和激活蛋白 3 类，均为 DNA 结合蛋白。其中特异因子决定 RNA 聚合酶对一个或一套启动序列的特异性识别和结合能力；阻遏蛋白可以识别、结合操纵序列，抑制基因转录介导负调节；激活蛋白可结合启动序列邻近的 DNA 序列，提高 RNA 聚合酶与启动序列的结合能力，增强 RNA 聚合酶的转录活性介导正调节。分解物激活蛋白（catabolite activator protein，CAP）或称 cAMP 受体蛋白（cAMP receptor protein，CRP）就是一种典型的激活蛋白。有些基因在没有激活蛋白存在时，RNA 聚合酶很少或根本不能结合启动序列，基因处于关闭状态。

（2）大肠杆菌乳糖操纵子的调节 大肠杆菌乳糖操纵子由调节基因（*R*）、cAMP 受体蛋白位点、启动基因（*P*）、操纵基因（*O*）和 3 个相连的编码利用乳糖的酶的结构基因（*Lac Z*、*Lac Y*、*Lac A*）组成（图 15-4）。操纵基因在启动基因和结构基因之间，不编码任何蛋白质。

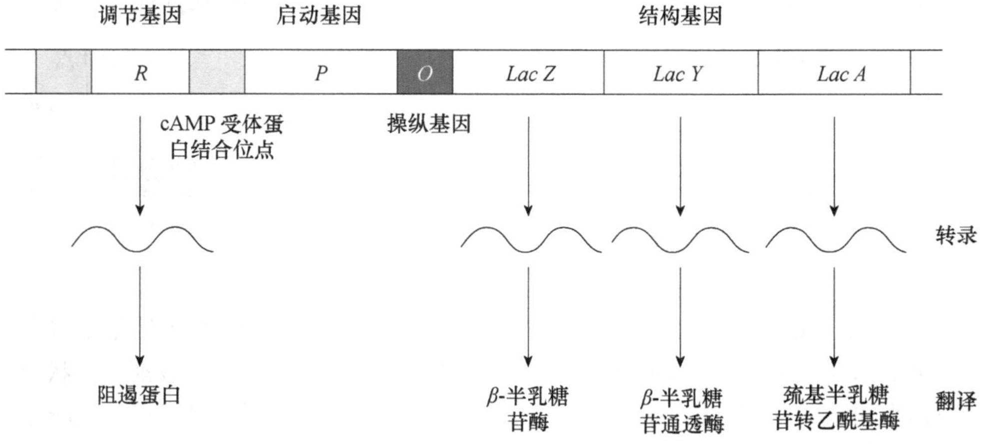

图 15-4 大肠杆菌乳糖操纵子的结构

调节基因位于启动序列之前，其编码产物为阻遏蛋白，由 4 个 3.7×10^4 的亚基聚合而成，可与操纵基因结合。*Lac Z* 基因长 3510bp，编码由 1170 个氨基酸残基构成的 β-半乳糖苷酶，能催化 β-半乳糖苷水解，将乳糖水解为葡萄糖和半乳糖，还能催化少量乳糖生成别乳糖（allolactose）。*Lac Y* 基因长 780bp，编码由 260 个氨基酸残基构成的 β-半乳糖苷通透酶（β-galactoside permease），该酶的分子量为 3×10^4，是一种跨膜转运蛋白，它是 β-半乳糖苷转运系统的组成成分，能将培养基中的 β-半乳糖苷（如乳糖）透过大肠杆菌细胞壁和原生质膜运到胞内。*Lac A* 基因长 825bp，编码由 275 个氨基酸残基构成的巯基半乳糖苷转乙酰基酶（thiogalactoside transacetylase），该酶的分子量为 3.2×10^4，可催化乙酰基从乙酰-CoA 转移到 β-半乳糖苷上，形成乙酰半乳糖。

大肠杆菌乳糖操纵子的转录调节机制中，既有阻遏蛋白的负调节，又有 CAP 的正调节。

负调节是指调节基因的产物阻遏蛋白对操纵基因进行的调节，阻遏蛋白结合在操纵基因上则结构基因的转录不能进行。培养基中没有乳糖时，调节基因的产物阻遏蛋白具有活性，阻遏蛋白能与操纵序列结合，阻碍 RNA 聚合酶与启动序列结合，乳糖操纵子处于关闭状态，结构基因不能转录，不能产生乳糖代谢所需要的酶。培养基中有乳糖时，乳糖经 β-半乳糖苷通透酶催化转运进入细胞，再经 β-半乳糖苷酶催化，转变为别乳糖。别乳糖作为一种诱导剂可与阻遏蛋白结合使其变构，导致阻遏蛋白与操纵序列解离，RNA 聚合酶可顺利与启动序列结合，完成转录起始过程（图 15-5）。

资源 15-2

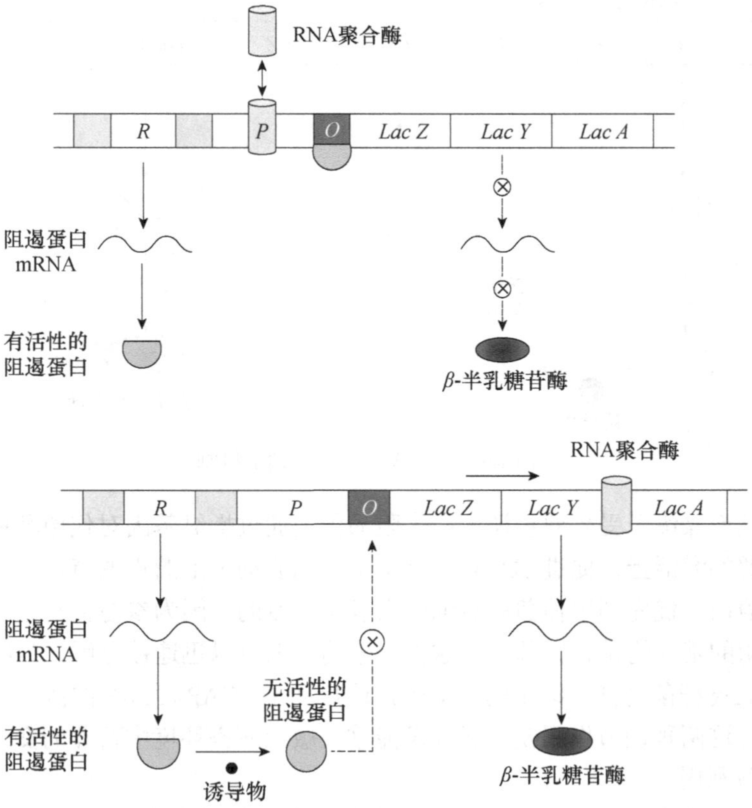

图 15-5　乳糖操纵子的负调节机制

大肠杆菌乳糖操纵子负调节只是对乳糖的存在做出应答，当乳糖存在时才能激活乳糖操纵子，但是当培养基中既有葡萄糖又有乳糖时，大肠杆菌优先利用葡萄糖，当葡萄糖利用完毕才激活乳糖操纵子，从而利用乳糖，这种现象称为葡萄糖阻遏（glucose repression）或分解代谢产物阻遏（catabolite repression）。经研究发现，CAP 是大肠杆菌中一种基因表达的正调节蛋白，由 2 个相同亚基构成，每个亚基含有 2 个结构域，N 端含有 cAMP 结合位点，C 端含有螺旋-转角-螺旋，负责与 DNA 结合。CAP 必须与 cAMP 结合后才具有活性，从而识别并结合乳糖操纵子启动子上游的 CAP 位点。当培养基中葡萄糖含量高时，葡萄糖分解代谢的产物能抑制腺苷酸环化酶活性并活化磷酸二酯酶，导致大肠杆菌内 cAMP 的浓度降低，cAMP 与 CAP 的结合受阻，RNA 聚合酶就不能启动转录，乳糖操纵子关闭，使分解代谢乳糖酶的基因不能表达（图 15-6）。

资源 15-3

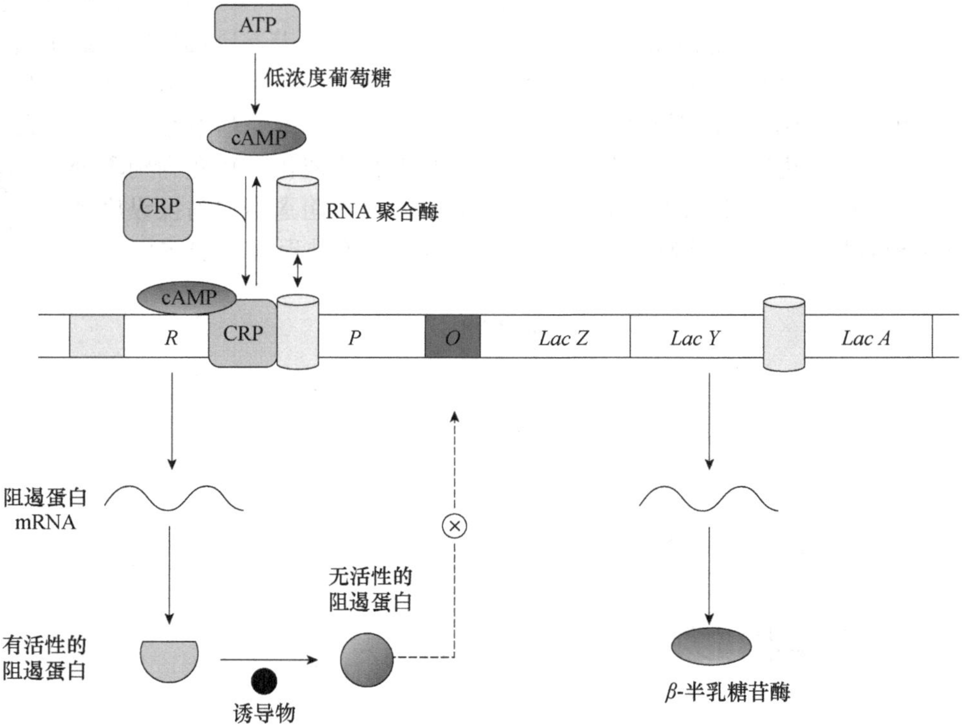

图 15-6 乳糖操纵子的正调节机制

大肠杆菌乳糖操纵子受到双重调节：①阻遏蛋白通过操纵基因对代谢乳糖酶的负调节；②对葡萄糖分解物激活蛋白促进 RNA 聚合酶结合到启动子上的正调节。其意义在于使细胞能优先利用葡萄糖。优先利用葡萄糖对细胞来说是有益的，因为参与葡萄糖分解的，即编码糖酵解的各个酶的基因均是管家基因，这样一来葡萄糖可以迅速被分解，为细胞提供能量。由于大肠杆菌乳糖操纵子的启动子是弱启动子，CAP-cAMP 的激活增强了其启动子活性。这两种调节作用使大肠杆菌能够灵敏地应答环境中营养的变化，有利于能量的有效利用。

资源 15-4

（3）大肠杆菌色氨酸操纵子的调节　大肠杆菌色氨酸操纵子（trp operon）由调节基因（*R*）、启动基因（*P*）、操纵基因（*O*）和 5 个相连的结构基因（*trp E*、*trp D*、*trp C*、*trp B*、*trp A*）组成，其中 *trp E* 和 *trp D* 编码邻氨基苯甲酸合成酶Ⅰ和邻氨基苯甲酸合成酶Ⅱ，

trp C 编码吲哚 3-磷酸甘油合成酶，*trp B* 编码色氨酸合成酶 β 亚基，*trp A* 编码色氨酸合成酶 α 亚基，结构基因编码产物为合成色氨酸所需要的酶。在操纵基因与结构基因之间有一段前导序列（leader sequence）*trp L*，该序列可以合成一段前导肽，前导序列中间有一段衰减子，也称为弱化子（attenuator），在翻译水平上控制前导区转录的终止（图 15-7）。

资源 15-5

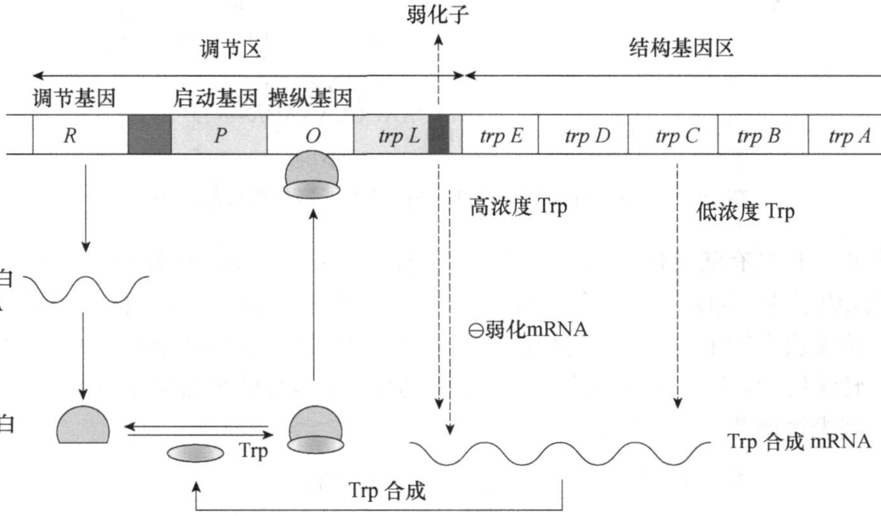

图 15-7　色氨酸操纵子的结构及调节机制

色氨酸操纵子是一个阻遏操纵子，当细胞内无色氨酸时，阻遏蛋白不能与操纵序列结合，色氨酸操纵子处于开放状态，结构基因得以表达，细胞能合成色氨酸以满足自身需求。当细胞内色氨酸浓度较高时，色氨酸作为辅阻遏物与阻遏蛋白结合，诱导构象变化使之激活，形成复合物并结合到操纵基因上，阻遏色氨酸操纵子结构基因的转录，导致合成色氨酸的酶不能表达。这种以终产物阻遏基因转录的调节称为反馈阻遏（feedback repression）。

资源 15-6

除阻遏调节外，色氨酸操纵子还能以转录衰减的方式促使已开始转录的 mRNA 合成终止，直接有效关闭色氨酸操纵子。阻遏和衰减机制虽然都在转录水平上进行，但它们的机制完全不同，前者控制转录的起始，后者控制转录起始后是否能正常进行，衰减作用是比阻遏作用更为精细的调节，衰减机制在色氨酸操纵子的研究中最清楚。

转录衰减的机制是由于原核生物转录与翻译过程偶联进行，转录中途可先翻译出一段前导肽（图 15-8），此前导肽与前导序列 L 形成的发夹结构导致终止转录。前导序列 L 是一段长度为 162bp、内含 4 个特殊短序列的前导 mRNA，其中序列 1 有独立的起始和终止密码子，可先翻译出一个有 14 个氨基酸残基的前导肽，其中第 10、11 位是 2 个连续的色氨酸；序列 1 与 2、序列 2 与 3、序列 3 与 4 之间均存在一些互补序列而各自形成发夹结构，形成发夹结构的能力依次降低；序列 4 的下游有一个连续的 U 序列，是一个不依赖于 ρ 因子的转录终止信号。色氨酸的浓度较低时，前导肽序列 1 的合成因色氨酸量的不足而停滞在第 10、11 位，核糖体结合在序列 1 上，因此前导 mRNA 可能形成 2/3 发夹结构，转录继续进行；色氨酸的浓度较高时，前导肽的翻译顺利完成，核糖体可以前行至序列 2，此时形成 3/4 发夹结构，其下游的多聚 U 协同使转录终止，即转录衰减。

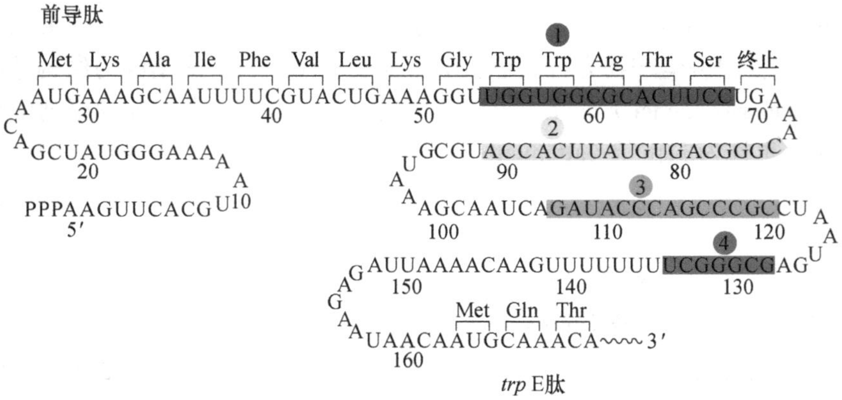

图 15-8 色氨酸操纵子前导肽结构（刘国琴和杨海莲，2019）

前导序列 L 具有随着色氨酸浓度升高而使转录衰减的作用，也称为衰减子（图 15-9）。在色氨酸操纵子中，阻遏蛋白受色氨酸影响决定结构基因转录与否，而衰减子则根据色氨酸浓度决定转录的量，起精细调节的作用。前导肽中含有两个相连的色氨酸残基造成转录终止，这一现象与色氨酸浓度密切相关，这种转录与翻译的偶联作用提高了基因表达调节的有效性。

资源 15-7

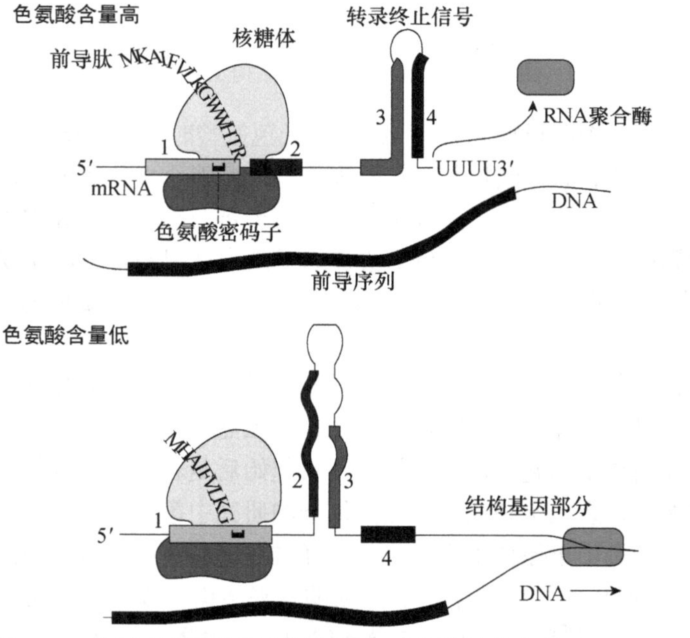

图 15-9 色氨酸操纵子衰减作用机制（刘国琴和杨海莲，2019）

细菌中其他氨基酸合成系统的操纵子如 Phe、His、Leu 和 Thr 等中也有类似的衰减调节机制。原核生物这种在氨基酸低浓度时通过阻遏作用和转录衰减机制共同关闭基因表达的方式，保证了营养物质和能量的合理利用。

3．真核生物的基因表达调节 真核生物由于存在细胞核，转录和翻译在空间和时间上是分隔的，在多级调节体系（multistage regulation system）进行不同水平调节（图 15-10）。

转录前水平的调节指通过改变 DNA 序列和染色质结构调节基因的表达，包括染色质的丢失、基因重排、基因修饰等。但转录前水平的调节并不是普遍存在的调节方式。例如，染色质的丢失只在某些低等真核生物中被发现。真核生物的基因表达调节主要集中在转录水平的调节，关于真核生物基因转录调节的研究，目前主要集中在顺式作用元件和反式作用因子及它们的相互作用上。

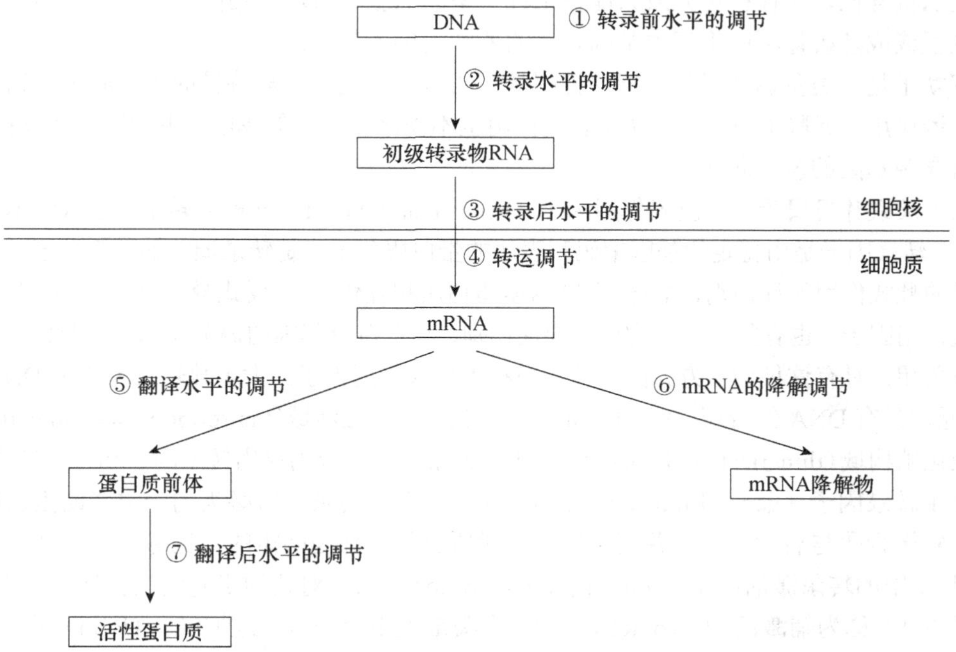

图 15-10　真核生物在不同水平进行基因表达调节（魏民等，2021）

（1）*顺式作用元件*　顺式作用元件是指可影响自身基因表达活性的 DNA 序列，大多数真核基因调节机制均涉及此序列。参与真核生物基因转录激活调节的顺式作用元件，根据在基因中的位置、转录激活作用的性质及作用的方式，可分为启动子（promoter）、增强子（enhancer）及沉默子（silencer）等。

真核生物的启动子包括转录起始位点及其上游的 100～200bp 序列，其中有若干个具有独立功能的 DNA 序列元件，每个元件长 7～30bp。启动子包括至少一个转录起始位点（transcription initiation site）及一个以上的功能组件。在这些功能组件中最具典型意义的就是 TATA 框。TATA 框通常位于转录起始位点上游－25～－30bp 区域，控制转录起始的准确性及频率。GC 框和 CAAT 框也是很多基因中常见的功能组件，它们通常位于转录起始位点上游－30～－110bp 区域。此外，还发现很多其他类型的功能组件。由 TATA 框及转录起始位点即可构成最简单的启动子，也称为核心启动子。典型的启动子常由 TATA 框及上游的 CAAT 框和（或）GC 框组成，这类启动子通常具有一个转录起始位点及较高的转录活性。

增强子是一种能够提高转录效率的顺式调节元件，通常位于被调节基因的同一条 DNA 链上，其长度约 200bp，可使旁侧的基因转录效率提高 100 倍。增强子的基本核心组件常为 8～12bp，可以单拷贝或多拷贝串联的形式存在；增强子也可由若干功能组件组成，这些功能组件是特异转录因子结合 DNA 的核心序列，增强子和启动子常交错覆盖或连续。酵母中有一种上游激活序列（upstream activating sequence，UAS），类似于高等真核生物的增强子，也可提高转录活性。增强子广泛存在于各类真核生物基因组中，是特异转录因子的结合位点，一旦与特异转录因子结合即可发挥其调节作用，其作用有几个明显的特点：①能在很远距离（大于几 kb）对启动子产生影响；②无论位于启动子上游或是下游都能发挥作用；③其功能与序列方向无关；④无生物种属特异性；⑤受发育和分化的影响。增强子需要有启动子才能发挥作用，但对启动子没有严格的专一性，同一增强子可以影响不同类型启动子的转录。增强子具有组织特异性，它往往优先或只能在某种类型的细胞中表现其功能。组织特异的增强子为发育过程或成熟机体不同组织中基因表达的差别提供了基础。

沉默子是一类负调节元件，能够抑制基因的转录。沉默子与特异的蛋白质因子结合时，发挥阻遏作用。沉默子与增强子类似，其作用也不受序列方向的影响，也能远距离发挥作用，并可对异源基因的表达起作用。

（2）反式作用因子　反式作用因子（*trans*-acting factor）又称为转录因子（transcription factor）。转录因子是由特定的基因编码和表达的蛋白质分子，是转录调节的关键分子。它通过与特异的顺式作用元件识别、结合（即 DNA-蛋白质相互作用），反式激活另一基因的转录，故称反式作用因子。也有些基因产物可特异性识别、结合自身基因的调节序列，调节自身基因的开启或关闭，具有这种调节方式的调节蛋白称为顺式作用因子。大多数转录因子是 DNA 结合蛋白，通常具有 DNA 结合域（DNA binding domain）、转录激活域（transcription activating domain）和二聚化结构域（dimerization domain）等结构。转录因子可分为通用转录因子和特异转录因子。

通用转录因子（general transcription factor）是基因转录时所必需的一类辅助蛋白质，帮助 RNA 聚合酶与启动子结合并起始转录，对所有基因都是必需的，也称为基本转录因子。而 TFⅡD 中的转录激活因子（transcription activator，TA）对诱导引起的增强转录是必要的，因此又将 TA 称为辅激活物（co-activator）。人类细胞中至少有 12 种 TA，TFⅡD 复合物中不同 TA 与 TBP 的结合可结合不同启动子，这可以解释这些因子在各种启动子中的选择性活化作用及对特定启动子存在不同的亲和力。中介子（mediator）也是在反式作用因子与 RNA 聚合酶之间的蛋白质复合体，它与某些反式作用因子相互作用，同时能够促进 TFⅡH 对 RNA 聚合酶羧基端结构域的磷酸化。对 3 种 RNA 聚合酶来说，除个别基本转录因子成分是通用的外，如 TFⅡD，大多数成分是不同 RNA 聚合酶所特有的，如 TFⅡA、TFⅡB、TFⅡE、TFⅡF 及 TFⅡH 为 RNA 聚合酶Ⅱ催化所有 mRNA 转录所必需。通用转录因子的存在没有组织特异性，因而对于基因表达的时空性并不重要。

特异转录因子（special transcription factor）为个别基因转录所必需，决定该基因的时间、空间特异性表达。此类特异因子又可分为转录激活因子（transcription activator）和转录抑制因子（transcription inhibitor）。前者通常是一些增强子结合蛋白（enhancer binding protein，EBP），后者大多是沉默子结合蛋白，但也有些抑制因子通过蛋白质-蛋白质相互作用，与转录激活因子或 TFⅡD 结合，降低它们在细胞内的有效浓度而抑制基因转录。不同组织或细胞中各种特异转录因子分布不同，所以基因表达状态、方式也不同，由此决定了细胞内基因的时间、空间特异性表达。特异转录因子自身的含量、活性和细胞内定位均受细胞所处环境的影响，是生物体适应环境变化而改变基因表达水平的关键。

顺式作用元件与转录因子对转录的调节最终是由 RNA 聚合酶的活性来体现的，转录起始复合物的生成是基因表达的关键点。RNA 聚合酶的活性与启动序列或启动子的核苷酸序列有关，更与所存在的转录因子有关。

转录后水平的调节包括转录产物的加工和转运的调节。

翻译水平的调节主要是控制 mRNA 的稳定性和 mRNA 翻译的起始频率。

翻译后水平的调节主要控制多肽链的加工和折叠，产生不同功能活性的蛋白质。

二、细胞水平调节

原核细胞无明显的细胞器，其细胞质膜上连接有各种代谢所需的酶，如参加呼吸链、氧化磷酸化、磷脂及脂肪酸生物合成的各种酶类。真核细胞中存在核、线粒体、核糖体和高尔基体等细胞器，有些细胞器如线粒体可分为外膜、内膜、嵴、基质等部分。由于ADP/ATP、NAD^+/NADH、$NADP^+$/NADPH的存在，磷酸离子浓度、Mg^{2+}浓度、代谢物浓度、酶浓度、氧分压和CO_2分压在各分室中有很大差别。生物膜把细胞分为许多区域，其结果是把不同代谢途径的酶系都固定在不同的区域中，酶的区室化为代谢调节提供了方便的条件。酶的区室化一方面可以使某些调节物只对某一区域中的代谢途径产生影响，另一方面还可以通过膜的转运功能，把调节物从一个区域转运至另一个区域发挥其调节作用。例如，糖、脂的氧化分解发生在线粒体内，而脂肪酸的合成和磷酸戊糖途径则在细胞质基质中进行。酶的区室化作用保证了代谢途径的定向和有序，也使合成途径和分解途径彼此独立、分开进行（表15-1）。

表15-1　酶的区室化

广义酸基团（质子供体）	酶
细胞质基质	糖酵解酶、糖异生酶和脂肪酸合酶系统等
线粒体	三羧酸循环酶系、L-谷氨酸脱氢酶和脂肪酸β-氧化酶系等
质膜	Na^+-K^+-ATP酶等
溶酶体	蛋白酶、脂肪酶、磷酸酶、磷脂酶和糖苷酶等
过氧化物酶体	过氧化氢酶、过氧化物酶、氨基酸氧化酶和黄嘌呤氧化酶等
细胞核	DNA聚合酶、RNA聚合酶，与复制、转录及转录后加工有关的酶等

三、整体水平调节

多细胞整体水平的调节是随着生物进化而发展起来的调节机制，植物出现了激素水平的调节，而动物不但有激素水平的调节，而且出现了更加完善的神经水平的调节，但高级水平的神经和激素的调节仍然是以分子水平和细胞水平的原始调节为基础的。

（一）激素对代谢的调节

激素是由多细胞生物的特殊细胞所合成，并经体液输送到其他部位发挥特殊生理活性的微量化学物质。哺乳动物的激素依其化学本质大致分为4类：氨基酸及其衍生物、肽或蛋白质、固醇和脂肪酸衍生物。此外，昆虫体表还释放外激素，无脊椎动物内分泌腺也分泌激素。植物激素可分为5类：生长素、赤霉素类、细胞分裂素类、脱落酸和乙烯。激素对代谢的调节是通过与靶细胞受体特异结合，将激素信号转化为细胞内一系列化学反应，最终表现出激素的生物学效应。

蛋白质、肽类激素及大多数氨基酸衍生物类激素经血液循环送到靶细胞，首先与细胞膜上的特定受体相结合，然后激活细胞膜上的腺苷酸环化酶（adenylate cyclase，AC），促使细胞内的ATP转化为cAMP。在该过程中激素为“第一信使”，cAMP为“第二信使”。除cAMP外，第二信使还包括IP_3、DAG、Ca^{2+}、cGMP和NO等。

固醇类激素经血液循环进入靶细胞，与细胞内受体蛋白结合，形成的激素-受体蛋白复合物与细胞核DNA上特定核苷酸序列结合，通过调节RNA的转录影响蛋白质的表达及生物学功能。固醇类激素的作用也是分两步完成的，激素仍然是“第一信使”，而细胞内的激素-受体蛋白复合物为“第二信使”。

昆虫的蜕皮激素和保幼激素分泌出来后，先与载体蛋白结合，经体液运送至靶细胞，再与细胞膜上受体结合进入细胞核，能分别对染色质纤维上的不同部位起作用，促使转录出具有不同遗传信息的 mRNA，合成相应的蛋白质而发挥调节作用。

植物激素的作用机制可能与动物激素相似，它们也与受体结合从而特异性地影响核酸合成、蛋白质合成、酶活力及其他生理作用，如膜通透性的改变。生长素的作用机制可能是与质膜作用释放出一种因子从胞质进入细胞核。这一因子控制核中 RNA 聚合酶Ⅱ的活力而引起新 mRNA 的合成。所合成的新 mRNA 在胞质中翻译成新的蛋白质从而促进细胞的生长。脱落酸的作用可能是抑制 DNA 的复制和转录及蛋白质的生物合成，它也能调节膜的通透性。乙烯的作用可能包含着调节 DNA 转录或 RNA 翻译的某些方面。细胞分裂素的作用可能是通过抑制核酸酶，保护含有细胞分裂素的 tRNA，促进细胞分裂与膨大。赤霉素的作用可能是通过调节基因的转录，或者作用于细胞膜而实现的。

（二）神经系统对代谢的调节

高等动物有完善的神经系统，神经系统不仅控制各种生理活动，也控制物质代谢。很多内分泌腺的活动受中枢神经系统的控制，即神经系统对代谢的控制在很大程度上是通过激素而发挥其作用的。此外，神经对其所支配的器官组织的代谢也有直接影响，其机制可能是直接或间接地影响了分子和细胞水平的调节机制。例如，刺激兔延脑第四脑室底部的神经核，使冲动经由交感神经而作用于肝细胞，促进肝糖原转化为葡萄糖，使血糖含量升高出现糖尿。电刺激兔下丘脑交感中枢可引起磷酸化酶活力上升，肝糖原含量下降，血糖含量上升。刺激副交感中枢可引起糖原合成酶活力上升，血糖含量降低。又如，人在精神紧张或遭意外刺激时，肝糖原即迅速分解使血糖含量增高，这是大脑直接控制的代谢反应。与糖代谢一样，脂肪代谢也处于神经系统的影响下。例如，切除大脑半球的小狗，其肌肉中的脂肪含量减少，肝胆固醇显著增加。损伤动物下丘脑可以引起动物肥胖。在内分泌腺中，垂体、性腺、甲状腺、胰腺和肾上腺均参与脂肪代谢的调节，而它们的活动又受中枢神经系统的调节。

资源 15-8

第三节 物质代谢调节的细胞信号转导

一、信号分子和受体

（一）信号分子

信号分子是指一类能调节细胞生命活动的化学物质。其主要分为两大类：细胞间信号分子和细胞内信号分子。

1. 细胞间信号分子 细胞间信号分子是由细胞分泌，旨在调节靶细胞生命活动的化学物质的总称，又称作第一信使。根据化学性质分为以下 4 类。

（1）*内分泌激素* 大多数动物体内的激素属于内分泌激素，它由体内各种特殊的内分泌细胞分泌，释放进入血液，随血液运输到生物体各部分，与靶细胞表面专一受体识别并结合。

根据化学组成，内分泌激素可分为含氮激素与甾类激素两类。含氮激素包含氨基酸衍生物（如肾上腺素、甲状腺素）、小肽类（几种促激素的释放因子）、蛋白质类（如生长素、胰岛素等）、糖蛋白（促黄体激素等）。甾类激素又称类固醇激素，包括性甾体（如雌二醇、睾丸酮等）、糖皮质甾体和盐皮质甾体。

细胞间信号分子有如下特点：①特异性。细胞间信号分子与其受体进行特异结合使受体蛋白结构发生改变。②细胞间信号作用的复杂性，即同一化学信号对不同的特化细胞产生不同的效应。③不同化学信号的时间效应各异。例如，神经递质被快速灭活，胰岛素相对较慢，性激素调节效应更持久。④信号分子的水溶性和脂溶性不同。

（2）神经递质和神经肽　神经通信系统和激素通信系统同为高等动物最主要的两个细胞间通信系统。激素通信系统相对缓慢而弥散，但后效深远，影响面广；神经通信系统迅速、准确、集中，两者协调配合以保证高等动物完成相关生命活动。神经递质和神经肽由突触前神经元分泌，通过突触间隙（突触前神经元与突触后神经元间的间隙）到达下一个神经元。神经递质的作用时间较短，反应迅速，如乙酰胆碱；神经肽的作用较缓，作用持续，如去甲肾上腺素、多巴胺、类啡肽等。

（3）局部化学介质　某些化学信号物质分泌到细胞外后很快被细胞吸收或破坏，进入血液中的数量极少，因此只能作用于邻近的细胞，但与神经递质由专一突触结构释放不同，这类物质既不同于激素，也不同于神经递质，因此被称为局部化学介质或旁分泌信号。局部化学介质主要包括细胞因子及生长因子。细胞因子主要参与高等动物细胞的造血过程和免疫反应，对细胞增殖、分化等多种细胞活动具有调节作用，主要有干扰素、白细胞介素、肿瘤坏死因子等。生长因子是指一类调节细胞生长和分化的胞外信号分子，主要包括神经生长因子、表皮生长因子、血小板生长因子等。

（4）气体信号　气体信号分子主要包括 NO、CO、H_2S 等。NO 是由 NO 合酶（NO synthase，NOS）通过氧化 L-精氨酸的胍基产生的，气体分子 NO 无需跨膜转导机制即可迅速进入细胞内传播扩散，并直接作用于胞内靶酶，因此也常将其划为胞内信使。CO 是由血红素单加氧酶氧化血红素产生的。H_2S 是由甲硫氨酸代谢的转硫化途径中的两个关键酶，即胱硫醚-β-合酶（cystathionine-β-synthase，CBS）及胱硫醚-γ-裂解酶（cystathionine-γ-lyase，CSE），催化 L-半胱氨酸产生具有调节心血管功能的气体信号分子。

2．细胞内信号分子　胞外信号物质刺激细胞，在细胞内产生的传递调节信号的化学物质，又称为第二信使，如 Ca^{2+}、1,2-二酰甘油（diacylglycerol，DAG）、三磷酸肌醇（inositol triphosphate，IP_3）、环磷酸腺苷（cyclic adenosine monophosphate，cAMP）、环磷酸鸟苷（cyclic guanosine monophosphate，cGMP）、花生四烯酸及其代谢产物等。第三信使是负责细胞核内外信息传递的物质，也称作 DNA 结合蛋白。它们能够特异性地结合靶基因序列的核蛋白，通过这种方式调节基因的转录过程。例如，立早基因编码的蛋白质 c-Fos 及核转录因子激活蛋白-1（activator protein-1，AP-1）/c-Jun 蛋白都属于第三信使。

（二）受体

受体（receptor）是一类存在于细胞膜上或细胞膜内，能特异性识别各种外源性化学物质或内源性配体并与之结合，引起一系列生物化学变化的蛋白质分子，少数是糖脂。与受体特异性结合的生物活性物质统称为配体（ligand）。

1．受体的作用特点　受体与配体结合导致受体发生分子构象变化，从而引起各种细胞反应，如介导细胞间信号转导、细胞间黏合、胞吞等过程。受体与配体之间的结合具有以下特点。

（1）高度专一性　受体选择性地与特定的配体结合，这种选择性主要由分子的空间立体结构决定。受体与配体的结合通过反应基团的定位和分子构象的相互契合来实现。

（2）高度亲和力　受体与配体间的亲和力极强，即使体内化学信号的浓度极低，受体与信号分子的高亲和性也保证了很低浓度的信号分子即可起到充分的调节作用。

（3）可饱和性　受体在靶细胞上的数目是有限的，一些受体数量低至 500 个，如甲状腺中的促甲状腺激素受体，有的高至 10^{11} 个，如电鳗电器官中的乙酰胆碱受体。增加配体浓度可使受体与配体的结合达到饱和，此时再增加配体的浓度，其生物学效应不再增加。

（4）可逆性　配体与受体的结合是一个可逆的过程，它们通过氢键、离子键、范德瓦耳斯力和疏水键等非共价键相互作用。当生物学效应发生后，配体会迅速与受体解离。解离后，受体可以恢复到原来的状态，并能够再次被配体识别和结合，而配体通常会被迅速灭活。

（5）特定的作用模式　受体在细胞内的分布、数量及其种类在不同的组织和细胞中表现出特异性，这种分布和功能模式的特异性提示了某类受体与配体结合后能够引发特定的生理效应。

2．受体的分类与结构　由于受体的复杂多变，可依据不同的标准将受体进行分类。根据受体在细胞内的分布位置，可将受体分为细胞膜受体和细胞内受体两类。细胞膜受体绝大多数为镶嵌在膜上的糖蛋白，而细胞内受体则主要是 DNA 结合蛋白，包括位于细胞质中的胞质受体和位于细胞核内的核受体。而根据受体的生化特征，可分为以下几类。

（1）配体门控离子通道受体　离子通道受体是细胞膜上的一类特殊的亲水性蛋白质，能转运特定的离子，如 Na^+和 K^+。这类受体的开放或关闭受神经递质等化学配体的直接控制，使细胞膜上的电位发生改变，在神经冲动的快速传递中起重要作用。乙酰胆碱受体是一种典型的配体门控离子通道受体，具有 3 种不同的构象状态。当两个乙酰胆碱分子与受体结合时，受体转变为通道开放构象，允许 Na^+和 K^+内流，导致细胞膜去极化，从而触发电信号。然而，受体保持通道开放的时间非常短暂，仅持续几十毫微秒，随后通道关闭。随后，乙酰胆碱与受体解离，受体恢复到初始状态，准备再次与配体结合（图 15-11）。

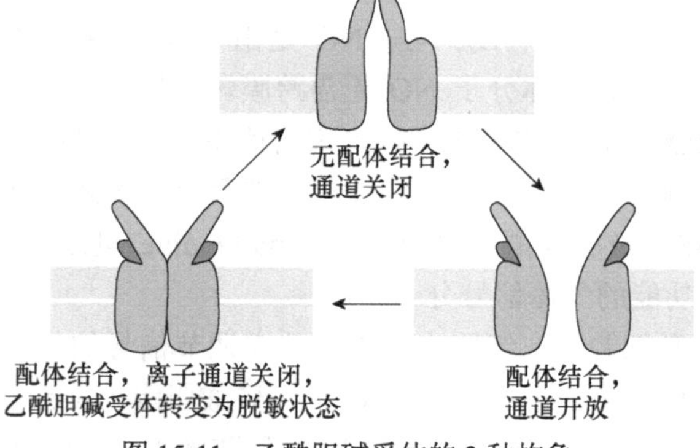

图 15-11　乙酰胆碱受体的 3 种构象
（Alberts et al.，2015）

（2）单次跨膜受体　单次跨膜受体为单一跨膜区域糖蛋白，多为生长因子或细胞因子受体，分为蛋白激酶活性受体、蛋白磷酸酶活性受体和小 G 蛋白等。这类受体分子大部分是自身具有酶活性的跨膜蛋白，配体与跨膜受体蛋白的细胞外部分结合，由此激活该受体细胞内部分的酶活性，继而激活下游信号通路。

酪氨酸蛋白激酶受体（tyrosine protein kinase receptor，TPKR）是一种催化型受体，与配体结合后具有酪氨酸蛋白激酶活性，如胰岛素样生长因子受体（insulin-like growth factor receptor，IGFR）、表皮生长因子受体（epidermal growth factor receptor，EGFR）等。这些受体的胞外区是配体结合部位，通常含有 500～850 个氨基酸残基；跨膜区由 22～26 个氨基酸残基构成 α 螺旋，具有高度疏水性；胞内区为酪氨酸蛋白激酶功能区，位于 C 端，包括 ATP 结合和底物结合两个功能区。在无活性状态下，酪氨酸蛋白激酶受体以单体形式存在。当配体在胞外与受体结合后，受体会发生二聚化，在二聚体内彼此相互磷酸化胞内段的酪氨酸残基，从而激活受体本身的酪氨酸蛋白激酶活性。这一过程称为自我磷酸化（autophosphorylation）（图 15-12）。

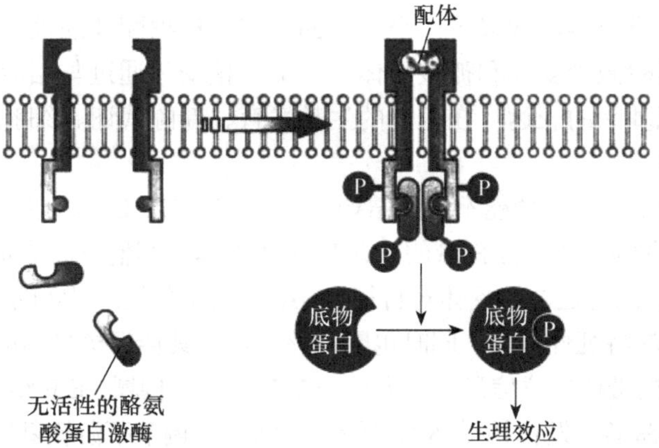

图 15-12　酪氨酸蛋白激酶受体与配体结合（王庭槐，2015）

（3）G 蛋白偶联受体　G 蛋白偶联受体（G protein coupled receptor，GPCR）是由单一肽链形成的糖蛋白，具有 7 个 α 螺旋的跨膜区，每一个跨膜区由 20～28 个氨基酸残基组成，肽链的氨基端位于细胞外侧，通常发生糖基化，羧基端位于细胞内侧。G 蛋白种类繁多，不同的 G 蛋白可特异性偶联相应的受体与效应酶，并将配体信息传递到细胞内，具有复杂性和多样性。常见的 G 蛋白有激动型 G 蛋白（stimulatory G protein，Gs）、抑制型 G 蛋白（inhibitory G protein，Gi）、磷脂酶 C 型 G 蛋白（PLC G protein，Gq）等（图 15-13）。

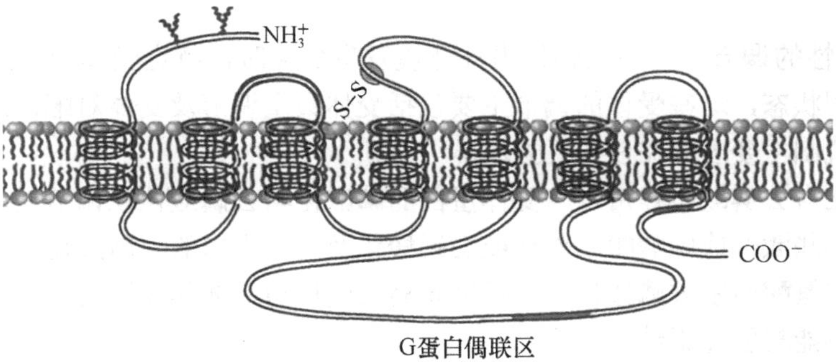

图 15-13　G 蛋白偶联受体（陈誉华和陈志南，2018）

G 蛋白是一类能与 GTP 或 GDP 结合的外周蛋白，主要位于细胞膜的胞质面。G 蛋白由 3 个亚基组成：α 亚基（约 45kDa）、β 亚基（约 35kDa）和 γ 亚基（约 7kDa）。α 亚基具有多个功能位点，包括与 GPCR 结合并受其调节活化的部位、与 β 亚基和 γ 亚基结合的部位、GDP 或 GTP 结合部位，以及与下游效应分子相互作用的位点等。β 亚基与 γ 亚基紧密结合形成二聚体，其主要作用是与 α 亚基形成复合体并定位于质膜内侧。当 G 蛋白以 α、β、γ 三聚体的形式存在并与 GDP 结合时， G 蛋白为非活化状态；而当 G 蛋白偶联受体与配体结合时，G 蛋白构象发生变化，其 α 亚基上的 GDP 被 GTP 取代，同时 β、γ 二聚体脱落，此时 G 蛋白处于活化状态，调节下游酶产生第二信使传递配体信号。

还有一类特殊的G蛋白，它们是分子质量仅有21～28kDa的小肽，同样具有GTP酶活性。这类G蛋白在多种细胞反应中发挥开关作用，需要其他的蛋白质或激酶的协助，为小G蛋白。首次发现的小G蛋白为Ras，是*ras*基因的产物。

（4）核受体　核受体（nuclear receptor，NR）是一类在生物体内广泛分布的、依赖于配体的转录因子，成员众多，构成了一个庞大的家族。根据配体的性质，核受体可分为类固醇激素受体、非类固醇激素受体和孤核受体三大类。核受体通过与相应的配体及其辅调节因子相互作用，调节靶基因的表达，在机体的生长发育、新陈代谢、细胞分化及其他众多生理过程中发挥关键作用。

核受体家族的分子由4个功能不同的结构域A/B、C、D、E/F组成。A/B结构域的N端具有配体非依赖的顺式激活功能，A/B域的C端影响核受体与其他家族成员的结合，从而调节核受体与DNA的结合，同时还与核受体对目标DNA的选择有关；保守的C结构域决定了DNA结合活性，是核受体的特征性区域，同时也影响核受体对其伴侣核受体的选择；D结构域是一个可弯曲的铰链区，携带核定位信息，连接C与E/F两个结构域；E/F结构域能够与配体结合，使核受体二聚化并被激活，发挥核受体的转录因子活性，调节下游靶基因转录（图15-14）。

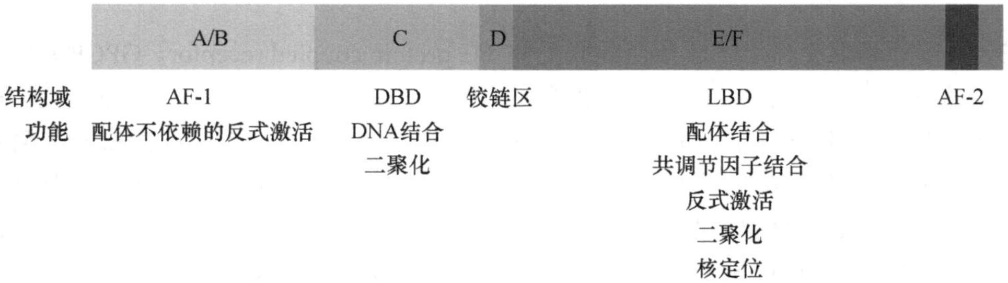

图15-14　核受体的结构域（Yang et al.，2014）

3．受体活性的调节　当生物体内外环境发生变化时，特定受体会受到调节以应对不同的生理或病理状态，这些受体的调节主要包括受体数量调节及受体对配体亲和力调节。受体活性的调节机制主要表现在以下几方面。

（1）磷酸化与去磷酸化作用　受体蛋白的磷酸化与去磷酸化在调节受体功能中起重要作用，包括被某些激酶或磷酸酶磷酸化或去磷酸化及受体蛋白的自磷酸化两种方式。例如，胰岛素受体的酪氨酸残基被磷酸化，能促进胰岛素受体与配体胰岛素的结合，而去磷酸化则使胰岛素受体不能与胰岛素结合。

（2）膜磷脂代谢的影响　膜磷脂在维持膜流动性和受体活性中起重要作用。例如，质膜中的脑磷脂被甲基化转变成卵磷脂后，可明显增强β-肾上腺素受体激活腺苷酸环化酶的能力。

（3）细胞表面受体内化作用　膜受体通过内化作用转位至溶酶体，随后在溶酶体内被溶酶体蛋白酶降解，是控制受体数量使信号衰减的一个重要机制。膜受体内化作用主要包括微囊/脂筏介导的内吞和网格蛋白介导的内吞。

（4）G蛋白的调节　G蛋白在多种活化受体与腺苷酸环化酶之间发挥偶联作用。当某个受体系统被激活导致细胞内cAMP水平升高时，这种升高会降低同一细胞内其他受体对相应配体的亲和力。

（三）第二信使

第二信使是在第一信使与靶细胞作用后，于细胞内产生的信号传递分子。这些分子会接收、放大、区分、整合信号，并将其传递给效应器，从而实现特定的生理或药理功能。第二信使主要包括五大类：①无机离子，如钙离子（Ca^{2+}）；②脂类衍生物，如二酰甘油（DAG）；③糖类衍生物，如 1,4,5-三磷酸肌醇（IP_3）；④核苷酸类，如环腺苷酸（cAMP）和环鸟苷酸（cGMP）；⑤一些特定的蛋白质分子，这些多为癌基因产物，如 Ras 蛋白和一些底物酶。这些底物酶，如酪氨酸或丝/苏氨酸蛋白激酶，同时也是其他酶的底物，如 Janus 激酶（Janus kinase，JAK）和 Raf 激酶蛋白等。

第二信使的作用方式分为直接作用和间接作用。直接作用如 Ca^{2+}能直接与骨骼肌的肌钙蛋白结合引起肌肉收缩。间接作用是第二信使的主要作用方式，第二信使通过活化蛋白激酶，诱导一系列蛋白质磷酸化，继而引起细胞效应。由第二信使介导的细胞内信号传递途径主要有两种，一是以 cAMP 为第二信使的信号传递，二是以 IP_3、DAG 和 Ca^{2+}为第二信使的联合式通路。

1. 以 cAMP 为第二信使的信号传递　外部信号（激素等）与细胞膜上特定受体结合，在 GTP 参与下，通过激活 G 蛋白，影响腺苷酸环化酶活化，这一部分信号转导过程在细胞膜上进行。之后腺苷酸环化酶使 ATP 转变为 cAMP，cAMP 刺激蛋白激酶 A，蛋白激酶 A 将特异的下游底物蛋白质磷酸化，最后激发细胞效应，这一部分信号转导过程在胞质内进行（图 15-15）。

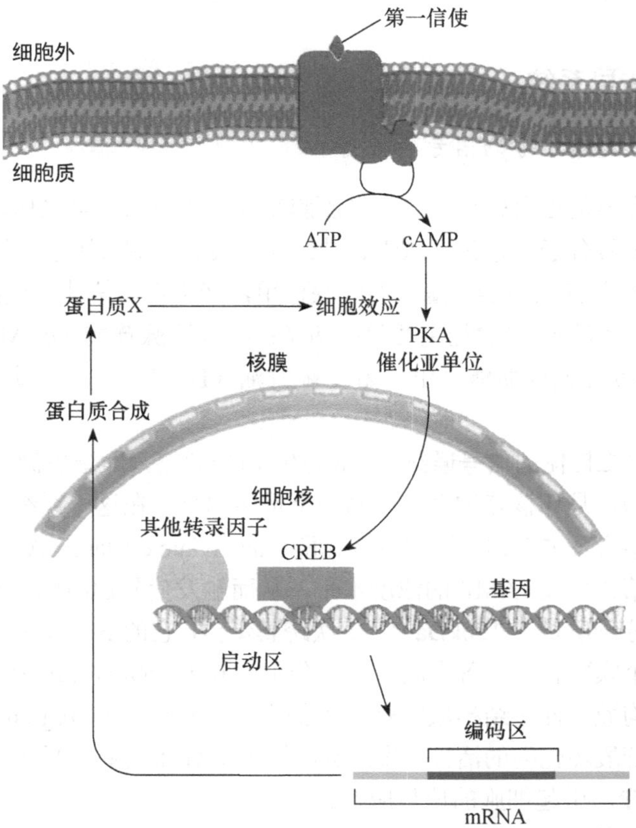

图 15-15　cAMP-PKA 通路调节细胞基因表达（陈誉华和陈志南，2018）

CREB. cAMP 响应元件结合蛋白（cAMP response element-binding protein）

2．以 IP_3、DAG 和 Ca^{2+}为第二信使的联合式通路 外部信号与细胞膜受体结合，通过 G 蛋白活化 PIP_2 磷酸二酯酶（phosphodiesterase，PDE），该酶将 PIP_2 裂解为第二信使 IP_3 和 DAG。IP_3 是水溶性糖类衍生物，进入胞质后引起胞质内质网中储存的 Ca^{2+}释放，使胞质 Ca^{2+}浓度升高，Ca^{2+}与钙调素结合，激活蛋白激酶；DAG 在膜内积累，将蛋白激酶 C 活化。IP_3 和 DAG 组成这一通路的两个分支，最后都引起有关蛋白质的磷酸化，产生不同的细胞效应（图 15-16）。

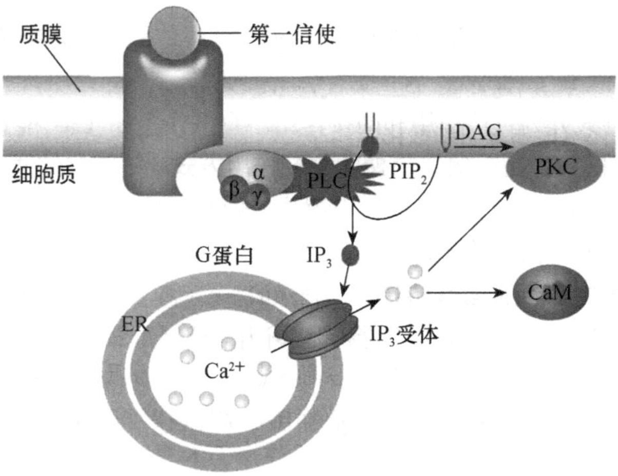

图 15-16 第二信使 IP_3、DAG 和 Ca^{2+}介导的细胞效应（陈誉华和陈志南，2018）

二、细胞信号转导系统

（一）G 蛋白偶联受体介导的信号转导

G 蛋白偶联受体介导的信号转导途径由细胞膜受体、G 蛋白、第二信使和效应物 4 部分组成。在所有已知的信号分子中，包括激素、神经递质及其他调节因子，约 80%通过与其受体结合后，经由 G 蛋白与其效应器（酶）的偶联作用，产生第二信使，进而引发细胞效应。G 蛋白偶联受体介导的信号转导途径主要包括两条：①以环腺苷酸（cAMP）作为第二信使的信号通路；②以 1,4,5-三磷酸肌醇（IP_3）和二酰甘油（DAG）作为双重第二信使的磷脂酰肌醇信号通路。

1．以 cAMP 为第二信使的信号通路 cAMP 信号通路，即蛋白激酶 A 系统（protein kinase A system，PKA），是环核苷酸系统中的一个重要部分。在这一系统中，细胞外的信号分子会与相应的受体结合，进而调节腺苷酸环化酶（adenylate cyclase，AC）的活性。这种调节能够改变靶细胞内第二信使 cAMP 的浓度水平，从而触发信号通路的后续下游事件。

腺苷酸环化酶是分子质量为 150kDa 的 12 次跨膜蛋白，它的氨基端和羧基端都朝向细胞质。在细胞膜上有两个膜整合区，每个膜整合区分别有 6 个跨膜的 α 螺旋。在细胞膜内部细胞质面有两个催化结构域，催化结构域中有 2 个保守区（conserved region）C1a 与 C2a，这两个区域主要负责腺苷酸环化酶的活性。腺苷酸环化酶使 G 蛋白偶联受体信号系统中的效应物将 ATP 转变成 cAMP，引起细胞的信号应答。

以 cAMP 为第二信使的信号通路主要是通过 cAMP 激活的蛋白激酶 A 所介导的。无活性的 PKA 是由两个调节亚基（regulatory subunit，R）和两个催化亚基（catalytic subunit，C）

组成的四聚体，在每个 R 亚基上有两个 cAMP 的结合位点，cAMP 与 R 亚基结合是以协同方式（cooperative fashion）发生的，即第一个 cAMP 的结合会降低第二个 cAMP 结合的解离常数（dissociation constant，K_d），因此胞内 cAMP 水平的微小变化可导致 PKA 释放 C 亚基使激酶快速活化，通过激素引发的某些抑制物的解离导致酶的迅速活化是各种信号通路的普遍特征。绝大多数哺乳动物类细胞都表达 G 蛋白偶联受体。虽然许多激素激活这些受体导致 PKA 的活化，但不同细胞的应答反应可能只依赖于不同细胞表达的特殊 PKA 异构体（isoform）和 PKA 底物，从而产生不同效应（图 15-17）。

资源 15-9

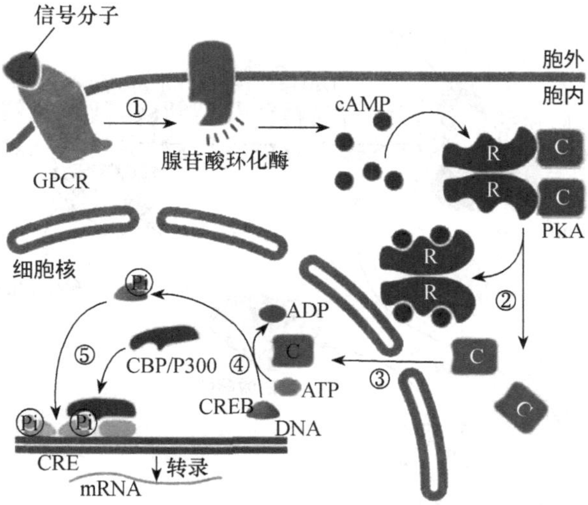

彩图

图 15-17　以 cAMP 为第二信使的信号通路

①G 蛋白偶联受体激活腺苷酸环化酶；②PKA 活化，R 亚基与 C 亚基解离；③C 亚基入核；④C 亚基催化 CREB 磷酸化；⑤CREB 与 CRE 结合，激活 CRE 元件。CRE. cAMP 响应元件（cAMP response element）

2. 磷脂酰肌醇信号通路　在磷脂酰肌醇信号通路中，细胞外信号分子与细胞表面的 G 蛋白偶联受体结合后，激活质膜上的磷脂酶 C（phospholipase C，PLC）的 β 异构体，这导致质膜上的 4,5-二磷酸磷脂酰肌醇［phosphatidylinositol（4,5）bisphosphate，PI（4,5）P_2］被水解，生成两个第二信使 IP_3 和 DAG，从而将胞外信号转换为胞内信号。这一信号系统也被称为“双信使系统”（double messenger system）。

IP_3 的作用是促进内质网中储存的 Ca^{2+} 释放到细胞质中，导致细胞质内游离 Ca^{2+} 浓度升高。而 DAG 则激活蛋白激酶 C（protein kinase C，PKC），活化的 PKC 会进一步使底物蛋白磷酸化。此外，PKC 的激活还可以触发 Na^+/H^+ 交换泵，导致细胞内 pH 上升。以磷脂酰肌醇代谢为基础的信号通路的最大特点是，当胞外信号被膜受体接收后，会同时生成两个胞内信使，分别启动 IP_3/Ca^{2+} 和 DAG/PKC 两条不同的信号通路，从而实现细胞对胞外信号的应答。

IP_3 的主要功能是在真核细胞中诱导内质网中的 Ca^{2+} 释放到细胞质中，提高细胞质内游离 Ca^{2+} 的浓度。通常情况下，细胞通过各种机制调节细胞质基质中 Ca^{2+} 浓度。例如，通过质膜上的 Ca^{2+} 泵和 Na^+-Ca^{2+} 交换器（主要存在于可兴奋细胞）将 Ca^{2+} 泵出细胞。此外，细胞器钙库也在调节细胞质内 Ca^{2+} 浓度的过程中起到作用。例如，作为细胞内钙库的内质网，其膜上的钙泵会将 Ca^{2+} 泵进内质网中以降低细胞质中 Ca^{2+} 浓度。因此，绝大多数 Ca^{2+} 被储存在线粒体、内质网和其他膜泡中或泵出细胞外，而细胞质基质中基态 Ca^{2+} 浓度常维持在

约 10^{-7}mol/L。这样，细胞质基质中 Ca^{2+}浓度的少量升高就会诱发各种细胞反应。

磷脂酰肌醇信号通路的另一个第二信使 DAG 结合在质膜上，可活化与质膜结合的 PKC。PKC 有两个功能区，一个是亲水的催化活性中心，另一个是疏水的膜结合区。在未受到刺激的细胞中，PKC 以非活性形式分布在细胞质内。然而，当细胞接收到外部信号刺激时，PIP_2 会发生水解，导致质膜上的 DAG 迅速积累。同时，由于细胞质基质中的 Ca^{2+}浓度升高，PKC 会从细胞质基质转移到质膜内表面后被 DAG 激活。活化的 PKC 随后可使细胞内不同底物蛋白的丝氨酸和苏氨酸残基磷酸化，这一过程在不同类型的细胞中会有所差异（图 15-18）。

资源 15-10

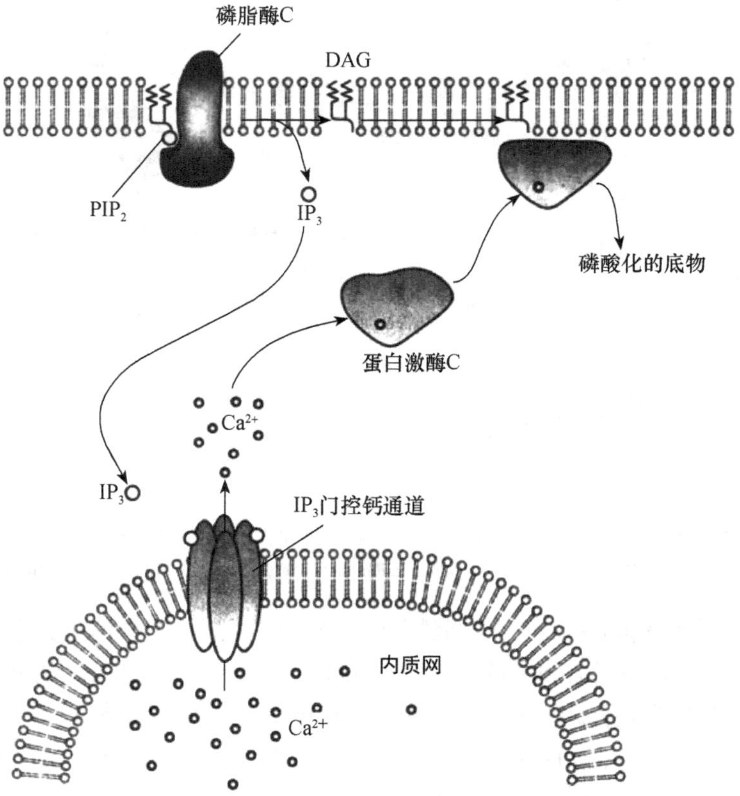

图 15-18 双信使信号通路（王庭槐，2015）

（二）酶联受体介导的信号转导

酶联受体是跨膜蛋白，主要分为两类：①受体胞内结构域，具有潜在酶活性；②受体本身不具备酶活性，但其胞内段与酶相联系。酶联受体信号转导通常与细胞的生长、增殖、分化、生存有关。

酶联受体介导的信号转导过程主要包括以下几个关键步骤：首先，受体在与配体结合后会形成二聚体或寡聚体结构；其次，受体激活第一个蛋白激酶。对于具有蛋白激酶活性的受体而言，这一步骤涉及激活受体自身胞内结构域中的蛋白激酶活性；对于不具备蛋白激酶活性的受体，则通过蛋白质-蛋白质相互作用激活与其紧密偶联的蛋白激酶；接着，受体通过蛋白质-蛋白质相互作用或蛋白激酶的磷酸化修饰激活下游信号转导分子，通常是进一步激活下游的蛋白激酶；最后，蛋白激酶通过磷酸化修饰激活代谢途径中的关键酶、反式作用因子等，从而调节代谢过程、基因表达、细胞运动、细胞增殖等下游生物学事件。

1. 受体酪氨酸激酶介导的信号通路　受体酪氨酸激酶（receptor tyrosine kinase，RTK）或称酪氨酸蛋白激酶受体包括 7 个亚族，绝大多数是单体跨膜蛋白，由 500～850 个氨基酸残基构成。其 N 端位于细胞外，是配体结合域，C 端位于细胞内，具有酪氨酸激酶结构域并具有自磷酸化位点（图 15-19）。RTK 的主要功能是调节细胞的生长和分化。

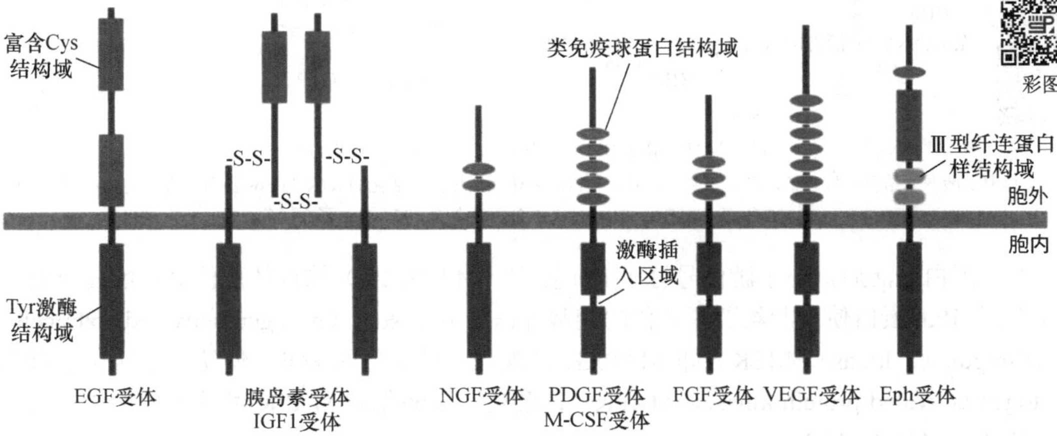

彩图

图 15-19　RTK 的 7 个亚族（丁明孝等，2020）

EGF 受体．表皮生长因子受体；IGF1 受体．胰岛素样生长因子 1 受体；NGF 受体．神经生长因子受体；PDGF 受体．血小板衍生生长因子受体；M-CSF 受体：巨噬细胞集落刺激因子受体；FGF 受体：成纤维细胞生长因子受体；VEGF 受体：血管内皮生长因子受体；Eph 受体．Eph 受体家族

静息状态时 RTK 的活性低，接收配体后 RTK 发生二聚化，其酪氨酸蛋白激酶活性被激活并在二聚体内彼此交叉磷酸化，激活的 RTK 的磷酸化酪氨酸残基可被含 SH2 结构域的胞内信号蛋白所识别，启动下游信号转导过程（图 15-20）。

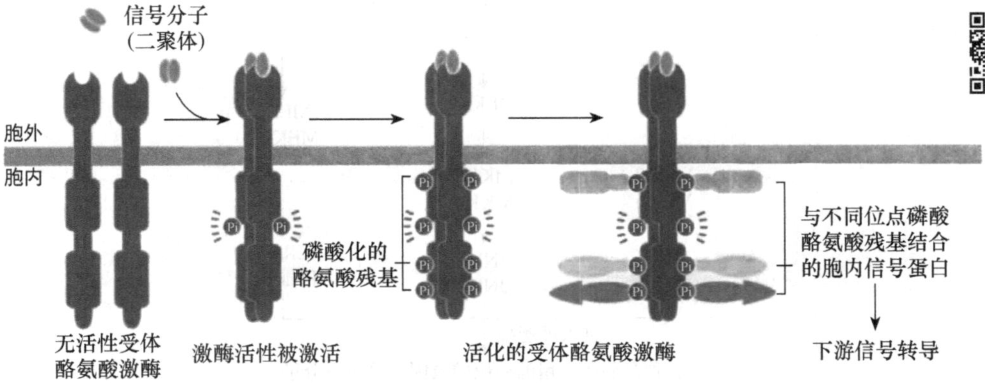

彩图

图 15-20　RTK 激活示意图（丁明孝等，2020）

生长因子受体结合蛋白 2（growth factor receptor bound protein 2，GRB2）具有 SH2 结构域，直接与活化的 RTK 结合，GRB2 还有两个 SH3 结构域，能结合并激活 Ras-GEF（Sos 蛋白），Sos 蛋白具有鸟苷酸交换因子活性，它与 Ras 蛋白结合导致其构象改变，使非活性的 Ras-GDP 转换成有活性的 Ras-GTP。Ras 蛋白是原癌基因 *ras* 的表达产物，是由 190 个氨基酸残基组成的单体 GTP 结合蛋白，具有 GTP 酶活性，并且其活性受 GEF（鸟苷酸交换因子）

和 GAP（GTP 酶活化蛋白）调节。在 RTK-Ras 蛋白信号通路中，Ras 蛋白是活化受体 RTK 下游的重要功能蛋白质（图 15-21）。

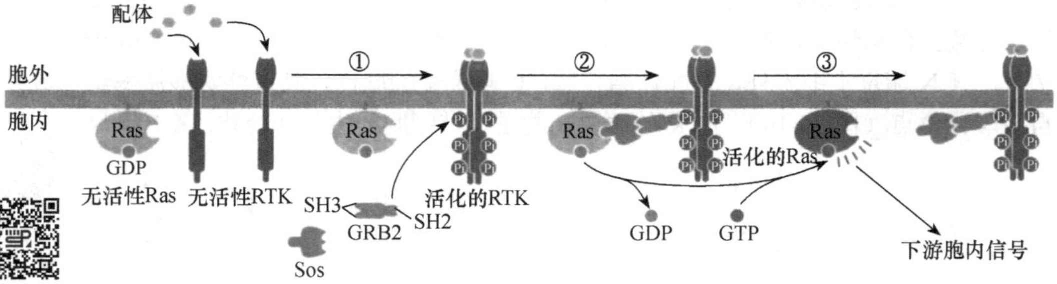

彩图

图 15-21　Ras 蛋白的激活（丁明孝等，2020）

①受体酪氨酸激酶结合信号分子，形成二聚体，并发生自磷酸化而活化；②活化的 RTK 与 Sos 蛋白结合，促进 GDP 释放；③GTP 替代 GDP，Ras 与 RTK 蛋白复合物分离，Ras 蛋白活化

Ras 蛋白激活后，与下游信号分子 Raf 蛋白（MAPKKK）结合从而使 Raf 蛋白磷酸化，磷酸化的 Raf 蛋白使下游丝裂原活化的细胞外信号调节激酶（mitogen-activated extracellular signal-regulated kinase，MEK）即 MAPKK 磷酸化，磷酸化的 MEK 使丝裂原活化蛋白激酶（mitogen-activated protein kinase，MAPK）磷酸化，磷酸化的 MAPK 可进入细胞核，从而调节基因表达（图 15-22）。

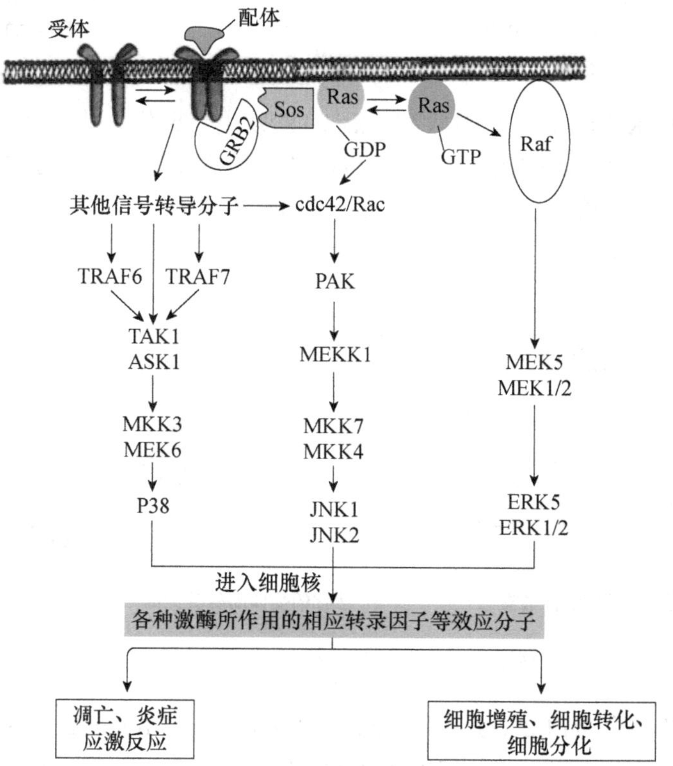

图 15-22　Ras-MAPK 信号通路（周春燕和药立波，2018）

2．PI3K-PKB（Akt）信号通路　磷脂酰肌醇-3-激酶（phosphoinositide-3 kinase，PI3K）既具有丝氨酸/苏氨酸蛋白激酶活性又具有磷脂酰肌醇激酶活性，由一个大小为 110kDa 的催化

亚基和一个大小为 85kDa 的调节亚基组成。调节亚基具有 SH2 结构域，可结合活化的 RTK 和多种细胞因子受体胞内段磷酸酪氨酸残基，继而募集 PI3K 的催化亚基并形成完整的 PI3K 激酶，催化靠近质膜的磷脂酰肌醇并产生 PI（3）P、PI（3,4）P_2 和 PI（3,4,5）P_3。蛋白激酶 B（protein kinase B，PKB），即 Akt，是一种分子质量为 60kDa 的丝氨酸/苏氨酸蛋白激酶，是逆转录病毒癌基因 *v-akt* 的编码产物，其 N 端有 PH 结构域，可结合 PI（3,4）P_2、PI（3,4,5）P_3 的磷酸基团。

RTK 受体与配体结合，发生受体二聚化，使其激酶结构域激活产生自我磷酸化。PI3K 结合磷酸化的 RTK 获得激酶活性。PI3K 磷酸化 PI（3,4）P_2 生成 PI（3,4,5）P_3。PI（3,4,5）P_3 分别吸引 Akt 和 3-磷酸肌醇依赖性蛋白激酶-1（3-phosphoinositide-dependent protein kinase-1，PDK1）到细胞膜上。PDK1 磷酸化 Akt，mTORC2 磷酸化 Akt 的第二个位点。Akt 获得激酶活性，Akt 磷酸化一系列下游蛋白，发挥促进糖原合成、调节细胞凋亡（Bad 蛋白）、促进蛋白质合成、促进肿瘤进展等作用。

PI3K-PKB 信号通路对细胞生存具有促进作用，活化 PKB 仅需 5～10min，效应可持续数小时，可通过抑制细胞凋亡来促进细胞存活。此外，PI3K-PKB 信号通路还可通过解除对糖原合酶的抑制途径来促进胰岛素刺激的葡萄糖摄取和存储。在细胞内蛋白质分选或内化过程中，PI3K 是重要的调节因子（图 15-23）。

资源 15-11

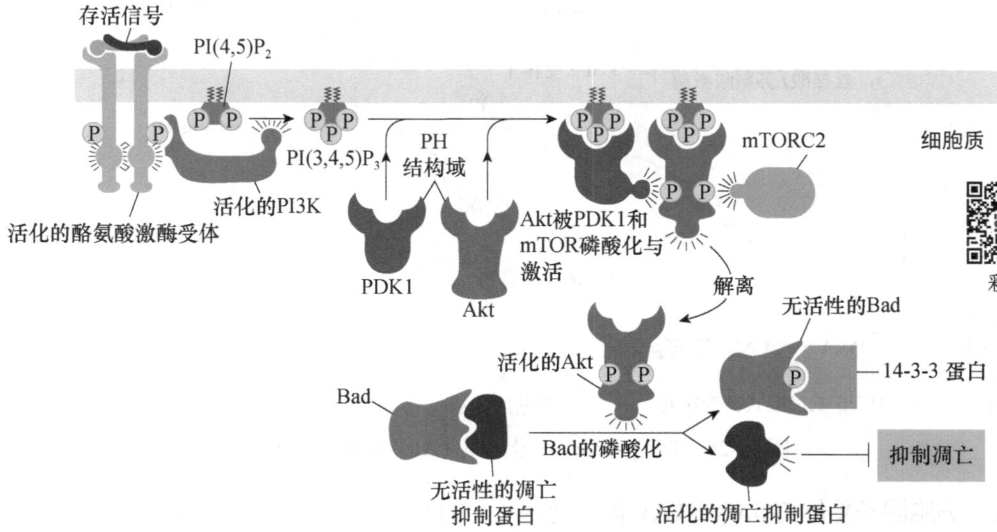

彩图

图 15-23 PI3K-PKB（Akt）信号通路（Alberts et al.，2015）

3. TGFβ-Smad 信号通路 转化生长因子 β（transforming growth factor-β，TGFβ）是由多种细胞合成与分泌的一种细胞因子，以非活性的形式被储存在胞外基质中。当受到蛋白酶的水解作用时，TGFβ 会形成同源或异源二聚体，这些二聚体在调节细胞增殖与分化中起关键作用；此外，TGFβ 在创伤愈合、胞外基质的形成、胚胎发育、组织分化、骨的重建、免疫调节及神经系统的发育等多个生物过程中扮演着重要角色。许多细胞表面都有 TGFβ 受体。TGFβ 受体主要有 3 种形式：TGFβ 受体Ⅰ、TGFβ 受体Ⅱ和 TGFβ 受体Ⅲ。TGFβ 受体Ⅰ和 TGFβ 受体Ⅱ均是二聚体跨膜蛋白，在胞质一侧具有丝氨酸/苏氨酸蛋白激酶活性，直接参与信号传递。TGFβ 受体Ⅲ是脂膜上的蛋白聚糖，负责结合并聚集成熟的 TGFβ。Smad 是一种转录因子，目前已知有 3 种，其中一种为 R-Smad（Smad2、Smad3），为 TGFβ 受体Ⅰ激酶直接底物，有 MH1、MH2 两个结构域。MH1 有特异性 DNA 结合区、核定位序列（nuclear localization sequence，NLS）；MH2 与活化受体结合、R-Smad 的磷酸化及寡聚化有关并具有潜在转录激活功能。另外两种分别是辅助性 co-Smad（Smad4）和抑制性 I-Smad（imp-β）。

TGFβ 结合 TGFβ 受体Ⅱ，导致受体构象发生改变，使其可以招募 TGFβ 受体Ⅰ，形成异源二聚体。TGFβ 受体Ⅱ的胞内段具有激酶活性。受体Ⅰ和受体Ⅱ空间上的靠近，导致受体Ⅰ的胞内段被磷酸化。磷酸化的受体Ⅰ获得激酶活性，进一步磷酸化下游的 Smad2 和 Smad3。磷酸化的 Smad2 或 Smad3 发生自我二聚化或异源二聚化。二聚化的 Smad2 和 Smad3 结合 Smad4，形成功能性的 Smad 三聚体。Smad 三聚体暴露核定位因子，在核运输受体的帮助下进入细胞核，结合特定的 DNA 序列。Smad 三聚体同时结合其他转录因子，在 DNA 上形成较大的转录复合体，转录复合体启动一系列转录，进一步发挥抑制增殖、诱导凋亡、促进分化、促进组织修复、免疫调节、上皮间质转化等功能（图 15-24）。

资源 15-12

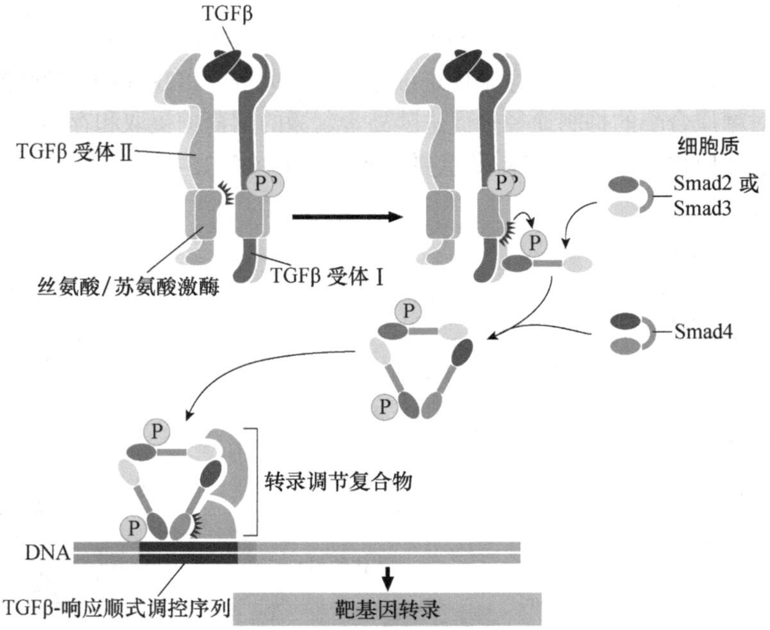

彩图

图 15-24　TGFβ-Smad 信号通路（Alberts et al.，2015）

4. 细胞因子受体与 JAK-STAT 信号通路　细胞因子是影响和调节多种类型细胞增殖、分化与成熟的活性因子，包括白介素、干扰素、促红细胞生成素（erythropoietin，EPO）及某些激素如生长激素等。细胞因子受体是细胞表面一类与酪氨酸蛋白激酶偶联的受体，由两条或多条肽链组成，受体不具有酶活性，但胞内段有与胞质酪氨酸蛋白激酶的结合位点。JAK 家族是一类与细胞因子受体相关的胞质酪氨酸蛋白激酶，包括 JAK1、JAK2、JAK3 和 TYK2。JAK 蛋白的 N 端负责与受体结合，而 C 端则包含激酶结构域，与不同的细胞因子受体相互作用。信号转导及转录激活因子（signal transduction and activator of transcription，STAT）具有双重功能，既参与信号转导，又调节基因转录。STAT 家族包括 STAT1～STAT7，N 端含有 SH2 结构域和核定位序列（NLS），中间部分为 DNA 结合域，C 端则有一个保守的酪氨酸残基，该残基对其活化至关重要。STAT 蛋白在细胞信号转导和转录激活过程中发挥关键作用。

细胞因子与细胞表面的相应受体结合后，导致受体的构象发生变化，受体发生二聚化。

受体的二聚化导致其内部连接的 JAK 蛋白相互接近。JAK 蛋白具有激酶活性，接近后会互相磷酸化。磷酸化的 JAK 蛋白被下游的 STAT 蛋白识别和结合，并磷酸化 STAT 蛋白。磷酸化的 STAT 蛋白构象改变，发生二聚化。二聚化的 STAT 蛋白暴露出核定位序列。在核运输受体的帮助下转移到细胞核中，并结合特定 DNA 序列。STAT 二聚体为转录因子，可直接结合 DNA 启动转录，进而调节基因的表达（图 15-25）。

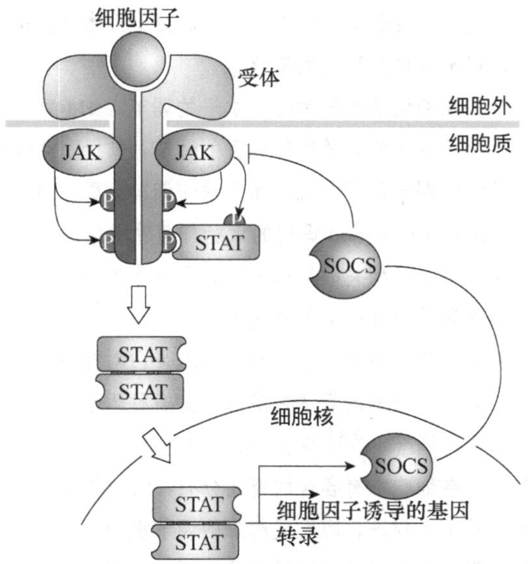

图 15-25　细胞因子受体与 JAK-STAT 信号通路（Morris et al.，2018）

SOCS 指 suppressor of cytokine signaling，即细胞因子信号转导抑制因子

（三）DNA 转录调节型受体介导的信号转导

脂溶性配体能够直接跨过细胞膜的脂双层，进入细胞内部，并与细胞质受体或核受体结合，从而发挥其生物学功能。与配体结合后，细胞质受体通常也会进入细胞核内发挥作用，因此细胞内的受体可以统称为核受体。实质上，这些受体是一类依赖配体的转录因子，它们调节目标基因的转录活性，进而诱发细胞特定的应答反应。

核受体多肽链中含有激素结合域、DNA 结合域、转录激活结合域和铰链区等功能区段。激素结合域位于受体的 C 端，由 220～250 个氨基酸残基组成，介导配体结合和二聚化过程。DNA 结合域由 66～68 个氨基酸残基组成，该区域包含两个高度保守的锌指（zinc finger）结构，每个锌指结构由 4 个半胱氨酸和中心部位的一个锌离子螯合而成，可介导激素-受体复合物与 DNA 特定序列的结合。在受体未与激素结合前，锌指结构通常被遮盖，此时受体与 DNA 的亲和力较低。转录激活结合域在 N 端，由 25～603 个氨基酸残基组成，具有转录激活作用。铰链区是位于 DNA 结合域与激素结合域之间的氨基酸序列，与受体的核定位有关。

核受体可以分为两大类：类固醇激素受体家族（如糖皮质激素受体、盐皮质激素受体、性激素受体等）和甲状腺素受体家族（如维生素 D_3 受体、甲状腺素受体、维 A 酸受体等）。类固醇激素受体通常位于胞质中（雌激素受体除外，它位于细胞核内），在未与配体结合时，这些受体与热休克蛋白（heat shock protein，HSP）结合，处于非活性状态。当配体与受体结合后，热休克蛋白从受体上解离，使受体的 DNA 结合区暴露出来。随后，被激活的受体形成二聚体并转移到细胞核内，与 DNA 上的激素应答元件（hormone response element，HRE）结合，或与其他转录因子相互作用，从而增强或抑制靶基因的转录。甲状腺素受体家族则位于细胞核内，不与热休克蛋白结合。这些受体通常以同源或异源二聚体的形式与 DNA 或其他蛋白质结合。当配体进入细胞核并与受体结合后，受体被激活，通过与 HRE 的相互作用调节基因转录。

本章小结

生物体内的新陈代谢是一个完整统一的过程。各个代谢途径相互联系、彼此协调。糖类、脂质、蛋白质及核酸代谢可通过各代谢之间共有的中间物而相互联系，正常情况下，体内各种物质代谢能适应内外环境不断的变化，有条不紊地进行。这是由于机体存在精细的调节机制，不断调节各种物质代谢的强度、方向和速度，以适应内外环境的变化。

代谢的调节可分为分子水平的调节、细胞水平的调节和整体水平的调节。

分子水平的调节即酶水平的调节，包括酶活性的调节和酶浓度的调节。酶活性的调节主要有别构调节和共价修饰调节两种方式，属于快速调节。酶浓度的调节，即酶蛋白的合成属于基因表达调节，是慢速调节。F. Jacob 和 J. Monod 提出的大肠杆菌乳糖操纵子模型很好地说明了原核生物基因表达的调节机制。操纵子由一组在功能上相关的结构基因和调节序列所组成。调节序列包括调节基因、启动基因和操纵基因，此控制位点可受调节基因产物如阻遏蛋白的调节。大肠杆菌色氨酸操纵子模型说明了某些代谢产物阻止细胞内酶生成的机制。色氨酸操纵子中除了阻遏蛋白对操纵基因的阻遏调节，还存在衰减子更为精细的调节。

真核生物基因表达在多层次受多种因子协同调节控制，包括转录前水平的调节、转录水平的调节、转录后水平的调节、转运调节、翻译水平的调节、翻译后水平的调节、mRNA 的降解调节，是一种多级调节方式。各类酶在细胞中有各自的空间分布，因而使不同代谢途径分别在细胞的不同部位进行。多细胞整体水平的调节是随着生物进化而发展起来的调节机制，植物出现了激素水平的调节，而动物不但有激素水平的调节，而且出现了更加完善的神经水平的调节，但神经和激素的调节仍然以分子水平和细胞水平的调节为基础。

受体是指糖蛋白或脂蛋白构成的生物大分子，存在于细胞膜、细胞质和细胞核内，能够同激素、神经递质、药物或细胞内信号分子结合并能引起细胞功能变化。受体与配体结合具有高度专一性、高度亲和力、可饱和性、可逆性及特定的作用模式等特点。根据受体分布位置的不同，可将其分为细胞膜受体与细胞内受体。在细胞中存在多个细胞信号转导途径，如 G 蛋白偶联受体介导的信号转导、酶联受体介导的信号转导和 DNA 转录调节型受体介导的信号转导等。机体处于不同的生理状态时会通过不同的细胞信号转导系统调节受体活性，从而应对不同的生理病理变化。

思 考 题

1. 原核生物和真核生物基因组的结构有什么特点？
2. 什么是操纵子？乳糖操纵子的正负调节是如何进行的？
3. 动物食用含糖的食物为何能长胖？
4. 油料作物种子萌发时如何将脂肪转变为糖？
5. 物质代谢调节的方式包括哪些？
6. 细胞间的信号分子可分为哪几类？
7. 受体与配体结合有哪些特点？
8. 根据受体的生化特征可将受体分为哪几类？
9. G 蛋白偶联受体是如何发挥作用的？
10. 信号分子是如何激活 cAMP 信号通路的？
11. 酶联受体介导的信号通路有哪些？

参考答案

主要参考文献

陈守文．2015．酶工程．2 版．北京：科学出版社．

陈誉华，陈志南．2018．医学细胞生物学．6 版．北京：人民卫生出版社．

丁明孝，王喜忠，张传茂，等．2020．细胞生物学．5 版．北京：高等教育出版社．

丰慧根，窦晓兵．2016．医学细胞生物学．北京：中国医药科技出版社．

高海龙，王镐锋，赵耀，等．2021．新型冠状病毒重要药物靶标结构生物学及药物抑制机制研究．自然杂志，43（5）：343-348．

郭蔼光，范三红．2018．基础生物化学．3 版．北京：高等教育出版社．

郭勇．2004．酶工程．2 版．北京：科学出版社．

李刚，昌增益．2018．国际生物化学与分子生物学联盟增设第七大类酶：易位酶．中国生物化学与分子生物学报，34（12）：116-117．

李刚，贺俊崎．2018．生物化学．4 版．北京：北京大学医学出版社．

李俊发，贺俊崎．2008．细胞信号转导研究技术．北京：中国协和医科大学出版社．

刘国琴，杨海莲．2019．生物化学．3 版．北京：中国农业大学出版社．

龙良启，孙中武，宋慧，等．2005．生物化学．北京：科学出版社．

马海田．2023．动物生物化学．6 版．北京：中国农业出版社．

孙大业，崔素娟，孙颖．2010．细胞信号转导：基础篇．4 版．北京：科学出版社．

王镜岩，朱圣庚，徐长法．2002．生物化学．3 版．北京：高等教育出版社．

王庭槐．2015．生理学．3 版．北京：人民卫生出版社．

魏民，张丽萍，杨建雄．2021．生物化学简明教程．6 版．北京：高等教育出版社．

杨荣武．2017．生物化学．北京：科学出版社．

杨荣武．2018．生物化学原理．3 版．北京：高等教育出版社．

杨荣武．2021．基础生物化学原理．北京：高等教育出版社．

周春燕，药立波．2018．生物化学与分子生物学．9 版．北京：人民卫生出版社．

朱圣庚，徐长法．2019．生物化学（上册）．4 版．北京：高等教育出版社．

邹思湘．2012．动物生物化学．5 版．北京：中国农业出版社．

Alberts B, Johnson A, Lewis J, et al. 2015. Molecular Biology of the Cell. 6th ed. New York: Garland Science, Taylor & Francis Group.

Anderson C T, Kieber J J. 2020. Dynamic construction, perception, and remodeling of plant cell walls. Annual Review of Plant Biology, 71: 39-69.

Baghaei B, Skrifvars M. 2020. All-cellulose composites: A review of recent studies on structure, properties and applications. Molecules, 25: 2836.

Boyer R. 2006. Concepts in Biochemistry. 4th ed. New York: John Wiley & Sons, Inc.

Caffall K H, Mohnen D. 2009. The structure, function, and biosynthesis of plant cell wall pectic polysaccharides. Carbohydrate Research, 14(344): 1879-1900.

Franklin R E, Gosling R G. 1953. Molecular configuration in sodium thymonucleate. Nature, 171(4356): 740-741.

Garrett R H, Grisham C M. 2010. Biochemistry. 4th ed. Boston: Brooks/Cole Cengage Learning.

Klug W, Cummings M, Spencer C, et al. 2019. Concepts of Genetics. 12th ed. New York: Pearson.

Moran L A, Horton H R, Scrmgeour K G, et al. 2006. Principle of Biochemistry. 4th ed. London: International Pearson Education Inc.

Morris R, Kershaw N J, Babon J J. 2018. The molecular details of cytokine signaling via the JAK/STAT pathway. Protein Science, 27(12): 1984-2009.

Nelson D, Cox M. 2017. Lehninger Principles of Biochemistry. 7th ed. New York: W. H. Freeman & Company.

Nelson D, Cox M. 2021. Lehninger Principles of Biochemistry. 8th ed. New York: W. H. Freeman & Company.

Voet D, Pratt C W, Voet J G. 2016. Fundamentals of Biochemistry. 5th ed. Hoboken: John Wiley & Sons, Inc.

Voet D, Voet J. 2011. Biochemistry. 4th ed. New York: John Wiley & Sons, Inc.

Yang C Y, Li Q R, Li Y. 2014. Targeting nuclear receptors with marine natural products. Marine Drugs, 12(2): 601-635.